U0376783

生态文明时代的主流文化——中国生态文化体系研究

Mainstream Culture of Ecological Civilization Era

the Study of Chinese Eco-Culture System

中国森林文化价值评估研究

The Study on Evaluation of Forest Culture Value in China

江泽慧◎主编

人民出版社

主　　编　江泽慧

撰 稿 人

前　言：江泽慧

导　论：汪　绚

上篇：理论与方法

第一章：樊宝敏　李智勇　宋军卫　张德成　谢和生

第二章：王雪军　但新球　但维宇

第三章：汪　绚　冯艳萍

第四章：陈　雷　朱　霖　张德成

下篇：案例与实证

第五章：刘经纬　任　平

第六章：陈　雷　尹刚强

第七章：熊　静　刘作福　陈　登

第八章：胡海平　赵　燕　李传有　王季思　宋丽君

第九章：任　重　陈　仪　李梦羽　王　竹　徐晓婷
潘　熠　吴祺雷　汪秋红　洪凌涛

第十章：兰思仁　修新田　王雅蕾　韩　笑

第十一章：王　琳　万志兵　王碧云

第十二章：张玉钧　秦子薇　马益鹏　徐琳琳　黄静婷

第十三章：张玉钧　秦子薇　王嘉欣　贾　倩　郑月宁

第十四章：高大伟　郭　佳　戴子云

第十五章：周　军　吉银翔　周苏宁　曹光树　陈继阳　薛俊桓

第十六章：樊宝敏　李智勇　张德成　丰　伟　谢和生

第十七章：张德成

第十八章：陈丽微

第十九章：王　琳　万志兵

审稿专家　李文华　尹伟伦　陈俊宏　刘世荣　高敏雪　戴广翠

统 稿 组　汪　绚　蔡登谷　李智勇　尹刚强　张大红　樊宝敏　陈　雷

统筹协调　刘　红　李晓华　孙　雯　李　楠　冯艳萍　付佳琳

前　言

森林是人类文明的摇篮，孕育和承载着巨大的自然资产和文化财富。人类与森林共生所创造的森林文化及其价值，是人与自然和谐之道的重要支撑。

“中国森林文化价值评估研究”，作为一项开创性的科学研究，在引入时间价值理论、自然价值理论、协同理论和梯度理论的基础上，以“人与森林共生时间”为核心，链接森林的文化价值评估指标体系综合指标系数和第九次全国森林资源清查结果（2014—2018年），创新性地提出了森林的文化物理量和价值量的价值评估法，并以此对全国森林的文化价值首次开展了计量评估。而如此系统地研究并提出森林的文化价值评估理论和方法，在国际上尚属首创，对同类或相关研究具有参考价值；同时，为习近平总书记提出的“绿水青山就是金山银山”的绿色发展理念提供了理论和实践支撑，意义重大！

党的十八大以来，以习近平同志为核心的党中央大力推动自然资源资产产权制度改革，要求研究建立自然资源资产核算评价制度，开展实物量统计，探索价值量核算，编制自然资源资产负债表。

森林是陆地生态系统的主体，孕育着巨大的自然资源资产和文化财富，具有生态、经济、社会、文化等多种功能效益，对维护国家生态安全、提供生态服务、建设生态文明，发挥着不可替代的重要作用，为绿色发展提供了重要的物质基础和精神成果，是普惠的民生福祉。因而，森林对于自然界和人类的价值，已成为当代人类研究自然资源资产核算评估的重大课题。

一

我国在自然资源资产核算评估方面的研究起步虽然较晚，但进展非常快。特别是在森林资源资产核算和生态服务价值评估方面，已经达到了世界领先水平。早在2002年“中国可持续发展林业宏观战略研究”这一国家级战略研究成果中，便提出了21世纪“生态建设、生态安全、生态文明”的“三生态”林业发展战略；在对林业发展规律和现实问题的反思和探讨中，传统林业发展观和森林价值观发生了深刻的变革，构建完善的林业生态体系、发达的林业产业体系、繁荣的生态文化体系，构成了中国现代林业建设的核心理念；促进人与自然协调发展，形成了生产发展、生活富裕、生态良好的生态文明价值观，成为新时期林业发展历史性重大转变的思想根基。

结合我国现行国民经济核算体系和全国森林资源连续清查结果，2004年，原国家林业局和国家统计局联合开展了“中国森林资源核算研究”，以“林地林木资源核算、森林生态系统服务核算、林业绿色经济评价指标体系、森林社会与文化价值评价”为主体，提出了我国基于森林的国民经济核算框架思路，并依据第五次、第六次全国森林资源清查结果和全国生态定位站网络观测数据，首次系统完成了全国林地林木资源和森林生态服务的存量与流量核算。

2009年11月17日，国务院新闻办举行第七次全国森林资源清查新闻发布会，首次发布了全国森林资源6项生态服务功能效益的实物量和价值量。全国森林植被总生物量157.72亿吨，总碳储量78.11亿吨，全国森林生态系统每年固碳释氧、涵养水源、保育土壤、净化大气环境、积累营养物质、生物多样性保护等6项服务功能，年价值量达10.01万亿元。由此，全国林地林木资源和森林生态服务的物质量和价值量核算，正式进入全国森林资源连续清查的重要内容。

2013年5月，原国家林业局和国家统计局联合启动了新一轮中国森林资源核算研究。借鉴联合国、欧盟、联合国粮农组织、国际货币基金组织、经合组织、世界银行共同发布的《环境经济核算体系中心框架（2012）》

(SEEA,2012)的有关内容,结合中国的国情林情和相关研究成果,进一步完善了中国森林资源核算与绿色经济价值指标体系研究,构建了中国森林资源核算的理论框架和基本方法。

据2014年10月22日,原国家林业局发布第八次全国森林资源清查结果:中国林地资产实物量3.1亿公顷,林木资产实物量160.74亿立方米,林地林木资产总价值21.29万亿元(林地资产7.64万亿元,林木资产13.65万亿元);通过对森林涵养水源、保育土壤、固碳释氧、净化大气环境、森林防护、生物多样性保护、森林游憩等7类13项服务指标进行核算,中国森林生态系统每年提供的主要生态服务的总价值为12.68万亿元,相当于2013年中国GDP总量(56.88万亿元)的22.3%,即森林每年为每位国民提供了0.94万元的生态服务。

2015年2月,《生态文明制度构建中的中国森林资源核算研究》一书由中国林业出版社正式出版,标志着森林生态系统的生态系统服务价值研究已经取得阶段性核心成果。中国森林资源核算紧密结合我国森林资源统计调查实际,同时对接联合国发布的《环境经济核算体系中心框架(2012)》成果,初步建立了中国森林资源核算的理论框架和基本方法,为建立具有中国特色的自然资源资产核算体系进行了非常有价值的探索,也为编制自然资源资产负债表积累了知识与经验。

然而,对于森林的文化价值,作为森林资源价值构成的重要组成部分,其价值评估方法和评估范例至今仍未达成广泛共识。其难点在于:国际国内关于森林的文化价值,定性分析得多而定量评估得少,并没有形成社会大众对于森林文化价值的直观感知和支付意愿基础上的普遍认同;而森林的文化资源本体调查又是以森林资源实物量为基础,森林的文化价值大量交织于森林价值评估的其他类别,如森林的生态价值和经济价值等,难以用相对准确的概念和科学的方法,将其区分剥离并加以定性评估和定量核算。

党的十九大以来,以习近平同志为核心的党中央进一步将"坚持人与自然和谐共生"纳入新时代坚持和发展中国特色社会主义的基本方略;党的十九届五中全会审议通过的《中共中央关于制定国民经济和社会发展第十四个五年规划和二〇三五年远景目标的建议》,将"建成文化强国"和"国家文化软实力显著增强"纳入2035年基本实现社会主义现代化的远景目标之中。森林文化作为生态文明建设的战略性资源亟待深入挖掘,而构建森林的文化价值评估体系，促进森林文化优势转化为经济社会发展优势，成为新时代社会主义现代化发展的新趋势。生态文明建设是一项涉及思维方式、生产方式和生活方式的全面变革，是一项必须达成社会共识和公众参与的复杂而艰巨的系统性工程。培育森林文化的重要支撑，必须以价值认同和观念创新为主要内容，不断培育基于生态文化的生态文明主流价值观，形成绿色发展共识。

二

2015 年初，中国生态文化协会受国际竹藤中心委托，成立“森林的文化价值评估研究”总项目组，率领中国林业科学研究院科技信息研究所、国家林业和草原局调查规划设计院、中国大熊猫保护研究中心、北京林业大学、东北林业大学、福建农林大学、浙江农林大学、浙江科技学院、黄山学院、北京市园林科学研究院、贵州省林业局、苏州市园林和绿化管理局等 12 个团队，分五个阶段，开展了为期 5 年的项目研究工作。

第一阶段，2015 年 1 月至 6 月：研究分析国内外相关资料并开展专家研讨，初步确定森林的文化价值概念，评估的对象、范围和边界，分类划定有代表性的典型区域，形成《项目实施概要》；组建参研团队并进行统一培训。

第二阶段，2015 年 7 月至 2016 年 10 月：一是总项目组研究提出了森林的文化价值评估的三级指标、森林资源本体文化价值评估要素；二是各团队专业人员深入实地，进行典型案例样本和数据资料采集，分类解析、测定权重，研究论证森林的文化价值评估指标体系；三是创建森林文化核算理论和公式；四是总项目组汇总阶段性成果，召开参研团队项目进展汇报研讨会，对第三阶段项目推进提出明确要求。

第三阶段，2016 年 11 月至 2017 年 6 月：一是进一步深入调研、解析案例、检验论证、修正完善森林的文化价值评估指标体系和森林文化价值核算公式；二是研究区域森林资源富集度与地方森林文化发展的关系，制作森林文化区分布图；三是拓展典型案例类型和调研范围，增加了锦屏林业文书、从江岜沙苗寨森林信仰、卧龙国家级自然保护区森林的文化价值，九华山、普陀山佛教圣地森林的文化价值等典型案例研究。

第四阶段,2017 年 7 月至 2018 年 5 月:一是综合典型案例研究成果,统筹调整“森林的文化价值评估三级指标体系”,增加了权重系数和综合指标系数;二是根据人与森林的生态文化关系及其行为特征,创建了能够为大众所认同的“人与森林共生时间”理论,并将指标体系的综合指标系数纳入价值核算公式之中,形成定性评估与定量核算有机链接,提升了评估的科学性;三是将完善后的指标体系与核算公式,统一下达各参研团队,对各典型案例研究成果进行再次核算验证,使整体项目研究成果从理论到方法融会贯通;四是新增了“森林对文化起源和文明发展的文化价值”研究,强化了项目研究基础支撑;五是充实了全国八大森林文化区、25 个亚区,主体森林文化分布的基本内容;六是 2018 年 4 月 9 日至 11 日,召开项目参研团队成果汇报会,5 月 11 日原国家林业局科技司,听取了总项目组关于项目开展及其研究成果的汇报。

第五阶段,2018 年 6 月至 2019 年 4 月:一是各团队汇总典型案例研究成果,总项目组完成《森林的文化价值研究项目总报告》;二是将《森林的文化价值评估》项目研究成果编撰成册,提请 6 位有关院士和专家审读;三是总项目组综合各位院士和专家的审读意见,进一步深度研讨并修改完善指标体系和评估方法等核心内容。

三

《中国森林文化价值评估研究》包括上篇(理论与方法)和下篇(案例与实证)两大部分,共计 19 章。

项目研究界定了森林文化价值的基本概念、评估原则,针对不同类型的对象,提出了具体的评估方法。在构建“森林的文化价值评估三级指标体系”、评估森林的文化价值指标权重、核定综合指标系数;创建“人与森林共生时间”理论,并将指标体系的综合指标系数纳入价值核算公式之中,形成定性评估与定量核算有机链接的森林文化价值核算公式等方面,取得了创新性研究成果;通过解析森林对文化起源和文明发展的文化价值,揭示中华文明根基中的森林文化价值;研究区域森林资源富集度与地方森林文化发展的关系，区划出全国八大森林文化区、25个亚区，主体森林文化分布的基本内容，揭示了人类文明发展史中森林文化不可替代的原生价值。

为了佐证项目研究提出的主体立论和基本评估方法，项目典型案例研究围绕审美艺术、身心康养、休闲旅游、科研教育、文明演进、传统习俗、伦理道德、制度规范等8个方面，选择了国有林区、集体林区、森林和野生动植物类型自然保护区，民族地区、沿海地区、森林城市或村镇，以及森林游憩、森林公园康养、古典园林造诣、宗教信仰、古树名木等11个类型所蕴含的森林文化价值，组织开展了32个典型区域、不同类型的案例实证研究，进行了森林的文化价值具象指标体系基础权重分析；并按照总项目组最终核定的"森林的文化价值三级指标体系"权重系数和森林的文化价值评估公式，对森林的文化价值评估案例综合数据进行了统一评估。

为进一步深化森林的文化价值评估研究，项目提出建议：一是建立试验区，将森林的文化价值评估指标体系和评估方法，应用于不同类型的具有典型性、代表性的试验区，推进社会实践；二是将福祉分享与社会公平性问题纳入研究重点，为国家文化惠民政策制定提供基础依据；三是将森林的文化价值评估纳入经济社会发展综合评估体系，用于森林的文化价值物理量和价值量的评估，作为森林城市、森林村镇、历史文化名村等评选命名和政府政绩考核制度的内容。

人类在与森林的交往中领悟依存于自然的和谐之道，森林文化是人类文明的重要起源和人类文化的重要组成部分，也是生态文化的重要内容。森林作为生态文化的最主要载体，承载着丰富的生态文化内容，具有传播生态文化的重要功能；森林文化的保护传承与创新发展，是一个伴随森林生态系统演替和人类经济社会变革、人类文明进步的历史过程。森林文化的价值评估，对于保护传承、创新发展森林文化资源和自然文化遗产价值，培育生态文明建设的文化支撑，意义重大；也为创新森林的文化价值研究理论与实践、完善生态文明制度体系，打下了坚实的基础。

江泽慧

2021年1月

目　　录

下篇:案例与实证

中国森林文化价值评估研究导论

中国幅员辽阔，自然地理地貌、生态环境和气候条件复杂多样，江河湖海、山脉丘陵、农田草原、湿地滩涂、荒漠戈壁纵横交织，发育了类型结构丰富、生物物种多样性突出以及具有生态、经济、社会、文化等多种功能效益的森林资源生态系统。而古往今来，中华民族与森林生态系统相互依存、交往互动的共生关系从未间断，孕育出历史悠久、底蕴深厚、独具特色、内容丰富、充满生态哲学智慧和审美意境的森林文化，对于推进中华文明发展的价值重大，影响深远。

一、我国森林资源及其价值评估的现状

中国森林具有明显的地带性分布特征，由北向南，森林主要类型依次为针叶林、针阔混交林、落叶阔叶林、常绿阔叶林、季雨林和雨林，主要分布在东北内蒙古林区、东南低山丘陵林区、西南高山林区、西北高山林区和热带林区五大林区，其土地面积占全国国土面积的 40%，森林面积占全国的 70%，森林蓄积占全国的 90%。据 2019 年第九次全国森林资源清查结果，我国森林面积 2.20 亿公顷，森林覆盖率 22.96%，森林蓄积 175.60 亿立方米。中国森林面积占世界森林面积的 5.51%，居第 5 位，森林蓄积占世界森林蓄积的 3.34%，居第 6 位，人工林面积继续保持世界首位。

党的十八大以来，随着自然资源资产产权制度改革不断深入，习近平总书记关于“要树立自然价值和自然资本的理念，自然生态是有价值的，保护自然就是增值自然价值和自然资本的过程”“绿水青山就是金山银山”等一系列绿色发展理念，丰富和发展了马克思主义的自然辩证法，极大地促进了民众生态价值观的普遍认同，推进了森林多种功能效益价值评估的研究进程。党的十九大以来，为加快推动生态文明建设，自然资源资产产权制度改革加快步伐坚实前行。中共中央办公厅、国务院办公厅印发的《关于统筹推进自然资源资产产权制度改革的指导意见》明确要求“研究建立自然资

源资产核算评价制度，开展实物量统计，探索价值量核算，编制自然资源资产负债表”。《中共中央关于坚持和完善中国特色社会主义制度　推进国家治理体系和治理能力现代化若干重大问题的决定》明确要求：“健全现代文化产业体系和市场体系，完善以高质量发展为导向的文化经济政策。”“完善文化和旅游融合发展体制机制。”而近十年来，森林文化效益已经成为森林城市和森林乡村建设、森林旅游发展和乡村振兴的主要经济增长点，进一步坚定了“中国森林文化价值评估研究”总项目组的方向。

二、森林文化、森林文化价值及其评估的概念界定

（一）森林文化

文化的本质是人与自然、人与社会、人与人相互作用而产生的物质形态与精神内核。森林文化是人类文明的重要起源，是人类文化的重要组成部分和生态文化的重要内容，是人类与森林生态系统之间建立的相互依存、相互作用、共生共融（荣）的自然人文关系，以及由此而创造的物质文化和精神文化的总和。

从自然界的角度讲，人类是生物群体；从社会学的角度讲，人类是社会文化主体。人类作为自然界物种之一的生物群体，其天然属性归于自然生态系统。森林生态效益服务于自然界的芸芸众生，人类与自然的关系，体现在人类与森林生态系统物我共生、相互依存的生命过程。人类作为森林的文化主体，其社会属性则归于自然基础上的人类社会系统。森林生态价值服务的对象主要是包括人类在内的自然生态系统；森林文化价值服务的主体是人类社会系统；而人类的森林文化价值理念及其行为规范，会对自然生态系统产生直接影响。

森林文化的保护传承与创新发展，是一个伴随森林生态系统演替和人类经济社会变革，以及人与森林和谐意识不断觉醒并得到普遍认同，逐步建立起文化自信和文化自觉的人类文明进步的历史过程。

（二）森林文化价值

森林文化价值，是人类从森林文化中获取和享受的多种效益，是自然给予人类福利的重要部分。森林文化价值包括生产和消费两部分，是一个区域内森林的文化体系为人类提供最终产品和需求服务价值的总和。

国家市场监督管理总局和国家标准化管理委员会发布的《森林生态系

统服务功能评估规范》"术语和定义"中对森林文化服务的定义即:"人类从森林生态系统获得的精神与宗教、消遣与生态旅游、美学、灵感、教育、故土情结和文化遗产等方面的非物质惠益。"①

人类作为森林的文化主体,其社会属性则归于自然基础上的人类社会系统。森林生态效益服务的对象主要是包括人类在内的自然生态系统,而森林文化价值服务的主体是人类社会系统。森林文化价值是在人类与森林生态系统直接或间接地交往互动中,所发育形成并不断发展创新的文化形态、文化现象及其对于人类身心修养、审美体验、思想意识、行为取向、制度规范和社会文明建设等的价值。即森林文化满足人类需求,对人类的地理历史、游憩康养、科研教育、民族习俗、伦理道德、审美感知及艺术创造等方面所产生的影响和作用,给予人类文明物质文化和精神文化滋养、培育和支撑的服务功能和效益的价值。

(三)森林文化价值评估

森林文化价值评估是对森林的文化作用、服务于人类生产生活、经济增长、社会发展和文明建设等方面,所创造出来的物质成果和精神成果进行价值评估,即研究确定"森林文化价值评估指标体系"和评估方法,并运用其将潜在于具体对象或载体中的森林文化价值分解、剥离出来,给予物理量和价值量的表达。

三、评估原则和方法选择

(一)评估原则

人与自然的关系是生存的维系和生命的感知,而其中人类与森林共生的历史长河是无穷尽的。森林文化价值与森林的生态服务价值和经济价值既相互关联又相对独立,基于历史与现实的复杂性、多面性和丰富性,以及人类认识的局限性,难以做到精准核算并穷尽其价值。

因此,项目采取就低取值,以"定义有据、定性认同、定量可估、具象可考、逻辑自洽,定性与定量相结合、多目标贴合实际"作为森林文化价值评估的基本原则。

① 国家市场监督管理总局和国家标准化管理委员会:《森林生态系统服务功能评估规范》,第1—2页,2020年3月6日发布。

（二）方法选择

1. 科学剥离法

科学定义森林文化价值的内涵和边界，以此为标尺，剥离分解、分类分级，筛选出属于或关联森林文化价值的类别、指标及因子，构建"森林文化价值评估指标体系"，核定综合指标系数。比较研究国外有关"森林生态系统文化服务功能"的文献，借鉴国家政府主管部门建立的关于世界级和国家级自然文化遗产、国家公园、森林和野生动物类型的自然保护区、森林公园、风景名胜区、森林城市、生态园林城市、中国传统村落、中国历史文化名镇名村、中国生态文化村等的综合评估指标体系，多目标贴合森林文化价值的实际，使其价值构成相对科学。

2. 条件价值评估法

基于森林文化价值类型本身存在着一定的模糊性，可称为无量纲化法。主要采用主观意愿调查和动机研究等方式，借助抽样、问卷、案例调查等形式，随机询问受访者对森林文化价值的认知、认同，及其对享用森林文化无形效益的价值评估和支付意愿；通过主要成分和效益分析法，对抽样调查结果进行统计归纳和量化处理，确定森林文化无形效益的基本类型和评估指标权重。

3. 典型实证案例解析法

一是根据我国森林分布和森林文化分区，确定典型案例的地点类型和内容；二是专业团队实证调研、解析典型案例，定性与定量相结合，论证、筛选森林文化价值评估的分项指标及其包含的具体因子，界定各项指标在价值评估中的权重；三是综合典型案例实证研究成果，修正完善、统筹调整森林文化价值评估边界、评估指标及评估因子，最终确立具有普遍指导性和适用性的"森林文化价值评估三级指标体系"。

4. "共生时间"链接"指标体系"价值评估法

本项研究发现，森林文化价值与人在森林中停留、共生互动的时间成正比；其价值高低，与自然力的作用、森林资源要素和环境结构密切相关；而人与森林的共生时间是相对的、变化的、非停滞的，不同区域森林文化价值存在梯度差异；森林文化价值评估是由多种类型、多项指标、多个因子融合的多目标贴合实际的综合评估体系，因此，以"人与森林共生时间"作为森林文化价值评估量化转换的主导元素，链接森林文化价值评估指标体系的综合指标系数，创建森林文化物理量和价值量的评估方法。

四、构建森林文化价值评估指标体系

森林文化价值观与生态文明的价值取向相统一，体现为人与自然和谐共生共融（荣）的绿色生产、绿色消费、绿色生活的文化形态。森林生态系统融森林本体资源、景观资源和森林地理气候环境资源为一体，通览天下名山大川、自然保护地、宗教圣地、民族地区风土习俗、传统中医药学、文学艺术、文化产业等，无不彰显人类与森林共生共融（荣）的历史文化底蕴。而当今世界，伴随人类回归自然的欲望和在森林环境中寻求精神慰藉、身心康养、休闲旅游、审美意境等需求逐步加大，生态伦理道德品位和文明境界日益提升，森林文化繁荣和价值多元化创新发展日趋显现。为此，我们创建的"森林文化价值评估指标体系"，必须依据历史、现实与未来发展趋势的坐标，定性与定量相结合，多目标贴合实际。

（一）森林文化价值评估指标体系构成

研究归纳设定了 8 项价值评估类别，为一级评估类别；22 项二级评估指标；53 项三级评估指标因子（见表 0-1）。其中，融合了"森林资源本体文化价值评估"中的历史的悠久度、级别的珍贵度、影响的广泛度、文化的富集度、文化的贡献度（关联度、利用度、依存度）等五大要素。

表 0-1　森林文化价值评估指标体系

序号	评估类别（一级）	评估指标（二级）	评估指标因子（三级）
1	审美艺术价值	1. 景观审美价值	1. 森林的景观结构
			2. 森林的整体品相
			3. 景观规模与丰度
			4. 森林的景观美感
		2. 文艺创作价值（精神层面）	5. 艺术灵感创意
			6. 森林音乐创意
			7. 森林文学艺术作品
		3. 文化产品价值（物质层面）	8. 森林文化产业、产品及其衍生品
			9. 森林工艺、森林美术
			10. 森林演艺作品等

续表

序号	评估类别（一级）	评估指标（二级）	评估指标因子（三级）
2	身心康养价值	4. 疗养价值	11. 森林中医药学和森林康复养生
			12. 森林康养的多种形式及方法
		5. 保健价值	13. 森林健身保健
			14. 森林体育活动
		6. 宜居价值	15. 城市林木覆盖率和植被质量
			16. 城市森林环境中常住人口
3	休闲旅游价值	7. 休闲价值	17. 本地人本年度森林休闲度假人次
			18. 森林文化修身的多种形式及方法
		8. 体验价值	19. 外地人本年度森林体验人次
			20. 森林文化体验人数、天数、人均消费额、带动效应
		9. 娱乐价值	21. 文艺展演价值（森林音乐会、展览、电影放映、戏剧活动场次）
4	科研教育价值	10. 科学研究价值	22. 森林科研教学基地数量及规模（生态定位观测站、试验站、示范基地/园区等）
			23. 森林科研项目数量和投入资金量（国家自然科学基金、社会科学基金）
			24. 科研成果量（发表的论文、专著、专利数量等）
		11. 科普教育价值	25. 森林文化教育知识体系学科发展建设，学校师生森林教育教学和实习人次
			26. 科普教育标识系统、展演、展示、体验等和参与人数
			27. 幼儿园、学校、机关和企事业单位、社区等森林活动参与体验人次
			28. 森林文化博物馆、展览馆等数量及规模
5	文明演进价值	12. 文化文明价值	29. 森林对汉字起源、应用和文化传承发展作用
			30. 森林对人类衣食住行的演进作用
			31. 森林符号和文化象征
		13. 历史遗存价值	32. 历代遗留下来的具有森林文化历史、艺术、科学价值的遗迹、遗址和物品数量
			33. 古树名木的文化和自然遗产价值
		14. 地理标志价值	34. 具有地域代表性的森林群落及其产品
			35. 具有地域代表性的动植物及珍稀物种、国花国树
			36. 名胜古迹的森林树木地理标志数量、森林群落国内国际知名度和美誉度等
		15. 地方情感价值	37. 乡愁记忆
			38. 场所依恋

续表

序号	评估类别（一级）	评估指标（二级）	评估指标因子（三级）
6	传统习俗价值	16. 节庆载体价值	39. 植树节、森林日、森林庙会
			40. 各类森林文化旅游节、博览会等的丰富度及参与人次
		17. 民族习俗价值	41. 民族森林文化多样性、森林文化传统习俗和民间技艺的数量
			42. 种植和祭祀纪念树（如苗寨生命树、婚庆植树、墓地植树、树木祭祀等）
7	伦理道德价值	18. 森林信仰价值（精神层面）	43. 到森林寺庙朝圣的信徒人次
			44. 专属“寺庙林”（如孔庙的孔林）数量
			45. 寺庙周边古树名木数量及森林覆盖率
			46. 图腾崇拜价值（神山、神树、神木、风水林等）
			47. 宗教习俗、宗教传说、精神寄托、精神抚慰等
		19. 森林哲学价值（精神层面）	48. 人与森林相互依存、和谐共生的思想意识、行为导向，及其对文明发展建设的作用
		20. 社会和谐价值（精神层面）	49. 人与自然、人与社会、人与人和谐价值
8	制度规范价值	21. 法律法规价值	50. 森林法律法规
			51. 森林政策
		22. 乡规民约价值	52. 森林契约
			53. 乡规民约

（二）指标体系权重评估定性法

指标体系权重评估定性法，应用于既定区域森林的文化质量定性的分级评估。一是在定性森林具有文化价值的基础上，界定其价值评估的外延和内在关联性，分三个层次逐级设定森林文化价值评估类别、指标及指标因子。二是综合提炼典型案例研究成果，应用权重评估法对“森林文化价值评估三级指标体系”进行修正和调整。三是通过层次分析、专家判断打分、多目标决策中的权重评估，针对被评估对象评估指标所含的指标因子重要程度，核定该指标在指标体系中的权重系数，确定了一级评估类别和二级评估指标的各项权重（见表0-2）。适用于森林文化价值定性评估等级划分。

表 0-2　森林文化价值评估指标权重表

序号	评估类别（一级）	权重	评估指标（二级）	权重	评估分值
1	审美艺术价值	0.2168	1. 景观审美价值	0.6749	—
			2. 文艺创作价值（精神层面）	0.1816	—
			3. 文化产品价值（物质层面）	0.1435	—
2	身心康养价值	0.1117	4. 疗养价值	0.3026	—
			5. 保健价值	0.3559	—
			6. 宜居价值	0.3415	—
3	休闲旅游价值	0.2720	7. 休闲价值	0.4018	—
			8. 体验价值	0.4897	—
			9. 娱乐价值	0.1085	—
4	科研教育价值	0.0788	10. 科学研究价值	0.3587	—
			11. 科普教育价值	0.6413	—
5	文明演进价值	0.1441	12. 文化文明价值	0.1895	—
			13. 历史遗存价值	0.4681	—
			14. 地理标志价值	0.1973	—
			15. 地方情感价值	0.1451	—
6	传统习俗价值	0.0947	16. 节庆载体价值	0.4268	—
			17. 民族习俗价值	0.5732	—
7	伦理道德价值	0.0641	18. 森林信仰价值（精神层面）	0.3761	—
			19. 森林哲学价值（精神层面）	0.3371	—
			20. 社会和谐价值（精神层面）	0.2868	—
8	制度规范价值	0.0178	21. 法律法规价值	0.5367	—
			22. 乡规民约价值	0.4633	—

（三）综合指标系数链接法

一是在确定森林文化价值指标权重系数的基础上，利用数学方法对其多项指标权重系数进行综合提炼，根据各项指标权重总得分，确定森林文化价值的综合指标系数为 α，取值为 0—2 的标准化系数。即森林文化价值的综合指标系数取值在 0—2 之间，其平均值为 1。

二是将森林文化价值的综合指标系数作为重要因子，纳入森林文化价值评估物理量和价值量的评估公式之中，使定性与定量相结合，实现价值评估与价值货币化转换有机链接。

三是指标体系权重评估定性法，应用于既定区域森林的文化质量定性的分级评估；“人与森林共生时间”的核心理论和森林文化价值评估公式，应用于森林文化价值量评估。如此，将评估分为森林文化价值定性评估和货币价值转换两个部分：一部分以森林文化价值指标权重系数和综合指标系数形式呈现，另一部分以森林的文化物理量和价值量核算的形式表达；将森林文化价值指标体系的综合指标系数纳入价值量核算公式之中，形成定性评估与定量核算有机链接后的货币化转换，构建起既相对独立又相互关联的价值评估体系，提升评估的科学性与合理性。

五、创建“人与森林共生时间”理论和森林文化价值评估公式

项目研究发现：森林文化价值实质上反映着森林文化对人的吸引力、影响力、创造力和服务能力，表现为人气指数、服务功能和服务水准。森林文化价值量评估，是从价值量化的角度评估森林文化对人类的服务能力或满足人类文化需求和文明建设的能力。为此，本书以“人与森林共生时间”为核心，链接森林文化价值评估指标体系综合指标系数（简称“森林文化指标系数”）和第九次全国森林资源清查结果（2014—2018 年），创新性地提出了森林的文化物理量和价值量的价值评估法，并以此对全国森林文化价值首次开展了计量评估。

（一）人与森林共生时间理论

1. 人与森林共生时间

一般来说，森林文化价值与人在森林中停留、共生互动的时间成正比；其价值高低，与自然力的作用、森林资源要素和环境结构密切相关；而“人与森林共生时间”是相对的而非绝对的，是变化的而非停滞的；不同区域森林文化价值存在梯度差异。森林文化价值作为一个价值系统，是由多项指标因子、多目标贴合实际，分区域、分类别、分层次组成的综合评估体系。森林文化价值评估，是从价值的角度评估森林文化对人类的服务能力或满足人类文化需求的能力。

2. 物理量测度

物理量是评估森林文化价值的基础，是森林文化价值实现过程中发生的时间流量。即用一年内人与森林产生文化互动的共生时间（以下简称“人与森林共生时间”），来体现森林文化作用于、服务于人的时间流量。

（二）评估原则和依据

森林文化价值评估方法中“人与森林共生时间”就低取值；行政区域森林文化受益人数和森林文化的物理量和价值量评估，基本剥离了与森林文

化无直接关联的人群和因素。

一是用年度人与森林产生文化互动的共生时间，即人与森林共生时间，来体现森林文化作用于、服务于人的时间流量。

二是将森林文化价值评估对象划分为：森林生态系统为主体的自然保护地区域，园林区域，非森林为主体的游憩区域，省（区、市）级、地级、县级行政区域等 4 种类型区域，并相应设定了其物理量和价值量评估的 4 种方法。

三是行政区域森林文化受益人数分为常住人口和流动人口两个层次。其中：

——年度行政区域常住人口森林文化受益人数，涉及 2 个因子：一是年度区域常住人口；二是区域内森林质量系数（区域森林覆盖率、区域森林单位蓄积量与全国森林单位蓄积量之比）；以上二因子相乘之积，为该行政区域年度常住人口森林文化受益人数。

——年度行政区域流动人口森林文化受益人数，涉及 2 个因子：一是行政区域内年度外来森林旅游人次数（据国家林业和草原局发布森林旅游数据，2019 年全国森林旅游游客量达到 18 亿人次，占国内年旅游人数的近 30%①）；二是区域内森林质量系数（森林覆盖率、区域森林单位蓄积量与全国森林单位蓄积量之比）。综上所述，以年度行政区域内外来森林旅游人次（流动人口乘以 30%），乘以区域内森林质量系数之积，为行政区域年度流动人口森林文化受益人数。

——常住人口“人与森林的共生时间”，根据国家统计局发布的《2018 年全国时间利用调查公报》，居民一天中自由支配活动时间包括：居民一天中自由支配活动平均用时 3 小时 56 分钟，其中健身锻炼、社会交往及休闲娱乐时间，共计 2 小时/天，约 0.0833/人年，基于就低原则，以“2 小时/人天”，为人与森林的共生时间。

——流动人口“人与森林的共生时间”，根据国家旅游数据中心《2017 年全年旅游市场及综合贡献数据报告》，游客出游平均时长约为 4.56 天，约 0.0125/人年。

（三）评估方法和公式

1. 自然保护地森林文化价值量评估

中共中央办公厅、国务院办公厅印发的《关于建立以国家公园为主体

① 国家林业和草原局：《“十三五”时期我国森林旅游年均游客量 15 亿人次》，2020 年 10 月 16 日，见 http://www.forestry.gov.cn/main/304/20201016/110857000519770.html。

的自然保护地体系的指导意见》明确:"建立以国家公园为主体的自然保护地体系。……自然保护地是由各级政府依法划定或确认,对重要的自然生态系统、自然遗迹、自然景观及其所承载的自然资源、生态功能和文化价值实施长期保护的陆域或海域。"①

参照国家林业和草原局职能界定,本项目所指的自然保护地区域,是以森林生态系统为主体的国家公园、自然保护区、世界自然遗产与文化遗产地、国家森林公园、风景名胜区和地质公园等类型区域。其森林文化价值量,以其年度森林文化价值物理量、森林文化价值的综合指标系数、该区域年人均 GDP 或年人均居民可支配收入,三者相乘之积,评估其价值量。

(1)自然保护地森林文化价值物理量

自然保护地森林文化价值物理量(Vrp)具体计算方式为:一年内自然保护地森林文化受益人数(Pr)与人与森林共生时间(Tr)之积。计算公式如下:

$$Vrp = \sum_{i=1}^{n} \frac{Pr_i \times Tr_i}{8760} \tag{0-1}$$

公式中:Vrp 为一年内自然保护地森林文化价值物理量,单位:文年(Cultural Year,cy);Pr_i 为第 i 个自然保护地森林的文化年受益人数;Tr_i 为第 i 个自然保护地年人均人与森林共生时间,单位:h;8760 为 1 年的小时数。

其中:

$$Tr = \sum_{i=1}^{n} Trt_i \times F_i \tag{0-2}$$

公式中:Tr 为自然保护地年人均人与森林共生时间,单位:h;Trt_i为第 i 个自然保护地中年人均游憩时间,单位:h;F_i为第 i 个区域内林木覆盖率或森林覆盖率。

(2)自然保护地森林文化价值量

自然保护地森林文化价值量(Vr)具体计算方法为:一年内自然保护地森林文化价值物理量(Vrp)、森林文化价值综合指标系数(α)和自然保护地所在区域内人均 GDP 或人均居民可支配收入(G)三者之积。计算公式如下:

$$Vr = \sum_{i=1}^{n} Vrp_i \times \alpha_i \times G_i \tag{0-3}$$

公式中:Vr 为一年内自然保护地森林文化价值量,单位:CNY;Vrp_i为第

① 中共中央办公厅、国务院办公厅印发《关于建立以国家公园为主体的自然保护地体系的指导意见》,2019 年 6 月 26 日,见 http://www.gov.cn/zhengce/2019-06/26/content_5403497.htm。

i 个自然保护地一年内森林文化价值物理量,单位:cy; α_i 为森林文化价值综合指标系数,根据"森林文化价值指标体系"各项指标权重总得分,获得0—2 之间的标准化系数; G_i 为第 i 个自然保护地所在区域内人均国内生产总值(GDP)或人均居民可支配收入(PCDI),单位:CNY。

2. 园林区域森林文化价值量评估

中国园林分为:北方园林、江南园林、岭南园林等,是中国传统文化中造园综合艺术形式。其传统植物,多具有森林文化的内涵与人格象征,称为"活的文物""活的化石"。园林讲究"模山范水,外师造化,中得心源",运用工程技术和艺术手段,通过筑山、叠石、理水等改造地形,结构建筑、规划园路、种植树木花草、营造湖泊水径,巧夺天工地创造出"源于自然,高于自然""虽为人造,宛自天开"的理想境域,蕴含着中国古代哲学思想、文化意识和审美情趣,彰显了人类内心世界对美好自然的向往,是人与自然和谐共生的典范之作。本书通过对北京皇家园林、苏州古典园林等典型案例的实证研究,提出了园林区域森林文化价值量核算公式,其中剥离了与森林文化价值无关的部分。

(1)园林区域森林文化价值物理量

园林区域森林文化价值物理量(Vgp)计算方法为:园林年度游憩人数(Pg)与园林区域中人与森林人均共生时间(Tg)之积。具体计算公式如下:

$$Vgp = \sum_{i=1}^{n} \frac{Pg_i \times Tg_i}{8760} \tag{0-4}$$

公式中:Vgp 为园林区域年均森林文化价值物理量,单位:cy;Pg_i 为第 i 个区域内园林区域园林年度游憩人数;Tg_i 为第 i 个园林区域中人与森林人均共生时间,单位:h;8760 为 1 年的小时数。

其中,园林区域中人与森林人均共生时间的计算方法为:园林区域中,游憩所需时间为 Tgt,整个区域中森林覆盖率或林木覆盖率为 F,那么,在园林区域中,游客在森林中游憩的时间则为 Tgt 与 F 之积,即为人与森林人均共生时间。具体公式为:

$$Tg = \sum_{i=1}^{n} Tgt_i \times F_i \tag{0-5}$$

公式中:Tg 为园林区域中人与森林人均共生时间,单位:h;Tgt_i 为第 i 个园林区域中人均游憩时间,单位:h;F_i 为第 i 个区域内林木覆盖率或森林覆盖率。

(2)园林区域森林文化价值量

园林区域森林文化价值量参考森林文化价值量计算方法,园林区域森林文化价值量（Vg）计算方法为：一年内园林的文化价值物理量（Vgp）、森林综合指标系数（α）和园林所在区域内人均 GDP 或人均居民可支配收入（G）之积。具体计算公式如下：

$$Vg = \sum_{i=1}^{n} Vgp_i \times \alpha_i \times G_i \quad (0\text{-}6)$$

公式中：Vg 为一年内园林区域森林文化价值量，单位：CNY；Vgp_i为第 i 个区域一年内园林的文化价值物理量，单位：cy；G_i为第 i 个园林所在区域内人均 GDP 或 PCDI，单位：CNY；α_i 为森林文化价值综合指标系数，根据“森林文化价值指标体系”各项指标权重总得分，获得 0—2 之间的标准化系数。

3. 非森林类型游憩区域森林文化价值量评估

非森林类型游憩区域一般指：道教名山、佛教名山、地质公园、海洋公园、湿地公园等游憩区域。该区域森林文化价值核算，以森林文化受益者比例（即以森林树木和野生动植物自然人文景观休闲旅游、身心康养、科学考察、历史研究、科普教育等为主要动机和偏好的游客所占比例）为主要衡量因子，剥离了与森林文化价值无关的部分。

（1）非森林生态系统为主体的游憩区森林文化价值物理量

参考森林文化价值量计算方法，非森林生态系统为主体的游憩区森林文化价值物理量（Vep）计算方法为：年度区域森林文化受益人数（Pe）与区域中人与森林人均共生时间（Te）之积。具体计算公式如下：

$$Vep = \sum_{i=1}^{n} \frac{Pe_i \times Te_i}{8760} \quad (0\text{-}7)$$

公式中：Vep 为一年内非森林生态系统为主体的游憩区森林文化价值物理量，单位：cy；Pe_i为第 i 个区域内森林的文化年受益人数；Te_i为第 i 个区域中人与森林人均共生时间，单位：h；8760 为 1 年的小时数。

其中，年度区域森林文化受益人数（Pe）的计算方法为：该区域文化受益者（Pc）与区域内森林文化受益者比例（B）之积。具体计算公式为：

$$Pe = \sum_{i=1}^{n} Pc_i \times B_i \quad (0\text{-}8)$$

公式中：Pc_i为第 i 个区域文化年受益人数；B_i为第 i 个区域内该年森林的文化受益者比例。

区域中，人与森林人均共生时间（Te）的计算方法为：区域中，游憩所需时间为 Te_t，整个区域中森林覆盖率或林木覆盖率为 F，那么，在所有区域中，游客在森林中游憩的时间则为 Te_t 与 F 之积，即为人与森林人均共生时间。具体公式为：

$$Te = \sum_{i=1}^{n} Tet_i \times F_i \tag{0-9}$$

公式中：Te 为区域中人与森林人均共生时间，单位：h；Tet_i为第 i 个区域中人均游憩时间，单位：h，F_i为第 i 个区域内林木覆盖率或森林覆盖率。

（2）非森林生态系统为主体的游憩区森林文化价值量

非森林生态系统为主体的游憩区森林文化价值量（Ve）计算方法为：年度非森林生态系统为主体的游憩区森林文化价值物理量（Vep）、森林综合指标系数（α）和自然保护地所在区域内人均 GDP 或人均居民可支配收入（G）三者之积。具体计算公式如下：

$$Ve = \sum_{i=1}^{n} Vep_i \times \alpha_i \times G_i \tag{0-10}$$

公式中：Ve 为非森林生态系统为主体的游憩区森林文化价值量，单位：CNY；Vep_i为第 i 个区域内一年内非森林生态系统为主体的游憩区森林文化价值物理量，单位：CNY；α_i 为森林综合指标系数，根据“森林文化价值指标体系”各项指标权重总得分，获得 0—2 之间的标准化系数；G_i为第 i 个自然保护地所在区域内人均 GDP 或人均居民可支配收入，单位：CNY。

4. 行政区域森林文化价值量评估

森林的文化服务功能的水平高低与森林资源的丰富度及质量有密切关系，而且其服务具有溢出效应。即使人不进入森林，森林也会对附近的人产生一定的文化服务，如康养保健、艺术熏陶、文化创意等价值。

根据全国、省级、地级市、县级行政区域划分，区域范围内森林文化价值主要由两部分组成：一是基本价值，即区域常住人口与流动人口，人与森林共生时间所反映的价值；二是专项价值，即森林文化活动（森林游憩为主的休闲观光、旅游参观、文艺演出、文化创意和产品生产、森林文化民俗民族节庆等）过程中，人与森林共生时间所反映的价值。

（1）区域森林文化价值物理量

区域森林文化价值物理量（Vp）为区域中常住人口与流动人口所受益的区域森林文化价值物理量之和。计算公式为：

$$Vp = \sum_{i=1}^{n} (Vpn_i + Vpo_i) \tag{0-11}$$

公式中：Vp 为区域森林文化价值物理量，单位：cy；Vpn_i为第 i 个区域中常住人口所受益的区域森林文化价值物理量，单位：cy；Vpo_i为第 i 个区域中流动人口所受益的区域森林文化价值物理量，单位：cy。

①常住人口所受益的区域森林的文化物理量

区域常住人口所受益的森林的文化物理量（Vpn）为本年度区域内森林常住人口（Pn）、区域内森林质量系数（Q）和区域内森林共生的基本生活时间（Tf）之积。计算公式如下：

$$Vpn = \sum_{i=1}^{n} Pn_i \times Q_i \times Tf_i \tag{0-12}$$

公式中：Vpn 为区域常住人口所受益的森林的文化物理量，单位：cy；Pn_i为本年度内第 i 个区域内森林常住人口，单位：人；Q_i为本年度内第 i 个区域内森林质量系数；Tf 为区域内森林共生的基本生活时间，单位：h。根据国家统计局研究，基于森林共生的基本生活时间共计 2h/d，约 0.0833 年①，此外，根据中国社会科学院旅游研究中心研究显示，2017 年中国人每天平均休闲时间为 2.27h②，根据就低原则，取值 2h/d。

其中：

区域内森林常住人口（Pn）指与森林密切相关的常住人口，主要计算方法为区域内常住人口（P）和森林覆盖率（F）之积。计算公式如下：

$$Pn = \sum_{i=1}^{n} P_i \times F_i \tag{0-13}$$

公式中：Pn 为区域内森林常住人口，单位：人；P_i为本年度内第 i 个区域内常住人口，单位：人；F_i为本年度内第 i 个区域内森林覆盖率。

森林质量系数（Q）为区域内单位面积森林蓄积量与全国单位面积林木蓄积量之比。计算公式如下：

$$Q = \sum_{i=1}^{n} \frac{M_i}{Mt} \tag{0-14}$$

公式中：Q 为森林质量系数，M_i为第 i 个区域内单位面积森林蓄积量，单位：m^3；Mt 为全国单位面积林木蓄积量，单位：m^3。

②森林游憩外来游客所受益的区域森林的文化物理量

流动人口所受益的区域森林的文化物理量（Vpo）是指本年度森林游憩人次数与每次游憩时间之积。计算公式如下：

$$Vpo = \sum_{i=1}^{n} Pt_i \times Tt_i \tag{0-15}$$

① 国家统计局：《2018 年全国时间利用调查公报》，《中国统计》2019 年第 2 期。

② 宋瑞主编：《休闲绿皮书：2017～2018 年中国休闲发展报告》，社会科学文献出版社 2018 年版，第 1—2 页。

公式中：Vpo 为流动人口产生的区域森林的文化物理量，单位：cy；Pt_i 为本年度森林游憩人次数，单位：人；Tt_i 为每次游憩时间，单位：h。根据中国旅游研究院、国家旅游局数据中心发布数据显示，游客出游平均时长预计约为4.56d，约合0.0125y①，因此 Tt_i 以该数据为准。

（2）区域森林文化价值量

行政区域森林文化价值量（Vc）主要为：年度内森林文化价值物理量、区域森林文化综合指标系数、区域内人均GDP或PCDI（居民可支配收入）之积。

或者采用年度区域常住人口森林文化价值物理量、区域森林文化综合指标系数、区域人均居民可支配收入三者之积；加上年度区域流动人口森林旅游人次的森林文化价值物理量、区域森林文化综合指标系数、人均森林旅游支出三者之积。计算公式如下：

$$Vc = \sum_{i=1}^{n} (Vpn_i \times \alpha_i \times G_i + Vpo_i \times \alpha_i \times g_i) \qquad (0-16)$$

公式中：Vc 为一年内区域森林文化价值量，单位：CNY；Vpn_i 为第 i 个区域一年内常住人口森林文化价值物理量，单位：cy；Vpo_i 为流动人口产生的区域森林的文化物理量，单位：cy；α_i 为区域森林的文化综合指标系数，根据"森林文化价值指标体系"各项指标权重总得分，获得0—2之间的标准化系数；G_i 为区域内人均GDP或PCDI，单位：CNY；g_i 为区域内人均GDP或PCDI或人均森林旅游支出，单位：CNY。

表0-3　省级行政区域森林文化价值评估

省区市	Q 森林质量系数	Vpn/cy 常住人口森林文化价值物理量	Vpo/cy 流动人口森林文化价值物理量	VP/cy 区域森林文化物理量	α 森林的文化综合指标系数	Vc(GDP) 森林文化价值量(GDP) 10^{12}CNY	Vc(PCDI) 森林文化价值量(PCDI) 10^{12}CNY	森林文化价值量 Vc (PCDI&PST) 10^{12}CNY
福建	3.270	698.444	44.931	743.375	1.729	1.063	0.386	0.363
浙江	1.573	431.429	332.6	764.029	1.712	1.205	0.55	0.319
广东	1.497	724.266	303.792	1028.057	1.254	1.043	0.425	0.304
四川	2.055	534.046	350.955	885.001	1.271	0.503	0.232	0.146
云南	2.724	592.137	46.786	638.923	1.094	0.239	0.128	0.120
江西	1.697	394.813	95.881	490.694	1.236	0.263	0.133	0.109
黑龙江	2.356	327.55	22.991	350.541	1.438	0.211	0.107	0.100
吉林	3.006	285.993	25.599	311.591	1.488	0.254	0.099	0.092

① 国家旅游局数据中心：《2017年全年旅游市场及综合贡献数据报告》，2018年2月7日，见https://www.sohu.com/a/221533153_99936216。

续表

省区市	Q 森林质量系数	Vpn/cy 常住人口森林文化价值物理量	Vpo/cy 流动人口森林文化价值物理量	VP/cy 区域森林文化物理量	α 森林的文化综合指标系数	Vc(GDP) 森林文化价值量(GDP) 10^{12}CNY	Vc(PCDI) 森林文化价值量(PCDI) 10^{12}CNY	森林文化价值量 Vc (PCDI&PST) 10^{12}CNY
广西	1.54	370.096	96.346	466.442	1.094	0.194	0.102	0.082
湖南	1.071	300.782	141.413	442.195	1.01	0.222	0.103	0.072
北京	0.731	57.871	283.426	341.297	1.628	0.717	0.318	0.063
湖北	1.085	209.531	93.476	303.007	0.965	0.176	0.07	0.049
辽宁	1.17	167.547	66.451	233.998	0.868	0.109	0.056	0.041
海南	2.598	113.067	16.694	129.762	1.563	0.098	0.046	0.04
陕西	1.237	168.315	62.365	230.68	0.961	0.127	0.046	0.034
贵州	1.171	150.667	152.271	302.938	1.092	0.126	0.055	0.029
重庆	1.325	143.59	78.689	222.279	0.67	0.094	0.036	0.024
安徽	0.884	129.665	127.71	257.374	0.729	0.081	0.041	0.022
河南	0.676	128.936	119.31	248.245	0.699	0.081	0.035	0.019
江苏	0.43	43.474	152.672	196.146	0.769	0.162	0.053	0.014
上海	0.843	23.806	7.727	31.533	0.691	0.028	0.013	0.01
山东	0.358	51.392	145.894	197.287	0.606	0.087	0.032	0.009
河北	0.412	68.216	47.967	116.183	0.523	0.028	0.013	0.008
内蒙古	0.718	33.205	11.585	44.79	0.842	0.024	0.01	0.008
山西	0.447	27.998	15.608	43.606	0.296	0.005	0.003	0.002
天津	0.247	3.835	3.552	7.388	0.59	0.005	0.002	0.001
西藏	1.019	3.338	0.371	3.709	0.728	0.001	0.0004	0.0004
新疆	0.126	1.207	13.786	14.993	0.717	0.005	0.002	0.0003
甘肃	0.302	7.423	13.223	20.646	0.047	0.0003	0.0002	0.0001
宁夏	0.069	0.483	11.357	11.84	0.488	0.003	0.001	0.0001
青海	0.038	0.107	1.242	1.349	0.352	0.0002	0.0001	0.0001
台湾	8.445	—	—	—	—	—	—	—
香港	—	—	—	—	—	—	—	—
澳门	—	—	—	—	—	—	—	—
全国	1.000	6193.228	2886.670	9079.898	1.000	7.154	3.097	2.079

注:(1) Vc(GDP):以 GDP 计算的森林文化价值 Cultural Values of Regional Forest with GDP ; Vc(PCDI):以 PCDI 计算的森林文化价值 Cultural Values of Regional Forest with PCDI;Vc(PCDI&PST):常住人口森林文化价值量计算不变,在流动人口产生的森林文化价值量计算中,将人均森林旅游支出(PST)替代为 PCDI。(2)全国数据来源于第九次全国森林资源清查结果,居民数据和游客数据来源于国家统计局 2018 年数据;台湾省数据来源于《台湾地区第四次森林资源调查统计资料(2013 年)》和第九次全国森林资源清查结果;香港、澳门、台湾部分数据暂缺。

5. 我国各省区市森林文化价值评估结果

综上所述,行政区域森林文化价值量评估公式中最后一位因子,我们采用了三种取值方式:一是以人均国内生产总值(GDP),二是以人均可支配收入(PCDI),三是常住人口评估方式不变,而对流动人口采用流动人口中的外来森林旅游人次产生的人均森林旅游支出(PST);再对以上三种评估方式所获得的各省(区、市)的森林文化价值量分别进行累加,所获得的全国森林文化价值量分别约为:7.154 万亿元(GDP)、3.097 万亿元(PCDI)、2.079 万亿元(PST)。比较分析以上三种方式,得出的全国行政区域森林文化价值评估结果，可以看出：

一是以人均 GDP 换算获得的森林文化价值量难以廓清 GDP 中非森林文化的因素，因此数值过高，以人均可支配收入（PCDI）换算获得的森林文化价值量相对合理，虽然存在区域流动人口森林文化受益人数界定问题，不过区域流动人口森林文化物理量占比相对微小；而按照仅限于年度外来森林旅游人次界定区域流动人口，并采用其森林旅游时段所发生的直接费用，基本将其森林旅游之外的流动人口和其他费用廓清在外，但是，此算法相对森林文化价值指标体系覆盖面较小。

二是森林常住人口越多，森林覆盖率越高，森林质量越好，森林文化价值物理量越高；在此基础上，森林的文化和自然遗产越丰厚、森林游憩和森林文化产业越发达、区域居民越富裕，森林文化价值量就越高。

例如：森林受益人数高、森林的文化和自然遗产丰厚、森林游憩和森林文化产业相对发达地区，森林文化价值排名前 6 位的为：福建、浙江、广东、四川、云南、江西等省份；森林质量系数高，森林的文化和自然遗产、森林游憩和森林文化产业不够发达，森林受益人数低于上述 6 省份的黑龙江和吉林 2 省，森林文化价值分别排名第 7、8 位。

而海南省森林受益人数仅 522.55 万人，在全国各省（区、市）排名第 24 位；但是由于其森林质量高居全国第 4 位，森林的文化和自然遗产丰厚、森林游憩和森林文化产业相对发达，因此其森林文化价值排名第 14 位。

我国西部地区多为干旱半干旱草原和荒漠地带，森林覆盖率偏低、森林资源分布不均、森林受益人数低并相对贫困，森林文化挖掘及森林旅游开发和服务功能等相对落后，森林文化价值综合指标系数低的内蒙古、西藏、新疆、甘肃、宁夏、青海等西部 6 省份，森林文化价值量评估排名分别为第 24、27、28、29、30、31 位。

需要说明的是，在全国行政区域森林文化价值量评估中，各省（区、市）的“森林文化价值评估指标体系”（见表 0-1），是一项开创性的系统工程，目前尚属空白，无国家权威部门发布的数据。因此总项目组暂且采取森林旅游人次、人均森林旅游收入、森林旅游总收入三者换算，取值 0—2 替代，以求相对接近。而各地区在实地评估时，可以完全根据“森林文化价值评估指标体系”和评估方法，以实际调研发生的分类、分项指标和指标因子，评估出森林文化价值综合指标系数；再按照以“人与森林共生时间”为核心的森林的文化物理量和价值量的评估方法，链接森林文化价值综合指标系数，评估出本区域内的森林文化价值物理量和价值量。

另外，我国港澳台地区部分数据暂缺，因此无法对其进行森林文化价值的评估。

六、项目典型案例实证研究

（一）森林文化价值评估典型案例综合数据

为了佐证项目研究提出的主体立论和基本评估方法，本项目组围绕“森林文化价值评估指标体系”八个一级评估指标，选择了国有林区、集体林区、森林和野生动植物类型自然保护区，民族地区、沿海地区、森林城市或村镇，森林游憩、森林公园康养、古典园林造诣，以及宗教信仰、古树名木等11个类型，组织开展了对32个典型区域、不同类型的案例实证研究进行森林文化价值具象指标体系基础权重分析；并按照本项目组最终核定的“森林文化价值指标体系”权重系数和森林文化价值核算公式，对森林文化价值评估案例综合数据进行了统一核算（见表0-4）。

表 0-4 森林文化价值评估案例综合数据汇总

序号	分类	区域	森林文化受益者（万人）	共生时间（小时）	森林文化综合系数	人均GDP（万元）	受益者比例（%）	森林覆盖率（%）	森林的文化物理量（万/文年）	森林的文化价值量（亿元）	完成团队	备注
1	旅游森林文化	1. 武夷山风景名胜区森林文化	388.02	72	1.84	7.75	100	81	2.58	36.84	福建农林大学	1999年世界文化与自然双重遗产，国家5A级旅游景区
		2. 黄山风景名胜区森林文化	336.87	46.62	1.9	6.25	100	85	1.52	18.10	黄山学院	1990年世界文化与自然双重遗产，国家5A级旅游景区
		3. 中山陵风景名胜区森林文化	664.67	2.61	1.82	12.7	100	87	0.17	3.98	苏州园林局 苏州农业职业技术学院	1961年成为首批全国重点文物保护单位，2006年国家5A级旅游景区
2	森林公园休闲康养文化	4. 北京植物园	326	3	1.77	12.9	100	92	0.10	2.34	北京林业大学	国家4A级旅游景区
		5. 奥林匹克森林公园	1200	3.01	1.68	12.9	100	96	0.39	8.54	北京林业大学	国家5A级旅游景区
		6. 八达岭国家森林公园	4.6	3	1.76	12.9	100	57	0.002	0.04	北京林业大学	国家3A级旅游景区
		7. 武夷山国家森林公园（九曲溪上游保护地带）	100	8	1.79	7.75	100	97	0.09	1.22	福建农林大学	1999年世界文化与自然双重遗产，国家5A级旅游景区
		8. 鹫峰国家森林公园	11	3.82	1.63	12.9	100	96	0.004	0.10	北京林业大学	国家3A级旅游景区
3	儒家森林文化	9. 孔庙、孔府和孔林森林文化	400	6	1.61	3.35	70	70	0.81	2.72	中国林科院科信所	1994年世界文化遗产，国家5A级旅游景区

续表

序号	分类	区域	森林文化受益者（万人）	共生时间（小时）	森林文化综合系数	人均GDP（万元）	受益者比例（%）	森林覆盖率（%）	森林的文化物理量（万/文年）	森林的文化价值量（亿元）	完成团队	备注
4	宗教森林文化	10. 齐云山道教森林文化	151.07	42	1.78	6.25	65	56	0.26	2.93	黄山学院	中国道教四大名山之一，国家4A级旅游景区
		11. 五台山佛教森林文化	568.6	6	0.92	5.97	28	70	0.24	1.80	中国林科院科信所	2009年世界文化遗产，中国佛教四大名山之一，国家5A级旅游景区
		12. 普陀山佛教森林文化	857.86	50.4	1.51	10.48	17	85	0.71	11.30	浙江科技学院 中国生态文化协会	中国佛教四大名山之一，国家5A级旅游景区
5	古典园林森林文化	13. 天坛公园皇家园林森林文化	1631	3.5	1.57	11.47	100	84	0.65	9.90	北京园林科学研究院	1998年世界文化遗产，国家5A级旅游景区
		14. 颐和园皇家园林森林文化	1700.65	4	1.54	11.47	100	25	0.19	3.43	北京园林科学研究院	1998世界文化遗产，国家4A级旅游景区
		15. 香山公园皇家园林森林文化	226.4	5	1.63	11.47	100	96	0.12	1.42	北京园林科学研究院	国家4A级旅游景区
		16. 景山公园皇家园林森林文化	670	2.5	1.47	11.47	100	63	0.12	2.03	北京园林科学研究院	国家4A级旅游景区
		17. 中山公园皇家园林森林文化	341	2	1.35	11.47	100	70	0.05	0.84	北京园林科学研究院	国家4A级旅游景区
		18. 拙政园古典园林生态文化	284.5	2.26	1.8	14.56	100	75	0.06	1.46	苏州园林局 苏州农业职业技术学院	1997年世界文化遗产，国家5A级旅游景区
		19. 网师园古典园林生态文化	16.69	0.87	1.76	14.56	100	58	0.001	0.03	苏州园林局 苏州农业职业技术学院	1997年世界文化遗产，国家4A级旅游景区
6	自然保护区森林文化	20. 天目山自然保护区森林文化	1007.8	66	1.86	5.2	100	98	7.45	72.01	浙江农林大学	1996年联合国教科文组织人与生物圈保护，国家4A级旅游景区
		21. 大熊猫及其栖息地森林文化	35	51.01	1.62	4.48	100	57	0.12	0.85	中国大熊猫保护研究中心	2006年世界自然遗产，1980年联合国教科文组织人与生物圈保护

续表

序号	分类	区域	森林文化受益者（万人）	共生时间（小时）	森林文化综合系数	人均GDP（万元）	受益者比例（%）	森林覆盖率（%）	森林的文化物理量（万/文年）	森林的文化价值量（亿元）	完成团队	备注
7	民族森林文化	22. 黔东南文斗民族森林契约文化	3	72	1.79	2.62	100	85	0.02	0.10	贵州林业厅 贵州林业学校	—
		23. 黔东南锦屏县民族森林文化	150	72	1.79	2.62	100	72	0.89	4.15	贵州林业厅 贵州林业学校	—
8	林区森林文化	24. 小兴安岭国有林区森林文化	1002.6	72	1.88	4.04	100	73	5.98	45.51	东北林业大学	包括国家5A级旅游景区：五大连池景区、林海奇石景区等
		25. 乐昌市	38.77	全年	0.93	2.94	100	73	8.75	23.91	中国生态文化协会	南方集体林区
		26. 慈利县	46.96	全年	1.07	2.98	100	67	7.29	23.25	中国生态文化协会	南方集体林区
		27. 丹江口市	30.41	全年	1.85	4.82	100	66	8.79	78.34	中国生态文化协会	南方集体林区
		28. 崇义县	19.07	全年	0.86	3.88	100	88	6.11	20.38	中国生态文化协会	南方集体林区
		29. 华蓥市	15.01	全年	0.98	5.20	100	42	4.14	21.11	中国生态文化协会	南方集体林区
		30. 龙泉市	18.54	全年	1.83	5.40	100	78	6.90	68.16	中国生态文化协会	南方集体林区
		31. 永安市	26.28	全年	1.25	10.93	100	79	11.42	155.99	中国生态文化协会	南方集体林区
9	古树名木森林文化	32. 黄山迎客松	336.87	1.00	—	—	—	—	—	1.40	黄山学院	—

注：各参数计算方法参考森林文化价值计算部分；森林文化价值量采用人均GDP计算。

人均GDP为该森林所在地区当年人均GDP，跨行政区域的则采用加权平均数。

对森林文化价值量产生较大影响的主要有人与森林共生时间、森林游憩客流量及森林覆盖率。

（二）森林文化价值具象指标体系基础权重解析

表 0-5　自然保护地、国有林区和南方集体林区森林文化价值评估指标权重

序号	评估类别	评估指标	自然保护地			国有林区	南方集体林区				
			武夷山	天目山	大熊猫	小兴安岭	慈利	崇义	龙泉	永安	黔东南
1	审美艺术价值	1. 景观审美价值	13.46	13.90	13.17	14.05	8.64	5.25	12.65	10.21	—
		2. 文艺创作价值（精神层面）	3.54	3.74	2.44	3.62	1.67	3.12	3.94	0.39	—
		3. 文化产品价值（物质层面）	2.86	2.64	2.08	2.92	1.32	2.47	3.11	0.31	—
2	身心康养价值	4. 疗养价值	2.74	2.87	3.01	3.21	3.98	1.99	3.98	0.40	1.98
		5. 保健价值	3.70	3.38	3.10	3.70	2.14	1.54	3.38	2.67	—
		6. 宜居价值	3.36	3.43	3.24	3.55	1.80	3.67	2.82	2.87	7.55
3	休闲旅游价值	7. 休闲价值	9.84	10.38	9.40	10.27	7.09	2.88	10.74	5.01	0.90
		8. 体验价值	12.25	12.65	10.92	12.65	8.64	3.51	13.09	6.11	0.90
		9. 娱乐价值	2.57	2.36	2.07	2.74	1.91	0.78	2.90	1.35	—
4	科研教育价值	10. 科学研究价值	2.54	2.69	2.54	2.69	1.13	0.70	1.84	2.83	13.52
		11. 科普教育价值	4.70	4.80	4.14	4.70	2.01	1.26	3.29	5.05	5.36
5	文明演进价值	12. 文化文明价值	2.59	2.59	1.99	2.59	1.09	1.09	2.73	1.64	—
		13. 历史遗存价值	6.14	6.41	5.53	6.48	4.90	0.68	6.75	5.43	5.28
		14. 地理标志价值	2.79	2.70	2.22	2.70	1.14	1.14	2.84	1.71	3.00
		15. 地方情感价值	1.88	1.99	1.49	1.94	0.84	0.84	2.09	1.26	1.94
6	传统习俗价值	16. 节庆载体价值	3.27	3.84	3.15	3.72	1.50	2.77	3.86	3.31	2.56
		17. 民族习俗价值	4.51	5.16	4.29	4.99	2.01	3.08	5.43	3.96	4.03
7	伦理道德价值	18. 森林信仰价值（精神层面）	2.17	2.29	1.74	2.27	0.84	1.69	2.41	2.41	1.97
		19. 森林哲学价值（精神层面）	2.03	1.84	1.64	2.01	1.95	1.73	0.22	1.51	3.42
		20. 社会和谐价值（精神层面）	1.75	1.66	1.36	1.71	0.64	1.66	0.83	1.75	5.88
8	制度规范价值	21. 法律法规价值	0.86	0.86	0.73	0.89	0.50	0.53	0.87	0.81	7.92
		22. 乡规民约价值	0.71	0.78	0.60	0.76	0.43	0.45	0.75	0.70	12.94
9	其他	23. 社会知名度	—	—	—	—	—	—	—	—	4.92
		24. 国内国际交流合作	—	—	—	—	—	—	—	—	5.28
综合权重得分			90.26	92.96	80.85	94.16	53.58	43.19	91.46	62.73	89.34
综合指标权重			1.81	1.86	1.62	1.88	1.07	0.86	1.83	1.25	1.79

表 0-6　园林区域中森林文化价值评估指标权重

序号	价值类别	评估指标	景山公园	天坛公园	颐和园	香山公园	中山公园	拙政园	网师园	中山陵	北京植物园
1	审美艺术价值	1. 景观审美价值	10.77	11.53	11.50	11.91	9.86	14.34	13.90	13.17	12.44
		2. 文艺创作价值（精神层面）	2.90	3.10	3.09	3.20	2.65	3.35	3.23	3.50	2.95
		3. 文化产品价值（物质层面）	2.29	2.45	2.45	2.53	2.10	2.61	2.52	2.68	2.80
2	身心康养价值	4. 疗养价值	2.49	2.66	2.66	2.75	2.28	2.54	2.47	2.94	2.54
		5. 保健价值	2.93	3.13	3.12	3.24	2.68	2.90	2.86	3.50	2.98
		6. 宜居价值	2.81	3.01	3.00	3.11	2.57	3.47	3.51	3.70	3.05
3	休闲旅游价值	7. 休闲价值	8.04	8.61	8.59	8.90	7.37	10.38	10.16	10.38	10.38
		8. 体验价值	9.80	10.50	10.47	10.84	8.98	13.05	12.79	12.92	11.32
		9. 娱乐价值	2.17	2.33	2.32	2.40	1.99	2.45	2.39	2.30	2.95
4	科研教育价值	10. 科学研究价值	2.08	2.23	2.22	2.30	1.91	2.74	2.69	2.60	2.83
		11. 科普教育价值	3.72	3.98	3.97	4.11	3.41	4.95	4.75	4.90	5.05
5	文明演进价值	12. 文化文明价值	2.01	2.15	2.15	2.22	1.84	2.59	2.49	2.65	2.46
		13. 历史遗存价值	4.96	5.31	5.30	5.49	4.55	6.61	6.54	6.61	6.75
		14. 地理标志价值	2.09	2.24	2.23	2.31	1.92	2.56	2.50	2.64	2.42
		15. 地方情感价值	1.54	1.65	1.64	1.70	1.41	1.95	1.84	1.99	1.36
6	传统习俗价值	16. 节庆载体价值	2.97	3.18	3.18	3.29	2.72	2.91	2.75	3.23	4.04
		17. 民族习俗价值	4.00	4.28	4.27	4.42	3.66	4.34	4.23	4.45	5.16
7	伦理道德价值	18. 森林信仰价值（精神层面）	1.77	1.90	1.89	1.96	1.62	2.05	2.03	2.15	2.41
		19. 森林哲学价值（精神层面）	1.59	1.70	1.70	1.76	1.46	1.77	1.75	1.79	1.84
		20. 社会和谐价值（精神层面）	1.35	1.45	1.44	1.50	1.24	1.14	1.10	1.62	1.47
8	制度规范价值	21. 法律法规价值	0.70	0.75	0.75	0.78	0.64	0.81	0.79	0.76	0.72
		22. 乡规民约价值	0.61	0.65	0.65	0.67	0.56	0.64	0.63	0.66	0.58
综合权重得分			73.60	78.79	78.60	81.40	67.40	90.16	87.92	91.15	88.48
综合指标权重			1.47	1.57	1.57	1.63	1.35	1.80	1.76	1.82	1.77

表 0-7　宗教文化圣地森林文化价值评估指标权重

序号	评估类别	评估指标	普陀山	齐云山	孔府	五台山
1	审美艺术价值	1. 景观审美价值	11.41	12.44	13.17	7.32
		2. 文艺创作价值（精神层面）	3.94	3.54	3.35	3.15
		3. 文化产品价值（物质层面）	2.18	2.49	2.33	2.49

续表

序号	评估类别	评估指标	普陀山	齐云山	孔府	五台山
2	身心康养价值	4. 疗养价值	1.69	3.04	1.69	1.01
		5. 保健价值	1.59	3.58	2.58	0.80
		6. 宜居价值	3.43	3.62	2.67	2.29
3	休闲旅游价值	7. 休闲价值	8.74	10.38	6.56	3.28
		8. 体验价值	11.99	11.99	11.99	4.00
		9. 娱乐价值	2.36	2.66	1.48	0.30
4	科研教育价值	10. 科学研究价值	2.26	2.54	2.26	2.26
		11. 科普教育价值	3.54	4.55	4.30	2.53
5	文明演进价值	12. 文化文明价值	2.73	2.19	2.59	0.82
		13. 历史遗存价值	6.75	6.41	6.41	4.72
		14. 地理标志价值	2.27	2.42	2.42	1.42
		15. 地方情感价值	1.05	1.88	1.67	1.05
6	传统习俗价值	16. 节庆载体价值	3.64	3.44	3.23	1.62
		17. 民族习俗价值	1.09	4.61	4.89	2.17
7	伦理道德价值	18. 森林信仰价值（精神层面）	2.41	2.17	2.17	1.69
		19. 森林哲学价值（精神层面）	0.43	1.95	1.73	1.51
		20. 社会和谐价值（精神层面）	0.92	1.66	1.47	0.92
8	制度规范价值	21. 法律法规价值	0.67	0.81	0.72	0.67
		22. 乡规民约价值	0.58	0.70	0.62	0.17
综合权重得分			75.65	89.05	80.29	46.16
综合指标权重			1.51	1.78	1.61	0.92

根据以上三表可见：

一是不同区域森林文化价值评估权重凸显具有民众共识的主体价值。解析“自然保护地、国有林区和南方集体林区”“园林区域”“宗教文化圣地”等22个典型区域反馈的森林文化价值评估指标权重数据，8大类别的22项指标中，综合指标权重位于前6名的为：景观审美价值、体验价值、休闲价值、历史遗存价值、科普教育价值、民族习俗价值，而科普教育价值和民族习俗价值权重数据基本不相上下。其中：

景观审美价值：“自然保护地、国有林区和南方集体林区”约11.30；“园林区域”约12.16；“宗教文化圣地”约11.09。

体验价值:“自然保护地、国有林区和南方集体林区”约 9. 00;“园林区域”约 11. 19;“宗教文化圣地”约 9. 99。

休闲价值:“自然保护地、国有林区和南方集体林区”约 7. 39;“园林区域”约 9. 20;“宗教文化圣地”约 7. 24。

历史遗存价值:“自然保护地、国有林区和南方集体林区”约 5. 29;“园林区域”约 5. 79;“宗教文化圣地”约 6. 07。

科普教育价值:“自然保护地、国有林区和南方集体林区”约 4. 00;“园林区域”约 4. 32;“宗教文化圣地”约 3. 73。

民族习俗价值:“自然保护地、国有林区和南方集体林区”约 4. 16;“园林区域”约 4. 31;“宗教文化圣地”约 3. 19。

二是集体林区作为森林文化资源富集地,森林文化价值并未得到普遍重视与合理开发。解析综合指标权重,集体林区 4 县市的指标权重,最高者达 91. 49,最低者仅 43. 19,相对差距很大;自然保护地类 3 个单位和小兴安岭国有林区的指标权重相对差距不大,加权平均明显高于集体林区。

集体林区 4 县市森林覆盖率分别为 67%、88%、78%、79%,但是其综合指标权重却分别为 53. 58、43. 19、91. 46、62. 73,说明区域森林文化价值高低,并不单纯取决于森林资源本底价值;而森林文化价值指标体系是具象的,看得见、摸得到,可理解、公信度高,在森林文化价值评估中具有重要的制约作用。从另一个方面也说明,区域森林文化资源的深入挖掘和有效地开发利用,是森林文化价值的巨大潜力和乡村振兴的经济增长点。

三是不同区域的评估类别和评估指标必然有所侧重。森林文化价值评估综合指标体系基本覆盖全国各种森林文化类型及其表现形式,相对较为全面。但是不同区域、不同森林自然地理环境和社会人文环境,所培育的森林文化各具特色,其评估的侧重点和权重也各不相同。因此,必须根据具体区域实际情况,有针对性地选择评估类别和评估指标。如黔东南地区,珍藏有世界现今保存最完整、最系统、最集中的清代林业契约文书,馆藏数量达 6 万余件,承载着我国西南少数民族地区数百年林业经济史,价值堪与“敦煌文书”“徽州文书”比肩,是我国乃至世界保存较为完整、系统、集中的重要历史文献和珍贵民间档案。它的评估类别重点在于制度规范价值,因此,在此类别中的两项指标:法律法规价值权重达到 7. 92,乡规民约价值权重达 12. 94,远远高于其他案例。

(三)集体林区典型案例解析

在典型案例研究中,根据我国森林权属格局,特别选择了小兴安岭东北国有林区和南方集体林区7省7县市。其中以南方集体林区为例：

我国南方集体林区地处14个省(区、市)，是森林文化的富集地。其森林地理区位，涵盖了森林和野生动植物、森林—地质、森林—湿地、森林—园林、森林—古建筑、森林—宗教等多种类型。在全国4项世界文化与自然双重遗产中有3项，13项世界自然遗产中有11项，39个世界地质公园中有19个，位于南方集体林区；244处国家级自然风景区中有163处位于南方集体林区；而且，南方集体林区更是国家级、省级森林和野生动物类型自然保护区的半壁江山。森林居民是衡量森林文化价值的重要指标。一是南方集体林区森林居民人口众多，特别是广大林农与森林共生，势必会提升区域中森林文化价值量；二是南方集体林区是多民族聚居区域，各具民族特色的森林民俗文化、森林图腾信仰等丰富多彩；三是南方集体林区是古代诗书画圣地，特殊的地理结构、优美的森林景观和多元的民族风情，造就并吸引了古代诗书画名人大家，创作了大量蕴含森林文化审美价值的经典作品；四是古代名人志士在南方集体林区建立了多个书院，如古代著名的8大书院中，有5处即岳麓书院、白鹿洞书院、石鼓书院、鹅湖书院、东坡书院，都位于南方集体林区，学子们沐浴在森林环境之中，汲取森林文化的滋养。

表0-8　南方集体林区七县域森林文化价值评估

县域	森林常住人口(万人)	蓄积量(万立方米)	森林质量系数	森林文化综合系数	物理总量万/文年	人均可支配收入(万元)	人均GDP(万元)	森林文化价值量/PCDI(亿元/年)	森林文化价值量/GDP(亿元/年)
乐昌县	38.77	998.40	2.18	0.93	8.75	2.00	2.94	16.29	23.91
慈利县	46.96	751.70	1.13	1.07	7.29	1.45	2.98	11.29	23.25
丹江口市	30.41	744.40	1.26	1.85	8.79	1.79	4.82	29.06	78.34
崇义县	19.07	1386.00	3.31	0.86	6.11	1.27	3.88	6.67	20.38
华蓥市	15.01	120.00	1.26	0.98	4.14	2.12	5.20	8.63	21.11
龙泉市	18.54	1018.00	1.72	1.83	6.90	2.93	5.40	37.02	68.16
永安市	26.28	2370.00	4.29	1.25	11.42	2.71	10.93	38.65	155.99

分析南方集体林区森林文化价值评估(见表0-8)：一是森林资源本底状况(覆盖率、蓄积量、森林质量系数)相对重要，但是对评估价值物理量起关键作用的是森林人口，对评估价值量起关键作用的是森林文化综合系数。解析如下：

就森林人口指标来说，丹江口市和龙泉市森林文化综合系数接近，但是，丹江口市森林人口高于龙泉市，所以，丹江口市森林的文化物理量高于龙泉市。

就森林文化综合系数来说，慈利县、崇义县和龙泉市森林的文化物理量相对接近，但是龙泉市森林文化综合系数远高于这两县域，因此其森林文化价值量也远高于慈利县和崇义县。

在森林文化价值量方面，人均 GDP 或人均可支配收入指标同样非常重要。如崇义县 8 项指标中有 6 项指标均远高于华蓥市，森林的文化物理量超过近 48%，仅森林文化综合系数指标低于其 0.12，且人均 GDP 和人均可支配收入仅为华蓥市的 75%左右，但是在森林文化价值量上，两个县域非常接近。

七、全国森林文化分区研究

项目研究首次以全国森林文化分区的概念，融合森林自然地理与人文地理，图示全国森林文化分布。结合森林资源地理分区和历史演替状况，研究森林文化形态特征和发展规律；采用分项指标测定结果，分析不同时期、不同地域和不同民族森林文化的发展差异；揭示森林自然生态系统与人类森林文化发展的关系及其相互影响，提出森林文化保护利用和传承创新的方向。

依据全国文化分区、森林资源类型和主要分布特征，结合林业发展区划和地形地貌、山系地理分布情况，在 GIS 软件支持下，进行制图综合处理，将全国区划为东北森林文化、北方干旱半干旱森林与草原文化、青藏高原森林文化、云贵高原民族森林文化、黄河森林文化、长江森林文化、珠江森林文化、东南热带亚热带沿海森林文化等 8 个森林文化大区，25 个亚区及其具体范围；在此基础上，从物质、精神、制度、行为四个方面，梳理具象了 25 个亚区的主要森林文化及其类型，标明了历史演进中的带有区域特征和民族特色的森林文化，初步建立起我国森林文化分布空间数据库。着眼自然地理和森林文化分区，解析了："森林民族"和"大兴安岭精神"——东北森林文化区；保护每一株树木——北方干旱半干旱森林与草原文化区；森林与神同在——青藏高原森林文化区；与森林同居——云贵高原民族森林文化区；人与森林的天人关系——黄河森林文化区；邻林而居——长江森林文化区；森林是心灵栖息地——珠江森林文化区；森林与海相依——东南热带亚热带沿海森林文化区等，八大区域各具风采的森林文化特色。仅以其中东北森林文化区为例：

表 0-9　东北森林文化区表

区域	亚区	范围	主要森林文化及类型（物质、精神、制度、行为）
东北森林文化区	1.大兴安岭山地亚区	黑龙江北部和内蒙古东部的大兴安岭山地区	大兴安岭森林文化（森林版画、森林文学艺术、森林旅游），鄂伦春、鄂温克、赫哲族森林民族原生态森林文化（狩猎文化、驯鹿文化、白桦文化、图腾和萨满信仰，民族森林文化传承），国有森工林区文化（森工开发林区历史、天保工程、改革和现代林业发展建设、森工人文精神）
	2.小兴安岭与长白山山地丘陵亚区	黑龙江省除大兴安岭以外的山地丘陵区，以及吉林东部、辽宁东部山地丘陵区	小兴安岭森林文化（沙俄、日寇掠夺森林，淘金等历史、红松文化、森林文学艺术、森林旅游）；长白山原始林森林文化历史（早期森林狩猎文化，沙俄、日寇掠夺森林）；林区开发历史与文化（森工开发林区历史、天保工程、改革和现代林业发展建设、森工人文精神）；朝鲜族、满族森林文化和民族习俗，森林中的抗联历史，森林粮食—栎类文化，林下种养殖文化经济（梅花鹿、林蛙、人参文化）；清朝发祥地森林文化
	3.东北与三江平原亚区	辽宁中部与北部、吉林中部和北部、黑龙江的东北平原和三江平原地区	古辽河文明，北大荒和三江平原开发历史与森林文化，三北防护林建设文化（农田防护林、农林间作），森林粮食文化，木材与林产品加工文化

八、中华文明根基中的森林文化价值

为夯实项目立意的基础，本书另辟蹊径，通过挖掘中华文明根基中的森林文化价值，解析森林对汉字起源的影响及其文化价值、古代典籍中的森林文化、历代林业管理体制及森林法制文化、人类衣食住行用和民族习俗中的森林文化，以及森林文化的时代价值等，深刻地揭示出森林是人类文明的摇篮之一，人类与森林共生的文化价值是根基性的。

（一）森林对汉字起源的影响及其文化价值

华夏先祖们依存于森林劳作造物的社会生活，涉及人对森林千姿百态的生态物象、木竹花草、鸟兽禽虫、山体水流等的形象、色彩、气味、功能、妙趣等多个层面的切身体验、心灵感悟和审美意向、品格象征，对汉字构成产生了巨大的影响，成为汉字的重要起源之一。我国古代第一部阐述字源、解析字义的权威之作——东汉许慎的《说文解字》共有正篆字 9353 个。经统计分析（见图 0-1），其中源于森林树木（竹、木）的部首成字，木部有 421 个，林部有 9 个，竹部有 147 个，東部有 2 个；源于森林生态系统范畴或与之关联的部首成字，动物部有 750 个（已筛除“鱼、龍、黽、黽”等无关部首成字 124 个），艸部有 445 个，共计 1774 个，占《说文解字》正篆总字数的

18.97%；而感悟于森林生态系统自然规律，所创造出的具有引申义的汉字更是不胜枚举。其构字雏形特征鲜明，本义及引申义渗透着华夏民族森林文化的传统理念、信仰和习俗，作为中国文化的基石传承至今，在现代汉语中广泛应用。

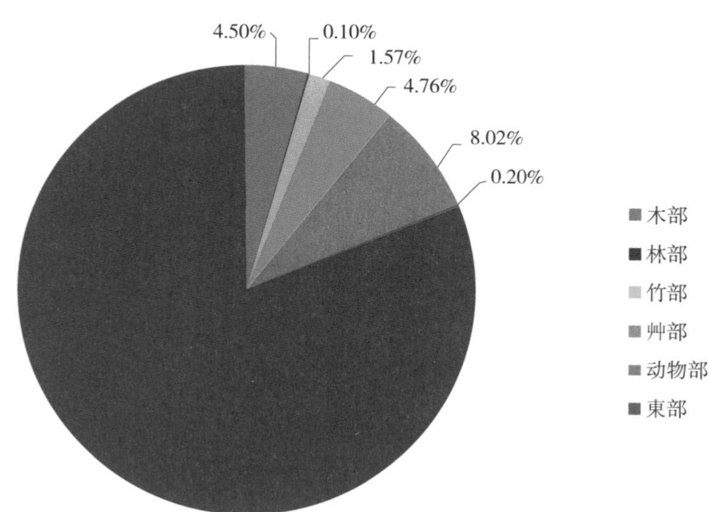

图 0-1　源于森林的正篆汉字分类比例

古人敬畏自然，汉字创造中有相当一部分源自依存于森林的生活感知，蕴含着森林崇拜的深邃意念。例如：木，象形字，本义是树木。“木”也作为五行之一，代表具有生长、升发、繁衍生息等作用或性质的事物。东字与森林有关，且东方“五行属木”。《说文解字》：“东，动也；会意，从木。”《白虎通・五行》：“东方者，动方也。万物始动生也。”而中国位于世界的东方，中华文化对“东”字和东方有着特别的尊崇和偏爱。

森林文化常常与最神圣的事情联系在一起，祈福、护佑、祭祀，寄托美好愿景。如古代所谓“社稷”，也作国家的象征①，《说文解字》：封（[illegible]）字本义是培植树木。古人常以培土种树作为界限，称为“封疆画界”②。

如节（[illegible]），《说文解字》：节，竹约也。本义为竹节，引申为节制、自律、局限，关节、节奏，节操、气节等义。

如麓（[illegible]），甲骨文[illegible]表示鹿在森林中生活；《说文解字》亦指“麓，守山林吏也”。法[illegible]原作灋，廌形如野牛，一只角，传说它能明辨是非曲直。引申为执法公平，有刑法之义。

---

① 王力主编：《古代汉语》（校订重排本）第 1 册，中华书局 1999 年版，第 237 页。

② （东汉）许慎原著，吴苏仪编著：《图解〈说文解字〉画说汉字——1000 个汉字的故事》，陕西师范大学出版社 2011 年版，第 99 页。

如华（華、𠌶），本义是树木的花，也是花的本字。《尔雅·释草》："木谓之华，草谓之荣。"《尚书正义》注："冕服华章曰华，大国曰夏。""华文化"世代绵延、传承铺展，"华"字进入国家的名号，成为中华民族多元一体、血脉相连、国家昌盛的美好象征！

（二）古代典籍中的森林文化价值

1.《诗经》中的森林文化价值

《诗经》收集了公元前 11 世纪至公元前 6 世纪（西周初年至春秋中叶）共约 500 多年的诗歌，现存 305 篇。其中以林木、竹、藤和动植物作为铺陈、类比、起兴对象的诗歌就有 123 首，约占《诗经》诗歌总数的 40.3%。包括：主要涉及林木或以其比兴为诗的 70 首，主要涉及竹类或以其比兴为诗的 10 首，主要涉及木本花类或以其比兴为诗的 11 首，主要涉及木本果实类或以其比兴为诗的 6 首，主要涉及与森林有关的野生动物类或以其比兴为诗的 26 首。

这些诗将人对森林及与森林相关的竹藤、花卉、鸟兽等的外观、习性与人物形象、品性联系起来，以诗歌的艺术形态，通过铺陈直叙、类比借喻、触物起兴等创作手法，重章叠句、反复吟咏、一唱三叹等表现形式，反映了古代人类对森林资源极大的依存性和由此而源发的森林文化主体地位；揭示了人类依托森林资源开拓农耕空间和草原畜牧等文明演进历史中的文化渊源；抒发了对自然万象、人间百态的感慨；对美好爱情的追求，对辛勤劳作和社会民生的倾诉；对贤者君子的赞赏，对统治者和征战杀戮的愤慨；等等，体现了森林文化纵横拓展的巨大张力和深厚丰富的内涵。

《诗经》中与森林相关的诗篇，还衍生出多个熟语、成语典故和日常惯用语等，传承至今并广泛运用。更有植根于森林文化的中华人文品格。感悟于"梅兰竹菊""松柏杨柳""樟楠杉檀"等森林植物生态习性，挖掘其内在的精神象征，以喻志、以比德的民族情怀和审美境界，彰显森林文化价值。

2.《山海经》与古代人类神树文化的图腾崇拜

《山海经》约成书于战国至汉初时期，是一本图文合璧、富于神话传说色彩的古代地理名著和志怪奇书，现存 18 篇。

我国古代传说中的神树多出自《山海经》。如太阳东升于扶桑，西下于若木；被视为天梯，贯通天地人神的建木；竦枝千里，上干云天的寻木；天帝栖息居住的帝休树和帝屋树；吃其果而不溺水的沙棠树；人食之可得长生的不死树；蚩尤刑具化作的枫木；能够引路、凤凰栖息的迷谷树等多种神树。

《山海经》所记述的我国古代不同地理区位生长着的多种神奇树木和描绘的关于树木的神话故事，出现的多种奇禽怪兽，驰骋着人类对森林野生动植物的自由而大胆、夸张而奇幻的想象；彰显着人类对未来能力的追求，对人间美好事物的向往。

神树（圣树）和动物崇拜是具有世界性和民族性的一种历史悠久、影响深远的森林文化现象，由此而延展产生了异常丰富的关于树木和动物崇拜的民间神话传说和不同区域、不同民族关于神树和动物图腾信仰的风俗习惯。《山海经》反映了人类历史的初级阶段与森林息息相关的自身行为、社会活动，体现了"天地感应""万物有灵""天人合一""物我共生"的原始生态文化理念。

3. 中国古代森林资源及其经营管理的主要著作

汉代的《氾胜之书》是我国现存最早的一部农林专著；晋代的《南方草木状》是我国现存最早的关于岭南地区草、木、果类植物的专著；南北朝时期的《竹谱》是我国最早的竹类专著，《齐民要术》为中国古代五大农书之首，是中国现存最早的一部完整的农书；唐代的《茶经》是中国乃至世界现存最早、最完整、最全面介绍茶的第一部专著，被誉为"茶叶百科全书"，《园庭草木疏》是我国最早的一部地方花卉园艺书籍；明代的《农政全书》介绍了农政措施和农业技术；清代乾隆组织编辑的《授时通考》，教授农民森林经营等技术。

（三）建立机构和法典维护森林的制度文明

中国是世界上最早制定森林保护与培育法典的国家。早在尧舜时期，中国就建立了森林资源保护与培育的行政机构和法典。

我国法律起源于夏朝。早期林业法律生发于人类无节制利用和毁坏森林的生态困境，遵循于森林生态自然规律。因而，择时禁伐是法制重点，其中也包括倡导植树造林、税收激励和适度放开等制度。周朝设管理山林之官为虞，管理林麓之官为衡，管理江河之官为川衡，管理湖泊之官为泽虞。"虞衡制"对历代政府森林管理机构设置影响深远。

新中国森林法制建设与时俱进、创新发展，设立了专司森林和野生动植物资源管理的国家林业主管部门，先后颁布了《森林法》《野生动物保护法》《自然保护区条例》等一系列法律法规和实施政策。国务院机构改革后，国家自然资源部履行全民所有的自然资源资产所有者职责和国土空间用途管制职责，形成了山水林田湖草综合治理的管理体制和具有中国特色社会主义的生态文明建设法制管理体系。

（四）新时代森林文化价值

新时代生态文明建设进程中，森林文化价值创造性转化、创新性发展，其精髓融入现代科学理念与行为方式，追求人与自然更高层次的和谐。“绿水青山就是金山银山”“维护山水田林湖草生命共同体”的生态价值观，成为治国理政、乡村振兴的重要方略。森林文化呈现多元的表现形态、民族基因、时尚精神和人文品格，彰显出自然和文化遗产别具异彩的珍贵价值。

目前，全国已有近 400 个城市在开展森林城市建设，其中 194 个获得“国家森林城市”称号；11 个省份开展了森林城市群建设，19 个省份开展了“省级森林城市”建设；建成了一大批森林县城、森林小镇和森林村庄。一个山水林田湖草综合治理，跨区域、覆盖城乡的，具有中国特色的森林城市和森林城市群建设体系正在形成。“十三五”时期，中国自然保护地约占国土面积的 18%以上，以国家公园为主体的自然保护地体系，已经成为我国生态建设的核心载体；各地发展森林体验、森林康养、自然教育、森林民俗民宿等新业态新产品不断生发，12 条国家森林步道途经 20 个省份，森林文化以多种路径、形态和形式，融入生态文明建设和乡村振兴大业。

在物质方面，森林文化关乎人类衣食住行用；在精神方面，森林文化融入中华文化，将“天地人”联系在一起，深谙“和实生物，同则不继”。[①] 森林文化作为创造和发展中华文化的基础力量，正以其契合时代的文化价值和日益增长的社会经济效益，融入新时代生态文明建设的各方面和全过程。

九、森林文化价值评估建议

本研究发现，“人与森林共生时间”的核心理论和森林文化价值评估方法，可以应用于区域森林文化价值和政府生态文明建设政绩评估、对现实森林的文化服务能力评估、探索森林生态系统生产总值测算以及未来发展战略的规划。

---

① 邱锋：《论〈国语·郑语〉产生的地域和时代》，《甘肃社会科学》2007 年第 2 期。

（一）对不同类型的具有典型性、代表性的试验区开展试算，深化森林文化服务功能的量化评估

进一步提升模型精度、细化不同类别的评估因子，不断修正和完善评估指标体系和评估方法。尝试将森林文化价值评估指标体系和森林文化价值评估方法，逐步纳入经济社会发展综合评估体系，用于森林文化价值物理量和价值量的评估，作为森林城市、森林村镇、生态文化村和自然保护地等评选和政府政绩考核制度的内容之一，重点评估森林文化资源的原真性、完整性和传承创新性。

（二）以价值评估为国家普惠政策制定提供基础依据

森林文化福祉分享和社会公平问题，应当成为进一步深化项目研究的重点内容，为国家普惠政策制定提供基础依据。伴随森林城市群的兴起，森林小镇、美丽乡村的建设，以及国家自然保护地区划的不断完善，利用森林文化价值评估理论和方法，在具有历史传承和科研教育价值的森林文化原生地建设没有围墙的博物馆，以保护传承、创新发展为目的，以原住民为主体，合理开发利用森林的自然人文资源，创新经营机制、培育新型业态，打造富有文化内涵、地方特色、民族风格和观赏价值的系列品牌，逐步形成森林城市、森林村镇原生森林文化板块有机链接格局，实现森林文化与其原生地、原住民一体保护发展和森林文化经济社会效益双赢，成为乡村振兴、文化惠民的坚强支撑。

（三）运用互联网科技拓展价值评估覆盖面

开展宽领域、广覆盖的大数据矩阵分析价值评估。在森林文化富集地利用互联网进行社交媒体分享等，提升森林文化价值研究普查质量、评估精度、社会公信度和贡献率。

（四）进一步深化完善研究

森林文化价值评估，作为一种新方法，面对现实的复杂因素，在依据人与森林共生时间，并引入森林文化价值评估指标体系综合指标系数，反映森林文化价值梯度差异的同时，尚需要进一步在指标选择、参数构建等方面，深入细分和量化研究，使其逐步趋于完善、更加贴合实际。

上　篇

理论与方法

第一章　中国森林文化价值评估方法

森林是陆地生态系统的主体，是人类文明诞生的摇篮，具有生态、经济、社会、文化等多种服务价值。如何认识和提升森林价值，让森林造福人类，自20世纪90年代以来，成为林学家、生态学家们研究和关注的热点问题。1993年，北京林业大学徐化成教授发表《森林的价值观》一文，讨论了森林价值观的相关问题，提出了"充分协调森林各种价值的多重价值观"，并认为"它决定了今后林业发展的方向"。① 1997年，R.Costanza等学者对全球生态系统服务和自然资本的价值进行了评估，在全球引起广泛关注。2005年，联合国千年生态系统评估委员会公布《生态系统与人类福祉：综合报告》。上述研究都关注了森林和生态系统的多重价值，其中文化价值也包含在内。

随着研究的不断深入，对森林经济和生态服务功能价值的量化评估方法已相对成熟，然而对于森林文化价值的量化评估方法却仍处在探索中。李文华院士在2008年出版的《生态系统服务功能价值评估的理论、方法与应用》中写道："由于生态系统的复杂性和科学认识的局限性，目前对于生态系统的一些服务功能还无法进行定量化描述和评价，如一些文化服务功能、对生命价值的估计等。"②近年来，尽管学界在中国森林生态系统服务功能研究、中国森林资源核算研究领域都取得一些新的成果，但是这些研究主要还是侧重森林的生态和经济价值。中国森林资源核算研究项目组在研究展望时指出："此次研究仅开展了林地林木资源和森林生态服务两个方面的核算，还不是一个完整的森林资源核算。今后，还需要进一步开展森林社

---

① 徐化成：《森林的价值观》，《世界林业研究》1993年第4期。

② 李文华等：《生态系统服务功能价值评估的理论、方法与应用》，中国人民大学出版社2008年版，第8页。

会文化价值……核算等。"①因此，在当前人们对于生态环境和生态文化的需求不断增长的情况下，研究森林文化价值评估和提升的理论与方法，对于充分认识和培育森林价值，满足人民群众日益增长的绿色生活需求，推进生态文明建设，都具有重要的学术意义和应用价值。

第一节　森林文化的基本含义

一、内涵与外延

森林文化价值（或称森林的社会效益、森林的文化服务），是森林价值的重要组成部分，是森林对人类的身体健康、生活质量和精神发展所产生的积极影响，直接关系着人民的健康状况、生活质量和幸福指数。提高森林文化价值对于生态文明建设具有重要意义。关于森林的价值（或效益），《中国大百科全书・农业卷》中的"森林效益"词条（熊文愈、周重光撰写）认为包括经济效益、生态效益和社会效益 3 个方面。其中，社会效益，表现为森林对人类生存、生育、居住、活动以及在人的心理、情绪、感觉、教育等方面所产生的作用。② 国外通常是将森林文化价值作为森林生态系统服务的主要内容之一，称之为"森林的文化服务"。在全球层面，联合国《千年生态系统评估报告》将生态系统服务划分为对人类具有直接影响的供给服务、调节服务、文化服务以及维持这些服务所必需的支持服务。其中，文化服务是指通过精神满足、发展认知、思考、消遣和体验美感而使人类从生态系统获得的非物质惠益。同时，报告明确指出，文化服务中的精神和宗教价值以及美学价值正在退化。

二、产生和发展

森林虽然具有多重价值，但是不同时代、不同条件下人对森林价值的认识和利用并不一样。因为所谓"价值"在本质上是反映某种事物满足人们

① 中国森林资源核算研究项目组编：《生态文明制度构建中的中国森林资源核算研究》，中国林业出版社 2015 年版，第 172 页。

② 中国大百科全书编委会：《中国大百科全书・农业卷》，中国大百科全书出版社 1992 年版，第 973—974 页。

需要的概念，具有很强的主体性和时代性。

在生产力低下的农业文明时代，人们为满足衣食住行的基本需求，而更重视森林的经济价值，即提供烧柴、提供木材建设房屋、提供蚕桑解决穿衣、提供木本粮油解决吃饭等。那个时代，只有少数人（官僚地主阶级）才有条件游山玩水、建设园林，享受森林美景和精神娱乐。

随着工业化和城市的发展，工业文明兴起，人类大肆砍伐森林并污染环境，因生态破坏导致的生态危机日益严重，于是森林改善生态的功能逐渐得到社会的广泛认识和认真对待，人们开始注重加强生态公益林的保护和自然保护区的建设，生态环境得到一定恢复。我国则开展了天然林保护、退耕还林等生态工程建设。但是，这个时代人普遍追逐物质利益，对森林的文化功能仍没有给予足够重视。

在生态危机逼迫和信息技术拉动之下，人类迈入生态文明门槛。人类不仅需要森林提供山清水秀的生存环境和可再生的生物产品，而且需要森林提供生态化、园林化、艺术化相融合的文化服务。用发展的眼光看，我国现在及将来更加需要发挥森林文化价值，建设文化价值高的森林，可持续性地发展人文林业，满足人们对森林的审美、历史、科学、教育、康养、游憩等文化需求。

三、价值构成

中国学术界认为，森林的社会效益难以与生态效益截然分开。森林有益于人体健康。森林常成为疗养的理想场所，还可为人们提供游憩的场所和陶冶性情的环境条件。同时，森林还可为多种科学研究，如遗传、进化、生态和水文研究等提供科研材料或基地。美国环境伦理学家霍尔姆斯·罗尔斯顿（Holmes Rolston）在《环境伦理学》中，提出了自然生态系统的 14 种价值：生命支撑价值、经济价值、消遣价值、科学价值、审美价值、使基因多样化的价值、历史价值、文化象征的价值、塑造性格的价值、多样性与统一性的价值、稳定性和自发性的价值、辩证的价值、生命的价值、宗教价值。①《千年生态系统评估报告》将生态系统的文化服务概括为：文化多元性、精神与宗教价值、知识体系、教育价值、灵感、美学价值、社会关系、地方感、文化遗产

① ［美］霍尔姆斯·罗尔斯顿：《环境伦理学》，杨通进译，中国社会科学出版社 2000 年版，第 254 页。

价值、消遣与生态旅游 10 个方面。① 根据森林对人类精神产生的影响，课题组将森林文化价值归纳为审美艺术、身心康养、休闲旅游、科研教育、文明演进、传统习俗、伦理道德、制度规范 8 个类型 22 项细目（见表 1-1）。对森林文化价值类型的划分是相对的，就森林体验者来说，文化价值通常作为整体而起作用。

表 1-1　森林文化价值的基本构成

价值类型	价值细目
审美艺术价值	包括景观审美、文艺创作、文艺产品价值
身心康养价值	包括疗养、保健、宜居价值
休闲旅游价值	包括休闲、体验、娱乐价值
科研教育价值	包括科学研究、科普教育价值
文明演进价值	包括文化文明、历史遗存、地理标志、地方情感价值
传统习俗价值	包括节庆载体、民族习俗价值
伦理道德价值	包括森林信仰、森林哲学、社会和谐价值
制度规范	包括法律法规、乡规民约价值

第二节　评估方法建立

一、价值评估相关理论

森林文化价值评估，所评估的是森林与人交际中所产生的文化现象，是从价值的角度评估森林对人的服务能力或者满足人的需求的能力。这涉及以下相关理论：

（1）时间价值理论。森林文化价值，与人在森林中停留、互动共生的时间成正比。时间越长，表明森林文化价值越高。

（2）劳动价值理论。森林凝结了人的劳动，人的劳动也是森林文化价值形成的重要因素。

（3）自然价值理论。森林文化价值是自然价值的重要体现，价值的高低与自然力的作用、自然要素的组合都有密切的关系。

---

① Millennium Ecosystem Assessment, *Ecosystems and Human Well-being*: *Synthesis*, Washington D.C.: Island Press, 2005, p.B40.

（4）协同理论。森林文化价值作为一个价值系统，由诸多子系统构成，它的价值并不是各子系统价值的简单相加，而是整体协同的结果。

（5）梯度理论。在不同区域的森林中，森林文化价值存在梯度差异。这些理论为评估和发展森林文化价值提供了理论基础。

二、森林文化价值物理量相关理论

（一）森林文化价值物理量概念

森林文化价值物理量是作为森林生态系统文化服务的价值尺度和计量工具提出的，其主要作用是根据森林文化价值特点提出的一种价值尺度，从而实现对森林文化价值的实物核算，即其物理量的统计，解决森林文化价值由于非物质性难以衡量的问题，并为其货币化计算提供桥梁。

（二）时间作为价值尺度的有效性

西方经济学理论认为边际效用是价值产生的基础，由于时间的客观性，对所有人而言其时间的物理总量是一样的，在这一条件约束下，人的整体最优效用是在工作时间和闲暇时间寻求总体最优的时间使用，其使用原则是获得收入的边际效用和闲暇时间使用带来的边际效用相同。这要求人们将时间进行分割，然后在劳动时间、闲暇时间等时间使用中寻求最优选择。① 同样在闲暇时间的使用上也遵守着相同的原则，即人们会选择将时间消费在能带来最高效用的闲暇使用上，确保每一单位时间使用的边际效用相同，所以人们投入的时间越多便意味着该事项给他带来的效用越大，对他而言价值也就越大。同时，时间作为一种物质基本要素，具有客观性和普遍性的特征，人和其他事物的关系都会存在明显的时间关联，这种关系重要程度和时间投入长度有着深刻联系，而森林文化价值的产生首先体现在人与森林在同一时空下的互动，互动的时间则是人们需求最优化的选择，这种选择可以无须通过交换或替代来体现森林文化价值量，具有更直接性和准确性，所以时间作为价值尺度将更具合理性。

（三）森林文化价值物理量的单位量

森林文化价值的评估难点在于它所展现的价值来自人的主观感受。而

① 邵文武、鞠东霖、王永军：《基于时间约束的消费者选择理论与模型研究》，《商业研究》2013 年第 10 期。

人的主观感受是一个复杂的心理过程,从信息输入到输出是一个“黑箱”过程,缺乏有效测量的工具和手段。但是这种价值输出有一个表象化结果,那就是人们根据自己的偏好乐于将时间投入到能够给自己带来更高效用的地方。正如在传统经济学里消费者将货币作为“选票”购买对自己效用最大的商品,用货币数量体现商品的价值量。同样,森林文化受益者通过用脚投票的方式,以时间作为“选票”投向能够给自己带来最大精神效用的森林,以时间投入量来体现出森林文化价值量。

此外,森林文化价值的本源是森林生态系统的物理环境和位置,其实现是森林文化受益主体通过森林文化活动在森林空间中获得愉悦感及满足感等福利,正如斯金纳在其操作性条件反射理论中提出如果某一行为能给人带来使其快乐、满足和幸福的感觉,那么人们会倾向重复这一行为,即所谓的正强化,即投入的时间会更长。

在生态学里对种群密度的调节提出了内源性自动调节理论,从行为、内分泌、遗传等角度提出一个物种种群密度有一个最佳生存密度,当这个密度过大时,种群内部就会产生分化,由内部调节机制来遏制种群的持续增长。① 对已经成为食物链顶端的人类而言,这种影响依然存在,德斯蒙德·莫里斯在《人类动物园》中指出当今社会人们大量聚集在大城市,就如同拥挤在笼子里的动物,而超级群落里等级分化竞争烙印在人类的方方面面,即便是生活中不存在明显竞争,也会因为人口密度过大,缺乏相应的空间而表现出潜意识的压迫感,从而产生焦虑等不良情绪。② 而当人们来到森林等开阔地带,因为空间密度的放大而产生舒适感,这种感觉会随着人们回到城市逐渐消失。

从进化论角度看,人们天生具有亲生命性,喜欢与花草树木为伴,并且根植于基因,从本能上推进人们向往自然。③ 而复杂的城市生活使人疲于应付,精神紧张,情绪易怒,使人想要逃离,④而森林可以提供恢复性环境促进人身心恢复,从而产生持续的吸引力。其文化服务能力越强,则使人乐于投入的时间就会越长,因此森林文化受益者在森林中停留时间的长短可以

① 孙儒泳等:《基础生态学》,高等教育出版社 2002 年版,第 81 页。

② [英]德斯蒙德·莫里斯:《人类动物园》,刘文荣译,文汇出版社 2002 年版,第 27—30 页。

③ S.Kaplan,“The Restorative Benefits of Nature:Toward an Integrative Framework”,*Journal of Environmental Psychology*,Vol.15,No.3(1995),pp.169-182.

④ T.R.Herzog,Colleen,P.Maguire,“Assessing the Restorative Components of Environments”,*Journal of Environmental Psychology*,Vol.23,No.2(2003),pp.159-170.

作为一种有效的指示物来反映森林对人的文化服务效用。

基于上述理论，我们通过深入的研究和分析而认识到，森林文化价值实质上反映着森林对人的吸引力和服务能力，是森林的人气指数和服务水准，可用“人与森林共生时间”的长短来衡量。它有两种表达形式：一是从森林角度，森林文化价值可用一年之中在某片森林旅游休闲康养的人们所停留的时间总和来体现；二是从人的角度，用一年当中人们平均在森林中休闲康养生活的时间来反映。因此我们将森林文化价值物理量的单位量设定为1人1年（8760小时）的时间量，即每人8760小时作为一个森林文化计量单位，称为“1文年”。

三、评估方法

步骤1：定性预评估

为了解某区域森林是否具有文化价值，具有哪些方面的文化价值，需要进行定性预评估。预评估的方法，可采用半结构化访谈、压力—状态—响应模型（PSR）、输入—输出—产出—影响框架的调研方法和分析思路进行考察和评估。

步骤2：物理量测度

所谓物理量，是指森林文化价值实现过程中发生的实物的数量，用人与森林共生时间来反映，以一年内服务人的时间流量来体现。物理量评估是评估森林文化价值产生的基本依据的方法，计算的是森林一年内为森林文化受益者提供的总时间。

步骤3：货币化价值计量

货币化价值计量是通过货币化，评估森林文化价值总量的方法。正如上文所论述的，森林文化受益者会根据偏好实现森林停留时间和其他时间的边际效用均衡，从而为森林文化物理量货币化计算提供了理论基础，在这里平均一个人一年时间创造的价值可以用人均GDP来表现。

同时由于森林文化价值具有多层次性，信息存在不对称，使普通人难以完全体验森林文化价值，需要更专业的知识和经验才能更全面的评估森林文化价值。另外，由于森林文化资源的类型、级别及存在区域等都有着显著的不同，给人带来的效用也不尽相同，在同样的时间内高质量的森林文化资源无疑给人带来的效用更高，如果对所有停留时间给予同样的货币表现会出现计算误差。为了更好体现森林文化价值，我们引入了森林文化综合指标系数(主要由53个体现森林文化价值的指标构成,通过定性的方式体现森林文化价值的质量,详见前文,取值在0—2之间),通过专家赋值的方式对森林文化物理量的时间价值进行修正。

(一)自然保护地森林文化价值量评估

参照国家林业和草原局职能界定,本项目所指的自然保护地区域,是以森林生态系统为主体的国家公园、自然保护区、世界自然遗产与文化遗产地、国家森林公园、风景名胜区和地质公园等类型区域。

1.自然保护地森林文化价值物理量

自然保护地森林文化价值物理量(Cultural Physical Values of Forests in Nature Reserves, Vrp)具体计算公式如下:

$$Vrp = \sum_{i=1}^{n} \frac{Pr_i \times Tr_i}{8760} \tag{1-1}$$

公式中:Vrp 为一年内自然保护地森林文化价值物理量,单位:文年;Pr_i 为第 i 个自然保护地森林的文化年受益人数(People of Beneficiaries of Forest Culture in Nature Reserves);Tr_i为第 i 个自然保护地年人均人与森林共生时间(Symbiosis Time between Man and Forest),单位:h;8760为一年的小时数。

其中:

$$Tr = \sum_{i=1}^{n} Trt_i \times F_i \tag{1-2}$$

公式中:Tr 为自然保护地年人均人与森林共生时间,单位:h;Trt_i为第 i 个自然保护地中年人均游憩时间,单位:h;F_i为第 i 个区域内林木覆盖率或森林覆盖率(Forest Cover Rate)。

2.自然保护地森林文化价值量

自然保护地森林文化价值量(Cultural Values of Forests in Nature Reserves, Vr)具体计算公式如下:

$$Vr = \sum_{i=1}^{n} Vrp_i \times \alpha_i \times G_i \tag{1-3}$$

公式中:Vr 为一年内自然保护地森林文化价值量,单位:CNY;Vrp_i为第 i 个自然保护地一年内森林文化价值物理量,单位:cy; α_i 为森林文化价值综合指标系数(Comprehensive Index Coefficient of Forest Cultural Value),根据“森林文化价值指标体系”各项指标权重总得分,获得0—2之间的标准化系数；G_i为第 i 个自然保护地所在区域内人均国内生产总值（GDP）或人均居民可支配收入（PCDI），单位：CNY。

（二）园林区域森林文化价值量评估

1.园林区域森林文化价值物理量

园林区域森林文化价值物理量（Cultural Physical Values of Forests in Garden Area, Vgp）计算公式如下：

$$Vgp = \sum_{i=1}^{n} \frac{Pg_i \times Tg_i}{8760} \tag{1-4}$$

公式中：Vgp 为园林区域年均森林文化价值物理量，单位：cy；Pg_i为第 i 个区域内园林区域园林年度游憩人数；Tg_i为第 i 个园林区域中人与森林人均共生时间，单位：h；8760 为一年的小时数。

其中，园林区域中人与森林人均共生时间（Tg）的计算公式为：

$$Tg = \sum_{i=1}^{n} Tgt_i \times F_i \tag{1-5}$$

公式中：Tg 为园林区域中人与森林人均共生时间，单位：h；Tgt_i为第 i 个园林区域中人均游憩时间，单位：h；F_i为第 i 个区域内林木覆盖率或森林覆盖率。

2.园林区域森林文化价值量

园林区域森林文化价值量参考森林文化价值量计算方法，园林区域森林文化价值量（Cultural Values of Forests in Garden Area, Vg）计算公式如下：

$$Vg = \sum_{i=1}^{n} Vgp_i \times \alpha_i \times G_i \tag{1-6}$$

公式中：Vg 为一年内园林区域森林文化价值量，单位：CNY；Vgp_i为第 i 个区域一年内园林的文化价值物理量，单位：cy；G_i为第 i 个园林所在区域内人均 GDP 或 PCDI，单位：CNY；α_i 为森林文化价值综合指标系数，根据“森林文化价值指标体系”各项指标权重总得分，获得 0—2 之间的标准化系数。

（三）非森林类型游憩区域森林文化价值量评估

非森林类型游憩区域一般指道教名山、佛教名山、地质公园、海洋公园、湿地公园等游憩区域。该区域森林文化价值核算，以森林的文化受益者比例(即以森林树木和野生动植物自然人文景观休闲旅游、身心康养、科学考察、历史研究、科普教育等主要动机和偏好的游客所占比例)为主要衡量因子,剥离了与森林文化价值无关的部分。

1.非森林生态系统为主体的游憩区森林文化价值物理量

参考森林文化价值量计算方法,非森林生态系统为主体的游憩区森林文化价值物理量(Cultural Physical Values of Forests in Non-forest Ecosystems, *Vep*)计算公式如下:

$$Vep = \sum_{i=1}^{n} \frac{Pe_i \times Te_i}{8760} \tag{1-7}$$

公式中:*Vep* 为一年内非森林生态系统为主体的游憩区森林文化价值物理量,单位:cy;Pe_i为第 i 个区域内森林的文化年受益人数;Te_i为第 i 个区域中人与森林共生时间,单位:h;8760 为一年的小时数。

其中,*Pe* 的计算公式为:

$$Pe = \sum_{i=1}^{n} Pc_i \times B_i \tag{1-8}$$

公式中:Pc_i为第 i 个区域文化年受益人数;B_i为第 i 个区域内该年森林的文化受益者比例。

区域中,人与森林人均共生时间(*Te*)的计算公式为:

$$Te = \sum_{i=1}^{n} Tet_i \times F_i \tag{1-9}$$

公式中:*Te* 为区域中人与森林人均共生时间,单位:h;Tet_i为第 i 个区域中人均游憩时间,单位:h,F_i为第 i 个区域内林木覆盖率或森林覆盖率。

2.非森林生态系统为主体的游憩区森林文化价值量

非森林生态系统为主体的游憩区森林文化价值量(Cultural Values of Forests in Non-forest Ecosystems, *Ve*)计算公式如下:

$$Ve = \sum_{i=1}^{n} Vep_i \times \alpha_i \times G_i \tag{1-10}$$

公式中:*Ve* 为非森林生态系统为主体的游憩区森林文化价值量,单位:CNY;Vep_i为第 i 个区域内一年内非森林生态系统为主体的游憩区森林文化价值物理量,单位:CNY;α_i 为森林综合指标系数,根据“森林文化价值指标体系”各项指标权重总得分,获得 0—2 之间的标准化系数;G_i为第 i 个自然保护地所在区域内人均 GDP 或 PCDI,单位:CNY。

（四）行政区域森林文化价值量评估

森林的文化服务功能的水平高低与森林资源的丰富度及质量有密切关系，而且其服务具有溢出效应。即使人不进入森林，森林也会对附近的人产生一定的文化服务，如康养保健、艺术熏陶、文化创意等价值。

根据全国、省级、地级市、县级行政区域划分，区域范围内森林文化价值主要由两部分组成：一是基本价值，即区域常住人口与流动人口，人与森林共生时间所反映的价值；二是专项价值，即森林的文化活动过程中，人与森林共生时间所反映的价值。

1.区域森林文化价值物理量

区域森林文化价值物理量（Cultural Physical Values of Regional Forest，*Vp*）为区域中常住人口与流动人口所受益的区域森林文化价值物理量（Cultural Physical Values of Forests in Native and Outlander，*Vpn*，*Vpo*）之和。计算公式为：

$$Vp = \sum_{i=1}^{n} (Vpn_i + Vpo_i) \qquad (1-11)$$

公式中：Vp 为区域森林文化价值物理量，单位：cy；Vpn_i为第 i 个区域中常住人口所受益的区域森林文化价值物理量，单位：cy；Vpo_i为第 i 个区域中流动人口所受益的区域森林文化价值物理量，单位：cy。

区域常住人口所受益的森林的文化物理量（Vpn）计算公式如下：

$$Vpn = \sum_{i=1}^{n} Pn_i \times Q_i \times Tf_i \qquad (1-12)$$

公式中：Vpn 为区域常住人口所受益的森林的文化物理量，单位：cy；Pn_i为本年度内第 i 个区域内森林常住人口，单位：人；Q_i为本年度内第 i 个区域内森林质量系数；Tf_i 为区域内森林共生的基本生活时间，单位：h，根据国家统计局研究，基于森林共生的基本生活时间共计 2h/d，约 0.0833 年①，此外，根据中国社会科学院旅游研究中心研究显示，2017 年中国人每天平均休闲时间为 2.27h②，根据就低原则，取值 2h/d。

其中：

区域内森林常住人口（Pn）计算公式如下：

$$Pn = \sum_{i=1}^{n} P_i \times F_i \qquad (1-13)$$

---

① 国家统计局：《2018 年全国时间利用调查公报》，《中国统计》2019 年第 2 期。

② 宋瑞主编：《休闲绿皮书：2017～2018 年中国休闲发展报告》，社会科学文献出版社 2018 年版，第 1—2 页。

公式中：Pn_i为区域内森林常住人口，单位：人；P_i为本年度内第 i 个区域内常住人口，单位：人；F_i为第 i 个区域内森林覆盖率。

森林质量系数（Q）为区域内单位面积森林蓄积量与全国单位面积林木蓄积量之比。计算公式如下：

$$Q = \sum_{i=1}^{n} \frac{M_i}{Mt} \tag{1-14}$$

公式中：Q 为森林质量系数，M_i为第 i 个区域内单位面积森林蓄积量，单位：m^3；Mt 为全国单位面积林木蓄积量，单位：m^3。

流动人口所受益的区域森林的文化物理量（Vpo）计算公式如下：

$$Vpo = \sum_{i=1}^{n} Pt_i \times Tt_i \tag{1-15}$$

公式中：Vpo 为流动人口产生的区域森林的文化物理量，单位：cy；Pt_i 为本年度森林游憩人次数，单位：人；Tt_i为每次游憩时间，单位：h，根据中国旅游研究院、国家旅游局数据中心发布数据显示，游客出游平均时长预计约为4.56d，约合 0.0125y①，因此 Tt_i 以该数据为准。

2.区域森林文化价值量

结合森林公园的森林文化价值量计算方法，区域森林文化价值量（Cultural Values of Regional Forest, Vc）计算公式如下：

$$Vc = \sum_{i=1}^{n} (Vpn_i \times \alpha_i \times G_i + Vpo_i \times \alpha_i \times g_i) \tag{1-16}$$

公式中：Vc 为一年内区域森林文化价值量，单位：CNY；Vpn_i为第 i 个区域一年内常住人口森林文化价值物理量，单位：cy；Vpo_i为流动人口产生的区域森林的文化物理量，单位：cy；α_i 为区域森林的文化综合指标系数，根据"森林文化价值指标体系"各项指标权重总得分，获得 0—2 之间的标准化系数；G_i为区域内人均 GDP 或 PCDI，单位：CNY；g_i为区域内人均 GDP 或 PCDI 或人均森林旅游支出，单位：CNY。

第三节　政策建议

增进人民的生态福祉，重在提升森林文化价值。核心是运用人与自然

① 国家旅游局数据中心：《2017 年全年旅游市场及综合贡献数据报告》，2018 年 2 月 7 日，见 https://www.sohu.com/a/221533153_99936216。

和谐共生的理念，通过培育优质森林、建设人居森林，让人们走进森林、生活在森林，扩展人与森林共生时间。森林文化价值的高低主要受森林地理、公众需求和经营水平等因素影响，每种因素都具有相对性、可变性。发挥禀赋优势、贴近民众需求、提高经营水平，是不断提升森林文化价值可供选择的路径。从监测评估、森林建设、设施完善、生态教育、运营服务等方面采取综合有效措施，建设"高价值森林"，推动我国森林价值由低到高的不断跃迁。

一、开展价值评估，明确发展方向

森林文化价值的及时监测与准确评估，是价值提升的认知前提。通过对每片森林的科学评估，明确其文化价值所处等级，判断其优势和存在问题，提出未来改进的方向和途径。研究表明，森林文化价值的评估适合采取总体评估的方法。本书提出以人与森林共生时间为核心、以"文年"作为计量单位的森林文化价值综合评估方法，简称"文年评估法"。此方法代替以往先按各项指标进行价值评估再加总求算总体价值的方法，主要是考虑到各指标之间会产生协同效应，先分后总的评估结果与总体评估结果会有很大差异。

与以往评估方法相比，文年评估法的优点体现于，计量客观、简便易行；不是静止的，而是动态的；既可评估总价值，又可评估单位面积森林的价值，便于不同森林之间的比较，因此值得推广应用。建议森林公园、自然保护区、森林文化教育基地、森林康养基地等，在观测统计游客或参与人数的同时，增设人员停留时间指标的观测数据。根据游客人数、停留时间、门票收入等指标计算森林文化价值。在各地区和全国的森林文化价值评估实际中，可以参照使用，同时可采取物理量、货币化量、相对质量、等级等多样化表达方式。

森林价值有高低之分，研究并推动高价值森林建设，意义重大。高价值森林，是一种多功能森林，其生态、经济、社会、文化多种功能协同发挥。单一功能虽不很高，但综合功能一定很强。森林的多种功能和价值不能相互割裂，而是互相影响，必须统筹考虑、系统协同。

二、发挥禀赋优势，培育地域特色

（一）借助名胜及城市效应，培育森林文化高地

森林文化价值深受地理因素影响，体现为区位优势，或者说地理位置效

应、空间效应。一是名山效应，指名山上的森林文化价值高，如泰山、黄山和五台山等的森林。二是名园效应，指著名园林内的森林文化价值高，如颐和园、拙政园、香山公园和避暑山庄等内部的林木。三是名人效应，指著名历史人物的故居或陵墓所在地的森林文化价值高。这些地方古树名木繁多，且为重要的纪念林，如孔庙、黄帝陵、中山陵和明十三陵等的森林。四是城市效应，指城市及周边地区的森林文化价值高，如北京植物园开放面积 200 公顷，2011—2016 年每年的游客量都达 330 万—500 万人次，而受地理位置限制，西藏喜马拉雅山下面的森林却游人相对稀少，森林文化价值较低。

由此可见，空间效应是一种综合因素，与气候、交通、经济、社会、历史和文化等因素相关联。由于地理位置不同，所处的自然条件不同，森林自身呈现出的特点也不同。如大兴安岭的森林是以落叶松为主的寒温带针叶林，而海南岛的森林则是一种热带雨林，这就是森林文化价值体现在空间上的显著差异性和特色性，形成如地形海拔高度一样的“梯度”变化。

认识这一森林文化价值变化的原理，对培育森林文化高地具有重要意义。一是城市的选址和设计。它可以改变森林文化价值，使原来远离城市的森林（地理位置的相对性）变近了。如雄安新区建设，使白洋淀周围的森林绿地文化价值增加。二是森林公园的选址。同样面积的森林，越靠近城市中心，其文化价值越高。如纽约的中央公园、北京的奥林匹克森林公园。三是交通。它能够使森林的地理位置发生相对的变化，使远的变近，近的变远。如高铁站、机场等交通枢纽的选址与建设，将对附近森林文化价值产生一定影响。

（二）利用地域特点和季节变化，提升森林文化价值

随着季节的变化，森林表现出不同的物候现象。对于大多数人来说，更喜欢在繁花似锦的阳春三月走进郊野林中，感受季节的变化、生活的美好。秋季也是开展森林游览的理想季节。在严寒的冬季，北国白雪皑皑；海南岛却如同北方的春天，花开遍地，北方的人们如同候鸟一般来到这里过冬，也就是说，海南岛森林公园的文化价值在冬季（或者说凉季）更高一些。在炎热的夏季，东北地区的大兴安岭、小兴安岭和长白山等地将迎来一年当中最适宜旅游的季节，成为避暑胜地。

对于一些特殊地区，其森林文化价值的季节变化存在更特殊的规律，如昆明，四季如春，气候变化不大；云南的高山峡谷地区，“一山有四季，十里不同天”。

三、贴近民众需求，丰富文化产品

（一）顺应时代要求，发展森林康养产业

时代差异是影响森林文化价值的又一因素，因为时代决定着人的需求与生活方式。原始时代，森林连成一片，人们长期生活在森林之中，为了生存的需要而采集食物或狩猎。农耕时代，人们离开森林，主要从事农业耕作活动，在一定时间也到森林中从事采伐、采集活动；少数达官、仕人开展“游山”活动、建设园林。这个时代森林变少了，人们在森林中生活的时间也变少了。工业文明时代，人们建造工厂，建设城市，采伐森林。人工营造的林子多为用材林、经济林，树种单一，森林美学价值较低。这个时代人们在森林中生活的时间更少了，加之工业污染，由此产生一系列影响人类健康的突出问题。渐渐地，人类迈入生态文明时代，科技发达、信息便捷、生产高效，人们对生活质量、森林游乐和森林康养产生更多的需求，于是花更多的时间选择走进森林，以享受森林的文化服务价值。

（二）差异化发展，满足不同人群的森林文化需求

人的因素也是影响森林文化价值的一个能动性因素。经济条件好、有更多闲暇时间的人们往往会选择去知名度高、森林类型独特而优美的地方游玩，如黄果树、九寨沟和海南岛等地的森林。这些地方多已开发为国家级森林公园或风景名胜区。由于去的人多，有充足的门票收入，所以森林会经营得好，受游客欢迎，森林文化价值就高。

对于经济发达的地区或城市而言，可以加强供给侧结构性改革，拿出一定的财力和人力经营森林和公园森林，购买其生态社会服务而不向游客收门票，让更多的市民有条件享受森林文化服务，使森林文化价值处于较高的水平。

（三）开展森林生态教育，培养“人林共生”习俗

人对森林的感受，或者说对森林的价值观、情感和态度，也对森林文化价值有重要影响。如德国人对森林有一种与生俱来的好感，他们喜欢在森林中学习、工作和生活。而我国受农耕文明的长期影响，多数人形成了“田园生活”的习俗，对森林有一种不远不近的态度。随着城市化进程中环境污染问题的凸显，人们的生态、森林文化意识有上升趋势，在假日里更多地

会选择去森林公园休息、放松。

对森林的亲近，需要体验、需要生态教育、需要潜移默化的环境熏陶。人们借助科学认识到森林中有许多益于人体身心健康的物质，如芬多精、负氧离子和氧气等，有康养、疗养的功效，并通过亲身感受加深、肯定了这种认识，久而久之，就会形成崇尚森林、喜爱森林的社会风气和习俗。一是将森林教育纳入生态文明教育总体规划。对孩子们来说，开放的绿地和接近自然是重要的。实践证明，森林教育符合生态文明教育发展规律和时代潮流。我国要重视对森林教育的研究和推广，制定森林教育发展规划和实施计划，特别应加强对中小学生的森林教育。二是构建森林教育基地，提升森林的教育功能。选择条件适宜的森林地域，建成森林幼儿园、森林学校等户外科普教育场所。在其中设置游人步道和服务设施，建设小型展室，充实教育内容。丰富生物种类，完善解说标识系统。面向青少年和社会公众开展森林教育、体验活动，传授森林知识，培养生态文明意识。结合森林展示、户外森林体验活动，感触森林、认识森林。三是培养森林教育师资队伍，完善教学条件。教师应该对大自然有更广博、更深入的了解，具有更多的实际工作经验。组织好每一堂森林教育课，选择好教学线路、教学内容，让每一位同学都能集中精力、学有所得。四是开展丰富多彩的森林教育活动。充分利用现代媒体和信息手段，开展森林宣传、节庆报道。创新发展模式，按照儿童、上班族、老人等不同社会人群的要求，开展森林大讲堂、森林音乐会、森林摄影展、森林知识大赛、森林文艺创作等活动，传播森林之美。广泛借鉴国外经验，结合实际创新发展，探索符合国情的森林教育之路。

四、提高经营水平，增强森林魅力

森林虽然会自然生长，但通常速度较慢，而且演替的方向可能不完全符合人的意愿。所以，通常情况下，森林需要人为经营，且经营水平的高低，往往决定着森林文化价值的大小和强弱。

（一）加强森林经营，增强森林健康与美感

培育更多优质森林，是提高森林文化价值的物质基础和核心问题。当前我国森林文化价值在总体上偏低，其主要原因是森林存在数量不足、质量不高、布局欠佳、景色不美、文化不显的问题。一是解决数量不足的问题，要在一切有条件的地方，大力开展植树造林、绿化美化，增加森林、湿地和绿地

面积，提高森林覆盖率。二是解决质量不高的问题，要在树种单一林分添植乡土树种，在蓄积量少的林分加速林木生长，在干旱少肥的林分加入灌溉措施和保留枯枝落叶，使树种≥50 种/公顷，蓄积量≥300 立方米/公顷，森林年蓄积生长量≥10 立方米/公顷。三是解决布局欠佳的问题，要在城市人居集中区域多绿化，建设森林城市；在平原少林农区多造林；在低洼常涝地区多植树。四是解决景色不美的问题，要实行速生与慢生，针叶与阔叶，常绿与落叶，乔木与灌木、藤本树种相结合，林与水相结合，在林缘路边配置彩色树种和花卉。选择树种时要考虑四季物候变化和观赏特性。适当引进鸟类和野生动物。通过适当引入水景观、山石景观，改善森林生长环境和丰富景观多样性。

森林经营（保护是经营的一方面）需要人力和经济投入。在政府财政不能全部支持的条件下，可以收取一定的门票费用用于维持经营。门票的价格要与森林的服务水平相符。对于经济发达地区或城市，采取政府全额购买森林经营、森林服务的策略和措施也是一种值得赞赏的行为，如北京市、浙江省的做法便值得借鉴。总之，森林保护经营目标主要是促进森林健康生长发育，维持高水平的生态系统结构与功能，使森林朝着健康和符合人类审美的方向发展。这也是提升森林文化价值的根本条件。

（二）保护古树名木，提高生物多样性

林木的年龄越古老，它所承载的历史文化信息越丰厚，魅力越大，文化价值也就越高。一种是天然的古树，它表达自然力的强大、生命力的持久。如北京天坛里的古柏树群落、湖北安陆市的古银杏群落、浙江天目山的古柳杉群落与海南岛霸王岭森林中的榕树类古树、古竹柏等。另一种是人文古树，在古树身上可以看到先人热爱生命、前人植树为后人带来福祉的仁爱精神，启迪后人向前辈学习，不忘祖先，代代相传。如黄帝手植柏、孔子手植桧、老子手植银杏与明成祖手植柏（北京太庙）等。要注意保护古树名木，保护林内的历史遗迹，有意识地配置观赏性强有含义的植物。要传承古树，挖掘相关历史文化，还要选择代表性的林子予以重点保护和培育，形成新的古树名木和多树种的参天森林，并记录其生长、培育、经营历程，留下文字，保存故事，形成文化。

文化价值高的森林，由于树种繁多，森林中会寄生很多食草、食肉的昆虫、鸟类和兽类。如果有水，还会有水生植被、两栖类和鱼类。这会形成具有一定结构、功能的生态系统。而现在人工建造的森林，虽然种类较多，但

由于不属于乡土物种，机械拼凑在一起，或者生长不良，或者生物入侵泛滥成灾，破坏了自然系统的健康和美感，打乱了原有的平衡与和谐，这是应该注意避免的。

（三）完善基础设施，塑造文化品牌

在森林中还应按照人的需要，适当、巧妙地配置基础设施、服务设施，在一定程度上满足人的生活需要，是提高森林文化价值的必要条件。以往由于对森林文化价值没有给予足够重视，所以在森林配套服务设施建设方面限制多、支持少，已成为制约森林文化价值发挥的明显短板，亟须弥补。配套设施，包括建筑、道路、水利、标识、护栏、装备及其他服务设施。建设中应严格遵循科学性、节约性、规范性、特色性原则。建设内容和规模根据各地实际和需求确定，并按照近远期规划实施建设。要严格控制森林内道路和建筑占地面积≤500 平方米/公顷（即低于土地总面积的 5%）。一是建筑方面，包括管护用房、游客服务点、卫生间、休憩亭、森林文化展室，以及必要的入口、停车场所等。森林疗养、森林教育基地，还要建设专门的建筑物，以满足专门的需求。二是道路方面，包括管护作业路、游憩路、生物通道等，满足城乡居民在森林中开展徒步、骑行、拓展、登山等健身活动的需要。注意规划和建设贯通性的绿廊绿道，在其中布设步道，形成完备的森林游憩体系，扩充其承载力和容纳的游人量，整体提升服务功能。三是水利方面，包括集雨、灌溉、消防用水、饮水等设施。四是标识方面，包括指示性、说明性、导向性、禁止性、提倡性等类型标识。为增强教育功能，在重点区域应提高树木挂牌率，加强森林的命名及信息化建设。五是护栏方面，包括硬隔离、软隔离绿篱等边界围挡设施。六是装备方面，包括森林经营管护的机械装备、游客服务方面的游览车、监控设备、供电设施、通信设施等。七是其他配套方面，还包括急救站、休息座椅、垃圾箱、路灯、生态监测等设施。此外，森林文化品牌的塑造及宣传，对于提升森林文化价值也极为重要。在信息化条件下，利用“互联网+”平台进行宣传与服务提升大有可为。

五、创新发展模式，践行绿色生活

科学管理是森林文化价值提升的根本保障。政府部门要将森林文化价值培育利用放在突出位置，加强顶层设计、组织领导和部门协调，促进林业与体育、教育、科研、医疗、文化等相互融合，不断创新发展模式，实现森林文

化的多样化发展和城乡一体化发展。

出台支持政策，积极创建森林康养、疗养、养老基地，发挥森林对人的治疗、康复、保健和疗养作用，服务健康中国国家战略，增进人民健康与福祉。截至 2015 年底，我国虽然已建立森林公园 3234 处，但是森林公园面积仅占全国 2. 08 亿公顷森林的 8. 66%，对于我国人口而言比例仍然偏低。要推广全域旅游理念，继续扩大森林公园的数量和面积，提升其质量和效益；在重点区域建设国家公园，加强人才队伍和科技支撑，开辟更多的绿色就业岗位，推进森林文化跨越式发展。

按照市场规律配置资源，完善产业发展政策环境，扩大产业规模，培育产业链条、创造绿色岗位，提高产业竞争力，推进森林文化产业发展。对于市民集中区附近、经营成本一般的森林，通过取消或降低门票，增加游人数量，提高森林文化价值。为了加强历史文化遗产地的保护，可以采取高峰限制措施。对于地处偏远且经营成本高的森林，可以适当收取门票。

健全相关制度，形成森林文化利用长效机制。完善森林公园、森林教育、森林疗养、森林文化基地相关法规，制定相关建设标准，科学编制和实施相关发展规划，建立森林文化政绩考评机制，促进森林文化规范化、精细化、高水平、可持续发展。

第二章　中国森林文化分区研究

由于自然地理环境的不同，人类利用自然资源而生存发展的方式亦有区别，从而产生了文化形态的差异。一方水土养一方人，一方人有一方文化，是普遍存在的规律。古往今来，森林与人类关系最为密切，但对于森林文化的研究，国内外均显单薄。特别是在大区域范围内，从人文地理学和自然地理学相互关联的角度，进行全国森林文化的分区研究，目前基本属于空白。本书对不同区域自然地理环境状况下的森林文化形态特征和发展规律进行研究，旨在探索自然地理环境与森林文化发展的关系，进而提出不同自然环境条件下森林文化保护利用的方向。

第一节　森林文化分区原则和方法

一、森林文化分区的基本原则

森林人文地理学研究的三个方面：一是区域自然地理环境状态下的森林文化形态特征、发展规律研究，二是不同民族的森林文化发展，三是不同时期上述两个方面文化发展的差异。

森林文化区不仅是一个空间地域概念，而且是一个随着时间演替、历史发展和经济社会变革而不断变化的人与森林共生的社会区域。因此，在划分中国森林文化区的时候，我们不仅要考虑中国森林对自然地理环境的影响、各民族利用森林的文化差异、各地与森林相关的经济社会和历史文化发展背景，还要考虑各区域森林文化的演变过程。

因此，在划分森林文化区时，要遵循森林类型具有相似性，利用森林的形式与基本特征具有一致性，森林发展方向和采取的政策措施具有共同性等基本原则，具体表现在以下几方面。

（一）森林类型具有相似性

森林文化，实际上是人类在认知和利用森林的过程中产生的一种文化。文化的趋同性，很大程度上取决于森林类型的相似性，因此，在研究森林文化分区的过程中，首先要考虑的是森林类型具有相似性。

（二）利用森林的形式与基本特征具有一致性

由于森林类型的同一性，决定了在一定时期内，人类对这些森林认知的统一性，当然也会产生相同或者相近的森林利用的方式。对森林的利用和认知是森林文化的核心。

（三）森林发展方向和采取的政策措施具有共同性

森林文化的形成与发展，与所处时代的社会生产力发展水平和经济社会的繁荣程度密切相关，同时又影响和推动经济发展与社会文明进步。随着人们对森林认知的深入，对森林的发展期望与所采取的森林政策在一定时期能逐渐趋同，比如我们现代的森林政策和认知，就是从对森林的木材利用政策发展到了森林的生态保护政策。

二、森林文化区划的基本方法

森林文化区以中国自然地理分区、中国森林类型、中国林业区划和中国文化分区为主要依据，按照大区—亚区—小区建立森林文化分区系统，将我国的森林文化区划为 8 个大区、25 个亚区。小区这一级根据实际需要划分。

大区命名式：采用地理位置区域（流域）名+热量带（或气候带）来命名。如东北森林文化区、北方干旱半干旱森林与草原文化区、珠江森林文化区、东南热带亚热带沿海森林文化等。

其号志为罗马数字：Ⅰ、Ⅱ、Ⅲ……Ⅷ。

亚区命名式：采用大地貌（山脉名、成水系）+方位来命名。如大兴安岭山地亚区，昆仑山南部荒漠生态文化亚区，淮河、长江中下游地区丘陵平原亚区等。

其号志为阿拉伯数字：1、2、3……25。

小区命名式：在亚区的命名基础上，采用地理方位+山脉名（大地貌）等来命名。如新疆南部昆仑山山地小区、新疆中部天山山地小区和新疆荒漠生态文化小区等，这一级主要根据实际需要来划定，一般只划分到亚区。

其号志为英文印刷体大写字母加括号：(A)(B)(C)……

我国的森林文化区划体系分为：

东北森林文化区，包括大兴安岭山地亚区、小兴安岭与长白山山地丘陵亚区、东北与三江平原亚区；

北方干旱半干旱森林与草原文化区，包括山前平原森林与草原文化亚区（红山文化区）、河西走廊绿洲生态文化亚区、新疆森林与荒漠文化亚区；

青藏高原森林文化区，包括昆仑山南部荒漠生态文化亚区、西藏中南部森林文化亚区、横断山山地森林文化亚区（西南高山峡谷区）；

云贵高原民族文化区，包括滇南及滇西南丘陵盆地亚区、西南少数民族亚区、贵湘西集体林区苗侗文化亚区；

黄河森林文化区，包括黄土高原亚区、太行山与燕山山地亚区、丘陵平原亚区；

长江森林文化区，包括淮河、长江中下游地区丘陵平原亚区，秦巴山地、盆地亚区，南方低山丘陵亚区（集体林区），两湖沿江丘陵平原亚区；

珠江森林文化区，包括南岭山地亚区、粤桂山地丘陵亚区；

东南热带亚热带沿海森林文化区，包括闽粤桂沿海丘陵亚区、闽浙沿海丘陵亚区、海南岛森林文化亚区、台湾森林文化亚区。

第二节　区域森林文化类型

一、森林文化亚区范围界定

本书在划定森林文化分布的 8 个大区的基础上，进一步区划了每个亚区的具体范围，并着眼森林文化内涵的物质、精神、制度、行为四个主要层面，纵横历史与现实，分析提炼出该亚区范围内所存在的森林文化及其类型。

二、森林文化亚区及类型

（一）东北森林文化区三个亚区的森林文化及其类型

1. 大兴安岭山地亚区范围包括黑龙江北部和内蒙古东部的大兴安岭山地区。森林文化及其类型主要包括大兴安岭森林文化（森林版画、森林文学艺术、森林旅游），鄂伦春、鄂温克、赫哲族森林民族原生态森林文化（狩猎文化、驯鹿文化、白桦文化、图腾和萨满信仰、民族森林文化传承），国有森工林区文化（森工开发林区历史、天保工程、改革和现代林业发展建设、森工人文精神）。

2. 小兴安岭与长白山山地丘陵亚区范围包括黑龙江除大兴安岭以外的山地丘陵区，以及吉林东部、辽宁东部山地丘陵区。森林文化及其类型主要包括小兴安岭森林文化（沙俄、日寇掠夺森林、淘金等历史，红松文化，森林文学艺术，森林旅游），长白山原始林森林文化历史（早期森林狩猎文化，沙俄、日寇掠夺森林），林区开发历史与文化（森工开发林区历史、天保工程、改革和现代林业发展建设、森工人文精神），朝鲜族、满族森林文化和民族习俗，森林中的抗联历史，森林粮食—栎类文化，林下种植养殖文化经济（梅花鹿、林蛙、人参文化）、清朝发祥地森林文化。

3. 东北与三江平原亚区范围包括辽宁中部和北部、吉林中部和北部、黑龙江东北平原和三江平原地区。森林文化及其类型主要包括古辽河文明、北大荒和三江平原开发历史与森林文化、“三北”防护林建设文化（农田防护林、农林间作等森林经营文化）、森林粮食文化、木材与林产品加工文化。

（二）北方干旱半干旱森林与草原文化区三个亚区的森林文化及其类型

4. 山前平原森林与草原文化亚区（红山文化区）范围包括辽宁西部、南部、吉林西部和西南部、河北坝上地区、内蒙古中部和西部。森林文化及其类型包括蒙古族、达斡尔族森林草原游牧文化（古代民族动植物崇拜、森林生态自然观、生态伦理与宗教观念、以树木名称来命名习俗、有关保护森林资源的法律、森林草原狩猎），辽金森林文化，皇家围场狩猎文化，发祥地森林封禁文化。

5. 河西走廊绿洲生态文化亚区范围包括宁夏大部、甘肃大部和青海北部地区。森林文化及其类型包括森林灌木绿洲文化（水源保护、节水灌溉文化），“三北”防护林人工造林文化，治沙控沙森林文化，祁连山、贺兰山森林文化，河西走廊古丝绸之路森林文化等。

6. 新疆森林与荒漠文化亚区范围包括新疆北部阿尔泰山地森林文化小区、新疆中部天山山地小区、新疆南部昆仑山山地小区和新疆荒漠生态文化小区。森林文化及其类型包括金山—阿尔泰山林区淘金文化，阿尔泰山林区开发历史与文化，森林旅游文化（喀纳斯蒙古族森林文化）；天池、天西林区历史与文化，天山生态保护体系，天山生态旅游文化，天山哈萨克等少数民族森林草场游牧文化，雪冷云杉—巩留，天山野果，天山森林野生动物文化等，伊犁河谷森林文化，阿克苏林果文化；南疆维吾尔族荒漠绿洲文化，新疆生产建设兵团绿洲文化；荒漠绿洲文化，塔里木河谷胡杨文化，荒漠古国历史，坎儿井绿洲文化，吐鲁番葡萄文化，楼兰等古国丝绸之路森林历史文化，“三北”防护林人工造林治沙文化，树化石文化等。

（三）青藏高原森林文化区三个亚区的森林文化及其类型

7. 昆仑山南部荒漠生态文化亚区范围包括西藏西北部、青海南部地区和新疆西南部地区。森林文化及其类型包括荒漠生态保护国家行动，国家生态屏障三江源生态文化，自然保护区、可可西里野生动物文化，藏传佛教森林文化（神山神湖神树文化）等。

8. 西藏中南部森林文化亚区范围包括西藏南部、西藏中部（西藏大部、青海南部地区和新疆西南部地区）。森林文化及其类型包括雅鲁藏布大峡谷、林芝、波密原始森林文化，历史古王朝森林文化，神山神湖森林文化，神树文化（庙宇林、古树风水林、宗教护林、树崇拜），藏族民俗森林文化（森林旅游文化、林特产品文化）等。

9. 横断山山地森林文化亚区（西南高山峡谷区）范围包括西藏东南部、云南西北部、四川西部和甘肃白水江地区。森林文化及其类型包括藏文化中的森林生态保护，早期人类活动历史与森林文化，地貌隔阻形成的民族森林文化多元性（中国最丰富的生物多样性区域——从热带到温带森林）等。

（四）云贵高原民族文化区三个亚区的森林文化及其类型

10. 滇南及滇西南丘陵盆地亚区范围包括滇南及滇西南地区。森林文化及其类型包括少数民族森林生态智慧(林—水—人—田“四位一体”山地梯田文化),宗教林、风水林、奇特的民族习俗、民居森林文化,林药文化,残存热带雨林文化,茶文化(野生古茶树群落文化、茶马古道文化、普洱茶文化),森林花卉文化,国家森林公园文化等。

11. 西南少数民族亚区范围包括贵州大部、云南中部与东部及东北部、湖北西部、四川南部地区。森林文化及其类型包括岩溶地区森林开发历史与文化,苗侗等少数民族森林生态智慧(木石民居文化、山地梯田文化),石漠化治理文化,岩溶生态旅游文化,民族茶文化等。

12. 贵湘西集体林区苗侗文化亚区范围包括贵州东部、湖南西部地区。森林文化及其类型包括苗侗土家族等少数民族森林文化(岜沙苗寨人树合一、“老树护寨”、埋碑、“栽岩”、乡规民约、护林文化),黔东南林业契约文化,苗侗民居、建筑森林文化(吊脚楼、风雨桥、鼓楼),少数民族古村镇森林旅游文化等。

(五)黄河森林文化区三个亚区的森林文化及其类型

13. 黄土高原亚区范围包括甘肃黄河以南、青海东部、宁夏南部、陕西北部、山西大部、河南西南部地区。森林文化及其类型包括黄河古森林文化、“三北”防护林人工造林治沙文化、林果文化(枣文化、枸杞文化、沙棘文化、苹果文化)、退耕还林文化、森林旅游文化(乡村森林旅游、陕甘宁地区红色根据地森林文化)等。

14. 太行山与燕山山地亚区范围包括河南北部和西部、河北西部和北部、北京西北部,以及山西东部和山西东南部山地区。森林文化及其类型包括京都皇家园林文化,太行山、燕山森林文化,五台山佛教森林文化,恒山道教森林文化等。

15. 丘陵平原亚区范围包括北京、天津、河北、河南、山东等部分省区,山东胶东半岛丘陵区和鲁中南低山丘陵区。森林文化及其类型包括儒家森林文化(孔庙、孔林)、泰山森林文化、平原林业文化(农田林网、平原林果文化)、中原森林城市建设、沿海防护林文化、牡丹文化、古桑林文化、银杏产业文化、京津冀地区森林城市群森林文化、盐碱地造林文化、河口湿地文化、候鸟文化、崂山道士文化等。

(六)长江森林文化区四个亚区的森林文化及其类型

16. 淮河、长江中下游地区丘陵平原亚区范围包括江苏中南部、安徽中部、浙江北部、上海等地区和滨海地区。森林文化及其类型包括江南园林文化、吴越森林文化、长江河口湿地森林文化、盆景文化、银杏文化、桑蚕文化、长江三角洲森林城市群森林文化等。

17. 秦巴山地、盆地亚区范围包括河南南部、陕西秦岭以南、湖北北部、重庆北部、四川盆地以北地区、安徽西部和西南大别山区、四川成都平原及盆地周围、重庆丘陵区。森林文化及其类型包括秦巴山地森林文化(生物多样性保护、自然保护区建设、熊猫文化、朱鹮文化)、皇家风水林文化、三峡古栈道森林文化、大别山革命老区森林文化、丹江口水源林保护文化、佛教森林文化(峨眉山、乐山等)、道教森林文化(青城山、终南山、武当山等)、民间传统工艺美术森林文化、竹文化(蜀南竹海)等。

18. 南方低山丘陵亚区(集体林区)范围包括湖北东南部、湖南大部、贵州东南部、安徽南部、福建和浙江等山地丘陵区。森林文化及其类型包括茶文化(中国名茶和茶人文化)、安徽黄山森林文化、宗教森林文化(九华山佛教,齐云山、龙虎山道教森林文化)、井冈山红色根据地森林文化、武夷山国家公园森林文化、集体林场文化、南方特色经济林文化(油茶文化、毛竹文化、香榧文化)等。

19. 两湖沿江丘陵平原亚区范围包括湖南洞庭湖和江西鄱阳湖区及周边丘陵区、湖北江汉平原区。森林文化及其类型包括两湖(鄱阳湖区、洞庭湖区)湿地森林文化、庐山森林康养和森林旅游文化等。

(七)珠江森林文化区两个亚区的森林文化及其类型

20. 南岭山地亚区范围包括广西东北部、湖南南部、湖南和广东北部、江西南部、福建西南部地区。森林文化及其类型包括瑶壮等少数民族森林文化(大瑶山千家洞、广西龙脊壮族森林文化)、珍稀野生动植物文化、南岭国家森林公园森林文化(原始林文化、鼎湖山森林定位站和国家自然保护区森林文化)、客家森林文化、南方集体林区森林经营文化等。

21. 粤桂山地丘陵亚区范围包括广西中部、广东南部粤桂山地丘陵亚区。森林文化及其类型包括东南热带亚热带林木水果文化、岭南园林文化、罗浮山道教森林文化、城市森林文化(珠江城市群)等。

(八)东南热带亚热带沿海森林文化区四个亚区的森林文化及其类型

22. 闽粤桂沿海丘陵亚区范围包括广西南部、广东南部、福建南部等省

（区）。森林文化及其类型包括粤桂沿海地区少数民族森林文化、红树林森林文化、珠江口湿地森林文化、候鸟文化、沿海防护林文化等。

23. 闽浙沿海丘陵亚区范围包括福建、浙江的沿海丘陵地区。森林文化及其类型包括东部滨海和岛屿森林文化、传统造船文化、普陀山佛教森林文化、东南沿海山神海神民间信仰、沿海防护林文化、滨海乡村森林文化等。

24. 海南岛森林文化亚区范围包括海南省及南海诸岛。森林文化及其类型包括沿海森林文化、临高民间森林文化、儋州森林书院文化、海南农场经济林文化（橡胶、油棕、椰子）、五指山黎苗森林文化、三亚羊栏回族森林文化、森林旅游文化、南海诸岛森林文化等。

25. 台湾森林文化亚区范围在台湾。森林文化及其类型包括高山族森林文化（南岛语系各族群）、森林教育体验文化、阿里山森林旅游文化、海岛森林文化等。

我国森林文化分区见表 2-1。

表 2-1　中国森林文化分区表

区域	亚区	范围	主要森林文化及类型（物质、精神、制度、行为）
Ⅰ东北森林文化区	1. 大兴安岭山地亚区	黑龙江北部和内蒙古东部的大兴安岭山地区	大兴安岭森林文化（森林版画、森林文学艺术、森林旅游），鄂伦春、鄂温克、赫哲族森林民族原生态森林文化（狩猎文化、驯鹿文化、白桦文化、图腾和萨满信仰、民族森林文化传承），国有森工林区文化（森工开发林区历史、天保工程、改革和现代林业发展建设、森工人文精神）
	2. 小兴安岭与长白山山地丘陵亚区	黑龙江除大兴安岭以外的山地丘陵区，以及吉林东部、辽宁东部山地丘陵区	小兴安岭森林文化（沙俄、日寇掠夺森林、淘金等历史，红松文化，森林文学艺术，森林旅游），长白山原始森林文化历史（早期森林狩猎文化，沙俄、日寇掠夺森林），林区开发历史与文化（森工开发林区历史、天保工程、改革和现代林业发展建设、森工人文精神），朝鲜族、满族森林文化和民族习俗，森林中的抗联历史，森林粮食—栎类文化，林下种植养殖文化经济（梅花鹿、林蛙、人参文化），清朝发祥地森林文化
	3. 东北与三江平原亚区	辽宁中部和北部、吉林中部和北部、黑龙江东北平原和三江平原地区	古辽河文明、北大荒和三江平原开发历史与森林文化、“三北”防护林建设文化（农田防护林、农林间作等森林经营文化）、森林粮食文化、木材与林产品加工文化

续表

区域	亚区	范围	主要森林文化及类型（物质、精神、制度、行为）
Ⅱ北方干旱半干旱森林与草原文化区	4. 山前平原森林与草原文化亚区（红山文化区）	辽宁西部、南部、吉林西部和西南部、河北坝上地区、内蒙古中部和西部	蒙古族、达斡尔族森林草原游牧文化（古代民族动植物崇拜、森林生态自然观、生态伦理与宗教观念、以树木名称来命名习俗、有关保护森林资源的法律、森林草原狩猎），辽金森林文化，皇家围场狩猎文化，发祥地森林封禁文化
	5. 河西走廊绿洲生态文化亚区	宁夏大部、甘肃大部和青海北部地区	森林灌木绿洲文化（水源保护、节水灌溉文化），“三北”防护林人工造林文化，治沙控沙森林文化，祁连山、贺兰山森林文化，河西走廊古丝绸之路森林文化等
	6. 新疆森林与荒漠文化亚区	新疆北部阿尔泰山地森林文化小区	金山—阿尔泰山林区淘金文化，阿尔泰山林区开发历史与文化，森林旅游文化（喀纳斯蒙古族森林文化）
		新疆中部天山山地小区	天池、天西林区历史与文化，天山生态保护体系，天山生态旅游文化，天山哈萨克等少数民族森林草场游牧文化，雪冷云杉—巩留，天山野果，天山森林野生动物文化等，伊犁河谷森林文化，阿克苏林果文化
		新疆南部昆仑山山地小区	南疆维吾尔族荒漠绿洲文化，新疆生产建设兵团绿洲文化
		新疆荒漠生态文化小区	荒漠绿洲文化，塔里木河谷胡杨文化，荒漠古国历史，坎儿井绿洲文化，吐鲁番葡萄文化，楼兰等古国丝绸之路森林历史文化，“三北”防护林人工造林治沙文化，树化石文化等
Ⅲ青藏高原森林文化区	7. 昆仑山南部荒漠生态文化亚区	西藏西北部、青海南部地区和新疆西南部地区	荒漠生态保护国家行动，国家生态屏障三江源生态文化，自然保护区、可可西里野生动物文化，藏传佛教森林文化（神山神湖神树文化）等
	8. 西藏中南部森林文化亚区	西藏南部、西藏中部（西藏大部、青海南部地区和新疆西南部地区）	雅鲁藏布大峡谷、林芝、波密原始森林文化，历史古王朝森林文化，神山神湖森林文化，神树文化（庙宇林、古树风水林、宗教护林、树崇拜），藏族民俗森林文化（森林旅游文化、林特产品文化）等
	9. 横断山山地森林文化亚区（西南高山峡谷区）	西藏东南部、云南西北部、四川西部和甘肃白水江地区	藏文化中的森林生态保护，早期人类活动历史与森林文化，地貌隔阻形成的民族森林文化多元性（中国最丰富的生物多样性区域——从热带到温带森林）等
Ⅳ云贵高原民族森林文化区	10. 滇南及滇西南丘陵盆地亚区	滇南及滇西南地区	少数民族森林生态智慧（林—水—人—田“四位一体”山地梯田文化），宗教林、风水林、奇特的民族习俗、民居森林文化，林药文化，残存热带雨林文化，茶文化（野生古茶树群落文化、茶马古道文化、普洱茶文化），森林花卉文化，国家森林公园文化等
	11. 西南少数民族亚区	贵州大部、云南中部与东部及东北部、湖北西部、四川南部地区	岩溶地区森林开发历史与文化，苗侗等少数民族森林生态智慧（木石民居文化、山地梯田文化），石漠化治理文化，岩溶生态旅游文化，民族茶文化等
	12. 贵湘西集体林区苗侗文化亚区	贵州东部、湖南西部地区	苗侗土家等少数民族森林文化（邑沙苗寨人树合一、“老树护寨”、埋碑、“栽岩”、乡规民约、护林文化），黔东南林业契约文化，苗侗民居、建筑森林文化（吊脚楼、风雨桥、鼓楼），少数民族古村镇森林旅游文化等

续表

区域	亚区	范围	主要森林文化及类型（物质、精神、制度、行为）
Ⅴ黄河森林文化区	13. 黄土高原亚区	甘肃黄河以南、青海东部、宁夏南部、陕西北部、山西大部、河南西南部地区	黄河古森林文化、“三北”防护林人工造林治沙文化、林果文化（枣文化、枸杞文化、沙棘文化、苹果文化）、退耕还林文化、森林旅游文化（乡村森林旅游、陕甘宁地区红色根据地森林文化）等
	14. 太行山与燕山山地亚区	河南北部和西部、河北西部和北部、北京西北部，以及山西东部和山西东南部山地区	京都皇家园林文化，太行山、燕山森林文化，五台山佛教森林文化，恒山道教森林文化等
	15. 丘陵平原亚区	北京、天津、河北、河南、山东等部分省区，山东胶东半岛丘陵区和鲁中南低山丘陵区	儒家森林文化（孔庙、孔林）、泰山森林文化、平原林业文化（农田林网、平原林果文化）、中原森林城市建设、沿海防护林文化、牡丹文化、古桑林文化、银杏产业文化、京津冀地区森林城市群森林文化、盐碱地造林文化、河口湿地文化、候鸟文化、崂山道士文化等
Ⅵ长江森林文化区	16. 淮河、长江中下游地区丘陵平原亚区	江苏中南部、安徽中部、浙江北部、上海等地区和滨海地区	江南园林文化、吴越森林文化、长江河口湿地森林文化、盆景文化、银杏文化、桑蚕文化、长江三角洲森林城市群森林文化等
	17. 秦巴山地、盆地亚区	河南南部、陕西秦岭以南、湖北北部、重庆北部、四川盆地以北地区、安徽西部和西南大别山区、四川成都平原及盆地周围、重庆丘陵区	秦巴山地森林文化（生物多样性保护、自然保护区建设、熊猫文化、朱鹮文化）、皇家风水林文化、三峡古栈道森林文化、大别山革命老区森林文化、丹江口水源林保护文化、佛教森林文化（峨眉山、乐山等）、道教森林文化（青城山、终南山、武当山等）、民间传统工艺美术森林文化、竹文化（蜀南竹海）等
	18. 南方低山丘陵亚区（集体林区）	湖北东南部、湖南大部、贵州东南部、安徽南部、福建和浙江等山地丘陵区	茶文化（中国名茶和茶人文化）、安徽黄山森林文化、宗教森林文化（九华山佛教，齐云山、龙虎山道教森林文化）、井冈山红色根据地森林文化、武夷山国家公园森林文化、集体林场文化、南方特色经济林文化（油茶文化、毛竹文化、香榧文化）等
	19. 两湖沿江丘陵平原亚区	湖南洞庭湖和江西鄱阳湖区及周边丘陵区、湖北江汉平原区	两湖（鄱阳湖区、洞庭湖区）湿地森林文化、庐山森林康养和森林旅游文化等
Ⅶ珠江森林文化区	20. 南岭山地亚区	广西东北部、湖南南部、湖南和广东北部、江西南部、福建西南部地区	瑶壮等少数民族森林文化（大瑶山千家洞、广西龙脊壮族森林文化）、珍稀野生动植物文化、南岭国家森林公园森林文化（原始林文化、鼎湖山森林定位站和国家自然保护区森林文化）、客家森林文化、南方集体林区森林经营文化等
	21. 粤桂山地丘陵亚区	广西中部、广东南部粤桂山地丘陵区	东南热带亚热带林木水果文化、岭南园林文化、罗浮山道教森林文化、城市森林文化（珠江城市群）等

续表

区域	亚区	范围	主要森林文化及类型（物质、精神、制度、行为）
Ⅷ东南热带亚热带沿海森林文化区	22. 闽粤桂沿海丘陵亚区	广西南部、广东南部、福建南部等省（区）	粤桂沿海地区少数民族森林文化、红树林森林文化、珠江口湿地森林文化、候鸟文化、沿海防护林文化等
	23. 闽浙沿海丘陵亚区	福建、浙江的沿海丘陵地区	东部滨海和岛屿森林文化、传统造船文化、普陀山佛教森林文化、东南沿海山神海神民间信仰、沿海防护林文化、滨海乡村森林文化等
	24. 海南岛森林文化亚区	海南省及南海诸岛	沿海森林文化、临高民间森林文化、儋州森林书院文化、海南农场经济林文化（橡胶、油棕、椰子）、五指山黎苗森林文化、三亚羊栏回族森林文化、森林旅游文化、南海诸岛森林文化等
	25. 台湾森林文化亚区	台湾地区	高山族森林文化（南岛语系各族群）、森林教育体验文化、阿里山森林旅游文化、海岛森林文化等

第三节　不同区域的森林文化特征

不同自然地理条件下，不同历史时期、人与森林共生的生产生活方式和经济社会发展状况不同，所产生的地域和民族的森林文化也不同。① 人与森林共生，自然地理生态环境、社会历史发展阶段经济社会发展状况，对区域森林文化形成与发展产生着重大的影响。

一、“森林民族”——东北森林文化区

在漫长的历史时期，这里大面积分布着大兴安岭北段的寒温带森林和小兴安岭、长白山地及三江平原的温带林，是我国森林集中分布、历史时期开发比较缓慢的区域。人类的历史也只是集中在大森林的山前平原地带，在森林的边缘分布着以森林狩猎为主的少数民族。近代，由于林区交通运输条件的发展，该区域的大部分森林得到了较大强度的开发利用。一直到

① 苏祖荣、苏孝同：《不同形态森林文化比较分析》，《北京林业大学学报（社会科学版）》2016 年第 4 期。

20 世纪中后期,我国对东北区森林采取了严格的保护政策,使得这片森林进入了“大保护”时代。

因此,东北森林文化区的文化经历了由大森林的森林狩猎文化到近代森林大开发文化,发展到现代森林大保护时代。

在大森林的森林狩猎文化时代,在该区域生活的主要是具有“森林狩猎民族”之称的鄂伦春族和大兴安岭最后的森林部落——鄂温克族,他们长期主导了东北森林文化区的森林文化。在大开发和大保护时代,生活在这里的是新一代“大兴安岭”森林人,他们创造了新的“大兴安岭森林文化”。

(一)森林民族:鄂温克族、鄂伦春族

森林是人类最初的居住地,也是生活时间最长的居住地。随着社会的发展、生产力的提高,人类逐渐走出了森林,变成了农耕民族和游牧民族。不过,人类走出森林的时间在不同地区却有很大的差别。有的民族离开森林早一些,有的民族离开森林晚一些,而有些民族至今仍然生活在森林之中,他们被称作森林民族。森林民族的生活方式与农耕民族、游牧民族有着显著的不同,他们仍然保留着比较原始的社会形态,然而他们同样用劳动的双手创造了颇为可观的文化,那就是森林文化。

中国北方的鄂温克人、鄂伦春人都是著名的森林民族。鄂温克人、鄂伦春人都属于通古斯—满语族。鄂温克人在清代被称作索伦人,又称通古斯人。“鄂温克”是这个民族的自称,其意为“居住在大森林怀抱中的人们”。由于他们长期生活在森林中,清代又将他们称作“树中人”“栖林人”。鄂伦春人在清代也被称作索伦人,“鄂伦春”是这个民族的自称,其意为“山岭上的人”或“使用驯鹿的人”。有一首歌曲唱道:“高高的兴安岭一片大森林,森林里住着勇敢的鄂伦春。一呀一匹烈马一呀一杆枪,翻山越岭打猎巡逻护呀护山林……”正是对其生活环境的真实写照。

森林是森林民族的家,因此森林民族非常重视森林资源的保护。保护森林资源,就是为了保护森林民族自身。鄂温克人、鄂伦春人禁止捕杀幼兽和交尾期的母兽,也是出于同一考虑。由此可知,森林民族保护森林资源,目的是希望求得与森林和谐一致,共存共荣。他们是天生的自然保护主义者。

树葬——森林民族最后的归属

“树中人”实施树葬，肃慎族把死者“葬之于野，交木作小椁，杀猪积其上，以为死者之粮”。契丹族用树葬，“其俗，死者不得作冢墓，以马驾车送入大山，置之树上，亦无服纪”。室韦族也采用“尸则置于林树之上”的葬法。

树葬，又叫风葬或天葬，是一种较为原始古老的丧葬方式的遗留。在早年，猎人如果在狩猎途中死于外地，尸体又因交通不便而不能运回住地，即在原地风葬。风葬的棺材多用柳条编制或用桦树皮制作。先在树林中找四棵在位置上呈正方形的树，将这四棵树距地2米高锯倒，在锯倒的树的顶端搭上横木，铺上树枝，然后把棺材放到上边，任其风吹雨淋，不再管它。有的过两三年再出殡，称为“捡骨尸”，最后用棺材埋葬。鄂伦春族的风葬在形式上不同于藏族的天葬，但其所包含的道理却极为相似，表明鄂伦春人对死亡的态度是自然主义的，认为人死后回归自然是天经地义的事。

桦 皮 船

鄂伦春人的捕鱼工具有鱼钩、鱼叉、推钩、梁子、网线、桦皮船，其中最具特色和代表性的便是桦皮船。桦皮船的所有组成部分皆来自森林，是捕鱼的重要工具。鄂伦春人的桦皮船用杉木或其他硬质木做骨架，外面蒙上桦树皮，用柳条或鹿、犴筋做线缝合而成，缝合处涂上松树脂，这样既防水又防腐。这种船长约四五米，宽约八十厘米，非常轻便，一个人扛在肩上就可以拿走。由此可以看出鄂伦春人是一个非常有智慧的民族，在森林中的生活虽然会遇到很多困难和不便，但鄂伦春人用他们的智慧取森林中的天然原材料，制作生产、生活工具。鄂伦春人的桦皮船不用钉子和铁皮，却非常结实耐用，而且透出一种灵性、一种美，这是森林与鄂伦春族智慧的结晶。

（二）最后的森林部落——鄂温克族的驯鹿生活

中国有众多少数民族，其中不少是跨界民族，鄂温克族就是其中之一。这个民族的居住地跨越中、俄、蒙三国，中国境内分布在黑龙江和内蒙古交界的大兴安岭地区。在中国，鄂温克人主要分为3支——从事农耕的索伦部落、从事游牧的通古斯部落以及从事狩猎和饲养驯鹿的雅库特部落。前两支集中在呼伦贝尔草原，雅库特部落因为鹿留在了森林中。

为制止滥伐森林，保护大兴安岭的生态和野生动物，2003 年，内蒙古自治区开启了生态移民工程。森林里的鄂温克人被收缴了猎枪，走出大山搬进城市附近的定居点。当地政府为他们提供了免费住房和医疗保障。

并非所有人都接受这种生活。逐渐地，一些怀念森林的鄂温克人自发返回森林。虽然当地人仍称他们的住处为猎民点，但失去猎枪的鄂温克人只能以饲养驯鹿为生。狩猎者变成驯鹿人，守着自己心爱的森林。

猎民点分散在森林中，每个猎民点通常只有一户居民。他们的驯鹿是半野生半驯养，以苔藓、嫩草和菌类为食。当周边食物被驯鹿吃完时，猎民点就需要转移。

鄂温克人布冬霞自幼在山上长大，喜欢山中生活。2003 年生态移民后，她在距根河 30 公里外的上央格气林场找了一块适宜驯鹿生长的栖息地定居。后来驯鹿数量增加，越来越多的游客慕名而来，她便做起了旅游开发。近几年，随着越来越多的人崇尚回归自然，来到鄂温克猎民点体验深山生活，旅游接待便成为鄂温克人一项重要的收入来源。

窝集——东北地区的森林民族聚落

一般而言，寒冷气候下的森林民族注重生存的稳定性与可持续性。森林民族聚落地点并不在森林深处，通常选择在森林盆地边缘的山脚下或者半山腰、湖泊周围、江河岸边，等等。

东北地区的所谓“窝集”是比较典型的森林居民聚落。“窝集”的采集民族和狩猎民族被称为“树中人”“栖林人”。

他们在夏季的居住方式是巢居，即在树上用枝条编成巢状的掩蔽所，可以避潮湿，防止野兽、蚊虫的侵害。其交通工具主要依靠他们所养的驯鹿，同时以桦皮船、犴皮船、独木舟、滑雪板、雪橇、拖架、曳架等作为森林河流中的运输工具。

（三）大兴安岭精神——新中国林业人的森林文化

大兴安岭南北长 1400 公里，东西宽约 300 公里，总面积 23 万平方公里，东接松嫩平原，西临呼伦贝尔大草原，西南与蒙古国交界，北与俄罗斯隔额尔古纳河相望，是我国目前保持最好、集中连片、面积最大的国有林区，素有“绿色宝库”之称。

大兴安岭古称大鲜卑山，是中华古文明发祥地之一。早在旧石器时代，就已经有人类在这里繁衍生息。它既是中国北方游猎民族和游牧民族的发祥地，也是东胡、鲜卑、契丹、蒙古民族起源的摇篮。

民国时期，大兴安岭先后受黑龙江、黑河、呼伦贝尔等地方政府管辖。抗战时期，新中国原黑龙江省省长陈雷等老一辈革命家率领抗日联军与日寇转战于密林深处。抗战胜利后，1947 年建立了人民政权。

新中国成立后，分别于 1955 年至 1956 年、1958 年至 1959 年、1964 年，先后三次开发建设大兴安岭。1964 年，党中央、国务院决定以会战的方式开发大兴安岭林区。1965 年，林业部和国家经委批准成立大兴安岭林业管理局，林业管理局与特区人民委员会实行政企合一。悠久的历史、丰富的自然资源和独特的开发过程，使大兴安岭拥有了以神州北极为代表的“北”文化，以大冰川、大冰雪为代表的“雪”文化，以大森林、大湿地为代表的“绿”文化，以鲜卑和古驿为代表的历史文化，以抗联和大兴安岭精神为代表的红色文化，以鄂伦春为代表的民俗文化，形成了别具一格的大兴安岭林业生态文化格局。

但是，最具有历史意义的是以“突破高寒禁区”为核心的“大兴安岭精神”。大兴安岭精神主要体现在“战严寒、破禁区，开拓进取的拼搏精神；树雄心、立壮志，艰苦奋斗的创业精神；顾大局、爱集体，立足本职的务实精神；同甘苦、共命运，扎根边疆的奉献精神”。

20 世纪中叶的大兴安岭林区是人迹罕至、难以生存的“高寒禁区”。为了新中国基础建设的需要，在极端艰苦的生存环境和简陋的工作条件下，大兴安岭林区的开发者们，苦干、实干、甩开膀子加油干，干部群众同吃、同住、同干、同学、同商量，构建起质朴和谐、乐观团结的氛围，萌发出大兴安岭精神文化，锻造出艰苦奋斗、攻坚克难、坚韧不拔的精神品质。

当时他们自编的打油诗，在林区广为流传：“兴安岭真奇怪，冬奇冷，夏暴晒。蚊蠓小咬三班倒，餐餐高粱脱水菜，吃得特别饱，饿得倒也快。开发舍妻儿，四季常在外，办公没桌椅，纸笔随身带，坐的木头墩，写字垫膝盖。工人领导在一起，有说有笑不见外。别看条件苦，精神很愉快。”林业人“献了青春献子孙”“林海深处埋忠骨”，在大兴安岭的开发、建设和发展的奋斗历程中，涌现出无数可歌可泣的英雄人物和感人事迹，成就了具有地域特色、时代特征和林业风貌的大兴安岭精神。

大兴安岭精神——“拼搏、创业、务实、奉献”，是无数林业开拓者、创业者、建设者用青春、热血乃至生命铸就的一座社会主义时代精神的丰碑！

大兴安岭的森林版画

大兴安岭森林版画是以森林、冰雪、界江、北极、边陲、风情、鄂伦春等为题材的版画作品。版画作者们以木板代纸、以刀代笔，用手中的木板和刻刀，以恢宏、绚丽和民族特色的美术风格，表达着对家乡、对自然、对大森林的热爱。1995 年，大兴安岭被文化部命名为“全国优秀版画之乡”。2014 年，加格达奇区版画基地荣获黑龙江省群众文化建设“十百千工程”十大“优秀群众文艺创作群体”称号。

图 2-1　大兴安岭森林版画

二、保护每一株树木——北方干旱半干旱森林与草原文化区

北方干旱半干旱森林与草原文化区在历史时期也曾经分布有大面积的森林，但那是人类有文明之前的事情。北方干旱半干旱气候的形成，不是人类的影响，人类对地球的作用还不至于有这么大，这种气候的形成是地球自

然变化的原因，但在人类文明出现之后，特别是人口的增加、战争的影响，在一定时期内加剧了这些变化。

自人类文明产生之前，在北方干旱半干旱森林与草原文化区，森林就十分稀少，人类为了生存，“保护每一株树木”就成为该区域森林文化的核心。主要表现在禁止砍伐树木的森林生态自然观、蒙古族有关保护森林资源的法律、蒙古族以树木名称来命名的习俗等方面。

（一）蒙古族的森林生态自然观

森林作为自然生态系统的一部分，对维护陆地生态系统平衡有着重要的作用，而且蒙古族的祖先也是从森林中走出来，所以蒙古族对森林有着特殊的感情，他们从不会毁林烧山，甚至禁止砍伐树木。

据史料记载，“窝阔台汗遗留下一片树林，他（蒙哥）命令任何人不得在那里砍伐树木，让它生长，任何人只要在那里砍下一根小树枝，就被鞭打、剥光衣服和受虐待”；“有人在山脚下栽了几棵杏树和柳树，过去没有人曾在该地区看见绿色的树木，但这些树长得枝叶青葱，合汗（窝阔台）下令，赏给植树人每株一巴里失（钱币）”。

尤其是他们很少建筑城池和大型宫殿，这就避免了对森林和树木的过度砍伐，有效地保护了森林资源。从本质上讲，蒙古族生态文化中蕴含的森林生态自然观是一种朴素的生态伦理自然观和唯物主义自然观。

（二）蒙古族有关保护森林资源的法律

法制观念的强弱是一个社会进步的重要标志，研究蒙古族古代法制文献有助于更深刻地理解蒙古族生态文化的精髓。查阅文献资料，蒙古族有关保护森林资源的法律内容相当丰富，从禁止砍伐、处罚砍伐者、奖赏发现者、派“得格”护林巡视到荒山野地植树都有较详细的规定。《喀尔喀律令》中规定了禁止砍伐的辖地范围，同时规定禁止砍伐活树和禁止砍伐枯树；对于砍伐树木造成严重后果者，将会遭到没收全部财产的量刑处罚；在处罚砍伐树木者的基础上，采取积极有效的保护树木的措施，派巡视人员“得格”（相当于现在的护林员）看管森林，发现砍伐者立即抓捕，没收砍伐工具，并送到有关管理衙门。除此之外，在保护草场、水资源、野生动物等方面也有较详细的法律法规。蒙古族通过制定法律法规有效地保护森林资源和生态环境。

逐水草而居

寒冷森林地带的居民讲究居室的稳固耐用，不随意破坏森林资源。隋唐时期室韦部落的生活规律是：夏天巢居，冬天穴居。

疏林—草原游牧民族是从森林中走出来的，草原游牧方式是一种较典型的既饲养家畜又保护草原的方式。古人称游牧为“逐水草而居”，随水草射猎，居住无常。实际上“逐”是循自然规律所动，按自然变化而行的行为。依据气候指令而做周期性的游走迁徙，自由游牧是他们得以生存发展的前提条件。

大漠三友

大漠三友，即红柳、沙枣、胡杨，因为其能适应大漠的干旱和盐碱地的严苛环境。红柳、沙枣、胡杨是沙漠中的“抗沙尖兵”，哪里有这三种树木存在，哪里就有生命，哪里就是绿洲。红柳有许多名称，古人大约认为是木中之圣，故称柽柳。传说是救苦救难的观音菩萨所植，又称“观音柳”。因一年中三次开花，还称“三春柳”。清代纪晓岚《乌鲁木齐杂诗》：“依依红柳满沙滩，颜色何曾似降霞。”即颂扬红柳。胡杨是古老树种，在维吾尔族人心中被视为神树，不但倔强，而且长寿，有“活着不死一千年，死了不倒一千年，倒了不朽一千年”之说。西北人把红柳、沙枣、胡杨尊为“大漠三友”，显然是他们在与自然对话中得出的结论，也是西北人精神风貌的生动写照。

只放牧牛羊，不牧人

森林—草原游牧原民族生活的特点是顺从自然规律、保护自然生物、融入自然环境。这种方式限制了家畜数量的增长，使其不超出草原牧草生产力的限度。牧人保护草原一切生物的生命权与生存权，既养家畜又保护野生动物；既要放牧又要保护水草资源，从而维护了生物的多样性。

森林—草原游牧民族在长期的生存环境中没有筑城建市，没有大面积开垦草地种植，没有砍伐森林盖房做棺；他们没有猎取草原生物去牟利；他们没有专门的官吏、常备军以及机构设施管理牧人——他们只放牧牛羊，但不牧人。简约、节俭是森林—草原游牧民族的生活习性。

（三）蒙古族以树木名称来命名的习俗

蒙古族对草原和森林就像对待自己的孩子一样倍加爱惜，他们认为毁坏花草树木会受到神灵的惩罚。由于蒙古族眼中青青的草、美丽的花、挺拔的树木都是美好、神圣、坚强的标志，因此各种花草树木的名称往往都成为蒙古人起名最好的素材。

蒙古族以树木名称来命名的主要有：树海（森林）、波日特（绿洲）、那日苏（松树）、麦拉斯（柏树）、呼和那日苏（青松）、阿嘎如（刺柏）、三丹（檀香）、阿尔其（香柏）、查日斯（柞树）、森敦（文冠果）、乌扬嘎（梧桐）等。在其他少数民族中，以树木名称直接来取名的现象是很少见的，由此可以看出蒙古族对森林充满了热爱之情，这也是蒙古族生态文化中森林生态自然观的直接表达。

（四）生死四千年——胡杨树文化

胡杨树为高大乔木，根系发达，寿命长，枝叶繁茂，树体千姿百态。它不仅是南疆地区最理想的防风固沙、水土保持树种，也是本地优良绿化观赏树种。当地人们称赞胡杨树为"活着千年不死，死了千年不倒，倒了千年不朽，埋着千年不烂"的神树，是沙漠中的"英雄树"。因此，胡杨树在维吾尔族人的眼里是跨越时空、长生不老、勤劳、勇敢和永恒的象征。这些也许就是他们至今还有崇拜胡杨树风俗的缘故。胡杨树所具有的这种极强生命力的精神也就成了当地维吾尔族适应自然、与自然抗争的一种象征和追求。

维吾尔族民间还保留并使用着几百年前制作的胡杨木器具，如马具、马车、木盆子、椅子及锅盖等。总之，胡杨树对维吾尔文化的影响久远而深刻，对塔里木盆地独创的沙漠绿洲灌溉农耕生态文化——特殊的绿色生态文化和民间传统文化的形成产生了深远的影响，从而形成了独特的"胡杨文化"。

作为维吾尔族最古老而特殊的群体之一的罗布人，其谚语与俗语中有不少与植物密切相关，如"森林是水库，水多它能蓄，水少它能吐""森林多，风灾旱灾少"等。这里所说的"森林"无疑就是胡杨林。他们还用一些俗语或谚语来表达对植物的禁忌，以便保护这些与他们的生存息息相关的植物，如"果树不枯死不能砍伐""花园没有鲜花，夜莺不来歌唱它""砍一栽十""折断幼苗的人会夭折"等。

当地维吾尔族将胡杨树视为"神树"栽植于墓地周围，虽然平时无暇顾及，但当上坟时，亡者的亲属都会主动地、精心地照顾“神树”，为其浇水培土，使其郁郁葱葱。他们认为，墓地上生长着绽放绿色生命力的“神树”，以使进入天堂的人也能与生者一样同享代表永久生命力的绿色。与此同时形成了某些禁忌，即生者不得惊扰墓地的安宁和墓地树林的幽静，因此不得砍伐墓地上的树木或折断其树枝，以便使死者拥有与生者一样生存于绿色环境中的景观。为了维护这些“神树”，民间还盛传违禁者遭到“神灵”严厉惩罚的种种传说与故事，以使这类禁忌能发挥保护树木的效能，使这些墓地上的胡杨树不被人们破坏。这些禁忌虽以俗语、谚语的形式表达，但也在该地区人们心里或无意识中，施加了一种无形的、内在的约束力。在建构各种禁忌和信仰观念以约束人们行为的同时，也在他们的精神世界中产生了一种对生态环境保护的“生态自觉”意识。

三、森林与神同在——青藏高原森林文化区

青藏高原位于中国西南部，包括西藏和青海两省区全部，以及四川、云南、甘肃和新疆等四省区部分地区，总面积约 260 万平方公里，大部分地区海拔超过 4000 米。青藏高原被称为“世界屋脊”“地球第三极”“亚洲水塔”，是珍稀野生动物的天然栖息地和高原物种基因库，是中国乃至亚洲重要的生态安全屏障，是中国生态文明建设的重点地区之一。

青藏高原光照和地热资源充足。高原上冻土广布，植被多为天然草原。青藏高原上的居民以藏族为主，形成了以藏族文化为主的高原文化体系。

繁衍生息在青藏高原的各个民族，正是在几千年乃至几万年的历史长河中不断与严酷的自然条件艰苦拼搏中发展起来的。这种年复一年从不间断的艰苦拼搏养成了高原居民勇敢勤劳、粗犷豪迈的性格和充分利用大自然的每一点赐予、适应严酷自然条件生存的智慧，发展了适应高原自然特点的多种农牧业生产技能，积累了大量的科学技术知识，同时培养了他们特别能吃苦、特别能忍耐、特别爱惜每一件有用物品、特别爱护动植物生命的精神。

与大自然充分融合和依傍着雪山蓝天，又使高原居民深切地感受到大自然的灵性，使他们相信在自己身边有一个真实的神灵世界的存在。神山圣湖固然是神灵居住的场所，天上地下以及河流、森林、草原也有着自己的神奇，就是在普通的百姓家中也有自己的神灵（家神、灶神）相伴。

佛教的传入并在青藏高原上形成藏传佛教，又把佛教的神灵系统和高原原有的神灵世界结合起来，发展成一个包罗宇宙万象的神灵体系。高原居民的精神文化创造，在后来无不与宗教紧密地结合在一起并笼罩上一层宗教的光环，文学故事、诗歌、格言、绘画、雕塑、戏剧都以宣扬佛法作为主题，而且这种文化创作本身被看作是佛法修行之一种。①

可以看出，在青藏高原，森林的利用非常少，森林只是作为"神灵"与人同在。因此，青藏高原的森林文化体现了浓厚的神灵色彩。主要表现在：(1)古代依赖森林作为神灵地位的自然保护文化；(2)现代包括森林在内的自然保护地体系建设；(3)现代生物多样性保护；(4)保护自然与森林的环保习惯法则。

（一）依赖神灵地位的生态文化形成

素有"世界屋脊"之称的青藏高原，高寒缺氧，植被贫乏，物产单薄，生态极为脆弱。早在一万年前就生活于此的藏族祖先，依据近年在青藏高原的考古发现、民间的神话传说以及对青藏高原自然环境的分析，我们可以认为：青藏高原的古人类最初活动的地域应在西藏雅鲁藏布江中下游的森林地带，后来随着使用火的出现增强了人类抵御猛兽的能力，增加了人类食物的种类，逐步沿着河流分散，分布到雅鲁藏布江、拉萨河、年楚河、尼洋河、雅隆河流域，并在这些河谷地带发展出早期的农业和驯养家畜。

世世代代生活在青藏高原特殊环境中的亲身体验，使藏族民众深切感受到如何谋得最基本生存条件，与大自然建立良性关系，求得人与自然的和谐，是最根本而关键的问题。但是仅仅通过人类自身的道德约束无法遏制人类掠夺大自然、轻视大自然的急功近利、物欲追求的野心。因此便出现了先哲们通过神灵、因果报应来震慑人类、遏制人类兽性，协调人类与大自然的关系平衡和谐的举措，形成了青藏高原独具特色的藏族民间宗教信仰。②主要体现在以下几个方面。

① 苏永生、简基松：《论青藏高原生态环保立法与高原藏族生态文化观》，《青海民族研究》2006年第4期。

② 赵艳：《青藏高原藏族民间宗教信仰生态伦理意识的思考》，《青海民族研究》2013年第3期。

1. 神山圣水崇拜

受藏族原始宗教苯教的影响，藏民族崇拜神山、圣湖，藏族人认为青藏高原是一块“圣地”，而神山、圣湖则是本民族的祖先和保护神所在地。以山神（年神）和龙神为主的地方守护神信仰在藏族的生活中有着广泛的基础。黄南州每年农历六月举行的大型祭祀仪式“勒如”盛会（“六月会”）便是对保护神的一种祭祀祈福仪式。当地村民认为，每个村落都有自己的守护神，每位守护神都有属于自身的性格特点。人们出于对守护神的崇拜与敬畏，规定了各种各样的规范，约束村民的行为。按照神山、圣湖的崇拜观念，神山上的所有树木都是神的宝伞，不能砍伐；神山上的所有野生动物都是神的家畜，不能狩猎；不能任意挖掘砍伐神山上的草木花树或将神山上的物种带回家中；不将污秽之物扔到水中；不捕捞水中动物（鱼、青蛙等）。藏族人认为，如果违反这些禁忌规定就会遭到神明的惩戒，带来灾难。藏族人对神山、圣湖的禁忌与崇拜已不仅仅是一种外在的社会规范或公约，也是一种心理上的坚定信念。

2. 寺院周围的山林、树木、草场保护

在高原藏区，因宗教信仰的缘故，人们对山水树木的崇拜就很自然地成为一种生态保护行为，尤其是寺院周围的山林、树木、草场等都是被保护的对象，著名的活佛还颁有禁令。咸丰十年（1860），摄政热振呼图克图次臣坚赞发布命令说：“为保西藏地区风调雨顺，得以丰收及保护土质等，在彼地区的神、龙住地——山、海和红庙（神鬼住地称之为红庙——引原书注）等地方，需埋神瓶、龙瓶及药丸等。”

为保护甘南拉卜楞寺周围的树木不被砍伐，地方也出台了一些保护措施，“业经布告，无论属公属私，不得滥行砍伐。如有正当用途，须由设治局许可，方准砍伐。否则罚办，并传知各村庄头人知照”。

3. 动物的保护

当然在藏区除了保护植物外，也重视对动物的保护。顺治五年（1648）五世达赖喇嘛就颁布了禁猎法旨，“圣山的占有者不可乘机至圣山追赶捕猎野兽”。

延至民国时期，十三世达赖喇嘛又向藏区各寺院颁布了“旧垄法章”，规定每年“从藏历正月初七至七月底期间内，寺庙规定不许伤害山沟里除狼以外的野兽、平原上除老鼠以外的动物，违者皆给不同惩罚。总之，凡是在水陆栖居的大小一切动物，禁止捕杀的文告已公布，文武上下人等任何人不准违犯”。

同时说道:“为了本人(即达赖)的长寿和全体佛教众生的安乐,在上述期间内,对所有大小动物的生命,不能有丝毫伤害。”当然,藏区除了捕杀外,宰杀牛羊等牲畜的传统方式不是用刀,而是用绳子扎住牛羊鼻口,令其窒息而死。在一些特殊的场合也是用刀的,如祭祀、会盟、殡葬时就可以用刀。不过人们又赋予该行为特殊的含义,即意味着神既然有权力创造万物,也有权力毁坏万物,用刀实施血祭,就是显示神灵权力和威严的象征仪式。

另外,藏区的人们对于可食用的动物在分类上比较严格,并形成一种定式。除了某些有特殊功用的动物、食物禁忌外,所有被人们饲养的动物都可以食用。因为这些动物正是为了食用而被饲养的,而那些野生动物在传统观念上是不可食用的,它们被认为是大自然的一员,与人类享有同等的地位,理应得到人类的保护。

历辈达赖喇嘛和著名活佛们都曾颁布了许多专门保护生态环境和生物的法旨、命令。与这种禁令相呼应,各地方也制定了具体的执行法规。如青海刚察部落的法规就规定:一年四季禁止狩猎。捕杀一匹野马,罚白洋 10 元;打死一只野兔或一只哈拉(旱獭),罚白洋 5 元。

甘南甘加部落法规规定:在甘加草原禁止打猎。若外乡人捕捉旱獭,罚款 10—30 元。本部落的牧民被发现捉旱獭,则被头人审问,让其发誓;果真捕猎者,罚青稞 30 升(每升 5 斤)。

理塘部落法规也规定:不准打猎,不准伤害有生命的生物。若打死一只公鹿,罚藏洋 100 元,母鹿罚 50 元,雪猪或岩羊一只罚 10 元,獐子、狐狸罚 30 元,水獭罚 20 元。诸如上述的规定还有很多。

值得一提的是,在这些规定的背后,还有极其强烈的宗教信仰和习俗支撑着规定的严格执行。凡有违背上述规定的行为发生,本部落首领、寺院僧人及部落长者都要集体对当事人进行审问。在这种时候,部落的所有人均会到场观看,人们会当众嘲笑、羞辱犯禁者,公众的力量迫使犯罪者向大家求饶,诚心认错,并被处以经济赔偿。这一结果使得犯罪者在精神上所受的伤害长期萦绕在心头,其本人也成为众人鄙视和躲避的对象而被疏远。这种不成文的习俗在客观上的重要作用就如一柄法律的利剑,维护着藏区自然与人之间关系的平衡。

4. 佛教的影响

佛教大约于公元 7 世纪从印度传入青藏高原,起初与当地的苯教发生冲突,最终走向融合,建立了人与自然关系的新规范。主要表现为:

第一，佛教从观念上统一了青藏高原的生态文化，使得高原藏区成为统一的生态文化区域。佛教传入后，松赞干布建立了统一的吐蕃政权，在意识形态方面也形成了统一局面，使得佛教渗入吐蕃宗教、文化、经济、政治、地理、自然体系中，使地域、生态、文化、民族融为一体。藏传佛教的生命理论与生态系统包括了高原藏区全境。

第二，佛教扩大了对高原藏区生命体的保护范围，强化了高原藏族的生态文化意识。佛教传入青藏高原后，其伦理道德规范和戒律逐步在广大僧人中确立下来，并被严格遵守，同时也极大地影响了广大民众的道德规范。佛教"不杀生"的戒律，使藏族人民传统的价值观与生活习俗发生了变化，从而逐步形成了新的生命价值观与生活方式。

第三，佛教所倡导的生存文化观有利于强化人与自然和谐相处的生态法文化观。在佛教的指引下，藏族民众选择了忍受今生今世苦难、顺从自然、保护环境、广施舍、行善业、诚心向佛，以求来世解脱。这种生存文化观对于强化人与自然和谐相处，具有不可忽视的作用。

5. 自然禁忌

由于受具有浓厚宗教色彩的藏文化的影响，高原藏族具有多样的生态环保习惯，体现为自然禁忌。

第一，对神山的禁忌：在神山上挖掘，在神山上打猎。

第二，对神湖的禁忌：将污秽之物扔到湖（泉、河）里，捕捞水中动物（鱼、青蛙等）。

第三，对土地的禁忌：在草地胡乱挖掘，使草原土地肌肤受伤。

第四，对鸟类、兽类的禁忌：食用鸟类肉，猎捕神兽（兔、虎、熊、野牦牛等）、狗等。

第五，对家畜的禁忌：侵犯专门放生的"神牛"与"神羊"。只能任其自然死亡。对于违反禁忌的人，会给予不同程度的惩罚。

禁忌法则为之后的环保习惯法则的形成打下了理论基础，为西藏的自然保护地体系建设和生物多样性保护提供了民族文化基础。

（二）青海环保习惯法则①

由于地理位置及气候等因素的影响，导致青藏高原地区自然环境恶劣，生态脆弱。人类长期无休止地向环境索取，使青藏高原的生态环境受到严

① 张连宸：《青海黄南州热贡地区环保习惯法则研究》，《西部学刊》2014 年第 3 期。

重破坏。受青藏高原恶劣的气候环境影响，区域气候反复无常，冰雹、沙尘暴、雪灾等自然灾害频发，严重阻碍了区域经济发展和人民生活水平的提高。

在我国藏族地区，环境保护主要依靠本民族的习惯法则。藏族环保习惯法则历史悠久，广泛存在于官方命令、宗教教义、禁忌规范及生活习俗之中。

藏族环保习惯法渊源悠久，有文献的记载可追溯至吐蕃王朝时期。松赞干布以佛教“五戒十善”为基础，制定了《法律二十条》，把十善法（不杀生、不偷盗、不邪淫、不妄言、不绮语、不两舌、不恶口、不悭贪、不嗔恚、不邪见）作为国家法律。

明朝时，藏族的大帝师降曲坚赞也提倡过环保种树。他在自传《朗氏家族史》中曾提及“在我们全部土地和势力范围内，每年要保证栽种 20 万株柳树，要委派守林人验收和守护。……由于所有的地方和沟谷林木疏落，所以划分休耕地要根据时令季节，不要拔除树根，要用锋利的镰刀和工具划界，划界后要植树”。

公元 1505 年，法王赤坚赞索朗贝桑波曾颁布文告，要求所有人不论尊卑都要遵照规定，禁止猎取禽兽，不可对土地、水草、山岭等有所争议。五世达赖喇嘛颁布的《十三法典》中也有关于封山蔽泽的禁令，“宗喀巴大师格鲁派教义对西藏地方政教首领颁布了封山蔽泽的禁令，使除野狼而外的兽类、鱼、水獭等可以在自己的居住区无忧无虑地生活”。

17 世纪初，西藏噶玛政权发布的《十六法典》也颁布了保护生态环境和生物的相关法旨。法典中规定了从神变节到十月期间的封山令和封川禁令，即从正月十五到十月这大约九个月的时间内，禁止人们进入山林狩猎或者下河川捕杀动物。①

1932 年，十三世达赖喇嘛也发布过有关环境保护的训令，要求从藏历正月初至七月底，不许伤害山沟里除狼以外的野兽、平原上除老鼠以外的动物，禁止捕杀在水陆栖居的一切动物。此外，噶厦也颁布了关于禁止打猎的相关禁令，严格禁止打猎，每年的“田垄法草”有很严格的相关规定。为了保护飞禽与水生物，日喀则、仁孜、南木林、拉布、甲错、领嘎等地方，“年厄”依法禁止打猎，违犯规定者无论轻重，都将予以惩罚。

经过长期的历史积淀，青藏高原的地域环境影响，藏族不断适应外部

---

① 赵珍：《清代青藏高原上的生态保护与宗教习俗》，《中国藏学》2005 年第 4 期。

环境变化，将其所处的独特的生存环境与本民族的宗教信仰、自然禁忌等传统文化相融合，经过时代的传承，形成了现如今规范其生活的习惯法则。

（三）西藏的自然保护地

自然保护地体系是保护生物多样性、维护自然资本和生态系统服务、保障国家乃至全球民众福祉的重要管理手段。目前，青藏高原自然保护地体系正在由以自然保护区为主体向以国家公园为主体转变。

1963 年，青藏高原第一个国家级自然保护区（现白水江国家级自然保护区）成立。1994 年《中华人民共和国自然保护区条例》颁布实施后，明确了自然保护区等级体系、管理机构和功能区，青藏高原的自然保护区建设进入快速稳定发展阶段。目前，青藏高原已经建成各级自然保护区 105 个（其中国家级 41 个、省级 64 个），面积达 82. 24 万平方公里，约占高原总面积的 31. 63%，占中国陆地自然保护区总面积的 57. 56%，基本涵盖了高原独特和脆弱生态系统及珍稀物种资源。

随着生态文明体制改革的深入推进，中国提出建立以国家公园为主体的自然保护地体系。2016 年，国家正式批准《三江源国家公园体制试点方案》，这是中国第一个国家公园体制改革试点，核心是实现三江源重要自然生态资源国家所有、全民共享、世代传承。青海制定了《三江源国家公园条例（试行）》，从公园本底调查、保护对象、产权制度、资产负债表、生物多样性保护、生态环境监测、文化遗产保护、生态补偿、防灾减灾、检验检疫等方面对公园管理作出明确规定。2018 年 1 月，国家发展改革委印发《三江源国家公园总体规划》，进一步明确了三江源国家公园建设的基本原则、总体布局、功能定位和管理目标等。三江源国家公园建设将为青藏高原及周边地区的绿色发展发挥引领和示范作用。

（四）西藏的生物多样性保护

青藏高原是全球生物多样性最丰富的地区之一，羌塘—三江源、岷山—横断山北段、喜马拉雅东南部和横断山南段等区域是我国生物多样性保护优先区域。高原特有种子植物 3760 余种，特有脊椎动物 280 余种，珍稀濒危高等植物 300 余种，珍稀濒危动物 120 余种。已建立的自然保护区有效保护了青藏高原特有与珍稀濒危的动植物及其生存环境。

西藏岩画

自20世纪80年代以来，西藏各地陆续发现古代岩画遗存多处，考古学界将这种绝大部分存留在羌塘和阿里高原的古代艺术形式同巨石文化独石、列石、石圈一样，与西藏早期金属时代紧密地联系在一起。从内容来说，岩画的内涵十分丰富，从中可分离出作为主体内容的、与狩猎场景有关的画面。

图2-2　西藏岩画①

四、与森林同居——云贵高原民族文化区

云南、贵州在地理上属于一个单元，习称“云贵高原”。云贵高原地形复杂多样，地面崎岖不平，山地面积广大，以“多山”为其特征，故有“江南千条水，云贵万重山”之说。

云贵高原是我国少数民族众多的区域，这里是南方四大族系——氐羌、百越、苗瑶和濮人分布相对密集的地区，同时也是汉族移民较多的两个省区。在云南、贵州，汉族约占两省人口总数的三分之二，少数民族占三分之一。云贵的少数民族共28个，且多为本区独有。“民族众多”是云贵高原

① 郭周虎等:《西藏纳木错扎西岛洞穴岩壁画调查简报》,《考古》1994年第7期。

人文地理的重要特征。

从历史上看，越往古代，社会发展受地理环境的影响越大，近现代逐步减弱。尽管云贵各民族的经济文化类型各不相同，但都受到山地环境的制约，因而在文化上不可避免地、不同程度地打上“山”的印记，表现出“山地文化”的特征。山地直接影响各民族的生计方式和生活方式，并赋予人们一种特殊的性格、灵感和创造力，许多文化现象都由“山”引发出来，具有浓厚的“山野气息”，表现出独特的“山地文化”特征。这个特征，可视为云贵地区各种民族文化的“大同”，是大山给民族文化打上的烙印。

无论是古代还是现代，云贵高原一直是森林覆盖的山区，因此该区域的“山地文化”，实际上也是“山地森林文化”。

（一）“天人合一”，山地森林民族人民的“原生态”文化

在山地民族“原生态”文化中，最有价值的是“天人合一”的传统观念，它强调人与自然的和谐，重视良好的生态环境。人们居住在大山之中，无论是半坡村、水边寨或谷底人家，都注意选择良好的自然环境，风景优美，柴近水便，利于生产、生活。保护森林植被是一种普遍的习尚，在许多乡规民约中都禁止乱砍滥伐。村寨旁的“风水树”，不能简单地理解为“迷信”，要看到它对美化生存环境的积极作用，看到“神秘”背后有深刻的环境保护意识。自然崇拜、图腾崇拜虽然是一种原始的信仰，但从思想的层面上考察，在对自然的恐惧与崇敬的复杂心态之中，隐含着对大自然的敬畏，深藏着人与自然不可分离的思想。在工业化不断破坏和污染环境的今天，这种古老而朴素的环保意识就显得特别可贵。

山地民族的创造也包含着许多科学成分。譬如梯田，它充分利用地形和山上的水源，在有效扩大水田面积的同时，又美化了自然环境。古老的水车、水磨、水碾，看上去早已过时，但却有很高的科技含量，不破坏、污染环境，是人类利用水力资源的开路先锋，是现代水力发电的先导，保存下来还是一道展示山地风貌的景观。民族医药是一笔宝贵的财富，千百年来维护着山地民族的健康，它是人们用生命体验得来的科学，在某些方面确有奇效，例如藏医、傣医、壮医、苗医。山地民族对于矿产开发也积累了许多经验，云南的铜和锡，贵州的煤、铅、汞矿，历史上都很有名。当今的任务，是要深入发掘山地民族“原生态”文化的科技含量，用现代科学手段进行提升，有的可以直接用于经济建设，有的可以启发人们的思路，用现代科学技术进行创新。

为适应山地环境，各民族在建筑上都有独特创造。例如傣族的竹楼、侗

族的木楼、壮族的麻栏、苗族的吊脚楼、独龙族的大房子、布依族的石板房、纳西族的木楞房、彝族的土掌房、藏族的碉房、白族的“三房一照壁，四合五天井”等。在公共建筑方面，有溜索、索桥、竹桥、木桥、石桥、风雨桥，有水井、堰塘、水车、水碾、鼓楼，有大理崇圣寺三塔、景洪曼飞龙佛塔、喇嘛寺，等等。这些都是民族建筑的瑰宝，有很高的工艺和艺术的价值，有独特的民族风格和地域上的适用性。

生也一棵树，死也一棵树

贵州少数民族地区崇拜树神，过年过节要祭古树，而且实行树葬。每一个岜沙人在出生后，他的父母就会为他的生命诞生种下一棵树，寓意他生命的开始。当这个人死了，寨子中的人会把这棵陪伴他一起长大的树，砍下来做成他的棺材，裹着遗体埋在密林深处的泥土里，再在上面种上一棵小树。没有坟头，没有墓碑，只有这么一棵常青的树，象征着生命还在延续。在岜沙，一棵树就是一个灵魂，越是古老的树就越有神性。

（二）树木崇拜，西南少数民族古老而又复杂的文化现象

树木崇拜是少数民族地区一种古老而又复杂的文化现象，是一种自发的无明确宗教信仰的“万灵崇拜”与“多神崇拜”。生活在深山丛林中的先民，除敬仰天地日月外，还选择某种树木作为信仰崇拜的对象，加以顶礼膜拜。例如，我国西南地区的彝族即有竹生人的神话传说，台湾高山族人亦崇拜竹，也有竹生人的传说。四川、云南金沙江藏族地区流传“斑竹姑娘”的传说，金沙江畔藏族青年朗巴到山中竹林砍竹，当朗巴剖开竹子时，从竹子里走出一位漂亮的姑娘，人称“斑竹姑娘”，又称“竹娘”。朗巴与竹娘相识相爱，屡经曲折，结为夫妻，生儿育女，繁殖后代。竹生人的传说，在东亚、东南亚地区也广为传说，是一种普遍的文化现象。他们把竹视为该民族的祖先或保护神，作为图腾和该民族的徽号、标志和象征。

云南的部分彝族认为松树是其始祖，对松树严禁砍伐条枝。新疆维吾尔族奉松为图腾。该族的族源传说他们的祖先来自松树，故而奉松为图腾。据民俗学工作者调查，松柏为多个民族崇拜的图腾，如彝族、藏族、土族、侗族、普米族等。我国西南的藏族、纳西族、普米族、羌族，特别崇奉青松，认为

青松是有他们民族的灵视，藏族人还多用松木、柏木做成宗教圣物。

贵州南部的布依族崇拜柏树，乡村前后多植柏树。布依人喜欢用柏树制作劳动工具，有“柏木扁担闲悠悠”之说。生活用具如酒杯、盆桶之类，也选用柏树制作。腊月二十五日至三十日，布依寨媳第一次来夫家过年，夫妻要共同植一棵柏树，象征爱情的坚贞不渝。柏树还能驱鬼祛邪，布依人在送葬返回家中时，孝家要在门外烧起一堆柏树枝丫，送葬人需从火堆上跨过，方可进家。据说鬼怕柏树气味。柏树成为驱邪圣物，被赋予了神化的人格力量。

老树护寨

侗族地区有一句谚语“老树护寨，老人管寨”。在他们看来，如果没有大批的老树，没有大片的森林，一个侗族的村寨就不能称之为村寨，有了森林，村落才安全，人们才安居乐业。因此，对于百年以上的老树，村民们都会认为有灵气和神秘主义色彩，会更加的爱护，不会去加以伤害。这种独特的“老树护寨”的森林文化，对于民族地区的森林资源保护起到了很好的作用。

侗族人的山、树、水、田、人的逻辑关系

在贵州的黄岗侗族有口口相传的谚语“无山就无树，无树就无水，无水不成田，无田不养人”。在他们的观念中，山、树、水、田、人是一体的，森林的存在就意味着人的存在。我们从黄岗侗族男女恋爱所唱的歌词里：“我男人好比一棵树，你女人好比一块土，如果树没有土就不能生长；光有土没有树，就不会生长出树苗，你有根吸收水分，那些树苗才能生长……”

女儿杉

在黔东南锦平、黎平等地，十八年杉的习俗盛传，女儿出生时，为人父母者即栽杉一片，经三年间作，五年抚育，十八年后姑娘出嫁时，杉树已经成林可伐，出售后作为嫁资。因姑娘与杉树同长，女儿与杉结缘，故十八杉又叫女儿杉、姑娘杉，也有家境殷实的人家，索性将大片杉林做陪嫁。民国时王寨人龙引弟出嫁时，其父母将盘龙溪一片十八年杉陪嫁给女儿。

（三）苗款款约、护林禁碑

森林制度文化是“森林文化体系中最具权威的要素。它是人类在利用和经营森林的实践中形成的，以森林物质文化为基础，由国家制定并强制执行的行为规范的总和”。

1.《城步苗款》款约

“款”是苗族在氏族发展阶段的社会组织形式，是一种维护苗族地区正常生产生活和组织苗民抵御外来欺压势力的地域性社会基层组织。据《城步苗款》第六部分“合款”中记载，湘西南、桂东北苗族曾先后多次合款，形成千里苗疆最东部的一支，受汉文化影响较大，款词款约很早就用汉文记录成文，口耳相传的同时文本传承，因此得以不断地充实完善，成为苗族文化的小百科。

款约（即民族法规）是款词的主体，是苗族人民的道德行为规范，句式整齐，朗朗上口，具有鲜明的教化作用，其中就有部分条款涉及森林资源的保护。如蓝姓二十八把公平尺第八款：“柴没上枝下桠，竹没上包下节，担尽山林，吃尽木子。”意为：树不能分上枝下桠，竹也是一样的，上枝下枝都是柴，上节下节都是竹；砍柴要留蔸，挖笋要留种；不能因为柴好烧或值钱，就把它砍光烧光吃光，要爱护森林，才能青山常在。

2. 护林禁碑碑文

湘西南地区丛林茂密，森林资源丰富，自古以来，当地群众靠山吃山、敬树爱树，都视森林为生命的源泉和生命延续的重要条件，所以拥有很强的森林保护意识，竖立了很多的护林禁碑，留下来很多碑文。其中又以绥宁县的护林禁碑年代最早、数量最多、体系最完整、种类最丰富。现存年代最久远的护林禁碑刻于唐会昌六年（845），位于绥宁县乐安铺苗族侗族乡天堂界古驿道旁，碑文如下：

上书：永远封禁

内刻：此处风水宝地，先人培植成林，各峒所有人等，不能肆意毁坏。

一千多年的时间内，当地群众令行禁止，周边树木保存完好。此后，从宋、元、明、清至民国，各个时期的护林碑都有发现。其内容包括护林告示、护林倡议、伐木禁文等，全面丰富。

“道旁之树，先人栽植，以为永远歇凉之古树，众生不许剪伐，故勒石刊碑。”这是立于北宋崇宁五年（1106）绥宁县寨市的护林碑上的文字。不难看出，古代先人们对于自然，怀揣更多的是“敬畏”之情。

3. 贵州锦屏林业契约文书

贵州锦屏的契约文书的发现，可以追溯到 20 世纪 60 年代初，与一次田野调查密切相关。1963 年 8 月，贵州省民族研究所杨有赓到锦屏县平略镇进行田野调查时，发现农民家里有成捆的山林契约文书，杨有赓那一次就收集了 200 多份。

"锦屏林契"因其最早发现于锦屏县内而得名，又称"锦屏文书"或"清水江文书"，现主要留存于贵州省黔东南的锦屏县及清水江流域的天柱、三穗、黎平、剑河、施秉、台江等林业地区；主要内容是从清代至民国时期林业生产方面的各种买卖、租、佃、转让契约，山场清册、山场座簿、乡规民约及石刻碑文等。锦屏林契是我国及世界保存最完整、最系统、最集中的林业契约，已经成为我国继故宫博物院的清宫档案和"徽州文书""敦煌文书"之后的又一珍贵的民族历史文献。

锦屏文书是林学、经济学、生态环境学等诸多学科研究的重要档案史料，填补了我国经济发展史在"少数民族地区封建契约文书""我国经济发展史上缺少反映林业生产关系的历史文献""没有民族文字的少数民族用汉民族文字反映和记载少数民族社会、经济、文化"三方面的空白。

五、人与森林的天人关系——黄河森林文化区

在距今 160 多万年前的山西芮城西侯度人类活动遗址中，人们找到了被火烧过的动物化石和鹿角化石，在距今 100 万年前的陕西蓝田人类遗址中，人们找到了多处炭末堆积。从那以后，蓝田人、大荔人、丁村人、河套人，都在黄河的臂弯里繁衍生息。直到距今 6000 年前，黄土地上出现了以半坡文明为代表的母系氏族文化。我们的祖先就在这样一片绿野间狩猎采集，度过了华夏文明的金色童年。

自从人类进入文明时代，黄河文明由原始文明开始进入农耕文明。此时，黄河流域的森林就是断断续续地以小型"群落"分布于黄河及有关各支流的沿岸。① 因此，森林文化在黄河文明中并没有占到重要的地位，因为黄河农耕文明实际上是以北方旱作农业为基础而形成的社会、经济、文化、科技体系。

黄河流域的先民从与自然斗争的经验中得知，生存只能依靠自己，虽然

① 吴德铎：《试论古代黄河流域森林概貌》，《史林》1989 年第 S1 期。

他们也有原始宗教，也祭祀神灵，但和其他文化不同的是，他们不祈求神灵的帮助，认为自然规律（天意）是神灵也无法改变的，因此他们主要发展卜筮术，力图预测吉凶，以便依靠自己趋吉避凶。大量出土的甲骨文都是卜筮的结果。

黄河文化作为中华民族的母文化，在很长时期是中华民族的主流文化，因此包括森林在内的生态文化也依存于黄河历史文化，具体存在于古代的生态哲学、生态理论、生态宗教之中。

（一）先秦思想家的环境保护思想——森林可持续发展理论之源

天人关系问题一直是先秦自然生态哲学的重要研究内容。先秦思想家们对此进行了认真的思考，并提出了自己的见解。

《周易》提出的天人思想为后世儒家和道家生态思想奠定了基础。《周易》是中华文化的源头活水，它从“性命之理”的角度，以天人关系为出发点和归宿，引申出社会生活中的人伦规范。它把对宇宙自然本质的认知和体察进一步升华为深沉的道德意识，从而架起了人与自然之间坚实的桥梁。《周易》认为天人同元、同构、同序，破坏和毁灭自然也就是在毁灭和破坏人类自身的根基，违背自然节律同时就是对人类正常生活的背叛。因而，处理天人关系，不仅要有科学的严肃性，更要有道德的自觉性。

可持续发展是先秦生态环境保护思想中的共同点。先秦时期思想认识上的一个重要特点是把握住了保护生态环境的关键，即可持续发展的理念。

孔子的可持续发展思想对后世影响极大。早在两千多年前，孔子就指出，刳胎杀夭，则麒麟不至郊；竭泽涸渔，则蛟龙不合阴阳；覆巢毁卵，则凤凰不翔。主张钓而不纲，弋不射宿，其目的就在于网开一面留有活口，以便这一物种繁衍生息。孟子明确指出要不违农时，数罟不入洿池；斧斤以时入山林，才能使养生丧死无憾，同时将可持续发展提升到道的高度。

在此基础上，荀子提出了自然资源永续利用的观念：“圣土之制也：草木荣华……网罟、毒药不入泽，不夭其生，不绝其长也；……污池渊沼川泽，谨其时禁，故鱼鳖优多而百姓有余用也；斩伐养长不失其时，故山林不童而百姓有余材也。”这些都集中体现了他取之有度的可持续发展思想。这一思想也为后来的历代统治者所接受。

管子提倡维护自然资源的永续发展，并以用赡养足表达了他的可持续发展观念：“山林不童而用赡，泽不弊而养足；童山竭泽者，君智不足也。”管子对农林业的重视进一步表达了他的永续发展的思想。在他看来，富国有五事，其中之一就是"山泽救于火，草木殖成，国之富也"。管子把森林资源的多寡作为衡量一国国力的重要指标，认为保护和增加以森林为主的自然资源是一国之君的重要职责，只有把林业和农业搞好了，才能实现国富安康、人民衣暖食足的目的。为此，他告诫齐桓公说：为人君而不能谨守其山林、菹泽、草莱者，不可以立为天下王。主张修火宪，敬山泽，林薮积草，提倡国家奖励植树造林，并向齐桓公提出建议：民之能树艺者，置之黄金一斤，直食八石。通过鼓励民众植树造林来达到用赡养足。

（二）专门的林业机构与法律——中华森林制度文化之始

为了保护环境，先秦时期的思想家们主张设立专门的环保机构。五帝时代，舜通过四岳专门任命了管理山林川泽草木鸟兽的官员虞。除了虞外，专门保护环境的官员还有麓人、衡鹿、舟绞、虞候、祈望等，《左传·昭公二十年》中简单记载了各个机构相对应的职责：守护山林的官职为衡鹿（山林之木，衡鹿守之），管理川泽之类的官职为舟绞（泽之雀蒲，舟蛟守之），管理薪柴之类的官职为虞候（薮之薪蒸，虞候守之），管理海产的官职为祈望（海之蜃盐，祈望守之）。

《管子》是对环保机构的设置描述较多的一部著作。《管子·立政》中就以官名和机构合一的方式记录了当时国家机构设置的具体情况，例如虞师是指古代掌管山泽的官，司空为管理水利、营建之事的官，司田为管理农务的官，这些官员对应的部门类似于今天的林业、国土资源、农业等部门，所管辖的范围都直接与自然环境和生态保护有关。

先秦时期的统治者和思想者已经开始关注环境问题和环保的重要性，并为此制定出了一系列保护自然环境的法律法规及其配套的政策措施。有关环境保护的法令，可以追溯到遥远的夏商周三代。夏禹曾下禁令：春三月，山林不登斧斤，以成草木之长；夏三月，川泽不入网罟，以成鱼鳖之长。西周时期曾颁布《伐崇令》：毋填井，毋伐树木，毋动六畜，有不如令者，死无赦。

先秦诸子中最先系统明确颁布法令，以法律的威严来震慑破坏环境的行为的是管子。《管子》最早制定的关于生态环境和资源保护的法律是防火法、森林保护法、自然资源法，《管子》中保护森林的言论很多，《轻重己》中记载，天子曾发布夏天的禁令：禁止聚集民众，禁止引发大火，禁止砍伐大木，禁止开掘大山，禁止伐大泽。破坏大木、大山、大泽的行为于国是有害的。《管子·五行》也载：出国衡，顺山林，禁民斩木。这是对爱护草木的要求。春辟勿时，苗足本。不疠雏鷇，不夭麑麇。按时这样做则能令草木繁茂而不至于凋落。

另外还有预防山洪、保护动物的法律等，如《管子》在治国方术中规劝国君夏天不要拦塞河水流入大川，不堵塞大山谷，不能大兴土木射杀鸟兽。五政曰：令禁罝设禽兽，毋杀飞鸟，春季三月时节不宰杀禽兽，不打剥禽卵。以此来保护动物的生长。

六、邻林而居——长江森林文化区

长江全长6300多公里，整个流域范围达180多万平方公里。长江流域幅员辽阔，地势西高东低，横跨我国地形三大阶梯，地表形态各异，高原、山地、丘陵、盆地和平原各种地形齐备。由于各地距海远近不一，地质、地貌、气候、水文、土壤、植被等环境条件变化多样，形成了不同的河流形态和各具特色的景观。正是在这种复杂的自然生态环境背景下，流域内分布了具有不同文化风格的众多民族。各少数民族长期在其特定环境中与森林依存，必然会形成与之相适应的森林文化形态。

季风环流是长江民族文化历久不衰的伟力。长江流域具有多种多样的气候类型。长江森林文化区的各民族由于山险水急、交通不便，多民族交错而居并呈现出封闭性的地方文化形态，但是也显现出与“长江”相联系的统一特征。① 具体表现在：1. 广泛存在的与居住相关的风水林文化现象；2. 与自然和谐相处的共同生态愿望；3. “消灭荒山”“退耕还林”“长江防护林工程”等现代长江森林文化的典型形态。

（一）地域差异性——形形色色的森林文化形态形成基础

这里在史前文化基础上又兴起了称雄华夏的荆楚文化和吴越文化，如今本区仍为我国经济最发达的地区之一。在长江上游地区，气候受复杂地形的影响而变得千差万别，“立体气候”特征明显，“十里不同天，一山不同族”的情形也相当普遍。

四川盆地，温和湿润，冬无严寒，夏无酷暑，并有特殊的“秋雨”现象，该区域人口众多，森林的开发历史长，开发难度大，存在的是人工林经营文化。

---

① 邓先瑞：《长江流域民族文化生态及其主要特征》，《中国地质大学学报（社会科学版）》2007年第6期。

长江中下游地区，冬冷夏热，四季分明，降水丰沛，雨热同季。与地形的东西差异相对应，长江中下游与上游的气候也有显著不同，从而也影响民族的分布和民族文化的特色。该区域森林开发强度更大，人口分布更加密度大，天然林、次生林成为残存，人工商品林、经济林面积大，人工林森林文化成为主流。

在长江中下游地区，属亚热带季风气候，既有辽阔而肥沃的冲积平原，又有复杂的丘陵山地。汉族先民在这里经过长期历史发展，同其他民族共同融合，不断兴旺发达。他们长期开发利用优越的自然环境，发展以农耕为主的经济，农业及手工业都十分发达。该区域的农田防护林面积大，人工经济林中占主流。

（二）与森林共生、与自然和谐的生态理念和表现形态

长江流域各民族历来就有与自然和谐相处的愿望，而且在社会生活的各方面极力追求与大自然保持一种天然的和谐关系。

在服饰上，其款式（特别是织绣纹样）处处体现着人与自然相伴相亲、和谐发展。居住在温暖湿润、鲜花不断的云南彝族妇女，喜欢用大红大绿的丝线，在衣襟、裤筒、围腰、头帕上绣出各种鲜艳的花卉图案，使服饰变成了展示山乡奇异秀美的花的世界。苗族的挑绣、纳西族的飘带、傈僳族的衣裙、哈尼族的袖头、景颇族的筒裙等，都是以五颜六色的纹样为主，衣装上的烂漫山花与周围的自然美景有机交融，浓郁的乡土气息中饱含了这些民族对大自然的亲近热爱之情。

在民族建筑上，其建筑结构、平面布局、建筑造型及用材方面的不同类型，都深受民族居住地的生态环境及所从事的生产活动的影响。在滇、黔、桂、湘、鄂等南方少数民族地区，为适应地形起伏大、气候潮湿多雨的自然环境，民居建筑多依山就势，灵活多变，有很强的适应性，如“干栏”式民居，竹木结构，底层架空，便于避潮湿。

在宗教信仰方面，对于保护人与自然的关系也起了积极作用。如云南许多少数民族一直保持着传统的原始宗教自然崇拜、神灵观念和祭祀，唐代以后陆续传入了系统的佛教文化以及基督教文化，原始宗教与民间宗教并存共容，且保留了各自的特点。广大少数民族的多种原始宗教在保护自然生态环境方面有许多成功的例证。纳西族先民崇拜山、水、植物和某些动物，有些山被称为神山，有些树被称为神树。“祭天”仪式的场地也总是选在林木茂盛、自然环境较好的地方。纳西人把出水的地方称为龙潭，把老

虎、狮子、大象、牦牛和大鹏鸟都列为崇拜的对象。这就在客观上对生态环境进行了保护。

（三）解决冲突："消灭荒山"与"退耕还林"

长江流域民族文化生态是随着时间的推移而不断变化的，一方面自然生态受到破坏，村寨文化受到侵扰；另一方面，在自然景观的基础上不断建造人文景观，从而形成人文景观和自然景观相融合。

在少数民族聚居的边远山区，随着人口的增多，曾经与自然环境相适应的生活、生产方式，如今与环境产生了强烈的冲突，成为地区自然生态破坏的一个重要因素。如刀耕火种是长江上游少数民族地区普遍使用的一种耕作方法，它在人口较少、人均土地较多的情况下，不会造成自然生态的破坏；但随着人口的快速增长，加之少数民族聚居地环境容量极为有限，致使土地不足，于是在人口增长的驱动下，砍伐森林逐年增多，并随之出现了一系列生态恶化问题。

积极解决冲突的方法是扩大森林面积，在长江森林文化区扩大森林面积的两个主要措施：一是 20 世纪的"消灭荒山行动"，二是开始于 1999 年的"退耕还林"。这两个措施，为长江森林文化区扩大森林面积发挥了不可替代的重要作用，是该区现代森林文化的经典之作。

（四）长江防护林工程——长江流域森林生态治理文化典范

为保护长江一江清水，充分利用长江水利资源优势，国家决定引水入京，配套实施了长江上游防护林和生态公益林建设工程。

长江流域防护林体系建设工程立足于长江流域（包括淮河、钱塘江流域）森林资源保护和建设，构建完善的流域防护林体系，为长江流域经济社会可持续发展提供生态屏障。自 1989 年以来，经四期建设，取得了巨大成效，工程区森林覆盖率大幅提高，防护林体系不断完善，工程建设对促进地方经济快速发展和农民增收起到了重要的推动作用，因此长江防护林体系建设工程是一项利国利民的工程。

长江流域的生态状况，不仅关系我国数亿人的生存与发展，还是我国实现经济、社会可持续发展的重要前提和保障。长江流域防护林体系建设工程是新中国长江流域森林生态治理文化的典型，影响深远。

七、森林是心灵栖息地——珠江森林文化区

珠江流域地理位置在我国大陆最南方、低纬地带，地处热带、亚热带，北靠五岭，南临南海，西部为云贵高原，中东部为桂粤中低山丘陵和盆地，东南部为三角洲冲积平原。珠江流域夏无酷暑，冬无严寒，全年雨水丰沛，成为世界上的绿洲地区，与非洲、阿拉伯北回归线附近每每成为沙漠或干旱地带形成鲜明对照。大自然的这种赐予，使珠江流域到处森意盎然，是一种绿色文化。

珠江流域全境在亚热带、热带范围内，这是中国其他大河所欠缺的。在此基础上产生的文化具有强烈的气候地带性特点。

珠江文化是一种热带亚热带类型文化。从文化是人类适应环境的一种方式这个意义出发，珠江文化孕育、发生、发展于热带亚热带地理环境，在物质、制度和观念（精神）文化各个层面上都反映了与这种地理环境感应的关系，如种植水稻，住干栏（近世则为骑楼），嗜食水产，以龙、蛇为图腾，流行以水神为主题的风俗、神话传说等。

珠江森林文化区的森林文化也与珠江文化一样，折射出地域文化的特点：一是由于植物资源丰富多彩而发育的岭南山地民族植物文化特征；二是由于临海客家人乡愁文化带来的风水林森林文化形态。

（一）岭南山地民族植物文化

岭南地处我国大陆的南端，地理环境和历史条件独特，在漫长的植物利用历史过程中，人民利用当地植物资源的形式多种多样，从物质到精神的，加之与其他文化相互影响、相互融合，而逐渐衍生出的与植物相关的文化体系。包括物质层面，即与其食用价值和药用价值等相关联的文化，同时也包括精神层面，即透过植物这一载体，反映出的传统价值观念、哲学意识、审美情趣、文化心态等。

岭南地区森林茂密，天然植被发育良好，所以植物资源非常丰富，同时由于水生动物的易得，又使狩猎采集或捕捞经济较容易维持。丰富的自然资源满足了当地人民日常生产生活的需要，造就了富有岭南特色的生产生活方式。《史记》卷一二九《货殖列传》中记载："楚越之地，地广人稀，饭稻羹鱼，或火耕而水耨，果隋蠃蛤，不待贾而足，地势饶食，无饥馑之患，以故呰窳偷生，无积聚而多贫。"可见，在汉魏六朝时期，岭南丰富的自然资源使得

当地人民形成了“火耕而水耨，果隋蠃蛤”的生产生活方式。事实上，生活在这里的古百越族先民，从早期的渔猎文明、稻作文明到后来的商贸文明，其独特的生产生活方式都离不开岭南丰富的植物资源。在岭南人民与大自然的长期斗争中，人们对自然、生命及未来的理解，渗透在对植物的崇拜中，植物由一种单纯的自然之物逐步向具有社会性的文化载体转化，植物文化逐渐形成并不断地积累，因此“树神”“社树”“风水林”等在岭南地区随处可见，而且历史悠久、文化内涵丰富。

在岭南人民的风俗习惯中，植物也占了重要的比例。如广州所生长的续断草，当地人认为用它沐浴“则长发”。他们之所以有这种观念，估计是与续断草的生长特点密切相关，“去地一丈断之，辄更生根至地，永不死”。实际上，续断草并非真正的续断，只是藤类植物的一种。岭南当地人也喜欢食用槟榔，“槟榔扶留，可以忘忧”，把食用槟榔作为他们的风俗之一。同时，槟榔也被用于婚姻礼俗方面，清人屈大均对此记载：“粤人最重槟榔，以为礼果，款客必先擎进。聘妇者施金染绛以充筐实，女子既受槟榔，则终身弗贰。而琼俗嫁娶，尤以槟榔之多寡为辞。”苏东坡也曾即兴写出“两颊红潮曾妩媚，谁知侬是醉槟榔”的诗句。今天，槟榔不仅成为我国四大南药之一，更是海南、台湾等地逢年过节以及求婚、定亲和办喜事所不可缺少。槟榔已经被当地人赋予重要的文化意义，承担着社会交际的功能。

所以，岭南自然环境与当地人民独特的生产生活方式是岭南植物文化形成的基本条件。人们在发现植物的食用及药用价值的同时，衍生出一系列与植物相关的文化现象。随着环境的改变和生产力的提高，岭南人对植物的利用方式也发生了巨大的变化，但是这种文化依然不断地传承和发展，并代代延续。

（二）风水林——客家人的森林文化

客家民居，不论是背靠山坡峰岭，还是坐落在田畴平地上，村民必在屋后栽种林木或果树、竹丛。它们郁郁葱葱，少则几亩、十几亩，多则百亩。这些树木多为生命力较强的红栲、楠木、榛和竹类，树干高大，枝繁叶茂，盘根错节，而且一次栽种，自生自繁。这些屋后树林，不少是当年创建围屋的开基祖所栽种，流传至今，有的已是百年乃至几百年的古树了。对于这些林木、果园，后世子孙皆精心管理、养护，视之为能福荫宗族风水的宝林，于是人称“风水林”。

客家人极为爱护“风水林”，不仅宗族立下了严禁砍伐、采樵、放牧的条规，违者将严惩不贷。同时，人们还赋予种种神秘传闻，借以养护风水林。例如，他们把古树作为族中老人的象征，倘若哪棵古树因年久枯朽而被大风刮倒，族人皆甚为惊惧，以为这是不祥之兆——族中某位老人将不久于人世了。有这种世代相传的心理民俗，谁人敢动风水林的古树呢！

在一些客家地区，民间还流传着动人的保护风水林的故事。在广东大埔县银滩村背头山，那里的大片风水林浓荫蔽日。这片风水林的繁茂不败，与当年的禁山故事分不开。传说当年乡贤百畴公曾主持订立族规民约，规定砍伐风水林者，初犯罚演戏一台，重犯则加倍处罚，等等。尔后，百畴公故意指使自己的儿媳妇偷偷进入林中打柴。村民发现后，告到百畴公跟前。百畴公不徇私情，执法如山，自罚一台大戏，并向族人认错，赔礼道歉。村民见百畴公严格执法，大义罚亲，皆自觉遵守保护风水林的条规。

客家人珍爱“风水林”，有其实用的功利目的。在多雨的南方，用生土夯筑的客家民居，最怕山洪的冲刷。为此，人们除了在屋后陡坡挖出一级一级俗称“阳段”的梯级外，还在屋后栽种树木、果树和竹丛，以涵养水土，防止洪水冲刷和山崖坍塌之虞。此外，“风水林”也有防风挡沙、冬暖夏凉之效，调节了居住环境的小气候。

八、森林与海——东南热带亚热带沿海森林文化区

我国东南沿海地区包括浙江、福建、台湾、广东、广西、海南以及香港、澳门，受东南季风和台风的影响，气候温暖，年降水量丰沛。珠江干流总长2216公里，流域面积45万平方公里，是我国第四大河。珠江在入海处形成了面积广大的三角洲，面积约1.8万平方公里。珠江三角洲水网交织，鱼塘密布，江水从八大口门如海，是我国河口湿地最典型的地区之一。①

该区域分布有典型的东南热带、南亚热带常绿阔叶林和季雨林；热带常绿阔叶林和热带雨林，还分布有地球上一个特别的森林类型——红树林。近代以来，还培育了大面积的沿海防护林，因此形成了与之适应的森林文化形态。台湾和海南的海岛森林民族也具有特别的民族特色。

东南热带亚热带沿海森林文化区的森林文化，一方面，具有由于客家人存在形成的特别森林文化形态；另一方面，也大量存在台湾和海南的海岛森

① 齐建文等：《中国湿地文化分区研究》，《中南林业调查规划》2014年第2期。

林民族的森林文化形态。当然,新中国红树林保护,大规模实施沿海防护林体系建设工程形成的森林文化,在该区森林文化的形成上具有非常重要的意义,影响深远。

(一)黎族森林文化

黎族,仅存在于海南岛,是海南世居的少数民族,是中华五十六个民族大家庭中的一员。黎族源于古代“百越”的一支,早在秦汉以前就从两广地区陆续来到海南岛定居。

“黎”这一专有族称始于唐末,沿用至今。黎族有自己的语言,属汉藏语系壮侗语族,无文字,通用汉文。黎族的宗教信仰以祖先崇拜为主,杂以自然崇拜,有些地区还保留着图腾崇拜的痕迹。

黎族的居民村落多被高大的阔叶林和灌木林围绕着,因此在村落外边看不见居住房屋。富有亚热带的村落风光,是黎族同胞住地的景色特征。因状似倒扣船只而得名的“船形屋”是黎族人民的传统住房,它是古代遗留下来的“干栏”式建筑。由于这类房多呈斜向半架空或水平低架空状,故又称之为干栏建筑的派生类型,是黎族富有民族特色和地方特色的传统住宅类型。

黎族服装以棉麻为原料。已有千年历史的黎锦是黎族人最为著名的纺织工艺品,以其技术精巧细密、色彩艳丽、富于特色而驰名天下,具有很高的艺术审美价值。在节日、劳动间歇,黎族人喜欢跳“竹竿舞”(也叫“打柴舞”),通常是在庭院或打谷场上跳这种舞。此舞具有很强的娱乐性和可参与性,被誉为“世界上罕见的健美操”。

(二)顺应自然——我国台湾现代森林生态文化的标志特征

我国台湾各少数民族有着各具特色的传统文化,如布农人文化为射耳祭(以箭射兽耳祷求猎获丰收)与小米祭、皮衣制作技巧;邹人则是战祭、收获祭与揉皮技术;赛夏人每两年举办一次矮灵祭;达悟人的飞鱼祭等具有明显的渔猎文化色彩。

现代的森林文化除受到中华文化及南岛文化影响之外,日本文化对我国台湾影响也很大,具体体现在森林步道、森林浴、森林公园、森林休闲等方面,我国台湾学者在20世纪还出版有《森林文化》著作。

我国台湾的森林生态文化,从经营思想与利用的角度来看,林业的发展大致经历了单纯采伐、采育并重建、社会林业和生态林业经营这几个阶段。

特别是生态林业经营阶段从 1999 年开始至今，主要任务是维护森林生态，保护自然资源。在保护生态环境的过程中，森林生态文化发掘、保存和发展应运而生，自然教育、森林美学、无痕山林、志工培养、休闲游憩等一系列人与自然相融合的概念和措施随之发展起来。正是在这种思维的指导下，我国台湾建立了一大批自然保护区、森林游乐区、自然教育中心等，不同形态、不同文化、不同地理环境的森林公园及文化创意园。

另外，我国台湾的森林自然教育设施也非常完善，不管是自然教育设施，还是森林游乐健身场所，都根据各地区的人口、文化、经济及社会发展现状，进行统一布局、科学规划、有序实施，并形成特色。早在 2005 年，我国台湾“农委会林务局”还对《森林游乐设置管理办法》进行了修订，将环境教育建设纳入游乐区设置。自此，在森林游乐区建设了很多自然教育中心。

再是我国台湾的森林步道也是一大特色，自 2002 年起，“农委会林务局”就开始推进“百条步道”计划，在一些森林游乐区之外，开始着手建设环台湾的森林步道系统。针对不同年龄层次和身体状况，台湾开发形成“一般大众”“体力稍佳者”“体力佳且有初步判读地图能力者”“体力佳、有初步判读地图能力且具有野外求生能力者”“已接受过登山训练者”五级森林步道，并标明地点、长度、坡度、配套设施状况和平均行走时间，供游人选择。

顺应自然是我国台湾现代森林生态文化的标志特征。

（三）沿海防护林体系建设

我国大陆海岸线北起辽宁省鸭绿江口，南至广西北仑河口，全长 18340 千米，另有岛屿海岸线 11558 千米，涉及沿海 11 个省（区、市）及 5 个计划单列市。该地区是我国经济最发达、城市化进程最快、人口最稠密的地区，也是带动我国经济社会发展的“火车头”，在国民经济和社会发展全局中具有举足轻重的地位和作用。长期以来受地理位置和自然条件等因素影响，台风、海啸、风暴潮、暴雨、洪涝、干旱、风沙等自然灾害频发，严重威胁着沿海地区经济发展和人民群众生命财产安全。

为此，党中央、国务院十分关心沿海地区防灾减灾工作，高度重视沿海防护林体系工程建设，先后出台了一系列重大决策部署。20 世纪 80 年代启动沿海防护林体系建设，在全国沿海 11 个省（区、市）的 195 个县（市、区）全面实施了沿海防护林体系建设工程。经过 20 多年的建设，沿海防护林体系工程建设范围不断扩大,建设内容不断丰富,工程区森林资源逐年增长,生态环境逐步改善,生态防护功能逐渐增强,工程建设取得了较大成效。

沿海防护林体系建设工程是东南热带亚热带沿海森林文化区森林文化建设的重大工程,也是影响该区森林文化发展的重大事项。

(四)新中国红树林保护

红树林是生长在热带、亚热带海岸潮间带,受周期性潮水浸淹,由红树植物为主体的常绿乔木或灌木组成的湿地木本植物群落。红树林为适应海岸潮间带的环境,形成了独特的形态结构和生理生态特性,不但具有防风消浪、保护堤岸、促淤造陆、净化环境、改善生态状况等多种功能,而且还是水禽重要的栖息地,也是鱼、虾、蟹、贝类生长繁殖的场所。红树林湿地作为重要的湿地类型,已被列入拉姆萨尔公约国第四届成员国大会制定的拉姆萨尔湿地分类系统及中国湿地资源调查分类系统。①

中国政府关于红树林的调查、保护采取的方法与措施,不但形成了丰富多彩的红树林生态文化形态,在世界上也具有先进的意义。

---

① 但新球等:《中国红树林湿地资源、保护现状和主要威胁》,《生态环境学报》2016年第7期。

第三章　中华文明根基中的森林文化价值

——森林对文化起源和文明发展的文化价值

文化是一个国家、一个民族生生不息的血脉和灵魂，是人类楷模天地、师法自然、开创文明，与自然共同创造的物质财富和精神家园。

文字是人类由“洪荒”进入“文明”的三大标志（文字、器物、村镇）之一，作为文化的工具和载体，记述着时代变迁、社会变革，人与自然、人与人、人与社会之间关系演化的历史，传递着道德伦理、思想意识、价值取向、社会形态、生产生活方式、国家体制、天文地理、文学艺术和文化传统，承载着中华儿女与时俱进、创新发展的勤劳智慧、审美意境和科技成果。“观乎天文，以察时变；观乎人文，以化成天下”，文字是穿越时空、为前人—今人—后人开通信息隧道的语言符号，是珍贵的历史文化遗产，更是成就人类文明发展的文脉支撑。正如我国古代第一部阐述字源、解析字义的权威之作，东汉经学家、文字学家许慎所著《说文解字》“序”所言：“前人所以垂后，后人所以识古。”

第一节　森林对汉字起源的影响及其文化价值

汉字是由中国创造的、世界上最古老的四大自源文字中唯一沿用至今的文字。

在古代，汉字对周边国家的文化影响巨大，日本、朝鲜和越南形成了一个共同使用汉字的汉字文化圈，因而汉字在历史上对文明的传播有着重要作用。当今世界，随着国际交流成为常态，汉字文化圈从东亚和东南亚国家扩展到世界各地，汉语热在海外不断升温，中国文化来源于汉字的独特性逐渐被世界所认识。全球一体化使汉字成为一种非物质文化资源，价值不断提升。

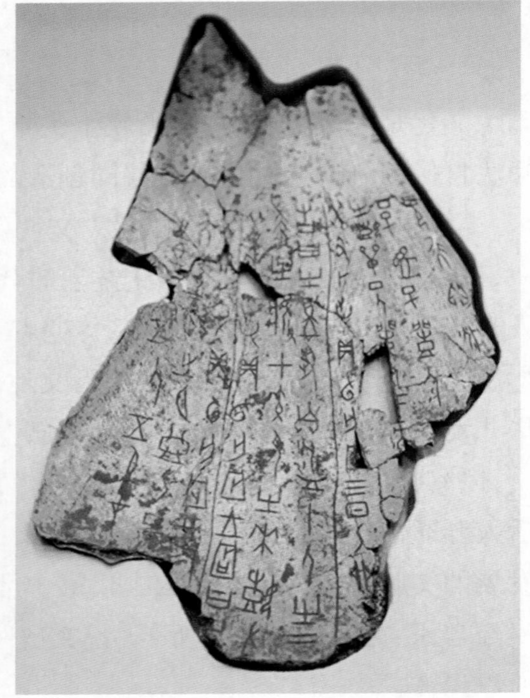

图 3-1　世界上最古老的四大文字（埃及象形文字、两河流域的楔形文字、玛雅文字、中国象形文字）

一、关于汉字的起源

关于汉字的起源，中国古代文献上有"堆石""结绳""八卦""符号""图画""书契"等种种说法，还有黄帝史官仓颉造字的传说……

关于汉字起源的年代，有 4000 年说、6000 年说和 8000 年说。我国著名考古学家和古文字学家唐兰曾在《中国文字学》中提出"文字的发生，总在夏以前。至少在四五千年前，我们的文字已经很发展了"①。汉字起源于 4000—5000 年说，大致可分为大汶口文化陶文文字说、丁公陶文文字说

① 唐兰：《中国文字学》，上海古籍出版社 2001 年版，第 58 页。

和王城岗陶文文字说等。这些观点认为，大汶口文化陶器刻符、丁公陶文和王城岗陶文是早于甲骨文并与古汉字有关的文字，故汉字起源于4000多年前。如唐兰《关于江西吴城文化遗址与文字的初步探索》①、高明《论陶符兼谈汉字的起源》②等论著。6000—7000年说，20世纪中叶以来，以半坡遗址、临潼姜寨遗址为代表的仰韶文化遗址，出土了一批彩陶和黑陶，其上零星刻有若干符号，笔画、构形与殷墟安阳出土的甲骨文相近似。郭沫若《古代文字之辩证的发展》认为“无疑是具有文字性质的符号，可以肯定地说就是中国文字的起源，或者中国原始文字的孑遗”③。8000年说，源于1987年河南省舞阳县贾湖村新石器时代早期遗址贾湖契刻的发现。王忠恕《汉字纵横谈》指出，其刻画、笔势、形态、组合等均与殷墟甲骨文基本一致，它们应是8000年前贾湖人使用的文字。贾湖契刻才是中国汉字的正源，才是汉字的始祖。④ 著名国学大师饶宗颐指出“贾湖刻符对汉字来源的关键性问题，提供了崭新的资料”，并被认为是“早于安阳殷墟的甲骨文卜辞4000多年，领先于素称世界最早的古埃及纸草文字”，是迄今为止人类所知最早的文字雏形。关于汉字起源的探讨，各家观点各有缘由。

约在公元前14世纪的殷商后期，甲骨文初步定型。至周朝时，形成了自己的特点和规律，发展得相当有系统。至“秦王扫六合”后以小篆为标准，统一了文字；“秦隶”的出现，是汉字由古体向今体演变的标志；楷书形成后，中国汉字已基本定型。《说文解字》把汉字分析归纳为指事、象形、形声、会意、转注、假借“六书”。据王蕴智《商代文字基本字形结体分析》，“商代文字基本字的结体特征可分为四大类：取人体和人的某一部分形体特征为构字的基础；以劳动创造物和劳动对象为构字的基础；取禽兽和家畜类形象为构字的基础；取自然物象为构字的基础。从构形的文化内涵上来考察，这些成熟较早的字形所取裁的对象与当初先民们的社会生活相当贴近，具有很强的现实性的特征。同时，这些字形所描写的内容涉及了人和自然的各个层面，因而还具有构形来源广泛性的特征”⑤。

---

① 唐兰：《关于江西吴城文化遗址与文字的初步探索》，《文物》1975年第7期。

② 高明：《论陶符兼谈汉字的起源》，《北京大学学报（哲学社会科学版）》1984年第6期。

③ 郭沫若：《古代文字之辩证的发展》，《考古学报》1972年第1期。

④ 王忠恕：《汉字纵横谈》，宗教文化出版社1997年版，第34页。

⑤ 王蕴智：《商代文字基本字形结体分析》，《殷都学刊》2004年第2期。

唐兰《中国文字学》提出："文字本于图画，最初的文字是可以读出来的图画。"①从历史发展的角度看，图画是文字的前驱。而文字作为社会约定俗成的符号体系，可以想象其发生的初始阶段，古人只是为了便于记事或与族群内部信息沟通简单的符号认知，不会对文字创造具有系统的设计和深远的认识。文字创造、演进和发展，是一个伴随人类对自身和对自然界认知的不断深化、社会文明程度不断成长的，历经数千年的渐进、积累、演化的漫长的历史阶段。回溯文字符号创作发端之源，应该大多与古人类生存的自然生态环境和社会群体有着密切关系。

二、森林对汉字起源的影响

生态哲学把"自然—人—社会"看作是复合生态系统。陆地生态系统主要分为森林、草原、荒漠、湿地、农田、城镇乡村聚落等生态系统类型。②生态系统的多样性、物种和遗传的多样性，其物质、能量、信息交换，生存演化、发展循环，相互关联、相互作用，"万物同源，天人合一；和实生物，和而不同"，尤其在人类与森林的关系中体现得淋漓尽致。

森林是陆地生态系统的主体，是木本植物丛生并占优势的生物群落，包括树木、竹藤与其他植物、动物、微生物；在空间上分为乔木层、灌木层、草本层和地被物层；是与天地气象、地理环境、自然万物相互依存、相互作用、相互影响，并产生能量转换和物质循环的统一体系。

森林是陆地生态系统生物多样性最丰富的基因库和最庞大的可再生自然资源库。森林生态系统丰富的物种多样性、结构多样性、食物链、食物网以及功能过程多样性等，形成了分化、分层、分支和交汇的复杂的网络特征。地球陆地植物有90%以上存在于森林中，或起源于森林；森林中的动物种类和数量，也远远大于其他陆地生态系统。③

森林是人类文明的摇篮。中华民族与森林生态系统交往互动、物我共生的关系，自古至今从未间断。从人类与森林的渊源看，距今大约在2300万—1800万年，人类的猿祖——远古灵长类动物，主要生长在非洲、亚洲和

---

① 唐兰：《中国文字学》，上海古籍出版社2001年版，第231页。

② 郭何生：《农业大辞典》，中国农业出版社1998年版，第29页。

③ 尚杰主编：《农业生态经济学》，中国农业出版社2000年版，第233页。

欧洲等地区的热带雨林和广阔的草原上，被称为森林猿。① 人类与自然的关系在人类起源时就集中体现在人类与森林共生的演化中。华夏先祖们依存于森林劳作造物的社会生活，涉及人对森林千姿百态的生态物象、木竹花草、鸟兽禽虫、山体水流等的形象、色彩、气味、功能、妙趣等多个层面的切身体验、心灵感悟和审美意向、品格象征，对汉字构成产生了巨大的影响，成为汉字的重要起源之一。

三、森林对汉字起源的文化价值

起源于森林的汉字特征鲜明，构字雏形以象形、会意、形声为多，本义及其引申义渗透着华夏民族森林文化的传统信仰、美学色彩、智慧哲思，成为中国文化的基石传承至今，在现代汉语中有着广泛的应用。下面以《说文解字》为范本，解析森林对汉字起源的文化价值。

《说文解字》正篆共计 9353 字。经统计分析，其中起源于林木（竹木）的部首成字，木部有 421 个，林部有 9 个，竹部有 147 个，東部有 2 个；源于森林生态系统范畴或与之关联的部首成字，动物部有 750 个（已筛除“鱼、龍、黽、黽”等无关部首成字 124 个）；艸部有 445 个，共计 1774 个，约占《说文》正篆总字数的 19%（见图 3-2）；而感悟于森林生态系统自然规律所创造出的具有引申义的汉字不胜枚举。

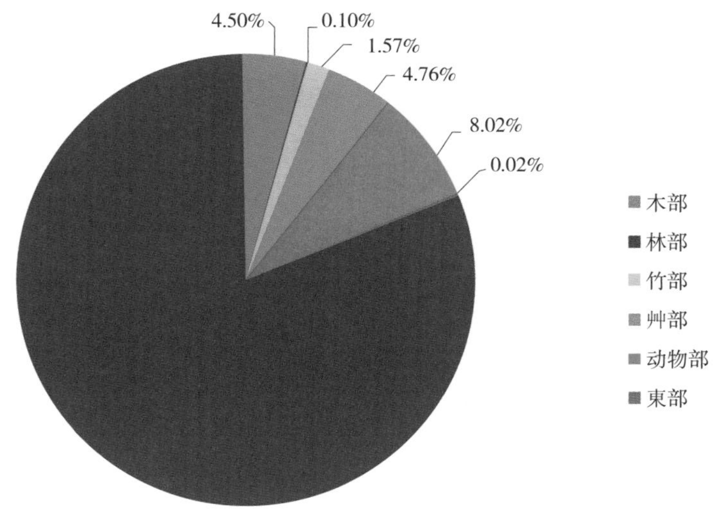

图 3-2　源于森林的正篆汉字分类比例

① 石宗宾：《中国少年儿童百科全书（文学艺术 & 人类历史）》，内蒙古少年儿童出版社 2002 年版，第 261 页。

(一)《说文解字·木部》及其有关例字解析

木(木),象形字,本义是树木。树(樹、尌),在上古只称为木,至中古"木"和"树"为同义词。① 甲骨文"木"字像一棵树的形状。"木"也作为五行之一,代表具有生长、升发等作用或性质的事物。林(林),会意字,本义为丛聚的树木。"平土有丛木曰林。林者,木之多也"。森(森),丰也,从林。或说规模,与庶同意;从大,数之积也。

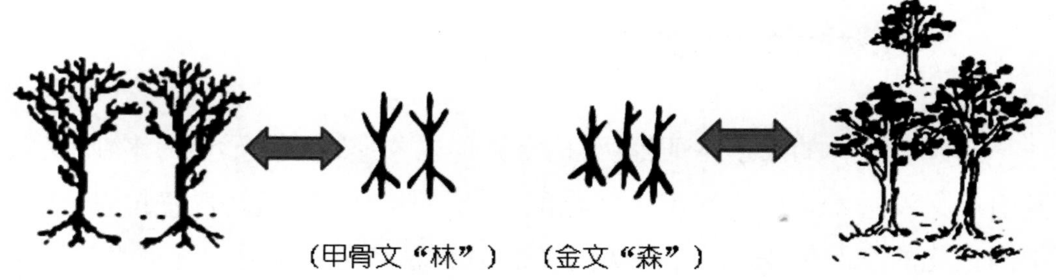

(甲骨文"林") (金文"森")

本(本),木下曰本。指代树木根部。引申为事物的源头和基础。末(末),树梢,与本相对,引申为尖端。《孟子·梁惠王上》"明足以察秋毫之末""物有本末,事有终始",即各种事物都有根源和末流,也都有开始和结束。②

杖(杖),《说文》:"持也。从木丈声。"段注:"凡可持及人持之皆曰杖。丧杖、齿杖、兵杖皆是也。兵杖字俗作仗。"杖的本义为手持木棍,引申为掌握权力、象征权势等。如杖节(执持旄节,授予兵权,镇守一方),《汉书·苏武传》"杖汉节牧羊,卧起操持,节旄尽落",即苏武拄着象征汉朝的符节放羊,睡觉、醒来都拿着它,以致系在节杖上的牦牛尾毛全部掉光了;杖楫(持杖);杖斧之臣(掌握兵权的武臣)等。"仗"为后起字,通"杖"。仗的本义:以手执木杖杖击敌人或罪犯。

三星堆出土的金杖

关于金杖上的图案,目前学术界有说法认为表现的分别是以鱼和鸟为祖神标志的两个部族联盟而形成了鱼凫王朝;图案中的"鱼""鸟"就是鱼凫王朝的徽号、标志。另一种说法则认为金杖上的鱼鸟图,象征

① 王力主编:《古代汉语》(校订重排本)第3册,中华书局1999年版,第1097页。
② 王力主编:《古代汉语》(校订重排本)第3册,中华书局1999年版,第1108页。

着上天入地的功能，是蜀王借以通神的法器。当然，这尚无定论，其内涵有待更为深入的探讨。关于金杖的性质则有“王杖说”“法杖说”“祭杖说”及祈求部族或王国兴盛的“法器说”等。多数学者倾向于认为金杖是古蜀国政教合一体制下的“王者之器”，象征着王权与神权。据古文献记载，中国夏、商、周三代王朝均以九鼎作为国家权力的最高象征，而三星堆以杖象征权力，反映出古蜀与中原王朝之间文化内涵的差异，显示出浓厚的神权色彩和地域特色。在地中海沿岸的古希腊文明、古埃及文明、古巴比伦文明及其他的西亚文明中，均有以杖形物作为神权、王权等最高权力象征的文化现象，故一些专家学者推测金杖的文化因素来源于西亚近东文明，是文化交流、传播和采借的产物。

野(壄)，会意字，从林。本义指林地，野外、郊外。《说文·十三下·里部》：“野，郊外也。从里予声。壄，古文野，从里省，从林。”段注：壄，古文野，从里省，从林；邑外谓之郊，郊外谓之野，野外谓之林，林外谓之冂(jiōng，远界也。今文“坰”)。“野”字的引申义用途广泛。如自然生长，非人工驯养培植的动植物：野生、野兽；如荒凉：旷野、荒野；野营、野外、原野；田野：《吕氏春秋·审己》“稼生于野而藏于仓”；不好驯服、不通礼数：野性、野蛮；狂妄、非分的：野心；当政的地位：朝野、在野、下野；区域界限、范围：分野、视野；等等。

林(甲骨文)→埜(金文)→埜(战国文字)→野(《说文》小篆)→壄(《说文》古文)

霖(霖)，既是会意字，又是形声字，本义为雨落山林，引申为“久雨不止”和“恩泽”之意，如“甘霖”。

(甲骨文“霖”)

果(果),象形字。本义为树木结出的果,木实也,从木。甲骨文果,金文果,象形果在木之上。

从小篆开始,"果"的果实之形转为"田"字,代表着粮食等可以果腹之物。可见,人类对果实的认知源自森林。后来引申为事情的结局、结果、成果,如"春华秋实";也有因果、确实、坚决等释义,如果然、果敢、果断等。古文中,"果"通"裸","裸""裹"由果字衍生而来。①

构(構、構),本义是以木架屋。"构木为巢",人类文明开端的标志之一。

桅(桅),篆书形体像棵树,表示桅杆用树木制成;从危,危有高义,表示张挂风帆的桅杆很高;本义是桅杆,也叫桅樯。

艭(艭),海中大船。椶、艭同"艘",船总名。可见,华夏先祖"刳木为舟,剡木为楫"由陆地到涉渡水上。1973 年,浙江余姚河姆渡新石器时代遗址,挖掘出 6 只古老的木质船桨和一件陶制独木舟模型;2002 年,浙江萧山跨湖桥新石器早期遗址,发现了独木舟及相关遗迹,使我国成为拥有世界上最古老独木舟的古船文明国家之一。

桥(橋),《说文》,橋,水梁也。本义是古人用原木高架在沟壑或溪流上通道,引申为沟通、通行交流等。

朴(朴),本义是未经雕饰的木,引申为未经造作的原始之相,朴实、朴素、纯朴。

检(檢、檢),《说文》:"书署也。"古人在木板上写作后,上面再加一板,类似后世的信封和书的封面,叫作检,引申为检查。②

析(析),本义为破木,《诗经 · 齐风 · 南山》"析薪如之何,匪斧不克",引申为剖分、辨析、解释、解析,萧统《文选》序:"论则析理精微。"

概(概),本义为木制的量米工具,引申为度量、风度、品格,"凛然皆有概"③。

朱(朱),本义是赤心木;在上古神话中,朱是树的代称;《山海经 · 大荒西经》记载"有盖山之国,有树,赤皮支干,青叶,名曰朱木",后来"朱"指代

---

① (东汉)许慎原著,吴苏仪编著:《图解〈说文解字〉:画说汉字——1000 个汉字的故事》,陕西师范大学出版社 2011 年版,第 214、248、129 页。

② 王力主编:《古代汉语》(校订重排本)第 2 册,中华书局 1999 年版,第 672 页。

③ 王力主编:《古代汉语》(校订重排本)第 2 册,中华书局 1999 年版,第 1108 页。

红色，也常用于姓。①

乐(樂、)，甲骨文，甲骨学奠基者罗振玉解释道，“樂从丝附木上，琴瑟之象也”。从字形上看，上部即后来的“丝”字的初形，下部是后来的“木”字，将丝弦张设于木架之上，就构成了弦乐器的形象。《诗经·鄘风·定之方中》就有“树之榛栗，椅桐梓漆，爰伐琴瑟”的诗句。“樂”字取象于乐器之形，体现了我国古代如琴、筝、琵琶等弹奏乐器的最初形态。后来，发展到金文、小篆，增加了中间的部分。

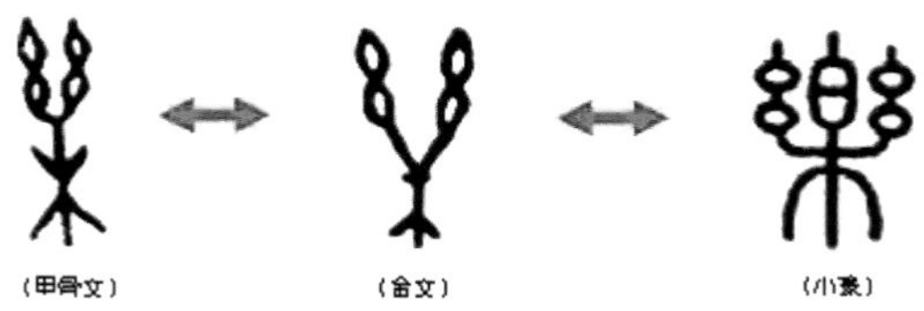

《说文》：“乐，五声八音总名。”其中“五声”即“宫、商、角、徵、羽”，是我国古代关于音阶划分的五种不同名称；“八音”即“丝、竹、金、石、匏、土、革、木”，是八种不同材质的乐器所发出的乐音，其中竹、木来自于森林。“乐”字作为音乐的总名，选取弦乐器作为众多乐器的代表，说明弦乐在音乐中占有重要地位。②

艺(藝、)，本义为种植。甲骨文，左边是木字，代表各种植物和农作物，右边一人跪坐在地，双手捧着树苗，准备栽种。金文左下方还加上了一个“土”字。艺字与“埶”字关联。《说文·丮部》埶，種也。本义为持握着苗木栽种。《诗经·唐风·鸨羽》“不能艺黍稷”。《孟子·滕文公》“树艺五谷”。引申义为技艺、才能、艺术、本领，《尚书·金滕》“能多才多艺”③。

新()，是“薪”的本字。甲骨文或作，“斤”是砍树的斧头；是果树名，引申为树木，为砍伐树木的意思。金文、篆文等形体上差异不大，字义承袭。《说文·斤部》：“新，取木也。”段注：“取木者，新之本义。引申之为凡始基之称。”后“薪”取代了“新”的本义，而“新”转化为形声字，含义为初始、新生、全新的、新兴的，至今被广泛运用。④

拔()，《说文·手部》：“擢也。从手犮声。”本义为拽，连根拔出。此

① (东汉)许慎原著，吴苏仪编著：《图解〈说文解字〉：画说汉字——1000 个汉字的故事》，陕西师范大学出版社 2011 年版，第 25、491 页。

② 王立军、温英明：《汉字与古代音乐文化》，《中国教师》2009 年第 1 期。

③ 王力主编：《古代汉语》(校订重排本)第 1 册，中华书局 1999 年版，第 323 页。

④ (东汉)许慎原著，吴苏仪编著：《图解〈说文解字〉：画说汉字——1000 个汉字的故事》，陕西师范大学出版社 2011 年版，第 396 页。

字始见于战国文字,《郭店老子乙·简15》从木,字形会意,双手拔树。在现代汉语中,“拔”字引申为选取、提升之义,如“出类拔萃”。

束(),会意字,本义为捆绑。甲骨文、金文,《说文·束部》:“束,缚也。从囗木。”徐锴《系传》:“束薪也。”李孝定《甲骨文集释》:“(甲文)象橐囊括其两端之形。”“引申为束缚之称。”约束、限制之义。①

生(),会意字,本义是草木从土里生长出来。甲骨文,下方一条横画,表示土地,上方一个分叉,表示植物的枝叶生长之意。发展至篆文时期,《说文·生部》:“生,進也。象艸木生出土上。”生,最初的形义承袭下来,泛指有生命的东西,如“众生、生灵”;也用于表示生存状态,如“生生不息”。②

古人崇拜自然,相信万物有灵,可以说很大一部分内容源自人类世代依存于森林的生活感知。森林常常与最神圣的事情联系在一起,寄托着人们美好的夙愿,如祈福、护佑、祭祀,成为古代森林文化特有的表现形态。

由“封”字联系到疆土的界限。封(),会意字,本义是培植树木。甲骨文的“封”(),左上方是“木”字,左下方是“土”字,右上方是“手”形;金文左边像植物生长在土上,右边是手,整体指人用手栽种植物。古人常以培土种树作为界限,称为“封疆画界”。③

古代所称的社稷:“社(《说文·示部》),土地之主,土神。又名‘后土’。古人封土为社,各栽其土所宜种之树。因此,‘社’又指祭祀土神的地方。稷(),谷名,谷神。社稷:土神与谷神。古代用作国家的象征。”④

古人感悟宇宙自然气象万千,而创造了“阴阳五行”学说,认为天为阳,地为阴;日为阳,月为阴;将自然界五种物质元素“水火木金土”归为五行,又落于方位:北方属水,南方属火,东方属木,西方属金,中央属土。⑤

追根溯源,不仅东字与森林有关,而东方“五行属木”。

东(),《说文》:“东,动也;会意,从木。官溥说:从日在木中。凡东之属皆从东。”《白虎通·五行》:“东方者,动方也。万物始动生也。”“木之为言,触也。阳气动跃,触地而出也。”

---

① (东汉)许慎原著,吴苏仪编著:《图解〈说文解字〉:画说汉字——1000个汉字的故事》,陕西师范大学出版社2011年版,第332页。

② (东汉)许慎原著,吴苏仪编著:《图解〈说文解字〉:画说汉字——1000个汉字的故事》,陕西师范大学出版社2011年版,第317页。

③ (东汉)许慎原著,吴苏仪编著:《图解〈说文解字〉:画说汉字——1000个汉字的故事》,陕西师范大学出版社2011年版,第99页。

④ 王力主编:《古代汉语》(校订重排本)第1册,中华书局1999年版,第237页。

⑤ 李民、王健:《尚书译注》,上海古籍出版社2004年版,第219页。

每日太阳从东方升起，宇宙阳气升腾跃动，给万物带来勃勃生机，如同森林树木拔地而起，呼吸、生发、舒展，故东字造型会意“从日在木中”。而中国又位于世界的东方，中国人和中国文化对“东”字和东方有着特别的尊崇和偏爱。古人崇拜宇宙星辰，长期观察星象，结合天文学、历法学和阴阳学，选择了他们认为的太阳周年运行轨道附近的二十八个星宿为坐标，称二十八宿。每方七宿，想象为四种动物形象：东方苍龙，北方玄武，西方白虎，南方朱雀，称“四象”。其中“东方苍龙七宿，角亢氐房心尾箕”①，“角亢”被称作“寿星”。《尔雅・释天》：“寿星，角亢也。”郭璞注：“数起角亢，列宿之长，故曰寿。”《周易》：“万物出乎于震，震，东方也。”“震，为雷，为龙。”古人观象于天，观法于地，亦把星象方位与地理位置相对应，观宇宙天象与国之运势相联系，“腾飞的东方巨龙”，成为中华民族的图腾和精神象征，龙脉千年不衰、世代传承。

（二）《说文・竹部》和例字解析

中国是竹子起源的国家之一，也是世界上竹资源最为丰富，认识和利用竹子最早的国家之一。1954 年，考古工作者在陕西西安半坡村发掘了仰韶文化遗址，其中出土的陶器上，可辨认出“竹”字符号，将中国人研究和利用竹的历史追溯到距今 6000 年前的新石器时代。②

《说文》竹部共收字 147 个（不包括新附字和重文）。竹（[illegible]），甲骨文[illegible]，金文[illegible]，籀文[illegible]、[illegible]。《说文》：“竹，冬生艸也。象形。下垂者，箁箬也。凡竹之属皆从竹。”

以竹为部首，构成的部内字分别表示竹本身、竹部位、竹状态、竹器具（食器、乐器、书写工具、生产工具、家具、容器、生活用品、马具等）、与竹有关的行为、由竹义引申的抽象义等。例如：

笔（[illegible]），从来就是人类最亲和的用于书写文化、传播文明的主要工具。汉字甲骨文[illegible]，“[illegible]”（音右）义为右手，“[illegible]”如笔杆和开衩的笔头。金文承自甲骨文之形，篆文增“竹”为形，以示质料为竹，成了从竹、聿声的“笔”字。词性引申为书画、文章等的笔法、格调和账目的量词等。

简（[illegible]），《说文》：“简，牒也。”本义为编扎在一起用于写字的竹片。因在竹片上书写，比在甲骨或金属器皿上刻画、铸刻方便、高效，后引申为简便

---

① 王力主编：《古代汉语》（校订重排本）第 2 册，中华书局 1999 年版，第 835 页。

② 国际竹藤组织：《“竹”文明的国度》，《生态文明世界》2018 年第 2 期。

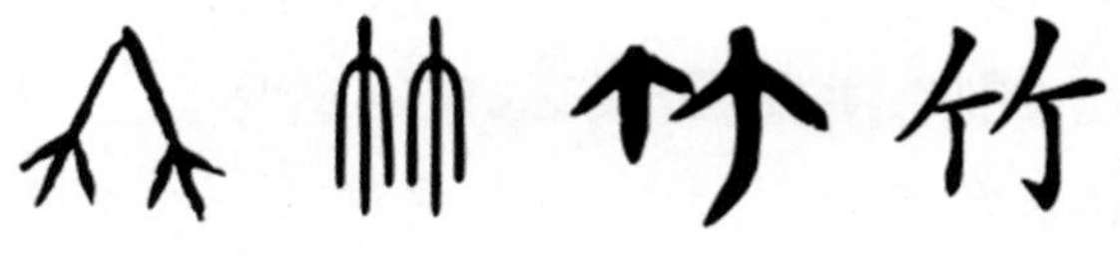

甲骨文　金文　隶书　楷书

图 3-3　竹部

之义与“繁”相对。

策（策），《说文》“策，马箠也”。本义指竹制马鞭，词性引申为用鞭子赶马的动作，如鞭策；亦指写字的竹简（木简），即简策；引申义为方法、计谋，设计谋划等，如国策、策划。另有占卜之义，如龟策；拐杖之义，如策杖等。①

范（范），《说文》“法也”。即模子，法则。古法有竹刑。后作“笵”，段玉裁注：“《通俗文》曰：‘规模曰笵。’”引申义为规范、模范、范围等。

筭（筭）与算（算）同。古时以竹片或小木条做筹码计算数字。算，数也，从竹从具，即计算、算数。段玉裁注：“从竹者，谓必用筭以计也，从具者，具数也。”筭的字形筭下面是弄，表示摆弄。引申为推测、谋划。如“三”为指事字，甲骨文“三”的字形为三根并列平行摆放的竹签，本义为数字三。《说文》认为“三，天地人之三道也，从三数”，即可以代表天道、地道和人道。

符（符），金文，《说文》“信”也。汉制以竹，长六寸，分而相合。从竹，付声。“付”兼有交给的意思。本义为古代朝廷交托受命者、代表其身份和权力的竹制信物。古代帝王封赏、任命、遣使、调兵，都有符作为凭信。符以竹节剖半做成，有关双方各持其一，使用时，必须将符交给对方，两半合符才为可信。引申为信号、标记、符合等义。

---

① 王力主编：《古代汉语》（校订重排本）第 2 册，中华书局 1999 年版，第 531 页。

图 3-4　战国合符

节([illegible]),《说文》:“节,竹约也。”本义为竹节。因竹由笋苞抽节,竹节环状凸起的特征,引申为文章的段落和书的章节等义;因竹体节节关联的特征,引申为节制、自律、局限,关节、节奏,节操、气节等义。

中国自古至今,衣食住行用、诗词歌赋、工艺美术、琴瑟管乐,以及“与人品比德”等等均有竹。竹笋美食、竹浆造纸、竹篾编织、竹纤维纺织、竹炭净化,更有形式多样的竹建筑、竹家具和“以竹代塑”等绿色竹产业;“金石丝竹,乐之器也”①,不仅传统竹制乐器创新发展,竹制钢琴和小提琴也已面市,中华竹文化的作用和影响远播海外。

(三)《说文·动物部》例字解析

《说文》中,基本属于依存森林的野生动物的部首(包括牛、犛、隹、萑、羊、鳥、烏、虎、豖、帬、豚、豸、舄、易、象、馬、廌、鹿、毚、兔、萈、犬、鼠、能、熊、燕、乞、虫、蚰、它等部),成字有 750 个。例如:

麓([illegible]),甲骨文[illegible]表示鹿在森林中生活。篆文从林,鹿声。“麓”在古代也指主管山林苑囿的官吏。《说文》:“麓,守山林吏也。”

集(雧、[illegible]),甲骨文从佳从木,本义是群鸟栖于树上,引申为集中、聚集等义。

象([illegible]),起初是象形文字,甲骨文[illegible]表示大象侧视的形状:仰头、前足举

① 薛永武:《〈礼记·乐记〉研究》,光明日报出版社 2012 年版,第 23 页。

图 3-5 摩崖石刻古迹

起，呈现长鼻、牙的特点。金文与篆文均承袭。商代甲骨卜辞记载：“今夕祈雨，获象。”说明殷商时期中原地区多有大象活动的足迹。① 经演变，也代指形象、现象、印象、象征等。

能（），是熊的本字。金文像一只大兽，左边为头及前肢，右边为短尾与后足。《左传》：“今梦黄能入于寝门。”后来能多用于才能、贤能、能够等义，于是另造熊以表本义。

荐（），原作薦。金文从廌，从茻，表示廌兽在草地上吃草之义，是古代游牧生活的写照。古人常将酒肉放置在草垫上，祭奠祖先或宴请宾客。引申义为进献、推荐。

---

① （东汉）许慎原著，吴苏仪编著：《图解〈说文解字〉：画说汉字——1000 个汉字的故事》，陕西师范大学出版社 2011 年版，第 390 页。

与法（灋）廌，灋，廌像野牛，一只角。

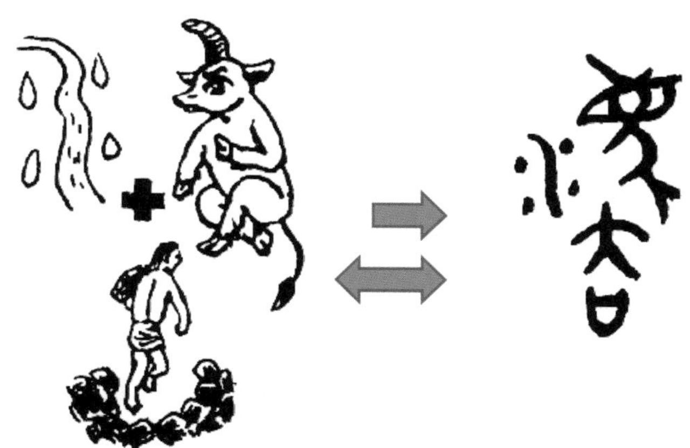

金文，右边是一种神话中的动物解廌的形象，传说它能明辨是非曲直，会用角顶触不讲法理的人。法原作灋，从水从廌，意思是廌在执法时能够做到公平如水，按照法理惩罚罪人，故表示刑法含义。随着文明进步，法制已经成为重要的国家机器。

（四）《说文・艸部》例字解析

《说文・艸部》收字445个，涉及的大部分植物生长在森林中，是森林生态系统的组成部分。艸部可分为草类植物的名称、状貌、加工品、与草类相关的动作等；另有一部分艸部的字，其本身就源于树木的组成部分、状貌和相关动作等。例如：

叶（葉、），象形字，本义是树叶。金文，下方“木”，表示树木，上方三条竖线上三个点，表示树枝上的叶子。《说文・艸部》：“叶，草木之叶也。”后来引申为世代、时期，如初叶、中叶、末叶。

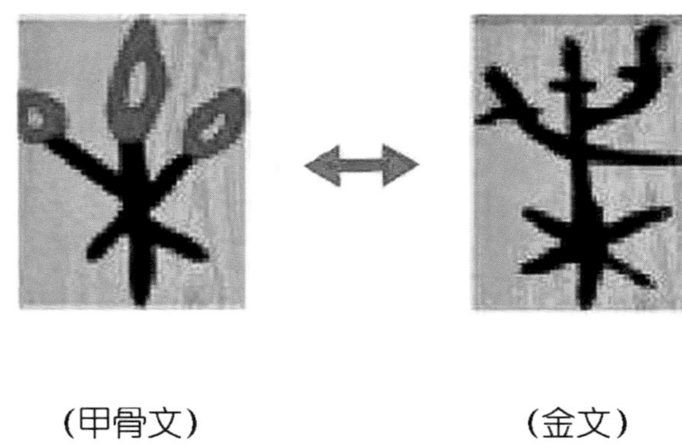

（甲骨文）　　（金文）

落（），本义是掉下来。《说文》：“凡草曰零，木曰落。”即，草掉叶子称零，树掉叶子称落；在实际应用中，引申为下降之义，如降落、落后、落日、落霞等;因秋风瑟瑟树叶飘零之象,引申为衰败之义,如败落、没落、落魄、冷落等;因叶落于地,引申为坐落之所,如院落、部落、村落等。

薄(薄),本义为林薄。① “薄”字引申为冷淡、不深、少、轻视等。如厚今薄古、妄自菲薄、薄情、薄弱等。

芝(芝),《说文・艸部》:“芝,神草也”,生于枯木根际,本义为一种真菌,菌柄肾形。古人认为服食可成仙,故称“灵芝”。

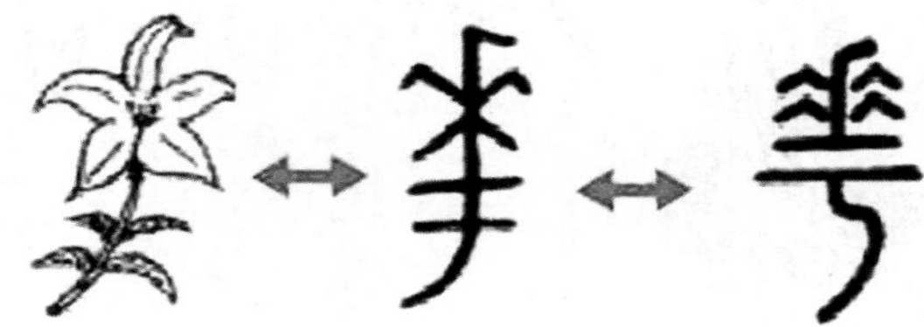

(金文)

华(華、華),会意字。本义是树木的花,也是花的本字。《尔雅・释草》:“木谓之华,草谓之荣”,即木本植物的花称华,草本植物的花称荣。“华”字的甲骨文華,形如一株树花满枝头,预兆春华秋实,引申为像花一样美丽美好、青春兴盛的事物,如华丽、华彩、华光、芳华、华年、华诞等,蕴含着古人对自然的崇拜。如《诗经・周南・桃夭》“桃之夭夭,灼灼其华”,形容桃花繁盛艳丽;《淮南子・时则训》“仲春之月,桃李始华”,“季春之月,桐始华”。清段玉裁《说文解字・华注》:俗作花。其字起于北朝。②《尚书・正义》注:“冕服华章曰华,大国曰夏。”唐代孔颖达为《左传》注疏说:“中国有礼仪之大,故称夏;有服章之美,谓之华。”追溯古代中国和华夏文明的历史渊源,史书典籍和历史传说难以逐一定论。而不争的事实是,“华文化”世代绵延、传承铺展,“华”字进入国家的名号,成为中华民族多元一体、血脉相连、国家繁荣昌盛的美好象征!

挖掘森林与汉字起源的关系,透视人类先祖与森林共生的演进历程;链接文史典籍,剖析其蕴含的文化内涵,一条由初始生存依附的本能行为逐步上升到在生产生活中传承运用生态智慧的人类森林文化演进脉络,凸显了其在人类文明创造中的价值。

① 王力主编:《古代汉语》(校订重排本)第2册,中华书局1999年版,第677页。

② 段玉裁:《说文解字注》,上海古籍出版社2010年版,第168页。

第二节　古代典籍中的森林文化价值

在漫漫历史长河中，作为人类依托的主要自然资源，森林是人类生生不息的基础支撑。作为人类依存的陆地生态系统的主体，森林是与人类演进交往互动的共生对象，激发了人类拓展生存空间、改变生产生活方式、构建社会聚落的智慧与文学艺术创造。下面以《诗经》《山海经》等为例详细说明。

一、《诗经》中的森林文化价值

《诗经》开中国诗歌之先河，在汉语发展史和文学史上都占有重要地位。《诗经》是我国最古老的诗歌总集，收集了公元前 11 世纪至公元前 6 世纪西周初年至春秋中叶共约 500 多年的诗歌，现存 305 篇，分为风、雅、颂三类，其中国风 160 篇，大雅、小雅 105 篇，颂 40 篇。

《诗经》题材广泛、内容丰富、音韵精美，充满了现实主义精神。《论语》“子曰：《诗》三百，一言以蔽之。曰：思无邪”，教育弟子读《诗经》以作为立言、立行的标准；先秦诸子引用《诗经》者颇多。

《诗经》中以林木、竹、藤和动植物作为铺陈、借比、起兴对象的诗歌就有 123 首，约占《诗经》诗歌总数的 40. 3%。其中主要涉及林木或以其比兴为诗的 70 首，主要涉及竹类或以其比兴为诗的 10 首，主要涉及木本花类或以其比兴为诗的 11 首，主要涉及木本果实类或以其比兴为诗的 6 首，主要涉及与森林有关的野生动物类或以其比兴为诗的 26 首。

《诗经》中有多首诗篇诗句丰富地展现了上古先民与森林共生、靠森林造物的境况和以木竹比德的精神境界。譬如《小雅・伐木》“伐木丁丁，鸟鸣嘤嘤，出自幽谷，迁于乔木”，是说伐木声与鸟叫声和鸣。《魏风・伐檀》“坎坎伐檀兮……坎坎伐辐兮……坎坎伐轮兮……”描写人们砍伐檀树用于造车。《鄘风・柏舟》“汎彼柏舟”是指用柏木造的船漂浮在河中。《周南・汉广》抒发了青年樵夫在伐木刈薪的劳动过程中，对汉江上的游女，钟情而不可得的企慕心态。《颂・载芟》展示了人们为开垦农田而毁伐森林，砍大树、铲草皮，比肩在肥沃松散的土地里耕耘。《颂・殷武》诗中描述登上山顶，松柏繁茂高大粗壮，砍伐后加工成房梁、柱子和椽子，殷高宗建庙以祭商王祈福。《卫风·考槃》讲述了贤者起居于木屋，独善其身、安享其乐，启发后世开隐逸之流。《郑风·大叔于田》刻画了一位骁勇善射的青年猎手，其中“叔在薮，火烈具举”等林中打猎的生动场面，正是上古社会人们取物于林的野性生活的真实写照。《郑风·有女同车》男主人公将钦慕的女子比作木槿花，体现出彼时人们对于草木已产生超乎实物本体的情感寄托。《齐风·南山》提及的葛屦、蓺麻、析薪，这些在今天看来最淳朴的葛布麻鞋、种麻劈柴，却展现了人们取材于林的原始智慧。《卫风·淇奥》描绘了河岸边“绿竹猗猗”“绿竹青青”“绿竹如箦”之姿态，以绿竹之美誉君子之美德。《齐风·敝笱》《齐风·载驱》《齐风·猗嗟》分别有“敝笱在梁”“簟茀朱鞹”“射则贯兮”，介绍了竹类在当时日常生活中作为捕鱼的竹笼、车上的竹席、竹箭等的多样功能。《魏风·园有桃》“园有桃，其实之肴。心之忧矣……”“园有棘……”诗人以园中桃树、枣树起兴，抒发心中不被人理解的忧伤；间接反映了上古时期林木逐渐由森林走进园林的转变。《小雅·天保》有“如松柏之茂，无不尔或承”，此句以松柏喻君主，是臣子祝颂君主的美好愿景；蕴藏着我国传统文化中，人们对松柏常青内涵的挖掘与欣赏。《大雅·抑》“荏染柔木，言缗之丝。温温恭人，维德之基”，即坚韧的好木料，可制作琴瑟丝弦调；温和谨慎的人，根基深厚品德高。《大雅·棫朴》“芃芃棫朴，薪之槱之”，用棫树、朴树之木，堆积点火，来祭祀天神，兴师征伐。《商颂·殷武》“松桷有梴，旅楹有闲，寝成孔安”则是表现松木等作为椽子，建造祭祀神灵的庙宇，显示了森林文化与祭祀文化的交融。

《诗经》与森林相关的诗篇，还衍生出多个熟语，包括成语典故、日常惯用语等，传承至今并广泛运用。譬如“窈窕淑女，君子好逑”“所谓伊人，在水一方”“昔我往矣，今我来思”“执子之手，与子偕老”“鹤鸣于九皋，声闻于天”“绸缪束薪，三星在天”“高山仰止，景行行止，虽不能至，心向往之”“信誓旦旦”“不思其反”等惯用语。

又譬如“投我以桃，报之以李”，引申成语：投桃报李；“凤凰鸣矣，于彼高冈。梧桐生矣，于彼朝阳”，引申成语：梧桐引凤、凤栖梧桐；“出自幽谷，迁于乔木”，引申成语：乔迁之喜；“维鹊有巢，维鸠居之”，引申成语：鸠占鹊巢；“鸿雁于飞，哀鸣嗷嗷”，引申成语：哀鸿遍野；“与子同袍、与子同泽、与子同裳”，引申成语：同袍结义、割袍断义、同仇敌忾；“如切如磋，如琢如磨”，引申成语：切磋琢磨；等等。

表 3-1　《诗经》中源自森林的诗歌

涉及类别	数量	诗歌名称	备注
主要涉及森林树木或以其比兴的诗	70	《周南·桃夭》	桃树的鲜花、果实、繁茂的绿叶，祝贺嫁女的歌
		《周南·汉广》	南方有乔木，却无法在树下乘凉，单恋之歌
		《周南·樛木》	茂盛的大树葛藟攀缘缠绕，以葛藟附樛木，比喻女子嫁给君子，祝贺新郎
		《周南·汝坟》	农妇手执斧子砍伐山楸的树枝，这本该是男人担负的劳作，现在却由织作在室的妻子承担了，思念出征的丈夫
		《召南·甘棠》	人们通过对召伯曾经休息过的甘棠树的赞美，表达了他们对召伯的深切怀念
		《邶风·凯风》	以凯风喻母，以酸枣树自喻，母亲含辛茹苦把孩子抚养成人
		《邶风·柏舟》	柏树制造的船逆水漂流，恶劣环境中被迫害者的悲愤
		《邶风·简兮》	榛树
		《鄘风·柏舟》	划着柏舟，少女已有意中人，却突然要把她嫁给别人，发出悲愤的呼喊
		《鄘风·桑中》	约在桑林中见面，男女约会的情歌
		《鄘风·定之方中》	在宫室周围种植树木，"树"字一起连贯榛、栗、椅、桐、梓、漆，使人看到林木森森，歌颂卫文公迁移到楚丘之初勤劳政事的美德
		《卫风·氓》	桑树叶没落的时候，可爱柔弱，桑树叶随秋风飘落，其嫩叶也逐渐发黄坠落，离异诗
		《卫风·考槃》	贤者起居于木屋，独善其身、安享其乐，启发后世开隐逸之流
		《王风·扬之水》	楚，灌木；蒲，蒲柳，不能与妻子团聚的士卒吟唱的怨辞
		《王风·丘中有麻》	麻，草本；李树，在那长满李树的山坡下，期待小伙子的到来，是一首情歌
		《郑风·将仲子》	请求男子不要用缘墙攀树的方式来与自己约会，以免折断树枝，杞树、桑树、檀树
		《郑风·萚兮》	落叶，男女选择配偶的诗
		《郑风·山有扶苏》	松树、桑树，恋爱中的男女打情骂俏
		《郑风·东门之墠》	栗树，男女对歌言情
		《齐风·东方未明》	折柳编篱，讽刺国军号令不准时
		《魏风·园有桃》	果园中的桃树、枣树，贤士忧国之诗
		《魏风·伐檀》	檀树，伐木工人之歌
		《魏风·十亩之间》	桑林，桑间行乐之歌
		《唐风·山有枢》	椿树、栲树、漆树，没落贵族及时行乐
		《唐风·杕杜》	棠梨树，孤独的流浪者感伤求助不得
		《唐风·有杕之杜》	棠梨树，情歌
		《唐风·鸨羽》	野雁降落在栎树丛中、酸枣树上、桑树上，服役者的悲愤
		《秦风·车邻》	漆树、栗树、桑树、杨柳
		《秦风·晨风》	栎树，郁李、山梨
		《秦风·黄鸟》	酸枣树、桑树、柞树
		《秦风·终南》	梅树或楠树、山楸、杞树、甘棠，贵族迎宾之歌
		《陈风·东门之枌》	白榆，栎树，秋日祭祀盛会
		《陈风·东门之杨》	杨树林，男女相约
		《陈风·墓门》	酸枣树
		《陈风·防有鹊巢》	檀树上筑鹊巢，本来要结婚，结果被人从中作梗，使爱人离开
		《陈风·株林》	一说株为邑名，其外有林，暗讽私通之事
		《豳风·伐柯》	以砍斧柄比兴遵守婚姻规则，陈列木竹制作的盛果品和食物的器具，履行媒妁之约

续表

涉及类别	数量	诗歌名称	备注
主要涉及森林树木或以其比兴的诗	70	《小雅·伐木》	伐木声和鸟鸣声,鸟儿出谷迁乔于高大的乔木上,燕乐朋友故旧的乐歌
		《小雅·天保》	如松柏之茂,祝福之辞
		《小雅·四牡》	斑鸠降落在丛生的柞树上、枸杞上,国家公事没完没了,我没空闲将父母赡养,久役不归思家之作
		《小雅·采薇》	杨柳依依,抒发战争期间思家的悲绪
		《小雅·杕杜》	野地里独生的棠梨树,卉木,檀木做的战车,妇人对出征丈夫的思念之情
		《小雅·出车》	卉木萋萋,野草杂树繁生,歌颂出征凯旋
		《小雅·南有嘉鱼》	南方樛木,甜味的葫芦爬满了枝干,宴飨宾客的歌
		《小雅·湛露》	杞、棘、桐、椅,赞美天子和与会者
		《小雅·菁菁者莪》	杨舟
		《小雅·南山有台》	南山有桑,北山有杨,杞树、李树、栲树、杻树、枸树、楰树,祝福周王
		《小雅·鹤鸣》	檀树、楮树,园林风景
		《小雅·正月》	茂密的树丛,粗柴细柴生长茂盛,言祸自天
		《小雅·我行其野》	路边茂盛的椿树
		《小雅·斯干》	背山面水,旁边是绿竹片片,山上苍松连绵,描写周王新建宫殿地势之好
		《小雅·小弁》	看到神社周围的桑梓产生敬畏之心,柳丛中蝉声不断,砍树时要用绳子拉住树梢,感叹自己无所依
		《小雅·巧言》	柔弱的小树苗木是君王一手栽培,斥巧言者无耻
		《小雅·四月》	山上的栗树和梅树,比喻自己无故遭害
		《小雅·车舝》	平原茂盛的森林中;在高高的山岗上劈下柞木做柴薪
		《小雅·菀柳》	用枯枝无叶的柳树喻傲慢无礼的帝王
		《小雅·采菽》	粗壮的柞树;河中漂浮着杨木船,言其功、天子赖以安定天下的柱石
		《小雅·隰桑》	桑树,描写爱情
		《小雅·白华》	砍下桑树做柴薪,思君之情
		《大雅·旱麓》	山脚下的榛树和红荆茂盛,周王平和快乐;茂盛的柞树、棫树是人们祭神的柴薪,歌咏周王因祭祀而得福
		《大雅·棫朴》	蓬勃丛生的棫树可以做祭天的烧柴,比喻文德之士众多
		《大雅·抑》	铲除柞树和棫树,开通道路
		《大雅·绵》	柔木指椅桐梓漆,劝从善言
		《大雅·桑柔》	繁茂的桑树枝叶柔嫩,枝条上的嫩叶被撸尽,就像苦难的人民;山野茂密的树林,野鹿成群结队,而人却不能像鹿群那样相互关爱
		《大雅·皇矣》	彻底清除枯树,修剪灌木和路旁的林木,开启山林、辟出道路,铲掉拦路的河柳与椐树,让山桑和黄桑茂密地生长,歌颂周王先祖功德
		《大雅·生民》	姜嫄生的婴儿如同肉蛋,将他丢弃在平原的森林,却遇上了一群伐木的工人,将他丢弃在冰层,有大鸟用翅膀覆盖其身,大鸟飞走后传来了婴儿的哭声。周人始祖后稷出生、发迹的神话史诗
		《颂·閟宫》	长松、大柏锯断砍下来按照尺寸做成材,颂鲁侯修祖庙
		《颂·长髮》	一根树干可生出三棵嫩芽,绝不能让他出土让他成长!是歌颂商汤功德之歌
		《颂·载芟》	人们为开垦农田而毁伐森林,砍大树、铲草皮,比肩在肥沃松散的土地里耕耘
		《颂·殷武》	登上山顶,松柏繁茂高大粗壮,砍伐后加工成房梁、柱子和椽子,殷高宗建庙以祭商王祈福

续表

涉及类别	数量	诗歌名称	备注
主要涉及竹类或以其比兴的诗	10	《周南·汉广》	没有明确提到竹子，但有一句"不可方思"，要乘筏子渡江也是妄想
		《国风·采蘋》	采来的蘋草用竹编的方形、圆形竹器装起来，描写了少女们小心严肃准备祭品的过程
		《卫风·淇奥》	以"绿竹"起兴，以竹喻人，赞美君子
		《卫风·竹竿》	用竹竿钓鱼，诗中还有松舟
		《齐风·敝笱》	捕鱼的竹笼
		《齐风·载驱》	车后遮蔽车子的竹席
		《齐风·猗嗟》	竹箭
		《小雅·鱼丽》	捕鱼篓
		《小雅·斯干》	绿竹苍翠，铺床的竹席
		《颂·那》	吹奏的竹管
主要涉及木本花类或以其比兴的诗	11	《召南·何彼秾矣》	棠棣繁花盛开、桃红李白
		《郑风·山有扶苏》	沼泽里长满艳丽的荷花
		《郑风·有女同车》	容颜像木槿花，体态像飞鸟一样轻盈，表现了迎亲过程中，男子与新娘同车的那一刻
		《郑风·溱洧》	小伙儿赠给姑娘一朵芍药，春日男女水边盛会的情景
		《陈风·东门之枌》	表现当时青年的爱情生活，以锦葵花喻人
		《陈风·泽陂》	池塘里有蒲草荷花
		《小雅·皇皇者华》	郁李的花
		《小雅·棠棣》	棠棣，即郁李
		《唐风·采苓》	莲花，也有说甘草
		《小雅·裳裳者华》	未说明是哪种花，泛化花灿烂盛开之景
		《小雅·苕之华》	凌霄花
主要涉及木本果实类或以其比兴的诗	6	《召南·摽有梅》	梅子
		《卫风·木瓜》	木瓜、木桃、木李
		《魏风·园有桃》	桃子、枣子
		《唐风·椒聊》	花椒
		《桧风·隰有苌楚》	低湿地方的杨桃
		《小雅·四月》	栗子、梅子、枸杞

续表

涉及类别	数量	诗歌名称	备注
主要涉及与森林有关的野生动物类或以其比兴的诗	26	《召南·野有麋》	獐子,朴樕,小槲树,郊野中发生的爱情故事
		《邶风·雄雉》	野鸡,妇人思念出征的丈夫
		《周南·兔罝》	在林木茂密的地方布置兔网,兽网,赞美武士之歌
		《周南·麟之趾》	大公鹿,婚前男方向女方纳徵时唱的歌,祝福对方家族兴旺
		《召南·鹊巢》	鹊巢鸠占,比喻男子为女子准备好了一切,女子也愿意到公子家,祝贺贵族小姐出嫁的歌
		《齐风·还》	狩猎,野猪、公猪、大狼,一首猎人互相赞美的歌
		《王风·兔爰》	兔子悠然自得,野鸡却被罩入了网罗,比喻没落的贵族感慨自己生不逢时、处于战乱的没落情绪
		《小雅·鹿鸣》	鹿
		《小雅·四牡》	鹁鸪、柞树、杞树
		《小雅·鹤鸣》	以鹤鸣起兴,提及檀树、酸枣类灌木、楮树等园林风景
		《小雅·南有嘉鱼》	鹁鸪、鱼
		《小雅·小弁》	野鹿、野鸡、野兔
		《小雅·车辖》	平原茂盛的森林中,长尾锦鸡栖息树上
		《小雅·吉日》	狩猎,鹿
		《齐风·南山》	南山高峻,狐狸在山林逡巡
		《曹风·鸤鸠》	布谷鸟在桑树上筑巢,其小鸟在梅枝上嬉闹,在酸枣丛中欢叫,在榛丛中嬉闹,赞美君子德行的歌
		《小雅·小宛》	像小鸟在树上一样小心翼翼,做人也要谦恭时时警惕
		《小雅·青蝇》	停留在檀木或拓木、酸枣树、榛树,规劝君子不要听信谗言
		《大雅·卷阿》	凤凰在树林中休息起降,凤栖梧桐
		《颂·泮水》	猫头鹰落在泮水边的树林,啄食桑树上的桑葚,传来和谐清音
		《邶风·北风》	少妇欲与情人私奔,以狐狸比喻多情男子,以乌鸦比喻女子
		《卫风·有狐》	以狐狸比喻男子,有狐狸在淇水的石梁上游荡、在岸边漫步等
		《郑风·大叔于田》	大叔出去打猎,来到野草茂密的地方,赤膊徒步打死一只老虎,赞美郑庄公弟弟在狩猎中的表现,同时也还原了古代大规模狩猎的场面。虽然未提及森林,但老虎是典型的山地林栖动物
		《豳风·鸱鸮》	猛禽类,你既然抓走了我的孩子,就不要再毁灭我的鸟巢,我的危巢高高悬在树上,狂风暴雨中摇摇晃晃,这首诗以鸟拟人,周工自述其为挽救周王室日夜操劳、忧虑的诗
		《鄘风·鹑之奔奔》	鹌鹑的羽毛花花搭搭,喜鹊的叫声叽叽喳喳
		《邶风·匏有苦叶》	野鸡啼叫,大雁南飞,描写姑娘急切地想要找一个爱她的青年

这些诗,将人对森林竹藤、花卉、鸟兽等景观物象、事态现象、人物形象和行为意识等,以诗歌的艺术形态,鲜活生动地记录下来,通过铺陈直叙、类比借喻、触物起兴等创作手法,重章叠句、反复吟咏、一唱三叹等表现形式,反映了古代人类对森林资源极大的依存性和由此而源发的森林文化主体地位;揭示了人类依托森林资源拓展农耕空间和草原畜牧等文明演进历史中的文化渊源;抒发了对自然万象、人间百态的感慨;对美好爱情的追求,对辛勤劳作和社会民生的倾诉;对贤者君子的赞赏,对统治者和征战杀戮的愤慨;等等,体现了森林文化纵横拓展的巨大张力和深厚丰富的内涵。

二、《山海经》与古代人类神树文化的图腾崇拜

《山海经》约成书于战国至汉初时期，是一本图文合璧、富于神话传说色彩的古代地理名著和志怪奇书。全书现存18篇（山经5篇，海外经4篇，海内经5篇，大荒经4篇），内容涉及天地人间四方的山川湖海、森林树木、道里、民族、物产、药物、祭祀、巫医等，记录了大量异物和神灵怪兽，保存了夸父逐日、精卫填海、大禹治水等多个远古神话传说和寓言故事。对于中国古代历史、地理、文化、中外交通、民俗、神话等的研究，具有重要的文献价值。诠释其折射的文化映像，可见古代人类的原始生态文化的审美认知和哲学思考。

（一）《山海经》与森林生态系统关系密切

《山海经》记述的神话中出现的人物多是人兽合体，如“西王母其状如人，豹尾虎齿而善啸，蓬发戴胜，是司天之厉及五残”“有神十人，名曰女娲之肠，化为神，处栗广之野，横道而处”。还有多处描述的奇禽怪兽，也是在森林野生动物基础上驰骋想象而合成的。如“邽山，其上有兽焉，其状如虎，猬毛，名曰穷奇，音如嗥狗，是食人”“中曲之山，有兽焉，其状如马而白身黑尾，一角，虎牙爪，音如鼓音，其名曰驳，是食虎豹，可以御兵”“章莪之山，有鸟焉，其状如鹤，一足，赤文青质而白喙，名曰毕方，其鸣自叫也，见则其邑有讹火”“女床之山，有鸟焉，其状如翟而五采文，名曰鸾鸟，见则天下安宁”。又如“开明兽身大类虎，而九首皆人面，东向立昆仑上……开明北有视肉、珠树、文玉树、玗琪树、不死树。凤皇、鸾鸟皆戴瞂。又有离朱、木禾、柏树、甘水、圣木、曼兑……”即，昆仑山门的守护神开明兽，虎身九头人面；其北面有多种珍奇树木，这里的凤凰、鸾鸟的头上都戴着盾，还有离朱、木禾、柏树、甘甜的泉水和圣木、曼兑等。而我国古代传说中的神树更是多出自《山海经》。另，《山海经·大荒经》多处记载昆仑山、黄河等西北地区，先秦时期生长着多种树木、出没各类珍禽异兽；从《山海经》作为地理志的意义上判断，当时西北的生态环境，虽人烟稀少，但森林野生动植物资源并非整体匮乏。

（二）“神树”轶事中的森林文化的艺术境界

扶桑，太阳东升于此的神树。《山海经·海外东经》云：“汤谷上有扶

桑,十日所浴,在黑齿北。居水中,有大木,九日居下枝,一日居上枝。"①郭璞注:"扶桑,木也。"《山海经·大荒南经》云:"东南海之外,甘水之间,有羲和之国。有女子曰羲和,帝俊之妻,生十日,方浴日于甘渊。"《山海经·大荒东经》云:"大荒之中,有山名曰孽摇頵羝。上有扶木,柱三百里,其叶如芥。有谷曰温源谷。汤谷上有扶木,一曰方至,一曰方出,皆载于乌。"②汉代文学家东方朔《海内十洲记》云:"扶桑,在东海之东岸,行登岸一万里,东复有碧海,广狭浩瀚,与东海等。扶桑在碧海之中,地多林木,叶皆如桑,长者数千丈,大二千余围。树两两同根偶生,更相依倚,是以名为扶桑。"《太平御览》引《玄中记》载:"天下之高者,扶桑无枝木焉,上至天,盘蜿而下屈,通三泉。"即扶桑树是连通神界、人间、冥界"三界"之桥梁。

在神话传说中,扶桑是太阳栖息的神树,而金乌(三足乌鸦,太阳之灵)每日从扶桑树上将太阳载入天空,其与"后羿射日"的神话前后关联。传说在东方之滨有一棵巨大的扶桑树,是由两棵相互扶持的大桑树组成。扶桑树上常年住着十个太阳,每天太阳女神羲和帝俊(天帝),以金乌载着一个太阳,从神树扶桑上驾车升起,在天上运行;其余九个太阳则留在树上休息,每十天一轮回。然而一天,不知为何"十日并出",耀天暴烈、河流干涸、草木焦土、民不聊生。天帝得知后,派羿去救助人间。羿开弓射下九个太阳,留下了一个太阳。于是,人间大地重复生机。

1986年出土于四川省广汉市三星堆遗址二号祭祀坑,现藏于三星堆博物馆。

扶桑树就是华夏古老的创世神话中的经典图腾。有学者研究认为:扶桑树为栖日之树,树上的太阳多为鸟形,也有日形,如长沙马王堆出土帛画上扶桑树上的太阳即为日形。三星堆文化遗址出土的青铜神树,刻画出《山海经》关于扶桑神树的形象:九只金乌居住在扶桑树的枝干上,一只居住在树的顶端。扶桑树为东方图腾,在"五行"中东方属"青",古代文物扶桑树多用青铜制作。"华"字古音读"伏","华、扶"相通;"华"字在先秦时期又是"日"之专字,如"华山"就是太阳神山之意;"桑"为"神"之音。藏族迄今把祈神活动叫作"煨桑",将牺牲扔进火中,让青烟把肉味送至天神口中的行为,就是"喂神"。因而,"扶桑树"实为"华神树",即"太阳神树"或

① 冯国超译注:《山海经》,商务印书馆2013年版,第567页。

② 冯国超译注:《山海经》,商务印书馆2013年版,第657页。

图 3-6　三星堆博物馆商代青铜神树

"栖日之树"。①

若木，太阳西下于此的神树。《山海经·大荒北经》："大荒之中，有衡石山、九阴山、泂野之山，上有赤树，青叶，赤华，名曰若木。"②郭璞注："生昆仑西附西极，其华光赤下照地。"一说，即扶桑。《山海经·海内经》："南海之外，黑水青水之间，有木名曰若木，若水出焉。"③即若水就从那里发源。传说若木与扶桑树相对应生长，扶桑在东，若木在西，为太阳落下的地方。联系扶桑树的传说，在中国神话中，金乌是驾驶日车的神禽，十日每天早上轮流从东方的扶桑树升起，由太阳神鸟或三足金乌拉着向西飞翔，最终落在西方的"若木神树"上。

建木，通天地人神的神树。《山海经·海内南经》云："有木，其状如牛，引之有皮，若缨、黄蛇。其叶如罗，其实如栾，其木若蓲，其名曰建木。"④即有一种树木形状像牛，其剥落下来的树皮，样子像冠帽上的缨带、黄色蛇皮。它的叶子像罗网，果实像栾树结的果实，树干像刺榆，名为建木。《山海

① 白剑：《释读金沙——重建巴蜀先秦史》，西南交通大学出版社 2015 年版，第 213—214 页。

② 冯国超译注：《山海经》，商务印书馆 2013 年版，第 738 页。

③ 冯国超译注：《山海经》，商务印书馆 2013 年版，第 747 页。

④ 冯国超译注：《山海经》，商务印书馆 2013 年版，第 585 页。

经·海内经》:“南海之内,黑水、青水之间,有九丘,以水络之。……有木,青叶紫茎,玄华黄实,名曰建木,百仞无枝。上有九欘,下有九枸,其实如麻,其叶如芒。大皞爰过,黄帝所为。”①大皞即伏羲。郭璞注:“言庖羲(即大皞)于此经过也。”《淮南子·墬形篇》云:“建木在都广,众帝所自上下。”以建木为上下于天地的天梯,是黄帝所作。《山海经·海内南经》:“氐人国在建木西,其为人人面而鱼身,无足。”氐族巫师以建木为工具举行仪式,让人装扮成半人半鱼的形象代替逝去的皇族灵魂,跟随巫师沿建木向上攀登,从而完成了升天的仪式。

枫木,蚩尤丢弃的刑具。《山海经·大荒南经》记载:有木生山上,名曰枫木。枫木,蚩尤所弃其桎梏,是为枫木。②

寻木,竦枝千里,上干云天。《山海经·海外北经》记载:“寻木长千里,在拘缨南,生河上西北。”③即有种叫作寻木的树,有一千里长,在拘缨国的南面,生长在黄河岸上的西北方。“寻”是古代之长度单位,伸开两臂为一寻,约6—8尺。寻木极大,郭璞《山海经图赞·海外北经寻木》有相应的描写:“渺渺寻木,生于河边。竦枝千里,上干云天。垂阴四极,下盖虞渊。”

沙棠树,吃其果而不溺水。《山海经·西山经》:“〔昆仑之丘〕有木焉,其状如棠,黄华赤实,其味如李而无核,名曰沙棠;可以御水,食之使人不溺。”④传说吃了这种仙树的果实,能让不会游泳的人可以不溺水。

不死树,人食之可得长生。《山海经·大荒南经》“有不死之国,阿姓,甘木是食”⑤。郭璞注:“甘木即不死树,食之不老。”《山海经·海外南经》昆仑开明北有“不死树”。神话传说中不死树又名龙血树,是天地至宝,人食之可得长生。

有学者研究,根据《山海经》的描述,此树应为龙血树。“龙血树”因能分泌鲜红色的液体而得名,这种液体又被称作“血竭”,是非常名贵的中草药,有许多神奇的功效。可以治疗筋骨疼痛,也可以用作保藏尸体的原料,是一种非常好的天然防腐剂。这也是龙血树被称作不死树的原因。目前地球上最古老的龙血树已有6000年的树龄。

血竭,古称麒麟竭,明朝药学家李时珍称它为“活血圣药”。传说,1500

① 冯国超译注:《山海经》,商务印书馆2013年版,第751页。
② 冯国超译注:《山海经》,商务印书馆2013年版,第677页。
③ 冯国超译注:《山海经》,商务印书馆2013年版,第553页。
④ 冯国超译注:《山海经》,商务印书馆2013年版,第123页。
⑤ 冯国超译注:《山海经》,商务印书馆2013年版,第671页。

年前,古丝绸之路上,驼铃声声,来自西亚大食国(今阿拉伯)的使者,跋山涉水,穿越荒漠,来到巍巍的华夏古都长安,将神奇的麒麟竭等贵重药材呈献给大唐天子。大食使者手捧血红的麒麟竭向大唐天子讲述了这神奇药物的来历:远古时候,大食人以狩猎放牧为生,成天往返于悬崖峭壁与原始森林中,因此人畜摔伤流血的事早已司空见惯。一日,一头牛一脚踩空,跌下了山崖,牛血流如注。牧人看见被牛压折了的树干中流出了血红的树液,伤牛将这树液舔敷在伤口上,不一会儿血竟然止住了。牛又嚼食了树叶,没多长时间,伤牛竟奇迹般地翻身站了起来。牧人连跑带爬下到山谷,用血红的树液敷在自己被岩石荆棘划破流血的手脚上,顿时血就不流了,疼痛消失了。牧人带回了凝结在树干上已经干燥了的血红的树脂,向人们讲述了树液的神奇功效,人们便把这血红的树液当作天赐的神药,称之为"麒麟竭"。从此,麒麟竭成为宫中御用的珍贵药材,并逐渐传到民间,成为中医药中的一味贵重药材。①

帝休树和帝屋树,天帝栖息居住之所。《山海经·中山经》:"少室之山,百草木成囷。其上有木焉,其名帝休,叶状如杨,其枝五衢,黄华黑实,服者不怒。"②亦称"不愁木"。传说食其实可解除忧愁,也可以平复情绪,不易发怒。《山海经·中山经》:"又北三十里,曰讲山,其上多玉,多柘,多柏。有木焉,名曰帝屋,叶状如椒,反伤赤实,可以御凶。"③据说这棵树有巨大的神奇能量,可以抵御敌人的进攻。有学者认为帝休、帝屋作为天帝的栖息居住之所。从帝休、帝屋的命名方式来看,古人已经将其视为圣树而加以崇拜,而圣树多是与神灵有着某种特殊的关系而受到崇拜。

迷谷树,引路之神树。《山海经·南山经》:"南山经之首曰鹊山。其首曰招摇之山,临于西海之上。多桂多金玉。……有木焉,其状如谷而黑理,其华四照。其名曰迷谷,佩之不迷。"迷谷树形状像构树,有黑色的纹理,它的花发出的光芒,可以照亮四周,名字叫迷谷,把它佩戴在身上就不会迷路。④ 迷谷树实为白色的梧桐树,其树白皮白质,黑色纹理如构树。原生地青藏高原,西招摇山在青海玉树之地。迷谷树也是山海经里的"文玉树",《山海经·海内西经》:"开明北有视肉、珠树、文玉树、玗琪树。"郭璞注:"五

① 《血竭是怎么来的？血竭的传奇故事》,2019 年 8 月 30 日,见 https://www.258.com/news/1513787272.html。

② 冯国超译注:《山海经》,商务印书馆 2013 年版,第 395 页。

③ 冯国超译注:《山海经》,商务印书馆 2013 年版,第 398 页。

④ 冯国超译注:《山海经》,商务印书馆 2013 年版,第 20 页。

彩玉树。是凤凰栖息之神树。”在神话传说中，凤凰无梧桐不落，伏羲更是以梧桐木做琴。

梧桐，凤凰栖息之神树。有青桐、碧梧、青玉、庭梧之名称，是我国有诗文记载的最早的著名树种之一。《诗经·大雅·卷阿》有“凤凰鸣矣，于彼高冈。梧桐生矣，于彼朝阳”之句，成为梧桐引凤凰传说的最早来历。可见，早在商末周初，梧桐树就受到了当时人们的关注和喜爱。其后《尚书》《庄子》《吕氏春秋》等先秦文献均提及梧桐树。汉代梧桐树被植于皇家宫苑，《西京杂记》载：“上林苑桐三，椅桐、梧桐、荆桐。”“五柞宫西有青梧观，观前有三梧桐树。”梧桐在古诗中有象征高洁美好品格之意。如《诗经·大雅·卷阿》用凤凰和鸣，歌声飘飞山岗，梧桐身披灿烂朝阳来象征品格的高洁美好。古代有“栽桐引凤”之说。唐代高适《酬秘书弟兼寄幕下诸公》诗：“游鳞戏沧浪，鸣凤栖梧桐。”比喻贤才得遇。古代也有传说梧是雄树，桐是雌树，梧桐同生同死，且枝干挺拔，根深叶茂，在诗人的笔下成为忠贞爱情的象征。

大椿，上古长寿之树。庄子的《逍遥游》曰：“上古有大椿者，以八千岁为春，八千岁为秋。”司马注：“椿木一名橓。”“大椿之木，长于上古，以三万二千岁为一年也。冥灵五百岁而花生，大椿八千岁而叶落，并以春秋赊永，故谓之大年也。”上古有大椿树，以 8000 岁为春，8000 岁为秋。如此推算，我们的 32000 年方为大椿树的一年。如此，“椿寿”，比喻长寿，高龄；“椿庭”古称父亲，“椿萱”为父母之代称；椿萱并茂，比喻父母都健在；“椿芽”“椿龄”为祝人长寿之辞。

《山海经》笔下创造出的艺术境界，成为历代人文学、地理学、生物学、生态学等学科的研究对象。《山海经》折射出人类历史的初级阶段，与森林息息相关的自身行为、社会活动、天地感应等懵懂经历，及其生理感知与精神震撼，深刻地揭示出森林是人类文明的摇篮，人类与森林共生的文化价值是根基性的。气象万千的森林生态系统、多彩幻境的森林自然景观、竞相生机的森林野生动植物，都是《山海经》启发原始文明的文化基础。《山海经》所记述和描绘的我国古代不同地理区位生长着的多种神奇树木和关于树的神话故事，出现的多种奇禽怪兽，驰骋着人类对森林野生动植物的自由而大胆、夸张而奇幻的想象；彰显着人对未来能力的追求，对人世间美好事物的向往；诠释了古人“万物有灵”“天人合一”“物我共生”的原始生态文化理念。

神树（圣树）和动物崇拜是具有世界性和民族性的一种历史悠久、影响深远的森林文化现象，由此而延展产生了异常丰富的关于树和动物崇拜的民间神话传说，以及不同区域、不同民族，神树和动物图腾信仰的风俗习惯。

菩提树，佛祖觉悟之智慧树

民间广为流传：在2000多年前，佛祖释迦牟尼是在菩提树下修成正果的。唐朝玄奘《大唐西域记》卷八《摩揭陀国上》："金刚座上菩提树者，即毕钵罗之树也。昔佛在世，高数百尺，屡经残伐，犹高四五丈。佛坐其下成等正觉，因谓之菩提树焉。茎干黄白，枝叶青翠，冬夏不凋，光鲜无双。"菩提是梵语正觉的音译。佛教传说，释迦牟尼坐在菩提树下觉悟而成佛。后用为咏佛事之典。唐朝李群玉《法性寺六祖戒坛》诗："天香开茉莉，梵树落菩提。"

"菩提"一词为古印度语（即梵文）Bodhi的音译，意思是觉悟、智慧，指人大彻大悟、顿悟真理，达到超凡脱俗的境界。菩提树在《梵书》中称为"觉树"，被虔诚的佛教徒视为圣树，在印度、斯里兰卡、缅甸以及国内各地的丛林寺庙中普遍栽植。菩提树很坚韧，不受病虫害的影响，能净化空气。夏天在菩提树的树荫下会感觉凉爽，而冬天在菩提树的树荫下会感觉温暖。修行的人要保证在寺庙的范围内至少有一棵菩提树。他们认为，在日出之前，贫困的阴影笼罩着菩提树，但在日出之后，就由拉克希米女神接管了。因此，在日出前是禁止对菩提树祈祷的。

三、中国古代森林资源及其经营管理的主要著作

汉代的《氾胜之书》是我国现存最早的一部农林专著，主要描写黄河中游地区常见的耕作习惯、农作物栽培技术以及种子选取孕育等用于农业生产环节的知识，反映出当时普通群众的劳动智慧。

晋代农林著述《南方草木状》是我国现存最早的关于岭南地区草、木、果类植物的专著，是研究古代岭南植物分布和原产地的宝贵资料，书中还描写了观赏植物对园林发展的影响。

南北朝时期,《竹谱》是我国最早的竹类专著。《齐民要术》是一部综合性农书,为中国古代五大农书之首,是中国现存最早的一部完整的农书。该书记述了黄河流域下游地区,即今山西东南部、河北中南部、河南东北部和山东中北部的农业生产,概述农、林、牧、渔、副等部门的生产技术知识。

唐代,《茶经》是中国乃至世界现存最早、最完整、最全面介绍茶的第一部专著,被誉为茶叶百科全书,是关于茶叶生产的历史、源流、现状、生产技术以及饮茶技艺、茶道原理的综合性论著,是划时代的茶学专著,推动了中国茶文化的发展。《园庭草木疏》是我国最早的一部地方花卉园艺书籍,其中按草、木、果、竹四类记载了 81 种热带、亚热带植物。

宋代农林专著包括《桐谱》《荔枝谱》《橘录》《茶录》《笋谱》。

明代《农政全书》介绍了农政措施和农业技术。《救荒本草》是一部专讲地方性植物并结合食用方面以救荒为主的植物志,记载了植物 414 种,其中包括草类 245 种、木类 80 种、米谷类 20 种、果类 23 种、菜类 46 种,按部编目。

清代《植物名实图考》考订植物名实,共载植物 1714 种,仿《本草纲目》分谷、蔬、山草、隰草、石草、水草、蔓草、芳草、毒草、群芳、果、木 12 类。乾隆帝召廷臣编辑教民农学的《授时通考》,其中包含森林经营。

四、中华人文品格中的森林文化

以"梅兰竹菊"象征着中国传统文化的四种品格,成为历代诗词歌赋、书画艺术等经久不衰的题材。如以"梅兰竹菊"与"人品"比德,感悟其在自然界的生物特征和生态习性,挖掘其内在的精神价值。梅,寒冬孕蕾,傲骨高洁;兰,空谷幽香、淡泊清逸;竹,虚怀有节,"未出土时便有节,及凌云处尚虚心";菊,迎霜怒放、枯而不落,坚守晚节。

兰(蘭、蘭),《说文》:"香艸也。从艸阑声。"兰科的大多数成员,附生在悬崖峭壁、巨树高枝之上。明代景翩翩《写兰》:"道是深林种,还怜出谷香。不因风力紧,何以度潇湘。"清代郑板桥《高山幽兰》:"千古幽贞是此花,不求闻达只烟霞。采樵或恐通来路,更取高山一片遮。"菊(蘜、蘜),《说文》"蘜,治墙也",郭注"今之秋华菊"。菊花起源于中国,世界各地的菊花都源于中国的野生菊属植物。战国末期楚国诗人屈原《离骚》咏颂"朝饮木兰之坠露兮,夕餐秋菊之落英""春兰兮秋菊,长无绝兮终古",便将菊花与兰花相提并论。东晋陶渊明《和郭主簿》写的"芳菊开林耀,青松冠岩列。怀此贞秀姿，卓为霜下杰”，南宋郑思肖“宁可枝头抱香死，何曾吹落北风中”，南宋文天祥“落叶何心定流水，黄花无主更西风”，表现了坚守民族气节的高尚情操。

更有人们感悟松柏杨柳、樟楠杉檀等树木和森林野生动物的生态习性，以喻志、以比德；运用比喻、拟人、借代和象征等手法，将森林物性与人格融为一体，比兴抒怀，借喻历史、人生、爱情、意志、品行，甚至融入宗教信仰和民族习俗。如战国时期楚国屈原作《九章颂》赞其“独立不迁，岂不可喜兮。深固难徙，廓其无求兮。苏世独立，横而不流兮。闭心自慎，终不失过兮。秉德无私，参天地兮”。以南国橘树缘情咏物，托物言志，砥砺志节。与森林相关的字词，蕴含在古今语言文字、诗词歌赋、琴棋书画、戏剧舞蹈、文学作品、雕塑篆刻等美学艺术和科学进步之中。于是，森林生态美学从自然科学走进社会科学，使人类生命的意义在与自然的联系中得以拓展，在与森林的相互作用中得以创造；在审美境界、民族情怀和中国特色的文化品格中体现出森林文化价值。

第三节　古代林业管理体制及森林法制①

中国是世界上最早建立森林保护与培育法典的国家之一。早在商代时期，中国就建立了森林资源保护与培育的行政机构和法典。

一、历代林业管理体制沿革

商代：至森林职掌之官，为六府之内，有司土，司木。《礼记》：“商设六太，五官，六府，六工。六府者，司土，司木，司水，司草，司器，司货也。”《曲礼》郑玄注曰：“司土，土均也；司木，山虞也；司水，川衡也；司草，稻人也；司器，角人也；司货，矿人也。”

周朝森林职官林政发达，设管理山林之官为虞，管理林麓之官为衡，管理江河之官为川衡，管理湖泊之官为泽虞。《周礼·地官司徒第二》记载，“山虞，掌山林之政令。物为之厉而为之守禁。仲冬斩阳木，仲夏斩阴木。凡服耜，斩季材，以时入之。令万民时斩材，有期日。凡邦工入山林而抡材，

① 参见陈嵘：《中国森林史料》，中国林业出版社1983年版。

不禁,春秋之斩木不入禁。凡窃木者有刑罚。”“林衡,掌巡林麓之禁令而平其守,以时计林麓而赏罚之。若斩木材,则受法于山虞,而掌其政令。”“川衡,掌巡川泽之禁令而平其守。以时舍其守,犯禁者,执而诛罚之。祭祀、宾客,共川奠。”“泽虞,掌国泽之政令,为之厉禁。使其地之人守其财物,以时入之于玉府,颁其余于万民。”

秦汉时期,虞衡制度分为林官、湖官、陂官、苑官、畴官等,设立了多项保护森林和野生动植物等自然资源的法律规定。汉代还设置了陵庙植树之专官、皇家林苑之专官。

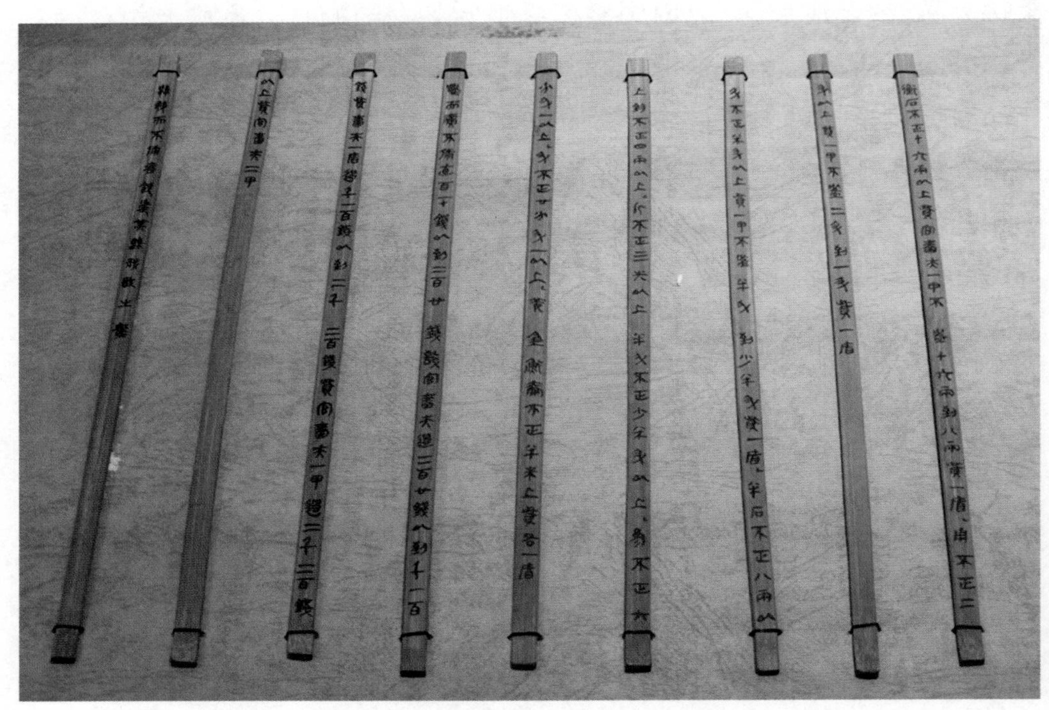

图 3-7　云梦睡虎地秦墓竹简(南通中国审计博物馆藏)

1975 年 12 月,湖北省云梦县睡虎地第 11 号墓出土竹简《秦律十八种》,其中《田律》第二部分内容完整:一是保护山林和水源,“春二月,毋敢伐材木山林及雍(壅)隄水”;二是保护植物资源,“不夏月,毋敢夜草为灰,取生荔”;三是保护繁殖生育期的动物,“麛(卵)鷇,毋……毒鱼鳖、置罔,到七月而纵之”;四是砍伐树木的规定与特例,《仲冬纪》:“日短至,则伐林木,取竹箭”;五是对于狩猎的规定,“邑之皂及它禁苑者,麛时毋敢将犬以之田……”①

① 陈广忠:《〈田律〉的生态保护思想》,《学习时报》2019 年 10 月 18 日。

唐代，太宗贞观时设工部、虞部、司苑及各监，以分掌草木，掌理园囿。宋代，《宋史・职官志》：工部虞部郎中员外郎掌山泽苑囿场治之事。《宋史・职官志・将作监》：竹木务，掌修治诸路水运材植，及抽算诸河商贩竹木，以给内外营造之用。事材场，掌计度材物，前期朴斫，以给内外营造之用；作坊物料库，掌储积材物以备给用；退材场，掌受京城内外退弃竹木，抡其长短有差，其曲直中度者，以给营造，余备薪爨；帘箔场，掌抽算竹木蒲苇，以供帘箔内外之用。宋太宗太平兴国七年，诏择明树艺者为农师，是我国农业推广制度之始创。虞衡制度对历代政府机构设置影响深远，一直延续到清代。

二、历代林业法制

先秦时期，人类的生产生活资料大部分来源于森林。取之于林、用之于林，开拓新的生存空间，大多也是由毁林开始的，如焚林驱兽、毁林开荒、毁林以牧等。在漫长的人类自由索取于森林的历史进程中，人类与森林的关系产生着变化：人类对森林的认识逐步理性化，森林文化法制化形态开始崭露头角，成为引导人类文明进步的先驱。

（一）制度生发于人类无节制利用和毁坏森林的生态困境

尧舜时期，草木畅茂，禽兽繁殖，五谷不登，禽兽逼人，故欲驱除禽兽，保全人类，必须伐木火林，是为人力摧残森林之初期。《孟子》曰：舜使益掌火，益烈山泽而焚之，禽兽逃匿。《管子》曰：黄帝之王，谨逃其爪牙，有虞之王，枯泽童山，夏后之王，烧增薮，焚沛泽，不益民之利。夏后之世，伐木火林之举益甚，乃知人类愈繁殖，而摧残之愈甚，森林行将日见减少。《商子》曰：昔者，昊英之世，以伐木杀兽，人民少而木兽多。商承夏后，因伐桀之战，而有摧残森林之举，但得天下后，亦多以提倡是务。

至周代的毁林行径：一是因开垦农田而毁伐森林。《诗经・周颂・载芟》："载芟载柞，其耕泽泽。"人们铲草皮、砍大树，将森林变成肥沃松散的土地，比肩耕耘。二是因利用林产物而滥伐森林。《左传》：城濮之战，晋侯伐有莘之木以益其兵。殽之役，先轸刊木以阻秦师。诸侯伐郑，晋魏犨斩行栗。三是因驱除猛兽而焚毁森林。《周礼》：秋官穴氏掌攻蛰兽，各以其物火之。四是因畋猎而焚毁森林。《列子》：赵襄子率徒十万，狩于中山，藉芿燔林，扇赫百里。《庄子》曰：荆氏者宜楸柏桑，其拱把而上者，求狙猴之杙者斩之；三围四围，求高名之丽者斩之，七围八围，贵人富商之家，求木单榜者斩之，故未终其天年。五是因放牧而焚毁森林。《周礼》载:夏官牧师掌孟春焚牧。

(二)遵循森林生态自然规律的早期林业法律制度

我国法律起源于夏朝,而择时禁伐是早期法律制度的重点。据《逸周书·大聚解》记载:夏禹禁令,"春三月,山林不登斧,以成草木之长;入夏三月,川泽不网罟,以成鱼鳖之长"。西周时期曾颁布《伐崇令》:"毋坏屋,毋填井,毋伐树木,毋动六畜,有不如令者,死无赦。"《礼记·月令·孟春之月》:"禁止伐木,毋覆巢,毋杀孩虫、胎、夭、飞鸟,毋麛毋卵。"《礼记·月令·季夏之月》:"树木方盛,乃命虞人入山行木,毋有斩伐。不可以兴土工。"《周礼》载:"令万民时斩材有期日。""轮人为轮,斩三材必以其时。凡斩毂之道,必矩其阴阳。舆人为车,梓人为笋虡、饮器、侯,庐人为庐器,匠人为沟洫,弓人为弓,取六材必以其时。"即"草木零落,斩木之时,使终是时而斩之,则将苟取于尽物,故令之以时,又期之以日,有期日则节其时"。

唐代,贞观四年秋九月壬午禁刍牧于古明君贤臣烈士之墓者;元宗开元四年春二月禁骊山樵采。宋代,真宗屡下禁樵之诏,以保护名胜古迹之森林。《宋史·真宗纪》:大中祥符元年冬十月癸丑,泰山七里内禁樵采。明代,毁坏树木有千户律,毁伐树木有犯刑律。《大明律·户律》:凡毁弃人器物及毁伐树木稼穑者,计赃准窃盗论免刺。

自汉代至隋代,朝廷曾一度采取松弛政策,鼓励开发。汉代,高祖开放秦朝苑囿,弛山泽之禁。《汉书》载,高祖二年冬十月,令放秦朝苑囿园池,令民得田之。《史记》:汉兴,海内为一,开关梁,弛山泽之禁。《汉书·王莽传》:地皇四年,下书开山泽之防。西汉立有《四时月令》五十条。两晋时期晋元帝时弛山泽之禁凡两次。《晋书·元帝纪》:建武元年六月,弛山泽之禁。七年,弛山泽之禁。成帝时,诏禁擅占山泽。《晋书·成帝纪》:成帝咸康二年壬辰诏书,占山护泽,强盗律论,赃丈以下皆弃市。隋代,《隋书·高祖纪》:高祖开皇元年三月戊子,弛山泽之禁。

(三)倡导植树造林

周代木材利用已见发达,有攻木之工七,轮、舆、弓、庐、匠、车、梓。《左传》昭公三年"陈氏山木如市,弗加于市",又襄公二十六年"如杞梓皮革自楚往也",又二十八年"得庆氏之木百车于庄"。《战国策》载:蓟丘之植,植于汶篁。《荀子》曰:树落粪本。《陶朱公书》:种柳千树则足柴,十年以后,一树得一岁二百树,五年一周。

《管子》曰："泽立三虞，山立三衡。""国之山林也，则而利之。""山泽救于火，草木殖成，国之富也。""修火宪，敬山泽林薮积草。""夫财之所出，以时禁发焉。""使民于宫室之用，薪蒸之所积，虞师之事也。""工尹伐材用，毋于三时，群材乃殖。""立三等之租于山，巨家重葬其亲者服重租，小家菲葬其亲者服小租。""巨家美修其宫室者服重租，小家为室庐者服小租。""民之能树艺者，置之黄金一斤，直食八石。""民之能树瓜瓠荤菜百果使蕃衮者，置之黄金一斤，直食八石。""谨听其言而藏之官，使师旅之事无所与，此国策之者也。""为人君而不能谨守其山林菹泽草莱，不可以立为天下王。"

汉代，文帝时旱蝗为灾，弛山泽之禁。又下诏劝民种树。《汉书・文帝纪》：后六年夏四月，旱蝗为灾，令弛山泽。十二年春三月诏曰："道民之路，在于务本朕亲率天下农，十年于今而野不加辟，岁一不登，民有饥色，是从事焉尚寡，而吏未加务也。吾诏书数下，岁劝民种树，而功未兴，是吏奉吾诏不勤，而劝民不明也。且吾农民甚苦，而吏莫之省，将何以劝焉？其赐农民今年租税之半。"景帝三年，诏郡国务劝农桑。《汉书・景帝纪》：后三年春正月诏曰："农天下之本也。黄金珠玉，饥不可食，寒不可衣，以为币用，不识其终始，间岁或不登，意为末者众，农民寡也。其令郡国务劝农桑，益种树，可得衣食物。吏发民若取庸采黄金珠玉者，坐赃为盗。二千石听者，与同罪。"官吏奉令力行者，有黄霸及龚遂二人焉。《汉书・黄霸传》：霸为颍川太守，务耕桑，节用殖财，种树畜养。《汉书・龚遂传》：遂为渤海太守，劝民务农桑，令口种一树榆、百本薤、五十本葱、一畦韭。《淮南子・主术训》：丘陵阪险不生五谷者，以树竹木，春伐枯槁，冬伐薪蒸，以为民资。

晋时朝野均注重植树。《晋书・陶侃传》：陶侃尝课诸营种柳。《晋书・苻坚载记》：王猛整齐风俗，自长安至于诸州，皆夹路树槐柳，关陇歌之曰："长安大街，夹树杨槐。"《金陵地记》：蒋山本少林木，东晋令刺史罢职还者种松百株。

隋代，大业中开汴渠两堤奖励植柳。《炀帝开河记》：大业中，都汴渠两堤，上栽垂柳，诏民间有柳一株赏一缣，百姓竞植之。

宋代，宋太祖诏择明树艺者为农师，诏所在长吏谕民有能广植桑枣，垦辟荒田者，止纳旧租，县令佐能拓徕劝课，致户口增羡，野无旷者，议赏。三年，诏缘北河外县长吏，常以春首课民夹岸植榆柳，以固堤防。

（四）税收激励制度

周代，《周礼・载师》掌任土之法，以物地事，授地职，而待其政令。唯漆林之征二十而五,以时征其赋。汉代,昭帝诏减口赋以劝农桑。两晋,至征收山林之赋税,魏晋时统由度支部主理之,且立市设官税货。隋文帝时,令诸王以下至于都督,皆给永业田……并课树以桑榆及枣。宋代颁诏劝农桑及免竹木税:英宗诏令民种桑柘之地毋得增赋;神宗蠲免竹木税;徽宗诏长吏劝农植桑柘,立劝农黜陟法;高宗免竹木税;孝宗立劝课淮民种桑赏格,诏民能树艺开垦者不加征,令佐能劝来者受赏。百姓能广植桑枣开荒田者,太祖葬冠只纳旧租,令佐能劝课种植加一阶。

古代"四时教令",主张礼法结合、德主刑辅,"德礼为政教之本、刑罚为政教之用",推崇"以德配天""仁民爱物""民胞物与""取之以时、取之有度、用之有节"等伦理道德,形成"民议官许""民议民定""村规民约"等行为规范。

三、新中国森林法制建设与时俱进、创新发展

新中国林业法制建设与时俱进,开创了新的时代风貌。设立了专司森林和野生动植物资源管理的国家林业主管部门,先后颁布了《森林法》《野生动物保护法》《森林法实施条例》《自然保护区条例》《濒危野生动植物进出口管理条例》《植物新品种保护条例》《风景名胜区条例》《森林防火条例》《种子法》《防沙治沙法》《农村土地承包法》等法律法规和实施政策;各省、自治区、直辖市政府,依据国家法律法规,相继制定了省级法规和实施办法以贯彻落实,确保了林业持续健康稳步发展。伴随着体制改革不断深化,国家建立了自然资源部,履行全民所有土地、矿产、森林、草原、湿地、水、海洋等自然资源资产所有者职责和所有国土空间用途管制职责,形成了山水林田湖草综合治理的管理体制和具有中国特色社会主义的生态文明建设法制管理体系。

第四节　新时代森林文化价值

习近平总书记指出:生态文明是人类社会进步的重大成果,是实现人与自然和谐发展的新要求。历史地看,生态兴则文明兴,生态衰则文明衰。①

① 中共中央文献研究室编:《习近平关于全面建成小康社会论述摘编》,中央文献出版社 2016 年版,第 164 页。

在新时代生态文明建设进程中，森林文化价值创造性转化、创新性发展，其精髓融入现代科学理念与行为方式，追求人与自然更高层次的和谐。建设森林城市，维护山水林田湖草生命共同体的价值理念，进入政府现代化建设规划而得以实施；丰富的森林资源、特色的森林景观、活态的森林文化，更加成为乡村振兴的重要内容和美丽乡村的共生特征。

华夏古村镇岁逾百年甚至千年的森林群落或古树名木，以其独立的或群体形象融入一方景致和历史，赋予该地区声望和影响。以其地理标志、人文教化、图腾信仰、科研教育、旅游康养等多元吸引力，享有森林文化的综合价值。特别是民族地区的信仰和习俗，都蕴含着源自森林崇拜的深邃的森林文化。如大兴安岭的森林民族"鄂伦春"被释义为"住在山岭的人们"和"使用驯鹿的人们"。他们从出生那一刻，就与森林联系在一起，襁褓中的婴儿睡在李子树做的摇篮里；放置衣物食物的皮篓皮盒、外出渔猎的小船，几乎所有器具都能用桦树皮来制作；妇女们用骨制刻具"托克托文"在上面刻压出各种花纹和图案，再用野生植物熬制浆液染色；将狍子筋搓成线，缝制狍皮大衣、狍角帽、套裤、手套、靴子。熊是鄂伦春民族的图腾，猎人不打熊，如果不慎打到，人们会举行祭祀仪式。1996 年，鄂伦春民族带着割舍不断的森林情怀，彻底放弃传统的狩猎方式，伴随天然林保护工程全面铺开，经历了生产生活方式和传统理念的深刻变革。浙江诸暨市赵家镇，古名兰台，曾是汉代中央档案图书典籍库所在地。这里有 126 个香榧古树群，3.7 万株百年以上的香榧古树。村民们世代与香榧树相生共荣，以香榧树祈福，认榧亲、取榧名、陪嫁榧树等民俗，已成为当地香榧文化的厚重底色。贵州黔东南锦屏县珍藏有世界现存最完整、最系统、最集中的清代林业契约文书，馆藏数量达 6 余万件；其文斗苗寨数百年来形成了"开坎砌田、挖山栽杉、山田互补、林粮间作"的传统生产方式，保存至今的乡规民约和林业契约，成为森林文化的历史见证。黔西南兴义市南龙布衣古寨，600 多年历史，300 多棵参天古榕，盘根错节、遒劲百态，160 多栋木竹"干栏"式吊脚楼隐现其中，是国家非物质文化遗产"布衣八音座唱"发源地。云南保山温泉镇千年茶乡，拥有 8 个古茶群落、7.4 万多株古茶树，与青山岩壁、森林温泉、驿道廊桥，成为森林文化创意的源泉。江西遂川石坑村的古楠木群，千百年来与村民们朝夕相处、共生共荣，成为人们心中的生命树、风水树和兴村树。村里在硕大的古树下盖起学堂"树德院"，先生的谆谆教诲和学童的琅琅读书声萦绕树间，楠木林的维护和种植代代传承。可见，在不同地域环境、不同民族聚落、不同历史积淀中，森林文化呈现多元特色的表现形态、民族基因、时尚精神和人文品格，彰显其自然和文化遗产别具异彩的珍贵价值。

21 世纪，乡村振兴伴随着林权制度改革和全面实现小康的进程，森林经营由砍树到赏树，从单一植树造林、木材生产，转向山水林田湖草综合治理。政府和民众的文化自觉和文化自信逐步提升，构建森林城市、森林小镇、森林人家，打造森林公园、森林康养、森林博物馆、森林书画院、森林文化产业、森林旅游民宿服务业等，森林文化价值的社会经济效益逐年递增。

目前，全国已有近 400 个城市在开展森林城市建设，其中 194 个获得了“国家森林城市”称号；有 11 个省份开展了森林城市群建设，19 个省份开展了“省级森林城市”建设；建成了一大批森林县城、森林小镇和森林村庄。一个山水林田湖草综合治理，跨区域、覆盖城乡的，具有中国特色的森林城市和森林城市群建设体系正在形成。据统计，森林城市建设期间，每个城市年均新增森林绿地面积 20 多万亩，折合覆盖率近 1 个百分点，城市居民对森林城市建设的支持率和满意度都超过 95%。城市森林让人们身心融入森林的怀抱，感受森林的气息、生机与活力；激发人们热爱生活、热爱自然、珍爱生命和环境；潜移默化地陶冶情操、净化心灵，悄然改变着人们的思想观念、生产生活方式和行为习惯。

“绿水青山就是金山银山”是森林文化价值综合体现的和谐辩证法，是开拓社会公平、价值共享的最佳途径，已经成为振兴乡村、普惠人民的有力支撑。截至 2017 年，中国已建有自然保护区 2750 处，其中国家级自然保护区 463 处；国家级风景名胜区 244 处，世界自然与文化遗产 52 项，森林公园 3505 处。至此，中国自然保护地已达 11029 处，约占国土面积的 18%以上，形成了涵盖绝大部分各类生态系统、生物物种、自然景观和人文景观的体系，跻身于世界自然保护地大国行列，在世界自然遗产与文化遗产的保护事业上举足轻重。

2015 年以来，党中央先后部署在 12 个省市启动了三江源等 10 个国家公园体制试点，总面积达到 23 万平方公里，“确立国家公园在维护国家生态安全关键区域中的首要地位，确保国家公园在保护最珍贵、最重要生物多样性集中分布区中的主导地位，确定国家公园保护价值和生态功能在全国自然保护地体系中的主体地位”，成为美丽中国的亮丽名片。

“十三五”时期，国家林业局下发了《关于大力推进森林体验和森林养生发展的通知》，各地规范有序发展森林体验、森林养生、森林疗养、自然教育、山地运动、冰雪旅游、森林马拉松等新业态、新产品，确定了 100 家森林体验、森林养生国家重点建设基地，开展了 10 个全国中小学生研学实践教育基地建设，命名了 122 个“全国森林旅游示范市县”，向社会推介了 15 家全国冰雪旅游典型单位、20 条特色森林旅游线路、13 个全国精品自然教育基地和 45 个新兴森林旅游地品牌；自 2017 年起，我国连续公布了秦岭、太行山、大兴安岭、武夷山、罗霄山、天目山、南岭、苗岭、横断山、小兴安岭、大别山、武陵山等 12 条国家森林步道名单，步道途经 20 个省份，总长度达到 2. 2 万公里。2016—2019 年，全国森林旅游游客量达到 60 亿人次，年均增长 15%，创造社会综合产值 5. 35 万亿元，年均增长 22%；2019 年，全国森林旅游游客量达到 18 亿人次，占全国旅游人次的近 30%，创造社会综合产值 1. 75 万亿元。

2020 年 3 月 6 日，国家市场监督管理总局和国家标准化管理委员会发布的《森林生态系统服务功能评估规范》明确：森林文化服务即：“人类从森林生态系统获得的精神与宗教、消遣与生态旅游、美学、灵感、教育、故土情结和文化遗产等方面的非物质惠益。”[①]践行习近平生态文明思想，“绿水青山就是金山银山”的和谐辩证法，在森林文化价值中得到了综合体现，成为开拓社会公平、价值共享的最佳途径和振兴乡村、普惠人民的有力支撑。

回首“人类与森林共生”走过的漫漫历史，森林文化关乎人类衣食住行用。在原始社会向农耕社会演进历程中，人类从采集渔猎果腹、树叶兽皮遮体，至“燧人氏钻木取火，烹饪初兴；有巢氏构木为巢，宫室始创”[②]；至“斫木为耜，揉木为耒，耒耨之利，以教天下；刳木为舟，剡木为楫，舟楫之利，以济不通，致远以利天下；弦木为弧，剡木为矢，弧矢之利，以威天下”[③]；至聚落村屯、农耕五谷、饲养畜禽、桑麻织衣、医药康养、园林宫阙；伐木造车、枧（笕）槽引水、凿壁架栈、跨河横桥；人类从“观落叶因以为舟”“见窾木浮而知为舟”感悟水体浮性，到开启舟筏驶向江河湖海，继而人海关系由“临海而居、拾海为济”，上升为“舟楫之便、渔盐之利”，并能够迁徙海岛创建家园，人类生存和交际空间的拓展开放，既源于人类对海洋自然生态功能的文化觉醒，更源于森林资源的助力和森林文化智慧的启迪。

在精神方面，森林文化融入中华文化，将“天地人”联系在一起，深谙

---

① 国家市场监督管理总局和国家标准化管理委员会《森林生态系统服务功能评估规范》（GB/T 38582-2020），第 1—2 页，2020 年 3 月 6 日发布。

② （明）程登吉撰，魏冰戬主编：《幼学琼林》（解读版），吉林大学出版社 2015 年版，第 172 页。

③ 杨天才、张善文译：《周易》，中华书局 2011 年版，第 604 页。

“和实生物，同则不继”“各美其美，美人之美，美美与共，天下大同”之哲理，以求得和谐发展。从“结绳而治，至易之以书契”：象形仿生、造字雕版、纸笔书简；森林对汉字起源的影响，记录着中华民族森林文化发展成长的自然人文轨迹，在汉字作为文化载体的普及传输和化育中，发端于森林并衍生为文化者不可胜数，森林文化是发育中华文化和推进人类文明的重要渊源和支撑。

正如习近平总书记所说：“人的命脉在田，田的命脉在水，水的命脉在山，山的命脉在土，土的命脉在树。”“山水林田湖草是生命共同体。”而人类与森林则是这一生命共同体的核心。人类在与森林的共生中，逐步从蒙昧迈向文明；在对森林的改造和索取中，逐渐领悟依存于自然的和谐之道；学会了在顺应自然中利用自然，在保护自然中修复自然；使之青山常在，绿水长流，资源财富生生不息；人类对森林的审美境界，由原始生存需求，逐步上升到理性认知和文化自觉。森林文化作为人与自然水乳交融、最具亲和力的自然人文资源，正以其契合时代的文化价值和日益增长的社会经济效益，融入新时期生态文明建设的各方面和全过程。

森林是人类文明的摇篮，人类与森林共生的文化价值是根基性的。推进中华优秀传统文化传承发展工程，加强中国历史和中华文化教育，坚持不懈开展马克思主义祖国观、民族观、文化观、历史观宣传教育，打牢中华民族共同体思想基础，构筑中国精神、中国价值、中国力量。森林文化植根中国大地，是创造中华文化的重要基础。解析溯源森林对文化起源和文明发展的文化价值，关乎森林文化遗产保护传承和创新发展；揭示中华民族屹立于世界民族之林的森林文化品格和思想精髓，至关人类文明的古今和未来……

第四章　国外森林文化研究进展

森林文化相关概念由来已久，早在18世纪，德国相关学者就开始探讨森林美学以及森林对人们精神健康的影响。此后，森林旅游、教育、宗教等功能价值逐渐被人们所熟知。但是，与国内明确提出森林文化定义、内涵等研究不同，迄今为止，国外主流英文文献中均不存在forest cultural或forest culture等相关表述。但是，这些主流文献对森林文化的多种功能却有大量研究文献，而这些功能通常被归纳为cultural ecosystem services（CES），从字面翻译就是“生态系统文化服务功能”，而这一概念研究对象通常包括：森林、荒漠、草原、海洋、农地等多种生态系统。这其中，森林生态系统或涉及森林生态系统的研究是生态系统文化服务功能相关研究的主流。考虑到森林生态系统文化服务功能相关研究与森林文化在研究内容上有一定的相似性，因此本书更侧重于森林生态系统文化服务功能相关研究进展，并尝试分析国内外研究的差异，寻找未来研究趋势。

本书通过文献搜索引擎web of science（含SCI、SSCI、CPCI、Medline、ESI、Incites、JCR收录）、ScienceDirect、Springer Link、WILEY Online Journal，以cultural或culture和forest两个关键词作为筛选对象，搜索2000年至2017年发表的文献，并舍弃中国学者在外国杂志上发表的相关论文。同时根据研究内容，舍弃内容不相关或者无明确相关的文献，总共获取有效文献272篇。通过分析这些文献，对国外森林文化价值概念、内涵、研究对象、指标体系、研究内容、方法及研究趋势展开研究。

第一节　森林的文化与生态系统文化服务功能

一、国内外森林文化价值概念差异

在人们对森林资源的开发利用过程中，森林文化价值逐渐被人们所熟知。国内通常情况下将森林文化定义为：人们在长期社会实践中，人与森林、人与自然之间所建立的相互依存、相互作用、相互融合的关系，以及由此而创造的物质文化与精神文化的总和。

虽然国外并没有“森林文化”（forest cultural 或 forest culture）相关表述，但是国外对生态系统文化服务功能却有明确定义。联合国千年生态系统评估小组（MA）于 2005 年对生态系统文化服务功能的定义如下：The nonmaterial benefits people obtain from ecosystems through spiritual enrichment, cognitive development, reflection, recreation, and aesthetic experiences。① 可以将其翻译为：人们通过精神富集、认知发展、反思自然、娱乐、美学体验等行为从生态系统中获取的非物质性的利益。从这一定义可以看出，生态系统文化服务功能定义的核心有两方面：一是非物质性的利益；二是需要有人类行为才能获取。

而实际上，这一定义与森林文化的定义存在较大的差异。森林文化的定义通常为：是人们不断认识、调整人与自然、人与森林相互关系的必然产物；是人与自然、人与森林之间建立的相互依存、相互作用、相互融合的关系，以及由此创造的物质文化与精神文化的总和。②

抛开对象的差异（生态系统和森林），两者的共同点在于强调人与森林或生态系统的关系，而两者的区别在于生态系统文化服务功能强调的人们获取的非物质性的利益，而森林文化则强调一切物质文化和精神文化的总和。

相对来说，生态系统文化服务功能强调的“获取”“利益”及“非物质性”的定义相对森林文化“一切物质文化和精神文化的总和”的定义来说要窄。这也意味着一些非获取性、非利益性以及物质性的文化均不属于生态系统文化服务功能的范畴。比如森林政策和法律文化、森林认证文化、森林经营文化等几种森林文化是人类对森林进行约束管理而产生的文化，是一种非获取性的文化；林产品文化，特别是森林医药文化、木制品文化等这些依托林产品产生的文化均不属于生态系统文化服务功能的范畴。综合相关研究文献，针对上述几种文化研究的相关文献确实没有将其归纳至生态系统文化服务功能中。但是从森林文化的定义出发，它们却属于森林文化范畴。综上概念，可以看出，森林文化的内容比森林生态系统文化服务功能要大。

① Millennium Ecosystem Assessment, *Ecosystems and Human Wellbeing*:*Synthesis*, Washington D.C.: World Resources Institute, 2005, p.155.

② 蔡登谷：《森林文化初论》，《世界林业研究》2002 年第 1 期。

二、森林文化研究内涵

在生态系统服务功能中，支撑服务通常涉及全球地化循环和动植物生存，与人类直接关系相对较少；供给功能通常涉及的是居民收入，即生计问题，这一功能作用既可见又直接，也被人们所熟知；调节服务主要是指生态功能，虽然这一功能也是直接影响居民生存环境和福祉，但是无论人们是否主动与之发生关系，这一功能始终存在，并发挥其作用；而文化功能的影响更加隐秘，而且该功能需要与人协同产生，因而脱离人，单纯对森林文化价值进行研究，显然是错误的。但是由于在人与森林的关系中往往更加主动，这一功能通常被我们所忽视。

与人们对供给功能和调节服务不同，供给服务为人类解决的是食物、保暖和住房需求，调节服务则更多的是保障人们的安全，如气候安全、环境安全等，而生态系统文化服务功能更多是影响人的精神层面和存在意义。比如森林景观功能和游憩功能，这一功能能够使人们放松心情，提升自身精神状态。① 但是不同收入人群对生态系统文化服务功能需求存在一定的差异。在巴拉圭森林社区的调查中发现，低收入林农更在意文化服务功能所带来的潜在经济利益，而中高收入林农更注重森林对人精神状态、文化修养等因子的提升。② 综合这些研究可以看出，与国内针对森林文化价值研究重视其价值核算、游客满意度、文化挖掘等研究不同，国外森林生态系统文化价值相关研究重点通常是居民的福祉问题，③以及林业经营者、农民、土著居民以及渔民的生计问题。这一点也是与国内相关研究的最大区别。

居民的福祉代表美满祥和的生活环境、稳定安全的社会环境等。而这一点正是森林文化价值的核心所在。正是因为森林能够为居民提供衣食来源，一些围绕森林的传统习俗、村规民约自发性的突出了森林的作用及保护。在马达加斯加沿海红树林区域渔村的调查中发现，居民反对对红树林

---

① A.Japelj，et al.，"Latent preferences of residents regarding an urban forest recreation setting in Ljubljana"，*Slovenia Forest Policy and Economics*，Vol.71，(2016)，pp.71-79.

② E.D.Ponte，et al.，"Forest cover loss in Paraguay and perception of ecosystem services：A case study of the Upper Parana Forest"，*Ecosystem Services*，Vol.24，(2017)，pp.200-212.

③ R.De Groot，Ramakrishnan P.S.，"Cultural and amenity services"，in *Ecosystems and human wellbeing*：*volume* 1：*current state and trends*，Washington D.C.：National Council for Science and the Environment，2003，pp.455-476.

的开发,而村落中存在自发性的保护红树林的文化传统。其原因在于红树林能够保护村庄不受海浪的侵蚀,以及为他们提供更加丰富的海产品。①

但是居民福祉性问题往往非常复杂。森林的面积较大,而且通常并非孤立存在,这其中涉及多个村子、部落和城镇,而且这些区域由于居民民族、对森林利用方式的差异,导致其在森林开发利用中,涉及利益分配问题是不一样的。近些年来,大量的研究开始着眼于森林文化价值带来的利益分配问题。Vollmer 等从森林文化价值角度出发,研究居民对城市水岸绿地设施修复的态度问题,研究发现沿岸居民对其修复和开发的认知存在很大差异,其中高收入人群往往赞同其修复,认为城市水岸绿地能够美化环境、提供休闲娱乐场所、提升城市整体环境面貌,而这些利益往往直接作用于高收入人群,能够增进其福祉;但是对于低收入人群来说,水岸绿地的修复可能会使其丧失居住场所,使其生活更加不便,而绿地提供的文化价值并不能改善这种情况,其作用往往是间接的,因而这行为在一定程度上会减少低收入人群的福祉,因而这部分人群对此持反对意见。② 相对城市,农村区域则更加复杂。Lakerveld 等对印度南部森林中不同的乡村进行研究,发现包括文化服务功能在内的森林生态系统服务功能对不同村庄分配是不公平的,而这种不公平导致农民间福祉的不均衡,对农村发展、稳定产生不利的影响。③

第二节　森林的文化研究对象和指标体系

一、森林的文化研究对象

森林文化价值最初起源于森林美学,而其核心指标也包含了森林景观、森林游憩、森林历史文化遗产等。这也使得对森林生态系统文化服务功能研究最初往往局限于城市森林、城郊景观林带以及风景名胜区。随着生态

---

① K.L.Oleson, et al., "Cultural bequest values for ecosystem service flows among indigenous fishers: A discrete choice experiment validated with mixed methods", *Ecological Economics*, Vol.114, (2015), pp.104-116.

② D.Vollmer, et al., "Understanding the value of urban riparian corridors: Considerations in planning for cultural services along an Indonesian river", *Landscape and Urban Planning*, Vol.138, (2015), pp.144-154.

③ R.P.Lakerveld, et al., "The social distribution of provisioning forest ecosystem services: Evidence and insights from Odisha, India", *Ecosystem Services*, Vol.14, (2015), pp.56-66.

系统服务功能相关理论的发展以及人们对精神层面追求的加深，森林的文化功能研究逐渐转向与农民、原住民密切相关的森林，如经济林、果树等家庭式林业经营等，而这些森林直接关系居民的福祉。以特定性质林，分如国有林①、古树名木②等。如 Laband 以特定区域的弗吉尼亚栎为研究对象，探讨该树对周边人群在审美、精神依靠等方面的影响。③

通过对 272 篇发表于 2000—2017 年的论文分析可以看出，约 63. 23%的文献研究重点仍然为城市森林、城郊景观林带以及风景名胜区，而人工经营的林分（包括：经济林、果园、人工林等）约占 15. 80%；天然林或次生林约占 6. 62%，剩余约 14. 34%的研究对象为综合性的森林，如国有林、区域温带森林等。

研究对象的差异对研究内容产生了较大的影响。其中，城市森林、城郊景观林带以及风景名胜区森林文化价值研究的核心在于其景观价值、森林游憩，其研究侧重附近居民和游客的主观感受、内心愉悦、放松等福祉及公众参与问题④，以及因景观破坏或损失，导致的居民福利损失和社会成本增加问题。⑤

历史文化遗产附属森林则更侧重森林遗产价值，主要存在于两方面：一是森林本身是自然文化遗产的组成部分，这些自然文化遗产通常与森林植被融为一体；二是森林对自然文化遗产存在保护作用，Allan 等对世界自然遗产进行研究，发现从 2000 年开始，近 91%的世界自然遗产（Natural World Heritage Sites）森林遭到了不同程度的破坏，这也导致了世界自然遗产面积每年约减少 1. 5%。⑥

---

① T.Rambonilaza，E.Brahic，"Non-market values of forest biodiversity and the impact of informing the general public：Insights from generalized multinomial logit estimations"，*Environmental Science & Policy*，Vol.64，（2016），pp.93-100.

② P.J.Kanowski，K.J.H.Williams，"The reality of imagination：Integrating the material and cultural values of old forest"，*Forest Ecology and Management*，Vol.258，（2009），pp.341-346.

③ D.N.Laband，"The neglected stepchildren of forest-based ecosystem services：Cultural，spiritual，and aesthetic values"，*Forest Policy and Economics*，Vol.35，（2013），pp.39-44.

④ M.S.Uddin，et al.，"Economic valuation of provisioning and cultural services of a protected mangrove ecosystem：A case study on Sundarbans Reserve Forest，Bangladesh"，*Ecosystem Services*，Vol.19，No.5，（2013），pp.88-93.

⑤ D.Gaitán-Cremaschi，et al.，"Applicability of economic instruments for protecting ecosystemservices from cultural agrarian landscapes in Donana，SW Spain"，*Land Use Policy*，Vol.61，（2017），pp.185-195.

⑥ J.R.Allan，et al.，"Recent increases in human pressure and forest loss threaten many Natural World Heritage Sites"，*Biological Conservation*，Vol.206，（2017），pp.47-55.

人工经营的林分则侧重讨论农民的收入、生计维持等福祉问题,以及传统文化对森林经营、保护的作用①②;综合性森林更加侧重森林生态系统综合服务功能或文化功能核算、鉴别以及对社会发展的推动作用等问题。

在天然林方面,由于森林文化价值产生于人与森林之间,因而在该方面研究侧重于森林对当地居民传统习俗、传统文化、原始信仰等方面的研究。Cuni-Sanchez 等对肯尼亚荒漠中森林岛及周边部落居民展开研究,发现围绕森林岛所产生的传统习俗和宗教信仰能够缓和敌对部落间的冲突。③

二、国外森林文化研究指标体系

森林文化亦如其他文化现象一样是精神和物质的相互联系,具有社会特征、经济特征、系统特征;具有时间与空间的差异、特定的表现形式和自身发展的规律。因此,森林文化指标势必涵盖社会、经济和系统方面。现阶段,森林文化相关研究的指标大多源于两类:森林资源资产评估研究中的森林文化价值评价指标、森林可持续经营管理框架中的森林文化价值评价指标。④

森林资源资产评估研究中大多是思考森林对人类的功能和效用,评估森林的文化服务价值。采用森林资源资产评估研究中的森林文化价值评估指标主要有:联合国《千年生态系统评估报告》、联合国欧洲经济委员会和粮农组织(UNECE/FAO)公布的《森林非木质林产品和服务》报告以及英国林业委员会的《苏格兰林业经济和社会贡献评估》等文献。

联合国《千年生态系统评估报告》在其研究成果《生态系统和人类福利》中将森林文化服务功能分为六大方面,即文化认同、遗产价值、精神服务、灵感、审美、娱乐和旅游,而这一指标体系也成为现阶段森林文化服务功

① S.A.Laird, Awung G.L., Lysinge R.J., "Cocoa farms in the Mount Cameroon region: biological and cultural diversity in local livelihoods", *Biodivers Conserv*, Vol. 16, (2007), pp. 2401-2427.

② S.Sharaunga, M. Mudhara, E. Z. Wale, "Factors influencing forest value orientations among rural households in KwaZulu-Natal, South Africa", *Agroforest Syst*, Vol.89, (2015), pp. 943-962.

③ A.Cuni-Sanchez, et al., "Ethnic and locational differences in ecosystem service values: Insights from the communities in forest islands in the desert", *Ecosystem Services*, Vol. 19, (2016), pp.42-50.

④ 朱霖、李岚、李智勇:《国外森林文化价值评价指标研究现状及分析》,《世界林业研究》2015 年第 5 期。

能评估的主要参考标准。综合现有国外森林文化价值相关研究发现,现阶段生态系统服务功能及文化服务功能研究大多基于该指标体系。主要包括森林审美、森林康养、森林休闲旅游、森林教育科研、森林遗产、地理标志、习俗、文化多样性、精神寄托、宗教价值、灵感启示等内容(见表 4-1)。

表 4-1　国外森林文化价值指标体系

序号	分类名称	包含内容
1	游憩价值 recreation and ecotourism	休闲观光、旅游参观、文艺演出等
2	景观美学价值 aesthetic	景观美学、植物之美等
3	精神和宗教价值 spirtual and religious	宗教习俗、宗教传说、精神寄托、精神抚慰等
4	教育和知识体系 education and knowledge systems	科学研究、家庭教育、科学教育、知识体系发展
5	文化遗产 cultural heritage	非物质文化遗产、工艺、传统习俗
6	遗产,内在价值和实体价值 bequest, intrinsic and existence	物质文化遗产价值、名木古树
7	灵感 inspration	文学作品、艺术创作等
8	归属感,区域标志 sense of place	区域归属感、地理标志、区域名声、美誉度等,森林符号及文化象征、森林(群落)的国内知名度、国际知名度
9	社会关系 social relations	社会关系维持和认知
10	文化多样性 cultural dicersity	民族文化和传统、区域特殊文化传统
11	森林健康 healthy	森林体育活动、森林康养、森林疗养、森林医药

但是这些指标间,研究热度存在很大差异。多数研究集中在森林的休闲娱乐价值,其次为森林景观美学价值,而对灵感启示、社会关系维持、古树名木价值等研究的文献相对较为缺乏,这与之前的相关综述较接近。① 当然,研究也指出,这些研究较少的森林文化可能与其评估方法缺失以及居民感知能力较低有关。

① A.I.Milcu, et al.,"Cultural ecosystem services: a literature review and prospects for future research", *Ecology and Society*, Vol.18, No.3, (2013), p.44.

三、森林文化研究尺度

这类型的文章主要包括区域生态系统服务功能研究、区域生态系统文化服务功能研究、单一森林生态系统服务功能与森林文化功能综合性研究等。

1. 区域生态系统服务功能研究

生态系统文化服务功能作为生态系统服务功能关键的一环，在研究生态系统服务功能时，会对文化功能进行研究，但是，这些研究通常较为简单，通常不会系统地对多种文化价值进行研究，而仅仅只是选用几种较为容易计算或感知的功能，如游憩功能、森林景观美景等对其进行研究。Vauhkonen 和 Ruotsalainen 对北欧寒温带针叶林生态系统服务功能进行研究，并选择具有代表性的服务功能反映生态系统服务功能，其中用生物多样性指标反映支撑服务；用木材产量反映供给服务；用碳储量反映调节服务；用游憩功能反映文化服务。①

这类型的文章相对较多，共计 85 篇，约占总数的 31. 25%。实际上一些研究认为用森林游憩功能替代森林生态系统文化价值有一定道理。生态系统文化功能本身就是依托人与森林之间的关系，一旦有一方缺乏，那么这一功能实际上就并不存在。而人与自然之间所有的关系，最直接的要素便是人进入到森林之中。而这一过程最直观的表现形式就是游憩。当人进入到森林中，才能获取轻松、安逸的感觉，才能获得灵感的启发、才能与他人交谈，以维持社会关系，才能感觉到森林之美。

此外，与其他文化功能相比，游憩价值的评估已经形成了一套较为完整的评估体系，其价值量化关系清晰且完整，因而其价值核算说服力更强。

2. 区域生态系统文化服务功能研究

与生态系统综合服务功能研究不同，独立的生态系统文化服务功能相关研究更加系统化。这些研究指标更加丰富，一般均在 3 个指标以上，有的甚至达到了 7—10 个。如 Winthrop 对美国西海岸印第安人社区的森林文化价值展开研究，其涉及指标就包含了景观美学、游憩功能、灵感启示、精神

---

① J. Vauhkonen, R. Ruotsalainen, "Assessing the provisioning potential of ecosystem services in a Scandinavian boreal forest: Suitability and tradeoff analyses on grid-based wall-to-wall forest inventory data", *Forest Ecology and Management*, Vol.389, (2017), pp.272-284.

和宗教、文化遗产、地方感和特色、风俗习惯等七大指标体系。①

这些指标通常会涉及的主要包括：景观美学、游憩功能、精神和宗教、文化遗产、风俗习惯等指标，而对于教育、灵感启示、社会关系、文化多样性等指标的研究较少。这类论文相对较少，共计52篇。

通过文献分析发现，导致这一原因很可能是因为这些研究较少的指标含义较为生涩难懂。而森林文化价值研究方法通常是问卷调查法，这些指标虽然重要，但是对于受访者来说，很可能出现理解错误或较大偏差，无法真实反映受访者现状和想法，最终导致森林文化价值评估不准确。一些文献也采用了预先培训、沟通等方式，往往能够产生较好效果。Rall 等对柏林城市森林生态系统的文化服务功能进行调查，调查共涉及休闲娱乐、景观、社会价值、自然经验、文化市场、文化多样性、愉悦身心、精神、灵感等多个指标，但是在调查中发现，如果预先不系统说明指标体系内涵，调查有效性值得质疑。② 研究进一步指出更有针对性地阐述指标系统，这一方式仍然是非常有效和具有潜力的。

3. 单一森林生态系统服务功能

单一森林生态系统服务功能研究主要包括森林游憩功能、森林遗产功能、景观美学等。这部分研究非常多，达到了111篇，约占总数的40.81%。这部分功能研究较多的分别为森林游憩功能（37.84%）、森林美学（27.02%）、森林遗产（17.11%）、森林政策（9.91%）等。

虽然这些研究或多或少涉及森林文化功能，而且大部分研究也将其视为森林生态系统文化服务功能的核心组成，但是其研究内容和方法往往自成体系。如森林游憩功能，在研究中会侧重研究居民对旅游设施的偏好、需求等，其研究目的在于提升景区旅游质量。

因此，对于这些研究，虽然存在一定参考意义，但是实际上其研究方法和研究核心的差异，导致其参考价值不如区域生态系统文化服务功能相关文献。

4. 森林文化功能综合性研究

其研究的侧重点并非单一的森林文化或几种森林文化，而是并未将其分割，综合一起研究。这类型研究较少，往往跳出森林生态系统服务功能框架，其目的是研究森林综合性文化功能，而且这些研究方法通常跳出社区调

① R.H.Winthrop, "The strange case of cultural services: Limits of the ecosystem services paradigm", *Ecological Economics*, Vol.108, (2014), pp.208-214.

② E.Rall, et al., "Exploring city-wide patterns of cultural ecosystem service perceptions and use", *Ecological Indicators*, Vol.77, (2017), pp.80-95.

查，采用较为新颖的方式进行研究。Sutherland 等对加拿大森林中的传统居民进行研究，由于森林中大树可以做传统建筑、独木舟，中等树可以做图腾柱等，因此作者利用树生物量反映森林文化服务。①

森林文化功能综合性研究具有一定局限性，而且在多情况下，其方法选择并不能完全代替森林的所有文化功能，因而这部分研究非常稀少。

第三节　森林文化价值评估方法

目前，国外对森林文化评估方法非常多，主要集中在价值核算、问卷调查分析、模型法三种。

一、森林文化价值核算方法

现阶段，森林文化价值核算主要采用三种方法：价值法、效益法和效能法。

1. 价值法

该方法主要以产生社会效益的森林效能所承担的价值量，或以森林效能引起的土地级差收入、社会劳动节约量，作为森林社会效益的计量值，一般用货币额表示。比如：影子价格法、效能分析、消耗法、补偿法等。

2. 效益法

该方法完全撇开培育森林所投入的劳动量，以森林效益造成的社会劳动节约，作为森林文化计量值，并用货币额表示。运用这种方法的程序是：首先确定森林诸效益的等效益物及其等效益调整系数；其次确定随时间变化的森林诸效益在特定时期内的空间作用范围和作用程度；最后根据森林诸效益在各年度的空间作用及其程度，借助于等效益物及其调整系数，计算出分年度的森林社会效益计量值。

3. 效能法

该方法以采取技术手段获得与森林效能作用相似的结果作为计算森林文化效益计量值的依据。它既可以用实物量表示，也可以用货币额表示。用货

① I.J.Sutherland，S.E.Gergel，E.M.Bennett，“Seeing the forest for its multiple ecosystem services：Indicators forcultural services in heterogeneous forests”，*Ecological Indicators*，Vol.71，(2016)，pp.123－133.

币额表示时，有形产品由凝结在产品中的价值量确定，无形产品用可比产品的价格换算。森林无形产品效益计量值一般采用类比法或效能置换法计算。

二、问卷调查分析法

问卷调查是社会科学主流的研究方法，它基于受访者的意愿，调查其真实看法、感受等情况。问卷调查方法主要有三种：受访者走访调查、专家访谈调查和条件价值法。

1. 受访者走访调查

主要调查游客、农户、城市居民等，一般来说，农户调查的数据需要在社区人口的 15%以上，而游客调查的随机性比较大。该调查方法较为普遍地用于居民和游客对森林文化认知和看法等应用。Herrmann 等对智利南部森林中少数民族部落开展了社区调查，研究发现，这些部落的生活习俗与森林中的一些珍稀树种存在一定的共生性。这种森林文化促进了当地珍稀树种的保护。①

但是受访者走访调查存在一些问题：一是调查随机性较差，有时候难以准确代表这一地区真实情况；二是调查对象的认知可能存在一定的缺陷，容易受到误导，因而不能准确表达真实情况；三是为让样本具有代表性，因而调查量通常较大，费时费力。

2. 专家访谈调查

针对受访者走访调查存在的问题，专家访谈调查方法则能够很好地规避受访者认知缺陷的问题，而且该方法受访者的数量通常较少，也省时省力。专家访谈调查主要是召集领域内工作人员，其针对性更强，能够较好地反映调查问题的真实情况。这一方法在景观评估方面应用较为广泛，并因此诞生了专门针对景观美景的评估方法：美景度评估法（Scenic Beauty Estimation Method）。同时，专家访谈调查也可以进一步优化问卷，如 Riechers 等首先采用专家访谈法将一些调查内容根据居民的理解进行调整，然后采用走访问卷调查对居民开展森林文化认知调查，其调查质量提升了

---

① T.M.Herrmann，"Indigenous knowledge and management of Araucaria araucana forest in the Chilean Andes：implications for native forest conservation"，*Biodiversity and Conservation*，Vol. 15，（2006），pp.647-662.

近35%。①

但是,专家调查的核心问题是代表性不够,因而导致问卷的有效性一直存疑,因而这个方法的应用层面比较窄,而专家访谈与受访者问卷相结合的方法,其程序更为繁琐,不利于大规模调查。

3. 条件价值法

条件价值法(Contingent Valuation Method)是评估资源非使用价值最主要的方法。适用于分析没有市场交易且无法获得其未来预期价值的事物,通过模拟市场运行的过程,调查消费者的支付意愿和非支付意愿来反映有关事物所具有的经济价值。迄今为止,已经普遍应用于生态补偿、生态效益评估以及森林遗产、旅游资源、森林教育等森林文化功能评估中。

三、模型法

考虑到调查法存在的问题,一些研究人员开始尝试用模型法去反映森林文化价值。这些模型通常基于区域社会经济学指标,取得了一定的成果。如Kant等采用生活满意模型对居民基于森林的传统习俗和节庆展开研究,研究发现,这些活动有助于民众对生活的满意程度。② Vauhkonen等建立了森林游憩价值与森林经营方式的相关性模型,用于推算研究森林经营方式对其生态服务功能的影响。③ 模型法较为省时省力,但是其准确性仍然需要进一步调整,其研究仍然有待进一步深入。

第四节　森林文化研究趋势

一、定性研究向定量化研究转变

综合国外相关文献可以看出,近些年来,森林生态系统文化服务功能相

① M.Riechers, J. Barkmann, T. Tscharntke, "Perceptions of cultural ecosystem services from urban green", *Ecosystem Services*, Vol.17, (2016), pp.33-39.

② S.Kant, I. Vertinsky, B.Zheng, "Valuation of First Nations peoples'social, cultural, and land use activities using life satisfaction approach", *Forest Policy and Economics*, Vol. 72, (2016), pp.46-55.

③ J. Vauhkonen, R. Ruotsalainen, "Assessing the provisioning potential of ecosystem services in a Scandinavian boreal forest: Suitability and tradeoff analyses on grid-based wall-to-wall forest inventory data", *Forest Ecology and Management*, Vol.389, (2017), pp.272-284.

关研究逐渐从定性研究向定量化研究转变。特别是在 2010 年前，更多的研究探讨的是森林生态系统文化服务功能内涵、价值分割、指标体系等问题，而此后，更多研究集中于不同森林生态系统文化服务功能的量化评估。一些研究也开始采用模型法，探讨其价值核算。如生活满意模型、市场模型等，但是模型的精度、方法等问题仍然需要进一步挖掘。

二、研究体系逐渐综合化

综合文献，越来越多的文献开始考虑多种森林生态系统文化服务功能，并对其相关性进行探讨，而采用一种森林生态系统文化服务功能代替所有功能的研究逐渐减少，特别是在 2015 年后，这类型的文章数量呈现大幅下跌，在 2010—2014 年间，共计发表了 62 篇此类文章，而在 2015—2017 年间仅发表 23 篇。因此，对森林文化价值研究逐渐进入到多指标的综合性研究趋势中。

三、新技术引进

随着互联网科技的发展，森林文化价值相关研究也随之发生变化，一些研究开始借助互联网、传感器等科技手段，对森林文化价值进行研究。如 Stigsdotter 等利用感知传感器，研究 48 名研究对象对森林的感知情况，反映森林的美景和森林康养价值，研究显示，多样的植被、开阔的视野中均衡、封闭且稠密的植物均有助于提升森林的康养价值。① Zoderer 等通过收集阿尔卑斯山区在社交媒体中照片数量及照片质量，来反映森林、草原和农地对森林生态系统文化服务功能的影响，研究显示，森林，包括阔叶林和云杉针叶林，其休闲和景观功能最为重要，其次为精神和文化遗产。②

① U.K.Stigsdotter, et al., "Forest design for mental health promotion-Using perceived sensory dimensions to elicit restorative responses", *Landscape and Urban Planning*, Vol. 160, (2017), pp.1-15.

② B.M.Zoderer, et al., "Identifying and mapping the tourists' perception of culturaleco-system services: A case study from an Alpine region", *Land Use Policy*, Vol.56, (2016), pp. 251-261.

四、森林文化研究的立足点更加注重居民福祉的提升

森林文化价值的重要目的是居民福祉问题，在国外文献中，福祉问题通常伴随着森林文化价值评估。因此，在今后研究中，居民森林福祉问题以及福祉分享公平性问题，应当成为森林文化价值研究的重点内容。

下　篇

案例与实证

第五章　小兴安岭森林文化价值评估研究

小兴安岭系亚洲东北部兴安岭山系，南北长约 450 公里，东西宽约 210 公里，面积达 77725 平方公里；西与大兴安岭对峙，又称“东兴安岭”，也称“布伦山”；北部及东北部以黑龙江为界，与俄罗斯隔江相望；西北接大兴安岭支脉伊勒呼里山，东南到松花江畔张广才岭北端，是黑龙江与松花江的分水岭；东部突入三江平原，西南部与嫩江平原相连。

第一节　小兴安岭森林的文化本底资源调查分析

一、小兴安岭森林资源及景观价值

（一）小兴安岭森林动植物资源

小兴安岭地区位于松花江以北、黑龙江以南、三江平原以西的大片山林地区，包括伊春林区以及绥棱、庆安、木兰、通河、汤原、鹤岗、罗北等县市的山林地带，是我国东北重点国有林区，以天然林为主体，林区面积 1206 万公顷，其中森林面积达 500 多万公顷，森林蓄积量约 4.7 亿立方米，森林覆盖率达 72.6%，是国家的重点木材储备基地和三江平原的生态屏障。小兴安岭有世界面积最大的红松原始林，红松蓄积量约 4300 多万立方米，占全国红松总蓄积量的一半以上，素有“红松故乡”之美称；还生长着落叶松、樟子松和“三大硬阔”和云杉、冷杉、水曲柳、核桃楸、黄菠萝、桦、椴、榆、杨等 100 多种森林群落，400 余种种子植物，主要林木树种 290 余种。独特的大森林地貌和气候条件，使得森林野生动物种类丰富。主要有驼鹿、马鹿、猞猁、麝、青羊、豹猫、紫貂、梅花鹿，珍贵的东北虎已很稀少；有极北小鲵、无斑雨蛙、东北雨蛙、鳖、麻蜥、枕纹锦蛇、蝮蛇等两栖爬行类动物和小型啮齿类动物等；常见鸟类有斑啄木鸟、绿啄木鸟、长尾林鸮、鸳鸯、松鸦、大嘴乌鸦等。①

（二）小兴安岭的森林类型

小兴安岭森林林相整齐，单位蓄积量较高，共计有 29 科，51 属，101 种，7 变种，4 变型。大部分为针叶树种组成的森林群体。森林植被比较丰富，主要以红松为优势树种的针阔混交林为代表。林中层次分明，可分乔木、灌木、草本、苔藓各层。小兴安岭的森林类型，大致可分为如下 8 种。

1. 红松林

红松多为大径木，一般多在 160—200 年，平均高 25—30 米，最高可达 42 米，胸径大者达 140 厘米（生产力高的林分每公顷蓄积可达 600 耐）。下层林木多为小径级的臭松、色木、花楷槭、青楷子等。以红松为优势树种的针阔混交林，可分成下列不同类型：蕨类、鱼鳞松—红松林，羊胡子、柞木—红松林，凸脉苔草—椴树红松林，毛缘苔草—枫桦红松林（多见于山谷和低洼地），谷地红松林。

2. 落叶松林

落叶松林在小兴安岭分布于山下河岸两侧平坦谷地。上层以兴安落叶松为主，中层为红松皮云杉，下层多以小径的臭松为主。

3. 红松、臭松—红皮云杉林

红松、臭松—红皮云杉林分布于山坡中部以下平坦地，林冠郁闭度大，上层立木以中径的红松为主，下层以红皮云杉为主。此外尚有少量的白桦、小叶椴混生其间。下层有小径的臭松、红皮云杉和少量的白桦。树枝上常悬有多量的树毛，树干上常附生着平藓。

4. 红松、水曲柳—白皮榆林

红松、水曲柳—白皮榆林分布于山麓河流两岸平坦湿地或湿润的南坡溪谷中，立木组成以白皮榆、水曲柳为主，红松次之。此外还有红皮云杉、胡桃楸、大青杨、朝鲜杨。下木较多，如青楷子、花楷子、珍珠梅、刺花棒、暴马子、稠李、金花忍冬、长白忍冬等。

5. 阔叶混交林

阔叶混交林主要树种有色树、小叶锻、青楷子、水曲柳、裂叶榆、暴马子等，有红松、鱼鳞松、臭松散生其间。林冠散开，下层灌木生长旺盛，种类亦

① 黑龙江省地方志编纂委员会：《黑龙江省志》，黑龙江人民出版社 1998 年版，第 538—542、557—563 页。

多,有毛榛子、金花忍冬、东北醋李等。

6. 杨桦林

白桦分布较广,自低地至山坡均有存在,而山杨限于排水良好、较干燥之地。山顶、陡坡、上坡、平地上土丘、丘陵等处往往有小片山杨纯林。山坡上的杨桦林,下木甚少,主要为刺花棒、刺老牙、花卫矛、毛棒子。下草有四花苔草、草藤、单花鸢尾、乌苏里苔草、大叶柴胡等。林下为红松、鱼鳞松等针叶树幼苗生长。

7. 柞木林

在小兴安岭险峻的陡坡上,尤其是东南、西坡上,岩石裸露,土层极薄、干燥,常见有柞木林分布。柞木林组成主要为蒙古栎,土壤深厚之处,有时混生少数黑桦。下草种类繁多,主要有威菜、苍术、东风菜、沙参等。

8. 河岸灌木林

河岸灌木林分布河岸两侧,在河流下游或较大支流的两岸,多有蒿柳、粉枝柳、细柱柳、杞柳等,有时混生少数钻天柳。邻接森林之处,常有高大的大青杨、朝鲜杨和稠李、暴马子等混生。草本植物以克苔草、大叶章为主,其他有驴蹄草、电灯花、报春花等。主要优势植物为修苔草、附加苔草及小叶草。

二、小兴安岭森林景观资源

小兴安岭具有独特的大森林地貌和气候条件,森林景观类型多样、资源丰厚。现有国家级森林公园 9 处,国家级地质公园 2 处,国家级自然保护区 2 处,省级森林公园 18 处,省级自然保护区 8 处,国家 4A 级、3A 级景区 3 处、2A 级景区 11 处,AS、2S、3S 级滑雪场各 1 处,国家级狩猎场 1 处,省级狩猎场 3 处。森林公园多以茂林为主,以石海、幽谷、瀑布、深潭为辅的设计布局,并以石林、石海尤为突出。

表 5-1　小兴安岭森林景观一览表

景观名称	面积	景观特点
茅兰沟森林公园	4800 公顷	壮观奇特的石林群自然景观,被誉为北方“九寨沟”
五营国家森林公园	14100 公顷	红松“树王”高 30 米,胸径 1.5 米 云杉、胡桃楸、黄菠萝等针阔叶树种 170 多种
梅花山国家森林公园	7800 公顷	分为红松原始林景区、虎臂山探险观光区、梅花山探险观光区、梅花湖娱乐区等四个景区

续表

景观名称	面积	景观特点
上甘岭溪水国家森林公园	4580 公顷	乡土气息和异国风情融为一体
回龙湾国家森林公园	888 公顷	红松原始林、杜鹃花海、回龙潭、水湿地
兴安森林公园	2600 公顷	自然和移植植物 420 余种 野生动物 30 余种
伊春南山森林公园	3500 公顷	保留完好、层次分明的森林

茅兰沟森林公园。位于嘉荫县城西 67 公里处小兴安岭林海中，占地面积 4800 公顷，海拔 400 多米，山高平均近 80 米，山峰最高 200 米，山沟深 100 多米。景区内有茅兰瀑布、黑龙潭、仙女池、太子峰、熊头峰、鸽子峰、石头人、石婆、镇潭石、丹凤泉。其中，茅兰沟是伊春市最为壮观奇特的石林群自然景观，也被誉为北方"九寨沟"。沟深林茂、野趣浓厚，不仅分布有大面积的原始森林和天然次生林，而且林下又分布有种类繁多的奇花异草，一树一姿，叹为观止。鄂伦春民族在这里留下的渔猎遗迹也给景区增添别具特色的民族风情。

五营国家森林公园。红松的数量位居世界第一，是中国红松的集中保护区。保护区位于小兴安岭南麓腹部五营区境内，占地面积 14100 公顷。林中红松"树王"高 30 米，胸径 1.5 米。此外，本区还生长着茂密的云杉、胡桃楸、黄菠萝等针阔叶树种 170 多种，并始终保持着原始森林的自然状态。观松听涛和森林浴是本区主要的特色项目。

梅花山国家森林公园。位于伊春区东郊 28 公里处，占地面积 7800 公顷。园内分为红松原始林景区、虎臀山探险观光区、梅花山探险观光区、梅花湖娱乐区等四个景区。其中，红松原始林景区四季常青，古树参天，苍翠挺拔。梅花山探险观光区有老君山、虎头峰、熊头峰、棒槌山、奶头山、穿云洞和仙女泉等景观。

上甘岭溪水国家森林公园。位于小兴安岭中段，汤旺河流域，公园总面积为 4580 公顷，具有得天独厚的地理位置。园区内独特的自然景观与人文景观以世外桃源般的优雅将浓浓的乡土气息和别致的异国情调融为一体。其中，俄罗斯风情园占地面积 20 公顷，还设有原始乔木观赏园，占地面积 476 公顷，共有原始植物 1390 多种。原始乔木观赏园以原始针阔混交林为主，里面不但有原始红松林，还有 20 余种高大乔木，囊括了小兴安岭所有高大乔木的珍贵树种，生物的多样性在这里体现得淋漓尽致，不仅具有观赏价值，而且还具有生物的可考性和可研性。

回龙湾国家森林公园。始建于 1993 年，占地 888 公顷。本区既是红松原始林、杜鹃花海景区，也是知名的宗教文化景区。回龙湾国家森林公园位于伊春市西南部，鹤伊公路 110 公里处，是鹤伊高等级公路与哈乌铁路必经之处，陆路交通十分方便，园区内的水湿地也是国内少有的景致。

兴安森林公园。位于克一河镇境内，占地 2600 公顷，是小兴安岭林区第一座植物园。园中共有自然和移植植物 420 余种，并饲养大兴安岭野生动物 30 余种，是融营林实验、科学研究、旅游、健身、观赏浏览于一体的综合园林，被称为“北疆第一园”。园区建有“森林女神”雕塑和亭塔“兴安阁”等别具小兴安岭森林特色的园林文化场所。

伊春南山森林公园。位于伊春市伊春区南山，占地面积 3500 公顷，是伊春市中心区距离最近、面积最大、森林生态保护最完整的国家森林公园。森林公园主峰海拔 653 米，峰顶的人文景观由兴安塔、兴安历史城墙、兴安广场等组成，其中兴安塔是公园的标志性建筑，建于 1980 年，塔高 47 米、塔身 11 层，呈八角形仿古建筑。园区森林覆盖率较高，原始林相是以红松为主的针阔混交林，天然林木类型为红、云、冷针叶林，针阔混交林、阔叶混交林，整体山色郁郁葱葱，古树、山花、彩叶植物点缀四季，呈现出很强的层次感。

图 5-1　小兴安岭林海（任平摄）

林海奇石国家森林公园。位于距汤旺河区址 8 公里处,是由人文景观和自然景观构成的生态旅游新区和国家地质遗迹公园。景区可分为天然牧场、雪色松林、溪水湿地、民族风情、山水浏览、兴安石林、秋色松林、花卉观赏八大区域。园区的地理构造和岩石奇观等地质现象具有极高的科研价值和科普价值。

丰林国家级自然保护区。位于伊春市境内,占地 18165.4 公顷。保护区始建于 1958 年,1963 年成立专门管理机构。1988 年,被国务院批准为国家级自然保护区。1993 年,加入中国人与生物圈网络。1997 年,被联合国教科文组织纳入世界生物圈保护区网络,是联合国开发计划署森林可持续经营能力建设、研究与推广项目示范区,也是黑龙江省加入世界生物圈网络最早的保护区。2006 年,被列为全国示范保护区。区内主要保护对象为以红松为主的北温带针阔叶混交林生态系统和珍稀野生动植物。

三、人与森林共生的典型价值

森林文化在丰富人们的生产生活细节当中,在与人们的生活方式相融合、相渗透的过程中不断地创造着自身的价值。小兴安岭森林文化价值不仅体现在森林生态环境的良好品相、良性发展上,还体现在人与自然和谐相处的状态中。每立方米的空气中负氧离子含量达 2.7 万个,夏季高达 3.6 万个,被称为天然氧吧。特别是伊春林区野生芳香植物极其丰富,有松针、铃兰和兴安杜鹃等 35 种,总储量达 9.92 万吨。小兴安岭森林生态自然环境与当地居民的生活方式、生产活动息息相关,极具典型性,凸显了人与森林共生的文化价值。

(一)森林身心康养价值

小兴安岭森林气候日夜温差较小,冬暖夏凉;森林中湿度较大,风力较弱。空气清新,含有大量负离子,而且具有植物芳香。如桉树的香气有杀菌消炎作用,松树的香气有镇静作用。森林疗养区对于慢性呼吸系统疾病,神经官能症、病后恢复期病人等,都有良好的疗养康复作用。小兴安岭山麓的伊春地带是森林疗养区的理想地方。

小兴安岭地区冬季长达 7 个月,日照时间较短,夏季只有 2 个月左右,然而从每年的 6—8 月份,日照时间长达 17 个小时。全年春季为四、五两个月,夏季为六、七、八三个月,秋季为九、十两个月,冬季为十一月至翌年三月，四季风景各具特色，不同时间具有不同的森林疗养价值。

1. 森林空气浴

森林空气浴亦称"森林浴"，是人们在林荫下娱乐、散步、休息的同时，浸浴在森林新鲜空气中进行养生的一种活动。其中，五营国家森林公园开发森林浴场，度假者可以在林中散步、小憩，进行各种锻炼运动，如太极、做操、跳舞等，且适于年龄较大或体弱多病的人前来修养度假疗养保健。现在城市中很多人都处于亚健康状态，特别是处于紧张工作环境中的中青年人，可以在森林沐浴中放松精神，修养身心，调理自己的身体状况，激发创作灵感。

"森林 SPA"一词源于拉丁文 Solus Par Aqua，是健康之水的意思。森林 SPA，是指利用森林自有的自然景观，并与之融为一体的名胜式 SPA。SPA 在中国还属于高端消费，因此，伊春林区可以利用自身的条件，开发高端的森林 SPA 产品，作为亮点来吸引度假者。利用天然的水资源结合沐浴、按摩和香薰来促进新陈代谢，满足人体听觉（疗效音乐）、嗅觉（天然花草薰香）、视觉（自然景观）、味觉（健康餐饮）、触觉（按摩呵护）和冥想（内心放松）等六种愉悦感官的基本需求，达到一种身心畅快的享受。

2. 森林艺术养生

依托五营国家森林公园、丰林自然保护区现有的旅游设施，在不破坏生态环境的基础上，为度假者建设了品茗、听音乐、绘画、摄影等的场所，同时，旅游者可以在森林内写生、摄影，并可定期举办各种艺术展览。

3. 森林体育健身

森林体育健身活动近年来已成为人们森林体验和森林康养的新方式。《"健康中国 2030"规划纲要》提出：到 2020 年健康服务产业规模目标突破 8 万亿元，2030 年突破 16 万亿元。小兴安岭森林面积广袤，其特殊的环境功能和景观功能为人们提供了良好的休闲健身场所。小兴安岭森林近年来举办了中国・伊春世界六强国际女子冰壶邀请赛、黑龙江省第十三届运动会、国际自然水域漂流大赛、中际联盟杯雪山穿越竞速赛、全国冰壶挑战赛等国际重大赛事，打造了突出体育旅游、滑雪旅游、登山旅游、漂流旅游、定向旅游和狩猎旅游等旅游系列产品。五年来，仅伊春市每年举办各类体育赛事活动就达 150 余次，参加活动人数近 40 万人次，其中不乏有一些国际国内的知名专业队以及省内外的各级各类运动员和户外运动爱好者。

（二）休闲旅游价值

小兴安岭森林休闲旅游资源丰富，具备综合性旅游休闲产业开发的潜力。共建有 15 个旅游区 100 多处旅游景点，已开发建设了五营国家森林公园、金山屯大丰河漂流、美溪回龙湾度假村、南岔仙翁山风景区、朗乡绿色度假旅游区等，初步形成了比较合理的产品结构和空间布局。

表 5-2　小兴安岭森林休闲旅游概况

休闲参与型度假产品	运动健身产品	以户外运动、探险旅游、滑雪运动为主题
	乡村度假产品	以餐饮、住宿、采摘、农耕、林间活动为主要内容的自然回归
	生态娱乐产品	突出娱乐性、参与性，开展野营、狩猎、水上游乐、垂钓等
观光拓展型度假产品	观光旅游产品	界江观光游、景观林观赏园、特色花卉观赏园
	科普教育产品	以汤旺河国家森林公园、嘉荫恐龙国家地质公园为依托
	会议度假产品	打造以会议为主体的，集会议、别墅、客房、餐饮、娱乐、休闲于一体的大型国际会议中心

1. 休闲旅游衍生产品价值

小兴安岭森林拥有丰富的休闲参与型度假产品及观光拓展型度假产品。包括运动健身产品，如以户外运动、探险旅游、滑雪运动为主题的漂流、游泳、滑雪、定向越野、野外宿营、探险、徒步旅行等项目。乡村度假产品，如以餐饮、住宿、采摘、农耕、林间活动为主要内容的乡村经历和体验。生态娱乐产品，如突出娱乐性、参与性的狩猎活动、水上游乐和垂钓等。同时，本区还开发出一系列观光游览产品、科普教育产品和会议度假产品，深得游客好评。

（1）运动健身产品

以户外运动、探险旅游、滑雪运动为主题，以追求新奇、刺激的年轻人为主体，开发系列体育旅游产品追求新奇、刺激是当代青年人的时尚，因此在原有运动项目的基础上，开发一批参与性强、挑战性强的旅游新产品，结合伊春市的生态环境和资源状况，可以开发漂流、游泳、滑雪、定向越野、野外宿营、探险、徒步旅行项目。

（2）乡村度假产品

以餐饮、住宿、采摘、农耕、林间活动为主要内容的自然回归。随着交通设施的改善，原生态的绿色伊春必将成为大城市居民游览度假的别具特色的目的地，乡村、林区空气清新宜人，田园风光迷人，乡情淳厚感人，条件较好、环境优美的乡村发展乡村风情游，市场看好。到伊春市品尝特色美食、

图 5-2　林区道路(任平摄)

参与瓜果采摘,进行农耕细作,住在特色农庄,感受民俗风情,可为国内外大都市的城镇居民增添一些乡村经历和体验。

(3)生态娱乐产品

突出娱乐性、参与性,在各个景区内可开发各种类型的生态娱乐产品,在原始森林中可开展野营活动。利用桃山国际野生动物饲养狩猎场来供人们开展狩猎活动,在水资源丰富的地区可开展水上游乐和垂钓。

(4)观光拓展型度假产品

伊春汤旺河兴安奇石国家地质公园,是由人文景观和自然景观构成的生态旅游新区和国家地质遗迹公园,2A 级景区。嘉荫恐龙国家地质公园拥有着大量的恐龙化石和鱼、鸟、龟等动物化石,以及丰富的被子植物化石。美溪回龙湾度假区是集旅游、度假、避暑、观光于一体的四季旅游胜地,2003 年已通过国家 3A 级旅游区评定。

汤旺河国家森林公园独特的自然景观和历史遗迹是吸引游客前来游览的主要吸引物,在原始森林中几百年树龄的参天古木随处可见,许多景区中形态各异的象形石和象形树分布其间,美丽的传说更增加了游客观赏的乐趣。除了由森林内原有的森林旅游资源构成的景观之外,还可以开发观赏型景观,将特色资源集中展示,形成景点。如景观林观赏园、特色花卉观赏园等,以嘉荫界江游览为特色,开展界江观光游等。

（5）会议度假产品

打造以会议为主体的，集会议、别墅、客房、餐饮、娱乐、休闲于一体的大型国际会议中心。会议中心落成后承办各类大型国际、国内的各种大型会议，满足日益增长的商贸发展、文化交流的需要。由于空间和环境资源的充裕，国际会议中心还可以组织大型、多元的康乐文体设施，满足不同季节，不同区域来客的使用需求，丰富旅游者在本中心的娱乐活动。伊春美溪回龙湾度假区所具有的丰富水文、草地、花卉、森林资源可以紧密地组织成各种现代休闲设施，包括滑草、狩猎、花卉等俱乐部活动空间，使会务者在比较集中和度假时段内充分享受放松、休闲和惬意的生活氛围。

2. 森林旅游人数与产品

（1）外地人本年度森林旅游人次

2014 年，伊春市旅游的最大客源是本省游客，省内团队约占团队总量的 70%，省内散客则接近散客总数的 90%；省外客源市场主要集中在北京、上海、天津、广东、辽宁、河北等地区。从伊春市的旅游者的年龄结构看，25—44 岁的中青年是伊春市旅游客源市场的主体。其中 15 岁以下占 20%；15—24 岁占 14%；25—44 岁占 55%；45—65 岁占 25%；66 岁以上占 4%。省外客源市场主要集中在北京、上海、天津、广东、辽宁、河北等地区，约占 30%。

表 5-3　2007—2013 年黑龙江省旅游接待人数统计

年份	接待旅游总人数（万人次）	同比增长（%）	旅游总收入（亿元）	同比增长（%）
2013	29200	14. 87	1385. 92	6. 58
2012	24900	23. 27	1294. 73	25. 47
2011	20200	28. 90	1031. 89	24. 10
2010	15900	44. 50	883. 37	35. 93
2009	11000	28. 45	649. 87	15. 53
2008	8553. 1	28. 50	562. 53	30. 82
2007	6656. 3	25. 56	429. 30	22. 30

数据来源：黑龙江省旅游业统计数据。

表 5-4　2007—2014 年伊春市旅游市场现状

年份	伊春旅游总人数（万人次）	旅游总收入（万元）	相当于 GDP（%）
2014	623. 6	510000	—
2013	574. 3	453900	—

续表

年份	伊春旅游总人数（万人次）	旅游总收入（万元）	相当于 GDP（%）
2012	543	436000	16. 90
2011	482	353000	15. 30
2010	419	251522	12. 50
2009	382. 1	191160	11. 10
2008	336. 7	150887	9. 70
2007	300. 5	120064	8. 90

数据来源：伊春市旅游局统计数据。

四、科研教育价值

（一）科学研究价值

以小兴安岭林区为林业科技研发和应用基地，依托伊春林业科学院开展研究项目。2014 年，伊春市“蓝莓不同立地条件下栽培技术研究”和“天然笃斯越橘果林优化经营及恢复技术的研究”两个项目已顺利通过市科技局成果鉴定。东北林业大学也有一些项目，如 2010 年，由伊春林业科学院、东北林业大学和大连林业科学研究所共同完成的“小兴安岭森林分类经营技术研究与示范”项目在小兴安岭地区完成。

（二）森林科普价值

伊春森林博物馆，以小兴安岭森林为基底，以实物、标本、图版、伴景画写实场景，以现代多媒体与声、光、电等先进技术为手段，是具有北方森林特色的国内先进专业博物馆，占地面积 2. 13 万平方米，建筑面积 1. 08 万平方米，陈列、布展面积 0. 53 万平方米。

博物馆共分为：序厅、神奇的森林、伊春的森林、伊春森林中的早期人类活动、伊春森林的开发、伊春——中国林业发展的旗帜、伊春林区的转型与发展、尾厅八个部分，全方位、立体式展现了伊春不同时期人与自然和谐相处的历史进程，是伊春林区开发、建设、发展的缩影。伊春森林博物馆的建成使用，为伊春市旅游又增添了一个新亮点，为青少年科普教育增加了一个新基地，提升伊春森林城市的文化品位，发挥了生态文明的推动作用。

博物馆以伊春市历年出土的文物为内容，按年代顺序分为五个展区。史前陈列区展出了从侏罗纪至更新世的动植物化石标本。以嘉荫龙骨山出土的鸭嘴龙化石为中心，以及更新世的猛犸象骨骼化石，说明了史前小兴安岭地区的沧桑变化。原始社会区陈列了新石器时期大砬子遗址、小孤山遗址等照片，大型石网坠、石矛、石镞、石核、陶祖等文物。辽金元展区展示了伊春市近年出土和征集、采集的辽金元时期的文物，除生产、生活遗存外，较突出的有“都统所”、“猛安谋克”铜印和“金质符牌”，说明金代政权机构曾在这一地区存在。明清展区展出了桦皮盖船棺墓及其出土的铁甲片、佩刀、桦皮筒、鸣镝、箭杆、带跨、骨扣、骨环、皮甲衫、皮衣、皮褥和鄂伦春正红旗佐领铜印等。抗联部分陈列展示了中共北满省委旧址，抗联三军、六军基地，六军军部遗址等照片，配合展出部分出土的枪支、弹壳、马镫、铁马掌、铁锅、铁桶、群众给抗联送粮的车轮等文物。博物馆科学性与艺术性相结合，集古生物化石、历史文物、近现代革命文物于一体，是一座蕴涵着不同历史阶段森林文化的唯物史观教育的生动课堂，是科普教育、爱国主义教育和革命传统教育的重要基地，是小兴安岭森林文化的艺术殿堂。

（三）教学育人价值

伊春市共有各级各类学校 194 所，其中有 14 所学校被命名为“伊春市科普特色学校”。伊春林业学校是目前我国东北国有林区仅有的林业中专，在黑龙江省重点实施大、小兴安岭生态功能区建设、东北地区生态环境建设、林区经济转型、产业结构调整升级、资源枯竭型城市接续替代产业所需技能型人才培养中发挥着重要作用。

开办森林幼儿园森林课堂。得益于小兴安岭森林独特的资源环境优势，森林幼儿园已成为幼儿自然教育的重要载体。现伊春市在园幼儿达 11484 人。森林幼儿园在教育方面更崇尚自然，把森林作为教育的课堂，使孩子们能够在森林环境中，通过玩耍、观察和参与性实践等方式，让孩子们体验自然、了解自然，在森林中丰富感知世界，在童真的心灵中播撒亲近自然、探索自然的种子。

（四）对民众的科普教育作用

伊春市科技馆是中国科学技术协会与联合国儿童基金会第二周期协作项目单位。该馆是开展科普讲座、科普论坛、科普巡展等活动的主要场所，集科学性、知识性、趣味性、互动性于一体。主要活动为：“体验科学”中国流动科技馆全国巡展走进嘉荫，在嘉荫县文体中心进行展览。嘉荫县近万名群众走进流动科技馆，操作互动展品、观看科学表演、体验科学实验，亲身感受“体验科学”的快乐。

伊春林业科学院科技大讲堂成立于 2012 年 9 月。根据区域自然气候和适宜物种的实际条件，讲授关于“蓝莓简介及栽培技术”等林业科技知识，定期举办蓝莓技术培训班、蓝莓定植操作培训班等。培训师资力量本土化、技术骨干力量年轻化、培训内容实用化等特点，得到林区群众的一致好评。

另外，还有科普志愿服务队深入各地林场所及村屯，开展科普帮扶、技术咨询、现场指导、科技知识讲座和免费发放科普图书等系列帮扶活动的林区科普流动课堂。

五、文明演进价值

（一）林区考古遗存

《清史稿·地理四》记载：黑龙江省内兴安岭“正支又东北，为嫩江源。又东南为库穆尔，为东兴安岭。西出一支为和罗尔，又西曰乌云和尔冬吉。正支又东迤，为小兴安岭”。小兴安岭森林有着悠久的历史，早在原始社会旧石器的晚期就有人类在这里劳动、繁衍。东北最早有历史记录的民族主要有东胡、濊貊和肃慎，因小兴安岭森林独特的地形气候、自然条件，早期民族依托森林资源，主要以狩猎和渔猎为生。其中：

桦阳旧石器遗址，发掘共分 8 层，其中第 1—7 层为文化层；第 2—7 层为石器时代，包含早、中、晚三个时期的遗存，将小兴安岭地区有人类活动的历史上推到了一万年以前，为了解和研究东北亚地区旧石器时代古人类生活方式和文化提供了十分宝贵的资料。

桃山古洞，在桃山林业局的东北方向。据专家考证，大约在距今 2 万—3 万年的旧石器晚期，这一带就有远古人类居住。桃山古洞内外共有大小两个洞口。大洞呈斜长方形，横宽 11 米，斜高 23 米，从大洞跃上高 1.5 米的台阶，就到了小洞口。小洞口呈圆形，直径两米多，洞内自右向左弯曲而上，洞深 20 米，越走越宽，最宽敞处宽 4 米，高 8 米。

横山古墓群遗址，位于金山屯林业局横山经营所北山上，面积 3 万平方米的向阳坡马蹄形谷地中，有 56 座古代墓群。据金山屯区地方志载：横山在辽代，为女真人领地，属五国部之盆奴里国，旋属汤旺河兵马司及五国部节度使司。金代属屯河猛安，金人于此屯军，设都统所。1956 年，古墓群被发现后，除出土了石桌、石凳、“八面乐舞浮雕石幢”、轮制陶罐、铜墙铁壁镜、小木鞋、缸胎釉陶桥状耳罐、铁锹、铜钱、玉石岛等文物外，还挖出一块金质符牌。金牌外包金箔，上面有阴刻的女真文字，此牌为我国考古界出土的第一块金牌。不久，又出土了都统所铜印一枚。1988 年，横山古墓群遗址被黑龙江省人民政府批准为省级文物保护单位。

（二）林区管理体制变革

商周时，伊春为肃慎故地。战国到南北朝时，为秽、貊、扶余及其后裔寇漫汗和豆莫娄属地。隋属靺鞨黑水部境。唐属河北道黑水都督府，仍为黑水靺鞨黑水部活动区。辽、北宋属东京道铁骊王府（为女真乌隈于厥部活动区）。金、南宋时为上京蒲与路屯河猛安。元属辽阳行省水达达路桃温万户府。明代为奴尔干都司屯河卫辖区。清初，伊春为宁古塔昂邦章京辖地。1689 年后，现汤旺河区以南属黑龙江将军所属齐齐哈尔副都统辖区，以北属黑龙江副都统辖区。1906 年，设汤原县，伊春为其属地。1939 年，伊春为汤原县带岭村辖区。

1945 年东北光复后，伊春林区属汤原县南岔区（第五区）辖管。1952 年 11 月 13 日，成立伊春县。1957 年 7 月 26 日，成立伊春市。1964 年 6 月 23 日，成立伊春特区，实行地区人民政府和林工企业“政企合一”的管理体制。

（三）林区红色历史

小兴安岭林区复杂的森林地理环境，是当年抗联最好的“掩体”。在这里拥有伊春市金山屯老白山抗联遗址、上甘岭区老钱柜抗联遗址、乌马河区锅盔顶中共北满省委驻地旧址、友好区老泉眼抗联办事处遗址、南岔区四块石抗联遗址、朗乡林业局北满临时省委旧址、东北抗日联军第三军电讯学校遗址、西林区三军被服厂等十余个遗址。这里是我国东北地区重要的爱国主义教育基地，革命先辈们用生命和热血镌刻了那段艰苦卓绝的历史，留下了永不磨灭的印迹。

上甘岭区老钱柜抗联遗址，位于伊春市上甘岭区的溪水国家森林公园内，一座高 12 米的“抗联遗址老钱柜纪念碑”气势宏伟，直指蓝天。正面雕塑着战士们手握钢枪、冲锋陷阵、奋勇杀敌的形象，背面篆刻着东北抗联史上的一次重要战斗。1936 年初，根据中共北满省委指示，东北人民革命军第六军一部，在政治部主任张寿筏（李兆麟）将军的指挥下，经过两天两夜急行军，奔袭 40 公里，夺取伪汤原县山林警察大队盘踞的“老钱柜”等五个营地，击毙以森山指导官为首的日军 7 名，俘虏伪军 100 多人，缴获大量军需物资,使我军威大震,被载入史册。

乌马河区锅盔顶中共北满省委驻地旧址,位于乌马河区西岭林场西乌马岭锅盔顶山主峰北侧4.5公里处第1号和第4号砬子两个岩洞内。这里是抗日战争时期重要的联络交通要塞,记载着艰辛的抗日历史和深刻的红色文化。1984年10月,中共乌马河区委员会为缅怀抗联英雄们的丰功伟绩,开展革命传统教育,在中共北满省委旧址前哨洞前建纪念碑,抗联战士陈雷题写碑文"中共北满省委旧址"。

南岔区四块石抗联遗址,是东北三省以抗联遗址为主要内容的文物类红色旅游景区;这里曾是抗联三、四、五、六、八、九、十一军活动的秘密营地,是东北抗联坚持抗日战争14年之久的最好见证。20世纪70年代以来,南岔政府在这里建设了"四块石爱国主义教育基地";因四块石山峰秀美、森林景色宜人,1986年、1989年先后被省政府批准为省级文物保护单位、省级风景名胜区,现属浩良河森林经营所管辖。

金山屯老白山抗联六军军部旧址,位于大丰河(原名岔巴气河)上游,白山林场施业区内的深山密林中,又称抗联第六军军部遗址。1980年调查时发现木刻楞残墙底层,石砌炉灶、搪瓷盒、双耳铁锅、子弹壳等。在遗址东南约30米的一棵大红松树干上刻着"抗日"两字,另一棵树干上刻着"抗战八年"四字。1980年由中共伊春市委召开"抗联老战士回访座谈会"期间,陈雷等同志在红松树干题写了"刻干如金石""艰辛耐岁寒"。

东北抗日联军第三军电讯学校遗址,位于伊春市铁力市朗乡林业局新东林场场部院内。1936年7月,根据抗联总司令赵尚志成立电讯学校、培养抗联通讯人才的命令,曾在苏联学习过无线电技术的于保合率马玺贵等9名战士和一名炊事员来到这里,搭建校舍、掘井埋锅,利用在老钱柜战斗中缴获的一架电台,办起了抗联唯一的电讯学校。于保合任党支部书记兼校长和教官,马玺贵任学员队长,协助于保合工作。当时学员文化水平偏低,识字不多,学历最高的是初小。8月下旬,学校正式开学上课,设三门课程:技术课、文化课和政治课。技术课三分之一讲电学、电工原理和使用无线电报的常识;三分之二进行收发报练习和国际电语练习。正式开课3个月后,赵尚志提出把电讯学校与在伊春办的东北抗日联军政治军事学校合并。1936年12月,电讯学校的教官、学员背上器材和行军给养,在第三军第六师师长张光迪带领下,来到设在伊春的东北抗日联军政治军事学校。此后,这9名学员除了学习电讯技术课和文化课以外,也要和其他学员一起学习政治军事课,直到1937年2月结束,为抗日联军各部培养出一批无线电技术人才。2001年，东北抗日联军第三军电讯学校遗址被铁力市政府公布为县级文物保护单位。

（四）地理标志中的森林文化

地理标志是在自然因素和人文因素共同影响下形成的，作为一种标记与一定的地理区域和人文历史相联系的，具有地域性、集团性、独特性的地理标志。我国《商标法》规定："地理标志，是指标示某商品来源于某地区，该商品的特定质量、信誉或者其他特征，主要由该地区的自然因素或者人文因素所决定的标志。"地理标志（geographical indications）作为一种新型知识产权，目前也被世界上很多国家认可和采用。

1."红松故乡"地理标志

小兴安岭伊春地区有中国目前最典型、保存最完整的红松原始林，并设有丰林、凉水两个国家级自然保护区专门保护红松。其中丰林自然保护区已被联合国教科文组织纳入"世界人与自然生物圈网络"。红松是小兴安岭森林文化地理标志的重要载体，小兴安岭"红松故乡"被赋予了深刻的文化内涵和乡土情结。

2. 森林食品原产地地理标志

小兴安岭森林食品，因其特殊的自然地理和人文因素，使产自林区内的生态作物、森林食品具有极高的原产地地理标志价值。原产地地理标志的培育、开发和包含对于推动当地特色农业产业和农村区域经济的快速发展，促进产业结构优化调整，提升中国农产品国际竞争力都有重要意义。小兴安岭森林地区的五营红松籽、伊春野生榛蘑、五大连池矿泉水、嘉荫大豆、伊春蓝莓、红星平贝母、逊克玛瑙石、伊春黑木耳、五营木都柿果酒、五营黑木耳等，都是蕴含丰富的森林文化价值的地理标志产品。

五营红松籽。五营拥有亚洲面积最大、保存最完整的红松原始林。野生红松属国家一级濒危物种，生长50年后才能开始结松籽。果球大呈卵圆形，暗褐色，球内结籽，大如巴豆。红松籽含有丰富的油脂、蛋白质、维生素A和维生素E，以及人体必需的脂肪酸、油酸、亚油酸和亚麻酸，和其他植物所没有的皮诺林酸，是可配合治疗动脉硬化、肺结核等多种疾病的高级滋补食品。松籽种皮可制染料，球果皮可制芳香油，种仁还是食用油料和皮革等的重要原料。2006年，原国家质检总局批准对"五营红松籽"实施地理标志产品保护。

伊春野生榛蘑。伊春榛蘑采自于小兴安岭原始森林，浅山区的榛柴岗上，故而得名“榛蘑”，是东北山珍中的极品。对高血脂、高血压、动脉硬化有明显疗效，长期食用具有明显抗癌作用，增强肌体免疫力。2009 年，农业部正式批准对“伊春榛蘑”实施农产品地理标志登记保护。

五大连池矿泉水。五大连池因达斡尔语“乌德林池”的译音而得名，地处东北亚大陆裂谷的轴部，位于小兴安岭山地向松嫩平原的过渡带上，属寒温带大陆性气候，总面积 1060 平方千米。有同纬度下罕见多样性的生态系统，是世界上研究生物演替的“天然实验室”，被植物学家称为“生态和谐的自然王国”。大自然意外地把地球亿万年的演化过程完整地微缩到五大连池，不仅保留了远古的“地质天窗”，还从史前 210 万年到近代 300 年间，相继喷发形成了 25 座火山、200 多座寄生火山、800 多平方千米熔岩台地、10 个火山堰塞湖、3 条河流和 127 眼天然冷矿泉。得天独厚的环境因素和地质资源使五大连池区域内的天然冷矿泉水为世界三大著名冷矿泉之一。2010 年，原国家质检总局批准对“五大连池矿泉水”实施地理标志产品保护。

六、传统民风习俗中的森林文化

民族风俗习惯，是民族聚落在一定的自然环境和社会环境中，长期积累、沿袭而形成的生活习惯和行为方式。具体表现在各民族的生产、居住、饮食、服饰、婚姻、丧葬、节庆、娱乐、礼仪、禁忌等方面。民族风俗习惯反映了不同地域、不同民族的文化内涵和形态，包括民族的历史传统、心理感情以及道德准则、宗教观念等。作为民族特点的一种外在表现，风俗习惯与自然地理因素和人文社会因素息息相关，是民族群体文化意识的精髓，具有较强的民族认同和民族凝聚力作用，在传承和发展民族文化方面具有重要的价值。

（一）少数民族习俗价值

小兴安岭林区世代居住着鄂伦春族、蒙古族、满族等少数民族，在长期与森林共生的生产生活实践中，创造了丰富的带有森林文化印记的物质文化和精神文化，成为小兴安岭森林文化价值的重要组成部分。

1. 森林民族——鄂伦春

“鄂伦春”是本民族自称，有两种解释：一种是“使用驯鹿的人”，一种是“山岭上的人”。新中国成立前夕，鄂伦春族的社会处于保留民族外壳的原始社会末期家族公社阶段,主要生产活动是狩猎,辅之以捕鱼、采集和手工业。鄂伦春族的家族公社叫"乌力楞"(意为"子孙们"),是鄂伦春族社会的基本经济单位,其内部生产资料公有,共同劳动,猎获物按户分配。他们的衣、食、住、行、歌舞等都显示了狩猎民族依存于森林的特点,穿的是兽皮制成的衣服。鄂伦春族妇女对兽皮加工有特殊的技能,经她们加工的狍皮结实、柔软、轻便;用30多根树干搭成"仙人柱",夏季外面覆盖桦皮,冬季盖着狍皮和芦苇帘,可随时拆卸。"仙人柱"内三面住人,一面是门,当中有一火堆,上面吊一口带耳的小铁锅。屋顶开一小孔出烟透气。

鄂伦春族人崇拜各种自然物,相信万物有灵。每年正月初一、十五还分别举行朝拜太阳神和月亮神的祭祀活动。鄂伦春族是一个能歌善舞的民族。每当打猎归来或是喜庆节日,都要歌舞狂欢。鄂伦春族民歌都是自编自唱,节奏明快、曲调悠扬,内容多是歌颂大自然和爱情、叙述狩猎生活和反抗斗争;鄂伦春族舞蹈有模仿动物和飞禽的、表现劳动场面的,还有仪式性的。鄂伦春族的乐器有"朋奴化"(口琴)和"文土文"(手鼓)等。

鄂伦春族民间文学丰富,有神话、故事、谚语、谜语等。神话故事多是有关人类起源、祖先的传说和反映狩猎生活,如"伦吉善和阿依吉伦""兴安岭和甘河的传说"等流传很广。

2. 与森林密切相关的少数民族

蒙古族人的祖先最早是森林中的狩猎部落。据《旧唐书》《魏书》记载,蒙古族的祖先蒙兀室韦起源于额尔古纳河两岸的大兴安岭森林及小兴安岭一带。蒙古族人崇尚自然,有自然神与自然崇拜,对森林树木视为至宝,是一个有着树木崇拜传统的民族。此外,蒙古人还十分注重礼仪,日常行为中有严格的礼仪规定。在小兴安岭森林的美溪回龙湾就坐落着以五座敖包为代表的蒙古风情园。美溪回龙湾蒙古风情园占地面积638.8万平方米,是国家3A级旅游区。景区内树木繁茂,景色宜人,有近百种野花以及30余种野生动物。

满族的祖先长期生活在长白山、大兴安岭、小兴安岭、张广才岭、五大连池等地区,靠在森林中穿梭打猎、采集为生,至今仍有一部分满族人生活在森林里。满族人喜欢穿袍,满语叫"衣介",其基本特点是"衣皆连裳"。过去满族无论男女老幼、尊卑贵贱均喜欢穿旗袍,旗袍外罩一件马甲:无袖短衣,有大襟、对襟、琵琶襟、一字襟等多种。满族有立族谱的习惯,是记录家族世系、源流、家族成员重要事迹、家族兴衰变迁过程的谱表或文书。

（二）林区传统习俗

1. 岁时节令采山民俗

采山是小兴安岭林区岁时节令独特的传统民俗。人们在不同的季节采摘不同的山野特产。初春采的主要是冰凌花和木灵芝，春深时节可以采婆婆丁、黄瓜香、蕨菜、刺老芽、老山芹等山野菜；夏季主要是采摘灯笼果、金针菜、榆黄蘑、猴头等野山珍；秋天采摘草莓、都柿、山葡萄、刺玫果、松塔、榛子、山核桃、元蘑、榛蘑、草蘑等山林果实。采山季节人们三五结伴，充满情趣和收获的喜悦。采山也是当地人重要的谋生手段，人们与森林的交往中，感受到森林的给予，回报给森林爱护与崇拜，这就是人与森林共生的和谐文化朴素表现。

2. 挂红灯笼传统习俗

每当除夕，夜幕还没有完全落下，在噼啪的爆竹声中，小兴安岭林区家家户户高高的灯笼杆上的红灯已被点燃，红灯要一直挂到正月初五。白雪皑皑覆盖的林海中，一盏盏红灯闪闪如繁星璀璨。庆贺五谷丰登，庆贺政通人和，祝愿新的一年吉祥如意。小兴安岭林区的灯笼制作丰富，材料包括布、丝绸、玻璃、彩纸、木材等，品相有南瓜、鲤鱼、公鸡、五角星等，但颜色统一为红色。此外，冰灯也成为近年来小兴安岭林区的一种时尚。冰雕大象、老虎、玉兔、人参娃、松塔、小桥、亭阁、孔雀、鸽子、百灵鸟、龙等，规模大的还有冰宫，千姿百态。五彩缤纷的灯和林海雪原相映成趣，是小兴安岭森林文化的亮丽名片。

第二节　小兴安岭森林文学艺术

一、森林文学

（一）关于森林的故事和传说

古往今来，生活在小兴安岭林区的人们，流传下来许多关于人与森林共生的故事和传说。例如，小兴安岭红松林的由来、嘉荫鄂伦春族老龙马的传说、嘉荫落马湖与白嘎拉山的传说、“一线天”由来、明命寺的创建等，广为流传。如小兴安岭红松由来的传说：

远古的时候，小兴安岭并没有红松。有一位老妈妈和她儿子住在小兴安岭脚下。儿子靠打猎、挖药、砍柴养活老母。生活过得虽然艰苦却也快乐。谁知道，老妈妈病倒了，卧床不起。儿子为母亲到处寻医问药。一天，他正在山里挖药，突然来了位白发老翁，对他念道："天下百药难治病，唯有'棒槌'真正灵。虎守蛇看难寻取，得到之人定长生。"小伙子听后跑回家安顿好母亲，连夜进了深山。饿了，就吃些野果；渴了，就喝口山泉水；累了，倒地歇歇。不知道翻了多少座山，过了多少道岭，却连"棒槌"的影儿都没见到，万分焦急。此时，一只梅花鹿跑到小伙子面前开口说话："难得你一片孝心，你再过三座山就能找到你要的'棒槌'了！"小伙子披荆斩棘来到了那个地方。这里山峦灵秀，绿树滴翠，花红似火，鸟鸣婉转。小伙子无心看景，继续找"棒槌"。就在他快到山头时，忽然看见一棵长着一圈红珠子的植物。呀！这不就是"棒槌"吗？正要上前，忽然被一只花斑大老虎拦住去路。小伙子与大老虎恶斗了三天三夜，最后用拳头砸死了大老虎。正在小伙子要下手挖"棒槌"时，又被一条脸盆粗的蟒蛇缠住了。小伙子又与蟒蛇搏斗了三天三夜，使尽浑身力气挣脱了大蛇，已是遍体鳞伤。正在危急时刻，一道白光，大蛇应声倒地。小伙子用仅有的力气挖出了"棒槌"，赶回家里，连夜熬汤给母亲喝。然而千年的"棒槌"药性很强，母亲喝多了"棒槌"汤，变成了杨树。小伙子痛苦不已，喝下了剩余的汤，变成了四季常青的红松树。后来红松树竟然越长越多，漫山遍野，变成了浩瀚的红松林海。红松林高大挺拔，不畏严寒酷暑、艰难险境，坚韧不拔、不屈不挠的精神，被红松故乡的人们所崇敬，红松精神在小兴安岭世代传承。①

小兴安岭森林因其独特的森林特性，孕育出大批的森林文学艺术作品，既满足了林区人民的文化需要，同时也具有极高的艺术地位。民歌《勇敢的鄂伦春》中唱到的"高高的兴安岭，一片大森林"带给人们对于森林的无限眷恋和热爱。此外，还有森林号子、森林音乐剧等具有极高艺术地位的森林文化产品。

表 5-5　小兴安岭森林文化作品及衍生品

项目名称	级别	内容
森林文学	省级	文学季刊:《大森林文学》《生态文学艺术》

① 伊春林都国际旅行社:《伊春红松的传说》，2014 年 6 月 4 日，见 https://lxs.cncn.com/65141/n389036。

续表

项目名称	级别	内容
伊春市文学艺术界联合会	市级	电影:《万木春》 诗歌:《长歌大青山》 长篇小说:《伐木人传》 散文:《小兴安岭风情》《五彩秋》 纪实文学:《大森林的回声》 话剧:《大青山》《青山常在》 美术、书法、图片:《水乡》《秋染白桦》
民俗文化、习俗	林区	秧歌舞、高跷舞、斗熊舞
民间音乐	林区	兴安岭森林号子

（二）当代森林文学创作

森林不仅是人类的资源宝库还是人类的朋友，森林激发了人们对大自然的热爱和文学创作的灵感。20 世纪五六十年代，小兴安岭林区开发建设初期，一批批创业者从祖国的四面八方走进北疆的大森林深处，爬冰卧雪、艰苦创业，产生了一大批文学创作者。《山情逸韵》《高松呦鹿》《郁苍苍》《兴安底片》等森林散文文学在全国引起了广泛的回响。此外，由黑龙江省森工总局文联主办的文学季刊《大森林文学》，由伊春市委宣传部主管，黑龙江省生态文学艺术家协会、伊春市文联主办的省内刊号的文学杂志《生态文学艺术》等，也为宣传森林文化，打造优秀生态文学精品作出了重要贡献。

伊春市文联主办的文学双月刊《小兴安岭》杂志，创作出了一批以电影《万木春》，诗歌《长歌大青山》《高跷舞》《套了舞》为代表的优秀作品；以长篇小说《伐木人传》《精明人的苦恼》和短篇小说《谷县长的鼾声》，散文《小兴安岭风情》《五彩秋》《淘金大船》等为代表的优秀作品；“小兴安岭系列文艺丛书”十余部，纪实文学《大森林的回声》，散文集《冰凌花》以及由《北方文学》刊发的反映林区风光景点的系列散文 12 篇。此外，还有 20 余位作者出版了 20 多部小说、散文、诗歌专集在社会上产生了良好的影响。美术、书法、摄影近些年也都取得了很大进展，在庆祝新中国成立 55 周年全国美术、书法、图片展中，小兴安岭地区作者参展的《太阳的恩赐》《水乡》《秋染白桦》《日子》等作品的获奖，充分显示出新时期林区森林文化艺术创作的喜人景象和丰硕成果。

二、森林艺术创作

以小兴安岭森林为原型，创作出一系列森林话剧、森林音乐剧、森林音乐会等。话剧《大青山》就是以改革开放为背景，描写了小兴安岭的林场在经济大潮中起伏波折的故事，展现了浓郁的黑土地森林情怀。话剧《大青山》同时也获中宣部"五个一工程"奖。弘扬林业老工人马永顺精神的大型话剧《青山不老》，作为黑龙江省重点剧目进京向国庆50周年献礼演出，受到了首都戏剧界专家的好评。此外，《高跷舞》《大森林之歌》《仙翁山传奇》等大型综合节目，也都具有极高的艺术价值，充分展现了小兴安岭森林充满了浓郁的松树油香和林区人豪爽奔放的性格。

（一）兴安岭森林号子

兴安岭森林号子泛指大小兴安岭林区工人伐木劳动所使用的号子，是林业工人在生产过程中，依据不同工种的劳动实践创造出来的。有"采伐号子""蘑菇头号子""拽大绳号子""瓦杠号子"及"流送号子"等多种。如：哈拉腰的挂吧——嘿嘿，前后搂钩——嘿嘿，搂钩就挂上吧——嘿嘿，挺起个腰来——嘿嘿，往前个走吧——嘿嘿……听到这熟悉的号子声，老一辈林业工人都会心潮澎湃："这是咱们林区工人创造的劳动歌声！"在东北林区，林业生产没有实行机械化作业以前的很长年代里，"林区号子"作为统一劳动步调、鼓动情绪和倾吐内心感情的号子，一直在广大林业工人的口里歌唱着、流传着，是林业工人劳动和生活的亲密伙伴。老一辈林业工人说："劳动离不开号子，离开了号子，大家的劲儿怎么也使不到一块儿去；号子也离不开劳动，离开了劳动，多么好的号子也唱不出劲儿来。"

（二）东北传统大秧歌

秧歌舞也叫东北大秧歌，是关东特产，是东北人非常喜爱的一项喜庆活动。大秧歌，在东北已有数十年的历史，广袤的黑土地使它根深叶茂，并赋予了它纯朴而豪放的灵性和风骨。每逢重大节日，林区人就会自发地组织秧歌表演和比赛。秧歌队多以传统戏剧角色扮演为主，服装色彩丰富艳丽。从装扮上即可判断人物角色，有《西游记》中的唐僧、孙悟空、猪八戒和沙僧，《白蛇传》中的白娘子、许仙，还有《秦香莲》中的秦香莲、包拯、陈世美等等。秧歌队里的丑角，当地人叫作杂耍，他们扭起来没有约定的规矩，全凭自己任意发挥。如果他站在你面前一个劲地扭，那你最好同他配合起来，扭上一大阵，这会使观众更加开心。秧歌的音乐由原来较为传统的唢呐、锣鼓、钹，已发展到电子乐。音乐的旋律不仅仅有原来的秧歌调，还加入了民乐合奏、摇滚乐等。秧歌的样式除了保留了传统的扭、高跷、腰鼓、花棍、旱船外，又加进了现代的舞蹈、滑雪舞、扇子舞、灯舞等。欢快的唢呐和铿锵的锣鼓声，扭秧歌的人们完全沉浸在物我两忘、唯独有舞的空灵境界中。看秧歌的人，也心花怒放，豪情倍增。大秧歌不仅是五彩斑斓的文化现象，也给林区人民带来了欢乐和喜庆。

（三）高跷舞

《高跷舞》创作于 1956 年，是在广泛吸取了高跷秧歌和民间艺人街头功夫表演之精华基础上形成的，它通过青年男女踩在高跷上，优美舒展的舞蹈和“跃斤斗”“卧鱼”等高难度技巧，配上火爆热烈的东北大秧歌曲调，充分表现了林区人民喜庆热烈的生活气氛和昂扬向上的进取精神。1957 年，《高跷舞》参加了第一届全国文艺会演，还被特邀进中南海演出，成为伊春林业文工团保留的传统节目。

（四）嘉荫民间斗熊舞

“斗熊舞”是鄂伦春族民间舞蹈的一种形式。当鄂伦春人狩猎归来，围在篝火旁，吃肉、喝酒、娱乐，就会跳起“斗熊舞”借以抒发内心的喜悦之情。舞蹈者无伴奏，边歌边舞，情绪随着节奏的呼应变得欢快，“斗熊舞”基本步伐有拖步、搏斗士步伐等，一般为二人对舞，模拟黑熊形象。歌词随意、即兴发挥，合辙押韵、朗朗上口，深受鄂伦春族群众喜爱。斗熊舞还是一种集体育、舞蹈、美学与童趣为一体的民间表演形式，动作优美稳健，具有较高的艺术审美价值。

三、森林产品的文化创意

小兴安岭森林资源丰富，具有特殊的地理位置和得天独厚的自然生态环境，小兴安岭人长期与森林共生，在逐步积累认识自然和利用自然的历史进程中，对森林文化资源进行归类、组合、提升，衍生出独具森林文化特质的森林食品、森林药材、森林工艺等森林文化产品。其中最著名的森林产品“八宝一绝”，“八宝”即蓝莓、松籽、榛蘑、黑木耳、野花蜜、人参、鹿茸、林蛙油，“一绝”为核桃工艺品。此外，在长期的生产实践中，人们创造了极具特色的森林创意产品。如桦树皮艺术、核桃工艺品、木雕、根雕、木质乐器、艺术品等，对于有效地传播森林文化价值、提升森林文化内涵、创设森林经济效益和社会效益，具有重要的意义。

（一）桦树皮工艺文化

桦树皮工艺文化是鄂伦春人的独创。广袤的小兴安岭森林，属亚寒带地区，四季分明。在小兴安岭的林海中，至新中国成立之前，鄂伦春人世代过着漂泊不定的森林游猎生活。森林中的桦树挺拔俊秀，树皮柔韧易塑，为鄂伦春等北方的游猎民族生产生活用具提供了大量的原始材料。他们用桦树皮制作各种工具和工艺品，并沿袭、发展成为一种传统，形成了独特的"桦皮文化"，成为鄂伦春人传统文化的重要组成部分。他们剥采桦树皮，制作碗、盆、火柴盒、水桶、针线盒、筷子盒等各种生活用品，还制作桦树皮篓、桦树皮船及"仙人柱"等生产工具和居室等。

（二）木雕根雕文化

是以树根（包括树身、树瘤等）的自生形态及畸变形态为艺术创作对象，通过构思立意、艺术加工及工艺处理，创作出人物、动物、器物等艺术形象作品。根雕艺术是发现自然美而又显示创造性加工的造型艺术，所谓"三分人工，七分天成"，就是说在根雕创作中，大部分应利用根材的天然形态来表现艺术形象，少部分进行人工处理修饰，因此，根雕又被称为"根的艺术"或"根艺"，其原料就是伊春当地的各种木材，经过雕刻师灵巧的双手，呆板的木头被打造成活灵活现的各色装饰物，称得上化腐朽为神奇。无论是风景、花卉，还是人物、动物，都可表现得灵动逼真、趣味盎然。

中国林都木雕园，坐落于伊春市区花园路。与一湾清池相伴相依，与"小兴安岭石苑"隔路相望，极尽清幽，极尽高雅。游览木雕园，木雕园四个景区，跌宕连绵，大气宏观。中心景观区是最大一组雕群，主雕是代表"生命之神"的大型图腾柱，柱体高 10 米。用中华民族的图腾——神龙为吉祥图案，寓意深邃而悠远。休闲区由木制儿童娱乐设施组成。入口是由三组牌楼组成的园林大门。六根浮雕柱构成了高低错落、具有强烈层次感的园区外部景观，气势恢宏，给人以强烈的艺术震撼。

（三）核桃文化工艺品

核桃是吉祥的化身，核谐音"和（合）"，寓意阖家幸福安康、和和美美、和气生财、百年好合，古有"核桃制品摆放家中可神灵镇宅、吉祥好运、逢凶化吉"之说。如今，这样的好意头仍被人们沿用。山核桃工艺品是采用小兴安岭特有天然野生铁核桃为原料，充分利用其核桃果外壳坚硬、耐腐、内部花纹自然、古朴的特点，经科技处理将铁核桃果切片、弃果肉、干燥、定型、磨抛光、粘接、细雕等数十道工序手工制作而成。所有工艺品都保留了核桃果的原始外形和花纹，使工艺品造型风格古朴、雅致优美，具有天然的美感和自然的镂空效果。

（四）乌马河区木制艺术品

乌马河区木制艺术品以传统雕刻技术融合现代加工工艺和审美情趣为基础，生产经营各种环保型旅游纪念品，18 个系列、500 多个品种。各种木画古朴典雅、返璞归真、木质本色，既有艺术价值又有收藏价值。其中，“木刻楞工艺品房装饰画”“实木自然井字装饰画”“实木井莲装饰画”获国家专利。这些木制艺术品远销山东、河北、浙江等地，部分产品已出口美国、日本、澳大利亚、俄罗斯、英国、埃及等国家。

（五）带岭工艺漆木碗

带岭林区选用优质木材，采取精湛工艺，制作碗、碟、盘、杯、钵、盂、花盆套等 150 多个花色品种的传统木质漆器，造型雅致玲珑、色泽光滑明丽，既是日用品，又是工艺品。在漆艺上，有传统的“红退光”“黑退光”，色亮如镜，聚光照影；有“退光贴花”“漆内描图”，摸之无痕，视之有景；有“生漆擦”“透明擦”，木纹清晰、美于天然。工艺漆木碗系列产品供不应求，远销日本、韩国、我国台湾等地。

（六）伊春木制家具和木制乐器

伊春区木材加工业以人造板为基础，以家具、小木制品为骨干，具有五大类、100 多个品种，是比较完整的木材精深加工体系。主要以生产实木家具、木制家具、小木制品、细木工板、锯材加工为主，还有别具特色的木制乐器，包括竖琴、根制乐器等。

四、伊春森林音乐会等系列文艺展演

伊春森林音乐节首创于 2010 年，以森林公园剧场为舞台，中外名曲配合明星献声演唱，打造以高雅音乐为烘托，集生态环保、科学研讨、文体活动、国际交流及休闲旅游于一体的盛会。伊春是一座用红松书写情怀、用绿色承载未来的城市。中国歌剧舞剧院民族管弦乐团曾在小兴安岭奏响《喜洋洋》《梁祝》《二泉映月》《夜深沉》等古典名曲；第二届中国伊春森林音乐会，作为伊春森林文化的重要组成部分，此次则由中国爱乐乐团担纲演出，带来西方交响乐的经典曲目。近年来“林都”伊春掘金森林生态文化，着力提出提升森林生态文化的影响力，打造“城市之光”“大森林之声”“文化百日工程”等系列森林文化活动及“文化早市”“文化夜市”等小兴安岭森林文化品牌，让高雅艺术走进大森林，同时提升林都伊春森林生态旅游的竞争力，寻求特有自然资源与文化的最佳契合点，让童话般美丽、松涛阵阵、鸟语花香的林都伊春走入全国乃至世界人们的视野。

第三节　小兴安岭森林文化价值量核算

基于总项目组“人与森林共生时间”的核心理论，将森林文化价值量评估对象，划分为以森林生态系统为主体的自然保护地区域、园林区域、以非森林为主体的游憩区域、省（区、市）地县级行政区域等四种类型区域，并相应设定了其物理量和价值量评估的四种方式。小兴安岭森林是以森林生态系统为主体的自然保护地区域，本书采用自然保护地森林文化价值量评估方法。

一、指标体系的确定

本书以社会经济自然生态复合系统理论、旅游可持续发展理论、利益相关者理论为研究基础，进行指标体系的构建以及指标的选取。在指标定量化运算方面，根据相关国家环境标准、旅游景区等级评定、森林公园条例等法规来设定量化标准，保证指标量化的科学性。

本书采用德尔菲法对指标进行筛选，确定评估指标与小兴安岭森林文化价值的相关性。指标的相关程度分为“非常相关”“比较相关”“一般”“不相关”“很不相关”五个等级，分别赋予 9、7、5、3、1 分值，根据问卷中指标所得分值的算术平均数来表示专家的意见集中度。意见集中度越高，说明该指标越重要。

$$\bar{X}=\frac{1}{n}\sum_{i=1}^{n}X_i \tag{5-1}$$

通过问卷与计算后，确定了小兴安岭森林文化价值评估指标体系系统层。系统层由审美艺术、健康疗养、休闲旅游、科研教育、文明演进、传统习俗、伦理道德、制度规范八个价值类型组成。审美艺术价值子系统分为四个指标层,包括景观审美价值、文艺创作价值、文化产品价值,并下设十八个因子层;身心康养价值子系统分为四个指标层,包括疗养价值、保健价值、宜居价值,并下设七个因子层;休闲旅游价值子系统分为三个指标层,包括休闲价值、体验价值与娱乐价值,并下设七个因子层;科研教育价值子系统分为两个指标层,包括科学研究价值与科普教育价值,并下设六个因子层;文明演进价值子系统分为四个指标层,包括文化文明价值、历史遗存价值、地理标志价值和地方情感价值,并下设五个因子层;传统习俗价值子系统分为两个指标层,包括节庆载体价值、民族习俗价值,并下设七个因子层;伦理道德价值子系统分为三个指标层,包括森林信仰价值(精神层面)、森林哲学价值(精神层面)和社会和谐价值,并下设九个因子层;制度规范价值子系统分为两个指标层,包括法律法规价值、乡规民约价值,并下设七个因子层。

二、指标权重及赋值

森林文化价值的评估涉及指标体系的建立、评估方法的选择、指标权重的确定、数据的测定等,评估结果能否真实反映小兴安岭森林文化价值,需要在调查、分析和计算的过程中尽量减少人为因素所致的误差,使评估结果更趋真实。

本研究采用综合评估法,即多目标的线性加权法对指标体系进行综合评估。该方法的优点在于能够把多个被评估事物的不同方面、不同量纲的统计指标转化为无量纲的相对评估值,并结合这些评估值得出对该事物的整体评估。

本研究将小兴安岭森林文化价值所包含的要素划分不同层级,而同一层级的因子作为比较和评估的准则,对下一层级的某些因子起支配的作用,同时又从属于上一层级的因子。因此,本研究在建立层次结构模型的基础上,需要对每一层级中各因子的相对重要性作出判断。其后建立相应的判断矩阵,确定权重系数并进行一致性检验。求得 $W_1, W_2, \cdots, W_n$。假设系统层中各指标权重为 W_i,指标层中各指标权重为 W_{ij},则各指标的综合权重为 $W_i \times W_{ij}$(其中 i 为系统层数;j 为指标数)。设 $P(a)$ 为小兴安岭森林文化价值阈值得分,$P(A)$ 为小兴安岭森林文化价值标准化综合分数。公式如下:

$$P(a) = \sum_{i=1}^{n} W(C_i) \times P(C_i) \tag{5-2}$$

$$P(A)=P(a)/P(a_{max})$$

公式中:$P(a)$为小兴安岭森林文化价值综合分数,$P(A)$为小兴安岭森林文化价值标准化综合分数。

小兴安岭森林文化价值评估指标体系中各项指标所对应的权重如表5-6所示。

表5-6 小兴安岭森林文化价值评估各指标权重

评估指标(一级)	权重	评估指标(二级)	权重
A1	0.22	B1	0.67
		B2	0.18
		B3	0.14
A2	0.11	B4	0.30
		B5	0.36
		B6	0.34
A3	0.27	B7	0.40
		B8	0.49
		B9	0.11
A4	0.08	B10	0.36
		B11	0.64
A5	0.14	B12	0.47
		B13	0.20
		B14	0.19
		B15	0.15
A6	0.09	B16	0.43
		B17	0.57
A7	0.06	B18	0.38
		B19	0.34
		B20	0.29
A8	0.02	B21	0.54
		B22	0.46

三、小兴安岭森林文化价值评估指标体系得分

根据各指标量化评分标准进行打分,并根据打分结果的算术平均值,得

出最后的汇总打分。利用综合评估法计算其评估值与阈值评估值，得出小兴安岭森林文化价值得分与阈值得分。

表 5-7　小兴安岭森林文化价值评估指标体系得分情况

序号	评估类别（一级）	权重	评估指标（二级）	权重	评估分值
1	审美艺术价值	0.22	1. 景观审美价值	0.67	14.05
			2. 文艺创作价值（精神层面）	0.18	3.62
			3. 文化产品价值（物质层面）	0.14	2.92
2	身心康养价值	0.11	4. 疗养价值	0.30	3.21
			5. 保健价值	0.36	3.70
			6. 宜居价值	0.34	3.55
3	休闲旅游价值	0.27	7. 休闲价值	0.40	10.27
			8. 体验价值	0.49	12.65
			9. 娱乐价值	0.11	2.74
4	科研教育价值	0.08	10. 科学研究价值	0.36	2.69
			11. 科普教育价值	0.64	4.70
5	文明演进价值	0.14	12. 历史遗存价值	0.47	6.48
			13. 地理标志价值	0.20	2.70
			14. 文化文明价值	0.19	2.59
			15. 地方情感价值	0.15	1.94
6	传统习俗价值	0.09	16. 节庆载体价值	0.43	3.72
			17. 民族习俗价值	0.57	4.99
7	伦理道德价值	0.06	18. 森林信仰价值（精神层面）	0.38	2.27
			19. 森林哲学价值（精神层面）	0.34	2.01
			20. 社会和谐价值	0.29	1.71
8	制度规范价值	0.02	21. 法律法规价值	0.54	0.89
			22. 乡规民约价值	0.46	0.76

计算结果显示 $P(a)$ 综合分数为 4.654，$P(A)$ 标准化综合分数为 94.16，标准化后为 1.883。

从研究结果来看，小兴安岭森林丰富的森林资源禀赋，良好的地理、生态环境，以及相对完善的旅游基础设施建设，使得小兴安岭森林的审美价值、身心康养价值及休闲旅游价值较高。小兴安岭森林文化价值的优势主要表现为当地森林覆盖率、珍稀动植物数量、水资源及土地资源承载力、负氧离子含量、当地居民从事旅游业总收入、森林资源环境要素质量等方面。

小兴安岭森林文化价值的劣势主要表现为旅游总收入、旅游者总人数、科学研究、资源文化独特性、教育参与体验、森林经济效益较低与文化产品转化率等方面,尤其是小兴安岭森林文化价值在民间传统习俗、图腾信仰与伦理道德等方面,仍需深入分析内涵、精细评估指标系数,提升评估方法。

在研究中也发现,小兴安岭森林文化价值现状,呈现出越来越市场常态化的趋势,迫切需求加大原始森林原生态的精神价值、象征价值挖掘。长期以来,森林价值总是过分强调其经济价值的重要性,没有全面了解森林文化价值的巨大潜力。对于小兴安岭森林文化价值的提炼仍需进一步深入研究。

四、文化价值量核算

(一)森林文化价值物理量

自然保护地森林文化价值物理量(Cultural Physical Values of Forests in Nature Reserves, *Vrp*)具体计算公式如下:

$$Vrp = \sum_{i=1}^{n} \frac{Pr_i \times Tr_i}{8760} \tag{5-3}$$

公式中:Vrp 为一年内自然保护地森林文化价值物理量,单位:文年(Cultural Year,简写 cy);Pr_i为第 i 个自然保护地森林的文化年受益人数(People of beneficiaries of forest culture in nature reserves);Tr_i为第 i 个自然保护地年人均人与森林共生时间(Symbiosis time between man and forest),单位:h;8760 为 1 年的小时数。

其中:

$$Tr = \sum_{i=1}^{n} Trt_i \times F_i \tag{5-4}$$

公式中:Tr 为自然保护地年人均人与森林共生时间,单位:h;Trt_i为第 i 个自然保护地中年人均游憩时间,单位:h;F_i为第 i 个区域内林木覆盖率或森林覆盖率(Forest cover rate)。

(二)森林文化价值量

自然保护地森林文化价值量(Cultural Values of Forests in Nature Reserves, *Vr*)具体计算公式如下:

$$Vr = \sum_{i=1}^{n} Vrp_i \times \alpha_i \times G_i \tag{5-5}$$

公式中：Vr 为一年内自然保护地森林文化价值量，单位：CNY；Vrp_i 为第 i 个自然保护地一年内森林文化价值物理量，单位：cy；α_i 为森林文化价值综合指标系数（Comprehensive index coefficient of forest cultural value），根据“森林文化价值指标体系”各项指标权重总得分，获得 0—2 之间的标准化系数；G_i 为第 i 个自然保护地所在区域内人均国内生产总值（人均 GDP）或人均居民可支配收入（人均 PCDI），单位：CNY。

根据项目组相关公式，最终计算结果如表 5-8 所示。

表 5-8　小兴安岭森林文化价值评估结果

	森林文化年受益人数（万人）	人均停留时间（小时）	森林覆盖率（%）	森林的文化价值物理量（万/文年）	综合指标系数	人均 GDP（万元）	森林的文化价值量（亿元）
小兴安岭	1002.60	72.00	73	5.98	1.88	4.04	45.51

第四节　建　议

长期以来，森林的价值被片面等价于其经济价值，森林文化中对人类身心修养、思想意识、行为取向和社会文明建设方面产生重要影响的文化价值未得到充分的认识，尚未形成统一的评估标准。小兴安岭森林除了具有为地球上的生物提供生产、生活、生存的空间的物化价值，更具备广泛而深刻的休闲娱乐、科研、教育、美学、艺术、伦理道德等方面的非物化价值，有巨大的森林文化价值潜力。通过本书的研究给出如下建议：

第一，加强森林文化产品的挖掘，促进森林的保护和建设协调发展。森林是人类生产生活的前提和基础，只有科学规划，遵循开发中保护，保护中开发的原则才能保证森林的可持续发展，否则极易造成资源环境的破坏。一方面，要制定科学合理的森林资源保护、文化产品开发等规划，有效保障森林的可持续发展与文化资源、产品的拓展。如根据小兴安岭森林优势，突出打造以文化为具象的森林文化旅游精品资源，带动相关产业链的发展，从而增加人们对森林的认识，提高游客和旅游地居民的参与程度。另一方面，森林所体现出的独特的文化内涵，其寄托的精神情感才是森林的价值所在。

小兴安岭森林丰富的历史故事、传说、神话，独特的民族、民俗文化、森林文学，以及以红色资源、节庆、体育会展活动为载体的文化传播等充分体现了小兴安岭森林文化价值的高附加值。

第二，优化森林文化价值评估因子，进一步完善森林文化价值指标体系。价值的评估能够对政府决策、行业、企业起到一定的实践指导作用，使各个市场主体充分认知森林文化价值的巨大潜力，把握森林的整体价值，从而更好地保护森林、传承森林文化。传统的评估方法包括市场行为的分析、生态学机制的分析、物质量的分析等。由于小兴安岭森林文化价值的构成因素极其复杂，如何客观、科学、全面地对森林文化价值进行评估，需要对传统的科学评估方法进行充分研究论证，建立一套适合于文化价值评估的方法体系，从而建立起体系完备、指标健全、科学合理的评估体系。本研究指标体系中的系统层、指标层、因子层还不尽完善，作为一个多学科的综合研究问题，经济学的理论和方法也有必要进行充分的吸收借鉴，尤其是对于文明演进价值、传统习俗价值、伦理道德价值等方面仍需深入挖掘。

第三，深化森林文化价值评估指数与货币价值的结合研究。森林文化价值评估既是对森林中所蕴含的文化量得以量化的评估方式，也是对森林进行货币化评估所要采取的重要手段。森林价值物理量，是森林文化价值实现过程中发生的事物的数量。物理量评估是评估森林文化价值产生的基本依据的方法。如森林文化的物理量可由参与森林体验的旅游人数、停留时间、消费金额、GDP 等数据组成，并通过货币化的方法，对森林进行价值量的评估。小兴安岭森林文化价值得分 94. 16 分，等级质量较好，但我国其他区域森林文化价值尚未作出统一评估判断，因此很难将我国其他森林文化所具有的价值进行货币转化，建议在完善评估方法之后，逐步拓展森林文化价值定量评估覆盖面。

第六章　当代南方集体林区森林文化价值评估研究

第一节　集体林和南方集体林概念及资源情况

一、集体林区概念及其发展历程

（一）集体林区概念

《中华人民共和国森林法》规定，集体林是指属于集体所有的森林资源。这是按照森林资源的所有权来划分的，是与“国有林”相对的一种森林资源所有权形式，也是除了国有林外其他类型所有权森林资源的总和。根据《农村土地承包法》和《中共中央、国务院关于全面推进集体林权制度改革的意见》，集体林包括本集体经济组织成员享有、承包经营权的林地和现有所有权的林木，其概念通常包含个人所有的林分。

（二）集体林区林权发展历程

林权是指法律确认的对森林、林木和林地所享有的权利。根据宪法和森林法的规定，集体林区森林资源属于本集体经济组织成员所有。

新中国集体林权制度建设和发展主要可以分为四个阶段：第一阶段为土地改革时期林权私有化（1949—1953 年）；第二阶段为合作化至人民公社化时期（1953—1978 年），山林权属公有制，统一归集体所有；第三阶段为林业改革“三定”时期（1978—2003 年）；第四阶段为全面推进集体林权制度改革深化阶段（2003 年至今）。

1. 土地改革时期林权私有化（1949—1953 年）

1950 年 6 月实施的《中华人民共和国土地改革法》第十六条规定：“由地主经营的森林、茶园、竹林和果园被没收充公并分配给当地的农民。”这标志着农民成为林地和林木的所有者和使用者，完整地拥有林地、林木的使用权和所有权，极大地调动了农民的积极性。但是，由于林地分割，且当时生产力低下，农民面临森林经营技术和资金短缺等问题，进而导致森林经营受阻。

2. 合作化至人民公社化时期林权集体化（1953—1978 年）

1951 年 9 月，《中共中央关于农业生产互助合作的决议（草案）》发布，农村家庭开始加入互助组，此时，林地和林木依旧由农民所有，农民享有林地和林木的完整产权。由于互助组的成立，整合了生产资料，一定程度上提升了劳动效率。

1955 年 11 月，《农业生产合作社示范章程（草案）》颁布，森林资源逐渐过渡到合作社经营，转化为合作社公有资产。此后，1956 年合作社从初级转为高级合作社，土地私有制被废除，实行了集体所有制。1958 年，根据中共中央《关于把小型的农业合作社适当地合并为大社的意见》和《关于在农村建立人民公社问题的决议》两个文件，全国农村由高级农业合作社跑步进入人民公社，所有山林林权和农民自留山林林权全部划归为人民公社所有，实行统一的经营管理。

在此阶段，农村集体成为林权的唯一主体，而林权私有制则被完全废除。

3. 林业改革“三定”时期集体林承包到户分权经营（1978—2003 年）

1978 年，我国农村开始实行家庭联产承包责任制。1981 年 3 月 8 日，《中共中央、国务院关于保护森林发展林业若干问题的决定》发布，确定了稳定山权林权、划定自留山、确定林业生产责任制的林业大政方针，包括：国家所有、集体所有的森林、林木和林地，个人所有的林木和使用的林地，凡是权属清楚的，均应稳定不变，由县级或县级以上地方人民政府颁发林权证书予以确认；凡有条件的地方，都要划给农民一定数量的自留山（或荒沙荒滩）植树种草，长期使用；全民所有制林场和农村集体经济组织，都要根据林业生产的特点，认真落实林业生产责任制。

1984 年《森林法》颁布实施，明确规定森林资源属于全民所有，由法律规定属于集体所有的除外。全民所有的和集体所有的森林、林木和林地，个人所有的林木和使用的林地，由县级以上地方人民政府登记造册，核发证书，确认所有权或者使用权。森林、林木、林地的所有者和使用者的合法权益，受法律保护，任何单位和个人不得侵犯。

20 世纪 90 年代开始，随着改革开放的深入，林业开始引入市场机制，

1995年，原林业部、原国家体改委联合颁布《林业经济体制改革总体纲要》，允许“四荒地”使用权有偿流转，允许通过招标、拍卖、租赁和抵押等形式，使森林资产变现。

1998年7月1日起施行的《森林法》(修正案)明确规定，森林、林木和林地使用权可以依法转让，也可以依法作价入股或作为合资、合作造林、经营林木的出资和合作条件。

2000年，国务院发布了《中华人民共和国森林法实施条例》，其中第六条规定：改变森林、林木和林地所有权、使用权的，应当依法办理变更登记手续。第十五条规定：国家依法保护森林、林木和林地经营者的合法权益。任何单位和个人不得侵占经营者依法所有的林木和使用的林地。

林业政策和法律法规保障了林权长期稳定性。在此阶段，林权出现集体产权和私有产权共存，农民开始享有部分产权。但是，由于产权不完整，林农对林木所有权、处置权和收益权认识的不明确，在后期，虽然林权开始流转，但是政策、机制、操作等问题突出，导致林农积极性受到一定的影响。

4. 深化林业产权制度改革时期(2003年至今)

2003年3月1日，《中华人民共和国农村土地承包法》颁布实施，该法律是赋予农民长期而有保障的土地使用权，维护农村土地承包当事人的合法权益，促进农业、农村经济发展和农村社会稳定，根据宪法，制定的法规。该法律强调了农村土地承包的合法权益，也为集体林权制度改革的继续深化和完善提供重要法律支撑。

2003年6月25日，《中共中央、国务院关于加快林业发展的决定》发布。决定确立了21世纪林业以生态建设为主的指导思想、基本方针、战略目标和战略重点，优化重组了林业生产力布局。同时，决定还表明了加快林业发展，对于消化农村剩余劳动力，实现农村小康，维护社会稳定，都具有重要作用。以该决定为依据，原国家林业局发布了《关于继续深入落实〈中共中央、国务院关于加快林业发展的决定〉的意见》，并大力推进林业产权制度改革，及时总结三明市产权制度改革的经验，适时在南方集体林区进行推广，通过林权制度改革的试点，为最终建立起“产权归属清晰、经营主体到位、责权划分明确、利益保障严格、流转顺畅规范、监管服务有效”的现代林业产权制度奠定良好基础。

2008年6月8日，《中共中央、国务院关于全面推进集体林权制度改革的意见》颁布实施，明确“在坚持集体林地所有权不变的前提下，依法将林地承包经营权和林木所有权，通过家庭承包方式落实到本集体经济组织的农户，确立农民作为林地承包经营权人的主体地位”。集体林区将27亿多亩集体林地和林木确权承包到户，极大地解放和发展了林区生产力，成为我国继农村家庭联产承包责任制后，农村生产关系的又一次重大变革、亿万农民的又一场伟大实践。集体林由“我们的”变成“我的”，山林成为农民的资产，山定权、树定根、人定心，极大地激发了林农兴林致富的热情，释放出了巨大的林业生产力，实现了生态美、百姓富的有机统一。2009年实施的《森林防火条例》第六条则明确规定“森林、林木、林地的经营单位和个人，在其经营范围内承担森林防火责任”。说明农民作为林地承包经营权人的主体，在一定程度上有防止森林火灾的义务。

5. 其他涉及集体林林权的法律法规

（1）野生动物所有权问题

《森林法》对森林、林木和林地所有权的权属界定非常清晰，但是森林中不仅包含林木，还包含一些野生动物。根据1989年颁布实施的《野生动物保护法》和2006年实施的《中华人民共和国濒危野生动植物进出口管理条例》相关规定，森林中的野生动物属于国家所有。但是该法案对人工饲养在集体林中的动物，以及集体林中出现的非珍稀野生动物，并没有明确的权属界定。

（2）自然保护区权属问题

根据1994年颁布实施的《中华人民共和国自然保护区条例》相关规定，以及《土地管理法》和《自然保护区土地管理办法》，我国自然保护区的土地属于国家或集体所有，主要通过国有林地和土地的拨付、对集体土地的征用及委托管理等形式获得土地所有权或管理权。这就意味着一些自然保护区土地所有权较为混乱，既包含国有林地，又包含集体林地，而这些林地林权不明晰，势必会对自然保护区内珍稀野生动植物保护，以及周边农民生计造成影响。

二、南方集体林区及研究区域概况

我国的森林，从管理权和所有权划分为：中央直管的东北、内蒙古重点国有林区，地方政府直管的地方国有林区，集体经济组织所有的集体林区。改革开放后，根据《农村土地承包法》和《中共中央、国务院关于全面推进集体林权制度改革的意见》文件，集体林包括本集体经济组织成员享有、承包经营权的林地和现有所有权的林木。

（一）南方集体林区范围

南方集体林区是按照森林分布的地域和产权归属所划分的林区。依据国家有关规定及相关文献，南方集体林区主要是指 10 省区，即浙江、安徽、福建、江西、湖北、湖南、广东、广西、海南、贵州。根据 1987 年 6 月 30 日《中共中央、国务院关于加强南方集体林区森林资源管理坚决制止乱砍滥伐的指示》，考虑到四川盆地及其东部和南部地区森林与湖北、湖南及贵州的相似性，一些研究通常也将四川纳入南方集体林区之中。

（二）南方集体林区资源概况

根据第九次全国森林资源清查，我国共有森林面积 2.18 亿公顷，森林蓄积量 170.58 亿立方米，其中集体林（含个人所有）面积 1.35 万公顷，约占总数的 62.08%，森林蓄积量 69.87 亿立方米，约占 40.96%。

在各省（区、市）森林蓄积量中，集体林蓄积量前十省区依次排序为：云南、福建、四川、广东、广西、浙江、吉林、湖南、江西、湖北。因而本书以其主要分布区浙江、福建、江西、湖北、湖南、广东、四川 7 省作为重点研究区域。

（三）研究区域概况

在浙江、福建、江西、湖北、湖南、广东、四川 7 省，参考国家林业和草原局集体林业综合改革试验示范区、国家重点生态功能区，选择集体林资源丰富且各具特色的县域作为典型研究对象。相关县域及其特色如表 6-1 所示。

表 6-1　研究县域及其森林文化特色

县域	活立木蓄积量（万立方米）	森林覆盖率（%）	县域面积（平方公里）	常住人口（万人）	区域资源和林业特色
乐昌市	946	73.20	2421	52.97	用材林基地代表
慈利县	751.7	66.53	3480	70.58	国家级省级名胜区辐射区代表
丹江口市	744.4	65.67	3121	46.30	一处或多处国家级风景名胜区的县域代表
崇义市	1386	88.30	2206	21.6	中西部地区林业产业和森林文化发展起步阶段的代表
华蓥市	120	41.8	470	36.00	资源转型县域，发展森林旅游的代表
龙泉市	1018	78.4	3059	23.65	森林旅游发展良好的代表
永安市	2370	79.00	2942	33.26	林产品加工产业发达的地区，产业和森林文化协调发展的代表

注：表中的数据为 2017 年。

三、南方集体林区及研究区域森林文化特色

（一）南方集体林区森林文化特色

我国南方集体林区地域辽阔，森林景观资源丰富，而且因不同区域风俗习惯、民族构成等差异，形成了各具特色的森林文化。

1. 南方集体林区森林文化资源丰富

统计显示，我国4项世界文化与自然双重遗产中有3项位于南方集体林区，分别是黄山、峨眉山—乐山大佛、武夷山。13项世界自然遗产中，有11项位于或主体位于南方集体林区，分别是武陵源、九寨沟、张家界、黄龙、三江并流、四川大熊猫栖息地、三清山、中国南方喀斯特（云南石林、贵州荔波、重庆武隆、重庆金佛山、贵州施秉、广西桂林和环江）、中国丹霞（江西龙虎山、广东丹霞山、贵州赤水、福建泰宁、浙江江郎山、湖南崀山）、澄江化石地、神农架、梵净山。36项世界文化遗产中，有13项位于或主体位于南方集体林区，分别是湖北武当山、丽江古城、重庆大足石刻、青城山—都江堰、皖南古村落、开平碉楼与村落、福建土楼、杭州西湖、红河哈尼梯田、西南土司遗址、广西左江花山岩画文化景观、厦门鼓浪屿。5项世界文化景观遗产中，有4项位于我国南方集体林区，分别是江西庐山、杭州西湖、红河哈尼梯田和广西左江花山岩画等。39个世界地质公园中，有19个位于南方集体林区，分别是安徽黄山、江西庐山、云南石林、广东丹霞山、湖南张家界、浙江雁荡山、福建泰宁、四川兴文、广东雷琼、江西龙虎山、四川自贡、广西乐业—凤山、福建宁德、安徽天柱山、江西三清山、湖北神农架、云南大理苍山、贵州织金洞、安徽九华山等。244处国家级自然风景区中，浙江21处、安徽12处、福建19处、江西18处、湖北7处、湖南21处、广东8处、广西3处、海南1处、四川15处、贵州19处、云南12处、重庆7处，共计163处，约占66%。

2. 南方集体林区森林景观类型多样

在我国南方集体林区类型非常多样，涵盖了森林和野生动植物、园林、森林—地质、森林—湿地、森林—古建筑、森林—宗教类型等。

（1）森林和野生动植物类型。森林和野生动植物类型包含了自然保护区等，如湖北神农架、四川卧龙、浙江天目山、福建武夷山、安吉竹海等。这些景区以天然林、野生珍稀动植物、古树名木、原生态无污染的环境为主要特色吸引居民前来游憩。此外，该类型也包含以花卉观赏、经济林果采摘为

图6-1　崇义上堡梯田

特色的森林休闲景区。

（2）园林类型。园林类型主要为一些城市及城郊具有特色的园林绿地，通常归纳为城市公园，如杭州西湖、苏州园林、扬州瘦西湖、南京夫子庙景观带等。这些园林景观通常是植物（特别是树木）、建筑和水体的完美结合，为居民提供休闲游憩等价值。

（3）森林—地质类型。森林—地质类型主要是指一些以山峰、溶洞等地质景观和树木、森林景观为特色的景区类型，如安徽黄山，其特色景观不仅包含山峰，也包含黄山松等森林景观。而在一些以奇石、溶洞为主体的景区中，虽然其景观主要构成为地质景观，但是森林和树木本身也是这些景观重要组成，如湖南张家界景区。

（4）森林—湿地类型。森林—湿地类型主要包括森林与海洋、森林与江河、森林与湖泊等森林与水体构成的景区，如福建鼓浪屿—万石山风景名胜区（森林与海洋）、广西桂林漓江和贵州赤水河（森林与江河）、湖北丹江口水库、浙江新安江水库（森林与湖泊）等；还包括湿地类型景区，如浙江杭州西溪湿地、广西北海红树林湿地等。

（5）森林—古建筑类型。森林—古建筑类型主要是指以古村镇、森林中具有重要意义的建筑为主题的景区，如安徽西递宏村、江西瑶里、湖南凤凰等。这些古村镇通常坐落于群山和森林之中，成为森林文化不可分割的一部分。

（6）森林—宗教类型。森林—宗教类型主要是指我国传统的道教名山、佛教名山等。我国道教四大名山：安徽齐云山、湖北武当山、四川青城山、江西龙虎山均位于南方集体林区；佛教四大名山：浙江普陀山、四川峨眉山、安徽九华山等三座位于南方集体林区；在道教传统意义上的十大洞天、三十六小洞天、七十二福地等道教地上仙境，绝大多数均位于南方集体林区。

3. 南方集体林区人口相对密集

我国人口密集区域主要包括东北平原、华北平原和南方丘陵山地，而与东北林区和西南林区相比，南方集体林区是唯一一个人口密集的林区，其中南方集体林区 10 个省区及四川、重庆 2017 年人口总数达到了 6.52 亿人，约占全中国人口数量的 46.89%。而且该区域林地面积高，林区人口众多。全国第三次全国农业普查显示，2016 年，江西省耕地面积 3082.21 千公顷，而林地面积是其三倍多，达到了 9957.54 千公顷，农业人口达到 3670.7 万人，这些农业人口或多或少参与林业相关经营。

从森林文化的定义来说，其实人与森林相关关系的综合，这也意味着森林居民是衡量森林文化的重要指标，而南方集体林区众多森林居民，特别是农民，势必会提升区域中森林文化价值量。

4. 森林文化类型多样、内涵丰富

我国南方集体林区森林景观及其文化不仅可观，其类型非常多样、内涵非常丰富。

（1）与森林密切相关的文化习俗类型多样

与我国其他区域林区相比，南方集体林区中的森林开发利用历史悠久，且开发程度较高。区域中森林存在大量与人密切相关的景观林和经营性林分，如村周边的风水林、经济林果园等。在南方丘陵山地中，由于平原土地的匮乏，使得当地农民衣食住行大多依靠森林，形成了独特的森林文化，如浙江龙泉香菇文化、皖南水口林文化、广东韶关地区杉木文化、福建永安竹文化等。

（2）南方集体林区是古代诗书画圣地

南方集体林区优美的森林景观，产生并吸引了古代诗书画名人，如魏晋南北朝时期的山水田园诗人陶渊明、谢灵运、王维等，唐宋时期的李白、杜

图6-2　福建永安竹海

甫、北宋三苏、白居易、欧阳修等，近代画家黄宾虹、张大千等，留下了大量的经典作品。其中，以李白诗句最为著名，《山中问答》《望庐山瀑布》《梦游天姥吟留别》《早发白帝城》分别描写了安徽黄山、江西庐山、浙江天姥山、长江三峡的美景。

得益于森林幽静的环境，古代大量文人、有识之士还在南方集体林区建立了很多书院，如古代著名的八大书院中，有五处位于南方集体林区，包括岳麓书院、白鹿洞书院、石鼓书院、鹅湖书院、东坡书院。这些书院隐匿在森林之中，不仅提供了幽静的读书环境，也让书院学生充分体验到森林文化及内涵。

（二）研究区域森林文化特色分析

1. 浙江省龙泉市

浙江省龙泉市是国家级生态示范区、国家森林城市、国家园林城市、国家重点生态功能区、国家林业和草原局集体林业综合改革试验示范区、浙江省生态市和环保模范城市。该市高度重视发展林下经济，并结合当地传统习俗大力发展乡村旅游。近几年来，以乡村民俗体验、休闲农业、森林人家等为代表，森林文化旅游已经成为当地旅游发展的重要支撑力量。作为森林文化旅游产业发展的良好代表，其森林文化发展究竟如何，对其他城市是否有借鉴意义，这是选择龙泉市作为研究对象的原因。

2. 福建省永安市

福建省永安市是中国十佳魅力城市、中国优秀旅游城市、国家园林城市、中国笋竹之乡、中国竹子之乡、中国金线莲之乡、国家级林业科技示范市、全国林业改革与发展示范区。与龙泉市不同，永安市林业产业侧重木竹加工，是全国重点竹工程结构材生产基地、竹香芯系列产品制造基地和木材板种最齐全的人造板生产中心。作为林产品加工产业发达的地区代表，其森林文化发展如何，是否能够实现产业和文化的协调发展，这是选择永安市作为研究对象的原因。

3. 江西省崇义县

江西省崇义县为全国重点林业县、全国山区综合开发示范县、全国绿化模范县、全国林业分类经营试点县，也是国家重点生态功能区、全国林业改革与发展示范区。该县森林覆盖率是全国县级行政区域最高的，其林业产业潜力大，森林旅游、经济林果、木竹加工均有良好的发展势头。作为中西部地区林业产业和森林文化发展起步阶段的代表，如何实现产业和文化协调发展，具有典型意义。

4. 广东省乐昌市

广东省乐昌市是国家重点生态功能区、北江水源涵养地，也是省重点林区。县域林业主要以人工用材林经营为主。作为一个传统的用材林基地代表，这样的县域森林文化价值如何评估及其未来该如何发展，有一定的代表意义。

5. 湖北省丹江口市

湖北省丹江口市是国家重点生态功能区，有"中国水都"之称，是南水北调中线工程核心水源区，又是世界文化遗产、道教圣地武当山所在地。丹江口森林肩负水源涵养和水土保持的特色功能，拥有武当山和丹江口水库两个国家级风景名胜区，武当山文化底蕴较为深厚。作为拥有 1 处或多处国家级风景名胜区的县域代表，其森林文化价值如何，未来有如何发展，具有一定的典型意义。

6. 湖南省慈利县

湖南省慈利县位于湘西地区，是国家重点生态功能区，也是国家生态主体功能区试点示范县、省重点林区县。该县森林资源作为张家界风景名胜区的重要组成部分,其森林旅游等产业发展迅速。作为国家级风景名胜区的辐射区域,如何发展森林文化,具有一定的典型意义。

7. 四川省华蓥市

四川省华蓥市位于四川盆地东部,是省乡村旅游示范市,其森林覆盖率为 41.8%,相对上述 6 县市较低,且分布不均匀,大多分布在襄渝铁路以东的低、中山区,森林环境破坏较为严重。华蓥市作为南方集体林区资源转型城市的代表,对其森林文化价值进行评估将具有一定意义。

四、森林文化价值评估指标体系

(一)森林文化价值评估指标体系引入

根据现有文献,引用总项目组归纳整理的森林文化价值评估指标体系,归纳设定了 8 项价值评估类别为一级指标,22 项评估指标为二级指标,53 项评估指标因子,具象评估指标的内容。其中,融合了“森林资源本体文化价值评估”:历史的悠久度、级别的珍贵度、影响的广泛度、文化的富集度、文化的贡献度(关联度、利用度、依存度)等五大要素。

(二)县域森林文化价值评估指标体系构建

本研究根据南方集体林区县域森林文化价值特点,重点选取二级指标为标准,舍弃一些实在无法定量计算的指标因子,合并一些较为泛指的指标,最终将 22 项二级指标合并为 15 个因子。

在审美技术价值方面,重点选择容易计量的景观审美价值和文艺创作价值为代表;在身心康养价值方面,选择医学疗养和宜居康养价值;在文明演进价值方面,保留历史遗存价值和地理标志、地方象征和地方情感价值;在传统习俗价值方面,保留节庆载体价值和民族习俗价值;在伦理道德方面,保留森林信仰、森林哲学和社会和谐价值。另外,由于休闲旅游价值、科研教育价值、制度规范价值在一级指标层面相对容易定量化,因而保留选取一级指标。

在权重方面,则以项目组提出的权重为参考,因此本研究将项目组的评估指标及权重简化如表 6-2 所示。

表 6-2　南方集体林区森林文化价值评估指标及其权重

序号	评估类别(一级)	权重	评估指标(二级)	权重
1	审美艺术价值	0.2168	1. 景观审美价值	0.6749
			2. 文艺创作	0.3251
2	身心康养价值	0.1117	3. 保健价值	0.3559
			4. 疗养价值	0.3026
			5. 宜居价值	0.3415
3	休闲旅游价值	0.2720	6. 休闲价值	1
4	科研教育价值	0.0788	7. 科普教育价值	1
5	文明演进价值	0.1441	8. 历史遗存价值	0.4681
			9. 地理标志、地方象征和地方情感价值	0.5319
6	传统习俗价值	0.0947	10. 节庆载体价值	0.4268
			11. 地方习俗价值	0.5732
7	伦理道德价值	0.0641	12. 森林信仰价值	0.3761
			13. 森林哲学价值	0.3371
			14. 社会和谐价值	0.2868
8	制度规范价值	0.0178	15. 制度规范价值	1

第二节　南方集体林区县域森林文化价值调查分析

一、调查数据来源及处理

（一）调查数据

本次研究所涉及的区域预期寿命、森林覆盖率、荣誉称号、各县旅游人数及旅游收入、涉林文物保护单位数量、森林地理标志性产品、节庆数据、涉林非物质文化遗产和重要传统习俗、林业政策等数据，来源于各县 2017 年年鉴及各县国民经济和社会发展统计公报。

森林文化价值评估主要指标构成源于集体林区森林、树木、花卉、园林、野生动植物、林业产业等形成的文化成果，与林业无关的数据，均已排除。

（二）其他数据来源

1. 运用信息平台汇集景观审美价值数据

研究采用收集互联网社交和旅游网站中的数据，反映该县域森林景观审美价值。选取国内较为大型的旅游网站，主要包括百度旅游、携程网、马蜂窝网、驴妈妈旅游网、艺龙网、去哪儿网等，采用县名作为关键词，对其照片数量、旅游评价及攻略进行分析。经过搜索发现：百度旅游、驴妈妈旅游网、艺龙网、去哪儿网四个网站以游记为主，且数量较少，比如，在搜索乐昌市相关关键词时，这四个网站的游记数量分别为 2 篇、0 篇、8 篇和 8 篇，而携程网中，游记达到了 32 篇，照片数量达到 99 张，相关旅游问答达到 154 个；马蜂窝网上，主要景点评论数量达到了 159 条。因而，本次研究主要以携程网和马蜂窝网上相关游记、照片、评论为主要依据。所有数据截止到 2018 年 8 月。

值得注意的是，由于一些县域景区不仅包含森林景观，还包含人文历史景观、水体景观、地质景观，如武当山风景名胜区重点为武当山的道教景观、丹江口水库主要为水资源景观、湖南慈利县江垭温泉为地质景观等，在统计游记和照片等指标时，会将其非森林景观的相关数据排除。

2. 科研教育数据来源

通过搜索相关县域中国知网、web of science 等科研数据库中森林相关的论文发表、成果、标准等科技信息，反映县域森林科研教育价值。

（三）数据处理

由于各项指标纲量变异较大，本次研究主要采用隶属度函数方法对指标进行均一化处理。

利用公式（6-1）隶属度函数 $f(x)$ 对各评估指标的隶属度值进行计算。公式中：x 为评估指标，x_1 和 x_2 分别为评估指标的下限值和上限值，取值见文内。

$$f(x)=\begin{cases}1.0 & x \geqslant x_2 \\ \dfrac{0.9(x-x_1)}{x_2-x_1}+0.1 & x_1 \leqslant x \leqslant x_2 \\ 0.1 & x < x_1\end{cases} \tag{6-1}$$

最终单项森林文化价值得分为隶属度值 $f(x)\times100$。

二、南方集体林区县域森林文化价值调查分析

（一）森林的审美艺术文化价值

因为森林景观而产生的产品创作，主要分为精神层面的文艺创作（如

诗词歌赋等文学、艺术作品等）和物质层面形成的灵感启示产品（如绘画、雕塑等美术作品等）。

1. 景观审美价值

森林景观审美价值定量化评估主要采用美景度评估法。考虑到南方集体林区面积较大，而且本次研究以县域面积为纲量，主要采用收集互联网社交和旅游网站中的数据，反映该县域森林景观审美价值。

表 6-3　县域森林景观主要旅游网站数据

县域	携程网			马蜂窝网		主要景点
	游记（篇）	照片（张）	问答（项）	照片（张）	点评（条）	
乐昌市	32	99	154	3601	159	九峰镇桃花、九峰山、龙王潭、金鸡岭等
慈利县	40	112	436	2236	274	张家界大峡谷、龙王洞、五雷山、张家界朝阳地缝、江垭温泉等
丹江口市	339	777	1695	13417	1592	武当山、丹江口水库、逍遥谷等
崇义县	15	152	37	1163	44	上堡梯田、齐云山、万时山等
华蓥市等	74	222	93	886	118	华蓥山等
龙泉市	95	461	250	3545	98	龙泉山、黄茅尖、凤阳山等
永安市	99	149	266	2767	167	天宝岩、甘乳岩风景区、永安鳞隐石林、桃源洞风景名胜区等

从表 6-3 可以看出，截止到 2018 年 8 月，丹江口市由于包含了两个国家级旅游风景区：武当山风景名胜区和丹江口水库风景名胜区，其相关旅游业较为发达，游客较多，因而分享的照片、游记等均远远超过其他几个县或县级市。其中，携程网上以森林景观为主体的游记达到了 339 篇，照片 777 张，问答 1695 项。在马蜂窝网上，共有照片 13417 张，主要景区点评 1592 条，除了武当山和丹江口水库的森林景观外，其他景区还包括太极峡、金蟾峡等。

虽然武当山风景名胜区和丹江口水库风景名胜区不是以森林景观为主题的景区，但森林景观在其中起到了重要的烘托作用，一些游记中会提到武当山“森林茂密”“草木悠悠”，丹江口水库的“群山”“森林”等关键词，而照片中更会凸显森林特色，因而计算在内。

除了丹江口市外，其他县域森林景观相关指标差距较小。在游记方面，永安市 99 篇、龙泉市 95 篇、华蓥市 74 篇、慈利县 40 篇、乐昌市 32 篇、崇义县 15 篇；在照片方面，龙泉市在携程网照片达到了 461 张、华蓥市 222 张、永安市 149 张、崇义县 152 张、乐昌市 99 张，但乐昌市在马蜂窝网上照片分

图 6-3　湖南张家界国家森林公园大峡谷的玻璃栈道

享数量达到了 3601 张，其次为龙泉市 3545 张、永安市 2767 张、慈利县 2236 张、崇义县 1163 张、华蓥市 886 张；在相关旅游问答方面，慈利县的问答数量达到了 436 项，其次为永安市 266 项、龙泉市 250 项、乐昌市 154 项，而华蓥市和崇义县仅为 93 项和 37 项。

由于丹江口市有两个国家级风景名胜区，因而在制定隶属度函数上下限时，舍弃丹江口市，重点参考其他 6 个县域，最终上下限如表 6-4 所示。

表 6-4　景观审美价值隶属度函数上下限

	游记（篇）	照片（张）	问答（项）	照片（张）	点评（条）
上限	100	350	400	4000	300
下限	5	50	20	400	20

将数据进行均一化处理后，最终得分为：丹江口市 100 分、龙泉市 86.42 分、永安市 69.77 分、慈利县 59.03 分、乐昌市 52.28 分、华蓥市 50.39 分、崇义县 35.88 分。

2. 文艺创作价值

古诗词作为古代文学代表，是古人留下的宝贵财富。自古以来大量的诗词歌赋创作，多有感悟大好河山森林景观之壮美，抒发情怀、彰显精神，成为体现森林文化价值的重要载体。因此，以古诗词作为文艺创作的核心评估指标具有典型的代表性。

由于我国历代县域范围不稳定，县域名称也有一定的变化，给收集县域内的古诗词造成了一定的困难。因此，我们从6个县的历史出发，寻找其县域边界和名称、关键森林景观的名称变化，并以此为依据，寻找其相关古诗词。

乐昌始建于南北朝，称梁化县，之后分出平（坪）石县，隋朝改为乐昌县。因而，主要以“梁化”“平（坪）石”“乐昌”作为主要搜索关键词，考虑到历史上乐昌公主及其分镜典故过于有名，因而在搜索时候，排除了这类相关诗词。

慈利县始建于西汉，称零阳县，西晋改为澧阳县，隋代改称为慈利县，而且澧阳县主要地域以现今澧县为主。因而，主要以“零阳”“慈利”等称谓为关键词，对其古诗词进行搜索。

丹江口市位于我国南北交界处，其历史较为复杂，建县始于秦汉时期，秦末汉初置武当县，梁太清一年置均阳县，后因南北朝割据，其县名称变动较为频繁；隋代改为均州，后又割淅阳郡置武当郡；唐代改武当郡为均州。因而，主要以“均阳”“武当”“均州”“丹江”等为搜索关键词。

崇义县建于1517年，是王阳明以“崇尚礼义”之意取其名。此前三国吴嘉禾五年（236），属南野县和南安（亦作安南）县地，隶南部都尉；晋太康元年（280），属南野县和南康县地；隋开皇九年（589），改南康郡为虔州，崇义隶虔州。唐朝，属南康县和大庾县地，隶属虔州；五代末期，属南康县、大庾县、上犹县地，隶昭信军；宋朝隶南安军；元朝，属南康县、大庾县、上犹县地，隶南安路。因此，主要以“崇义”“南安”“虔州”“南康”“大庾”等为搜索关键词，并排除不属于崇义县区域的诗词。

华蓥市建于新中国改革开放时期。南朝梁代为石镜、始安分辖；唐为石镜、新明、渠江三县分辖；元代为石照、渠江、岳池分辖；明代为合州、广安州、岳池县分辖。因而，主要以“石镜”“始安”“新明”“渠江”“石照”“合州”“广安”“华蓥”等为搜索关键词，排除不属于华蓥市区域的诗词。

龙泉市原名龙渊，唐代因避高祖李渊讳，改为龙泉；宋徽宗宣和三年（1121），诏天下县镇凡有龙字者皆避，又改名为剑川县；宋绍兴元年（1131），复名龙泉县。其次对于无论是龙泉还是龙渊，所涉及的与该县域无关的表述较多，均排除。此外，我国历史上曾经有三处县域叫作龙泉县，也一并排除。仅以浙江龙泉市史称的“龙渊”“龙泉”“剑川”为搜索关键词。

永安市建县于明景泰三年（1452），划沙县新岭以南二十四都上四保至三十二都和尤溪宝山以西四十都至四十三都，共计13个都之地置县，命名为“永安”,寓永久安定之意。因而,主要以“沙县”(明景泰年间以前)、“永安”为搜索关键词。

统计结果显示,7个县市共计诗词98首。

乐昌市涉林古诗词6首,其中宋代1首、明代5首。其中“乐昌”关键词5首,“平石”1首,如宋代梅尧臣的《送储令赴韶州乐昌》等。明代胡直《伐木篇赠谢乐昌邓先生》描写了乐昌深山伐木的情形。可见,至少从明代以来,乐昌便是木材生产的重要基地。

慈利县涉林古诗词7首,其中宋代1首、元代1首、明代5首。如宋代杨万里的《送幼舆子之官澧浦慈利监税二首》等。

丹江口市涉林古诗词多达41首,其中唐代1首、宋代20首、元代5首、明代15首。如宋代张舜民的《均州南川春日三首》,就有“麻叶梢梢麦弄风,一家花发一村红”等表现乡村景观美景的诗句;此外,范仲淹就有“莫虑故乡陵谷变,武当依旧碧重重”的诗句。

龙泉市涉林古诗词27首,其中唐代1首、宋代14首、元代3首、明代9首。

崇义县、华蓥市和永安市因为建县时间较晚,其中崇义县和永安市均为明代建立,华蓥市建于新中国成立时期,其县名无法搜索到涉林古诗词。

崇义建县之前范围历史上为南康和大庾,现在为南康区和大余县,而虔州更是赣南地区的古称,因而相关表述很难分清地域。但是,值得确定的是,一些诗句明确地点,如大庾岭,这是文人前往岭南的必经之路,留下了很多诗句,如宋代苏轼《度大庾岭》等。南康相关涉林诗句42首、虔州18首,共计57首,如苏轼的《虔州八境图八首》。南康、虔州,均为赣州市的古地名,其相关地区主要包括章贡区、南康区、上犹县、崇义县、大余县等,因而折合每个县域约12首。

华蓥市类似,排除明显不属于华蓥地域的诗句后,共有相关涉林诗词12首。古代广安主要地区包括现今广安区、华蓥市、岳池县、前锋区等,因而折合华蓥市约3首涉林诗词。

永安市是从沙县分出来的县,经查找沙县涉林古诗词共计4首,折合永安市约2首诗词。

考虑到各县域涉林古诗词的稀有性,且除丹江口和龙泉外,大部分县域数量低于15首,因而,将其隶属度函数上限定为15,下限定为2。其中丹江口市和龙泉市为100分、崇义县79.23分、慈利县42.31分、乐昌市33.85分、华蓥市16.92分、永安市10分(见表6-5)。

表 6-5　各县域森林的文艺创作价值评估

县域	乐昌市	慈利县	丹江口市	崇义县	华蓥市	龙泉市	永安市
古诗词数量(首)	6	7	41	12	3	27	2
隶属度得分(分)	33.85	42.31	100	79.23	16.92	100	10

(二)森林对人类身心康养的文化价值

森林对人类身心康养的文化价值主要包括:森林在辅助医学疗养、体育健身、精神修复、休闲养生和生态宜居等方面的文化价值。伴随着人们生活质量的提高和对身体康健幸福指数的追求,早晨或傍晚在优美静谧的森林环境中锻炼身体、修身养性已经成为人们生活的常态,这是森林在人类身心康养方面文化价值的重要指标。而一般来说,医学疗养价值最为突出的便是区域预期寿命,一些森林生态环境优美、疗养功能突出的区域,其人均预期寿命较高,反之则预期寿命较低;而且,疗养功能越突出,当地参与疗养旅游人数量也就越多。森林覆盖率越高,生态宜居的幸福指数越高。

在本次研究中,采用在该县域森林环境中锻炼身体、修身养性的人次反映体育健身、休闲养生的文化价值,采用区域预期寿命和疗养旅游人数反映医学疗养的文化价值,采用森林覆盖率反映生态宜居的文化价值。

1. 森林对于保健的文化价值

森林的保健价值主要是指在森林中发生的体育和休闲运动,主要包括登山、森林越野、森林马拉松、滑雪等户外活动。此外,体育健身休闲价值还包括当地居民日常锻炼人次,但是,日常锻炼数据获取较为困难,而体育活动相关参与人次容易统计,因而我们选取各县域森林体育锻炼参与人次作为评估指标。

龙泉市森林体育健身活动较多,影响较大的体育活动包括龙泉市天空越野赛、龙泉市登山节等,还有一些规模较小的登山节、户外节等,年参与人数约为 15 万人。

慈利县较大的森林体育活动包括慈利神鹰山映山红登山节、全国青少年登山户外夏令营湖南慈利站等,每年吸引约 10 万人参与。

得益于丹江口丰富的旅游资源,丹江口森林体育锻炼参与人数也约为 10 万人,但是均为一些影响较小的活动,此外这些人数还包括丹江口库区水上运动吸引的人数,因而其人数中真正森林体育参加人数不足 10 万人。根据丹江口水上运动的参与人次,获得其参加森林体育人次约为 8 万人次。

崇义县主要以齐云山登山节最为突出,此外还有一些影响较小的户外活动，每年吸引约 5 万人次。

乐昌市主要以九峰十二渡水登山节、户外露营节等为主，每年吸引约 5 万人次。

华蓥市主要以华蓥登山节为主，但是由于其县域较小，因而参与和辐射的人群约为 3 万人次。

永安市则主要以小型户外活动为主，约 1 万人次。

主要隶属度得分如表 6-6 所示。

表 6-6　各县域森林的体育健身价值评估

县域	乐昌市	慈利县	丹江口市	崇义县	华蓥市	龙泉市	永安市
森林体育参与（万人次）	5	10	8	5	3	15	1
隶属度得分（分）	50	100	80	50	30	100	10

2. 森林对于疗养的文化价值

从表 6-7 中可以看出，南方集体林区各县域预期寿命具有一定的差异，其中龙泉市和永安市的预期寿命较高，均超过 78 岁，分别为 78. 22 岁和 78. 89 岁；其次为丹江口市、华蓥市、崇义县和慈利县，约为 76—77 岁之间；乐昌市预期寿命为 75. 24 岁。与中国平均预期寿命 76. 36 岁相比，丹江口市、慈利县和华蓥市三个县较为接近，而龙泉市和永安市超过约 2 岁，乐昌市则低约 1 岁。

在疗养旅游人数方面，丹江口市为 32 万人，其次为龙泉市 21 万人，慈利县 18 万人。永安市、崇义县、乐昌市和华蓥市疗养旅游人数较少，分别为 13 万人、12 万人、10 万人、9 万人。考虑到 20 万人次的疗养旅游已经算较多了，因而取函数上限为 20 万人次，下限为 5 万人次。因而，丹江口市和龙泉市得分为 100 分，慈利县为 88 分，永安市、崇义县、乐昌市和华蓥市分别为 58 分、52 分、40 分和 34 分。

表 6-7　各县域森林的医学疗养价值评估

县域	乐昌市	慈利县	丹江口市	崇义县	华蓥市	龙泉市	永安市
期望寿命（岁）	75. 24	76	76. 5	76	76. 3	78. 22	78. 89
疗养旅游（万人）	10	18	32	12	9	21	13
隶属度得分（分）	25	63. 4	80. 65	45. 4	43. 15	100	79

由于中国平均预期寿命为76.36岁,因而上限增加1岁,取77.36岁,下限取75.36岁。最终通过隶属度函数计算,永安市和龙泉市为100分,丹江口市为61.3分,华蓥市为52.3分,慈利县和崇义县为38.8分,乐昌市为10分。同时结合疗养人数数据,可以获得龙泉市得分为100分、丹江口市为80.65分、永安市为79分、慈利县为63.4分、崇义县为45.4分、华蓥市为43.15分、乐昌市为25分。

3. 森林对于宜居的文化价值

在人居环境方面,除华蓥市外,其他县域森林覆盖率较高,均高于65%,其中崇义县森林覆盖率最高,达到了88.30%,其次为永安市,约为79.00%,再次为龙泉市78.40%、乐昌市73.20%、慈利县66.53%、丹江口市65.67%、华蓥市只有41.70%。

在人居环境上,乐昌市曾经获得过"省级林业生态市"称号;慈利县曾经获得过"国家生态主体功能区试点示范县"称号;丹江口市曾经获得过全国园林绿化先进城市、美丽中国城市100佳、国家园林城市、湖北省园林城市、湖北省森林城市等称号;崇义县曾经获得过全国重点林业县、全国绿化模范县等称号;华蓥市曾经获得过四川省园林城市称号;龙泉市为国家级生态示范区、国家森林城市、浙江省生态市和浙江省园林城市;永安市为国家园林城市、重点林区县(市)。可见,这些县域在生态宜居性上均较强。

表6-8 各县域森林的宜居价值评估

	乐昌市	慈利县	丹江口市	崇义县	华蓥市	龙泉市	永安市
森林覆盖率(%)	0.732	0.6653	0.6567	0.883	0.417	0.784	0.79
隶属度得分(分)	62.2	47.19	45.26	96.18	10	73.9	75.25

各县域森林覆盖率均较高,隶属度函数上限取90%,下限取50%,最终计算获得宜居价值评估崇义县为96.18分、永安市75.25分、龙泉市73.9分、乐昌市62.2分、慈利县47.19分、丹江口市45.26分、华蓥市10分。

(三)森林的休闲旅游的文化价值

以县域森林旅游人数及旅游收入反映县域森林休闲旅游的文化价值。2017年,丹江口市旅游人次达到了1491万人次,旅游收入约为83亿元;龙泉市约为1129万人次,旅游收入77.3亿元;慈利县767.72万人次,旅游收入 43. 38 亿元；华蓥市 684. 4 万人次，旅游收入 60. 3 亿元；永安市 539. 68 万人次，旅游收入 31. 55 亿元；乐昌市 450. 84 万人次，旅游收入 29. 8 亿元；崇义县 226. 8 万人次，旅游收入 14. 36 亿元。

在旅游人数上，隶属度函数上限取 1000 万人，下限取 100 万人；旅游收入上限为 80 亿元，下限为 10 亿元，最终获得各县休闲旅游价值得分，如表 6-9 所示。

表 6-9　各县域森林的休闲旅游价值评估

县域	乐昌市	慈利县	丹江口市	崇义县	华蓥市	龙泉市	永安市
客流量（万人次）	450. 84	767. 72	1491	226. 8	684. 4	1129	539. 68
旅游收入（亿元）	29. 8	43. 38	83	14. 36	60. 3	77. 3	31. 55
隶属度得分（分）	42. 39	64. 84	100	26. 34	71. 56	98. 26	45. 84

（四）森林的科研教育价值

对县域来说，森林的科研教育价值主要体现在相关科学研究、林业科技成果应用示范、林业科普教育等。在县域范围内，可以通过搜索相关县域中国知网、web of science 等科研数据库中森林相关的论文发表、成果、标准等科技信息，反映县域森林科研教育价值。

永安市相关林业科研论文及成果达 1867 篇，丹江口市 1637 篇、龙泉市 1140 篇、慈利县 664 篇、崇义县 381 篇、乐昌市 226 篇、华蓥市 209 篇。考虑到县域科研相对稀少，适当降低下限值。取 100 作为下限，而 1800 作为上限：永安市科研教育得分为 100 分、丹江口市 91. 37 分、龙泉市 65. 06 分、乐昌市 16. 67 分、华蓥市 15. 77 分。

表 6-10　各县域森林的科研教育价值评估

县域	乐昌市	慈利县	丹江口市	崇义县	华蓥市	龙泉市	永安市
论文数量（篇）	226	664	1637	381	209	1140	1867
隶属度得分（分）	16. 67	39. 86	91. 37	24. 88	15. 77	65. 06	100

从研究内容上看，永安市和龙泉市相关研究面较宽，涉及林改、森林资源管理、森林保护、竹林培育及加工、用材林培育、经济林果、花卉、森林游憩等多方面；丹江口市森林相关科研更加侧重水土保持、石漠化防治等内容；乐昌市相关研究突出了南岭山地森林资源保护、林地土壤重金属污染和矿山治理修复等内容；慈利县研究重点为森林资源保护、森林生态功能监

测等。

县域林业研究内容和县域经济、森林资源特征、政府政策导向密切相关。永安市和龙泉市位于我国经济发达的东部地区，其经济活力强，森林游憩、木竹加工等产业发达，因而在各产业链上均有相关研究；丹江口市是我国南水北调工程的重要水源地，因而其研究的重点集中在森林对于水土保持林、水源涵养林、石漠化综合治理等方面。

（五）森林的文明演进价值

森林在文明演进方面的文化价值，主要包含地域内历史遗存、地理标志、森林象征和地方情感方面。

历史遗存主要是指县域中存在的森林遗迹，本次研究以林业相关国家级和省级文物保护单位数量反映这一价值；地理标志和森林象征具有一定的相似性，本次研究以森林地理标志性产品、县域命名的植物反映地理标志、森林象征和地方情感价值。

1. 历史遗存价值

涉林的文物保护单位主要是指森林中的文物保护单位、木质建筑保护单位，以及古村镇中的文物保护单位等。如慈利骑龙岗古墓群和龙泉市大窑龙泉窑遗址等，就属于森林中的文物保护单位；红 26 军团指挥部及红军医院旧址则主要位于慈利县山区古村镇中，武当山金殿、武当山玉虚宫为木质建筑。

在涉林文物保护单位及古建筑数量上，丹江口市达到了 18 个，其中武当山古建筑群为世界文化遗产；国家级文物保护单位 5 个，包括武当山金殿、武当山玉虚宫等；湖北省文物保护单位 12 处，包括古寨城、饶氏庄园、老君崖石窟等。龙泉市涉林国家级和省级文物保护单位共计 12 处，其中国家级 3 处、省级 9 处；每处国家级文物保护单位由多处文物古迹集合而成，如处州廊桥，便包含永和桥、古溪桥、顺德桥等 4 处廊桥；龙泉窑遗址更是包含了下坑窑、确路下窑等 92 处遗址。慈利县文物保护单位 9 处，其中骑龙岗古墓群为国家级，省级 8 处。永安市文物保护单位 8 处，其中国家级文物保护单位有安贞堡和永安抗战旧址群 2 处，福建省文物保护单位 6 处。华蓥市国家级和省级文物保护共计 6 处，其中安丙家族墓地为国家级，省级 5 处。乐昌市和崇义县较少，分别为 2 处和 1 处，且均为省级文物保护单位。

表 6-11　各县域与森林相关的文物保护单位数量

县域	世界级	国家级	省级	合计
乐昌市	—	—	应山石桥、薛岳故居	2
慈利县	—	骑龙岗古墓群	孙开华故居及“二十八宿”古水渠、红 26 军团指挥部及红军医院旧址、兴国寺梅花殿、唐牺支故居、九溪卫城江垭古建筑群、人民公社和大队部旧址	9
丹江口市	武当山古建筑群	武当山金殿、武当山玉虚宫、紫霄宫、治世玄岳牌坊、南岩宫	龙山塔、武当山古铜殿、石鼓村后山坡遗址、老君崖石窟、浪河老街、庞湾窑址、均州古城、均县苏维埃政府旧址、大晟庵箭楼	15
崇义县	—	—	茶寮碑刻	1
华蓥市	—	安丙家族墓地	褒先寺、国营华光仪器厂旧址、代家嘴遗址、五星桥、《新华日报》纸厂旧址	6
龙泉市	—	大窑龙泉窑遗址（包括下坑、确路下等 92 处）、处州廊桥（永和桥、古溪桥、顺德桥等 4 处）、浙江大学龙泉分校旧址	源口窑址、安仁窑址 27 处、叶傅故宅、平水王社庙、龙南菇民建筑群 6 处、龙泉革命纪念建筑群 5 处（季步高烈士故居）、龙泉窑制瓷作坊 13 处、龙泉廊桥 10 处、云水渠	12
永安市	—	安贞堡、永安抗战旧址群	贡川古城墙、笋帮公栈，萃园，青水戏台，国民党台湾党部旧址—复兴堡、永安文庙	8

由于省级、国家级和世界级三者梯度间存在较大差异，采用倍数赋值，分别赋予 2 分、4 分和 8 分。评分结果：丹江口市 52 分、龙泉市 30 分、永安市 20 分、慈利县 18 分、华蓥市 14 分、乐昌市 4 分、崇义县 2 分。

表 6-12　各县域森林的历史遗存价值评估

县域	乐昌市	慈利县	丹江口市	崇义县	华蓥市	龙泉市	永安市
得分合计（分）	4	18	52	2	14	30	20
隶属度得分（分）	17.83	72.61	100	10	56.96	100	80.43

文物保护单位较为稀有，因而隶属度函数上限取 25 分，下限取 2 分。最终丹江口市和龙泉市得分较高，达到了 100 分，其次为永安市 80.43 分、慈利县 72.61 分、华蓥市 56.96 分、乐昌市 17.83 分、崇义县 10 分。

2. 地理标志、森林象征和地方情感价值

在地理标志性产品方面，以经济林果、林下经济作物等县域林业类地理标志性产品为研究对象，7 个县域共计达 16 种。其中林果 6 种、茶叶类 4

种、林药和森林蔬菜各 2 种、经济动物和用材树种各 1 种。乐昌市地理标志性产品为沿溪山白毛、乐昌油杉(杉木)、北乡马蹄;丹江口市为武当道茶、武当榔梅、武当蜜橘;龙泉市为龙泉灵芝、龙泉金观音、龙泉黑木耳;崇义县、华蓥市和永安市均为 2 种,慈利县森林地理标志性产品仅为 1 种。

表 6-13　各县域地理标志性林产品及命名植物

县域	地理标志产品(林产品)	命名植物
乐昌市	沿溪山白毛、乐昌油杉(杉木)、北乡马蹄	乐昌含笑、乐昌虾脊兰
慈利县	张家界大鲵	慈利毛蕨
丹江口市	武当道茶、武当榔梅、武当蜜橘	武当木兰、武当菝葜
崇义县	崇义南酸枣、赣南脐橙	—
华蓥市	广安蜜梨、广安松针	—
龙泉市	龙泉灵芝、龙泉金观音、龙泉黑木耳	龙泉景天、龙泉葡萄
永安市	闽笋干、永安金线莲	永安青冈

以当地地域名称命名的与森林有关的植物达 8 种,其中乔木 3 种:乐昌含笑、武当木兰和永安青冈;藤本植物 2 种:武当菝葜和龙泉葡萄;草本植物 3 种:乐昌虾脊兰、慈利毛蕨和龙泉景天。在县域分布上,乐昌市、丹江口市和龙泉市命名的植物均为 2 种,慈利县和永安市为 1 种,而崇义县和华蓥市没有相关命名植物。我们对其进行赋值,获得每 1 种产品得分为 20 分。乐昌市、丹江口市和龙泉市均有 5 种,得分为 100 分;永安市 3 种,得分为 60 分;慈利县、崇义县和华蓥市均为 2 种,得分为 40 分。

(六)森林的传统习俗价值

民俗,即民间风俗,指一个国家或民族中广大民众所创造、享用和传承的生活文化。它起源于人类社会群体生活的需要,在特定的民族、时代和地域中不断形成、扩大和演变,为民众的日常生活服务。

风俗是特定社会文化区域内历代人们共同遵守的行为模式或规范。风俗具有多样性、习惯性,人们往往将由自然条件的不同而造成的行为规范差异称之为“风”;而将由社会文化的差异所造成的行为规则之不同,称之为“俗”。本次研究的几个县分布在不同省份,其地方习俗存在较大差异,所谓“百里不同风,千里不同俗”恰是说风俗因地而异。风俗是一种社会传统,某些当时流行的时尚、习俗,随着久而久之的变迁,原有风俗中的不适宜部分,也会随着历史条件的变化而改变,所谓“移风易俗”正是这一含义。

风俗是在一定历史条件下形成的,并在一定时期内成为当地社会成员的行为制约。风俗既是社会道德和法律的基础,也是一种补充。

森林文化传统习俗的价值,主要分为与森林文化相关的地方习俗和森林节庆价值两个方面;主要以与森林有关的非物质文化遗产和重要传统习俗作为评估指标。

1. 森林节庆价值

关于县域主要森林节庆,慈利县森林(涉林)节庆达 4 项,其次崇义县、丹江口市均为 3 项,乐昌市、华蓥市、永安市和龙泉市均为 2 项。

表 6-14　各县域主要森林(涉林)节庆

县域	数量	节庆
乐昌市	2	乐昌桃花节、乐昌特色水果节
慈利县	4	福寿文化节、乡村旅游节、土家民俗旅游节、南山桃花节
丹江口市	3	水文化节、郁金香节、三花节
崇义县	3	荷花旅游文化节、阳明文化旅游节、齐云山登山节
华蓥市	2	华蓥山旅游文化节、国际风车旅游节
龙泉市	2	龙泉青瓷 · 龙泉宝剑文化旅游节、“三月三”山哈文化旅游节
永安市	2	桃花旅游节、笋竹文化节

这些涉林节庆的知名度、效益均存在较大差异。因此,根据其客流量、新闻报道量、举办时间等信息,对节庆进行分级,主要分为:

A 类(赋值 12 分):超大型节庆,内容丰富,新闻报道非常多,国内具有较高影响力,且以森林为特色的旅游节,接待游客通常超过 10 万人次;

B 类(赋值 8 分):大型节庆(或者其他包括森林特色的超大型节庆),内容较为多样,新闻报道多,在本省有一定影响力,接待游客超过 5 万人次;

C 类(赋值 4 分):中型节庆,内容较为单一,新闻报道中等,在本市具有一定影响力,吸引游客 2.5 万人次左右;

D 类(赋值 2 分):小型节庆,内容单一,新闻报道较少,县域内具有一定影响力,吸引游客 1 万人次左右;

E 类(赋值 1 分):小型节庆,内容单一,多为近几年新举办,新闻报道极少,影响力非常小。

慈利县的 4 项旅游节筹办时间均较晚,福寿文化节、乡村文化节及土家民俗旅游节为 2016 年开办,南山桃花节为 2015 年开办,其参与人数均无公开披露,则据新闻报道的多少,将福寿文化节、南山桃花节列为 C 类,乡村文化节为 D 类，土家民俗旅游节为 E 类。总得分为 11 分。

崇义县的三大旅游节中，荷花旅游文化节为 2018 年开设的新节庆，新闻报道主要集中在赣州市和崇义县媒体，列为 D 类；齐云山登山节有近 20 年历史，年均能吸引万余人参加，其新闻报道也非常丰富，列为 C 类；阳明文化旅游节具有一定的知名度，主要由政府举办，始于 2017 年，新闻报道非常多，知名度较高，列为 B 类。总得分为 14 分。

丹江口市的三大旅游节中，创办于 2013 年的水文化节，包含垂钓、森林旅游、环保、赛艇等众多活动，其新闻报道也非常多，影响力非常高，但是该节庆并非以森林为主题的旅游节，森林旅游只是其组成，因而将其列为 B 类；郁金香节举办于武当花谷之称的土关垭，其新闻报道较多，举办首日便能吸引近万人参观，其影响力较高，列为 C 类；三花节于 2017 年开始举办于习家店镇，主要观赏油菜花、桃花和杏花，其新闻报道量中等，吸引约为万余人次，列为 C 类。总得分为 16 分。

图 6-4　浙江龙泉农村旅游

永安市笋竹文化节举办于 2011 年，主要弘扬竹文化及进行竹交易等，该节庆切合森林文化，新闻报道很多，2015 年，接待游客达 6.5 万人次，列为 A 类；桃花旅游节则内容较为单一，新闻报道非常稀少，列为 E 类。总得分为 13 分。

龙泉市龙泉青瓷 · 龙泉宝剑文化旅游节创办于 2007 年，其内容包含青瓷文化、宝剑、森林旅游、商务等，人民网、新华网、中新社、凤凰卫视、《浙江日报》、浙江电视台等20余家媒体争相报道，影响力大，知名度高，且有专门的节庆网站，但其定位主要为龙泉青瓷，森林旅游只是其组成，因而列为B类；"三月三"山哈文化旅游节是创办于2007年的畲族传统节日，其新闻报道非常多，搜狐网、新华网均有报道，影响力较高，列为B类。总得分为16分。

华蓥市华蓥山旅游文化节起源于2006年举办的"首届中国情山节"，之后逐渐演变为综合型的旅游文化节庆活动，成为川渝地区旅游节会品牌，在国内具有较高的影响力，因而列为B类；国际风车旅游节创办于2017年，包括风车盛宴、稻草人展、国际大马戏等，其新闻报道适中，影响力主要集中在广安地区及华蓥市，列为C类。总得分为12分。

图6-5　乐昌桃花节

乐昌桃花节创办于2013年，该节庆以观赏桃、李、柰李花为主，其新闻报道非常多，并得到过中央电视台的报道，在华南地区具有一定影响力，但节庆内容单一，且同质化现象严重，因而列为B类；乐昌水果节主要以黄金柰李等水果采摘节庆为主，其新闻报道较多，在韶关地区有较高影响力，列为C类。总得分为12分。

龙泉市获得了16分，丹江口市16分，崇义县14分，永安市13分，华蓥市12分，乐昌市12分，慈利县11分。在隶属度函数中，节庆上限取25分，下限取5分。最终得分最高的龙泉市为95.5分，其次为丹江口市86.5分。

表 6-15　县域森林(涉林)节庆价值

县域	乐昌市	慈利县	丹江口市	崇义县	华蓥市	龙泉市	永安市
节庆得分(分)	12	11	16	14	12	16	13
隶属度得分(分)	41.5	37	86.5	68.5	77.5	95.5	82

2. 涉林地方习俗

乐昌市地处南岭山区,境内大多为喀斯特和丹霞地貌,耕地零星分散,农民开门见山,上山砍伐,爬坡耕种,寂寞之时唱歌解闷,于是便有了九峰山歌等独特的民俗,也出现了“舞春牛”“乐昌青蛙狮”等祈求风调雨顺、好收成的民俗习惯。乐昌市共有各级涉林非物质文化遗产 9 项,其中国家级非物质文化遗产 1 项:粤北采茶戏,省级非物质文化遗产 5 项:乐昌渔鼓、乐昌花鼓戏、乐昌青蛙狮、粤北舞春牛、九峰山歌等。

表 6-16　县域涉林非物质文化遗产

县域	国家级	省级
乐昌市	粤北采茶戏	乐昌渔鼓、乐昌花鼓戏、乐昌青蛙狮、粤北舞春牛、九峰山歌
慈利县	—	针灸(化脓灸)、慈利渔鼓、板板龙灯
丹江口市	伍家沟民间故事、吕家河民歌、武当神戏、武当山庙会	均州吹打乐、均陶烧制技艺、民间商用数字、武当山道教医药、武当山传说、武当道茶炒制技艺、武当山纯阳秘功
崇义县	—	竹洞畲族山歌、崇义告圣、黄姜豆腐制作技艺、米酒酿制技艺、龙灯制作技艺、崇义舞春牛、崇义三节龙、石塘武狮
华蓥市	—	婚嫁歌、滑竿抬幺妹、华蓥山宝鼎庙会
龙泉市	龙泉宝剑	香菇砍花技艺、龙泉窑传说、练火、开天门、凳花
永安市	永安大腔戏	龙角舞、永安“唱花”、永安大腔傀儡、永安贡席制作工艺、永安安贞旌鼓、永安闽派古琴

慈利县共有各级涉林非物质文化遗产 16 项,其中,省级 3 项:针灸(化脓灸)、慈利渔鼓、板板龙灯,市级 13 项。慈利县的各级非物质文化遗产中,不乏一些少数民族文化习俗,如土家族澧水船工号子、土家花灯等。

丹江口市各级涉林非物质文化遗产 26 项,其中 16 项涉及武当山及道教,总体上国家级非物质文化遗产 6 项:伍家沟民间故事、吕家河民歌、武当神戏、武当山宫观道乐、武当武术、武当山庙会,这其中,排除掉相关性较差的武当武术,其余 5 项与森林有一定的联系;省级非物质文化遗产 8 项:均州吹打乐、均陶烧制技艺、民间商用数字、武当山道教医药、武当山传说、武当道茶炒制技艺、武当山纯阳秘功。这其中，武当山道教医药、武当山传说、武当道茶炒制技艺、均州吹打乐与森林有一定的相关性。十堰市市级非物质文化遗产12项。

崇义县各级涉林非物质文化遗产12项，其中省级非物质文化遗产8项：竹洞畲族山歌、崇义告圣、黄姜豆腐制作技艺、米酒酿制技艺、龙灯制作技艺、崇义舞春牛、崇义三节龙、石塘武狮，市级非物质文化遗产4项。

华蓥市各级涉林非物质文化遗产10项，其中省级非物质文化遗产3项：婚嫁歌、滑竿抬幺妹、华蓥山宝鼎庙会，市级非物质文化遗产7项。

图6-6　四川华蓥山

龙泉市各级涉林非物质文化遗产28项，其中世界级非物质文化遗产1项：龙泉青瓷，国家级非物质文化遗产1项：龙泉宝剑。其中，龙泉宝剑相关传说与当地森林具有一定相关性，相传，欧冶子和干将为铸此剑，凿开茨山，放出山中溪水，引至铸剑炉旁成北斗七星环列的七个池中，是名“七星”，宝剑锻造需要的松木、磨刀石，均产自山中，因而将该遗产列为森林遗产中。省级非物质文化遗产6项：香菇砍花技艺、龙泉窑传说、练火、开天门、凳花等，市级非物质文化遗产20项。

永安市各级涉林非物质文化遗产20项，其中国家级1项：永安大腔戏，省级非物质文化遗产6项：龙角舞、永安“唱花”、永安大腔傀儡、永安贡席制作工艺、永安安贞旌鼓、永安闽派古琴，市级非物质文化遗产13项。

考虑到世界级和国家级非物质文化遗产评审严格、质量较高，其分别赋

图 6-7　丹江口市武当山

值 16 分和 8 分，省级和市级则分别赋值 4 分和 1 分。综上所述，丹江口市和龙泉市均为 68 分，其次为永安市 45 分，崇义县 36 分，乐昌市 31 分，慈利县 25 分，华蓥市 19 分。考虑到非物质文化遗产较为稀有，因而隶属度函数上限取 60 分，下限取 10 分。最终，丹江口市和龙泉市为 100 分，永安市为 73 分，崇义县 56.8 分，乐昌市 47.8 分，慈利县 37 分，华蓥市 26.2 分。

表 6-17　各县域森林的地方习俗价值数量及得分

县域	乐昌市	慈利县	丹江口市	崇义县	华蓥市	龙泉市	永安市
世界	—	—	—	—	—	—	—
国家	1	—	4	—	—	1	1
省级	5	3	4	8	3	6	6
其他	3	13	12	4	7	20	13
得分	31	25	68	36	19	68	45
隶属度得分	47.8	37	100	56.8	26.2	100	73

（七）森林的伦理道德价值

伦理道德价值主要体现在森林信仰、森林哲学和社会和谐价值层面。森林信仰包括宗教对自然和森林的信仰，如我国佛教圣地和道教圣地，通常在环境优美的森林和山岳中，向来重视与森林的关系，崇尚“天人合一”思想。因而本次研究，以森林中合法登记在册的宗教场所和居民对森林的传统信仰作为指标，如林业城市、生态城市、文明城市、森林城市、园林城市等反映社会和谐价值，用农民对森林质朴的思想和理念反映森林哲学价值。

1. 森林信仰价值

本调研发现，各市合法登记在册的宗教场所差异较大可能与区域有关，在浙江、福建等地区，合法登记在册的宗教场所通常较多，比如福建三明市合法登记在册的宗教场所达到了 591 个，浙江丽水市合法登记在册的宗教场所达到了 554 个。但是中西部地区合法登记在册的宗教场所较少，如华蓥市所在的广安地区仅为 71 个。综上所述，龙泉市和永安市较多，分别达到了 51 个和 66 个，丹江口市为 24 个，乐昌市、慈利县、崇义县和华蓥市较少，其中崇义县 14 个、乐昌市 8 个、慈利县和华蓥市仅为 7 个。

在传统森林信仰中，慈利县最为丰富，包括山神传说、人树合一理念、雷公山信仰、大鲵信仰、板龙崇拜等，均为反映人们对森林及野生动物的崇拜。其次为龙泉市，其相关森林信仰涵盖香菇祭祀、灵芝神传说、畲族传统森林祭祀、丰收祭祀等 4 种；永安市包括竹传说、永安大腔傀儡祭祀、山神传说和祭祀等 3 种；丹江口市主要为道教相关传说，如武当山神仙故事、道教梅花神、牛王祈丰年祭祀等 3 种；乐昌市主要为杉木神信仰、舞春牛祭祀、礼拜山神等 3 种。华蓥市和崇义县均为 2 种。

表 6-18　县域宗教森林信仰价值

县域	乐昌市	慈利县	丹江口市	崇义县	华蓥市	龙泉市	永安市
宗教	8	7	20	14	7	51	66
传统森林信仰	3	5	3	2	2	4	3
隶属度得分	40	35	90	70	35	100	100

因此，我们将隶属度函数上限定为 30，下限定为 2，最终计算获得，森林信仰最高的是龙泉市、永安市均为 100 分，其次为丹江口市 90 分，崇义县 70 分，乐昌市 40 分，慈利县和华蓥市均为 35 分。

2. 森林哲学

森林哲学通常反映人们对大自然的向往和敬畏之情，以及与之和谐相处之道。但是，这种哲学思想通常较少记录下来，而是通过一些传统习俗和传说保留了下来。因而，分析各县域涉林传统习俗内涵，可以获得该县域所蕴含的森林哲学。

乐昌市作为岭南地区重要的用材林基地，森林对当地群众的生产生活产生了深远的影响。同时人们对森林的认识非常全面，对他们来说，森林是他们的衣食父母和生态安全的保障，只有维持人们与森林生态环境的平衡，才能实现人与自然的和谐相处。这些森林哲学的思想也扩展到他们生产和生活上，特别是重要节日中，其中香火龙、青蛙狮、舞春牛等形式便是典型代表。人们通过扮演自然界中的各类动物，表达尊重自然、保护自然的感情，并祈求农林丰收。

崇义县的森林哲学突出体现在明代著名思想家王阳明思想中。其创立的“阳明学”核心思想之一即是“万物一体之仁”，反映出人与自然和谐的哲学内涵。此外，当地人们对森林的传统看法与乐昌市类似，一些表达与森林和谐共处的传统民俗活动也较为一致，如舞春牛、三节龙等。

丹江口市森林哲学主要体现在民间故事和武当山传说中，其中，伍家沟民间故事种类齐全、内容丰富，分神话、传说、故事、寓言、童话和笑话等六大类别，如《人狗成亲》这类神话可见原始社会森林火灾为害，以及远古时期以狗为图腾的影子。

龙泉市和永安市对森林资源的开发利用历史悠久，两地居民将森林视为衣食来源，从其传统习俗中便可看出。永安市民俗“唱花”把自然节气与农事有形结合起来，通过口传身授，进行农林技术、伦理道德等的传播，体现了农民在利用森林资源的生态智慧。龙泉市的香菇传说，系统地讲述了香菇栽培起源和生产工艺，反映出人们对森林资源有序开发、合理利用的朴素理念。

慈利县森林哲学主要体现在当地谚语中，如“少年多栽树，八十享老福”“家有千棵桐，子孙不受穷”等，这些谚语也融入一些民间曲艺中，在农民中广泛传播。

综上所述，崇义县森林哲学价值最优，不仅包含传统习俗、传说，还为明代思想家王阳明“万物一体之仁”思想的发展起到重要作用，因而为 100 分；乐昌市主要以 3 种传统习俗为主，但是其蕴含的森林哲学种类较全面，因而为 90 分；丹江口市主要以民间文学为载体，内容较为丰富，包含多个传说和故事，为 80 分；龙泉市和永安市较为接近，主要以单一的传统习俗或民间故事为载体，为 70 分；慈利县则主要以民间谚语为载体，并融入民间曲艺中，但是，其内容并非为民间曲艺的主要形式，因而为 60 分；华蓥市由于建市较晚，其涉及森林哲学思想较为稀少，因而得分取值隶属函数的下限 10 分。

3. 社会和谐价值

在城市获得荣誉方面，丹江口市共获得涉林及文化方面荣誉 8 项，其中国家级2项，省级6项；龙泉市获得涉林及文化方面荣誉7项，其中国家级6项，省级1项；永安市获得国家级涉林荣誉6项；乐昌市、华蓥市和崇义县均为5项，其中国家级涉林荣誉2项，慈利市为2项，其中国家级涉林荣誉1项。

表6-19　各县域获得的涉林荣誉

乐昌市	国家级健康促进县，省林业生态市、省文明城市、省双拥模范市、省重点林业县
慈利县	国家生态主体功能区试点示范县、湖南省新型城镇化试点县
丹江口市	全国园林绿化先进城市、全国法治县（市、区）先进单位，国家园林城市，省文明创建先进县市、县省双拥模范城、省园林城市、省森林城市、省文明城市
崇义县	全国重点林业县、全国国土资源节约集约模范县、全国绿化模范县、国家可持续发展实验区、中国魅力名县
华蓥市	全国发展改革试点市、全国资源型城市转型试点市，省园林城市、省文明城市、省革命老区
龙泉市	国家级生态示范区、国家重点生态功能区、国家森林城市、国家园林城市、国家历史文化名城、国家文化先进市，省生态市和环保模范城市
永安市	中国十佳魅力城市、国家园林城市、全国双拥模范县、国家级林业科技示范市、全国林业改革与发展示范区、全国绿色小康县

考虑到国家级荣誉获得比较困难，因而国家级赋值15分，省级赋值5分。各县域得分如下：龙泉市95分、永安市和丹江口市均为90分、崇义县75分、华蓥市45分、乐昌市35分、慈利县20分。

（八）森林的制度规范价值

制度规范价值主要是指地方性森林相关政策制度的文化价值。

通过收集，2010年后各县人民政府和林业局制定并发布的林业相关政策、制度数量，反映该县域森林制度规范价值。重点强调规划、实施方案、林业激励政策等。

从表6-20中可以看出，各县发布的森林政策制度数量主要介于78—114条（件），主要是地方性的林业政策，如森林防火、森林病虫害防治等森林保护条例、苗木木材检验检疫规定等。

龙泉市的政策制度数量最高，达到114条，除了一些基础性条款外，龙泉的森林政策规定还包含了乡村旅游、森林产业等制度，如《龙泉市深化林业综合改革实施方案》，突出了林业综合改革；《丽水市级森林小镇、森林人家、林业体验园申报》，重点突出了森林小镇等森林旅游方面建设要求，并对其产业发展提供了支撑。

永安市110条。该市森林资源丰富,隶属的三明市是我国先行林改的试验示范区,因而其林业政策更多涉及林改和森林资源保护。如《永安市继续开展林地占补平衡试点工作方案(2017—2020年)》,有效缓解林地共需矛盾;《永安市天然商品林停伐补助工作实施方案(试行)》,重点落实了中央财政天然商品林停伐补助资金政策,建立天然林保护长效机制。

乐昌市林业相关政策共计104条,华蓥市101条,丹江口市96条,崇义县90条,慈利县88条。考虑到基础性林业政策约60条,因而其下限取值为60条,上限为120条。最终龙泉市得分91分,永安市85分。

表6-20 各县域森林的森林政策制度价值

县域	乐昌市	慈利县	丹江口市	崇义县	华蓥市	龙泉市	永安市
政策数量(条)	104	88	96	90	101	114	110
隶属度得分(分)	76	52	64	55	71.5	91	85

三、南方集体林区县域森林文化价值调查汇总

从森林文化价值调查分析结果中可以看出,在审美艺术方面,依次为:丹江口市、龙泉市、慈利县、永安市、崇义县、乐昌市和华蓥市;在身心康养价值方面,依次为:永安市、龙泉市、崇义县、丹江口市、慈利县、乐昌市和华蓥市;在休闲旅游价值方面,依次为:丹江口市、龙泉市、华蓥市、慈利县、永安市、乐昌市、崇义县;在科研教育价值方面,依次为:永安市、丹江口市、龙泉市、慈利县、崇义县、乐昌市和华蓥市;在文明演进价值方面,依次为:丹江口市、龙泉市、永安市、乐昌市、慈利县、华蓥市和崇义县;在传统习俗价值方面,依次为:龙泉市、丹江口市、永安市、崇义县、华蓥市、乐昌市和慈利县;在伦理道德价值方面,依次为:丹江口市、龙泉市、崇义县、乐昌市、永安市、慈利县和华蓥市;在制度规范价值方面,依次为:龙泉市、永安市、乐昌市、华蓥市、丹江口市、崇义县和慈利县。

表6-21 森林文化价值分项评估打分结果汇总

序号	评估类别(一级)	权重	评估指标(二级)	权重	乐昌市	慈利县	丹江口市	崇义县	华蓥市	龙泉市	永安市
1	审美艺术价值	0.2168	1. 景观审美价值	0.6749	52.28	59.03	100	35.88	50.39	86.42	69.77
			2. 文艺创作价值	0.3251	33.85	42.31	100	79.23	16.92	100	10

续表

序号	评估类别（一级）	权重	评估指标（二级）	权重	乐昌市	慈利县	丹江口市	崇义县	华蓥市	龙泉市	永安市
2	身心康养价值	0.1117	3. 保健价值	0.3559	50	100	80	50	30	100	10
			4. 疗养价值	0.3026	25	63.4	80.65	45.4	43.15	100	79
			5. 宜居价值	0.3415	62.2	47.19	45.26	96.18	10	73.9	75.25
3	休闲体验价值	0.2720	6. 休闲价值	1	42.39	64.84	100	26.34	71.56	98.26	45.84
4	科普教育价值	0.0788	7. 科普教育价值	1	16.67	39.86	91.37	24.88	15.77	65.06	100
5	文明演进价值	0.1441	8. 历史遗存价值	0.4681	17.83	72.61	100	10	56.96	100	80.43
			9. 地理标志、地方象征和地方情感价值	0.5319	100	40	100	40	40	100	60
6	传统习俗价值	0.0947	10. 节庆载体价值	0.4268	41.5	37	86.5	68.5	77.5	95.5	82
			11. 民族习俗价值	0.5732	47.8	37	100	56.8	26.2	100	73
7	伦理道德价值	0.0641	12. 森林信仰价值（精神层面）	0.3761	40	35	100	70	35	100	100
			13. 森林哲学价值（精神层面）	0.3371	90	60	80	100	10	70	70
			14. 社会和谐价值	0.2868	35	20	90	75	45	95	90
8	制度规范价值	0.0178	15. 制度规范价值	1	76	52	64	55	71.5	91	85

第三节　南方集体林区森林文化价值评估研究

“南方集体林区县域森林文化价值评估”作为“森林文化价值评估”总项目组的子项目，即重点典型案例，在评估中重点采用总项目研究确定的统一指标体系与评估方法。

根据总项目确定的“人与森林共生时间”的基本评估原型，提出的基于时间价值的区域森林文化价值评估方案，其评估过程主要分为三步：第一步，森林文化价值分类评估，通过森林文化价值指标体系，构建出区域森林文化价值指标得分；第二步，根据区域森林文化价值指标得分，获得其综合系数；第三步，将森林文化价值综合系数纳入核算公式中，最终计算获取森林文化价值。

一、综合指标系数评估

根据调查结果，南方集体林区森林文化价值分项评估打分结果汇总见

表6-22,根据各二级指标权重,可以计算获得各县域森林文化价值具体得分,并最终获得各县域森林文化价值得分及综合指标系数。

从表6-22中可以看出,丹江口市综合森林文化价值最高,达92.75分;龙泉市91.46分,永安市62.72分,慈利县53.58分,上述4个县域的森林文化价值得分均超过50分,综合系数超过1.0;华蓥市、乐昌市和崇义县森林文化价值得分均低于50分。

表6-22　森林文化价值分项评估及综合指标系数

	乐昌市	慈利县	丹江口市	崇义县	华蓥市	龙泉市	永安市
审美艺术价值	43.04	57.52	100.00	49.97	39.28	90.83	50.34
身心康养价值	42.06	45.65	51.80	62.38	37.04	73.29	73.75
休闲旅游价值	42.39	64.84	100.00	26.34	71.56	98.26	45.83
科研教育价值	16.67	39.85	91.37	24.88	15.77	65.06	100.00
文明演进价值	61.54	55.26	100.00	25.96	47.94	100.00	69.56
传统习俗价值	45.11	37.00	94.24	61.79	48.09	98.08	76.84
伦理道德价值	77.43	44.36	100.00	88.72	44.36	100.00	68.81
制度规范价值	76.00	52.00	64.00	55.00	71.50	91.00	85.00
综合森林文化价值	46.33	53.58	92.75	43.19	48.94	91.46	62.72
综合系数	0.93	1.07	1.85	0.86	0.98	1.83	1.25

研究显示,森林的文化综合系数最高的县域为丹江口市,其次为龙泉市和永安市。这些县域在森林旅游、森林产业、森林物质资源方面,与其他县域相比确实有较大的优势;而华蓥市、崇义县和乐昌市综合系数小于1.0,其中,华蓥市森林资源较差,而乐昌市以人工林为主,景观价值偏低,崇义县则森林产业较为落后。这些因子直接导致了其森林文化资源较差,说明用综合系数反映县域森林文化资源情况,具有一定的准确性。

二、县域森林文化价值评估

可见,县域森林文化价值综合系数势必会对其总价值产生影响,因而,县域森林文化价值评估必须包括森林文化价值综合指标系数。

据总项目组确定的森林文化价值计算公式,相关森林文化价值量计算需要的原始数据见表6-23。

根据森林文化价值计算公式,本次采用人均可支配收入或人均旅游收入计算森林文化价值。获得各县域森林文化价值量及相关参数见表6-24。

表 6-23　县域森林文化价值评估参数

县域	蓄积量（万立方米）	森林旅游（万人）	面积（万平方公里）	常住人口（万人）	森林覆盖率（%）	综合系数	GDP（亿元）	人均可支配收入（万元）
乐昌市	998.40	330.01	0.24	52.97	73	0.93	122.27	2.00
慈利县	751.70	510.76	0.35	70.58	67	1.07	183.2	1.45
丹江口市	744.40	979.14	0.31	46.30	66	1.85	225.14	1.79
崇义县	1386.00	200.26	0.22	21.60	88	0.86	81.45	1.27
华蓥市	120.00	285.39	0.05	36.00	42	0.98	147.18	2.12
龙泉市	1018.00	885.14	0.31	23.65	78	1.83	128.3	2.93
永安市	2370.00	426.35	0.29	33.26	79	1.25	384.19	2.71

注：表中数据均为 2017 年数据，来源于各县统计年鉴及政府工作报告。

表 6-24　县域森林文化价值量及相关参数

县域	Q	Pn（万人）	Vpn（10^4cy）	Vpo（10^4cy）	VP（10^4cy）	Vc_p（亿元）	Vc_t（亿元）	Vc_G（亿元）	Vc_pGDP 占比（%）	Vc_tGDP 占比（%）
乐昌市	2.18	38.77	7.06	1.69	8.75	16.29	13.24	23.91	13.32	10.83
慈利县	1.13	46.96	4.41	2.88	7.29	11.29	7.00	23.25	6.16	3.82
丹江口市	1.26	30.41	3.19	5.59	8.79	29.06	11.16	78.34	12.91	4.96
崇义县	3.31	19.07	5.26	0.85	6.11	6.67	5.79	20.38	8.20	7.11
华蓥市	1.26	15.01	1.58	2.57	4.14	8.63	3.50	21.11	5.86	2.38
龙泉市	1.72	18.54	2.66	4.23	6.90	37.02	15.03	68.16	28.85	11.71
永安市	4.29	26.28	9.39	2.02	11.42	38.65	31.94	155.99	10.06	8.31

注：Vc_p 指按人均可支配收入计算森林文化价值量；Vc_t 为常住人口按人均可支配收入计算，流动人口按照人均旅游收入计算，获得森林文化价值量；Vc_G 指按人均 GDP 计算森林文化价值量。

从表中可以看出，按人均可支配收入计算森林文化价值量最高的县域为福建永安市，达到了 38.65 亿元，其次为龙泉市 37.02 亿元、丹江口市 29.06 亿元、乐昌市 16.29 亿元、慈利县 11.29 亿元、华蓥市 8.63 亿元、崇义县 6.67 亿元。按照常住人口按人均可支配收入计算，流动人口按照人均旅游收入计算，获得森林文化价值量最高的县域为永安市，达到了 31.94 亿元，其次为龙泉市 15.03 亿元、乐昌市 13.24 亿元、丹江口市 11.16 亿元、慈利县 7.00 亿元、崇义县 5.79 亿元、华蓥市 3.50 亿元。

从森林文化价值占 GDP 的比率来看，按人均可支配收入计算森林文化价值量中，龙泉市比率最高，达到了 28.85%，按这也说明了森林的文化相关产业已经成为龙泉市支柱产业之一；丹江口市、乐昌市和永安市适中，均位于 10%—20%之间，说明这些县域中，森林的文化相关产业非常重要；而崇义县、华蓥市和慈利县不足 10%，也说明这两个县域森林文化价值仍然需要进一步提升;按常住人口按人均可支配收入计算,流动人口按照人均旅游收入计算,在获得森林文化价值量中,龙泉市和乐昌市占比超过10%分别达到11.71%和10.83%,其次为永安市8.31%和崇义县7.11%,而余下3个县域均不足5%。

第四节　展　望

一、主要研究结论

(一)森林文化价值评估研究方法及研究区域概况

本研究采用项目组构建的森林文化价值评估指标体系,归纳设定了8项价值评估类别为一级指标,22项评估指标为二级指标,53项评估指标因子。采用条件价值法、审议货币法和时间价值法,对森林文化价值展开研究。其中,时间价值法参考项目组的研究基础上,研究提出了适用于县域的区域森林文化价值评估方法。

南方集体林区是按照森林分布的地域所划分的三大林区之一,南方集体林区主要是指10省区,即浙江、安徽、福建、江西、湖北、湖南、广东、广西、海南、贵州。我国南方集体林区地域辽阔,森林景观资源丰富,形成了各具特色的森林文化,因此,本研究以南方集体林区浙江、福建、江西、湖南、湖北、广东、四川7省为例,选择具有一定代表性的龙泉市、永安市、崇义县、慈利县、丹江口市、乐昌市、华蓥市为主要研究区域。

(二)基于时间价值法的森林文化价值评估

丹江口市综合森林文化价值最高达92.75分,龙泉市91.46分,永安市62.72分,慈利县53.58分,上述4个县域的森林文化价值得分均超过50分,综合系数分别为1.85、1.83、1.25、1.07;华蓥市、乐昌市和崇义县森林文化价值得分均低于50分,综合系数分别为0.98、0.93和0.86。

通过人与森林共生时间法,按人均可支配收入计算森林文化价值量最高的县域为福建永安市,达到了38.65亿元,其次为龙泉市37.02亿元、丹江口市29.06亿元、乐昌市16.29亿元、慈利县11.29亿元、华蓥市8.63亿元、崇义县6.67亿元。按照常住人口按人均可支配收入计算,流动人口按照人均旅游收入计算,获得森林文化价值量最高的县城为福建永安市,达到

31.94 亿元，其次为龙泉市 15.03 亿元、乐昌市 13.24 亿元、丹江口市 11.16 亿元、慈利县 7.00 亿元、崇义县 5.79 亿元、华蓥市 3.50 亿元。结合项目组研究，本研究采用人均可支配收入获得的森林文化价值量作为建议的参考数据。

二、南方集体林区县域森林的文化发展分析及建议

通过对南方集体林区县域森林文化价值的评估可以看出，各县域森林文化价值各具特色，其主要特点及潜在问题如下。

（一）龙泉市

龙泉市各项森林文化价值得分较为平均，其中文明演进价值和伦理道德价值均为满分，而且传统习俗、制度规范均为最高分，审美艺术、身心康养、休闲旅游排名第二，科研教育价值排名第三。这也说明了龙泉市的森林文化价值依靠的是其较强的综合实力和政府的重视。

在森林文化价值量方面，龙泉市森林文化价值量为 37.02 亿元，占 GDP 的比率达到了 28.85%，反映出森林文化价值已经对本县域经济发展起到重要推动作用。值得注意的是，龙泉市并没有国家级旅游景区，其旅游依靠的是森林和乡村旅游。这一范例对于一些森林生态环境条件优美，但是森林文化研究挖掘和经济发展亟待提升的县域来说，有重要的参考价值。

（二）永安市

永安市在教育科研价值上得到 100 分，身心康养价值为最高分 73.75 分，制度规范价值 85 分名列第二。这说明永安市森林文化价值主要依靠的是森林资源的本底价值量和森林生态服务效益，较高的森林蓄积量以及发达的竹木加工业，使得永安市森林文化价值较高，而且其制度规范和教育科研较高得分，说明了永安市政府对林业产业价值的高度重视，森林制度的文化价值起到了主导作用。

永安市森林文化价值量达到了 38.65 亿元，约占 GDP 的 10.06%。虽然永安市森林文化价值量较大，但是占 GDP 的比率并不是很高，这也说明了永安市较高的森林文化价值量可能是由其较高的经济发展水平带动的。综合该市发达的木竹加工产业，也说明林业加工产业能够在一定程度上带动森林文化价值。而较低的 GDP 占比，也说明与发达的林业加工产业相

比,其森林文化价值整体上仍存在欠缺,并未得到全面发挥,尚有极大的潜力有待挖掘。

(三)丹江口市

丹江口市在审美艺术价值、休闲旅游价值、文明演进价值、伦理道德价值四个方面均获得了满分,此外科研教育价值和传统习俗价值得分也较高。这也反映了丹江口市历史悠久,文化氛围浓厚,吸引了游客,带动了当地森林旅游的发展。

在森林文化价值量方面,丹江口市森林文化价值量达到了 29.06 亿元,说明具有一定历史典故、文化氛围的森林,其文化价值量更高。但是如果撇开武当山和丹江口水库这两大国家级旅游风景名胜区,该县域的森林文化价值势必会受到较大的影响,而从森林文化价值量占 GDP 不高的比率(12.91%)来看,也说明了两大国家级旅游风景名胜区以外区域,当地环境条件和政府对林业重视程度仍然有待加强。在未来,如何协调县域内森林文化价值均衡性,使其能够协调发展,是丹江口这类县域亟须解决的问题。

(四)乐昌市

乐昌市作为广东省重点林业县,以人工用材林经营为主。随着乡村旅游的发展,该市也涌现出一批优秀的乡村旅游乡镇,但是较低的森林审美艺术、身心康养、旅游休闲和科研教育价值,严重影响了乐昌市森林文化价值总量。

在森林文化价值量上,乐昌市为 16.29 亿元,占 GDP 比率约 13.32%,可见乐昌市实际森林文化价值并不低,而且林业也是其主要产业之一。作为广东省重点林业县,以人工用材林经营为主。随着乡村旅游的发展,该市也涌现出一批优秀的乡村旅游乡镇,说明乐昌市森林文化有自身的特色和优势。因而,提升乐昌市人工林近自然林经营水平及其森林景观效益,挖掘和展示其森林文化类型内涵和特色,是乐昌市森林文化价值提升亟待解决的关键。

(五)慈利县

慈利县其各项得分较为平均。可以看出,其作为张家界风景名胜区的组成部分,森林旅游有一定的优势,慈利县作为湘西多民族聚居的县域,在民族特色森林文化挖掘、弘扬上亟待增强。

慈利县森林文化价值量为 11.29 亿元，约占 GDP 的 6.16%。可以看出，其作为张家界风景名胜区的组成部分，森林旅游有一定的优势，但其森林文化价值没有得到整体有效的全面开发。

（六）崇义县

崇义县森林资源丰富，其身心康养价值、伦理道德价值、传统习俗价值均较高，超过 60 分，森林环境条件和文化氛围有自己独特的优势。然而该县综合森林文化价值仅为 43.19 分，其原因是尚未对自身森林文化价值进行系统的、深入的规划和挖掘，导致休闲旅游价值、文明演进价值较低。

崇义县森林文化价值量为 6.67 亿元，显然与其人口较少及森林旅游不发达有关，而森林文化价值量占 GDP 的比例为 8.20%，显示出其森林文化相关的产业具有一定的潜力。崇义县森林资源及文化内涵丰富，因此，加强该县域森林的文化资源开发，提高森林旅游质量，吸引更多的森林旅游人员到来，将是其下一步重点需要解决的问题。

（七）华蓥市

由于华蓥山旅游景区（4A 级）的存在，使华蓥市森林休闲旅游价值达 71.56 分，但是与之对应的审美艺术价值仅为 39.28 分，说明华蓥山景区在森林景观方面可能存在较大问题，影响其旅游业的进一步发展。

华蓥市森林文化价值量仅 8.63 亿元，占 GDP 比率仅 5.86%，排名倒数第一。由此可见，森林文化及其相关产业，并不是华蓥市的主要产业。实际上华蓥市煤炭相关产业一度占其产值的 70%以上，但是随着资源衰竭，该市面临着矿山环境、经济发展等诸多难题。从华蓥市森林文化价值在景观审美、身心康养方面得分很低来看，当前最大的问题是森林覆盖率低下、矿山绿化等问题，而森林的文明演进价值和传统习俗价值等也有待挖掘。

三、本研究不足之处和展望

本章通过对森林文化价值国内外研究情况综述、评估方法建立研究，并将评估方法应用于南方集体林区县域森林文化价值评估，探讨不同评估方法差异，为森林文化价值评估研究提供案例参考，具有一定的价值。但是本章也存在一些不足之处：

1. 本章重点选取了南方集体林区 7 个县域来反映该区域森林文化价

值，但是由于我国南方地区地形和环境差异较大，民族聚居复杂，因而不同县域间居民生活习惯、文化、乡风民俗等存在较大的差异，本研究选取的7个县域虽然具有一定的典型性，但研究区域范围相对南方集体林区来说仍然较小，未来应该加大县域研究的覆盖度。

2. 本研究重点论证了森林文化在审美艺术、身心康养、休闲旅游、科研教育、文明演进、传统习俗、伦理道德、制度规范等多方面存在的价值，并对其进行了较为系统的定量化研究，但是仍然存在一些难以定量化的因子，因此如何对这些因子展开系统评估，值得进一步探讨。

3. 本研究核算了南方集体林区7个县域森林文化价值，研究认为通过时间价值法获得的南方集体林区森林文化价值评估结果相对准确。但是，这一方法是否能适用于其他林区，仍然值得进一步研究。

第七章　黔东南锦屏县林业契约文化价值评估研究

——以锦屏县文斗苗寨为例

习近平总书记在党的十九大报告中指出，加快生态文明体制改革，建设美丽中国。强调生态文明建设是中国特色社会主义事业的重要内容，关系人民福祉，关乎民族未来，事关“两个一百年”奋斗目标和中华民族伟大复兴中国梦的实现。社会经济发展也将逐步向绿色经济发展，要求人们必须树立尊重自然、顺应自然、保护自然的生态文明理念，走可持续发展道路，这也是黔东南锦屏县林业契约文化的一种价值体现。

爱国、敬业、诚信、友善等核心价值观作为当今时代最有意义的价值体现，黔东南锦屏县林业契约文化从明嘉靖二十五年（1546）开始延续了400多年，契约精神在不断传承过程中，将传统的、积极向上的道德观念上升到了约束、限制的作用，变成了社会契约，倡导一种平等、尚法、守信的行为规则，越来越被世人所遵从。因此，本案例通过对黔东南锦屏县林业契约文化价值内在层次之间的联结关系的分析对林业契约文化价值评估研究。

第一节　研究区域基本情况及意义

一、基本情况

贵州省黔东南苗族侗族自治州锦屏县珍藏有世界现今保存最完整、最系统、最集中的清代林业契约文书，馆藏数量达6万余件，承载着我国西南少数民族地区数百年林业经济史，价值堪与“敦煌文书”“徽州文书”比肩，是我国乃至世界保存较为完整、系统、集中的重要历史文献和珍贵民间档案。2010年2月，成功入选第三批“中国档案文献遗产名录”，2012年入选

"中国世界文化遗产预备名单"。

表7-1 黔东南州锦屏文书进馆数量统计(截至2017年末)

县名	进馆数量(件)
锦屏县	60376
黎平县	60000
天柱县	30000
三穗县	28000
剑河县	15000
台江县	500
岑巩县	19000
合计	212876

注:数据来源于锦屏县锦屏文书特藏馆(文书楼)。

表7-2 锦屏县锦屏文书特藏馆(文书楼)分乡镇统计表(截至2017年末)

乡镇名	户数(户)	件数(件)
三江镇	88	3589
茅坪镇	30	1667
大同乡	94	3925
铜鼓镇	102	4253
敦寨镇	109	4327
新化乡	28	1104
隆里乡	24	560
钟灵乡	81	2566
平秋镇	97	3327
彦洞乡	50	2154
平略镇	123	13394
偶里乡	87	2749
启蒙镇	66	3897
固本乡	74	3777
河口乡	70	9087
合计	1123	60376

注:数据来源于锦屏县锦屏文书特藏馆(文书楼)。

文斗苗寨位于贵州省锦屏县西北部清水江畔的河口乡,由上寨、下寨两个自然寨组成。在清代,文斗上、下两寨分属黎平、镇远两府管辖,上寨属黎平府开泰县，下寨属镇远府天柱县，民国三年（1914）统一归属锦屏县。2016年底，文斗计有322户、1502人，10个村民小组，有姜、龙、高、易、朱、李、范、马、王、陆、蒙等姓氏。

文斗苗寨既是一颗镶嵌在清水江畔的生态明珠，也是一部卷页厚重的生态历史，被学界誉为“百年环保第一村”和“看得见历史的村寨”。据统计，文斗村内巨大苍翠的古树有600多株，小树更是数不胜数，散落在九冲十一岭。有古树便有人家，有人家必有古树。村内有银杏、南方红豆杉、闽楠、枫香、香樟、榉木等30多个树种、100多块古石碑及近万份林业契约文书，是清水江流域木商文化的瑰宝。文斗苗寨于2009年入选第二届“中国景观村落”；2010年被评为“百年环保第一村”；2012年入选第一批“中国传统村落”名录、“贵州最具魅力民族村寨”、“中国世界文化遗产预备名单”。

图7-1　文斗村2012年入选第一批“中国传统村落”名录、“贵州最具魅力民族村寨”、“中国世界文化遗产预备名单”（刘作福摄）

二、研究意义

锦屏林业契约的发现填补了契约史料中地区性、民族性和中国经济史上林业契约的空白。以文斗苗寨为代表的锦屏县民间留存的近10余万份民族内部签订的山林买卖契约和山林租赁契约非常珍贵，是林学、生态环境学、农学、民族学、社会学、经济学、历史学、法学等多学科研究的重要历史文献，特别是对研究中国西南少数民族地区古代经济开发和社会变化、明清两代林业生产关系、环保状况具有极高的研究价值，对今天以及今后如何处理人与自然的关系提供了一个活样板，充分体现了人与自然和平共处的生态文化。

第二节　锦屏县林业契约文化价值分析

通过对黔东南锦屏县林业契约文化价值内在层次之间的联结关系的分析，确定一级指标 8 个，二级指标 18 个，三级指标 32 个。

表 7-3　森林文化价值评价指标体系

序号	评估类别（一级）	评估指标（二级）	评估指标因子（三级）
1	社会文化价值	1. 社会知名度	1. 在社会上的影响力；2. 公众的了解程度
		2. 国内国际交流合作	3. 国外合作交流情况；4. 国内合作交流情况
2	身心康养价值	3. 疗养价值	5. 森林疗养的开展情况
		4. 宜居价值	6. 森林覆盖率；7. 人口
3	休闲旅游价值	5. 体验价值	8. 森林文化旅游人数、天数、人均消费额、带动效应
		6. 休闲价值	9. 本地人本年度森林休闲度假人次；10. 森林修身的多种形式及方法
4	科研教育价值	7. 科学研究价值	11. 科研项目数量和投入资金量（国家自然科学基金、社会科学基金）；12. 科研成果量（发表的论文、专著、专利数量等）
		8. 科普教育价值	13. 学校参与森林教育的学生年人次；14. 科普教育标识系统、展演展示、体验等和参与人数；15. 社区对森林教育的参与度和体验；16. 森林文化博物馆数量及规模
5	文明演进价值	9. 历史遗存价值	17. 遗存数量；18. 年代分布情况
		10. 地理标志价值	19. 具有代表性的契约、碑文；20. 具有代表性的古树名木；21. 以地方名称命名的契约文化
		11. 地方情感价值	22. 乡愁记忆—木商文化
6	传统习俗价值	12. 节庆载体价值	23. 各类研讨会、展览会丰富度及参与人次
		13. 民族习俗价值	24. 诞生礼文化价值；25. 丧葬文化价值；26. 民族传统习俗价值
7	伦理道德价值	14. 森林信仰价值（精神层面）	27. 图腾崇拜价值（神山、神树、社木、风水林）
		15. 森林哲学价值（精神层面）	28. 人与森林相互依存、和谐共生的思想意识和行为导向对国家和地方生态文明建设的重大作用
		16. 社会和谐价值	29. 对人与自然、人与人、人与社会和谐的价值

续表

序号	评估类别（一级）	评估指标（二级）	评估指标因子（三级）
8	制度规范价值	17. 法律法规价值	30. 与现有法律法规的契合度；31. 与森林政策的契合度等
		18. 乡规民约价值	32. 林业契约的形式；33. 对乡规民约的影响等

一、社会文化价值

社会文化价值主要体现在社会知名度、国内国际交流合作等。

（一）社会知名度

2008 年 7 月，第十六届吉隆坡国际档案大会前沿论坛对锦屏文书予以高度评价："锦屏文书是全球重要混农林文化遗产中苗、侗少数民族混农林生态体系中唯一得到较好记载的、还在民间留藏着的濒危文书，是全世界农民混农林活动的活态记忆库，在生态保护上树立了一个世界性的典范。"

2010 年 2 月，成功入选第三批"中国档案文献遗产名录"；2012 年入选"中国世界文化遗产预备名单"。价值堪比"敦煌文书""徽州文书"。

文斗村 2010 年被评为"环保第一村"，村寨周边散布了 100 多块护林古碑，其中最有名的是"六禁碑"和"环保碑"。"六禁碑"为诸碑之首，被媒体称为"民族环保第一碑"，刊刻于清乾隆三十八年（1773），碑文规定"不俱远近杉木，吾等所靠，不许大人小孩砍削，如违，罚银十两"，成为当地影响久远的自治法典。而"环保碑"，立于清乾隆五十年（1785），碑文规定："此本寨护寨木，蓄禁，不许后代砍伐，存以壮丽山川。"此一思想几百年来已在当地（清水江流域）居民心中根深蒂固，表明了他们"敬树、畏树"、亲近自然的情结，同时这一思想已在社会上广为流传，众人皆知。

（二）国内国际交流合作

锦屏县政府为加快锦屏文书的研究利用步伐，2010 年 10 月，与凯里学院合作举办"锦屏文书与清水江木商文化研讨会"，第一次以政府和高校联合主办方式将锦屏文书研究利用推向高潮；2015 年 10 月，与中山大学、香

图 7-2　村民晾晒森林契约（杨胜屏摄）

港中文大学、凯里学院等联合举办“锦屏文书（清永江文书）国际学术研讨会”，又一次把研究利用工作引向深入；2016 年 10 月，与清华大学法学院联合举办了“第三届锦屏文书国际学术研讨会暨锦屏文书与法文化研究高端论坛”；2017 年 11 月，与中山大学历史人类学研究中心、清华大学法学院、贵州大学人口·社会·法制研究中心、贵州省苗族侗族文化传承与发展协同创新中心、贵州省林学会联合，在文斗村锦屏文斗博物馆（乡村博物馆）举办“第四届锦屏文书学术研讨会”，把锦屏文书抢救保护和研究利用工作推向更高台阶。

为了更好地推进锦屏文书的抢救保护和研究利用工作，不断提高文化遗产保护水平，并为申报《世界记忆遗产名录》做准备。锦屏县人民政府高度重视锦屏文书的抢救保护和研究利用工作，2016 年 6 月，与清华大学法学院签订《锦屏文书抢救保护和研究利用合作协议》。

二、身心康养价值

身心康养价值主要体现在疗养价值、宜居价值等。

（一）森林康养的开展情况

目前由于受到交通区位及道路情况的限制，森林康养发展步伐较为缓慢，为充分发挥自有优势，2018 年 3 月，“夜郎遗珠有机锦屏”推荐会是这样介绍锦屏的：“锦屏的青山绿水养眼、蓝天净土养肺、传统饮食养颜、民族文化养心、田园生活养神，彰显了‘山水气质’和‘生态颜值’。”锦屏属于夜郎古国鼎盛时期的地域，锦屏就是夜郎遗留下来的一颗明珠。锦屏的木商文化、军屯文化、多民族融合文化、红色文化、“汉文化孤岛”隆里古城等，处处折射着锦屏历史文化的璀璨光芒。锦屏山川秀美，是贵州省重点林业县，森林覆盖率 72%，空气质量优良天数占全年的 99% 以上，是“天然大氧吧”。“有机锦屏”是有机生活、有机产业及其体验的统一体。锦屏生产的农产品是有机的，锦屏的文化传承和发展是有机和谐的，锦屏的生存环境和生存理念是“天人合一”的。锦屏将借助外力，努力打造“中国山地有机生活体验第一县”。

锦屏将以充分发挥多元文化和生态资源优势，采取“旅游+”的举措，多方寻求合作，主打全域旅游、产业发展、城乡建设三大板块，重点打造以县城为中心的清水江流域旅游集散地、三板溪“水天堂”、“夜郎遗珠”隆里古城三张旅游品牌，实现“一年打基础，三年见成效，五年基本成型”的目标，把锦屏打造成国内具有较大影响力的“有机生活体验”首选地之一。

在调研会上，文斗苗寨寨老姜高松老先生，现年 84 岁，退休以后一直生活在文斗村，据他介绍，目前村里有 80 岁以上老人 14 名，前看水，后靠山，古树、大树遍布山野，森林覆盖率高，非常适合适宜人们修身养性，衣、食、住、行都与森林息息相关，对健康比较好，充分体现了人与自然的和谐相处。

（二）森林覆盖率和林区人口

根据贵州省林业厅 2017 年 8 月发布的全省森林覆盖率，2016 年锦屏县森林覆盖率全省排名第 6 位，达到 72%，活立木蓄积达到 1300 多万方，县域常住人口 23 万人，文斗村森林覆盖率达到 85%，常住人口 1400 人。

三、休闲旅游价值

休闲旅游价值主要体现在体验价值和休闲价值等。

（一）体验价值

体验价值主要体现在艺术观赏、体验价值。文斗村是地处三板溪水电站库区仰阿莎湖的核心位置的古老苗寨，下临清水江，山清水秀，风景怡人。江岸群山巍巍，翠林排山塞谷。600 多年的开寨历史，给地处僻远山区的文斗留下了独特的民族文化和丰富的原生态林业环保文化。村内保留着古石板路、古寨门、古寨墙、古峰大台、古四合院、古炮、古号和古旗，还有 100 多块古石碑，记载着文斗村的沧桑。

锦屏文斗博物馆（乡村博物馆）以生态博物馆理念为指导，将按照“以大文化助推大扶贫”的扶贫思路，把文化保护与同步小康结合起来，依托文化资源大力推动特色文化产业发展，为生态旅游的开展奠定了坚实基础。

由于文斗村受地理位置及交通的影响，参与人数很少。据不完全统计，年参与人数约 3 万人，平均停留时间约 72 小时，但依托隆里古城、三板溪湖、青山界万亩草场、九寨北侗风情、锦屏风雨桥等旅游资源，按照“由点到线、由线及面”的发展思路，2016 年旅游人数约 150 万人，旅游收入约 10. 35 亿元。

（二）休闲价值

当地人参加休闲的人次每年约 5000 人次，主要的休闲方式为垂钓、吃农家饭、体验农家生活等，一般休闲时间为 1—3 天。一部分家长带着孩子去看古树、看古石碑等体验契书文化，学习诚信精神；一部分老年人长期住在文斗村进行森林疗养，体验大自然带来的清新空气。

四、科研教育价值

科研教育价值主要体现在科学研究价值和科普教育价值等。

（一）科学研究价值

从目前保留下来的契约文书来看，大致可分成九类：山林土地买卖、佃山造林、拆分山林和家产、分配出卖山林银钱、山林管护、山林纠纷调解、乡规民约、讨借书据、山林登记簿。

大量的原始文献不仅是明清时期黔东南地区政治、经济、文化方面最原始的实物资料，而且也是深入发掘贵州乃至西南少数民族地区社会经济发展状况的珍贵史料，其价值与意义不在安徽“徽州文书”、云南纳西“东巴文书”之下。

20 世纪 90 年代，日本东京外国语大学唐立博士等开始对锦屏林业契约进行研究，并将从锦屏收集去的契约整理成《清代贵州林业契约文书汇编》（已出版第一、二辑）；英国牛津大学教授、著名历史学家柯大卫在对锦屏林业契约考察后认为：“锦屏的契约非常珍贵。像这样大量、系统地反映一个地方民族、经济及社会发展状况的契约在世界上也不多见，希望加强保护和抢救”；我国台湾著名作家姜穆先生深信锦屏等清水江的林业契约文化“将会成为黔学的一门显学”；贵州大学史学教授张新民一直潜心于贵州本土历史文化研究，张教授说：“在如此狭小的区域内，发现如此翔实的原始文献，即使是在中国文献发现史上也实属罕见。”

到目前为止，国内有杨有庚、张应强、单洪根、王宗勋、徐晓光、张新民、陈金全、罗洪祥、罗康隆等 20 余名学者在研究锦屏文书，先后出版著作约 80 余部，大多为文书汇编，研究阶段性成果很少；发表的论文多数从法律、文书抢救与保护、伦理、买卖关系、流域等方面进行研究，涉及林业的不足 40 篇。

表 7-4　与锦屏文书相关公开发表的论文数量　（单位：篇）

序号	数据来源	锦屏文书	清水江文书	林业契约	苗族林契
1	中国知网	110	276	156	3
2	万方	124	330	155	5

注：数据截至 2018 年 6 月 30 日，论文存在重叠。

（二）科普教育价值

长期以来，文斗村具有“栽树—护树—卖树—栽树”循环发展、保护生态的优良习俗，这一习俗已根植在文斗人的血脉深处。清朝年间就有文献记载：在文斗苗寨，有“娶一个媳妇、修一段路，生一个孩子、栽一棵树”的民间规定，体现了“天人合一”、尊重自然的理念，具有极高的教学育人价值。如河口乡的中、小学组织学生到文斗村锦屏文斗博物馆（乡村博物馆）参观学习，县一级及周边的中、小学组织学生到锦屏县锦屏文书特藏馆（文书楼）参观学习，学习和了解锦屏文书的发展历程及契书文化的社会价值及意义。

五、文明演进价值

文明演进价值主要体现在历史遗存价值、地理标志价值、地方情感价值等。

（一）历史遗存价值

锦屏文书涵盖地域广、跨越时间长。锦屏文书地域上包括清水江流域各县；起源于明代，历经清代至民国时期，中华人民共和国成立后仍有延续，绵延数百年不断并被完整保留下来。由于年代久远，明代形成的文书保存至今相对较少。锦屏县档案局（馆）征集进馆保存的以清代和民国时期的居多，明代的目前仅收集到数件，其中保存最早的是明嘉靖二十五年（1546）的文书，时间跨度近500年；其余的以清代最多，约占总数的65%，其中又以清乾隆、嘉庆、道光、光绪为最。民国时期的约占总数的32%，还有少数新中国成立初期及年代不详的。

锦屏文书内容丰富、研究价值高。它是反映以锦屏为中心的清水江流域混农林活动为主要内容，包括政治、经济、文化、民俗、婚俗、宗教等历史发展情况的方方面面。这些"法规性""记事性"契约文书，是当时维护社会稳定、经济发展、人与自然协调共生的习惯法文献。

（二）地理标志价值

1. 具有代表性的契约、碑文

契约。贵州省黔东南苗族侗族自治州锦屏县珍藏有世界现今保存最完整、最系统、最集中的清代林业契约文书，数量达6余万件，其中保存最早的是明嘉靖二十五年（1546）的文书，目前仅收集到四件，时间跨度近500年。

碑文。文斗古寨门旁边的"六禁碑"立于清乾隆三十八年（1773）仲冬月。碑文曰：

——禁：不俱远近杉木，吾等所靠，不许大人小孩砍削，如违，罚银十两。

——禁：各甲之阶分落，日后颓坏者自己修整，不遵者罚银五两，与众修补，留传世代子孙遵照。

——禁：四至油山，不许乱伐乱捡，如违，罚银五两。

——禁：后龙之阶，不许放六畜践踏，如违，罚银三两修补。

——禁：逐年养鸭，不许众妇女挖阶前后左右锄膳，如违，罚银三两。

图 7-3　“六禁碑”(刘作福摄)

——禁:不许赶瘟猪牛进寨,恐有不法之徒宰杀,不遵禁者,送官治罪。

在“六禁碑”旁,有一块比“六禁碑”晚立 12 年的环保碑,碑文专门对文斗村寨附近的林木管理做了具体的规定:“此本寨护寨木,蓄禁,不许后代砍伐,存以壮丽山川。”另一块古碑所书:“……所有凉亭边大树,永远不准斫。光绪二十年(1894)立。”

2. 具有代表性的古树名木

文斗苗家人恪守林业契约和环保古碑等乡规民约,使村寨周围保留了 600 多株巨大苍翠的古树,树种有 30 多个。其中有两株古银杏,其树龄已不可知,相传清初已是浓荫大树了。雌株树已空心,可容七八人围坐其中,每年仍能收白果数百斤。更令人惊叹的是,村中有近百棵被国家列为一级保护珍稀树种的红豆杉,其中有 20 多株是古树,最粗的可 3 人合抱。

图 7-4　环保碑(刘作福摄)

据记载,在明清时期,北京故宫修建,使用了锦屏北运的皇木。明正德九年(1514),朝廷开始在锦屏“内三江”征集皇木,到清代,已法定为“钦工例木”,每年定额征集,直至辛亥革命推翻帝制。目前村中还遗留 3 株皇木(杉木),其中 1 株古杉,树高 35 米,胸径 1.6 米,寨上姜姓的子子孙孙们都称之为“皇杉”。

3. 以地方名称命名的契约文化

锦屏文书在以前其称谓不一。最初称为“锦屏林业契约”“苗族

图 7-5　遗留的“皇木”（刘作福摄）

林契”，后来有的专家亦称“清水江文书”，等等。2004 年，贵州省有关专家、学者先后深入锦屏县实地调研考察，对民间契约有了更多的了解和认识。为更好地挖掘、保护民间契约文书，2005 年 1 月，致公党贵州省委向贵州省政协九届三次会议提交《关于抢救“锦屏文书”的建议》的提案，建议以“锦屏文书”规范原先“锦屏林业契约”“清水江文书”等称谓不一的名称。同年 8 月 5 日，中共贵州省委宣传部、省文化厅、省新闻出版局、省财政厅、省教育厅、省档案局等“黔文提复〔2005〕37 号”《对贵州省政协九届三次会议党派、团体提案〈关于抢救“锦屏文书”的建议〉的答复》，正式使用“锦屏文书”称谓，具有极强的地理标志。

（三）地方情感价值

明清至民国时期，以锦屏等县为中心的清水江流域各族群众，在木材生产经营过程中形成了木商文化，为后代留下了宝贵的文化财产。从总体来看，木商文化源于明代清水江流域沿岸征集“皇木”，清水江木材的商品化、市场化源于明清时期。

何谓锦屏木商文化？它是以清水江（明清时期外省的木商称之为“苗江”“苗河”）流域盛产的优质杉木为大宗商品，以“内三江”挂治、王寨、茅坪三寨为中心市场，以“内三江”数百户行户（木行）为中介组织，与江淮、荆楚、江南、华东、华北广大销区，开展木业贸易活动，在这种东西物资、人员、资金旷日持久的大流通、大交流中所形成的特殊文化，叫作清水江锦屏木商文

图 7-6　文斗村寨周边的“古树”

图 7-7　木楼青山间(杨胜屏摄)

化。木商文化的形成是明清以来沿岸祖祖辈辈的林农、山客、水客、木行行户们共同创造出来的,具有明显的地域情感价值,是独有的,也是唯一的。

清水江锦屏木商文化具有开放性、法规性、封建性、儒商性、公益性、拓展性、投机性、竞争性、风险性,造就了一大批本地"企业家",惠及成千上万林农,造就了许多木商故事,代代相传。

六、传统习俗价值

传统习俗价值主要体现在诞生礼文化价值、丧葬文化价值、民族传统习俗价值等。

(一)诞生礼文化价值

文斗苗族还流行着这样的习俗:当孩子出生时,家人就在山坡上为之栽种 100 棵杉树,并加以细心养护管理。18 年后,孩子长大成人,杉树也长大成材。这时,姑娘该出嫁了,家人便上山砍伐这些杉树卖了,用以置办姑娘的嫁妆;待男儿娶亲时,家人便上山砍来杉木,为他建造吊脚楼。这种杉树被称为"女儿杉";因杉苗要 18 年才能成材,所以也叫"十八杉"。民间歌谣对此作了形象的概括:"十八杉、十八杉,姑娘生下就栽它,姑娘长到十八岁,跟随姑娘到赘家。"

(二)丧葬文化价值

文斗人认为,坟山上树木茂盛可以庇护后人,使风水好,因而,有在坟山栽树的习惯。在坟墓旁种植杉树、柏树、松树等作为纪念,不许人畜践踏和攀折,更不准任何人在祖坟附近动土伐木。坟山坟林的树木要精心保护,严禁砍伐,从而维护当地优美的生态环境。

(三)民族传统习俗价值

文斗村,2016 年 9 月被省民宗委评为省级少数民族特色村寨,2017 年 3 月被国家民委评为国家级少数民族特色村寨。村寨目前无庙宇建设,村民主要是信奉道教和佛教,每年"三月三""九月九""除夕日"有祭拜神村、神山、神石、神井习俗。

锦屏文书对于历来守信契约的文斗人具有很强的约束力,使文斗的林木、古道石阶得以很好的保护。村寨中许多珍稀古树被保留下来。走进寨中,竹木相映随处可见，虫鸣鸟语声声入耳。上到寨后龙山，浓荫蔽日，俨然进入森林公园。

村民保护生态环境的意识，是数百年形成的。20世纪90年代初，曾有来自台湾、广东的富商出资上百万巨资购买村中的千年红豆杉，遭到村干部和村民的强烈反对，可见文斗人保护生态环境、保护古木的意识是根深蒂固的，并不为金钱所动摇。正是这种传承了数百年的生态环保意识，在2008年初雪凝灾害袭来时，当地许多村民的屋顶被冰雪压得千疮百孔，甚至有些村民家中的猪牛被活活冻死，但当地人还是优先选择敲冰减压、稻草保暖等办法先保护古树，按他们的话说"猪牛死了，可以重养；房子垮了，可以重建；古树死了，就再也回不来了"，话虽简朴，但体现出的生态保护意识已在文斗村入心入脑，并付诸行动。

七、伦理道德价值

伦理道德价值主要体现在森林信仰价值、哲学价值（精神层面）、社会和谐价值等。

（一）森林信仰价值

文斗苗寨民风朴实，民族文化深厚，历朝历代的文斗人都十分重视生态环境保护，文斗人爱树、护树，敬树为神，拜树祈福，向树许愿，为树禁令。有娃娃出生，家人就会种一棵常青树，让树与孩子一起成长，希望孩子像树一样健康常青。有的父母还会帮自己的娃娃认树为"干爹""干妈"，祈求免灾平安。村中大树的根部，贴满了褪色的红纸，树脚下还有残留的香纸。文斗村"祭树节"，每逢农历三月三、九月九，文斗人都会带上香纸和祭品，祭拜古树。久而久之就形成了现在的"祭树节"。

（二）哲学价值（精神层面）

早在明代万历年间，文斗人即已习惯了"开坎砌田，挖山栽杉"的山田互补、林粮间作的农林结合生产方式。与此同时，锦屏文书注重明晰产权，充分调动了林民生产的积极性，有利于森林可持续经营，祖祖辈辈才能代代相传经营林业产业。采伐一片，更新一片，甚至有了"杀不完的猪，砍不完的树"的民谚，充分体现了可持续发展的先进思想理念。

（三）社会和谐价值

锦屏文书作为文化传承的载体，反映出当地经济社会的兴衰荣枯与林业发展的关系。大量的林契确定了不同家庭、家族和村寨的经济权属，调节管理当地林业市场，规范约束人们的社会行为，维护社会的团结和稳定，保障大规模人工造林长期进行，不仅使自然资源得以长期合理循环利用，而且可以说是一种原始的、自发的生态环保行为。

村民们以敬惜生存环境、保育文化根基的情怀在这里繁衍生息，形成了热情、重诺、包容、谦逊的文化品格和公众利益至上的价值观。与此同时，依托传统文化，探索乡风文明建设的有效途径，倡导诚信、和谐、奋进的社会风气；村里各房族之间利用族规族训教导儿孙耕读传家，勤奋学习，倡导节约。从传承弘扬当地木商优秀传统文化着眼，坚持创造性转化、创新性发展，从基础设施建设和丰富群众精神文化生活入手，让山村美、文化活、精神悦。

八、制度规范价值

制度规范价值主要体现在法律法规价值和乡规民约价值。

（一）法律法规价值

1. 与现有法律法规的契合度

锦屏文书内容包括立契主题、立契人、立契原因、山林土地的来源、地名、地界四至、买主或佃主、价务、买卖双方的权利和义务、中间人（公证人）、书契人、立契时间、执契人等。

纸　　契

立断卖栽手字人上文斗姜老集、姜老志二人。为因缺少银用，自愿将到所栽二十四家之山栽手出卖与福建李林通名下承买为业。当面议定价银二两八钱正，亲手收回应用。此山界限上凭田角与路，下凭载渭木，左凭载渭木，右凭岭，四至分明。自卖之后，任从买主管业修理，弟兄二人不得异言。今欲有凭，立此断卖为据。恐有不清，俱在卖主上前理落。外批：山内开和所栽之木在外。凭中：姜通粹、姜永发、姜尚选。道光二十六年十二月十五日。代笔姜卓元立。

这种契约，只要主体双方有交易意向，就可以明确时间现场踏勘后进行谈判，在明确双方责任及义务后随即可以签约、成交。一纸契在手（就等同于我们现在签订的合同），双方就必须遵守，维系了契约的公平、公正、自愿原则，将诚信精神体现得淋漓尽致，其操作方法之简便、快捷，令现代人所折服。

2. 与森林政策的契合度

据记载，新中国成立后，国家林业局于 1964 年、1984 年分别在锦屏召开全国林业工作会议。1994 年南方集体林权改革、2003 年 6 月 25 日《中共中央、国务院关于加快林业发展的决定》也吸纳了部分锦屏文书的精华。根据 2006 年《贵州省人民政府关于开展深化集体林权制度改革工作的意见》（黔府发〔2006〕42 号）文件精神，作为我国南方集体林区的重点县之一，2007 年锦屏县成为贵州省的林改试点县先行开展，探索林改方法，总结林改经验，以便全省铺开。

（二）乡规民约价值

1. 林业契约的形式

锦屏文书主要以汉文书写，按形式可分为纸契和石契，绝大多数为纸契，石契很少。按约束范围可分为户契和寨契，按族别可分为苗契和侗契。书写格式和记述内容都按既定陈规。

2. 对乡规民约的影响

乡规民约是锦屏文书的重要组成部分，是村民在长期生活、生产实践中共同议定并自觉遵守的社会规范。民事生活秩序作为社会秩序中的重要组成部分，涵盖了乡土社会生活的很多方面。如林业生产的过程及方式、销售秩序、林木运输秩序、生态保护等内容，切实影响着村民的各种价值观，进一步规范着村民的处事行为准则。乡规民约也成为当地林业管理的重要手段，有助于当地林业的可持续性发展，走绿色、可持续发展道路，实现人与自然的和谐共荣。

第三节　区域森林文化价值评估

一、森林文化价值评估指标、权重及评分

经过评分，该地区森林文化价值得分如表 7-5 所示。

表 7-5　森林文化价值评估指标、权重及评分

序号	评估类别（一级）	权重	评估指标（二级）	权重	评估指标因子（三级）	评估分值	得分	指标化系数
1	社会文化价值	0.12	1. 社会知名度	0.5	1. 在社会上的影响力；2. 公众的了解程度	82	4.92	
			2. 国内国际交流合作	0.5	3. 国外合作交流情况；4. 国内合作交流情况	88	5.28	
2	身心康养价值	0.11	3. 疗养价值	0.3	5. 森林疗养的开展情况	60	1.98	
			4. 宜居价值	0.7	6. 森林覆盖率；7. 人口	98	7.546	
3	休闲旅游价值	0.03	5. 体验价值	0.5	8. 森林文化旅游人数、天数、人均消费额、带动效应	60	0.9	
			6. 休闲价值	0.5	9. 本地人本年度森林休闲度假人次；10. 森林修身的多种形式及方法	60	0.9	
4	科研教育价值	0.21	7. 科学研究价值	0.7	11. 科研项目数量和投入资金量（国家自然科学基金、社会科学基金）；12. 科研成果量（发表的论文、专著、专利数量等）	92	13.524	
			8. 科普教育价值	0.3	13. 学校参与森林教育的学生年人次；14. 科普教育标识系统、展演展示、体验等和参与人数；15. 社区对森林教育的参与度和体验；16. 森林文化博物馆数量及规模	85	5.355	
5	文明演进价值	0.11	9. 历史遗存价值	0.5	17. 遗存数量；18. 年代分布情况	96	5.28	
			10. 地理标志价值	0.3	19. 具有代表性的契约、碑文；20. 具有代表性的古树名木；21. 以地方名称命名的契约文化	91	3.003	
			11. 地方情感价值	0.2	22. 乡愁记忆—木商文化	88	1.936	
6	传统习俗价值	0.08	12. 节庆载体价值	0.4	23. 各类研讨会、展览会丰富度及参与人次	80	2.56	
			13. 民族习俗价值	0.6	24. 诞生礼文化价值；25. 丧葬文化价值；26. 其他民族习俗	84	4.032	

续表

序号	评估类别（一级）	权重	评估指标（二级）	权重	评估指标因子（三级）	评估分值	得分	指标化系数
7	伦理道德价值	0.12	14. 森林信仰价值（精神层面）	0.2	27. 图腾崇拜价值（神山、神树、社木、风水林）	82	1.968	
			15. 森林哲学价值（精神层面）	0.3	28. 人与森林相互依存、和谐共生的思想意识和行为导向对国家和地方生态文明建设的重大作用	95	3.42	
			16. 社会和谐价值	0.5	29. 对人与自然、人与人、人与社会和谐的价值	98	5.88	
8	制度规范价值	0.22	17. 法律法规价值	0.4	30. 与现有法律法规的契合度；31. 与森林政策的契合度等	90	7.92	
			18. 乡规民约价值	0.6	32. 林业契约的形式；33. 对乡规民约的影响等	98	12.936	
合计						89.34	1.7868	

二、森林文化价值评估计算

（一）森林文化价值物理量

参考森林文化价值量计算方法，非森林生态系统为主体的游憩区森林文化价值物理量（Cultural Physical Values of Forests in non-forest ecosystems，*Vep*）计算公式如下：

$$Vep = \sum_{i=1}^{n} \frac{Pe_i \times Te_i}{8760} \tag{7-1}$$

公式中：*Vep* 为一年内非森林生态系统为主体的游憩区森林文化价值物理量，单位：cy；Pe_i为第 i 个区域内森林的文化年受益人数；Te_i为第 i 个区域人均停留时间，单位：h；8760 为 1 年的小时数。

其中，*Pe* 的计算公式为：

$$Pe = \sum_{i=1}^{n} Pc_i \times B_i \tag{7-2}$$

公式中，Pc_i为第 i 个区域文化年受益人数；B_i为第 i 个区域内该年森林的文化受益者比例。

区域中人与森林人均共生时间（*Te*）的计算公式为：

$$Te = \sum_{i=1}^{n} Tet_i \times F_i \tag{7-3}$$

公式中：*Te* 为区域中人与森林人均共生时间，单位：h；Tet_i为第 i 个区域中人均游憩时间，单位：h，F_i为第 i 个区域内林木覆盖率或森林覆盖率。

1. 按照文斗村的参与人数核算

区域中人与森林人均共生时间＝区域中人均游憩时间×区域内森林覆盖率＝72×0.85＝61.2 小时。

区域内森林文化受益者＝区域文化年受益人数×区域内该年森林文化受益者比例＝30000×1＝30000。

森林文化价值物理量＝森林文化年受益人数×年人均人与森林共生时间÷8760＝30000×61.2÷8760＝209.59 文年。

2. 按照锦屏县的年度旅游人口核算

区域中人与森林人均共生时间＝区域中人均游憩时间×区域内森林覆盖率＝72×0.72＝51.8 小时。

区域内森林文化受益者＝区域文化年受益人数×区域内该年森林文化受益者比例＝1500000×1＝1500000。

森林文化价值物理量＝森林文化年受益人数×年人均人与森林共生时间÷8760＝1500000×51.8÷8760＝8869.86 文年。

（二）森林文化价值量

非森林生态系统为主体的游憩区森林文化价值量（Cultural Values of Forests in non-forest ecosystems，Ve）具体计算公式如下：

$$Ve = \sum_{i=1}^{n} Vep_i \times \alpha_i \times G_i \qquad (7-4)$$

公式中：Ve 为非森林生态系统为主体的游憩区森林文化价值量，单位：CNY；Vep_i为第 i 个区域内一年内非森林生态系统为主体的游憩区森林文化价值物理量，单位：CNY；α_i 为森林综合指标系数，根据“森林文化价值指标体系”各项指标权重总得分，获得 0—2 之间的标准化系数；G_i为第 i 个自然保护地所在区域内人均 GDP 或 PCDI，单位：CNY。

锦屏县 2017 年人均 GDP 为 26174 元。

1. 按照文斗村的旅游人数核算

森林文化价值量＝森林文化价值物理量×标准化系数×区域内人均 GDP＝209.59×1.7868×26174＝0.10 亿元。

2. 按照锦屏县的旅游人数核算

森林文化价值量＝森林文化价值物理量×标准化系数×区域内人均 GDP＝8869.86×1.7868×26174＝4.15 亿元。

（三）质量评估

根据2016年锦屏县林地更新数据，锦屏县森林面积为11.3827万公顷，森林覆盖率为72%；文斗村森林面积为791.88公顷，森林覆盖率达85%。

1. 按照文斗村的旅游人数核算

按村域：单位面积森林文化价值量＝森林文化价值量÷森林面积＝0.10亿元÷791.88公顷＝1.26万元/公顷。

2. 按照锦屏县的旅游人数核算

按县域：单位面积森林文化价值量＝森林文化价值量÷森林面积＝4.15亿元÷11.3827万公顷＝0.36万元/公顷。

第四节　建　议

从上面的数据分析来看：

1. 社会文化价值凸显不足，社会知名度不高，受众面较窄，国内国际交流合作未形成长期有效的延续，未扩大其社会影响力。

2. 身心康养价值未能充分体现，锦屏县文斗苗寨拥有良好的自然生态环境，是天然的宜居场所，也是长寿之地，但由于受到交通条件的限制，目前还未能引进相关的森林康养企业入驻，医学疗养和宜居康养价值未得到有效利用。

3. 休闲旅游价值未充分挖掘，锦屏县文斗苗寨依山傍水，自然风光优美，但受到吃、住、行的影响，森林文化旅游人数较少，逗留时间较短，大多数基本上是当天去当天回，未能有效带动区域经济的发展。

4. 科研教育价值未能形成有效利用体系，充分发挥其应有价值。一是表现在科研项目量较少，投入资金有限；二是科研成果方向不够丰富，还存在研究空白和盲区；三是科普教育未形成规模，社区参与度较低。

5. 契约文化文明演进价值在锦屏当地深入人心，但在全省、全国乃至全世界的影响力不强。

6. 传统习俗价值与现代生态文明思想相统一，有待于进一步挖掘和传承。

7. 伦理道德价值明显，成就了一座古树林立的美丽乡村，诠释了人与自然和谐统一的理念，应进一步扩大社会影响力。

8. 制度规范价值显著，1994年南方集体林权改革、2003年6月25日《中共中央、国务院关于加快林业发展的决定》吸纳了部分锦屏文书的精华。

鉴于此，我们提出如下建议：

1. 将森林文化作为锦屏文书文化的核心之一来进行深挖。通过各级科研部门，呼吁政府加大政策和资金投入，加强研究，不断挖掘林业契书文化优势，填补研究空白。

2. 进一步深入挖掘和提炼制度规范价值，将原始、纯朴的乡规民约情结提升至法制层面，不断培育生态文明价值观，有助于林业的可持续性发展。

3. 加大基础设施建设的投入力度，为森林康养、医疗卫生、森林旅游、餐饮、酒店业的招商引资提供条件，推动地方经济健康发展。

4. 强化契约文化的宣传，让当代人领悟契约文化本质，共同营造诚实守信、尊重规则，践行契约精神的人文环境。

第八章　卧龙大熊猫栖息地森林文化价值评估研究

第一节　研究背景及区域概况

卧龙国家级自然保护区位于四川盆地西缘岷江上游、阿坝藏族羌族自治州东南部。东与汶川县映秀镇连接，南与大邑、芦山两县毗邻，西与宝兴、小金县接壤，北与理县及汶川县草坡乡为邻。地理坐标为东经 102°52′—103°24′，北纬 30°45′—31°25′。卧龙国家级自然保护区以四川省汶川卧龙特别行政区卧龙镇为中心，总面积 20 万公顷。森林覆盖面积达 11. 8 万公顷，约占保护区总面积的 56. 7%，灌丛草甸覆盖面积约 3. 04 万公顷，复杂多变的自然条件造成了植物种类与群落的多样性。保护区内植被属中亚热带绿阔叶林北缘，随着海拔高度不同和水热条件的变化，植被分布呈明显的垂直带谱。从保护区入口处起，依次为常绿阔叶林、常绿落叶阔叶混交林、针阔叶混交林、寒温性针叶林、耐寒灌丛和高山草甸、高山流石滩稀疏植被带 6 种类型。

保护大熊猫的意义在于保护以它为代表的整个生态系统，生态系统保护下来，各种生物和水土资源也就保护下来，建立保护区是保护大熊猫最有效的办法。卧龙国家级自然保护区属于大熊猫邛崃山种群核心分布区，是我国大熊猫种群数量和栖息地面积最大的保护区，也是我国建立最早、栖息地面积最大、以保护大熊猫及高山森林生态系统为主的综合性自然保护区，在中国大熊猫保护工作中占有重要的地位。

卧龙国家级自然保护区是国家级第三大自然保护区，是四川省面积最大、自然条件最复杂、珍稀动植物最多的自然保护区，是我国已建立的 37 个大熊猫保护区中面积最大的自然保护区。保护区横跨卧龙、耿达两乡，东西长 52 公里、南北宽 62 公里，总面积约 70 万公顷，主要保护西南高山林区自然生态系统及大熊猫等珍稀动物。

保护区内的野生大熊猫约占全国野生大熊猫总数的10%。保护区内还有中国保护大熊猫研究中心卧龙神树坪基地，饲养人工圈养大熊猫60余只。此外，保护区还有大熊猫野化培训基地和世界上规模最大、资料最权威的大熊猫博物馆，是国际上公认的“熊猫之乡”。2006年7月，四川大熊猫栖息地被世界遗产大会批准列入世界自然遗产名录。其中，卧龙国家级自然保护区位于自然遗产地的核心，生境自然性得到充分的肯定。同时也是《中国大熊猫及其栖息地管理计划》与《保护大熊猫及其栖息地工程》项目的重点实验区。

本研究主题为大熊猫栖息地森林文化价值评估研究，卧龙国家级自然保护区作为拥有野外大熊猫数量最多和大熊猫栖息地面积最大的自然保护区，具有较高的研究价值及代表性。本研究以卧龙国家级自然保护区为例，通过科学剥离法、分项指标测定法等科学评定方法，全面的价值评估体系，系统地对卧龙国家级自然保护区的景观审美价值、医学疗养价值等22项价值进行了评估。本课题组按照相关要求，先后四次到卧龙国家级自然保护区进行实地调研、数据采集和评估工作，为卧龙国家级自然保护区森林文化价值评估研究找到了事实依据。

第二节　区域森林文化价值分类调研及解析

本项目首先通过总项目组制定的森林文化价值评估指标体系中的评估指标因子对卧龙国家级自然保护区进行实地调查和游客问卷调查，再根据实地调查和游客问卷调查，从定性到定量确定森林文化价值评估指标权重表中的评估分值，按从定性到定量再到定性、由物理量而价值量的次序核算森林文化价值量。

一、审美艺术价值

卧龙国家级自然保护区境内的森林植被保存了良好的原生性，山中古树参天，山谷中流水潺潺，清澈透明，是不可多得的高山自然景观资源。保护区内有我国特有植物263种36属，约占总数的3%。有国家重点保护植物12种，有珙桐等国家Ⅰ级保护植物4种，有四川红杉等国家Ⅱ级保护植物 8 种。

卧龙国家级自然保护区的植物区系起源古老,具有较多的特有种属和孑遗植物。根据植物种类组成和植被的外貌特征,卧龙的植被可划分为以下 6 种类型:

(1)常绿阔叶林:分布在海拔 1600 米以下地段,建群种主要有樟科、山毛榉科、山茶科和冬青科植物。林内有少量桦木科、槭树科和胡桃科等的落叶阔叶树种,林下有大面积的白夹竹、油竹子和拐棍竹,植被外貌四季常绿,季节变化不明显。

(2)常绿落叶阔叶混交林:分布在海拔 1600—2000 米地段,建群种中,常绿的有山毛榉科、樟科等树种,落叶的有桦木科、胡桃科、槭树科等树种,局部地区有连香树、珙桐、水青树、领春木等珍稀的古老孑遗植物伴生,林下层以拐棍竹为主,植被外貌季节变化明显,春夏深绿与嫩绿相间,入秋则绿、黄、红、褐等诸色掺杂,冬季仅林冠有少量绿色点缀于白色世界中。

(3)针、阔叶混交林:分布在海拔 2000—2600 米地段,建群种中,阔叶树种有红桦、槭树、藏刺榛、椴树等,针叶树种有铁杉、表吊杉、四川红杉、松树等,林下广泛分布着拐棍竹,局部地区有大箭竹、冷箭竹,植被外貌季节变化显著,春夏呈翠绿色,秋末冬初则七彩斑斓,构成卧龙国家级自然保护区的一大景致。

(4)寒温性针叶林:分布在海拔 2600—3600 米地段,建群种有表吊杉,多种冷杉、方枝柏、四川红杉等,林下有大面积的冷箭竹,约占全区竹类总面积的 50%,局部地区还有大箭竹、华西箭竹,植被外貌呈暗绿色,季节变化不明显。

(5)耐寒灌丛和高山草甸:分布在海拔 3600—4400 米地段,耐寒灌丛以紫丁杜鹃、牛头柳、细枝绣线菊、华西银露梅和香柏为主,高山草甸以珠芽蓼为主的杂草类草甸,以羊茅为主的禾草草甸,以矮生嵩草为主的莎草草甸,夏季百花齐放,景色宜人。

(6)高山流石滩稀疏植被带:分布在海拔 4400—5000 米地段,主要由多毛、肉质的矮小草本植物组成,如多种凤毛菊、多种贳耳草、多种红景天、蚤缀、点地梅,另外还有少量的地衣和苔藓植物。

保护区内有各种兽类 50 多种,鸟类 300 多种,此外还有大量的爬行动物、两栖动物和昆虫。区内分布的大熊猫约占总数的十分之一,被誉为“大熊猫的故乡”。除了大熊猫外,还有金钱豹、金丝猴、扭角羚、白唇鹿、小熊猫、雪豹、水鹿、猕猴、短尾猴、红腹角雉、藏马鸡、石貂、大灵猫、小灵猫、猞狲、林麝、毛冠鹿、金雕、藏雪鸡、血雉等几十种珍稀野生动物。鸟类种类繁多,占中国特种鸟类的50%。是世界上古老生物种保存最多最完好的地区之一。这些动物主要生活在2200—3600米之间的气候温凉的针阔叶混交林及箭竹林地带。

保护区的土壤类型为垂直分布,有山地黄壤、山地黄棕壤、山地暗棕壤、山地棕色暗叶林土、亚高山草甸土、高山草甸土、高山塞汉土至现代冰川的冰舌前缘。

图8-1 森林环拥的草海子(刘斌摄)

丰富的森林和动植物资源为卧龙国家级自然保护区提供了丰富多样的审美价值。

二、身心康养价值

保护区形成特定的森林植被环境,空气清新,含氧量高、细菌含量低、尘埃少、空气负离子含量高达24000个/立方厘米,负离子的独特特性让人感觉到森林里空气清新,使人感到振奋。对游客和当地居民有良好的保健疗养作用。

卧龙地区位于龙门山中南段,邛崃山的东南坡,为四川盆地向川西高原的过渡地带,其地貌形态以高山深谷为主。区内最高峰四姑娘山是邛崃山的主峰，海拔 6250 米。以四姑娘山——巴朗山为界，以东为四川盆地边缘山地，以西进入川西高原。无数喜爱自然风貌的登山爱好者前往卧龙徒步四姑娘山等多处名山，还有许多机关、公司在卧龙举行拓展运动，以开阔身心，强身健体。

保护区属青藏高原气候带，其特点是年温差较小，年平均气温 8.9℃，是夏季避暑的好去处。

三、休闲旅游价值

2017 年全年区内接待游客 36 万人次，实现旅游收入 1430 万元。其中：中华大熊猫苑神树坪基地完成接待游客 15 万人次，收入 630 万元；接待休闲避暑 10 万人次，收入 800 万元；卧龙自然与地震博物馆全年免费接待游客 11 万人次。

在休闲观光价值方面，主要有：体验耿达和卧龙的农家乐，参与当地乡土文化休闲活动，参与观光原生态自然环境、夏季纳凉、观星、美食、跳锅庄等多种休闲活动项目。此外还有：大熊猫旅游主题区、沟谷生态、高山生态的自然观光；品味民俗休闲，体验亲水娱乐项目、高山徒步、观鸟等活动项目。

四、科研教育价值

1. 科学研究价值

卧龙国家级自然保护区有世界瞩目的大熊猫种群和适宜栖息地，其丰富的物种资源、典型的生态系统类型、独特的地形地貌，是进行相关生物科学研究的重要基地。保护区开展了 50 多年的大熊猫保护研究，积累了丰富的科研资料，取得了举世瞩目的科研成绩，是大熊猫研究的国际交流与合作平台。

保护区境内分布有贝母、党参、大黄等药用植物资源，在积极保护的前提下，可以探索人工繁殖、培育的研究。

中国知网（CNKI）搜索自 1979 年以来篇名有“卧龙保护区”的中文期刊文献有 183 篇。百度学术搜索自 1979 年以来篇名有“卧龙保护区”的中文文献有 1680 篇，有关卧龙国家级自然保护区的专著 23 部；搜索自 1979 年以来篇名有“Wolong Nature Reserve”的英文文献有 84 篇。

2. 科普教育价值

保护区对公众环境保护意识和生物多样性保护意识教育提供了很好的基地，通过开展公众教育提高大众和社区居民的自然保护意识。

保护区科普内容十分丰富，涵盖了大熊猫繁育、大熊猫人工育幼、大熊猫疾病防控、大熊猫救护、大熊猫野化培训放归、野生动植物保护、高山生态系统、生物多样性保护、卧龙自然资源、生态演替、地震科普知识、防震减灾知识、森林防火、环境保护等。卧龙国家级自然保护区是"全国科普教育基地""全国自然保护区示范单位""四川省爱国主义教育基地""中国最令人向往的旅游胜地""中国最令人向往的大熊猫故乡"，受到国内外的广泛关注。

图 8-2　大熊猫幼崽（四川省林业和草原局供图）

近年来，卧龙国家级自然保护区印制出版了包括《卧龙发展史》《卧龙记忆》《中国宝贝大熊猫》《雪豹基础研究及保护策略》《卧龙国家级自然保护区外来入侵植物图册》等数十种科普宣传读物，摄制了《大熊猫淘淘》《风雨卧龙路》《野性卧龙》等十余部大型科普宣传视频。目前，保护区正积极向省科技厅争取省级科普教育基地宣传能力建设项目支持。

五、文明演进价值

卧龙国家级自然保护区属青藏高原气候区的东缘，由于本身的地理位置和地形的影响，形成了典型的亚热带内陆山地气候，西风急流南支和东南季风控制了区内的主要天气过程，冬半年（11 月至翌年 4 月）在干冷的西风急流南支影响下，天气多晴朗干燥，在冷气流的进退过程中，也常形成降雪或降雨，夏半年湿润的东南季风顺河而上，遇到高山冷气流而形成丰富的迎坡降水，因而温暖湿润。随着海拔的增高，从山谷到山顶形成了亚热带（2000 米以下）、温带（2000—2600 米）、寒温带（2600—3600 米）、寒带（3600—4400 米）、高寒带（4400—5000 米）、极高山寒冻冰雪带（5000 米以上）等不同的气候垂直带谱。"一山有四季，十里不同天"这句话充分反映了卧龙的气候特征。这些特殊的气候地理条件，也诞生了卧龙丰富的森林植被资源。

卧龙于 1963 年建立自然保护区，面积 2 万公顷。1980 年 1 月，四川卧龙国家级自然保护区加入联合国教科文组织"人与生物圈"保护区网，并与世界野生生物基金会合作，建立中国保护大熊猫研究中心。1983 年，加入国际"人与生物圈计划"。主要保护对象是大熊猫等珍稀动物及森林生态系统。1983 年 3 月经国务院批准，将卧龙保护区内汶川县的卧龙、耿达两个公社划定为汶川县卧龙特别行政区，实行部、省双重领导体制，由四川省林业厅代管；同年 7 月，省政府与原林业部联合作出了将四川省汶川县卧龙特别行政区改为四川省汶川卧龙特别行政区的决定，与卧龙国家级自然保护区管理局合署办公的综合管理体制。2008 年 5 月 12 日汶川地震后，香港主动承担了保护区 23 个援建项目，包括 11 个生态保育项目和 12 个民生基建项目。在保护区内还可通过自然与地震博物馆，了解邛崃山系地质地貌、气候水文、土壤植被、生物多样性、民族文化、地震影响等信息。

六、传统习俗价值

1. 节庆载体价值

每年一届的汶川（卧龙）国际大熊猫节旨在进一步推动绿色发展和大熊猫保护工作，加强汶川与卧龙国家级自然保护区大熊猫栖息地"熊猫品牌”打造，深度融合汶川丰富的自然资源和民族文化资源，以大熊猫节为载体，推动生态旅游。

2017 年耿达镇举办羊肚菌美食节、首届“经典诵读美文阅读”读书展演活动、“美在卧龙山水 · 乐在耿达民宿”文艺联欢会。2018 年卧龙镇举办“感党恩 · 话巨变 · 阔步迈入新时代”新春群众民俗文化活动。

2. 民族习俗价值

卧龙国家级自然保护区中 80%以上是少数民族，羌族、藏族占绝对优势。卧龙国家级自然保护区下辖两个藏族乡，藏族特殊的民俗、节庆、饮食和丰富的手工艺品是卧龙国家级自然保护区独特的人文景观。何家大地三圣庙、花红树喇嘛庙和耿达神树坪玉皇庙是藏族重要的宗教设施。藏羌族的“毛石墙”和汉族的“木结构”和“瓦屋顶”相融合形成独特的建筑风格。

羌藏风情是重要的人文景观。羌藏风情资源主要有雕楼、民居、服饰饮食（羌式、藏式服装，老腊肉，咂酒等）、信仰习俗（羌人认为万物有灵，供奉 30 多种神灵，崇拜白石）、节庆（四月初一祭山会，十月初一羌历年，农历元月歌仙节等）、文学艺术（如民歌、民间传说等）。

七、伦理道德价值

中华民族传统文化似乎注定与黑白两色有着密不可分的渊源——一个黑白相间的太极图形，将人生无常、时间流转、世事更迭以最为简洁的形象统揽其中，成为中国哲学和文化的象征；中国的水墨画，在黑白两色的世界里展现自然山水的无穷变化和气魄；挥洒自如的中国书法，以黑白之魂的写意哲学，凝聚和传承着中华民族千年文明的沉淀和民族审美意识的追求；黑白两色的围棋，演绎着人生的微言大义，在方寸之间展现广阔无边的意象。黑白相间的大熊猫也仿佛秉承了中国传统文化的黑白审美特质，成为最具代表性的动物，这是上苍描绘的“美丽的黑白花”。

大熊猫黑白相间的外表，同中国古代《易经》中太极图的黑白色彩组合不谋而合，具有天地合一的独特神韵。大熊猫具有食肉动物的生理特征，但在严酷和漫长的进化过程中选择吃竹子，具有“放下屠刀，立地成佛”的哲理意味，被大熊猫栖息地的山民视为“山神”。卧龙当地山民称大熊猫为“花熊”，过去猎人上山打猎，只要撞见了花熊，就会认为是山神在发出警告,会立刻返回。即使心存侥幸上山狩猎的话,也会徒劳无功、空手而归,甚至还会因此发生野兽伤人、狩猎人意外失足命丧悬崖的悲剧。

八、制度规范价值

1990 年 6 月 13 日,林业部以《关于下达重新核定的四川卧龙、甘肃白水江、山西佛坪国家级自然保护区管理局事业编制的通知》(林人字〔1990〕212 号),将“林业部卧龙国家级自然保护区管理局”更名为“四川卧龙国家级自然保护区管理局”。此后,省委、省政府十分重视卧龙特区的建设与发展,分别于 1991 年、1992 年、1995 年、1997 年在卧龙召开了 4 次现场办公会。明确了“特区、管理局的隶属关系不变,卧龙国家级自然保护区管理局直属林业部,卧龙特别行政区隶属省政府,部、省均委托省林业厅代管,特区、管理局实行两块牌子、一套班子、合署办公的管理体制”,并作出了“开小口子、列小户头、特事特办、省级各部门对卧龙特区经济发展所需人、财、物等方面给予大力支持”的重大决策,使卧龙特区各项事业得到较快发展。

2000 年,天然林保护工程、退耕还林工程在卧龙国家级自然保护区顺利实施,开创了资源保护的新格局,推动了生态建设的步伐,为野生动植物保护和长江上游生态屏障建设工程注入了无限的活力。“天保”工程的实施,掀开了卧龙自然资源保护事业的新篇章。森林面积停止了缩减,随后大熊猫栖息地和天然林资源逐年扩大,大熊猫和伴生动物丰富度持续扩大,大熊猫栖息地面积增加了 8%。

第三节　区域森林文化价值游客认知调查

一、调查问卷设计

问卷采用封闭式问卷,以游客的人口统计学特征调查和出游行为特征调查为基础,通过游客对森林文化价值的认知度和对卧龙国家级自然保护区森林文化价值的感知度调查,设计游客调查问卷。问卷(见附录)主要由三部分组成:

第一部分:以游客的出行习惯、出行动机、学习森林文化知识的方式和重游率作为调查内容，主要包括游客常住地、花费时间、次数、预计停留时间、出游原因、消费金额和重游意愿，共7题。

第二部分：游客对森林文化价值的调查和对了解与接受的森林文化产品的调查，共5题。

第三部分：对游客的人口统计学特征等基本情况的调查。包括游客的性别、年龄、职业、学历和收入情况，共5题。

二、调研实施

为了让调查能够覆盖到不同特征的游客群体，得到的数据更加随机，更具有代表性，在调查时间的安排上，选择两个时间段，分别是2018年5月16日的下午；5月17日整天。5月16日回收问卷47份；5月17日回收问卷79份。共发放问卷126份。调查地点覆盖了人流量较大的中国大熊猫保护研究中心卧龙神树坪基地各处及各休息区和人流量相对较低的耿达镇街道等地。

调研期间共发放126份问卷，去除作答不完整、不配合或者未按要求进行填写的无效问卷后，有效问卷为120份，有效率为95.24%。

三、研究结果分析

1. 人口统计学特征分析

（1）性别

从统计数据来看，被调查者中男性游客56人，占46.7%；女性游客64人，占53.3%。数据说明卧龙国家级自然保护区的游客性别较均衡，分析原因可能是由于前往卧龙国家级自然保护区的游客以家庭或情侣游玩的居多。

表8-1　样本性别统计

		人数（人）	百分比（%）	有效百分比（%）	累积百分比（%）
有效	男	56	46.7	46.7	46.7
	女	64	53.3	53.3	100.0
	总计	120	100.0	100.0	

(2)年龄

通过数据分析,可以发现卧龙国家级自然保护区的游客年龄段在15—24岁的占到36.7%,这个群体充满活力,对于知识和运动都充满兴趣。有的是前来增长植物方面的知识,有的则是前来锻炼身体,呼吸清新空气。除此之外,25—44岁年龄段的游客占43.3%,这一群体正处于上有老下有小但平日里工作又忙的时期,只能在假期里陪伴家人出游,因此多以家庭结伴作为出游方式,大多都带着小孩。可以看出,来卧龙国家级自然保护区的游客群体主要以中青年群体为主,这个年龄段的群体也多为学生或上班族。其他年龄区间,14岁及以下占3.3%,45—59岁占10.0%,60—74岁占3.4%,75岁及以上占3.3%。老年人群体共占6.7%,由此可见,卧龙国家级自然保护区的老年人也占有一定比例。年龄较小的游客及年龄较大的游客多为家人陪同,大多数由家人代表填写问卷,所以比例较低。

同时,由于问卷填写的人群也存在一定局限,因此,对于这一调查结果也可能有一定影响。

表8-2　样本年龄统计

		人数(人)	百分比(%)	有效百分比(%)	累积百分比(%)
有效	14岁及以下	4	3.3	3.3	3.3
	15—24岁	44	36.7	36.7	40.0
	25—44岁	52	43.3	43.3	83.3
	45—59岁	12	10.0	10.0	93.3
	60—74岁	4	3.4	3.4	96.7
	75岁及以上	4	3.3	3.3	100.0
	总计	120	100.0	100.0	

(3)职业

从职业来看,学生占调查样本的20.0%,除此之外,公司职员占23.3%,私营业主/个体户、专业技术人员、管理人员、国家公务员和退休人员所占比例在3%—15%之间。从数据可以看出,前往卧龙国家级自然保护区的游客的职业比较多元化,各类职业人群都有涉及。但是由于问卷分发时间和数量的局限性,调查数据集中在学生和公司职员,也是本次调查的局限。同时说明,职业对大家是否来卧龙国家级自然保护区出游影响较小。

表 8-3 样本职业统计

		人数(人)	百分比(%)	有效百分比(%)	累积百分比(%)
有效	国家公务员	12	13.3	13.3	13.3
	管理人员	4	3.3	3.3	16.6
	私营业主/个体户	8	6.7	6.7	23.3
	公司职员	28	23.3	23.3	46.6
	学生	24	20.0	20.0	66.6
	待业/下岗人员	4	3.3	3.3	69.9
	各行业工人	20	16.7	16.7	86.6
	专业技术人员	8	6.7	6.7	93.3
	退休人员	8	6.7	6.7	100.0
	总计	120	100.0	100.0	

(4)学历

通过数据分析,拥有大专或本科学历的游客所占比例为 60.0%,拥有研究生及以上学历的游客占 23.3%。反映了卧龙国家级自然保护区的人群学历在大专及以上占了 83.3%,剩余 16.7%的群体学历在此之下。这表明卧龙国家级自然保护区吸引的对象还是较高学历的人,这类人拥有较高的文化素养且对于卧龙国家级自然保护区的森林文化较为感兴趣。因此,卧龙国家级自然保护区森林文化价值更需要被挖掘展现,也要更有重点地向目标人群进行宣传。

表 8-4 样本学历统计

		人数(人)	百分比(%)	有效百分比(%)	累积百分比(%)
有效	初中及以下	12	10.0	10.0	10.0
	高中或中专	8	6.7	6.7	16.7
	大专或本科	72	60.0	60.0	76.7
	研究生及以上	28	23.3	23.3	100.0
	总计	120	100.0	100.0	

(5)月收入

从月收入来看,前往卧龙国家级自然保护区的游客月收入分布较均衡,其中月收入在 1000 元及以下的约有 20.0%,而月收入在 5001—10000 元的约有 25.8%。可以看出,前往卧龙国家级自然保护区的游客月收入最多的群体为 5001—10000 元。整体收入各区段比例基本相同,但高收入人群还是相对较少。

表 8-5　样本月收入统计

		人数(人)	百分比(%)	有效百分比(%)	累积百分比(%)
有效	1000 元及以下	24	20.0	20.0	20.0
	1001—3000 元	30	25.0	25.0	45.0
	3001—5000 元	26	21.7	21.7	66.7
	5001—10000 元	31	25.8	25.8	92.5
	10000 元以上	9	7.5	7.5	100.0
	总计	120	100.0	100.0	

(6)常住地

从常住地来看,前往卧龙国家级自然保护区的游客大多在四川省内,其中卧龙周边的占 10.8%,其他地区的游客约占 40.8%。外省市的有 56 人,占 46.7%,还有 1.7%来自国外。从数据中可以发现,卧龙国家级自然保护区对世界各地的游客都有着巨大的吸引力。

表 8-6　样本常住地特征

		人数(人)	百分比(%)	有效百分比(%)	累积百分比(%)
有效	卧龙周边	13	10.8	10.8	10.8
	四川省其他城市	49	40.8	40.8	51.6
	中国境内	56	46.7	46.7	98.3
	国外	2	1.7	1.7	100.0
	总计	120	100.0	100.0	

2. 游览行为特征分析

(1)到访次数

47.5%的受访游客每年会来到卧龙国家级自然保护区 1 次。其次为多次前往(3 次以上)的游客占 19.2%。

表 8-7　样本到访次数统计

		人数(人)	百分比(%)	有效百分比(%)	累积百分比(%)
有效	1 次	57	47.5	47.5	47.5
	2 次	21	17.5	17.5	65.0
	3 次	19	15.8	15.8	80.8
	3 次以上	23	19.2	19.2	100.0
	总计	120	100.0	100.0	

(2)停留时间

多数游客在卧龙国家级自然保护区的停留时间为两天以上,占受访游客总数的 44.2%。可以看出,卧龙国家级自然保护区地域广阔,且多数游客选择在此避暑,故逗留时间较长。

表 8-8　样本停留时间统计

		人数(人)	百分比(%)	有效百分比(%)	累积百分比(%)
有效	半天	10	8.3	8.3	8.3
	一天	23	19.2	19.2	27.5
	两天	34	28.3	28.3	55.8
	两天以上	53	44.2	44.2	100.0
	总计	120	100.0	100.0	

(3)出游动机

受访游客来到卧龙国家级自然保护区的原因集中在空气环境好、风景优美和参观大熊猫,这三个优势都为卧龙国家级自然保护区在自然资源上的优势,可以看出卧龙国家级自然保护区本身的旅游资源是吸引游客的主要原因。此外,因为距离近而选择来此休闲、因为知名度高而对卧龙国家级自然保护区感到好奇的游客也占有一定的比例。而对于特色活动、历史文化等人文资源方面,卧龙国家级自然保护区的优势不明显,且相对其他优势较弱。在其他优势中,有部分游客提到了学习,也可以看出卧龙国家级自然保护区在森林教育方面的功能。

表 8-9　样本出游动机统计

		人数(人)	百分比(%)	有效百分比(%)	累积百分比(%)
有效	森林康养	22	18.3	18.3	18.3
	休憩旅游	27	22.5	22.5	40.8
	放松身心	23	19.2	19.2	60.0
	参观大熊猫	46	38.3	38.3	98.3
	其他	2	1.7	1.7	100.0
	总计	120	100.0	100.0	

(4)消费金额

游客在卧龙国家级自然保护区内的消费金额大多在500元以下,可以看出游客在卧龙国家级自然保护区内的消费普遍不高。根据实地调研情况,消费的项目多为住宿、吃饭和购买纪念品。

表 8-10　样本消费金额统计

		人数(人)	百分比(%)	有效百分比(%)	累积百分比(%)
有效	500元以下	43	35.8	35.8	35.8
	500—1000元	36	30.0	30.0	65.8
	1001—2000元	23	19.2	19.2	85.0
	2001—3000元	18	15.0	15.0	100.0
	总计	120	100.0	100.0	

(5)重游意愿

游客普遍有重游意愿,占比94.1%。另外,不确定的游客占4.2%,仅有1.7%的游客不愿意再次到访。所以,卧龙国家级自然保护区有一定的消费市场。

表 8-11　样本重游意愿统计

		人数(人)	百分比(%)	有效百分比(%)	累积百分比(%)
有效	愿意	113	94.1	94.1	94.1
	不愿意	2	1.7	1.7	95.8
	不确定	5	4.2	4.2	100.0
	总计	120	100.0	100.0	

第四节　区域森林文化价值评估

根据实地调查和游客问卷调查，项目组成员对卧龙国家级自然保护区森林文化价值评分如下：

表 8-12　卧龙国家级自然保护区森林文化价值评分表

序号	评估类别（一级）	权重	评估指标（二级）	权重	评估分值
1	审美艺术价值	0.2168	1. 景观审美价值	0.6749	90
			2. 文艺创作价值（精神层面）	0.1816	62
			3. 文化产品价值（物质层面）	0.1435	67
2	身心康养价值	0.1117	4. 疗养价值	0.3026	89
			5. 保健身价值	0.3559	78
			6. 宜居价值	0.3415	85
3	休闲旅游价值	0.2720	7. 休闲价值	0.4018	86
			8. 体验价值	0.4897	82
			9. 娱乐价值	0.1085	70
4	科研教育价值	0.0788	10. 科学研究价值	0.3587	90
			11. 科普教育价值	0.6413	82
5	文明演进价值	0.1441	12. 文化文明价值	0.1895	73
			13. 历史遗存价值	0.4681	82
			14. 地理标志价值	0.1973	78
			15. 地方情感价值	0.1451	71
6	传统习俗价值	0.0947	16. 节庆载体价值	0.4268	78
			17. 民族习俗价值	0.5732	79
7	伦理道德价值	0.0641	18. 森林信仰价值（精神层面）	0.3761	72
			19. 森林哲学价值（精神层面）	0.3371	76
			20. 社会和谐价值	0.2868	74
8	制度规范价值	0.0178	21. 法律法规价值	0.5367	76
			22. 乡规民约价值	0.4633	73

根据卧龙国家级自然保护区森林文化价值评分表，得到卧龙国家级自然保护区森林综合指标系数为 1.62。

根据项目组相关公式，最终计算结果如表 8-13 所示。

表 8-13　卧龙大熊猫栖息地森林文化价值评估结果

	森林文化年受益人数（万人）	人均停留时间（小时）	森林覆盖率（%）	森林的文化价值物理量（万/文年）	综合指标系数	人均 GDP（万元）	森林的文化价值量（亿元）
卧龙大熊猫栖息地	35.00	51.01	0.57	0.12	1.62	4.48	0.85

第五节　区域森林文化价值提升建议

一、以生态保护为准绳，提升森林文化价值

卧龙国家级自然保护区地处青藏高原东缘向成都平原过渡的地形梯度带上，四姑娘山（海拔 6250 米）与成都平原（海拔<600 米）在短距离（平距 60 千米）内强烈的地貌反差，是青藏高原隆起的直接显示，具有特殊的地理位置。

由于卧龙国家级自然保护区地形的屏障作用，在地质历史上古冰川的规模和强度与邻区相比较弱，海拔 3500 米以下区域受冰川影响较小，因此成了众多动植物物种的"避难所"。又由于这里地处横断山脉北部，是南北生物的"交换走廊"，区内植被类型多样、动植物种类繁多，其中还保存了不少古老孑遗物种和特有物种，生物多样性极其丰富，被誉为"世界难得的广谱基因库""天然动植物园"。

保护区位于长江上游，区内保持有大面积的原始森林和良好的植被覆盖，这些不但是维持当地生物多样性的基础，也在涵养岷江水源、水土保持、气候调节等方面发挥着巨大的生态功能，是长江中下游地区生态安全的保障。因此，提升卧龙国家级自然保护区森林文化价值，应在以卧龙国家级自然保护区生态环境不受影响为根本，根据大熊猫栖息地生态保护的重要程度，将卧龙国家级自然保护区划分为核心区、缓冲区、实验区。必须坚持以生态保护为主，将休闲游憩活动严格限定在实验区内，保证核心区不受任何干扰，在生态保护得到充分保障的前提下，引进国际文化旅游保护、开发、管理和经营理念，发展以当地人参与为基础的文化旅游业，把卧龙打造成世界原生态大熊猫科普教育和休闲旅游的首选目的地。以此带动区域产业优化

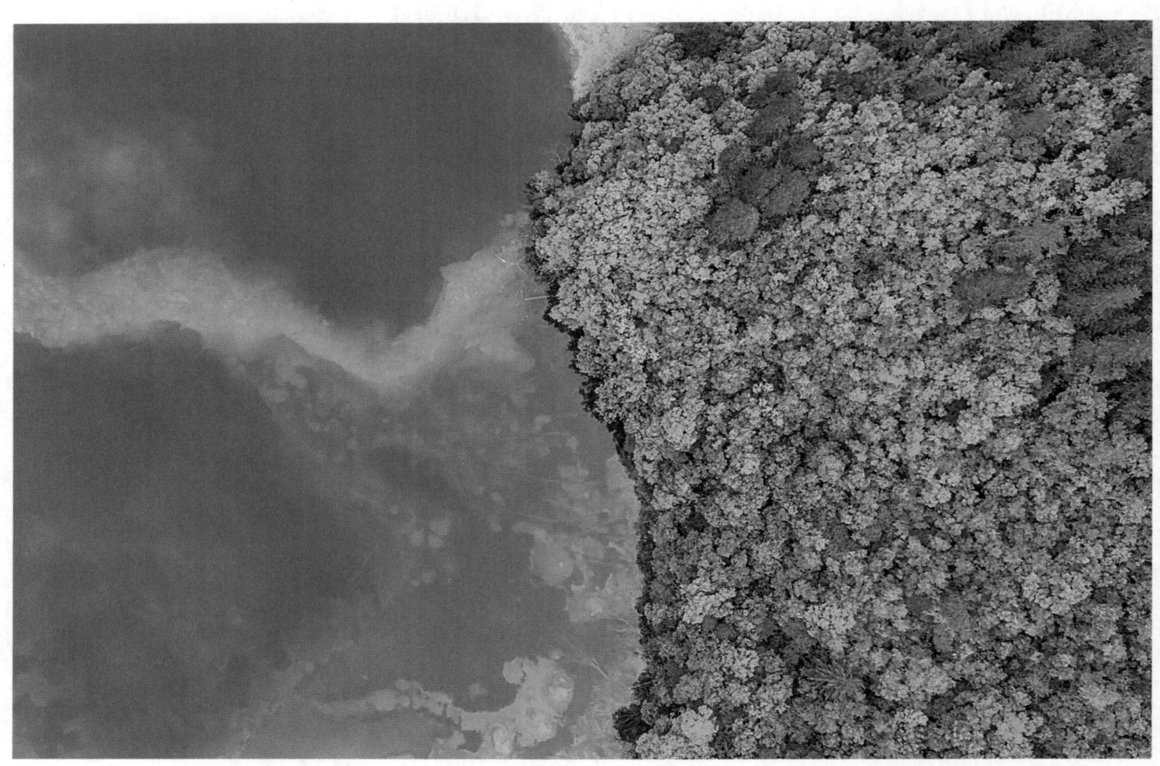

图 8-3　自然保护区的水与森林（罗旬摄）

升级，最终实现生态、社会、经济的协调统一和全面发展。

二、提升"康养卧龙"森林文化旅游价值

随着社会发展和人民生活水平的提高，人们的健康意识在不断加强。2016 年，中共中央、国务院印发《"健康中国 2030"规划纲要》，把健康推向一个新的高度。大众旅游新时代，人们普遍不再满足于走马观花式的观光旅游，而更加重视对身心的调节，日益从身体的旅行转向身心的放松，康养旅游已逐渐成为旅游的主要方式。根据《国家康养旅游示范基地》标准，将康养旅游界定为通过养颜健体、营养膳食、修心养性、关爱环境等各种手段，使人在身体、心智和精神上都能达到自然和谐的优良状态的各种旅游活动的总和。森林康养是指依托森林生态资源，开展森林游憩、度假、疗养、保健、养老等的活动。

卧龙国家级自然保护区植被丰富、空气中氧和负氧离子含量高、气候条件好、森林覆盖率高，具有开展森林康养优势条件。建议依托优势的森林生态资源，配备相应的养生休闲及医疗、康体服务设施，开展以修身养性、调适

机能、延缓衰老为目的的森林游憩、度假、疗养、保健、养老等活动，提升卧龙国家级自然保护区森林康养价值，打造“康养卧龙”文化品牌。

三、挖掘大熊猫文化，打造大熊猫 IP

卧龙国家级自然保护区作为关键的大熊猫栖息地，有着丰富的野生大熊猫资源。位于保护区内的五一棚，是国内最开始开展大熊猫保护研究的地方。区内的中国大熊猫保护研究中心卧龙神树坪基地有着数量庞大的圈养大熊猫种群，卧龙核桃坪野化培训基地是开展大熊猫野化放归培训项目最核心、最重要的基地。大熊猫已成为保护区最重要的文化符号，提升卧龙国家级自然保护区的森林文化价值，应充分挖掘大熊猫文化价值。以大熊猫为核心，发展大熊猫文化产业。如开展以大熊猫故事为主的文艺会演、提炼并传播大熊猫保护研究起源故事、举办大熊猫文化旅游节、开发大熊猫文创产品等。利用好“天下卧龙　熊猫王国”的优势，将卧龙打造成为世界上大熊猫热门 IP。

四、大力发扬藏羌民族文化

根据《游客对卧龙国家级自然保护区森林文化价值认知调查》，分析得出卧龙国家级自然保护区本身的旅游资源是吸引游客的主要原因，而对于特色活动、历史文化等人文资源方面，卧龙国家级自然保护区的优势不明显，且相对其他优势较弱。

卧龙是多民族聚集之地，特别是这里的藏族是嘉绒藏族的典型代表，具有浓郁的民族特色。建议以打造藏羌特色建筑，建立特色少数民族聚集地，发挥藏羌民族特色，大力发扬藏羌民族文化，提升卧龙国家级自然保护区文化价值。

五、充分挖掘区内古树名木，提升保护区内森林文化价值

据当地民众所述，卧龙耿达镇有三棵树，历史悠久，是当地民众祈福许愿的神树，因此这三棵神树所在的区域被当地人命名为神树坪。由此可见，卧龙国家级自然保护区内拥有有故事的古树名木，而由于当地人对此认识不强，不能充分认识到古树名木对当地文化价值的重要性。因此建议充分

挖掘区内古树名木,打造林木地理标志,提升卧龙国家级自然保护区森林文化价值。

六、利用森林博物馆资源,开展森林科普教育活动

根据《游客对卧龙国家级自然保护区森林文化价值认知调查》,分析得出游客对卧龙的科普教育活动满意度和知识学习途径丰富的评价不高,说明卧龙的科普教育活动和提供的学习途径不够普及。而游客对卧龙开展森林的科普活动有强烈的意愿。建议以科普培训、科普体验等方式,开展森林科普教育活动,同时充分利用好区内大熊猫博物馆、卧龙国家级自然保护区博物馆等科普场所,提升卧龙国家级自然保护区科普教育价值,从而提升保护区内森林文化价值。

第九章　浙江天目山国家级自然保护区森林文化价值评估研究

森林文化综合价值研究是文化研究的热点和前沿。由于环境监测技术和价值评估技术的发展,对包括森林生态服务价值计量、森林资源经济价值评估、森林游憩和生物多样性等在内的若干方面开展研究。在浙江,天目山、西湖风景名胜区和安吉森林生态文化评估研究尤为突出。本研究根据2015—2017年在天目山自然保护区、西湖景区和安吉县进行田野调查所获得的数据,并搜诸文献,系统考察了上述案例的审美艺术价值、身心康养价值、休闲旅游价值、科研教育价值、文明演进价值、伦理道德价值与生态环境水平耦合度和相关区域居民生态文化素养等几个方面,展开了对相关区域森林文化综合价值评估研究。

第一节　天目山国家级自然保护区资源及文化概况

天目山国家级自然保护区位于杭州临安城北,因东、西峰顶各有一池、宛若双眸仰望苍穹而得名。天目山地质古老,植被完整,森林覆盖率为98.1%。最新森林资源二类调查结果显示,全区土地总面积4284公顷,活立木蓄积171679立方米,其中76.2%为集体林地。全区有林地面积4149.2公顷,占96.9%。其中,乔木林面积3674.4公顷,占88.6%;竹林面积474.8公顷,占11.4%。乔木林中,纯林面积2729.6公顷,混交林面积944.8公顷,分别占乔木林总面积的74.3%和25.7%。

天目山国家级自然保护区是一个以保护生物多样性和森林生态系统为重点的野生植物类型国家级自然保护区,又是联合国教科文组织国际人与生物圈保护区(MAB)网络成员。保护区地理位置和自然条件独特,区内生物多样性突出,生物资源极其丰富,是一块具有物种多样性、遗传多样性、生态系统多样性和文化多样性的独特宝地，是我国江南不可多得的一座“物种基因库”和“文化遗产宝库”。①

天目山在我国源远流长的文化传承中，有着重要的作用与地位。早在旧石器时代，天目山一带就已有人类祖先活动足迹，而自东晋开山以来，其历史文脉和宗教文化从未中断。五代十国时期，得益于吴越国统治者弘扬佛法政策以及相对稳定的社会环境，使天目山成为香火旺盛的佛教圣地。之后历经宋、元、明、清等多个朝代，天目山的儒、释、道文化不断深化发展，成为多种文化荟萃于一体的文化名山，并因此产生了历史悠久、底蕴深厚的天目山文化。②

一、自然资源基本情况

天目山被誉为浙西“武林诸山之祖”，位于北纬30°区域。从地理位置看，天目山又包括东天目、西天目、北天目、中天目和南天目，其中北天目不在临安境内。东天目地处浙江杭州临安市境内，距临安市区25公里，杭州68公里，属省级自然保护小区。西天目是国家级森林和野生动物自然保护区，位于杭州临安31公里处，是大自然赐予的天然尤物。西天目山森林景观独树一帜，以“古、大、高、稀、多、美”称绝于世。南天目山脉源于东天目，巍峨挺拔，势如孔雀开屏，迂回蜿蜒结成南天目山，距离临安锦城主城区仅20公里，南天目海拔669米，千年古刹千佛寺所在地就位于南天目的玉皇坪，其山峰奇秀，大气磅礴，群峰环绕，万流回眸，古刹雄佛，历史悠久。中天目地处天目山地域中部，建有普照寺，创建于北宋，最初以奉祀宋龙图阁学士包孝肃公而闻名。浙江省第一所培育佛教人才的“摇篮”普陀山佛学院三分校设在临安普照寺，为南宗天台宗研究班的教学场所。因此，对“天目山文化地域范围”应作广义理解，不仅包括临安，也包括域外；不仅包括西天目山，而且包括东、西、南、中天目山，其行政区域覆盖面涉及於潜为龙头的中部四镇。

地质。本保护区3.5亿年前为一广阔的海域。下古生界连续接受巨厚(11000米)硅质—碳酸质—砂泥质复理式建造，奥陶纪末，褶皱断裂隆起成陆状态。在距今1.5亿年的燕山期，火山活动强烈，喷发了大量酸性和中性

① 《天目山自然保护区自然资源综合考察报告》，浙江科学技术出版社1992年版，第230—234页。

② 冯雅琴、潘永成：《对地方特色文化建设的探讨——以临安市为例》，《中共杭州市委党校学报》2002年第3期。

图 9-1　天目山中寺庙(宓国贤摄)

岩浆,形成了现今悬崖峭壁林立、溪壑纵横交错的锦绣山体。

气候。本保护区气候具有中亚热带向北亚热带过渡的特征,并受海洋暖湿气候的影响较深,形成季风强盛、四季分明、气候温和、雨水充沛、光照适宜且复杂多变的森林生态气候。根据多年观测资料分析,保护区自山麓(禅源寺)至山顶(仙人顶),年平均气温 8.8—14.8℃;最冷月平均气温 2.6—3.4℃;极值最低气温 -13.1—20.2℃;最热月平均气温 19.9—28.1℃,极值最高气温 29.1—38.2℃;≥10℃积温 2500—5100℃;无霜期 209—235 天;年雨日 159.2—183.1 天;年雾日 64.1—255.3 天;年降雨量 1390—1870 毫米;年太阳辐射 3270—4460 兆焦耳/平方米;相对湿度 76%—81%。按气温指标衡量,春秋季较短,冬夏季偏长。

水文。本保护区是长江、钱塘江部分支流发源地和分水岭,西天目山南坡诸水汇合为天目溪,南流经桐庐入钱塘江,天目山其余诸水入苕溪注入太湖。由于区内森林覆盖率高,枯枝落叶层厚,森林土壤的水文生态效应良好。据调查,自然含水率平均为 50.1%,持水率(24 小时内)平均为 333.3%,持水量平均值为 39.6T/HA。

环境质量。天目山整个环境质量保存着天然的"本底"性。据测定,其大气环境质量符合国家规定的自然保护区的一类区所要求的一级标准。区内地下水水质类型多为重碳酸型水,矿化度小于 0.1 克/升,pH 值约为 7,

属低钠、低矿化度的优质地下水;地表水也未受到污染。

森林土壤。本保护区森林土壤共有3个土纲,6个土类,10个亚类,20个土属。按垂直分布可划分为三个土带:海拔600米以下为红壤带;600—1200米为黄壤带;1200米以上为棕黄壤带。

植被分布。本保护区地处中亚热带的北缘,地带性植物为常绿阔叶林。由于区内地势较为陡峭,海拔上升快,气候差异大,植被的分布有着明显的垂直界限,在不同海拔地带上有特殊的植物群落和代表种。自山麓到山顶垂直带谱为:海拔870米以下为常绿阔叶林区;870—1100米为常绿、落叶阔叶混交林;1100—1380米为落叶阔叶林;1380—1506米为落叶矮林。区内植物资源丰富,区系复杂,组成的植被类型比较多,依据植物群落的种类组成、外貌结构和生态地理分布,森林植被类型可分为8个植被型和30个群系组。

植物。据初步调查统计,区内有高等植物246科974属2160种,其中苔藓植物291种,隶属于60科142属;蕨类植物151种,隶属于35科68属;种子植物1718种,隶属于151科764属。其中被列入《国家重点保护野生植物名录(第一批)》的国家一级保护的植物有银杏、南方红豆杉、天目铁木3种;国家二级保护的植物有金钱松、榧树、七子花、连香树、樟树、浙江楠、野大豆、花榈木、鹅掌楸、凹叶厚朴、金荞麦、香果树、黄山梅、榉树、羊角槭15种。

动物。生物多样性特征鲜明,现查明有74种兽类、148种鸟类、44种爬行类、20种两栖类、55种鱼类和2000多种已汇编名录的昆虫。区内有脊椎动物341种,其中兽类74种,隶属于8目21科;鸟类148种,隶属于12目36科;爬行类44种,隶属于3目9科;两栖类20种,隶属于2目7科;鱼类55种,隶属于6目13科。其中被列为国家保护的动物有39种,其中国家一级保护的动物有云豹、金钱豹、梅花鹿、黑麂、华南虎、白颈长尾雉等6种;国家二级保护的动物有猕猴、穿山甲、豺、黄喉貂、水獭、大灵猫、小灵猫、金猫、苏门羚、赤腹鹰、红隼、白鹇、勺鸡、蓝翅八色鸫、中华虎凤蝶、拉步甲、彩臂金龟等33种。

二、天目山国家级自然保护区古树资源

天目山早在古生代下志留纪受加里东造山运动影响由海底抬升成陆,又受强烈的火山喷发及冰川运动,成为悬崖峭壁林立、峡谷溪流众多的山体,地质形成十分古老;地处中亚热带北缘,气候温和,雨量充沛,光照适宜,土壤肥沃,为古老的植被形成提供了良好的条件。天目山历史上为道教、儒

教、佛教圣地，森林资源得到呵护，僧侣们不仅护林，还不断造林，使天目山成为一个不可多得的珍稀古木荟萃之地。其古老森林呈现“高、大、古、稀、多、美”之特点，有“进入天目山，宛若进入第三纪森林”之说。

在天目山国家级自然保护区范围内有百年以上古树 2327 株。其中树龄在 300 年以上的国家Ⅰ级古树 567 株，树龄在 100—300 年的国家Ⅱ级古树 1753 株(详见表 9-1)。

表 9-1　天目山古树资源统计

种名	科名	胸径/米	树高/米	数量/株	古树级别	种名	科名	胸径/米	树高/米	数量/株	古树级别
柳杉	杉科	2—2.34	40—52	16	Ⅰ			0.5—1	25—30	11	Ⅱ
		1.5—2	40—50	129	Ⅰ	青冈栎	壳斗科	0.5	25	9	Ⅱ
		1—1.5	30—40	296	Ⅰ	板栗	壳斗科	1.1	20	1	Ⅰ
		0.5—1	30	999	Ⅱ	小叶青冈	壳斗科	0.5	20	1	Ⅱ
杉木	杉科	0.5	30	31	Ⅱ	苦槠	壳斗科	0.5	25	3	Ⅱ
水杉	杉科	0.5	25	1	Ⅱ	茅栗	壳斗科	0.5	20	11	Ⅱ
银杏	银杏科	1—1.23	30	8	Ⅰ	榉树	榆科	1	40	1	Ⅰ
		0.5—1	20—30	70	Ⅰ			0.8	35	1	Ⅱ
		0.3—0.5	20—30	166	Ⅱ	朴树	榆科	0.5	20	1	Ⅱ
金钱松	松科	1—1.07	45—56	13	Ⅰ	榆树	榆科	1.1	25	1	Ⅰ
		0.5—1	35—50	88	Ⅱ			0.5—1	25	3	Ⅱ
黄山松	松科	0.5	20	33	Ⅱ	糙叶树	榆科	0.5	20	1	Ⅱ
马尾松	松科	0.5	30	13	Ⅱ	榧树	红豆杉科	1	20	1	Ⅰ
雪松	松科	0.5	25	1	Ⅱ			0.5—1	20	40	Ⅱ
天目铁木	桦木科	0.6—4.8	14—18	2	Ⅰ	青钱柳	胡桃科	0.5	30	22	Ⅱ
		0.4—0.6	17—19	3	Ⅱ	化香	胡桃科	0.5	20	1	Ⅱ
羊角槭	槭树科	0.8	14	1	Ⅰ	玉兰	木兰科	0.5	20	11	Ⅱ
三角枫	槭树科	0.5	25	3	Ⅱ	刺楸	五加科	0.5	20	5	Ⅱ
罗汉松	罗汉松科	0.4	5	1	Ⅰ	蓝果树	蓝果树科	0.5	25	10	Ⅱ
香果树	茜草科	0.5—0.8	20	16	Ⅱ	椴树	椴树科	0.5	20	3	Ⅱ
天目木姜子	樟科	0.5—0.9	20—25	50	Ⅱ	小叶白辛树	野茉莉科	0.5	20	2	Ⅱ
檫木	樟科	0.5	25	1	Ⅱ	黄檀	豆科	0.5	20	2	Ⅱ
香樟	樟科	0.5	25	6	Ⅱ	响叶杨	杨柳科	0.5—6	25	62	Ⅱ
浙江楠	樟科	0.5	25	1	Ⅱ	柏木	柏科	0.5	25	2	Ⅱ
枫香	金缕梅科	1—1.5	30—35	19	Ⅰ	黄山栾树	无患子科	0.5	30	6	Ⅱ
		0.5—1	25—35	110	Ⅱ	交让木	虎皮楠科	0.6	20	1	Ⅱ
缺萼枫香	金缕梅科	1—1.5	25—30	3	Ⅰ	黄连木	漆树科	0.5	20	2	Ⅱ
		0.5—1	20—25	17	Ⅱ	*悬铃木	悬铃木科	0.5—1	30	4	Ⅱ
麻栎	壳斗科	1—1.7	30—32	5	Ⅰ	合计	25科			2327	

*表示人工栽培品种。

（一）天目山古树资源组成特点

1. 古树资源丰富，且优势种群明显。海拔300—1200米的1000公顷保护区范围内，集中分布着古树2327株，隶属于25科39属44种，占浙江古树产科（56科）的44.6%，省产属（103属）的37.9%，省产种（157种）的28.0%。说明天目山古树资源的丰富性及其在浙江省古树名木组成中的重要地位。①

2. 特有、珍稀古树多。天目山古树中的银杏、金钱松、杉木、榧树、枫香、青钱柳、蓝果树、糙叶树、天目木姜子等属于第三纪孑遗树种，它们是天目山古老森林的代表。其中天目铁木、羊角槭为天目山特有的珍稀名木；金钱松、香果树、榧树、榉树、银杏、浙江楠等为我国特有的珍稀种类。据《中国植物志》记载，“银杏为中生代孑遗”的稀有树种，系我国特产，仅浙江天目山有野生状态的树木。被列入《国家重点保护野生植物名录（第一批）》的古树有银杏、天目铁木、羊角槭、金钱松、香果树、香樟、榧树、榉树、浙江楠共9种，占天目山古树种数的20.5%。由此，也说明了天目山古树种群的特有性、原始性和珍稀性。

3. 科级数量差异悬殊。43科古树名木中，1000株以上的仅杉科和松科，占总科数的4.6%，但数量却有3379株，占总株数的61.0%，是优势科；100株以上的科有金缕梅科384株、壳斗科379株、红豆杉科290株、银杏科262株等6科，占总科数的14.0%，占总株数的30.2%；其余35株占总科数的81.4%，但数量仅占8.5%，其中有13科为1株。可见天目山古树名木在各科间的数量差异悬殊。

4. 属级数量差异显著。73属古树名木中，1000株以上的仅柳杉属，占总属数的1.4%，但数量却有2032株，占总株数的36.9%，是优势属；100株以上的属有松属912株、枫香属384株、金钱松属307株等9属2742株，占总株数的49.7%；其余63属占总属数的86.3%，但株数仅占13.4%。由此说明天目山古树名木在各属间的数量差异显著。②

5. 种级数量。在100种古树名木中，1000株以上的只有柳杉1种，达2032株，占总数的36.9%；100株以上的有黄山松844株、金钱松307株、榧树290株、银杏262株等10种，共占总株数的47.5%；而马尾松等89种仅占总株数的15.6%。这说明天目山古树名木种间数量差距悬殊，以柳杉为

① 章绍尧、丁炳扬：《浙江植物志（总论）》，浙江科学技术出版社1993年版，第265—266页。

② 宋艳、骆晓菁：《天目山古柳杉衰退原因初探》，《科技资讯》2012年第17期。

主的优势种群非常突出。此外，在43科古树名木种类组成中，壳斗科包含的种类最多，有16种；槭树科、樟科、榆科和豆科在5种以上；除蔷薇科4种和松科3种外，其余36科均为1—2种。

6. 垂直分布明显，人为影响深远。随着海拔的升高，古树名木数量呈下降趋势。海拔900米以下的常绿阔叶林中，古树名木分布数量最多，有3411株，占6.91%；海拔900—1200米间的常绿落阔叶林中分布其次，有1395株，占25.3%；海拔1200米以上的常绿落阔叶林和落叶矮林中古树最少，仅705株，占12.8%。由于天目山长期受佛教活动的影响，古树名木在空间分布上呈现禅源寺和开山老殿周围集中分布的特点，反映了天目山古树名木种类、数量和分布深受人为影响。

（二）天目山古树的文化价值

天目山的古树名木树体高大苍劲，优雅多姿，一树一景，特别明显。古树满山遍野，一望无垠，四季纷呈，气象万千，其生态景观观赏价值极高。象征天目山的古柳杉林从海拔300米一直到1200米的开山老殿游路两旁皆有分布，作为行道树、林荫树和风景树栽植，其“大树华盖”早已闻名九州，也走出国门，享誉世界。“活化石”野银杏是中国古老植物区系的代表，每年都吸引了国内外大批的名人雅士和专家学者前来探古访幽，发掘丰富的古树文化。

天目山古树历经沧桑巨变，记载了千百年来气候、地理、自然环境的演变过程，是一部活生生的自然科学史，对于探索物种起源、古气候的变化等具有十分重要的科研价值。

古树是一种读不完的树文化，它不仅树体苍劲有力，而且千姿百态，有一树一景之说，极具观赏价值，吸引着越来越多的大自然亲近者，成为天目山生态文化旅游的重要资源之一，是天目山生态文化旅游的“亮点”与“卖点”。天目山有名的古树景点有“大树王”——柳杉、“五世同堂”——野银杏、“冲天树”——金钱松、“地球独生子”——天目铁木，以及“翔凤林”“夫妻树”“连理树”“五子登科”“子孙满堂”等等，堪称古树奇观。

三、天目山国家级森林的文化内涵及其特征

（一）天目山森林文化的主要内涵

天目山文化是一个内涵十分丰富、底蕴十分厚重的文化体系。根据前

图 9-2 天目山参天古树群

期的调研，本报告认为天目山文化主要包括：

——自然生态文化。天目山是国家级自然保护区，联合国人与自然生物圈成员单位，被专家称为“华东地区古冰川遗址之典型”，被人们尊称为“江南奇山”。山上原始的森林植被形成了独特的“大树王国”景观，孕育了别具一格的“树文化”。根植于天目山绿色宝库的自然（生态）文化，这是天目山文化的第一要义。

——儒释道文化。天目山是道教创始人张道陵的出生地，是禅宗临济宗的中兴祖庭，是南梁太子萧统隐居读书之地。在长期发展过程中，天目山文化融儒释道诸文化于一体，具有历史悠久、底蕴深厚的特点。

——农耕文化。反映农耕文化最有代表性的是南宋楼璹的《耕织图》，被誉为中国最早记录男耕女织的画卷，世界首部农业科普画册。

——名人文化。天目山历代以来，名人辈出。从道教“天师”张道陵，五代吴越国钱镠，到清末“几何大家”方克猷等，他们或文或武，名垂史册。仅明代以来，就有 100 多位文人登天目山穷幽探奇，吟咏志游，留下诗文 160 多篇，给天目山更增添了深厚的历史底蕴和浓郁的人文意境。

——红色文化。天目山见证了新四军的进军和周恩来的百子堂演讲等红色文化印迹。在天目山地区，抗日战争时期还有告岭阻击战等抗日活动。2011年，在建党90周年之际，临安又编辑发行红色旅游读本《红色漫卷天目山》，重建了周恩来抗日演讲纪念亭，恢复建立了民族日报社纪念馆，制订了“周恩来抗日演讲雕像纪念广场”与“美国飞行员获救纪念馆”项目建设规划，红色文化进一步浓厚。

图9-3　天目山旅游

此外，太阳镇有传统的庙会，潜川镇的外伍村是越剧首演之地。这些都是天目山文化的组成部分。

（二）天目山森林文化的主要特征

在绵绵数千年的历史发展中，也形成了天目山独特的文化特征，可以概括为十二个字，即“和谐包容、勤劳智慧、开放重商”。

——和谐包容。和谐体现为人与自然、人与人之间的和谐共处。这一特点在天目山特别突出。天目山一带，人类繁衍生息，与大自然共生共荣，非常和谐。且兼有大山宽广胸襟，包容万物。

——勤劳智慧。勤劳反映了当地劳动人民的质朴和劳作。在天目山地区当地老百姓的努力下，创造了大量的物质财富，这都是辛勤劳作的结晶。智慧表现为当地人们改造自然的创造能力和聪明才智。不断兴旺发展的天目山文明，以及历代以来“看山老和尚”对天目山的保护巡视，无不凝结着

图 9-4　山中旅游步道(宓国贤摄)

当地老百姓的智慧。

——开放重商。开放反映了人们基于地域特点的一种性格特征和处事方式。天目山地域宽广,开放大气。长期以来,中部地区以其独特的地理位置,尤其重要的是宁波等外地移民不断迁入潜川(乐平)一带,使之成为历史上商贾云集之地,"开放、重商、亲商"成为这一地区显著特征。同时,当地人十分注意抢抓先机,20 世纪 80 年代的丝绸市场就是一个孕育市场经济的典型例子。

第二节　森林文化与生态环境耦合模型

一、森林文化综合评估指标体系构建

森林文化与区域发展是一个动态的耦合过程,在这一过程中区域间的各种因素是相互关联、相互作用的,撷取这个动态进程中的若干样本,将有助于解释区域文化发展的深刻内涵。

（一）指标体系设计原则

森林文化综合评估指标体系应该依据其概念和特征建立，并能全面地、系统和简洁地反映相关区域森林文化现状的指标集合。这些指标设计应该遵守以下四大原则：一是全面性原则，要求指标体系具有足够的涵盖面，能全面反映森林文化影响的各个方面。二是代表性原则，强调所选择指标含义必须清楚，具有典型性和代表性。三是可操作性，要求指标体系既要以理论分析为基础，又要考虑实际应用中资料来源和数据支持的制约。四是分层设计原则，要求指标体系层级化设计，使之更系统，更具条理性、逻辑性。

（二）指标体系的构建

将评估指标体系设计为“一级指标—二级指标—三级指标”三个层次的框架结构。第一层次为宏大审美评估系统；第二层次为涵盖了经济发展水平、产业结构生态特征、人与环境和谐关系、人类生态伦理文化，以及环境治理与生态安全等在内的五个目标层；第三层次为各个目标层的具体评估指标，共选择 28 个指标进行综合评估。

表 9-2　森林文化综合评估指标体系

一级指标	森林文化建设指标体系			
二级指标	生态活力	环境质量	社会发展	协调程度
三级指标	森林覆盖率	保护情况	身心康养	森林文化认同
	建成区绿化覆盖率	休闲旅游	森林文化服务业占比	万元 GDP 贡比量
	自然保护区的有效保护	水土流失率	无公害化率	万元 GDP 氨氮排放量
	湿地面积比重		人均寿命	社区生活垃圾无害化率
	生态环境法律法规完善程度	城市饮用水达标率	人均教育经费	环境污染治理占 GDP 比重
	生态环境法律法规执行程度		农村区域水环境	万元 GDP 能耗
	居民生态伦理观人数比重		城市居民恩格尔系数	生态文化普及程度
	居民绿色消费观比重		城市综合竞争力系数	万元 GDP 二氧化碳排放量

生态活力，即人与自然（环境）的和谐关系：森林文化的核心就是人与（森林）环境和谐共处，人类在发展的同时要保持生态环境平衡，做到和谐发展。包括人类生态伦理文化。人类生态伦理文化是生态文明建设的基

石。其支撑体系集中表现在生态价值取向、生态文化和唯物史观等三个方面。传统的工业文明价值支撑体系是以重个人价值与享乐价值为主要特征的。因此,必须否定"天人对立""征服自然"的工业文明观,确立"天人合一""人与自然和谐发展"的生态文明观;必须否定"重增长、轻发展""高消耗、高污染"和"先污染、后治理"的发展观,确立人口、社会经济与环境、资源相协调的可持续发展观。

环境质量:人类文明在发展过程中不可避免要开发利用包括森林在内的各种资源,排放污染物,造成了环境污染,产生环境问题,危害生态环境。另外,在自然环境也可能出现天然灾祸,降低环境承载力。而环境安全程度直接影响了经济社会发展。

社会发展:指在一定时期内相关区域生产力的发展水平,反映该区域经济的实力特征。

协调程度:森林文化要求生产技术生态化水平较高,发展"两型产业",减少环境破坏,实现循环经济。

计算公式举例:

森林覆盖率=该区域范围内的森林面积÷该区域面积×100%。

建成区绿化覆盖率=该区域内建成的绿化总面积÷该区域行政区建成区总面积×100%。

自然保护区的有效保护=该区域范围内的自然保护区总面积÷该区域行政区划面积×100%。

湿地面积比重=该区域内的湿地面积÷该区域行政区划面积×100%。

其他以此类推。

根据浙江省 2015—2017 年公开发布的有关数据,课题组对浙江省森林文化进行了定量及相关性分析。结果显示,从浙江省森林文化的发展趋势来看,社会发展程度持续快速提升,协调发展能力逐年提高,生态活力呈现不断增强态势,森林文化综合价值越来越明显。

二、森林文化与生态环境耦合度理论及模型

依据森林文化与生态环境交互作用的强弱程度,一般可以将其耦合的过程划分为低水平耦合、颉颃、磨合和高水平耦合四个阶段。

耦合原本作为物理学概念,是指两个(或两个以上)系统或运动形式通过各种相互作用而彼此影响的现象。耦合度就是描述系统或要素相互影响

的程度。从协同学的角度看,耦合作用及其协调程度决定了系统在达到临界区域时走向何种序与结构,即决定了系统由无序走向有序的趋势,系统在相变点处的内部变量可分为快、慢弛豫变量两类,慢弛豫变量是决定系统相变进程的根本变量,即系统的序参量。系统由无序走向有序机理的关键在于系统内部序参量之间的协同作用,它左右着系统相变的特征与规律。耦合度正是反映这种协同作用的度量。由此,可以把森林文化与生态环境两个系统通过各自的耦合元素产生相互彼此影响的程度定义为森林—生态环境耦合度。其大小反映了对区域社会—经济—环境系统的作用强度和贡献程度。

本耦合度模型可呈现为:

功效函数。设变量 $u_i(i=1,2,\cdots,m)$ 是区域生态环境系统序参量,u_{ij} 为第 i 个序参量的第 j 个指标,其值为:$X_{ij}(j=1,2,\cdots,n)$。α_{ij}、β_{ij} 是系统稳定临界点上序参量的上、下限值,因而森林—生态环境系统对系统有序的功效系数 u_{ij} 可表示为:

$u_{ij}=(x_{ij}-\beta_{ij})/(\alpha_{ij}-\beta_{ij})u_{ij}$ 具有正功效

$(\alpha_{ij}-X_{ij})/(\alpha_{ij}-\beta_{ij})u_{ij}$ 具有负功效　　(9-1)

公式中:u_{ij} 为 x_{ij} 对系统贡献率大小。按式(9-1)构造的功效系数具有如下特点:u_{ij} 反映了各指标达到目标的满意程度,u_{ij} 趋近 0 为最不满意,u_{ij} 趋近 1 为最满意,所以 $0\leqslant u_{ij}\leqslant 1$。

由于森林文化与生态环境处于两个不同而又相互作用的子系统,对子系统内各个序参量的有序程度的总贡献可通过集成方法来实现,在实际部门中一般采用几何平均法和线性加权和法。

耦合度函数。借鉴物理学中的容量耦合(capacitive coupling)概念及容量耦合系数模型,推广得到多个系统(或要素)相互作用耦合度模型,即:

$$\mathrm{Cn}=\{(\mathrm{u}_1\cdot\mathrm{u}_2\cdots\mathrm{u}_m)/[\prod(\mathrm{u}_1+\mathrm{u}_j)]\}^{1/m} \qquad (9\text{-}2)$$

为便于分析,可以直接得到森林文化与生态环境的耦合度函数。它可以表示为:

$$\mathrm{C}=2\{(\mathrm{u}_1\cdot\mathrm{u}_2)/[(\mathrm{u}_1+\mathrm{u}_2)(\mathrm{u}_1+\mathrm{u}_2)]\}^{1/2}$$

显然,耦合度值 $\mathrm{C}\in[0,1]$。当 $\mathrm{C}=1$ 时,耦合度最大,系统之间或系统内部要素之间达到良性共振耦合,系统将趋向新的有序结构。当 $\mathrm{C}=0$ 时,耦合度极小,系统之间或系统内部要素之间处于无关状态,系统将向无序发展。当 $0<\mathrm{C}\leqslant 0.3$ 时,森林文化与生态环境的发展处于较低水平的耦合阶段,此时森林文化水平发展较低(人口森林文化水平一般在 30%以下),生

态环境承载能力强，森林文化对环境破坏程度不大，生态环境完全能够承载和消化森林文化所带来的后果。当 $0.3<C\leqslant 0.5$ 时，森林文化与生态环境的发展处于颉颃阶段，该阶段森林文化已经越过了它的发展拐点（人口森林文化水平达到 30%），森林文化进入快速发展时期，它的发展急需大量的资金、资源和人口转移为支撑，生态环境承载能力下降，它不能完全消化和吸纳森林文化发展带来的影响。当 $0.5<C\leqslant 0.8$ 时，森林文化与生态环境的发展进入磨合阶段，此时森林文化又越过另一个拐点（人口森林文化水平超过 50%），区域发展由于受到前期生态环境破坏的制约，已经将其相当多的发展资金注入区域生态环境修复中，森林文化与生态环境开始良性耦合。当 $0.8<C<1.0$ 时，森林文化水平不仅在量方面得到很大发展（人口森林文化水平超过 70%），其质的方面也明显提高，生态森林文化和区域生态化已经成为人们生活的基本目标，森林文化与生态环境建设相得益彰，互相促进，它们共同步入高水平耦合阶段。

当然，由于政策及突变因素影响，森林文化与生态环境有可能退化到以前的耦合阶段。

就本课题的实际需要，择取生态文明水平的重要元素，建立仿真指标体系。比如，设人口森林文化普及率（U_{11}）、生态经济水平（U_{12}）、空间环境水平（U_{13}）和区域生态文化水平（U_{14}）等四个方面构成浙江相关区域发展水平与生态环境水平耦合度综合序参量（U_1）。其下又分为若干个系列指标。设 T 为浙江相关区域发展水平和生态环境协调指数，D 为耦合协调度，C 为耦合度，则可表示为：

$$D=(C\times T)^{1/2} \tag{9-3}$$

$$T=aU_1+bU_2$$

以此为基础，给出浙江相关区域发展水平序参量和生态环境综合序参量的耦合度、耦合协调度模型。

表 9-3　耦合协调度模型

区域	耦合度	耦合协调度	耦合强度与协调程度
天目山	0.491	0.532	较高强度较高协调
周边	0.335	0.389	较低强度较低协调

浙江相关区域居民生态文化素养。课题组以天目山区社区为例，调查了浙江相关区域居民的生态文化素养情况（调研时间为 2016 年 1 月 4—5 日）。

第三节　天目山森林文化调查及分析

一、调查方法与基础数据

（一）抽样方案设计

天目山区社区公众生态文化素养及需求调查旨在通过全县性的抽样调查了解天目山区社区公众（18—69 岁的成年人）的生态文化素养状况、获得生态文化素养的渠道、对生态文化素养的态度、对生态文化素养的需求等方面基本情况。

本抽样调查的方案设计严格遵循科学、效率、便利、连贯的原则：首先，采用了科学的随机抽样；其次，注意抽样的效率，在既定的样本量下，使目标估计量的抽样误差尽可能小；第三，在科学的抽样原则下，考虑实际的可操作性。

为提高估计的精度，我们的调查采用分层抽样的方法，各阶段的抽样单位为：

第一阶段：以街道为初级抽样单位；

第二阶段：以居民委员会为二级抽样单位；

第三阶段：以家庭住户为抽样单位，并在每户中确定 1 人为最终单位。

1. 样本量的定量分析

纯净样本量是指去掉不合格或未回答的调查对象以后的剩余量，由于调查的结果主要是估计各种比例数据以及比例数据之间的比较，所以在调查样本量的研究上是以估计简单随机抽样的总体比例时的样本量为基础。一般用公式 $N=\frac{u_{\alpha}^{2}p(1-p)}{d^{2}}$ 来计算，其中 N 为纯净样本量，u_{α} 为一定置信度下所对应的临界值，p 为样本比例，d^{2} 为误差率。类似调查中，大多数取 95%的置信度（即仍有 5%的不确定性或 5%的误差），本调查也采用 95%的置信度，此时 $u_{\alpha}=1.96$，由于 p 值较难估计，可采用保守策略，取 $p=0.5$，上述公式转化为 $N=\frac{1.96^{2}\times 0.5\times 0.5}{d^{2}}$。一般误差率（最大允许绝对误差）$d$ 取值为 3%或更小。

2. 样本量的确定

由于可能要计算各种比较的大小，所以为了多抽一些样本，取 $p = 0.5$ 计，即所应抽取样本量为：

$$n_0 = \frac{u_\alpha^2 p(1-p)}{d^2} = \frac{1.96^2 \times 0.5 \times 0.5}{0.25^2} \approx 1067$$

根据经验，一般分层抽样的设计效应为1.8，故抽取总样本数为1920个（人）。

3. 抽样方法

根据上述分层原则，将以上所得居委会（社区）中所含居民户数编号排序。仍用随机抽样法，从每个居委会（社区）抽取35户居民，再用二维随机数表决定具体18—69岁（智力障碍者除外）的居民。

（二）样本构成情况

1. 性别分布

男性47.4%，女性52.6%。

2. 年龄分布

18—30岁，28.1%；31—40岁，19.7%；41—50岁，28.9%；51—60岁，13.3%；61—69岁，10.0%（见图9-5）。

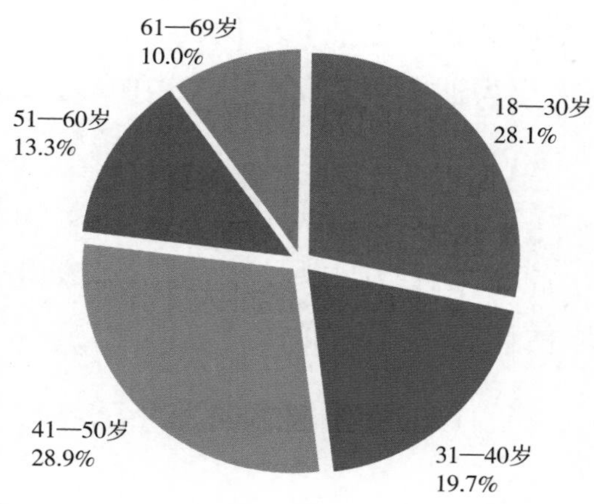

图9-5　样本年龄分布

二、城市居民生态文化素养状况

（一）公众生态文化素养水平的差异分析

为科学判断天目山区社区公众的达标情况在性别、年龄、文化程度、职业、收入的分布上是否具有显著差异，课题组在数据的探索性分析中引入了假设检验中的 χ^2检验。χ^2检验，又称为“卡方检验”，是利用随机样本对总体分布与某种特定分布拟合程度的检验，也就是检验观察值与理论值之间的紧密程度。经社会科学权威统计软件 SPSS 11.0 的运算处理，得到达标情况在性别、年龄、文化程度、职业、收入 5 个维度上的分布情况（见表 9-4）。

表 9-4　达标情况在 5 个维度上的分布

		达标	未达标
性别差异	男	10(8.5)	108(91.5)
	女	12(9.2)	119(90.8)
年龄差异	18—30 岁	10(14.3)	60(85.7)
	31—40 岁	7(14.3)	42(85.7)
	41—50 岁	3(4.2)	69(95.8)
	51—60 岁	2(6.1)	31(93.9)
	61—69 岁	0(0.0)	25(100.0)
文化程度差异	不识字或识字很少	0(0.0)	8(100.0)
	小学	0(0.0)	23(100.0)
	初中	3(3.2)	91(96.8)
	高中或中专	2(2.9)	66(97.1)
	大专（理工科）	3(18.8)	13(81.2)
	大专（文科）	1(7.7)	12(92.3)
	大学本科及以上（理工科）	6(60.0)	4(40.0)
	大学本科及以上（文科）	7(41.2)	10(58.8)
职业差异	职业 1	2(10.5)	17(89.5)
	职业 2	3(33.3)	6(66.7)
	职业 3	6(18.2)	27(81.8)
	职业 4	4(6.9)	54(93.1)
	职业 5	2(6.1)	31(93.9)
	职业 6	2(15.4)	11(84.6)
	职业 7	0(0.0)	13(100.0)

续表

		达标	未达标
收入差异	5000 元以下	2(3.9)	49(96.1)
	5000—15000 元	0(0.0)	48(100.0)
	15001—30000 元	11(12.4)	265(87.6)
	30001—50000 元	4(10.3)	35(89.7)
	50000 元以上	5(27.8)	34(72.2)

注:1. 括号前数字为人数,括号内为百分比。

2. 职业 1:国家机关、党群组织、企事业单位负责人;职业 2:专业技术人员;职业 3:办事人员和有关人员;职业 4:商业、服务业人员;职业 5:农、林、牧、渔、水利业生产人员;职业 6:工业生产、运输设备操作人员及辅助人员;职业 7:学生、待升学人员。

下面,我们就性别、年龄、文化程度、职业、收入 5 个维度,简要分析天目山区社区公众生态文化素养的共同点和差异性。

1. 不同性别公众的生态文化素养状况

天目山区社区男性公众达标的比例为 8.5%,女性公众达标的比例为 9.2%,男性公众达标比例与女性公众达标比例仅相差 0.7 个百分点(见图 9-6)。可以说,在性别分布上不存在显著性差异。

首先,这是女性受教育水平明显提高和社会文明不断进步的结果,随着社会的进步,男女平等的观念不断深入人心,男女在受教育水平上的差异正在逐步缩小,甚至有时女性的受教育水平超过男性。其次,女性公众擅长形象思维,对人文社会科学的兴趣爱好和接受能力不亚于甚至高于男性公众(在校文科女大学生的平均考试成绩一般高于文科男大学生),也是男女公众生态文化素养状况没有显著性差异的原因之一。另外,生态文化素养的传播途径比较广泛,包括网络在内的大众传媒对于消除公众生态文化素养的性别差异起到十分重要的作用。女性的认真细致精神更使女性公众在生态文化素养上获得了高水准。这些都是令人欣慰的结果。

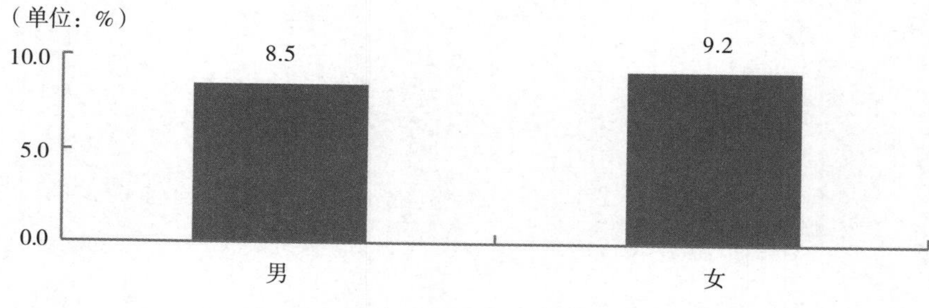

图 9-6 不同性别公众的生态文化素养状况

2. 不同年龄公众的生态文化素养状况

天目山区社区城镇公众达标的比例为 17.1%，非城镇公众达标的比例为 4.8%，城镇公众的达标比例高出非城镇公众的达标比例 12.3 个百分点。可以说，城乡公众科学素养之间存在着十分巨大的差距。这是一个令人忧虑的现象，这一现象应当引起各方的高度重视。

天目山区社区不同年龄公众的达标比例总体来说 18—40 岁达标率较高，而 41—69 岁达标率较低，近似负相关关系。也就是说，按照 10 年左右的年龄段划分，18 岁以后不同年龄段公众的生态文化素养水平在总体的近似趋势上随着年龄的增长而递减（见图 9-7）。

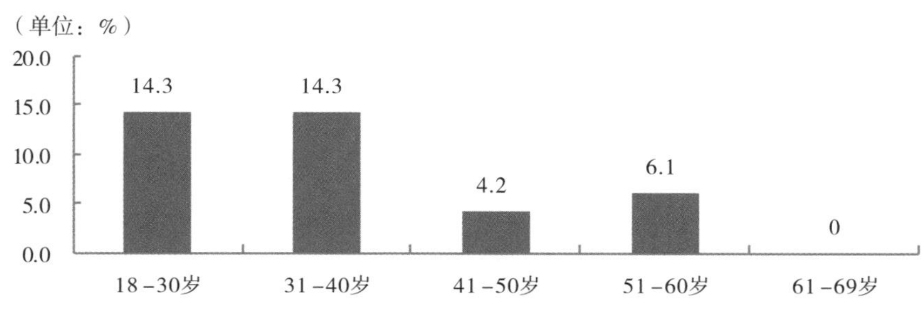

图 9-7　不同年龄公众的生态文化素养状况

首先，这从一个侧面反映了我国教育水平和公民素质的提高，是令人欣慰的现象。其次，从图表和数字中我们可以看到，31—40 岁年龄段的公众与 41—50 岁年龄段的公众之间在生态文化素养水平上存在着一个较大的跨度，这事实上反映我国改革开放前后接受学校教育的公众在总体文化素养上的反差，充分体现了改革开放以来社会进步和教育发展的重要成果。

3. 不同文化程度公众的生态文化素养状况

天目山区社区不同文化程度公众的达标比例与文化程度呈现一定的相关性，小学或低于小学文化程度的公众没有达标，当然这与试题有一定的难度相关，但也从另一侧面反映了低文化程度者的低生态文化素养。初中和高中（或中专）的达标率差不多，大专及以上文化程度的公众达标比例较高（见图 9-8）。

（二）公众对生态文化素养的理解和运用程度

公众对生态文化素养的理解和运用程度是公众具备科学素养的基础和最直接的表现，人们只有具备了一定的生态文化素养之后，才能正确运用生态文化素养来认识和处理日常生活中碰到的各种问题，才能深入理解科学研究的过程和人文社会科学对社会的影响。这部分内容主要包括公众对人文社会科学基本术语的了解、对基本观点的掌握等两方面的内容。

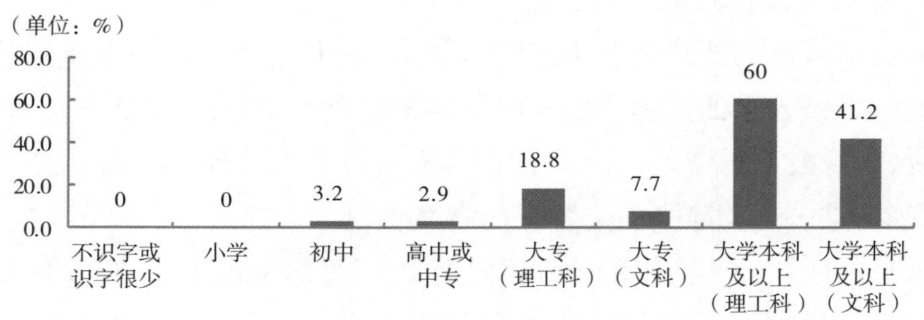

图 9-8　不同文化程度公众的生态文化素养状况

1. 公众对人文社会科学基本术语的了解

在本次调查中，我们选用了低碳可持续、生态文明、GDP、恩格尔系数、全面建成小康社会这五个基本的人文社会科学术语。从以上统计数据来看，首先，在我们选择的五个术语中，没有一个术语的知晓率超过50%，知晓程度都比较低，考虑到选择题本身已经包含了正确答案，应该说，天目山区公众对人文社会科学基本术语的掌握情况并不乐观。其次，恩格尔系数选对的比例较高，并不代表公众能够解答“何谓恩格尔系数?”的主观题，而是通过选项选择“食品支出占家庭或个人消费支出总额的百分比”，说明公众对日常生活常识比较了解。第三，“人类命运共同体”“两山理论”和全面建成小康社会的知晓率相对较高，说明对公众的生态文化宣传教育的成效是比较明显的。第四，四个文明这一题公众选“道德文明”多于“生态文明”，天目山区社区作为一个生态保护区，应更要加强对“生态文化”“森林文化”的宣传。“GDP”虽然涉及比较专业的经济学术语，但仍然属于比较常见的公共词汇，从公众对这一术语的知晓率看，应该说还是不尽如人意的，这可能与公众对人文社会科学具有一定的实用化倾向有关。第五，在不同性别、年龄的公众之间对这五个基本人文社会科学术语的理解存在较大的差异，总体上是男性高于女性，年轻的高于年长的(见表 9-5)。

表 9-5　公众对人文社会科学术语理解程度的群体差异　（单位:%）

	总体	性别		年龄					城乡	
		男	女	18—30岁	31—40岁	41—50岁	51—60岁	61—69岁	城镇	非城镇
低碳可持续	29.7	32.2	27.5	30.0	34.7	23.6	45.5	16.0	36.6	26.3
生态文明	23.7	24.6	22.9	31.4	32.7	19.4	15.2	8.0	22.0	24.6
GDP	17.7	22.9	13.0	22.9	20.4	13.9	18.2	8.0	19.5	16.8
恩格尔系数	36.9	35.6	38.2	52.9	32.7	36.1	30.3	12.0	35.4	37.7

续表

	总体	性别		年龄					城乡	
		男	女	18—30岁	31—40岁	41—50岁	51—60岁	61—69岁	城镇	非城镇
全面建成小康社会	36.7	41.5	30.5	42.9	40.8	23.6	39.4	36.0	42.7	32.3

2. 公众对特定社会问题的认知

生态文化素养应该是知和行的统一，生态文化素养必须内化为素质修养，形成能力。因此，能灵活运用掌握的基本观点和知识来正确地认识和分析个人和社会生活中的问题，这是公众具备较高生态文化素养的重要表现，也是我们这次调查需要了解的重要内容。我们在问卷中设计了三个社会问题来调查公众的认知程度。

调查结果如下：

表9-6　公众的认知程度　（单位：%）

	1. 同意	2. 不同意	0. 说不清
a.这是好现象，说明我们的生态文明建设在进步	75.5	8.0	16.5
b.这是坏现象，还是应该把人的利益放在首位	13.1	57.8	29.1
c.无所谓，只要能给老百姓带来实在好处，什么文化都可以	44.2	32.9	22.9

三、公众对生态文化素养的态度

（一）公众对生态文化素养影响的看法

首先，我们调查了公众对生态文化素养影响的总体评价。调查结果显示，天目山区社区公众中有64.3%认为生态文化素养对社会是积极影响为主，6.0%认为只有积极影响，10.0%认为积极影响与消极影响差不多，还有16.1%的公众不知道或说不清，2.8%认为消极影响为主，0.8%认为只有消极影响（见表9-7）。

表9-7　天目山区社区公众对生态文化素养影响的总体评价　（单位：%）

积极影响为主	64.3
消极影响为主	2.8
积极影响与消极影响差不多	10.0

续表

只有积极影响	6.0
只有消极影响	0.8
不知道或说不清	16.1

从表 9-7 可以看出,天目山区社区大多数公众对生态文化素养的影响有比较积极的认识。为了进一步了解天目山区社区公众在这方面的更为具体的看法,我们设计了要求被调查者做出倾向性判断的一个问题:有人说:生态文化素养使我们的生活更加充实美好,请问您对此持何看法?有 81.1%的公众同意这种说法,2.4%的公众不同意,另外有 16.5%的公众表示说不清。数据印证了我们前面得出的结论。

生态文化素养的发展对社会产生了深刻的影响,但对每个方面的影响是不一样的。要深入认识公众对生态文化素养影响的看法,除了从宏观角度去测量,还要结合相对微观的角度去认识。本次调查,我们挑选了生态文化素养影响社会的十个方面,继续了解公众的看法。

从数据上来看,天目山社区公众大体上认为在道德水准、文化生活、环境保护、公众健康等方面对生态文化素养的积极影响比较突出,而在世界和平、政策制定、经济发展、社会治安等方面对生态文化素养的积极影响相对不是那么突出。这里值得关注的问题是,有 3.2%—6.8%不等的公众认为生态文化素养对有关领域没有影响,有 11.6%—19.7%不等的公众无法对人文社会科学对社会相关领域的影响做出判断,这也是值得引起思考的。

表 9-8 天目山区社区公众对生态文化素养在具体方面的影响的看法

(单位:%)

	1. 积极影响为主	2. 积极影响与消极影响差不多	3. 消极影响为主	4. 没有影响	0. 说不清
a.道德水准	71.5	10.8	0.8	3.2	13.7
b.文化生活	68.7	13.7	2.4	3.6	11.6
c.公众健康	65.5	10.8	2.4	6.8	14.5
d.世界和平	57.4	14.5	2.4	6.0	19.7
e.环境保护	66.7	11.2	4.0	6.0	12.1
f.经济发展	63.9	13.3	2.4	4.4	16.0
g.政策制定	59.4	13.7	1.8	6.0	19.3
h.社会治安	64.6	14.5	4.0	4.4	12.5

（二）公众对人文社会科学的期望

了解公众对人文社会科学的期望是衡量公众生态文化素养和要求的另一个重要方面，同时也是了解公众对生态文化素养信心的重要标准之一。因此，在本次调查中我们专门考察了天目山区公众对生态文化素养的期望。

统计结果显示，天目山区公众最希望通过学习生态文化素养，提高自身道德水平。天目山区要进行“中国美丽乡村建设”，不仅要讲究外在美，也应讲究内在美，在实地调查中发现，天目山区公众也的确如此；另一方面，可能也反映了人民生活水平的提高，所谓“仓廪实而知礼节”，当生活水平相对低时，更希望提高自身生存和发展的能力，当生活水平提高后，可能产生道德诉求。排在第二位的是“提高自身生存和发展的能力”，这也说明人民的生活也还没达到非常高的水平。另外，虽然它排在第二位，但比例还是较高的，这个结论也与先前我们得出的公众对生态文化素养的需求主要集中在实用性知识上是相吻合的。排在第三位的是“提高自身理论水平”，排在第四位的是“提高自身审美情趣”。我们注意到，相对于其他的功能，公众对于通过学习生态文化素养以提高自身审美情趣的要求是 28. 1%。事实上，生态文化素养在提高人的审美情趣，确立合理的人生态度，提升人生境界等方面是非常有益的，其重要性并不亚于实用性功用。

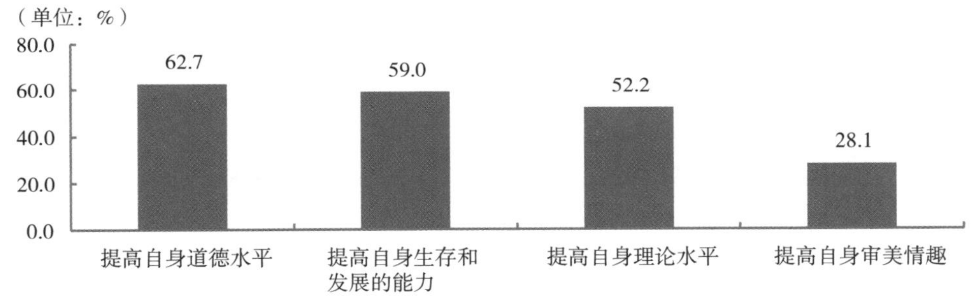

图 9-9　公众对人文社会科学的期望

（三）公众对生态文化素养普及的意见

随着社会的进一步发展，普及生态文化素养显得越来越重要，绝大多数公众已经意识到学习生态文化素养的重要性。我们在调查中专门设计问题以了解公众对生态文化素养普及的意见。以下数据对于有关方面适应公众要求，更好地开展生态文化素养普及工作，具有一定的参考价值。

1. 公众喜欢的科普讲座类型

天目山社区公众最喜欢的三类讲座依次是：法律知识类、经济知识类和教育知识类。显然，这三类讲座与公众的实际生活关系比较密切。值得指出的是,法学在天目山社区的学科兴趣中排第六位,在专业选择中排第八位,而在感兴趣的书《法律常识100问》中排第二位,在喜欢的科普讲座中"法律知识类"排第一位。可见,法学并不一定是天目山社区人感兴趣的,但为了解决生活中的实际问题有时需要法律知识,而法律基础却不够,所以为了实用的需要,公众需要学习法律。

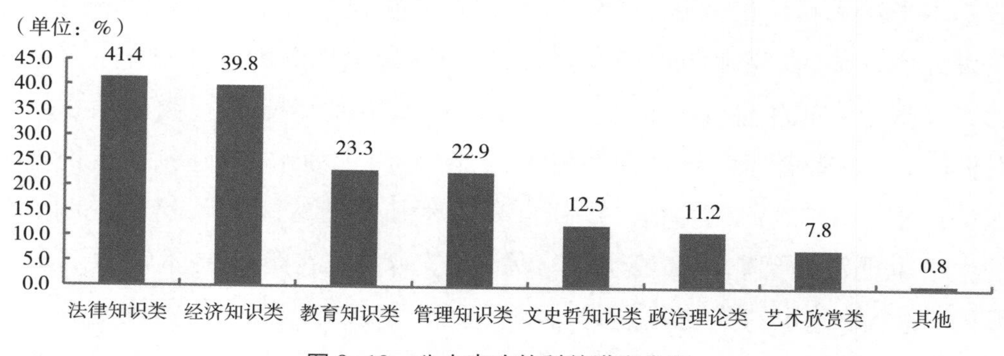

图 9-10　公众喜欢的科普讲座类型

2. 公众对科普讲座的要求

天目山区公众对讲座特点的最大要求是实用性强,能解决实际问题。对思维的严谨性、说理的清楚性要求不是特别高,调查发现,对此要求相对来说城镇公众比非城镇公众要高。

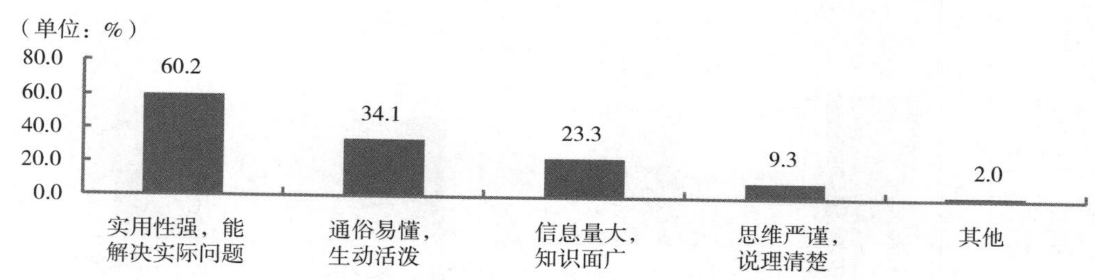

图 9-11　公众对科普讲座的要求

3. 公众对生态文化素养普及措施的意见

公众对生态文化素养普及措施的意见,反映了公众对生态文化素养普及的要求,值得有关方面认真研究参考。

调查情况如下:

表 9-9　公众对生态文化素养普及措施的意见

(单位:%)

措施	很有必要	有必要	没有必要	说不清楚
政府每年拨出充足的科普经费	46. 6	42. 6	2. 0	8. 8
多建造展览馆、图书馆、人文景点等设施	41. 0	45. 4	3. 6	10. 0

续表

措施	很有必要	有必要	没有必要	说不清楚
政府出资在社区建设宣传栏和活动场所	40.6	49.0	1.6	8.8
每年组织各类科普活动	40.6	49.8	1.6	8.0
人文社会科学工作者经常性走进社区开展讲座、座谈等活动	36.9	50.6	0.8	11.7
多出版通俗易懂的人文社科类图书	33.7	48.2	5.2	12.9
创办普及生态文化素养的报纸和杂志	32.5	52.6	3.2	11.7
政府出资建立固定的报告厅和人文社科咨询培训中心	32.1	44.6	11.6	11.7
资助兴建和修缮教堂、寺院等宗教场所	12.8	20.9	44.6	21.7

分析以上数据，可知：

第一，天目山区公众认为，为更好地开展天目山区生态文化素养普及工作，很有必要采取的四项措施（比例超40%）：政府每年拨出充足的科普经费，多建造展览馆、图书馆、人文景点等设施，政府出资在社区建设宣传栏和活动场所，每年组织各类科普活动。显然，公众对政府部门主持和推动生态文化素养科普教育抱有很大的期望。从中国目前社会的实际情况看，政府的支持、投入和推动，仍然是科学知识普及工作的重要途径之一。公众对此需求比较强烈，反映了现实的要求。

第二，公众希望人文社会科学工作者经常性走进社区开展讲座、座谈等活动。这是公众对人文社会科学工作者提出的现实要求，也是人文社会科学工作者更多走入社会、服务社会的应尽职责。显然，在这方面有关的激励机制和途径载体等亟待进一步完善。

第三，公众希望图书、报刊在普及生态文化素养方面发挥更大的作用。有关文化事业部门和新闻出版部门对此应有充分的意识并努力付诸实施。有超过85%的公众要求“创办普及生态文化素养的报纸和杂志”，说明目前报纸和杂志在这方面的发展和开发潜力还是相当大的。

四、天目山森林文化建设综合分析

综合考量目前浙江省以天目山为中心的森林文化综合建设情况，结合综合评估指标体系，基本上认同为一个总指标即森林文化指数和四大领域（生态经济、生态环境、生态文化、生态制度）及多项相关评估指标构成。根据浙江省2015—2017年公开发布的有关数据和课题组的相关调研，认为浙江森林文化建设进展平稳，生态经济、生态环境、生态文化等若干标志性领域持续提高。

森林文化建设的综合情况：

1. 浙江森林文化建设呈现稳步发展状态。以 2016 年浙江森林文化总指数为基准值 100 计算，2016 年森林文化总指数为 101. 72，浙江森林文化建设稳步发展。

2. 森林文化建设三大领域（生态文化、生态经济、生态环境）全面提升。其中，生态文化、生态经济领域发展速度较快，高于浙江省总指数的发展速度。

3. 社会公众对生态环境质量状况认可程度有进一步提升空间。通过民情民意调查结果显示，2016 年社会公众对生态环境质量的满意度仅有 56. 19%，属于中等偏低水平。

4. 近七成森林文化建设指标呈上升态势。在若干项相关指标中，由于 6 个指标无法取得完整、可比的数据，因此总指数测算时以 28 项指标测算。这 6 个指标分别为：主要农产品中有机、绿色及无公害产品种植面积的比率；单位 GDP 碳排放量；土壤环境质量指数；绿色创建活动指数；新建绿色建筑比例；政府采购绿色产品的比率。在参与测算的 28 项指标中，有 21 项指标呈上升态势，上升幅度较大的有“工业重复用水率”“省级以上生态乡镇、街道比例”“工业固体废物综合利用率”“城乡生活污水集中处理率”“重点工业污染源稳定达标率”和“城乡生活垃圾无害化处理和收集率”6 项指标。

从指标所属领域来看，与 2015 年相比，生态经济领域的指标发展态势最好，超过 80%的指标呈增长态势；其次为生态环境领域，有 66. 7%的指标呈上升态势，其他两个领域因指标较少，所以上升指标的比例不具有可比性。从整体上看，浙江在追求经济发展的同时，很注重生态的保护，污染减排和节能降耗措施得力，成效显著。

呈下降态势的 5 项指标是“人均能源消费量”“生态环境质量公众满意度”“人均水资源总量”“饮用水源地水质达标率”和“环境污染治理投资占 GDP 的比重”，指数分别为 98. 14、95. 53、94. 45、89. 83 和 78. 19。其中“人均水资源总量”指标的口径包括降水量，由于 2015 年浙江降水量与上年相比有大幅缩减，导致水资源总量有较大幅度的下降；“环境污染治理投资占 GDP 的比重”指数明显降低的主要原因是 2016 年与 2015 年相比，一部分环保项目已结束，所以投资减少，导致其占比也有较大幅度的下降。整体上看，浙江仍需注意生态环境的保护，提高生态环境质量的公众评价。

在参与测算的指标中，“农村可再生资源利用指数”“森林覆盖率”“单位林地面积蓄积量”“生态文明宣传普及率”和“企业实施清洁生产的审核比例”5 项指标与上年相比持平。由于数据采集等原因，“单位林地面积蓄积量”和“企业实施清洁生产的审核比例”2 项指标采用两年数据一致的方式处理；“生态文明宣传普及率”较为特殊，天目山、西湖、安吉该指标均为 95%。由于计算方法的特殊性导致该指标无法直接参与测算，为保证不影响最终结果的公平性与科学性，在测算时通过技术处理直接给出该指标的得分参与最后的指数计算及排名。

据测算，2016 年，天目山森林文化综合指数为 84. 4 分，其中生态环境指数为 33. 8 分。

表 9-10　天目山森林文化综合指数

二级指标	得分	浙江排名
生态活力（满分为 39. 6）	21. 35	2
环境质量（满分为 26. 4）	12. 47	2
社会发展（满分为 26. 4）	25. 58	1
协调程度（满分为 39. 6）	25. 03	3

从各领域发展指数的地区差异看，2016 年四大领域的地区差异从小到大依次为生态经济、生态环境、生态文化和生态制度。

表 9-11　2016 年浙江天目山四大领域生态文明评价指数及标准差

	领域指数	最高最低水平之比	标准差
生态经济	103. 81	1. 24	6. 28
生态环境	101. 65	1. 36	8. 33
生态文化	106. 01	1. 32	9. 22
生态制度	92. 43	1. 43	11. 02

生态经济领域的地区差异最小，只有 6. 28，浙江四大领域最高最低水平之比也只有 1. 24。生态环境、生态文化领域的地区差异也不算太大，浙江四大领域最高最低水平之比分别为 1. 36、1. 32，标准差分别为 8. 33、9. 22。生态制度领域的地区差异较大，标准差为 11. 02。生态制度领域的“环境污染治理投资占 GDP 的比重”“企业实施清洁生产的审核比例”和“规划环评执行率”等 3 项指标差异均较大。

第四节 天目山国家级自然保护区森林文化价值核算

浙江生态文化底蕴深厚，山水文化、海洋文化、森林文化、茶文化中均蕴含丰富的生态思想，同时又是“两山理论”的发祥地，接下来有必要进一步加强政策保障和财政支持，充分整合和利用各方面的资源优势，重点关注环境质量改善工程，推进生态修复和生态工程建设，以科技创新为依托，减少农药施用，积极发展高效、生态农业，推动浙江生态环境继续向好。①

根据天目山森林文化综合指数及调查分析，可以获得天目山森林文化价值评估指标权重及评估如表 9-12 所示。

表 9-12 天目山森林文化价值评估指标权重及评估

序号	评估类别（一级）	权重	评估指标（二级）	权重	评估分值
1	审美艺术价值	0.2168	1. 景观审美价值	0.6749	95
			2. 文艺创作价值(精神层面)	0.1816	95
			3. 产品价值(物质层面)	0.1435	85
2	身心康养价值	0.1117	4. 疗养价值	0.3026	85
			5. 保健价值	0.3559	85
			6. 宜居价值	0.3415	90
3	休闲旅游价值	0.2720	7. 休闲价值	0.4018	95
			8. 体验价值	0.4897	95
			9. 娱乐价值	0.1085	80
4	科研教育价值	0.0788	10. 科学研究价值	0.3587	95
			11. 科普教育价值	0.6413	95
5	文明演进价值	0.1441	12. 历史遗存价值	0.4681	95
			13. 地理标志价值	0.1973	95
			14. 文化文明价值	0.1895	95
			15. 地方情感价值	0.1451	95
6	传统习俗价值	0.0947	16. 节庆载体价值	0.4268	95
			17. 民族习俗价值	0.5732	95

① 汪林:《要打造佛教名山，弘扬天目山文化》,《今日临安》2012 年 4 月 9 日。

续表

序号	评估类别（一级）	权重	评估指标（二级）	权重	评估分值
7	伦理道德价值	0.0641	18. 森林信仰价值（精神层面）	0.3761	95
			19. 森林哲学价值（精神层面）	0.3371	85
			20. 社会和谐价值	0.2868	90
8	制度规范价值	0.0178	21. 法律法规价值	0.5367	90
			22. 乡规民约价值	0.4633	95

天目山总体得分为 92.96，综合指数为 1.859。

天目山森林丰富的森林资源禀赋，地理位置优越、生态环境良好，旅游基础设施建设完善，使得天目山森林的审美价值、身心康养价值及休闲旅游价值总体属于上乘。通过量化的方式进行物理量的评估。用人与森林共生的时间来反映（如有门票收入发生，折算成时间累加进去）。物理量评估是评价森林文化价值产生的基本依据的方法。

根据项目组提供的计算公式，最终计算结果如表 9-13 所示。

表 9-13　天目山森林文化价值评估结果

	森林文化年受益人数（万人）	人均停留时间（小时）	森林覆盖率（%）	森林的文化价值物理量（万/文年）	综合指标系数	人均 GDP（万元）	森林的文化价值量（亿元）
天目山	1007.80	66.00	98	7.45	1.86	5.20	72.01

第十章　武夷山国家公园(试点)森林文化价值评估研究

第一节　武夷山国家公园试点区情况

武夷山国家公园体制试点区位于武夷山脉北段的东南坡,该山脉是我国东南沿海最重要的山脉,为东南沿海丘陵与江南丘陵的分界线,也是福建省闽江水系、汀江水系与江西省信江、赣江和鄱阳湖水系的天然分水岭。武夷山国家公园涉及福建省的武夷山市、建阳区、光泽县和邵武市(均为南平市行政范围),地理坐标为东经 117°24′13″—117°59′19″,北纬 27°31′20″—27°55′49″,主要包括福建武夷山国家级自然保护区、武夷山国家级风景名胜区、武夷山国家森林公园(武夷山九曲溪上游保护地带)及周边区域部分,总面积 1001.41 平方公里。

一、武夷山国家级风景名胜区

武夷山国家级风景名胜区是以典型的丹霞地貌为特色,自然与人文景观均十分丰富,新石器时期古越族人就在此繁衍生息,留下了众多的历史文化遗迹,更是闻名国内外的"朱子文化"的发源地,同时还具有岩骨花香之胜而驰名中外的武夷岩茶。武夷山国家级风景名胜区位于我国福建省西北部,总面积 6300 公顷,森林覆盖率 80.3%,植被属中亚热带常绿阔叶林,群落区系组成主要是壳斗科、樟科、山茶科、杜英科等常绿树种,群落的特点是:种类组成丰富,区系成分复杂,以亚热带成分为主,也夹杂一些温带成分,区系比较古老,特有的残遗的成分均有分布。武夷山国家级风景名胜区的森林景观划分为 6 类:即马尾松林、杉木林、经济林、竹林、阔叶林、茶园。本区内珍稀植物众多,有国家一级保护植物 2 种:苏铁、南方红豆杉;国家二级

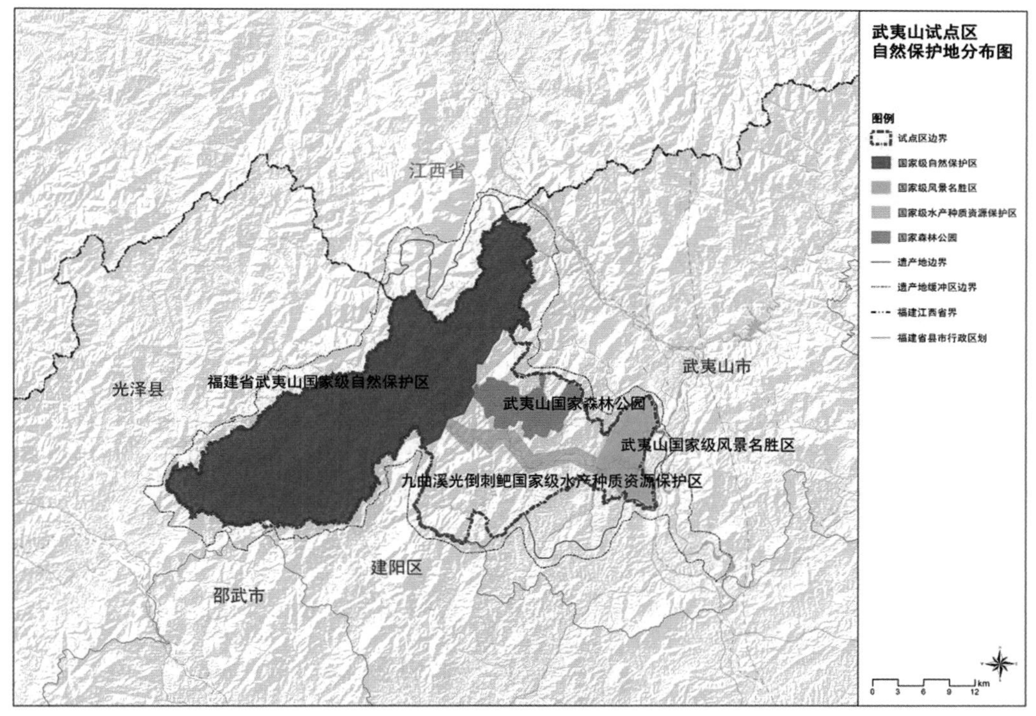

图 10-1　武夷山国家公园试点范围①

保护植物23种:蛛网萼、凹叶厚朴、闽楠、青檀、短萼黄连、黄山木兰、樟、沉水樟、建柏、伞花木、紫荆、野大豆、油杉、榉、莲、金毛狗、香榧、花榈木、喜树、南方铁杉、穗花杉、银鹊树、银钟花。

二、武夷山国家级自然保护区

福建武夷山国家级自然保护区位于武夷山脉北部最高地段。总面积56527公顷,森林覆盖率达96.3%。是世界同纬度带现存面积最大、保留最为完整的中亚热带森林生态系统。随海拔递增,依次分布着五个植被带:常绿阔叶林带(350—1400米,山地红壤);针阔叶混交林带(500—1700米,山地黄红壤);温性针叶林带(1100—1970米,山地黄壤);中山苔藓矮曲林带(1700—1970米,山地黄壤);中山草甸带(1700—2158米,山地草甸土)。除了地带性植被—常绿阔叶林外,还分布有暖性针叶林、温性针叶林、温性针阔叶混交林、落叶阔叶林等11个植被型,15个植被亚型,25个群系组,57

① 廖凌云:《武夷山国家公园体制试点区社区规划研究》,博士学位论文,清华大学2018年,第60页。

个群系,170 个群丛组,包含了我国中亚热带地区所有的植被类型,具有中亚热带地区植被类型的典型性、多样性和系统性,这在我国乃至全球同纬度带都是罕见的。武夷山国家级自然保护区具有一定特有成分物种,珍稀特有种多。据统计,自然保护区内列入《中国植物红皮书》(第一册)中,具有较高科学价值、经济价值的珍稀濒危、渐危植物有银杏等 31 种,其中列入濒危种 13 种,稀有种 11 种,渐危种 7 种;列入《国家重点保护野生植物名录(第一批)》,国家重点保护野生植物有 22 种,其中Ⅰ级保护有南方红豆杉等 4 种,Ⅱ级保护有闽楠等 18 种。

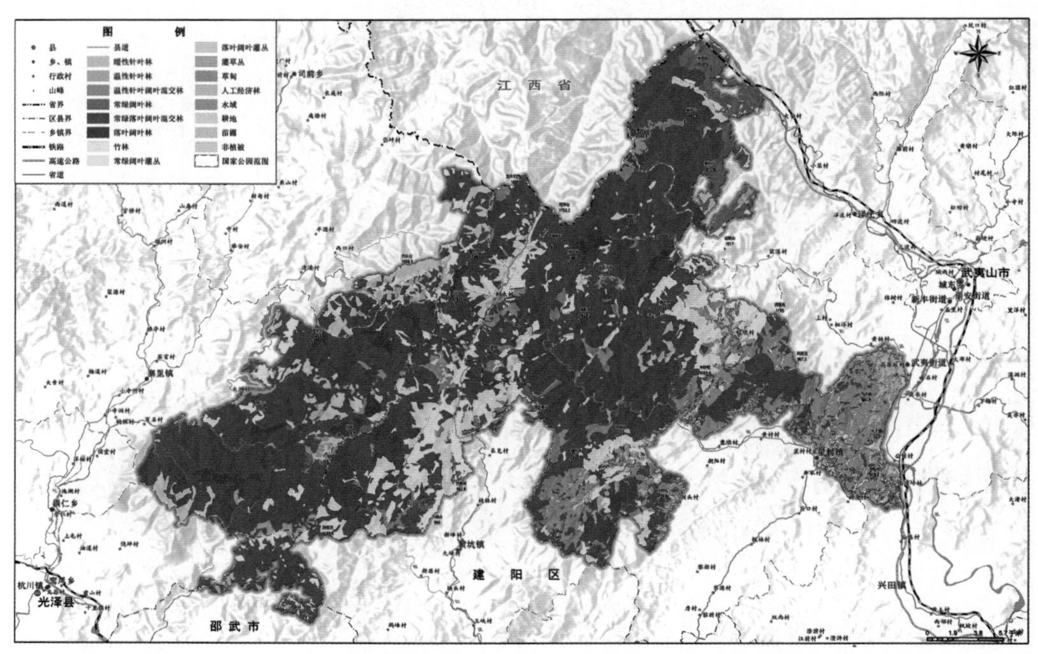

图 10-2　福建武夷山国家级自然保护区植被图①

三、武夷山国家森林公园(武夷山九曲溪上游保护地带)

武夷山国家森林公园(武夷山九曲溪上游保护地带)面积 7118 公顷,森林覆盖率 99.46%。公园内共分布有 11 个植被型,15 个植被亚型,25 个群系组,57 个群系,170 个群丛组,其中集中连片的一千多亩保存完好的南方铁杉举世无双,非常珍贵。植物资源丰富。有高等植物 1779 种,其中国家一级保护植物 6 种,国家二级保护植物 28 种,其中包括名贵的红豆杉、鹅

① 国家林业局昆明勘察设计院:《武夷山国家公园总体规划有专项规划(2017—2025年)》(编号:甲 A00—005 号),2019 年 12 月。

掌楸、香果树等。

第二节　武夷山国家公园(试点)森林文化价值本体评估

一、定性评估

(一)整体品相

从森林整体保存状态来看,试点区保存最完整的中亚带原生性森林生态系统和世界珍稀特有野生动植物的基因库。从分布森林分布范围来看,拥有目前世界上同纬度仅存的最典型、面积最大的、保留最为完整的中亚热带森林生态系统。随着海拔的递增、气温的递减和降水量的增多,依次分布有常绿阔叶林带、针阔叶混交林带、温性针叶林带、中山苔藓矮曲林带和中山草甸带5个垂直带谱,植被垂直带谱明显。国家公园内还分布有200多平方公里的原生性森林植被未受到人为破坏,是我国亚热带东部地区森林植被保存最完好的区域。

表10-1　武夷山国家公园试点区三大区域整体品相情况

区域	国家级自然保护区	国家森林公园	国家级风景名胜区
整体品相特点	保护区是世界同纬度带现存面积最大、保留最为完整的中亚热带森林生态系统。保护区现有土地总面积56527公顷,位于武夷山脉北部最高地段,地处武夷山市、建阳区和光泽县三市县境内,与邵武市和江西省铅山县毗邻,地处东经117°27′—117°51′,北纬27°33′—27°54′,森林覆盖率达96.3%	武夷山原始森林公园地处武夷山世界遗产地九曲溪上游,面积7118公顷,森林覆盖率99.5%	武夷山国家级风景名胜区培育丹霞地貌上特有的中亚热带常绿阔叶林地带的典型植被景观特征。位于我国福建省西北部,总面积6300公顷,森林覆盖率80.3%

(二)规模与丰度

森林规模或体量方面,武夷山国家级风景名胜区总面积6300公顷,森林覆盖率80.3%。武夷山国家级自然保护区约有2.9万公顷原生性亚热带森林植被,森林覆盖率高达96.3%,林木蓄积量达5217508立方米。武夷山国家森林公园(武夷山九曲溪上游保护地带)面积7118公顷,森林覆盖率96.5%,森林蓄积量888984立方米。

表 10-2　武夷山国家公园试点区三大区域规模与丰度

区域	国家级自然保护区	国家森林公园	国家级风景名胜区
规模与丰度	武夷山保护区约有 2.9 万公顷原生性亚热带森林植被，森林覆盖率高达 96.3%，林木蓄积量达 5217508 立方米。除了地带性植被—常绿阔叶林外，还分布有暖性针叶林、温性针叶林、温性针阔叶混交林、落叶阔叶林等 11 个植被型，15 个植被亚型，25 个群系组，57 个群系，170 个群丛组	武夷山国家森林公园内共分布有 11 个植被型，15 个植被亚型，25 个群系组，57 个群系，170 个群丛组，其中集中连片的一千多亩保存完好的南方铁杉举世无双，非常珍贵	武夷山国家级风景名胜区植被属中亚热带常绿阔叶林，群落区系组成主要是壳斗科、樟科、山茶科、杜英科等常绿树种，群落的特点是：种类组成丰富，区系成分复杂，以亚热带成分为主，也夹杂一些温带成分，区系比较古老，特有的残遗的成分均有分布。武夷山国家级风景名胜区的森林景观可划分为 6 类，即马尾松林、杉木林、经济林、竹林、阔叶林、茶园

（三）群落完整性

武夷山国家公园是我国生物多样性热点地区和亚热带中山森林保存完好的交汇地带，是整个中国东南部唯一的生物多样性保护关键区，有着丰富的生物多样性和明显的植被垂直带谱，囊括了中国中亚热带地区所有植被类型，是我国常绿阔叶林保存最完整的地区之一。其森林生态系统的保护价值不仅在中国东南部没有其他山区可以与之相比，从全球同纬度地区看，更凸显其重要性。与武夷山同纬度在欧亚大陆是印度的塔尔沙漠、伊朗南部、沙特阿拉伯、埃及、利比亚、阿尔及利亚、摩洛哥等，在北美是墨西哥北部，它们大都是生物种类贫乏的沙漠地区。因此，从全球看，武夷山具有世界同纬度带现存最典型、面积最大、保存最完整的中亚热带原生性森林生态系统，保护好武夷山生物多样性、完整性及其自然景观，综合发挥国际生物圈保护区功能，不仅有利于中国的生态保护，而且对全球环境保护地也有重要意义。

（四）特色文化内涵

从所蕴含文化事象的规模、级别来看，武夷山国家公园所在区域不仅在长期的历史进程中逐步形成偏居中国一隅的“古闽族”文化和其后的“闽越族”文化，而且是朱子理学的摇篮，对研究朱子理学和儒学的兴衰演变以及中国哲学理想史具有重要意义。而镶嵌于武夷山溪畔山涧、峰麓山巅、岩穴崖壁的诸多历史文化遗存，将古人的智慧、先哲的思想、人民的劳动融于自然山水之间，为武夷山增添了浓郁的文化气息，达到天人合一的境界，给人以浑然天成的和谐美感。建立武夷山国家公园对于保护世界文化和自然遗产,弘扬中华传统文化具有重要意义。

从所蕴含文化内容的类型来看,武夷山在千百年的历史发展过程中,形成的武夷山人文景观和历史文化遗存,积淀深厚,内涵丰富,颇具特色。保存完好的宗教寺庙、遗址遗迹、摩崖题刻以及影响深远的理学文化、茶文化、宗教文化等,是武夷山国家公园特色文化的最突出体现。新石器时期,古越族人即在武夷山狩猎和捕鱼,至今在武夷山内人迹罕至的悬崖绝壁上,还保留有3800多年历史的“架壑船棺”和“虹桥板”重要文化遗产,是这个民族当时安葬习俗的佐证;秦汉以来,武夷山就为我国各地名流、羽士、禅家、道者所喜爱,受到无数文人墨客、帝王将相的赞赏,特别是朱熹在武夷山冲佑观任提举期间,弘扬了南宋理学,形成了理学文化,武夷山也成为道南理窟,倡道于东南,学者云集,书院林立;武夷山道释儒文化各具特色,曾是中国道教三十六洞天之一的第十六洞天;佛教在武夷山历史上虽未有大型寺庙,但也是武夷文化的重要组成部分;武夷山产茶历史悠久,茶文化底蕴深厚,元代始武夷山茶成为皇室贡品,并在武夷山创办御茶园,茶文化遗址遍布武夷山中。根据《旅游资源分类、调查与评价》(GB/T 18972—2017),武夷山国家公园的人文游憩资源类型可概括为文物与活动遗址遗迹、建筑与设施、旅游商品和人文活动4大主类,12个亚类,55个基本类型。

图10-3　武夷神韵(刘达友摄)

二、综合评估

武夷山得天独厚的自然地理条件、独特的地质构造、复杂的生态环境、多样的自然生态系统、鲜明的垂直带谱、茂密的森林植被，加之第四纪以来受冰期和间冰期的影响有限，不仅造就了独特的自然地理景观，而且孕育了丰富的生物多样性，素有“东南植物宝库”“蛇的王国”“昆虫的世界”“鸟的天堂”“世界生物之窗”“世界生物模式标本的产地”等美称，是中国11个具有全球意义的陆地生物多样性保护的关键地区之一、古老孑遗物种的避难所和集中分布地及著名的动植物模式标本产生地，是中国东南部唯一生物多样性保护关键区和开展生态学、生物学、水文学和生态系统等研究的理想场所。与此同时，武夷山国家公园所在区域的文化底蕴深厚，自然景观与文化资源高度融合，其自然资源和人文资源的保护价值和研究价值在中国乃至全球都具有典型性和代表性。

表10-3　武夷山国家公园试点区森林文化价值本体评估

一级指标	二级指标		指示因子		评价分值
本体品相维度	0.2	整体品相	0.5	森林整体保存状态	48
			0.5	森林分布范围	46
	0.2	规模与丰度	0.5	森林规模或体量	45
			0.5	森林树种群落数量	48
	0.2	珍稀奇特程度	0.35	珍稀树种的数量	32
			0.35	森林景观的奇特程度	30
			0.30	森林群落的神秘程度	28
	0.2	群落完整性	1.0	森林群落的完整性	95
	0.2	特色文化内涵	0.4	所蕴含文化内容的类型	36
			0.3	所蕴含文化事象的规模	28
			0.3	所蕴含文化事象的级别	26
总评估分	92.4				

运用中国生态协会制定的森林文化资源本体调查体系评估武夷山国家公园（试点）森林资源本体状况，评分值为92.4分，属于优良级别。从组成区域来看，森林文化价值本底情况：武夷山国家级风景名胜区>武夷山国家级自然保护区>武夷山国家森林公园（见表10-4）。武夷山国家公园试点区各自组成区域、各自部分森林文化资源本底都有各自特色和优势，要充分发挥武

夷山国家公园体制试点区各组成部分森林文化资源优势,才能实现武夷山国家公园试点区整体森林文化价值最大化。

表 10-4　武夷山国家公园试点区森林文化资源本底评估情况

	武夷山国家公园试点区	国家级自然保护区	国家森林公园	国家级风景名胜区
综合指 P(A)	92.4	90.6	86.4	89.2
等级	优良	优良	优良	优良

第三节　武夷山国家公园(试点)森林文化价值评估

一、森林文化价值评估指标体系

(一)指标筛选原则

从一般意义上讲,本书探讨自然保护区森林文化价值评估指标体系构建时,遵循如下原则:

第一,科学性原则。指的是所选的指标概念明确、内涵科学,能够反映自然保护地类森林文化价值评估的内容和要求。

第二,代表性原则。指的是所筛选的指标是经过认真研究获取的,尽量选择主因子指标,具有社会共识基础,所选指标能直接与森林文化价值评估目标相关。

第三,简洁性原则。即所选指标简单明确,指标尽量简化,但能够清楚准确地反映森林文化价值水平。

第四,定量化原则。即所构建的自然保护地森林文化价值评估指标体系尽可能量化,同时辅助定性描述。

(二)指标筛选

首先对国内外现有相关文献进行查找,筛选有关文献采用的指标;统计各指标的出现频度,根据指标频度,初步筛选出现频率较高的 26 个指标。其次,在初选的基础上,结合自然保护区森林文化的特点,通过专家咨询、结构式访谈、实地考察等方法,对指标进行全面分析、反复的调整,并按物质(经济)、精神、制度三个层面,审美艺术价值、身心康养价值、休闲旅游价值、科研教育价值、文明演进价值、传统习俗价值、伦理道德价值、制度规范价值 8 个角度对价值指标进行归并，形成的第二轮指标形成自然保护区类森林文化价值评估指标体系，共 22 个指标（见表 10–5）。

表 10–5 森林文化价值评估指标体系

<table>
<tr><th>序号</th><th>评估类别（一级）</th><th>评估指标（二级）</th><th>评估指标因子（三级）</th></tr>
<tr><td rowspan="10">1</td><td rowspan="10">审美艺术价值</td><td rowspan="4">1. 景观审美价值</td><td>1. 森林的景观结构</td></tr>
<tr><td>2. 森林的整体品相</td></tr>
<tr><td>3. 景观规模与丰度</td></tr>
<tr><td>4. 森林的景观美感</td></tr>
<tr><td rowspan="3">2. 文艺创作价值（精神层面）</td><td>5. 艺术灵感创意</td></tr>
<tr><td>6. 森林音乐创意</td></tr>
<tr><td>7. 森林文学艺术作品</td></tr>
<tr><td rowspan="3">3. 文化产品价值（物质层面）</td><td>8. 森林文化产业、产品及其衍生品</td></tr>
<tr><td>9. 森林工艺、森林美术</td></tr>
<tr><td>10. 森林演艺作品等</td></tr>
<tr><td rowspan="6">2</td><td rowspan="6">身心康养价值</td><td rowspan="2">4. 疗养价值</td><td>11. 森林中医药学和森林康复养生</td></tr>
<tr><td>12. 森林康养的多种形式及方法</td></tr>
<tr><td rowspan="2">5. 保健价值</td><td>13. 森林健身保健</td></tr>
<tr><td>14. 森林体育活动</td></tr>
<tr><td rowspan="2">6. 宜居价值</td><td>15. 城市林木覆盖率和植被质量</td></tr>
<tr><td>16. 城市森林环境中常住人口</td></tr>
<tr><td rowspan="5">3</td><td rowspan="5">休闲旅游价值</td><td rowspan="2">7. 休闲价值</td><td>17. 本地人本年度森林休闲度假人次</td></tr>
<tr><td>18. 森林文化修身的多种形式及方法</td></tr>
<tr><td rowspan="2">8. 体验价值</td><td>19. 外地人本年度森林体验年人次</td></tr>
<tr><td>20. 森林文化体验人数、天数、人均消费额、带动效应</td></tr>
<tr><td>9. 娱乐价值</td><td>21. 文艺展演价值（森林音乐会、展览、电影放映、戏剧活动场次）</td></tr>
<tr><td rowspan="7">4</td><td rowspan="7">科研教育价值</td><td rowspan="3">10. 科学研究价值</td><td>22. 森林科研教学基地数量及规模（生态定位观测站、试验站、示范基地/园区等）</td></tr>
<tr><td>23. 森林科研项目数量和投入资金量（国家自然科学基金、社会科学基金）</td></tr>
<tr><td>24. 科研成果量（发表的论文、专著、专利数量等）</td></tr>
<tr><td rowspan="4">11. 科普教育价值</td><td>25. 森林文化教育知识体系学科发展建设，学校师生森林教育教学和实习人次</td></tr>
<tr><td>26. 科普教育标识系统、展演、展示、体验等和参与人数</td></tr>
<tr><td>27. 幼儿园、学校、机关和企事业单位、社区等森林活动参与体验人次</td></tr>
<tr><td>28. 森林文化博物、展览馆等数量及规模</td></tr>
</table>

续表

序号	评估类别（一级）	评估指标（二级）	评估指标因子（三级）
5	文明演进价值	12. 文化文明价值	29. 森林对汉字起源、应用和文化传承发展作用
			30. 森林对人类衣食住行的演进作用
			31. 森林符号和文化象征
		13. 历史遗存价值	32. 历代遗留下来的具有森林文化历史、艺术、科学价值的遗迹、遗址和物品数量
			33. 古树名木的文化和自然遗产价值
		14. 地理标志价值	34. 具有地域代表性的森林群落及其产品
			35. 具有地域代表性的动植物及珍稀物种、国花国树
			36. 名胜古迹的森林树木地理标志数量、森林群落国内国际知名度和美誉度等
		15. 地方情感价值	37. 乡愁记忆
			38. 场所依恋
6	传统习俗价值	16. 节庆载体价值	39. 植树节、森林日、森林庙会
			40. 各类森林文化旅游节、博览会等的丰富度及参与人次
		17. 民族习俗价值	41. 民族森林文化多样性、森林文化传统习俗和民间技艺的数量
			42. 种植和祭祀纪念树（如苗寨生命树、婚庆植树、墓地植树、树木祭祀等）
7	伦理道德价值	18. 森林信仰价值（精神层面）	43. 到森林寺庙朝圣的信徒人次
			44. 专属“寺庙林”（如孔庙的孔林等）数量
			45. 寺庙周边古树名木数量及森林覆盖率
			46. 图腾崇拜价值（如神山、神树、社木、风水林等）
			47. 宗教习俗、宗教传说、精神寄托、精神抚慰等
		19. 森林哲学价值（精神层面）	48. 人与森林相互依存、和谐共生的思想意识、行为导向，及其对文明发展建设的作用
		20. 社会和谐价值	49. 人与自然、人与社会、人与人和谐价值
8	制度规范价值	21. 法律法规价值	50. 森林法律法规
			51. 森林政策
		22. 乡规民约价值	52. 森林契约
			53. 乡规民约

（三）评估指标构成因素权重评定

通过层次分析、专家判断打分、多目标决策中的权重评估，针对被评估对象评估指标所具象的指标因子重要程度，核定该指标在指标体系中的权重系数，确定了一级评估类别和二级评估指标的各项权重（见表10-6）。

表 10-6 森林文化价值评估指标权重

序号	评估类别(一级)	权重	评估指标(二级)	权重
1	审美艺术价值	0.2168	1. 景观审美价值	0.6749
			2. 文艺创作价值(精神层面)	0.1816
			3. 文化产品价值(物质层面)	0.1435
2	身心康养价值	0.1117	4. 疗养价值	0.3026
			5. 保健价值	0.3559
			6. 宜居价值	0.3415
3	休闲旅游价值	0.2720	7. 休闲价值	0.4018
			8. 体验价值	0.4897
			9. 娱乐价值	0.1085
4	科研教育价值	0.0788	10. 科学研究价值	0.3587
			11. 科普教育价值	0.6413
5	文明演进价值	0.1441	12. 历史遗存价值	0.4681
			13. 地理标志价值	0.1973
			14. 文化文明价值	0.1895
			15. 地方情感价值	0.1451
6	传统习俗价值	0.0947	16. 节庆载体价值	0.4268
			17. 民族习俗价值	0.5732
7	伦理道德价值	0.0641	18. 森林信仰价值(精神层面)	0.3761
			19. 森林哲学价值(精神层面)	0.3371
			20. 社会和谐价值	0.2868
8	制度规范价值	0.0178	21. 法律法规价值	0.5367
			22. 乡规民约价值	0.4633

二、武夷山国家公园试点区森林文化价值分析

(一)审美艺术价值

1. 景观审美价值

武夷山素来就有“武夷山水天下奇,碧水丹山处处诗”的美誉。武夷山的山水景观资源十分丰富。计有 36 峰,72 洞,99 岩,加上各种人文景观共 108 个景点。各景点的森林资源、植被类型、森林的种植结构很丰富,例如风景名胜区主要景点大王峰、天游峰、水帘洞、一线天分别分布着不同的植被类型。并配置武夷特色茶园,凸显武夷景观审美价值。

2. 文艺创作价值

武夷山在碧水丹山之间,还流传着许多道不明的动人故事和美丽传说,武夷山政务网曾公布:船棺之谜、仙字之谜、彭祖之谜、武夷族的渊源之谜、伏羲玉斧劈山崖、彭武彭夷辟武夷等 26 项。除此之外,武夷山还有很多文艺作品,回荡着或悠扬或幽怨的《采茶歌》《武夷山茶倾天下》《武夷山情歌》《我家住在武夷山》等作品;儒学思想文化的杰出代表——朱子理学;不计其数的武夷山美景诗联作品等。

3. 文化产品价值

指武夷山独具特色的文化创意产品。主要有茶文化产品:大红袍、岩茶、金骏眉、正山小种、肉桂等;森林文化创作产品:武夷山字画、文学作品等;文化体验产品:森林探险、竹筏游览、森林养生产品等;食品文化产品:武夷山野生菌红菇、木耳、笋干、五夫白莲、武夷黄酒等。

(二)身心康养价值

1. 疗养价值(森林康养)

武夷山由于溪流众多,森林茂密,负离子资源十分丰富,浓度基本都在 10000 个/立方厘米以上,浓度最高处达到了 60000 个/立方厘米,这种负离子含量高的森林环境对人体有保健作用,并对一些疾病有治疗效果。武夷山目前森林养生的形式主要有:森林漫步、森林探险、森林瑜伽、森林阳光浴、森林茶疗、森林冥想。但当前武夷山医学疗养处于起步阶段,还有待开发,目前,并未形成完整的森林疗养机构。

2. 保健价值

目前,武夷山已开发的休闲类体育健身项目有登山、徒步、竹排、高尔夫球,每年惊蛰日还会举行九曲溪端午龙舟赛等体育项目。武夷山还开发了自行车赛事、轮滑赛事、滑索、滑道、漂流等具有竞技性、刺激性的体育旅游项目。目前武夷山有 2 家户外素质拓展中心、龙井山滑索 1 条、十八寨滑道 1 条、漂流路线 4 条,还多次举办过国际骑游大会,并设计各类骑行道 10 种。

2017 年,武夷山入选全国第一批 5 家森林步道之一。武夷山国家森林步道呈西南—东北走向。南起福建省武平县,武夷山步道途经上杭县、连城县、永安市、三明市、明溪县、将乐县、泰宁县、邵武市、建阳市、光泽县、武夷山市;由铅山县进入江西省,途经上饶县、广丰县;由浦城县进入福建省;由江山市进入浙江省,北至遂昌县。线路全长约 1160 公里,其中,福建 930 公里、江西 138 公里、浙江 92 公里。沿线有福建上杭、九龙竹海、三元、天阶山、闽江源、猫儿山、立龙湖山，江西五府山、铜钹山，浙江仙霞国家森林公园等森林旅游地。有和平古镇、廿八都等古镇，以及古田会议会址等历史文化遗迹。步道串联了众多历史古道和隘口，包括甘家隘、分水关、枫岭关、仙霞古道等古道。步道全线森林占比 90%以上，典型森林为中亚热带常绿阔叶林。主要路段由古道、土路、板石路、砂石路等组成。

图 10-4　天游阁（陈美中摄）

3. 宜居价值

2018 年，武夷山统计全市总户数 77144 户，总人口 234609 人。人口自然增长率 9.38‰。武夷山是我国江南著名的林区，森林资源丰富，森林覆盖率达 79.2%，拥有林业用地 318.2 万亩，珍稀树种 50 余种，总蓄积木材量 1157 万立方米，年出材量 10 万立方米。据测量，武夷山风景名胜区水质、大气及地面水等环境质量均达国家一级标准。

(三)休闲旅游价值

1. 休闲价值

区内景区游客带动效应:根据福建省重点景区(点)监测网上直报系统统计,武夷山市主景区 2017 年全年共接待游客 332. 58 万人次,大安源景区 31. 06 万人次;云河漂流 14. 48 万人次。印象大红袍剧场共演出 396 场,共接待游客 58. 6 万人次;武夷水秀共演出 326 场,共接待游客 14. 6 万人次。武夷山获 2017 年“全国森林旅游示范县”称号。截至目前,武夷山市森林旅游地管理面积 53939 公顷,森林旅游地可游览面积 49610 公顷。

2. 体验价值

公园整体游客带动效应:根据第三方数据分析客源结构,从景区、星级饭店、旅行社的接待情况看,武夷山景区重要面向苏浙沪及省内市场。根据旅行社提交的报表统计,2017 年,武夷山市旅游接待总人数 1283. 11 万人次,增长 17. 30%,旅游总收入 240. 66 亿元,增长 24. 90%。

3. 娱乐价值

武夷山游乐项目丰富多彩,竹筏漂流是武夷山旅游最富特色之处,坐上宽约 2 米、长约 9 米的仿古竹筏,经全长约 9. 5 公里的九曲溪随波逐流而下,溪面忽而平缓似池,忽而湍急如潮,竹筏随之或姗姗而行,有惊无险中,两岸美景如走马观花尽收眼底。另外,最具特色的“印象大红袍”是以世界自然遗产和世界文化遗产武夷山为地域背景、武夷山茶文化为主题的大型实景山水演出剧目,由著名导演张艺谋、王潮歌、樊跃组成“印象铁三角”创作团队,策划制作的“印象系列”第 5 部作品,2015 年该作品旅游演出票房在“印象系列”中位列第三,共 7658 万元。运营“印象大红袍”近 8 年,截至 2016 年 6 月,累计接待观众超 330 万人次。另外,武夷水秀共接待游客 0. 93 万人次。

(四)科研教育价值

1. 科学研究价值

2011—2015 年(截至 7 月份),武夷山投入经费累计达 23467 万元,用于资源保护与科研投入;2016 年开展武夷山森林生态博物院项目包括森林生态博物馆、茶文化体验中心、动植物展示功能区等,该项目占地面积为 1363950 平方米,总建筑面积为 54462 平方米。据不完全统计,区域共完成植物种群和植物群落监测研究近 100 个,采集各类动植物标本 100 多万号,发现新科 10 余个、新属近 100 个、新种近 1000 个及多个珍稀种群,发表近万篇的研究论文和学术报告,出版了一系列学术专著。这些研究成果中有

图 10-5　九曲溪(陈美中摄)

大量的关于武夷山旅游、景观、规划设计、游客管理、社区方面等的研究成果。生物有关方面研究:在《福州地区大学城文献信息资源共享平台(Fulink 平台)》数据库中进行搜索。以“武夷山”为关键词,与生物科学主题有关的文献共有 365 篇,其中植物学 146 篇,昆虫学 79 篇,动物学 79 篇,普通生物学 27 篇,微生物学 5 篇,细胞生物学 3 篇等。

2. 科普教育价值

每年约有 400 人进入武夷茶文化观光园景区,包括附近中小学生以及台湾专家,实地了解武夷茶文化及人文历史,观赏武夷茶的自然生态生长环境,同时体验乌龙茶传统手工制茶乐趣,并品评大红袍茶叶。游客们可参观武夷茶文化博览馆、茶叶全自动加工生产流水线、品茗阁、茗战厅等景点。

(五)文明演进价值

1. 历史遗存价值

武夷山拥有新石器时期古越族人留下的历史文化遗迹,具有被誉为“闽邦邹鲁”的数千年历史文化景观,是闻名国内外的“朱子文化”的发源地。拥有一系列优秀的考古遗址和遗迹,包括大量的寺庙和公元11世纪产生的朱子理学相关的书院遗址。

2. 地理标志价值

武夷山自然保护区,是地球同纬度地区现存保护最好、物种最丰富的生态系统,拥有2527种植物物种,近5000种野生动物。区内有八种产业产品成为地理标志产品,如武夷岩茶、五夫白莲、武夷红茶、武夷山大红袍、岚谷熏鹅、桐木关正山小种、金骏眉、武夷肉桂等。

3. 文化文明价值

武夷山是典型的丹霞地貌,它是全国200多处丹霞地貌中发育最为典型者,也是世界23处自然与文化"双遗产"地之一,境内拥有首批国家重点风景名胜区、国家重点自然保护区、国家旅游度假区,是首批中国优秀旅游城市、中国茶文化艺术之乡,先后获评全国十大文明风景旅游区、全国三绿工程茶叶示范县、全国首批5A级风景旅游区、中华十大名山等。武夷山旅游形象主题口号:碧水丹山九曲溪,大红袍中品武夷。随着武夷山国家公园(试点)推进,武夷山国家公园必将成为国家形象代表。

4. 地方情感价值

指武夷山人们的乡愁记忆以及对本土的场所依恋。乡愁不只是对故乡的思念之情,更是对过往历史的追忆。

武夷山古村落连绵参差的老屋、幽深迂回的巷道、高低不平的石路、斑驳古旧的墙壁、穿村而过的溪水,阳光透过茂密的古树在天井中忽明忽暗,放学的孩子欢笑着追逐嬉戏,牙齿掉光的老奶奶满脸笑容地坐在门槛上……群山掩映下半山腰灰瓦黄墙的村庄,是满眼绿色中古朴、恬淡的所在,无论哪一个角度,都是一幅心旷神怡的画面。武夷山山水、茶文化、古树、神树等是武夷山人们忘不了的乡愁、永恒的记忆。

(六)传统习俗价值

1. 节庆载体价值

武夷山每年有独特节日活动十余个,如"闰月饭"也叫"六亲饭"等;以及7个茶类文化活动:文化节如中国大红袍国际禅茶文化节等,来自海峡两岸各界的精英欢聚一堂,以茶为媒、以茶会友;博览会如海峡两岸茶业博览会等,展品囊括六大茶类茶品、茶叶深加工品、茶器、茶叶加工器械等茶业产业链产品。"一带一路"万里茶道茶事活动,包括品茗会、斗茶大赛、颁奖会、获奖茶竞拍以及茶元素论坛等系列活动。

2. 民族习俗价值

武夷山是一座融于山水之中的茶文化大观园,武夷岩茶的加工制作工艺是当地最主要的民俗工艺。主要包括采摘、萎凋、做青、炒青、揉捻、烘干等六道工艺。在园区里集中展示了武夷茶长久的历史、神奇的传说、高深的工艺、武夷古貌家园的民俗风情舞蹈、传统民俗仪式,通过历史名人的记叙、历史画面的再现、茶文化的互动表演,让大家充分领略到武夷茶深厚的文化底蕴和诱人的岩骨花香。

(七)伦理道德价值

1. 森林信仰价值

武夷山是三教名山。自秦汉以来,武夷山就为羽流禅家栖息之地,留下了不少宫观、道院和庵堂故址。武夷山还曾是儒家学者倡道讲学之地,有僧道的宫观寺庙及遗址60余处。每年在武夷山各朝圣约2.5万人次,在武夷山,道教和佛教驻在这山里已经有上千年的历史,今天我们看到的桃源观是武夷山中最负盛名的一座道观。

2. 森林哲学价值

武夷山是一处被保存了12个多世纪的景观。它拥有一系列优秀的考古遗址和遗迹,包括建于公元前1世纪的汉城遗址、大量的寺庙和与公元11世纪产生的朱子理学相关的书院遗址。这里也是中国古代朱子理学的摇篮。作为一种学说,朱子理学曾在东亚和东南亚国家中占据统治地位达很多世纪,并在哲学和政治方面影响了世界很大一部分地区。武夷宫是武夷山风景区最古老的道观。现存两口龙井和万年宫、三清殿。万年宫现在是朱熹纪念馆,宫内有两株千年桂树,龙盘蛇曲,被称为“桂花王”,是800—900年的古树。三清殿现在是国际兰亭学院所在地,殿内有四块珍贵的碑刻:忠定神道碑、洞天仙府、明龚一清和现代郭沫若游武夷的诗题。

3. 社会和谐价值

武夷山是典型的丹霞地貌,它是全国200多处丹霞地貌中发育最为典型者,也是世界23处自然与文化“双遗产”地之一,境内拥有首批国家重点风景名胜区、国家重点自然保护区、国家旅游度假区,是首批中国优秀旅游城市、中国茶文化艺术之乡,先后获评全国十大文明风景旅游区、全国三绿工程茶叶示范县、全国首批5A级风景旅游区、中华十大名山等。武夷山旅游形象主题口号:碧水丹山九曲溪,大红袍中品武夷。随着武夷山国家公园(试点)推进,武夷山国家公园必将成为国家形象代表。

(八)制度规范价值

1. 法律法规价值

武夷山以新发展理念为指导,以《中华人民共和国森林法》等法律法规为依据,坚持保护优先,立足国家对保护区建设的总体要求,采取有效措施和先进手段保护世界自然遗产,大力增加森林碳汇,稳定闽江、赣江水源地及九曲溪源头森林生态系统,维护海西绿色生态屏障,有效保护珍稀野生动植物物种及其栖息地,增加珍稀、濒危野生动植物种群数量;建立并完善信息化动态监测体系,创新机制,积极开展科学研究;努力改善保护区基础设施,合理、适度开发与利用自然资源,发展绿色经济。

2. 乡规民约价值

武夷山在明清时期官府对百姓农事生产的重视形成了许多甚至至今仍在遵守的“民俗民约”。如饲养家禽、田间管理的规定及惩处方法。比如五夫镇兴贤古街上有一块清代官府“农事禁令”石碑,其上隐约可见“严禁黄冬未割不许放鸭”等字样,记载着清代道光十八年间,农事时节的规定,以及村子里“砍毛竹、罚豆腐”的规定,即凡是私自到小竹林砍毛竹或树木的人,必须受罚做豆腐,分送全村,每户一块。

第四节　武夷山国家公园(试点)森林文化价值量评估

一、武夷山森林综合指标系数评估

根据武夷山国家公园试点区森林文化发展的具体情况,结合自然保护地森林文化价值评估指标体系,得到武夷山国家公园试点区整体森林文化价值水平指数及三个主要组成部分(武夷山国家级自然保护区、武夷山国家森林公园、武夷山国家级风景名胜区)的森林文化价值水平指数(见表10-7、表10-8)。

表10-7　武夷山国家公园试点区及三个主要组成部分森林文化价值水平指数

序号	评估类别(一级)	评估指标(二级)	武夷山国家公园试点区	武夷山国家级风景名胜区	武夷山国家森林公园	武夷山国家级自然保护区
1	审美艺术价值	1. 景观审美价值	92	95	90	80
		2. 文艺创作价值(精神层面)	90	90	90	80
		3. 文化产品价值(物质层面)	92	95	90	90

续表

序号	评估类别（一级）	评估指标（二级）	武夷山国家公园试点区	武夷山国家级风景名胜区	武夷山国家森林公园	武夷山国家级自然保护区
2	身心康养价值	4. 疗养价值	81	80	85	90
		5. 保健价值	93	95	95	90
		6. 宜居价值	88	80	90	98
3	休闲旅游价值	7. 休闲价值	90	90	90	80
		8. 体验价值	92	98	90	80
		9. 娱乐价值	87	95	95	80
4	科研教育价值	10. 科学研究价值	90	98	95	100
		11. 科普教育价值	93	90	95	98
5	文明演进价值	12. 历史遗存价值	91	95	90	90
		13. 地理标志价值	98	95	85	95
		14. 文化文明价值	95	93	85	90
		15. 地方情感价值	90	90	85	95
6	传统习俗价值	16. 节庆载体价值	81	85	85	90
		17. 民族习俗价值	83	85	80	95
7	伦理道德价值	18. 森林信仰价值（精神层面）	90	90	90	90
		19. 森林哲学价值（精神层面）	94	98	85	90
		20. 社会和谐价值	95	95	90	98
8	制度规范价值	21. 法律法规价值	90	95	90	95
		22. 乡规民约价值	86	85	85	95

表 10-8　武夷山国家公园（试点）森林文化价值综合指标系数

	武夷山国家公园（试点）	武夷山国家级风景名胜区	武夷山国家级自然保护区	武夷山国家森林公园
综合指数 P(A)	89. 54	92. 17	87. 17	89. 29
综合指标系数	1. 79	1. 84	1. 74	1. 79

根据测算，可知武夷山国家公园试点区森林文化价值水平指数得分为 89. 54，武夷山国家级风景名胜区森林文化价值水平指数为 92. 17，武夷山国家级自然保护区森林文化价值水平指数为 87. 17，武夷山国家森林公园森林文化价值水平指数为 89. 29，均相对较高，说明武夷山国家公园试点区森林文化价值水平较高，特别是武夷山公园（试点）休闲旅游价值和科研教育价值处于优势地位，但森林康养、科普教育价值仍有提升空间。

同时,通过数据的综合分析从区域来看,三个区域之间有着明显的差异:(1)审美艺术价值方面:武夷山国家级风景名胜区>武夷山国家森林公园>武夷山国家级自然保护区;(2)科学研究价值方面:武夷山国家级自然保护区>武夷山国家森林公园>武夷山国家级风景名胜区;(3)休闲旅游价值方面:武夷山国家级风景名胜区>武夷山国家森林公园>武夷山国家级自然保护区;(4)身心康养价值方面:武夷山国家森林公园>武夷山国家级自然保护区>武夷山国家级风景名胜区。

二、武夷山森林文化价值评估

根据武夷山市文化体育和旅游局统计,2018 年,武夷山市接待旅游总人数 1514.69 万人次,人均停留时间 3 天。其中,武夷山国家级风景名胜区接待游客 388.02 万人次,武夷山国家森林公园等九曲溪上游保护地带景区接待游客约 100 万人次。

运用项目组对武夷山国家公园试点区三个主要组成部分武夷山国家级自然保护区、武夷山国家级风景名胜区与九曲溪上游保护地带(武夷山国家森林公园)的森林文化价值物理量、森林文化价值量进行测算,得出以下结果:

表 10-9　武夷山国家公园试点区及三个主要组成部分森林文化价值物理量、森林文化价值量测算表

旅游区	武夷山国家公园试点区	武夷山国家级自然保护区	武夷山国家级风景名胜区	九曲溪上游保护地带(武夷山国家森林公园)
受益人数	15146900	4500	3880200	1000000
平均停留时间(h)	72	8760	72	8
森林综合指标系数	1.79	1.74	1.84	1.79
森林覆盖率(%)	89.2	95	81	96.5
人均 GDP(元)	77500	77500	77500	77500
面积(ha)	100100.41	56527	6300	2785
森林文化物理量(万文年)	11.10	0.43	2.58	0.09
森林文化价值量(亿元)	154.05	5.76	36.84	1.22
单位面积森林文化价值量(万元/公顷)	15.39	1.02	58.47	4.39

如表 10-9 所示,武夷山国家公园试点区整体的森林文化物理量为

11.10万文年,武夷山国家级自然保护区的森林文化物理量为0.43万文年,武夷山国家级风景名胜区的森林文化物理量为2.58万文年,武夷山国家森林公园的森林文化物理量0.09万文年。从货币化评估角度看,武夷山国家公园试点区整体的森林文化价值量为154.05亿元,武夷山国家级自然保护区的森林文化价值量为5.76亿元,武夷山国家级风景名胜区的森林文化价值量为36.84亿元,武夷山国家森林公园的森林文化价值量为1.22亿元。武夷山国家级风景名胜区的森林文化价值量占武夷山国家公园试点区整体的森林文化价值量约23.91%。从单位面积森林的文化价值量来看,武夷山国家级风景名胜区最高,为58.47万元/公顷;武夷山国家级自然保护区最低,为1.02万元/公顷。

武夷山国家级自然保护区以山貌雄伟和生物多样性而闻名于世,保护对象为珍贵的野生动植物资源,但武夷山国家级自然保护区的森林文化物理量为0.43万文年,森林文化价值量仅为5.76亿元,无论是森林文化物理量还是价值量都不高,与武夷山国家级自然保护区知名度不相匹配,主要原因在于武夷山国家级自然保护区以纯保护为目的,没有开展旅游活动,其受益人主要是一些科研人员和当地村民,参与量小,森林文化价值未能充分发挥。

第五节　武夷山国家公园(试点)森林文化价值提升路径

一、整合森林文化资源,促进森林与文化交融

武夷山国家公园(试点)由三块不同特质的自然保护地组成,各区域都具有各自森林文化资源的优势和特色,要充分整合这三个部分的森林文化资源,促进森林与文化交融,才能实现试点区森林文化价值最大化。一是进行功能区整合优化。重新对试点区进行功能的整合、优化。通过功能区整合,将原本割裂状态的三个区域按国家公园试点要求整合成一体,促进森林与文化交融。根据试点区森林文化资源敏感性和保护要求,将整个国家公园试点分为特别保护区、严格控制区、生态修复区和传统利用区。其中,特别保护区是保护级别最高的区域,区域内的生态系统必须维持自然状态。其中,自然保护区核心区禁止任何人进入(经过批准的科考人员除外)。严

格控制区为保护具有代表性和重要性的自然生态系统、物种和遗迹等的区域。包括自然保护区的实验区、风景名胜区的一级保护区。严格控制区可以安置必要的步行游览道路和相关设施,可以进入从事科学试验、教学实习、低干扰生态旅游以及驯化、繁殖珍稀、濒危野生动植物等活动。严禁开展与自然保护区保护方向不一致的参观旅游项目。生态修复区为生态修复重点区域,同时也是向公众进行自然生态教育和遗产价值展示的区域。包括风景名胜区的二级保护区、三级保护区以及九曲溪上游保护带(扣除村庄区域)。严格控制旅游开发和利用强调,允许游客进入,但只能安排少量管理及配套服务设施,禁止与生态文明教育及遗产价值展示无关的设施建设。传统利用区为原住居民生活和生产的区域。包括九曲溪上游保护带涉及的8个村庄区域。传统利用区允许原住居民开展适当的生产活动,建设必要的生产和生活设施,如公路、停车场、环卫设施等,但必须与生态环境相协调。二是建设整合载体。通过建设森林教育体验基地、建设森林疗养基地等开展森林教育、体验活动,为增进人民健康、改善百姓福祉,提高森林文化游憩、科普价值。

二、扩大人的参与,提高人与森林的共生时间

一是依托国家公园载体,建设国家级森林县城、园林城市、生态城市,创造诗意憩居的环境,加强森林对人的吸引力和服务力;二是顺应时代要求,大力发展森林康养等产业,吸纳更多游客数量;三是扩大社区参与,加强社区居民的培训,引导居民参与国家公园自然保护工作和特许经营活动。

三、扩大森林文化资源承载力,提高森林文化资源存量

一是加强保护森林文化资源。加强科研监测机制及环境控制,充分利用多维地理信息系统等技术,构建资源环境承载能力立体监控系统;加快数字化监测与管护平台项目建设,强化对森林资源、病虫害、火灾的监控。二是加强基础设施建设。在森林中还应按照人的需要,适当、巧妙地配置基础设施、服务设施,在一定程度上满足人的生活需要,如林中步道系统、座椅、卫生间、路标与疗养场所等。三是挖掘潜在森林文化资源。在森林文化价值建设和开发上仍存在很大发展空间。特别是在信息化条件下,利用"互联网+"平台进行宣传与服务提升大有可为。特别是,充分运用绿色、健康、

悠久、生态的武夷茶资源和品牌优势，策划一批茶文化旅游项目，挖掘、收集和整理好全市茶历史和茶文化遗产，打造茶文化展示、茶艺表演等茶业旅游推介平台。加大对“武夷文化”的挖掘、整理和创新，整合运用好武夷山底蕴深厚的闽越文化、朱子理学文化、柳永文化、武夷茶文化、宗教文化、民俗文化、武夷神话、武夷山歌等文化内涵，打造一批特色文化旅游线路和精品。五是提高公园旅游环境承载力利用效率。在不进行设施大规模扩张前提下，对设施进行优化设计，如增加公园卫生设施和休息设施（如环保厕所、野餐桌、木制座椅等）等，以有效满足多种游客需求，加快游客的流动速度。通过合理的线路安排和优化功能分区方式，疏导游客。特别是做好冷热景点的线路串联，并设计不同入口为起点的线路，缓解景点冷热不均的局面。

第十一章　黄山森林文化价值评估研究

黄山位于安徽省南部黄山市境内，其中心位置光明顶的地理坐标约为东经118°10′，北纬30°10′。全山面积1200平方公里，其中风景区面积160.6平方公里。山体呈北东—南西向展布，境内千米以上的山峰有77座。黄山自然风光优美，人文景观荟萃，1984年被列为第一批国家级重点风景名胜区，1990年12月被联合国教科文组织列入《世界文化与自然遗产名录》，2004年2月入选世界地质公园，2007年被国家旅游局评定为国家5A级旅游景区，2018年7月入选世界生物圈保护区网络。黄山风景区经过30年的发展，已经成为我国唯一、世界仅有的获得世界文化自然遗产、世界地质公园和世界生物圈保护区三顶桂冠的名山。

第一节　黄山森林文化价值调研及分析

本课题组按照总项目组的要求，先后组织相关人员到黄山进行森林文化价值的本底资源调研、数据采集、资料收集等工作。从黄山森林的审美艺术价值、身心康养价值、休闲旅游价值、科研教育价值、文明演进价值、传统习俗价值、伦理道德价值以及制度规范价值八个方面，对其森林文化价值进行考量，制定了黄山森林文化价值评估标准，采用层次分析法确定评估指标权重，对每项指标分别进行评分，对黄山森林文化价值进行了科学的评估和测量。

一、审美艺术价值考量

（一）景观审美价值

1. 森林景观结构

黄山处于亚热带季风气候区内，山高谷深，气候呈垂直变化，局部地形对气候起主导作用，云雾多、湿度大；黄山降水多，形成特殊的山区季风气候，夏无酷暑冬少严寒；因其海拔高度和复杂的地形地貌，植被除水平地带性分布外，还有明显的山地垂直分布带，天然植被保存较为完整。依山势海拔的变化，植被大体可分为阔叶林、针叶林、竹林和灌丛草地四大类型，具体包括常绿阔叶林、落叶与常绿阔叶混交林、落叶阔叶林、山地矮林与山地丛林、黄山松林、马尾松林、杉木林、竹林、山地灌丛、高位水藓沼泽、山地灌丛草地。在众多的植物中，黄山松分布最广，数量最多，形态最奇，是黄山的一大奇观，中外驰名。

表 11-1　黄山森林植被情况

常绿阔叶林	枫香、苦槠、青冈、棉槠、石栎、甜槠、小叶青冈
落叶与常绿阔叶混交林	甜槠、青冈、小叶青冈、交让木、青烤、枫香、糙叶树、水青冈、茅栗、鹅耳枥、瘿椒树、青钱柳、玉铃花及野茉莉、紫茎、黄山木兰和天目木兰、槭
落叶阔叶林	米心水青冈、华千金榆、色木槭、华东椴、糯米椴、毛脉槭、橄榄槭、紫茎、香槐、灯台树、四照花、多花泡花树、暖木、川榛、绿叶甘姜、金缕梅、蜡瓣花、土常山、水亚木、蜡莲绣球、灯笼树、天女花、黄山花楸
山地矮林与山地丛林	黄山栎、华东椴、黄山花楸、安徽小檗、三桠乌药、金缕梅、蜡瓣花、南方六道木、灯笼树、天目琼花、伞八仙、水亚木、白檀、冬青、箬竹
黄山松林	黄山松、黄山栎、四照花、华东椴、白檀、蜡瓣花、黄山杜鹃、山绣球、云锦杜鹃、岩柃、黄山花楸、小叶青冈、甜槠、华箬竹
马尾松林	马尾松、化香、黄连木、盐肤木、野漆树、杜鹃、乌饭树、南烛
杉木林	马尾松、杉木
竹林	毛竹、马尾松、杉木、棉槠、青冈、马银花、映山红、乌饭树、格药柃、连蕊茶
山地灌丛	黄山杜鹃、安徽小檗、灯笼树、六道木、天目琼花、水亚木、刚毛荚蒾、黄山花楸、三桠乌药、落霜红、伞八仙
高位水藓沼泽	泥炭藓
山地灌丛草地	黄山松、沼原草、野古草、龙须草、黄山风毛菊、地榆、细叶藁本、龙胆、荠苨、藜芦、马先蒿、白耳菜、鹅观草、肥马草、香青、薄雪火绒草、双蝴蝶

2. 森林资源的本底品相

黄山风景区境内森林茂密，物种起源古老，植物资源丰富。黄山生态系统稳定平衡，植物群落完整，植物呈现明显的垂直分带特征，黄山风景区森林覆盖率为 84. 7%，植被覆盖率达 93. 0%，有高等植物 244 科 954 属 2385 种①，包括多种珍稀植物，其中含有许多单种属和少种属，它们大多为古老的孑遗种，如裸子植物银杏、黄杉等。在被子植物中，古老的金缕梅科，全科 25 属 90 种，中国有 17—18 属 70 余种，黄山有 6 属 12 种，不少木本植物种是群落的建群种，占有重要的生态位置，如甜槠、苦槠、青冈、石栎、红楠、紫楠等。以黄山命名的植物有 24 种（孢子植物 3 种，种子植物 21 种），其中黄山松和黄山杜鹃 1985 年分别被评为安徽省省树和省花，黄山现有列入《国

① 龙琳、胡一民：《黄山：三项世界桂冠加身》，《中国绿色时报》2020 年 7 月 27 日。

家重点野生植物名录》（第一批和第二批）的国家一级保护植物 9 种，二级保护植物 66 种。

3. 森林的景观美感

黄山景观美包括山峰峻秀美，云海、雾凇、雪景奇特美，森林景观葱郁美等方面。景区整体美也体现宏观美特征，全区共分六个景区。温泉景区山水相映，亭台楼阁错落有致，尤以水景引人入胜；玉屏景区山峰雄奇，巧石玲珑，云海壮观，奇松多姿；北海景区风光绚丽，犹如盆景大观园；云谷景区茂林修竹，环境幽静；松谷景区松林葱郁，古木参天，环境清幽，以水景著称；白云景区峰、石、潭、洞俱全，名寺典雅。

图 11-1　黄山云海（吴俊摄）

在这些景区中黄山松占有独一无二的位置，黄山松成片分布的范围有狮子林、眉毛峰、万松林等。景观效果壮阔而苍郁，山风拂过可听闻阵阵松涛，这是松柏类植物的"听觉美"最好的体现。"近听风声如笛，远闻松涛似海"。黄山松具有举世公认的审美价值，作家冯骥才提笔赞颂："在黄山这些名绝天下的奇石奇云奇松中，石是山的体魄，云是山的情感，而松——绝壁之松是黄山的灵魂。"可见黄山松能够启发人们思考生命，陶冶情操，提升人们的精神境界。

表 11-2　黄山森林景观一览表

景观名称	属性	特点
玉屏景区	天都峰 1830 米 莲花峰 1864.8 米 鳌鱼峰 1780 米	黄山玉屏景区以玉屏楼为中心，莲花峰和天都峰为主体，前山就是指这一景区。沿途有“蓬莱三岛”“百步云梯”“一线天”“新一线天”“鳌鱼洞”等景观
北海景区	面积 1316 公顷	北海景区是黄山景区的腹地，在光明顶与始信峰、狮子峰、白鹅峰之间，东连云谷景区，南接玉屏景区，北近松谷景区，是一片海拔 1600 米左右的高山开阔地带，北海群峰荟萃，石门峰、贡阳山，都属海拔 1800 米以上的高峰
温泉景区	中心海拔 650 米左右	温泉景区古称桃源仙境，一般来说游览黄山均乘车至此，现为黄山旅游的接待中心之一。景区以揽胜桥为中心向四周辐射，桃花溪和逍遥溪贯穿其中
白云景区	面积 1655 公顷	白云景区位于黄山西部，南起云门溪上的续古桥，北至伏牛岭，东起云际、石人二峰，西至双河口畔。景区以钓桥庵为中心，钓桥庵位于石人峰下，白云、白门两溪汇合处，钓桥庵又名白云庵，明前为道院，清康熙年间改为佛庵，后沿用地名至今。为将白云景区、松谷景区和北海景区连为一体，黄山管委会组织开发了新景区——西海大峡谷，是黄山又一绝胜处
松谷景区	海拔高差 1100 米	松谷景区位于黄山北坡，是狮子峰、骆驼峰、书箱峰、宝塔峰之间的山谷合称。由芙蓉岭徒步上山，需登爬 6500 余级石阶，海拔高差 1100 米，可以观赏到芙蓉峰、丹霞峰、松林峰、双笋峰等山峰，仙人观海、仙人铺路、老虎驮羊、关公挡曹、卧虎石等怪石，翡翠池、五龙潭等，水景，芙蓉居、松谷禅林等古建筑
云谷景区	海拔高度 890 米	云谷景区位于黄山东部，是一处谷地。明代文士傅严漫游至此，应掷钵禅僧之求，手书“云谷”二字，此后禅院改名云谷寺。云谷景区主要景点有云谷山庄、古树、怪石、“九龙瀑”和“百丈泉”

（二）文艺创作价值

黄山群峰的雄伟、秀丽，黄山松的挺拔多姿，黄山云海的壮观气势以及它们互相衬托形成的千变万化，都是中华民族精神的体现，因此黄山文化在中华文化中具有十分重要的地位。自古以来，由于黄山醉人的美景及富有深意、含蓄深邃的意境，诱发出游人过客无限的遐想和创作的激情与灵感。有传统的诗词歌赋，有现代的摄影、音乐、电影艺术，自然与人文完美的融合在一起，森林文化与其他文化相互交融。自唐李白游山题诗后，历代文人墨客、官宦缙绅慕名相继来黄山，尤其是近百年来，社会贤达来者颇多，各界名流鲜有不至。他们探奇访幽，观光览胜，吟咏歌赋，酬唱赠答，创作了大量描绘黄山风景名胜的诗文书画。而黄山底蕴深厚的文化渗透在雄奇秀美的森林和自然山水之中。

1. 艺术灵感创意

黄山的奇松、怪石等都为近现代的艺术方面提供了巨大的灵感和创作财富。创作了一系列的诗歌、词赋、游记、传说、石刻、楹联、绘画、摄影、影视、邮品和山志等作品。这些作品中无不以黄山森林为背景的黄山景色，部分作品直接以黄山树木尤其是黄山松树为题材。

迎客松作为国宝级名松，也是很多文人墨客的最爱，成了很多书画作品中的主角。“迎客”，就是迎接客人的礼仪形式。为此，人们用各种各样的形式来表达内心的思想感情，如“接风”“洗尘”“迎宾宴”等。有大锣大鼓，鸣放鞭炮，营造热烈欢迎气氛等动感形式；亦有吟诗作画，歌舞升平的文人雅士的庆贺形式；还有弄剑比武的武士精神助兴形式。总之，为迎接客人喜庆而作，久而久之，产生“迎客”文化。迎客松以其热情奔放的形态美，深受游客的敬仰和爱戴。经历过无数的文人雅士点评、孕育（文化上的孕育），名气越来越大，已经成为一个独特而高雅的文化体系。山西画家刘刚先生国画《迎客松》系列，有关黄山迎客松的诗歌就有近100首。

明清以来，在黄山周边地区虽形成了姑孰画派、新安画派、宣城画派、黄山画派等若干个画派，但是这些画派都有一个共同点——他们都以黄山地区的自然景物为题材。山水画家常年隐居黄山，潜心体味黄山性灵精神，描绘美妙绝伦的景致，在山水画史上独辟蹊径，影响深远。作品中的树木也记载和宣传了黄山森林文化价值。

2. 森林文学艺术作品

黄山不仅是一座山，更是一个文化综合体。古往今来无数文人墨客，借助黄山的景物和氛围，托物言志，歌咏情怀。李白一生“好入名山游”，他曾在“山水多奇踪”的皖南度过人生一段重要的时光，并留下很多关于黄山的诗篇。《送温处士归黄山白鹅峰旧居》是其中代表作，诗中勾勒了黄山雄伟秀丽的奇景，与温处士之间亲密无间的情谊。作为黄山四绝之一的黄山松，由于形态奇特、千姿百态，深受历代诗人喜爱。描写黄山松的诗歌有明代唐世靖的《卧龙松》、清代曹文植的《迎客松》等。松在中国的传统文化中，象征着端正高洁的人格。而黄山松除了具备松树的品质，更具备虽处乱石悬崖而生机蓬勃，顺势而生，仍生机盎然的自强不息的精神；既礼让好客，又绝无趋炎附势之态的正直而热情的品格。

关于黄山的文学作品数不胜数，如刘海粟《拥抱黄山吞吐黄山》、吴冠中《且说黄山》、徐尺《黄山记》、王朝闻《黄山好》、丰子恺《上天都》、叶圣陶《黄山三天》、（日本）东山魁夷游记《黄山拂晓》、刘贻燕《视察黄山日记》等。除此之外，迎客松还孕育出许多摄影作品、题材画作、文化生活用品。每一个创作都是受黄山迎客松启发，也因此被广大人民群众所熟知，既很好地宣传了黄山的魅丽文化，也留下了丰富的创作供世人欣赏。

表 11-3　森林文学艺术作品统计①

森林文学艺术作品类别	数量
诗歌(首)	106
词赋(首)	17
游记(篇)	22
楹联(副)	75
字画(张)	8
摄影(张)	18

(三)文化产品价值

黄山群峰的雄伟、秀丽,黄山松的挺拔多姿,黄山云海的壮观气势以及它们互相衬托形成的千变万化,都是中华民族精神的体现,因此,黄山文化在中华文化中具有十分重要的地位。自古以来,由于黄山醉人的美景及富有深意、含蓄深邃的意境,诱发出游人过客无限的遐想和创作的激情与灵感。以松树为代表的森林文化也融入其中。

1. 徽州木雕

徽雕是徽派(非安徽风格)风格的汉族雕刻工艺。徽州木雕通过图案形象表达喜庆、如意和祝福之意,呈现出徽州地域文化的特点,也含有很强的森林文化因素,如徽州木雕中使用的森林植物因素。中国自古喜亲近自然,和谐相处生出“天人合一”之道,文人墨客更赋予象征意涵,成为吉祥装饰的题材。松,是常绿乔木,能与严冬对抗,坚毅不屈的精神象征长寿和清风高节,以黄山松为主题的木雕作品有《黄山松》等。

2. 木版画

木版画使用的木板材质各有特性,例如白果木(银杏)的柔和、梨木的坚韧和三夹(五夹)板的松脆等,这些特性同样可以通过恰当的处理方式显现在画面中,巧用这些难以言传的况味,让它们与画面造型构图组成独特的艺术趣味,也是版画家创作中的选项,是版画收藏人士研究木版画的着眼所在之一。本地版画名家赵宗藻先生创作的《黄山松》,不仅表现了诗意浓郁的优美风光,也巧妙地运用木纹的肌理融于画面之中,来凸显水印木刻的材质美。

3. 竹制工艺品

黄山种植大量竹子,因此竹制工艺品也成为黄山景区旅游发展的一条

① 仅统计自《黄山志》。

产业链。黄山竹制工艺品包括竹制挑水水桶、竹制杯碗、竹制扇子、竹书书法字画、竹雕画、竹制戒尺、竹制快板、竹制雕刻笔筒，此外木制工艺品还包括柚木招财蛙、木制音乐水车模型、檀香籽编织手链、绿檀木梳等。竹子是中国四君子之一，这些竹制工艺品也是森林文化的重要体现。

4. 黄山松烟墨

由黄山松的松烟墨发展而来的李延圭墨是中国制墨业承前启后的转折点，也是墨模艺术和墨文化急速发展的时期。李延圭墨能够成为徽墨的代表乃至中国墨文化的一个亮点，离不开黄山松烟墨的贡献。

5. 森林演艺作品

迄今为止，在黄山拍摄过的电影、电视剧、纪录片等森林演绎作品共计40余部，如第一部黄山彩色风光影片《黄山》、黑白故事片《李时珍》、抗日战争故事片《地雷战》、黑白故事片《英雄儿女》、故事片《雷雨之前》、故事片《李四光》、电视连续剧《红楼梦》、电视风光音乐片《黄山》、黄梅戏电视剧《黄山情》、风光片《寻梦到黄山》、音乐风光片《时空变幻》和《黄山四季》等，优秀影视作品层出不穷，数不胜数。

二、身心康养价值

黄山是中国十大风景名胜中唯一的山岳风景区，以奇松、怪石、云海、温泉“黄山四绝”以及“黄山第五绝”——冬雪著称于世。黄山风景区属亚热带季风气候，年均降雨量 2394.5 毫米，年均气温 7.8℃，夏季最高气温 27℃，冬季最低气温-22℃。景区内森林覆盖、空气清新、水质优良、景观优美，空气负氧离子浓度最高峰值每立方厘米达 267100 个，高出我国空气负氧离子保健浓度评估标准最高等级（6 级）的 127 倍，高出世界卫生组织规定的“空气清新”标准 267 倍。黄山风景区环境保护部门坚持每月对景区环境空气、地面水、饮用水、环境噪声等环境质量要素进行例行监测，景区环境质量常年保持“优”级等级，成为名副其实的“天然氧吧”“华东动植物宝库”“人间仙境”。

（一）疗养价值

森林康养是以森林生态环境为基础，以促进大众健康为目的，利用森林生态资源、景观资源、食药资源和文化资源并与医学、养生学有机融合，开展保健养生、康复疗养、健康养老的服务活动。黄山以其奇伟俏丽、灵秀多姿著称于世，这里还是一座资源丰富、生态完整、具有重要科学和生态环境价值的国家级风景名胜区和疗养避暑胜地，自然景观与人文景观俱佳。黄山中草药包括白术、党参、厚朴、半夏、七叶一枝花、金银花、五味子、石斛、海金沙、卷柏、石韦、乌头、天葵、短萼黄连、毛茛、秋牡丹、威灵仙、白头翁等。

为倡导健康旅游，黄山采取森林养生的主要活动包括"健康旅游直通车"活动、中秋赏月文化娱乐活动、文明旅游公益活动、黄山温泉节等。游客在黄山中可采取静坐闭目养神、腹式深呼吸、步行运动、仰天长啸、欣赏大自然音乐、闻香休憩、采绿亮瞳、有氧运动、日光浴等方式来达到放松养身的目的。

（二）保健价值

黄山举办的健身体育活动主要包括中国黄山国际登山大会、"黄山行"登山挑战赛、黄山·太平湖国际铁人三项精英赛暨全国积分赛等。尤其是举办于2005年11月12日的中国黄山国际登山大会，来自中国等26个国家的近500名运动员和登山爱好者参加了首届登山大会。2006年第二届有来自中国、加拿大、比利时、挪威、喀麦隆、智利等21个国家和地区的400余名登山爱好者参加了本次活动，2007年第三届有600余名登山爱好者参与，此后的每一年参与人次分别为700余名、1000余名。直到第九届参与人次达到了3000余名，第十届参与人次3600名，第十一届参与人次2530名，第十二届参与人次2000余名，第十三届参与人次3000余名。

三、休闲旅游价值

（一）休闲价值和体验价值

本地人年度森林休闲人次约为20.5万人。主要形式包括城市观光、风景名胜区观光等观光形式；森林游憩、度假区村游、农家乐等度假形式；拓展训练、探险游、研学游、生态旅游、民俗游、美食游、文化游、大型节事与活动游等体验休闲。

黄山风景区作为黄山市旅游业发展"龙头"，2017年共接待外国以及我国港澳台地区游客237多万人次，相对于2016年增长了10.4%，以台湾地区游客为主；而在内地游客方面则以本省市游客为主，其次是江浙沪地区。

据问卷统计，在黄山景区停留时间为1天以内的游客数占总游客数76.3%；1—2天的游客数占总游客数16.7%；3—7天的游客数占总游客数

7%,即目前的休闲旅游时间多集中在1天以内。通过问卷调查得出平均停留时间约为46.62小时。

通过抽样调查推算出游客人均花费为2389元(旅游收入包括游客在整个游览过程中吃、住、行、游、购、娱等消费)。以旅游团队消费情况抽样调查推算,旅游人均消费基本构成约为餐饮消费510元、住宿537元、游览娱乐510元、交通422元、购物606元,人均共计消费2389元。

(二)娱乐价值

娱乐价值包括森林音乐会、戏剧等形式,利用森林的天然环境优势,开展各类文艺活动,比如在黄山景区,2016年12月29日下午,举行了"讲看齐、见行动"纪念中国工农红军长征胜利80周年专场音乐会;2017年8月1日,举办"清凉世界 悠然黄山"高山音乐晚会等。此外,黄山还固定演出《徽韵》《黄山映像之"天仙配"》等表演项目,到目前为止,已演出2596场,累计观看人数约1392900人次。

四、科研教育价值

(一)科学研究价值

黄山风景优美,森林资源丰富,且靠近我国长三角地区,因此,该区域逐渐成为森林生态系统相关研究的热点区域。迄今为止,黄山建有黄山森林生态系统定位研究站,该站是中国森林生态系统定位研究网络的主要组成部分,主观测场位于黄山区九龙峰自然保护区。此外,全国各大生物类高校,上海、南京、长三角、北京等地大学的林学、园林等专业的学生到黄山实习树木学、土壤学等相关课程内容,同时有许多教师科研团队在黄山进行考察。

其中最为著名的是黄山树木园,位于安徽省黄山风景区南大门外200米处的安徽省林科院黄山树木园始建于1958年,是安徽省林业科学研究院的科研基地,黄山树木园多年来一直从事华东地区珍稀树种引种、驯化和栽培试验等科研工作,一直是安徽省进行国内外木本植物引种驯化的重要基地,引种栽培有各种珍贵稀有植物及特色树木400多种,也是重要的林业科研实验基地,为华东地区林业院校的学生提供了考察、实习的场所。

2006年以来,黄山风景区管理部门先后启动并完成了《黄山光明顶花岗岩山地景观生态修复技术》《黄山高海拔生态脆弱区植被保护与恢复技

图 11-2　黄山上的科研设施（吴俊摄）

术研究》《基于 SOA 技术的风景名胜区数字资源整合平台》等 7 大项目，涵盖旅游科学、林学、生态学、生物学等多方面领域。

在中国知网搜索关键词“黄山”，分别获得文献类文章 26174 篇、期刊类文章 10904 篇、博士学位论文 149 篇、硕士学位论文 1051 篇，在农业科技类专利里搜索“黄山”，获得 379 篇专利文章，这些都有效的向民众传递了黄山有关文化价值。在专利方面，由黄山风景区园林局和安徽农业大学共同研制的“园林树木保护 T 型弹性支撑杆”“园林树木保护 U 型弹性支撑杆”，分别获得实用新型专利。

（二）科普教育价值

上海、南京、长三角、北京等地大学的林学、园林等专业的学生均会对黄山进行一定的树木学、土壤学等实习考察。黄山市中小学常组织学生游览黄山，对黄山森林文化的科学价值进行科普。南京林业大学参与共建黄山生物多样性保护研究基地，并在黄山开展科研工作。南京农业大学植保学院、生命科学学院学生曾在黄山进行野外实习，并对黄山科研资源进行调查研究。安徽农业大学林学与园林学院曾赴黄山进行暑期“三下乡”实践活动。黄山与中国地质大学（武汉）、中山大学等高校合作，建立了教学研究实践基地，为自然地理、旅游管理、生物等多专业学生提供了教学实习实践帮助，主动对接中国地质大学（北京）、安徽大学、安徽师范大学等学生暑期社会实习实践团队开展了座谈和志愿者宣讲活动，在研学旅行领域，积极探索与尝试，具有丰富的经验。

同时黄山景区积极对接了美国高校校际联盟、澳大利亚悉尼澳中交流促进会、孔子学院、北京中少同行、世纪明德、武汉学知旅，安徽华教投资集团等国内外知名研学机构，接待了美国杜克大学、哥伦比亚大学、加州理工学院、康奈尔大学，加拿大多伦多大学、蒙特利尔大学，上海复旦大学、上海交通大学、浙江大学、人大附中、北航附中、中关村中学等数百批国内国际名校研学团队，截至 2017 年 10 月黄山风景区共接待研学学生 26.7 万人。

在教育部网站正式公布的《关于第一批全国中小学生研学实践教育项目评议结果的公示》，黄山风景区作为住房和城乡建设部唯一推荐的实践教育基地成功入选，并挂牌成为首批“全国中小学生研学实践教育基地”。

五、文明演进价值

（一）历史遗存价值

古树是自然遗产中的“活文物”。纵观黄山的名树名木有如下特点：“古”，有百年以上的名木，也有千年以上的古树，如迎客松、银杏等；“大”，即树干高大，苍劲挺拔，如生长在云谷寺的银杏树，高 26 米，胸径近 1 米；“珍”，即树种珍稀，如米心树、木莲、华东黄杉等，均为稀有树种；“奇”，即树形奇特，如盼客松、送客松、卧龙松等；“多”，即古树名木数量多，景区调查登记的 137 株古树名木隶属 22 科 33 属 38 种。其中株数最多的是黄山松，有 45 株，占总数的 32.8%，株数较多的种类有枫香 8 株，占总数的 5.8%；银杏、桂花、糙叶树各 7 株，各占总数的 5.1%；南方铁杉、青钱柳各 6 株，各占总数的 4.4%。列入国家珍稀植物的有银杏（7 株）、华东黄杉（2 株）、南方铁杉（6 株）、金钱松（1 株）、南方红豆杉（1 株）、香榧（3 株）、鹅掌楸（3 株）、黄山木兰（1 株）、凹叶厚朴（1 株）、紫茎（2 株）、黄山花楸（1 株）、银鹊树（2 株）、香果树（2 株）共 13 种 32 株。

黄山古树名木中最为著名的包括：

1. 迎客松

迎客松为黄山奇松之首，生长在海拔 1680 米的玉屏楼青狮石旁，树龄逾 800 年，树高 10.08 米，胸围 224 厘米，枝下高 2.54 米，上部枝叶虬结平密，树冠如蟠似盖，偏向外方一侧，似颔首致意于来者。最为形象的是，树干中部伸出长达 9.42 米的两大侧枝展向前方，恰似一位好客的主人，挥展双臂，欢迎四方来宾。迎客松奇秀，俊俏多姿，雍容潇洒，是中国人民好客礼仪的体现，热情而又稳重，好客谦卑，亲切而略带矜持，迎宾一片至诚。松名始见于咸丰九年（1859）歙人黄肇敏《游黄山记》。

2. 盼客松

从天都新道“天地一线”上端前望，有一古松，主干粗壮，侧枝前展，盼客松似伸展巨臂，翘首期盼四海宾客。树高 7.5 米，胸围 2.01 米，枝下高 2.7 米，冠幅 8 米×9 米。盼客松久居深山，鲜为人知，到 1984 年天都新道建成后才得以展现雄姿。

3. 陪客松

在玉屏楼前观景台，有东西两株古松相对而生，绿荫如盖，和迎客松遥相呼应，默默陪伴游人观景览胜。陪客松东西两株树高分别为 5.7 米、6.1 米，胸围分别为 1.18 米、1.28 米，枝下高分别为 2.61 米、2.95 米，冠幅分别为 7.5 米×5.8 米、9.8 米×6.6 米。

4. 送客松

位于玉屏楼右侧道旁，虬干苍翠，枝叶侧伸，似作揖送客，故名送客松。送客松由于树龄老化、病菌入侵等原因死亡。

5. 望客松

位于玉屏楼右侧约 50 米道旁。主干粗短，枝叶苍劲，姿态优美，俯望游人，似在点头致意。树高 3.9 米，胸围 1.58 米，枝下高 1.44 米，冠幅 9.8 米×6.6 米。据考证，旧时望客松曾被称为送客松，2005 年底，送客松死后，经专家论证并经有关部门批准，重新将望客松更名为送客松，恢复旧时用名。

6. 盘羚松

位于天都新道。列入世界遗产名录。生于天都峰，地处海拔 1680 米，树干不高，树冠多层平展，盘根错节于形似羚羊的怪石上，松石搭配成景。树高 2.7 米，胸围 1.22 米，冠幅 8.0 米×4.7 米。树龄约 250 年。

7. 黑虎松

在黄山风景区北海至始信峰岔道口，树高 9.1 米，胸围 2.25 米，冠幅投影面积约 100 平方米。根据推算，它已生长了 700 余年。相传，早先有一僧人到狮子林，路过此处，忽见一黑虎卧于松顶，转瞬间，黑虎又不知去向,只见一株高大的古松。此松主干粗壮,针叶苍翠,干校气势雄伟,一派虎气,且冠盖浓绿近于黑,酷似一只黑虎卧于坡下,故称“黑虎松”。有诗记之曰:“古松一见态惊人,爪舞牙张眼鼻真。黑虎曾经眠顶上,针须铁甲貌狰狞。”

8. 团结松

生长在黄山北海至西海的山路旁。古松铁根盘结,五干围抱,枝叶茂盛,团团簇簇,状若兄弟五人相互拥抱,人称“团结松”。今人有诗咏之:“团结名松意义长,终年相抱在山岗。时人应借曹家鉴,本是同根莫互伤。”

9. 连理松

树高 15. 3 米,在离地 2 米处树分两干,并蒂齐肩,其粗细、高低几乎一模一样。因为人们常以连理比喻夫妻,所以附于此树的传说也是爱恨缠绵的唐明皇与杨贵妃的故事。相传二人曾于七夕明誓,百年之后同去黄山,修身养性再结连理。死后二人果然同游黄山,并留恋此地美景而化身为连理松。

(二)地理标志价值

黄山包含高等植物 244 科 954 属 2385 种,有黄山松、黄山杜鹃、天女花、木莲、红豆杉、南方铁杉等珍稀植物。有石斛等 10 个物种属濒临灭绝的物种,6 种为中国特有种,尤以名茶“黄山毛峰”、名药“黄山灵芝”最为知名。

主要特色地域性产品有:茶叶黄山毛峰、太平猴魁、顶谷大方、黄山银钩、祁红工夫茶。另外还有香菇、石耳、笋衣、笋干、蕨菜、徽州贡菊、徽州雪梨、三潭枇杷、黄山猕猴桃、歙县金橘、黟县香榧等。

1. 黄山茶

黄山市所辖三区四县是闻名中外的茶叶之乡,近年恢复、开发的新老名茶有 30 多个品种,其中祁红、屯绿多次荣膺国际金、银奖。黄山毛峰、太平猴魁、顶谷大方均在中国十大极品名茶之列。黄山银钩等四个品种,被选为国家外交名茶。歙县年产茶叶 1 万多吨,在全国各县名列前茅。茶叶生产承载着悠久的茶文化,茶文化反映了人们生活的日常,在古代,作为主要产茶区,每当到了产茶的季节,出嫁了的女儿均纷纷以探娘家的名义帮助娘家人采茶。黄山地区的茶叶以谷雨、清明以前采制的茶叶为上品,入夏则不佳。采茶的习惯一年有两季,有“春茶一担,夏茶一头,卖儿卖女,不摘三暑”之说。清歙人方士畴亦有《新安竹枝词》称:“清明灵草遍生芽,入夏松萝味便差。多少归宁红袖女,也随阿母摘新茶。”以茶待客是古徽州最普遍的传统礼节,如古徽州婚俗中的“三茶”,即接待宾客时需准备的清茶、枣栗茶和鸡子茶;同时古徽州人还有用茶制药的习俗,比如用松萝解酒、红茶养胃、绿茶去火、安茶去瘴,以及用茶洗伤口、洗脚等。黄山市制茶技艺历史悠久、种类繁多,具有重要的历史文化价值,如黄山毛峰制茶技艺、太平猴魁制茶技艺、祁门红茶制茶技艺、松萝茶制茶技艺、顶谷大方制茶技艺等。在古徽州,无论是在偏远山村还是在集镇,茶文学艺术遍地可见,如茶谜、茶歌、茶谚、茶舞、茶戏等,这些与茶有关的文学作品构成了徽州茶文化的重要组成部分。

2. 黄山香菇

黄山香菇属“徽菇”类,徽菇又名“香蕈”,属担子菌纲。黄山野生香菇是世界上著名的食用菌、药用菌之一,具有生精、祛寒、改善循环、降血压与抗癌作用。在国际市场上香菇是一种天然无污染的绿色保健食品,其特有的色鲜味浓、肉厚质嫩、香气宜人和很高的营养及药用价值融为一体。黄山野生干品菇以它的天然风味、丰富营养和特殊的保健功能深受大众的喜爱。

3. 黄山贡菊

黄山贡菊也称“贡菊”“徽州贡菊”,又称“徽菊”,因在古代被作为贡品献给皇帝,故名“贡菊”,与杭菊、滁菊、亳菊并称中国四大名菊。贡菊盛产于安徽省黄山市的广大地域,主产于著名旅游胜地黄山风景区与国家级自然保护区清凉峰之间的休宁县兰田、南塘等地,其生长在得天独厚的自然生态环境中,品质优良,色、香、味、型集于一体,既有观赏价值,又有药用功能,被誉为药用和饮中之佳品,是黄山著名特产,驰名中外。

(三)文化文明价值

黄山是安徽旅游的标志,是中国十大风景名胜唯一的山岳风光。黄山风景区是世界文化与自然双遗产,世界地质公园,国家5A级旅游景区,国家级风景名胜区,全国文明风景旅游区示范点,中华十大名山,天下第一奇山,素有“五岳归来不看山,黄山归来不看岳”的美赞。

黄山迎客松是黄山奇松之首,蜚声中外。其象形通过多种形式的艺术品,带着标志性的意义进入各类馆所厅堂。我国国家领导人在人民大会堂的巨幅《迎客松》国画前,接见过无数外国使者和宾客,黄山迎客松早已成为中国人民同世界人民的象征。

六、传统习俗价值

（一）节庆载体价值

徽州崇尚神灵，祭祀、节庆、会社等活动名目繁多。包括正月初一春节、初五接财神、十三接灶神、十五元宵节，二月二土地节，三月清明节、祀灶神，四月立夏节、初八浴佛节，五月端午节，六月六民俗节、安苗节、长工节，七月半中元节，八月十五中秋节，九月九重阳节，十月半下元节，十一月冬至，十二月腊八、二十三谢灶、二十四烧年、三十除夕等。神会有花朝会、保安会、赛花台、舞狮、呼猖、花灯会、滚瘟车、拍寒山、城隍会、火把会、三元会、善会、观音会、祀堂会等。

这些节日和神会，有一些与森林文化有关，例如花朝，即古人所称的百花神的生日。农历二月十五日，正值春色平分，百芳斗艳的良辰美景，又是农事尚未到来的安闲季节。吴自牧的《梦粱录》卷一称“仲春十五日为花朝节……以为春序正中，百花争放之时，最堪游赏”。唐代，即定此日为花朝节。其余大部分节日与森林和森林文化没有直接关联，但是徽州地区水口林和水口林文化对徽州人意义非凡，上述的很多节日在水口林举办或依托水口林举办，也融入了森林文化内涵。古徽州的水口林，除了广植树木，还指定村规民约，强化保护措施，同事借助神、鬼等超自然的力量来保护水口林。水口林渗入了大量的风水因素，其山石草木皆被认为与人、宗教、村庄的命运息息相关，故而人人保护，代代相传。水口林也为人类提供了一种独具地方特色的环境保护、生态平衡的模式。

当前，每年黄山周边县都会组织各种形式的植树活动。如，2016 年在全国第 38 个植树节和全民义务植树运动 35 周年到来之际，黄山风景区园林部门组织开展了以“爱绿植绿，美化黄山”为主题的“3. 12”义务植树活动，共移栽树苗 420 余株、茶苗 3000 株、扶芳藤 2000 余丛，为景区增添了片片新绿，也宣传了森林文化。

（二）民族习俗价值

徽州地区山区地形复杂，交通不便，对林地资源的管理极为不便，宗族组织发挥了极其重要的作用。族规家法规范约束了人们的行为，徽州人制定了保护林木的族规家法。他们认为“树木之盛衰，实由人之培养。欲尽培养之道，当立禁约之严”。徽州人关于山林保护对子孙的要求更多的是不得砍盗卖荫木，时刻提醒子孙要宜时加以保护，如有盗卖盗砍之现象，则以不孝罪论处，削名族外，还要闻官究治。如“坟山树木柴薪。如有子孙盗取，照价赔偿，仍令安山醮墓，倘恃强抗拗，即以败祖不孝呈治，条革不贷”。这一条款中的家族所有成员，完全没有尊卑老幼的区别，对于盗取坟山树木柴薪之人，则处罚方法都是一视同仁，没有丝毫差别。

七、伦理道德价值

（一）森林信仰价值

黄山传说中，神山包括浮丘峰、朱砂峰、炼丹峰、观音峰、望仙峰、仙人峰、体盂峰等。传说，黄帝、浮丘公和容成子吃了仙丹变成神仙，从此长生不老，一直在为人类造福，因为黟山是黄帝炼丹的地方，后人就把黟山称为黄山了。现在黄山七十二峰中的轩辕峰、浮丘峰和容成峰，就是纪念他们的。桃花溪里，他们用过的丹井至今还保存着。

山中寺庙多建于森林中，其主要目的是登高远望，僧人道士进行修行时环境好，一是敬神；二是迎接神仙；三是一尘不染；四是长生不老；五是它能与世隔绝。同时，还使广大信士遁入空门，引其入胜，思想开阔，使人神往，体现仙境高不可攀，令人向往的意境。寺庙道观也都建在远离尘嚣的地方，求的是平和的意境和心境。中国许多名山在山腰或顶部建有佛寺、庙宇、宫观。中国佛教、道教要进行修持、修炼，脱离尘俗，必然要找到行人车马少的地方，建设“山寺”“道院”，这就出现了许多森林寺庙。

黄山市宗教历史悠久，宗教资源丰富，许多宗教场所与风景名胜区融为一体，相得益彰。“震旦国中第一奇山”黄山以奇松、怪石、云海、温泉、冬雪“五绝”名扬天下。传说，轩辕黄帝在此采芝炼丹并得道成仙，曾建有“九龙观”“浮丘观”“城山观”等道观。佛教早在晋朝时就传入黄山，当时在轩辕峰脚即建有轩辕古刹，在历代所建近百座寺庙中，以祥符寺、慈光寺、翠微寺和掷钵禅院最为有名，号称黄山“四大丛林”，另外还有文殊院、大悲院等著名庙宇。目前，黄山风景区大多数寺院不复存在，仅用作地名。翠微寺位于黄山西大门翠微峰下，是黄山风景区唯一现存的寺院，为唐代印度僧人包西来创建。①

① 盛学峰：《黄山市宗教文化与旅游经济协调发展调查研究》，《特区经济》2008 年第 4 期。

据现存碑刻考证,历代先后修建寺庵近百座。据《黄山图经》记载,佛教早在南朝刘宋间就传入黄山,历代先后修建寺底近百座。但是战争破坏、经济困难、水火灾害等原因佛教在清代后期日渐衰落,寺庙被毁。明代以后,黄山全山范围内,已无道教活动的踪迹,专属的寺庙林也不存在。

寺庙周边有众多形态奇特的松树。最著名的黄山松包括迎客松、送客松、探海松、蒲团松、黑虎松、卧龙松、麒麟松、连理松、接引松、竖琴松,这就是黄山的十大名松。黄山松位于文殊院附近,慈光阁附近也有一些古树名木存在,由于黄山现存的寺庙仅有翠微寺,寺庙周边的古树名木无法具体考证。

(二)森林哲学价值

从闵麟嗣《黄山志定本》来看,至清末为止,人们对黄山景观文化的理解主要体现的是对生命的关怀和人生意义的追寻。在所有的黄山名峰中,其名称的来源主要有二:一类如莲花峰、光明顶、佛掌峰等,另一类如炼丹峰、香炉峰、容成峰等。前者源自佛教文化;后者始自道教文化。佛教文化其实是一种普世哲学,佛教并没有讲太多的做人道理,只是告诉人们世界万物的生命现象和遭遇都在于因果轮回。道教中轩辕黄帝黄山炼丹,体现着先人对生命、健康的追求和期盼,正是人生的价值和意义,解决的是人类为什么活着的本原性问题。[①] 例如:黄山第二高峰光明顶,相传,古代有位名叫"智空"的和尚,在光明顶修行 15 年。有一天,亲见"日华"出现于天门,山顶大放光明,故名"光明顶"。因这里高旷开阔,日光照射长久,故"光明顶"之名尤为相宜。

(三)社会和谐价值

人与森林相互依存、和谐共生的思想意识和行为导向,对国家和地方生态文明建设发挥着积极作用。黄山松在成长过程中所体现的精神已经广为人知,成为安徽人精神的象征;温泉以轩辕黄帝沐浴、升天的奇闻向人们昭示着大自然的神奇和人类企求健康、长寿的愿望;怪石,它让人们惊叹大自然的鬼斧神工,拓展无限遐想的意境和创作灵感,也让人类认识到自身的渺小,思考人生的意义;云海,以其壮观与游移不定的特性,使人们联想到波澜壮阔的人生与变幻不定的命运应该是什么样的关系。这些文化特质共同组

① 马勇虎:《加强黄山文化的研究》,《黄山学院学报》2007 年第 4 期。

成黄山景观文化中所包含的自然与人生的关系、人与自然交融的关系，或者就是“天人合一”的哲学意义。

与黄山景观一样名扬四海的还有另一道风景——黄山挑夫，这些与迎客松相伴相生的山间背影不但被誉为“黄山脊梁”，也已渐渐融入黄山的文化血脉。

八、制度规范价值

（一）法律法规价值

黄山是以自然景观为特色的国家重点风景名胜区，黄山风景名胜资源是人类宝贵的自然文化遗产。为了严格保护黄山风景名胜资源及其自然生态环境，合理开发和科学利用风景名胜资源，根据国务院《风景名胜区管理暂行条例》和国家有关规定，制定《黄山风景名胜区管理条例》，已在2014年3月28日安徽省第十二届人民代表大会常务委员会第十次会议修订，自2014年7月1日起施行。

为切实加强黄山资源保护工作，1985年以后，国务院、建设部、安徽省人大、安徽省人民政府、黄山市人民政府及黄山风景区管理委员会颁布的各类法规文件多达70项。如经国务院原则同意的《黄山风景名胜区总体规划》，安徽省人大常委会通过的《黄山风景名胜区管理条例》，安徽省人民政府颁布的《关于黄山风景区护林防火的布告》《关于加强黄山风景区保护管理的布告》，黄山市人民政府发布的《关于加强黄山风景区环境管理的布告》，黄山风景区管委会制定的《黄山风景区建设管理办法》《黄山风景区环境卫生管理暂行办法》《黄山风景区护林防火暂行办法》《黄山风景区扑火预案》《黄山风景区森林植物检疫实施办法》《关于禁止在风景区内自行开山炸石、掏沙取土的规定》《天都峰管理办法》《黄山风景区管理规则》《黄山风景区动植物保护的暂行规定》《黄山风景区森林植物检疫暂行办法》《黄山风景区环境保护管理暂行办法》《黄山风景区污水处理设施运行监督管理办法》等。黄山是以自然景观为特色的国家重点风景名胜区，黄山风景名胜资源是人类宝贵的自然文化遗产。这些政策法规都是为了严格保护黄山风景名胜资源及其自然生态环境，合理开发和科学利用风景名胜资源而制定，具有较高的执行力和现实意义，能够很好地保持黄山风景区的现有价值，包括森林文化价值。

（二）乡规民约价值

黄山风景区内竹林、奇花、异草、药材、茶叶很多，这些都是国家和人民的财富，旅游者在游览时可尽情观赏，但不可采摘和挖掘；黄山是禁猎区，飞禽走兽严禁猎取。黄山建筑物、古迹很多，不得在任何建筑物、古迹、岩石、竹木上题字刻画；为防止火灾，黄山风景区沿途均实行定点抽烟，在吸烟时应自觉将烟头、火柴杆熄灭，不可随意丢弃；为了保护黄山风景区的清洁卫生，游客不可随地乱扔垃圾、废物，沿途皆有垃圾池。这些规定并没有形成特定的文件。

而在古树保护、环境维护等方面，则有一些较为具体的文件，如：

1. 黄山风景名胜区古树名木保护技术规程

由黄山风景区管委会 1996 年 11 月 27 日制定。主要内容包括：对古树名木实行分级管理和保护；对所有古树名木建立技术档案并制定年度保护方案；定期或不定期开展病虫害调查与防治；设立标牌与围栏，加强对古树名木周围环境的保护；建立专家定期会诊制度；开展不同古树群的保护与调查；做好古树名木后备资源的发掘与培育。

2. 黄山风景区森林火灾扑救预案

由黄山风景区护林防火指挥部 1998 年 11 月 23 日发布，2002 年和 2007 年进行了两次修订，共 9 章。

3. 黄山风景区处置森林火灾应急预案

由黄山市人民政府办公厅 2007 年 6 月 21 日发布，共 7 章。

4. 黄山风景区森林植物检疫实施办法

由黄山风景区督委会 1994 年 11 月 14 日印发，1999 年 3 月 18 日修订，共 6 章 23 条。

5. 黄山风景区环境保护管理暂行办法

由黄山风景区管理委员会 1994 年 5 月 21 发布，共 7 章 44 条。主要内容包括：设立环境保护办公室和生态环境监测站，明确其相应职责；景区内实行污染源申报登记管理制度和建筑工程“三同时”制度，即污染防治措施，必须与主体工程同时设计，同时施工，同时投产；对各单位污染源实行全年或定期监视性监测，建立污染源动态数据库；对未达标单位按规定征收排污费；环境污染治理坚持“保护第一，防治结合”的工作方针和“谁污染，谁治理”的原则。

历史上，黄山所在的徽州地区典型特征便是山多田少，因而林茶经济与农业经济互补成为一个必然的选择，这也使得林业产品快速的商品化，并成为徽商经营的重要商品，而徽州地区独特的社会文化单元，形成了与众不同的林业契约和文书等林业制度文化。特别是在明清时期，社会经济的快速发展对木材形成了空前的需求，林业商品经济有了很大发展。这一背景下，徽州山地得到大量开垦，用于种植木材、茶叶等主要林业产品。在徽州山地开发与利用过程中形成的大量买卖、采伐、养护等山林文书，成为黄山森林制度文化的最好见证。

(1)山地买卖原始文书①

立卖契母邱阿汪仝男永遂等今因出少米锞、无物交众祭坟，自情愿托中将承祖父买受山地壹去坐落八都三保，土名下口山地二号，系新文寒字三百号，又三百九号，共计文积步分，共计地贰拾叁块，共计豆租正。其山地新立四至，东至程山，西至邱山，南至尖，北至脚坦，四至之内并山地、坦、柴薪、树木、茶柯、掠树并皮骨，尽数立契，毛(毫)无存留，凭中自愿立契出卖与族邱新法公祀名下前去耕种收租、入山管业，三面议定时值价纹银一两捌钱正，并孚(浮)麦在内。其山地未卖之先并无重复交易，来历不明，壹人之当，不甘(干)买人之事。自成之后，二各无悔，如悔者，甘白银贰钱公用。今欲有凭，立此卖契存照。

再批：存留婆坟不卖又照

乾隆十七年二月十八日立卖契　母邱阿汪(押)　仝男永遂(押)

中见人侄玉松(押)

依言代笔侄孙建用(押)

该文书是一份典型的妇女出卖土地的文书，其在开头一般写明某地某人需出卖的某山地及其来源与坐落四至，接着简单说明因某原因将以上产业卖给某人或某家族名下为业，接下来交代几方(一般为买、卖、中见人三方)当面议定的山地价位几何，约定买卖双方当面交付完结，文的最后一般是免责约定，约定买方自此对所买产业的经营管理权不受卖方所有人等的干扰。此外，森林资源如柴薪、树木、茶柯、掠树并皮骨，尽数立契。

① 李磊:《明清徽州山林经济与社会》，安徽大学博士学位论文，2012年，第27页。

(2)拼砍与典当树木原始文书①

清乾隆加会等出拼文约:

立出拼浮木契人程加会兄弟仝业汪时道兄弟等,今将王村八保墟坦屋后山地一号在山老林内取大株树三根,凭中出拼与程加灿名下前去入山砍斫,断锯为料,当日三面议定价钱壹仟叁佰文。其钱在手足讫,其树来历不明,拼主自理,不干客人之事。定后各不许悔,如违,廿钱五百公用。今恐无凭,立此拼契存照。

乾隆五十年十一月廿六日

立出拼浮木契人　程加会　加瑛　加球(押)　汪时道　时延(押)　自青

中见人程元佩

拼砍与典当树木文书相对较为简单,其重点在于承拼树木所在位置与数量、拼价、双方责任、违约责任等事项。此类文书较为常见,从明代至清代均有文书存留至今。这也说明,在徽州地区,明清时期,林业生产过程已经非常的规范化,就连树木采伐、出售这一看似简单的行为,均有相关文书的保护。

(3)山林禁约原始文书②

东都壹贰图排年张祖、张钰、李廷瑰、李伯清等,窃见本都山多田寡,各家户役因赖山林以供解,近被无耻刁徒不时入山侵害。嘉靖三十年,祖、光等已立合同禁约,请给县示禁革,杉木毋许偷盗。有等恃顽藐视不遵,近会众重议,悉依前立合同条款,将本都上孚溪起至孚溪口,外至石坑口,无分各姓山场,在山松杉竹木概行禁革。自立禁约之后,毋许仍前窃盗,肆害如故,犯者盗木壹根银壹钱公用,若本犯恃强□众不服,邀同在会立文人等呈官理治。凡在禁约之家毋许偏私曲互以弛众议。所有各家地佃伴仆人等讨柴烧炭,俱不许戕害杉松,果若损木壹根,无分大小,银似前,烧炭务宜董守,毋许纵火延误须至禁约者。

嘉靖三十五年二□日立合同禁约人　张祖(押)　□溶(押)　张钰(押)　李伯清(押)　李廷洸(押)　李济时(押)　张还(押)　张巡(押)　张世兴(押)　张光(押)　张志道(押)　张天器(押)

① 李磊:《明清徽州山林经济与社会》,安徽大学博士学位论文,2012年,第29页。

② 李磊:《明清徽州山林经济与社会》,安徽大学博士学位论文,2012年,第36页。

由于山林经济的重要性,因而针对山林的保护的相关禁约制定尤为重要。通常情况下,这种禁约可以载入族谱、树立碑文,开写文书等形式保留。其中以文书的形式最为常见。通常情况下,这类文书会写明经济惩罚,或者通过报官府等手段作为惩罚措施。

第二节　黄山森林文化价值评估

本书通过确定黄山森林文化价值概念、评估的对象、范围和边界,初步提出黄山森林文化价值定性评估因子和定量评估指标,一年来,课题组成员深入黄山森林代表性区域进行调研,进行样本资料、数据资料收集和典型案例分析;研究论证并修正完善了黄山森林文化价值评估因子及相应的指标体系,初步构建了黄山森林文化价值评估体系框架。参考课题组的指标汇总,黄山森林文化价值评估量化指标体系权重及得分情况如下。

表 11-4　黄山森林文化价值评估指标权重及评估打分表

序号	评估类别(一级)	权重	评估指标(二级)	权重	评估分值
1	审美艺术价值	0.2168	1. 景观审美价值	0.6749	100
			2. 文艺创作价值(精神层面)	0.1816	100
			3. 文化产品价值(物质层面)	0.1435	80
2	身心康养价值	0.1117	4. 疗养价值	0.3026	90
			5. 保健价值	0.3559	95
			6. 宜居价值	0.3415	100
3	休闲旅游价值	0.2720	7. 休闲价值	0.4018	100
			8. 体验价值	0.4897	100
			9. 娱乐价值	0.1085	95
4	科研教育价值	0.0788	10. 科学研究价值	0.3587	90
			11. 科普教育价值	0.6413	95
5	文明演进价值	0.1441	12. 文化文明价值	0.1895	95
			13. 历史遗存价值	0.4681	90
			14. 地理标志价值	0.1973	100
			15. 地方情感价值	0.1451	90
6	传统习俗价值	0.0947	16. 节庆载体价值	0.4268	80
			17. 民族习俗价值	0.5732	90

续表

序号	评估类别(一级)	权重	评估指标(二级)	权重	评估分值
7	伦理道德价值	0.0641	18. 森林信仰价值(精神层面)	0.3761	85
			19. 森林哲学价值(精神层面)	0.3371	90
			20. 社会和谐价值	0.2868	90
8	制度规范价值	0.0178	21. 法律法规价值	0.5367	95
			22. 乡规民约价值	0.4633	90

本书采取层次分析法确定评估指标权重,根据线性加权模型计算森林文化资源本体和森林文化价值综合指数。

根据对森林文化价值评估指标的赋值得分情况,利用线性加权模型对森林文化价值综合指数进行求算,结果显示综合分为 94.9,森林综合指标系数为 1.90。

根据课题组提供的森林文化价值计算公式,最终计算结果如表 11-5 所示。

表 11-5 黄山森林文化价值评估结果

	森林文化年受益人数(万人)	人均停留时间(小时)	森林覆盖率(%)	森林的文化价值物理量(万/文年)	综合指标系数	人均 GDP(万元)	森林的文化价值量(亿元)
黄山	336.87	46.42	84.7	1.52	1.90	6.25	18.10

第三节 黄山迎客松的文化价值评估

中国是一个拥有着五千年古老文明的文化大国,也是拥有古树名木最多的国家①。古树名木是悠久历史的见证,是社会文明程度的标志②。古树名木的存在,有利于提高一座城市乃至一个国家的文化积淀。长期以来,由于多种原因,包括自然因素和人为因素,我国古树名木遭到严重的破坏,数量不断减少。古树名木是不可复制和无法再生的宝贵资源,每一棵古树

① 刘晓丽、李岩秋、冯广平等:《关于古树名木文化创意开发的探讨》,《产业与科技论坛》2008 年第 10 期。

② 徐炜:《古树名木价值评估标准的探讨》,《华南热带农业大学学报》2005 年第 1 期。

名木的破坏都是极重的损失。只有依靠人们对资源真实价值的正确认识，才能更好地对其进行保护、开发和文化传承。因此，科学、系统的评级古树名木的文化价值，有利于更好地保护古树名木资源和挖掘区域的文化内涵、促进城市的文化建设。

一、古树名木的含义

（一）古树名木的含义

古树名木，按字面上理解，就是古老的树和著名的树。据相关规定和相关研究，树龄在百年以上的大树称为古树，那些树种稀有、名贵或具有历史价值、纪念意义的树木称为名木。《全国古树名木普查建档技术规定》按树龄将古树分为三个级别。有学者认为以下四个条件中的任何一个为名木的充分非必要条件，只要满足任意一个，就可被认定为名木，但名木可以满足其中一个或者多个条件：1. 外国元首栽植或赠送的“友谊树”；2. 国家主要领袖为某特殊事件亲手栽植且具纪念意义的树；3. 在著名风景区起衬托点缀作用，并与历史典故有关的树木；4. 国家明文规定珍稀或濒危树种，或该地区特有树种。①

表 11-6　古树级别及树龄

级别	树龄
一级	≥500
二级	300—499
三级	100—299

（二）古树名木的特性

1. 久远性

凡是被称为古树的，树龄都在百年以上，少则百年，多则千年，具备了年代的久远性。古树就是根据这个特性来定义的，久远性是古树名木的最基本特性。

2. 历史性

古树名木是悠久历史的见证，经历了千百年间朝代的更替或社会的变迁，承载着相应的历史事件。岁月流逝而古树犹存，古树名木已被深深烙下

① 胡坚强等：《古树名木研究概述》，《福建林业科技》2004 年第 3 期。

了历史的印记。

3. 珍稀性

物以稀为贵，古树名木的珍稀性体现在：古树名木要么是珍贵、稀有的树种；要么是具有独一无二的纪念意义；要么就是经历了长期自然考验后安然生存下来的自然界的佼佼者。

4. 景观性

古树名木因其高大的身躯或奇特的外形或其所承载的文化，往往会成为其所在地一道亮丽的风景线。一个地方会因为古树名木的存在，景观效果得到大大提升。这也是古树名木常成为旅游景点吸引游客的因素及人们常将古树名木作为拍摄对象或者拍摄背景的原因。

5. 生态性

树木具有滞尘降噪效益，是天然的“空气净化器”和“降噪器”，针叶树与棕榈科植物等还具有杀菌作用，许多树木还可以成为名贵的药材。古树名木大多体型高大，或因其树种名贵，所具备的生态功能要远远超过一般树木。

二、古树名木的文化价值的内涵

古树名木的文化价值指古树名木在千百年的岁月中，由自身积淀以及人类所赋予的文化内涵的总和。古树名木的文化价值包括物质文化价值和非物质文化价值。物质文化价值体现在古树名木其本身的存在就是文化的体现。非物质文化价值体现在古树名木具有丰富的历史文化内涵，每一棵古树名木都与它生长时期的政治、经济、文化艺术，以及信仰、审美等有着密切的关系，铭刻着时代的印记；①以及古树名木给人类、社会带来的效益。

三、古树名木文化价值评估指标体系构建

以下根据古树名木的特性和古树名木文化价值的内涵建立古树名木文化价值评估体系。

（一）树木自身价值

树木自身的价值是指古树名木本身作为一种物质而存在的价值，只是

① 吴焕忠、蔡墧：《古树价值计量评价的研究》，《林业建设》2010 年第 1 期。

一种物质文化价值的体现,因为古树名木的存留本身就是一个文化的呈现。

(二)历史文化价值

1. 历史见证价值

古树名木被称为“有生命的文物”,其承载着特定时期的政治、历史、人文资源,是一座城市悠久历史的见证者。我国素有周柏、秦桧、汉槐、隋梅、唐杏、唐樟之说。古树名木多与历代帝王、名臣、大儒、名士或文人墨客、仁人志士有关,在古树名木中存在许多典故、传说等。古有轩辕柏、项王槐,今有邓小平手植柏、美国总统尼克松访华送给周恩来总理的红豆杉等等。古树名木的历史见证价值主要体现在其具有的典故价值和其所处地点的文化含量。

2. 文学艺术价值

有些树木常成为诗家词人歌咏的对象,如松树、柏树,常常象征傲骨丹心。中国古代植物学史中的三大名木:樟、梓、楠和“岁寒三友”:松、竹、梅等,以其各自的特质赢得人们的欣赏,跨越了自然界和文学界,成为特定的人文符号。从儒学家的角度看,古树不仅仅是自然界中的植物,更是可以表现哲理、启迪智慧的人文载体。其中,有为人所熟知的佳句“岁寒,然后知松柏之后凋也”(《论语》)、“岁不寒无以知松柏,事不难无以知君子”(《荀子》)等等。古树名木的文学艺术价值主要体现在相关诗词佳句的数量。

3. 科研科普价值

一方面,古树名木的年轮记录着地理、气候、水文等变化,是研究古代气候、水文变迁的可靠依据,可用于寻找自然规律和进行相关预测;另一方面,古树名木是长期与周围环境抗争、不断适应而生存下来的,具有强大的抗逆性,拥有最优秀的基因。① 作为一个重要的遗传基因资源、树木适应性研究的重要资源以及城市生态建设的重要资源,表现出极高的科研价值。相关的评估指标有:古树级别、珍稀程度。在一定程度上,健康的古树名木的树龄越长及树种越珍稀,所具有的科研科普价值就越大。

(三)社会生态价值

1. 旅游景观价值

古树名木常成为一个景点或者城市的“名片”。许多游客会为了一睹

① 刘晓丽、李岩秋、冯广平等:《关于古树名木文化创意开发的探讨》,《产业与科技论坛》2008 年第 10 期。

古树名木的风采而来到古树名木所在地观光旅游，如公园中的古树名木常常会成为吸引游客的重要因素，古树名木的旅游景观价值就在此体现了。

2. 改善环境价值

古树名木具有遮阴、净化空气、降噪、杀菌等生态功能，可以让所在地成为生态环境良好的休闲场所，有利于人们的休闲养生；也有利于改善周围的人居环境，促进我国生态文明建设。

四、古树名木文化价值的货币化评估

古树名木的文化价值涉及多方面，不可能一步到位或者非常精确地得到评估，只能尽可能遵循客观的原则，采用较为合适的方法进行评估。通过以上建立的评估指标体系，对古树名木的文化价值的评估的核心在于评估物质自身价值、历史文化价值、社会生态价值这三个方面。为了方便描述，就将这三个指标当作一级评级指标，其下的指标为二级指标。

（一）树木自身价值与历史文化价值的货币化评估

树木自身的价值主要与可获得的苗木市场价格、可度量的树木相关生理指标、可观察的树木生长状态有关；历史文化价值主要与古树名木相关的典故类型、相关的诗词名句、树木的等级、珍稀程度等可以通过查找相关文字记载和资料获得的因素有关，因此树木的自身价值和历史文化价值是具有一定的客观性的。在文献研究的基础上，发现徐炜（2005）①、吴焕忠和蔡燸（2010）②评估古树名木价值时，采用的是基本价值×各调整系数（+其他费用）；汤珧华等（2014）③评估古树名木价值时，采用的是基本价值×各调整系数之积（+其他费用）。本书决定参考、借鉴运用系数调整的方法来评估古树名木的文化价值。为了避免某些因素被盲目夸大，本书采用将调整系数相加的方法。具体的步骤如下：

第一，确定相应的能够反映二级指标的要素。

---

① 徐炜：《古树名木价值评估标准的探讨》，《华南热带农业大学学报》2005 年第 1 期。

② 吴焕忠、蔡燸：《古树价值计量评价的研究》，《林业建设》2010 年第 1 期。

③ 汤珧华等：《上海地区古树名木价值的计量方法探讨》，《上海建设科技》2014 年第 1 期。

表 11-7 二级指标相应要素表

二级指标	要素
树木自身价值	调整后的苗木价格生长状态
历史见证价值	典故类型所处地点
科研科普价值	古树级别珍稀程度
文学艺术价值	诗词佳句

第二,建立要素的分级打分系统。

将古树名木的生长状况分六项指标:1. 树冠丰满,2. 树干饱满,3. 叶色鲜亮,4. 根系发达,5. 无受损,6. 无虫害。六项全部满足,生长状态为优;1—4 项满足两项及两项以上,5、6 两项都满足,生长状态为良;1—4 项满足两项以下,5、6 两项都满足,生长状态为一般;其他情况,生长状态为差。因此,古树名木的生长状态可以使其文化价值得到更好发挥(生长状况调整系数>1),也会使古树名木的文化价值降低(生长状况调整系数<1)。

典故类型根据典故是真实事件还是传说及事件中相关人物的身份来划分等级;所处位置根据文物保护单位的级别来划分等级。文物保护单位是中国大陆对被确定纳为保护对象的不可移动文物的统称,是具有一定历史意义和文化内涵的地点;古树级别根据《全国古树名木普查建档技术规定》中树木的树龄来划分等级;珍稀程度根据《中国珍稀濒危保护植物名录》中树种的保护级别来划分等级。《中国珍稀濒危保护植物名录》收录了稀有、需要受到保护的植物的名单,可以据之判断树种的珍稀程度;诗词佳句以在"诗词名句网"中查找到的诗词名句的数量为准,"诗词名句网"收录古诗近 30 万首,诗句近 300 万条,年代跨度古代到近当代,是相对比较全面的收录网站,能够根据提供的词语进行精确查找。古树名木文化价值要素分级标准及文化价值调整系数表如下。

表 11-8 古树名木文化价值分级标准及文化价值调整系数表

	一级		二级		三级		四级	
	分级标准	调整系数	分级标准	调整系数	分级标准	调整系数	分级标准	调整系数
生长状态	优	1.5	良	1	一般	0.7	差	0.3
典故类型	真实事件(与帝王元首、将相名流有关)	3	真实事件(与文人墨客、仁人志士等名人有关)	2	传说或神话	1	无典故	0

续表

	一级		二级		三级		四级	
	分级标准	调整系数	分级标准	调整系数	分级标准	调整系数	分级标准	调整系数
所处地点	全国重点文物保护单位	3	省级文物保护单位	2	市、县级文物保护单位	1	非文物保护单位	0
古树级别	树龄≥500	3	树龄300—499	2	树龄100—299	1	—	—
珍稀程度	国家一级重点保护	3	国家二级重点保护	2	国家三级重点保护	1	其他	0
诗词佳句	有,>15句	3	有,10—15句	2	有,10句以下	1	无相关诗词佳句	0

第三,分析及计算过程。

古树名木根据自身的胸径、高度或冠幅与苗木市场上基准参考树木的胸径、高度或冠幅进行比较后做出调整。因不同树种的侧重点不同,所以在胸径、高度或冠幅三者中最合适的指标进行调整,比如部分灌木的胸径相对不重要,像木芙蓉,其高度为最适合的衡量指标。

$$树木自身价值 = 基准参考树木市场价格 \times \frac{基准树木的胸径/高度/冠幅}{古树名木的胸径/高度/冠幅} \times 生长状态调整系数$$

。

就如人们常说的"身体是革命的本钱","物质是意识的基础",古树名木是其价值的载体,因此,历史文化价值是在树木自身价值的基础上来计算的。

历史文化价值 = 树木自身价值 ×(典故类型调整系数 + 所处地点调整系数 + 古树级别调整系数 + 珍稀程度调整系数 + 诗词佳句调整系数)。

(二)社会生态价值的货币化评估

社会生态价值中,不论是旅游景观价值还是改善环境价值,都很难通过查找对该古树名木的相关记载或相关资料进行估算,所以运用条件价值评估法评估古树名木的社会生态价值。条件价值评估理论最初是由学者大卫(David)将CVM应用于研究缅因州滨海森林宿营、狩猎的娱乐价值。此后,条件价值评估法普遍应用于对环境等具有无形效益的公共物品价值的估算。主要利用调查问卷的方式,在假设的条件下随机询问受访者对环境等无形效益的支付意愿或者接受额度意愿,是通过受访者的偏好陈述来进行估算价值或损失的一种计量方法。条件价值评估的具体方法(又称引导技

术)如下:

第一,确定样本量及调查方式。

在某古树名木附近,采用简单随机抽样的方法确定调查对象,样本量的确定公式为 $N=\frac{Z^2q(1-q)}{d^2}$,其中,N 代表样本量,Z 为某置信水平下的统计量,q 为总体样本比例(问卷中完成相关意愿的概率),d 为允许抽样误差。①为了提高问卷的有效率,采用面对面访谈的方法。

第二,设计问卷。

问卷调查的目的是为了通过对支付意愿的调查将人们因古树名木而带来的社会生态效用转化为金额,来评估古树名木文化价值中的社会生态价值。为了让受访者明确调查的意义,在问卷中简要介绍某古树名木的社会生态效益,包括景观价值和改善环境价值等。设置的核心问题如下:

为了能够长期享受××古树名木带来的社会生态效益(或为了使××古树名木长期发挥其社会生态价值),您本人每年愿意无偿支付(　)元?

A.不愿意支付　B.5 元　C.10 元　D.20 元　E.30 元　F.40 元　G.50 元　H.60 元　I.70 元　J.80 元　K.90 元　L.100 元　M.120 元　N.150 元　O.200 元　P.200 元以上

第三,数据分析。

针对有效问卷,计算支付率。总支付率=愿意支付的数量÷被访问数量。即 $I=\frac{N_1}{N}$ 。

各支付额的概率 $x_i=\frac{n_i}{N_1}$ 。

将支付额的加权平均数 $\bar{P}$ 作为用于评估的支付额。$\bar{P}=\sum_{i=1} p_i x_i$ 。

古树名木的社会生态文化价值 $E=M\times I\times\bar{P}$ (M 代表当地的居民数或者某景区每年的游客数量)。

① 杨主泉:《基于游客支付意愿的旅游生态补偿研究——以桂林市阳朔县为例》,《学术论坛》2015 年第 5 期。

五、黄山迎客松文化价值的货币化评估

（一）迎客松概况

黄山奇松之首。挺立于玉屏峰前狮石旁、文殊洞之上。破石而生，寿逾千年，姿态苍劲，枝叶平展如盖，有侧枝横空斜出，似在展臂迎客。树高10.08米，胸围2.24米，枝下高2.56米，冠幅11.81米×13.18米，两只巨臂斜出9.42米，树龄1000年，松名始见于咸丰九年（1859）歙人黄肇敏《游黄山记》。

“黄山迎客松”被评为“中国最美古树”，其中安徽省有3株古树入选。迎客松作为黄山松这个物种的唯一代表成功入选，被命名为“最美黄山松”。

迎客松生长于海拔1670米的黄山玉屏楼景区，为中国国家一级保护名木，被列入世界自然遗产名录，2010年被安徽省文物部门评为中国首例黄山松属“活文物”。迎客松既是黄山的标志性景观，也是东方礼仪文化的象征。从人民大会堂到寻常巷陌，从国画、影集到课本、诗歌都能寻到他的身影。1959年，巨幅铁画《迎客松》被悬挂在北京人民大会堂安徽厅。1994年，国画《迎客松》被悬挂在人民大会堂东大厅。半个多世纪以来，迎客松美名远扬、蜚声中外，已经成为中国人民热情友好的象征。

为了使寿逾千年的迎客松得到更好的保护，从1981年开始，黄山风景区确定专人对迎客松进行每天24小时特级“护理”。近年来，在景区的精心呵护下，迎客松成功抵御了2008年南方暴雪、2012年台风“海葵”、2018年严重冻雨等自然灾害，依然傲然挺立、卓然多姿。

（二）迎客松文化价值的货币评估

1. 物质自身价值

迎客松是黄山松的誉称，系松科松属的常绿乔木。1936年我国植物学家们来这里进行实地考察，经鉴定后认为，黄山松针叶短、微细，树脂道的数量、位置与油松截然不同，是一新种，定名为黄山松。根据中国木材网2016年11月松滋市锦林木业有限公司收购木材价格行情，马尾松规格为2000毫米×80毫米×80毫米，价格为1300元/立方米。黄山迎客松树高10.08米，胸围2.24米，枝下高2.56米，冠幅11.81米×13.18米，材积约为22.4立方米，即木材市场价为26416元。此迎客松生长状态为优，因此生长状态

图 11-3　黄山迎客松(吴俊摄)

调整系数为 1.5。

物质存在价值为 1300×22.4×1.5=43680 元。

2 历史文化价值

迎客松作为国宝级名松,也是很多文人书客的最爱,如山西画家刘刚先生国画《迎客松》系列,迎客松所处地玉屏楼被徐霞客誉为“黄山绝胜处”,与仁人志士有关,典故类型调整系数为 2;所处地点黄山是世界地质公园,国家 5A 级旅游景区,国家级风景名胜区,中华十大名山,天下第一奇山,其登山古道及古建筑及摩崖石刻群是全国重点文物保护单位,所处地点调整系数为 3;古树树龄大于 800 年,古树级别调整系数为 3;黄山松这一树种没列入国家一、二级保护植物目录,但对迎客松这一有 800 年树龄的古树,国家有《城市古树名木保护管理办法》《城市绿化条例》等保护法规,是属于受保护对象,珍稀程度调整系数为 3;与黄山迎客松有关的诗词佳句大于 15 句,诗词佳句调整系数为 3。

历史文化价值=24384×(2+3+3+3+3)= 341376 元。

3. 社会生态价值

在黄山景区向游客区随机发放问卷进行调查，发放纸质问卷150份，网络问卷50份，有效问卷197份。

问卷支付数额分布如下：

表11-9　游客对迎客松支付数额分布

支付金额（元）	0	5	20	50	80	100	150	200	300	>300
数量（份）	104	18	17	20	7	9	9	5	3	5

经过数据分析，支付率I=47.21%，愿意支付的人群中，愿意支付金额平均值为P=87.52元（>300元按300元计算）。游客数量以2017年黄山景区的游客量约337万人次计。众多游客因闻名的迎客松而赴黄山景区游览，因此这株迎客松的社会生态效益得到了充分的利用。

社会生态价值：

$E = M \times I \times P = 3370000 \times 0.4721 \times 87.52 = 13924.23$ 万元。

黄山迎客松的文化价值=树木自身价值+历史文化价值+社会生态价值 $= 43680 + 341376 + 139242300 = 139623300$ 元 ≈ 1.40 亿元。

第十二章　北京八达岭、鹫峰国家森林公园森林文化价值评估

第一节　评估对象概述

一、八达岭国家森林公园

北京八达岭国家森林公园总面积2940公顷，位于北京市延庆区境内东南部，万里长城八达岭和居庸关之间，属于燕山、太行山交会处。公园原为北京八达岭林场，2005年由原国家林业局批准成立八达岭国家级森林公园，2006年正式对外开放。森林公园地处举世闻名的八达岭长城脚下，区位优势与特色十分明显。公园距市区60公里，交通便利，有可以直达公园的八达岭高速公路、京张铁路及110国道复线，经过八达岭高速40分钟即可到达，是首都一处森林生态游憩胜地。

八达岭国家森林公园是以暴马丁香、红叶、杏花、梨花、避暑和雪景为主题的旅游风景区，主要景区有红叶岭风景区、丁香谷风景区、青龙谷风景区以及石峡原始自然风景区。另外，园内八达岭森林体验中心为北京市首家森林体验中心，由八达岭森林体验馆和450公顷的户外体验区构成，2014年起对外开放。

二、鹫峰国家森林公园

鹫峰国家森林公园坐落于北京市海淀区北安河乡境内，处于北京城西大西山风景区中部、西北郊太行山北部，燕山东端。公园前身为北京林业大学教学实验场，2003年被评定为国家级森林公园。公园距市区约30千米，是目前北京市距离市区最近的国家级森林公园，地理位置优越。鹫峰国家

图 12-1　八达岭国家森林公园区位图

图 12-2　鹫峰国家森林公园区位图

森林公园通过多年的建设，已形成了集休闲度假、登山健身、会议培训、科普教育和户外拓展众多功能为一体的综合性旅游景区。

根据公园风景资源分布特征，公园划分为以林海景观和较高质量的人文古迹为基础的鹫峰中心区，以奇石地貌和木本观花（叶、果）植物为构景主体的寨儿峪谷壑区和具有高山落叶松林和高山草甸景观的萝芭地山顶区三大景区。这三个区域在风景游览功能上各有侧重，形成各具特色又有所联系的部分。

第二节　八达岭国家森林公园森林文化价值调查与分析

八达岭国家森林公园现包含三大景区，共三十五个景点。其中，森林体验活动在森林文化价值开发上独树一帜并形成广泛社会影响力。同时，八达岭国家森林公园以其接近 60%的森林覆盖率，入选全国森林疗养示范基地建设名单。作为中国首家通过 FSC 国际认证的生态公益林区，它还拥有条件优越的越野赛道，成为举办马拉松等相关体育赛事的优质场所。未来，八达岭国家森林公园可继续深化森林体验、森林疗养基地的品牌打造，并着力打造国家森林徒步道。

一、审美艺术价值

（一）景观审美价值

八达岭国家森林公园位于华北区、华北山地亚区的中山地带，植物类型丰富，林地面积 2819 公顷，森林覆盖率 56.99%，林木绿化率 95.89%。目前，不断营造的人工林大多已郁闭成林，形成优美自然的森林景观。公园层峦叠翠，清雅幽静，郁郁葱葱，别具森林的景观美感。公园内有丰富的植物景观资源，如暴马丁香、梨花、杏花等，以及人文资源与自然的巧妙结合，如望龙系列景点和红叶辉映残长城两处景观，都具有较强的景观美感和吸引力。根据地域组合特点和资源分布情况，可将八达岭国家森林公园划分为三个区，分别为青龙谷景区、丁香谷景区、红叶岭景区。每个分区都有其核心景观点，青龙谷景区的山花体现出春光的烂漫；丁香谷景区有华北面积最大的天然暴马丁香林，谷内有类型丰富的植被资源，林相完整；红叶岭景区则是北京秋天红叶变色最早、颜色最艳的观赏区。

图 12-3　八达岭森林公园红叶岭长城

表 12-1　八达岭国家森林公园景点一览表

园区名称	景观特点	包含景点
青龙谷景区	文化内涵丰富，以科普教育、休闲避暑为特色	瀑布、森林体验馆、青龙桥火车新站、挽秋林、灵雀石、青龙台、酸枣岭、望龙亭、杏花沟、狮踞雄关共 10 处景点
丁香谷景区	有华北地区面积最大的暴马丁香天然次生林，被誉为"北京最香的山谷"	定情石、近香林、祈福林、望龙岭、香约林、摩崖石刻、负氧离子最高处共 7 处景点
红叶岭景区	红叶辉映残长城，秋季具有极佳的观赏效果	近枫台、菩提台、望龙台、揽月台、祥云台、腾龙台、拥艳台、赤壁、回音壁、佛手谷、旷逸台、枫林、瞭望塔、忆詹台、磨刀石、残长城红叶岭段、詹天佑铜像及墓、青龙桥火车老站共 18 处景点

（二）文艺创作价值

八达岭森林公园环境优美，其开展的一系列森林体验活动：如森林树屋帐篷体验、夜游森林、森林冥想等，使人在视觉、嗅觉、听觉、触觉、味觉五个不同的角度感受自然，能够充分激发艺术灵感。近几年，公园每年会邀请一些文艺团体（作家协会、摄影协会等）进行诗歌创作。公园在森林传说、森林故事方面有所匮乏，但在森林体验教育开展的过程中，能够将动物、植物知识转化成儿童易于接受的故事，生动有趣。此外，在森林体验馆中还设有森林小剧场，用于八达岭森林公园宣传片的放映。

（三）文化产品价值

八达岭国家森林公园开发了一系列旅游纪念品，每年数量达一万多件，如明信片、书签、冰箱贴、雨伞、手工盆栽、山石彩绘、森林木质小动物、刺猬笔筒等等。此外，八达岭森林体验中心为游客提供了 DIY 的体验式设计，受到公众的一致好评。然而目前公园并未开发演艺舞台等文创产品，在产品创意价值方面还有待提升。

二、身心康养价值

（一）疗养价值

2016 年，八达岭林场成为北京市森林疗养联盟单位，开展森林疗养实践和相关的研究活动。自 2016 年起，八达岭国家森林公园便开始探索如何开展具有地方特色的森林疗养活动，依托公园丰富的森林资源、独特的人文内涵、独树一帜的森林体验中心以及完善的基础设施，公园致力于宣传与推广森林疗养的理念、引导市民享受森林福祉、开展生态文明宣传从而保护公园生态环境不受破坏，这一过程使体验者与森林公园双方实现利益共赢。① 自 2016 年到 2017 年，八达岭森林公园针对高压力人群、更年期女性、高血压人群、残障人士、少年儿童、养生人士以及亲子家庭等不同群体，开展了 10 余期森林疗养探索活动，参与体验人员超过 250 余名。疗养设施有露营地、森林浴场、森林冥想区及五感体验径等。活动时长多为两天一夜，主要体验活动有森林漫步、围炉夜话、森林美食 DIY、草本茶艺、森林冥想、夜游森林、森林瑜伽、身体扫描、手工制作等，形式丰富多样。根据不同人群，有针对性的安排相应的体验活动。参与者在森林疗养师的引导下，通过相应活动的浸入式体验，获得身心的治愈。2020 年 12 月，八达岭国家森林公园森林疗养基地揭牌，成为全国首个符合本土认证标准的森林疗养基地。

（二）保健价值

八达岭国家森林公园，作为中国首家通过 FSC 国际认证的生态公益林区，拥有条件优越的越野赛道，成为举办马拉松赛事的优质场所。2016 年，由国家林业局支持，北京梅珑体育文化股份有限公司主办的中国森林马拉

① 姚爱静：《长城脚下的绿色明珠——记北京八达岭国家森林公园》，《国土绿化》2013 年第 12 期。

松系列赛首站设在八达岭森林公园，该站比赛设置有21公里越野跑、10公里越野跑和5公里亲子跑等项目。参赛选手不仅能够体验马拉松赛事的动感和活力，还能够参观八达岭森林生态体验馆，在自然生态环境中了解生态文明知识，体验森林文化。八达岭森林公园优秀的森林自然资源、多样的森林文化体验项目和森林文化教育经验，使之成为举办森林文化体育活动的良好场所。

（三）宜居价值

八达岭国家森林公园森林覆盖率高，其自然环境适宜居住，但由于八达岭森林公园距离市区较远，周边无居民区，配套设施也不甚完善。因此其宜居康养价值并未得以开发。

三、休闲旅游价值

八达岭森林公园主要发展森林生态旅游、建设青少年素质教育基地，弘扬生态休闲理念和古长城文化，是融游览休闲、动植物观赏、植物采摘、爱国教育、民俗风情为一体的多功能综合性城郊森林生态旅游胜地。在2018年成为国内最受欢迎的十大森林公园，具有较高的休闲旅游价值。森林体验基地为游乐方式带来了更多的可能，其主要服务对象是北京地区的中小学生及亲子活动家庭。馆内通过低碳互动体验设施、活动，让访客了解八达岭森林文化。此外，公园举办一系列节事活动，如森林体验文化节、消夏避暑生态文化节、长城红叶文化节等，进一步丰富其游乐价值。

四、科研教育价值

（一）科学研究价值

八达岭林场前后与北京林业大学、中国科学院植物所、中国林业科技研究院、北京农学院等科研单位开展科研方面的合作，同时参加了中美合作森林健康项目、中韩合作八达岭地区森林综合经营管理、德国近自然林业等先进林业理念实践项目；出版了相关科研著作，例如《北京市八达岭林场森林健康经营技术指南》《八达岭国家国家森林公园常见植物图谱》等，为生态教育、参观、考察以及科学研究的专业人士提供了详细的资料和指南。

（二）科普教育价值

2000年，八达岭森林公园正式成为北京市青少年素质教育基地，2006年，由北京野生动物保护协会、北京爱鸟协会审批成为未成年人生态道德教育基地。2008年，由北京市科学技术委员会审批成为北京市科普教育基地。2009年，被评为全国科普教育基地。2014年，公园成为首批首都生态文明教育示范基地，建立了较为完善的科普教育体系，具有较高的科普教育价值。

图12-4　八达岭森林公园森林文化活动（张秀丽摄）

2000年至2005年间，公园主要开展青少年科普教育工作，接待中小学生3万人次，策划组织拓展项目、夏冬令营等活动。公园定期开展相应的科普教育活动，主要集中在5月1日至10月1日，每年约200批次，接待学生实习约1000人次。2014年6月，八达岭森林体验中心正式对外开放后，公园的科普教育价值有了进一步提升，建筑面积856平方米的室内体验馆和占地450公顷的户外体验区承担了重要的森林教育使命，注重体验者置身其中的切身感受和互动体验。在此基础上，依托丰富的生态资源和文化资源，以及便利完善的科普设施，公园开展有树木认养、自然体验、“无痕山林（LNT）”培训、“北京青少年文化互访”等科普体验活动。此外，公园还借鉴国外先进案例,引进活动课程“地球守护者”,并为该项目建设森林小木屋,用以组建“EM 实验室”。

五、文明演进价值

(一)历史遗存价值

八达岭国家森林公园内有古树国槐,名木日本落叶松。2014 年,八达岭林场保有国家一级古树(古槐)1 株,国家级名木(日本落叶松)4 株。

公园内历史遗存丰富度一般,主要是青龙桥火车站、残长城红叶岭段以及摩崖石刻。青龙桥火车站始建于 1908 年,被称为“中国铁路活化石”。在第三次全国文物普查中,丁香谷中的两处石刻佛像被发现,经北京市文物鉴定委员会专家鉴定后,初步断定是元末明初所造。其一位于半山腰,中间的造像为阿弥陀佛像,两侧分别是龙女献宝珠和善财童子;其二是一处三世佛摩崖造像,三尊佛造型古朴,雕刻圆润细腻①,具有一定的开发潜力。

(二)地理标志价值

八达岭林场属于中山地形区,为白垩纪燕山造山运动时隆起的山岭,东部地势低且平缓,西部地势高而陡峭,山岭沟壑纵横,最高海拔为 1238 米,最低海拔为 450 米,平均海拔为 780 米,相对高度差为 788 米。林场呈东北、西南走向,不规则长条状地块,除延庆小盆地内有平原滩地,其余均为山地,本地区主要为震旦纪矽质石灰岩及地质时期不明的大理岩和熔砾岩组成的山岭,并有少量的花岗岩及正长细晶岩,山势陡峭,具有许多裸露岩石,这些是建造长城的理想地区,也是优良的景观资源。②

(三)文化文明价值

由于被长城环抱的地理位置,八达岭森林公园的森林文化具有一定的独特性,融合了古长城的文化内涵。此外,丁香文化、红叶文化、铁路文化等使得八达岭森林公园的文化象征更加多元。

---

① 苏德林:《八达岭森林文化寻访记》,《国土绿化》2018 年第 2 期。

② 王继兴、赖慧武、刘达成:《八达岭森林旅游规划与管理信息系统》,《北京林业大学学报》2003 年第 S1 期。

六、传统习俗价值

八达岭国家森林公园举办过种类多样、内容丰富的节事活动,每年约有2万—3万名旅游者被节庆活动吸引而来。

表 12-2　八达岭森林公园品牌节庆表

节庆名称	时间	活动内容
丁香生态文化节	5月底—6月中旬	制作手工艺品、最美八达岭森林摄影比赛、寻找最大暴马丁香树等
森林体验文化节	5—11月	自然体验师将带领亲子家庭以趣味森林自然游戏的方式,让孩子们观察万千花草树木、轻嗅纯净空气、触碰坚固岩石、聆听小动物叫声
消夏避暑生态文化节	7—9月	公园森林文化讲解师引导预约团队游客在森林、奇石与长城的美景中养眼,在森林天然氧吧中养肺,在闲情逸致的游玩中养心,在观鸟平台上观鸟,聆听大自然的声音,同时开展生态游步道修缮活动,让游客参与生态劳动体验游
红叶古长城生态文化节	9月底—11月初	红叶长城体验游,推出"低碳出行赏红叶"、"森林骑游活动"、老年人"登高赏秋"和"中华第一条铁路"科普展等文化活动

七、伦理道德价值

八达岭森林公园始终贯彻落实人与自然和谐共处的理念,并将这个理念贯彻在公园管理、森林科普、游憩设施、森林体验等多个方面。园内的游憩设施大多是对原有材料的巧妙利用,游客在进行森林体验、触摸自然、感知自然的过程中加深对自然的认识,园中的多种科普教育形式也发挥重要作用,从而在潜移默化中改变游客内在的自然伦理价值观。因此,八达岭国家森林公园具有较强的伦理道德价值。

八、制度规范价值

八达岭林场的林政工作主要包括森林防火、林木病虫害防治、防止乱砍滥伐林木及乱捕滥猎野生动物、林业执法和古树名木保护工作。2007年,林场成立了森林资源保护科,多年来森林资源和林政管理水平不断提高。八达岭林场保护科及森林公安派出所加大林木资源和野生动物资源保护力度，注重对周边乡村的法律宣传教育，使附近村民自觉知法守法，同时加大巡逻检查，发现进山人员及时劝阻。瞭望塔、检查站 24 小时把守从而有效预防了林业治安案件及猎杀野生动物的发生。

第三节　鹫峰国家森林公园森林文化价值调查与分析

鹫峰国家森林公园山势陡峭，山峰林立，山石神形兼备，动植物资源丰富，阳光、林海、松涛别具一格。除自然风景外，同时还保留着悠久完整的庙宇文化和园林文化，有较高质量的名胜古迹。公园在科研教育价值方面较为突出，每年吸引学校和社会各界来此开展科研科普活动，成为其突出特点；森林环境优美，历史遗存丰富，使得其在身心康养、文明演进价值方面也有其自身优势。

图 12-5　鹫峰森林公园地貌景观（北京林业大学提供）

一、审美艺术价值

（一）景观审美价值

公园现有面积 765. 20 公顷，有林地面积 525. 10 公顷，灌木林地 180. 20 公顷，森林覆盖率高达 96. 4%。园内林木资源茂盛，典型地带性植被是暖温带落叶阔叶林，由于经历了长期的人为破坏，以及建场后大面积的人工造林，现多为次生林和人工林。① 公园中乔木林主要是以人工造林为主，灌木林地主要是天然林。植被属于温带落叶林带的山地林和油松林带，主要以天然次生山杨林、槲树和山杨混交林为主。②

公园自然景观与人文景观交相辉映，根据景点地域组合特点主要划分为鹫峰中心区、寨儿峪谷壑区和萝芭地山顶区三个园区。公园的自然景观资源包括地景、生景、天景、水景。公园内层峦叠嶂，山高林密，怪石嶙峋，自然环境优美。鹫峰山顶上视野开阔，是观赏日出、日落、赏月和观星的良好场所。鹫峰自古因风景优美而闻名，吸引了众多得道高僧和达官贵人前来修建庙宇和私人庭院，具有深厚的庙宇文化和私家园林文化底蕴和丰富的人文景观资源。公园内现存有以鹫峰山庄为代表的一系列不同历史时期宗教建筑以及千年登山古道等众多古迹。园址范围内为贫水区，水体景观不足。

表 12-3　鹫峰国家森林公园景点一览表

园区名称	景观特点	包含景点
鹫峰中心区	林海景观和较高质量的人文古迹	鹫峰、北京国际梅园、地震台、登山古道、消债寺、朝阳观音洞、盘景轩、鹫峰红叶、森林浴场、望京塔等 28 处景点
寨儿峪谷壑区	以妙峰古香道和人工营造的森林景观为背景，巧夺天工的奇石地貌和各种各样的木本观花（叶、果）植物为构景主体	寨儿峪泉、古茶棚、众香朝拜、丹霞岭、杏林深处、栎荫清趣、十八盘等 15 处景点
萝芭地山顶区	独特的高山盆地地貌，具有奇特的落叶松林和高山草甸景观	六郎转塔、空中乐园、四面云山、观景瞭望亭、无暑清凉、五龙泉、松柏森森等 14 处景点

（二）文艺创作价值

关于鹫峰的森林故事（传说/神话）主要由奇特的山石和人文古迹而衍生，如表 12-4 所示。而相关的文学作品和音乐作品几乎没有，摄影作品较多。在 2013 年公园挂牌成为摄影家协会摄影创作基地，开始举办梅花摄影作品展，吸引了众多艺术创作者。

---

① 赵永泉、彭道黎：《北京鹫峰公园主要人工林群落多样性研究》，《西南林学院学报》2008 年第 1 期。

② 张颖、潘静、陈珂：《基于成分法的北京鹫峰国家森林公园旅游生态足迹研究》，《中南林业科技大学学报》2017 年第 2 期。

表 12-4　鹫峰森林公园森林故事/传说/神话一览表

森林故事/传说/神话类型	主要包括
奇特山石	气树石、蜥蜴石、望月石、鹫峰名称由来等
人文古迹	响塘庙名称由来、朝阳观音洞神话故事、消债寺故事、六郎转塔等

（三）文化产品价值

目前，鹫峰梅花节是公园的品牌活动，围绕“梅花”开发了创意花草茶——山泉水中的梅花茶，深受游客喜爱。之前公园还开发过一些文创纪念产品，例如钥匙扣、微缩模型等，但后来由于收益不佳，就停止了生产。目前，公园并未开发演艺作品以及工艺美术等文创产品。公园在产品创意价值方面还有待提升。

二、身心康养价值

（一）疗养价值

有研究表明，鹫峰国家森林公园空气负离子浓度显著高于城区，具有一定的康体效益。① 公园开辟了森林浴场，并举办“养生登山季”系列活动鼓励游客参与森林疗养保健活动。同时，公园周边 3 公里范围内疗养院有 5 个，分别是金山敬老院、益康敬老院、玉福敬老院、北京凤凰关爱护理院、北安河敬老院。鹫峰森林公园自身拥有良好的自然环境条件，植被数量和类型丰富，疗养保健方面的发展空间较大，开发潜力较高，可以发展“气候疗法”“园艺疗法”等多种森林疗养保健形式。

（二）保健价值

周边居民通常会去公园进行日常体育锻炼，大概 300 人/天。在公园举办的较大型体育活动有首都高等学校越野攀登赛（目前已举办十七届）、首都高校大学生徒步大会（一、四、五届在公园举行）。

（三）宜居价值

公园森林覆盖率达到了 96.4%。周边地区三公里范围内约有 6 个居民

① 严密：《鹫峰国家森林公园生态效益评价研究》，北京林业大学硕士学位论文，2005 年，第 2 页。

小区,分别为五矿观山、安和家园二里、北安河路甲八号院、西山枫景苑、梁萧别墅、庄士敦别墅。鹫峰森林公园周边气候宜人、植被丰富、空气纯净、人口密度相对较低,十分适合人们居住,具有较高的宜居康养价值。

三、休闲旅游价值

近几年来,每年前来鹫峰旅游的人次维持在 11 万左右,以北京本地人为主。主要开展的森林休闲活动包括登山、赏花、摄影、散步、野营等。鹫峰全年开放,开放时间为旺季早 7:30—晚 17:30(4 月 1 日—10 月 31 日)、淡季早 8:00—晚 17:00(11 月 1 日—次年 3 月 31 日)。外地游客非常少,游客基本以夏令营和公司团建为主。人均消费额大约在 20 元人民币左右,主要支出为门票和停车费。

四、科研教育价值

(一)科学研究价值

公园建立了首都生态监测定位站,风动实验室、降雨大厅等科研教学场所以及位于鹫峰中心区的北京国际梅园和牡丹芍药研究基地。其中,北京国际梅园是世界上首个集中展示一个国际登录品种的植物园,囊括国内外栽培的 200 个梅花品种及北京本土的 44 个露地抗寒优良品种。① 牡丹芍药研究基地则是我国重要的芍药属基因库和新品种培育与新技术研发的中心。

公园作为大学重要的教学实习科研基地,拥有丰富的植物、昆虫资源,独特的小气候和土壤植被环境条件,可为学校多学科的科学研究提供服务,先后有 40 多位专家教授依托林场从事科研工作,承担了“八五”和“十二五”国家科技攻关专题子课题、国家及北京市自然科学基金项目、教育部博士点专项基金及骨干教师资助项目、国家林业局重点研究项目,以及横向课题等近 50 项科研项目,发表了 200 余篇科研论文,获得了多项科研成果及众多奖项,为林业及相关学科的发展作出巨大贡献。②

① 张馨月:《森林公园生态文明教育机制研究》,北京林业大学硕士学位论文,2011 年,第 27 页。

② 赵云杰:《实验林场与森林公园建设探析》,《现代农业科技》2013 年第 3 期。

（二）科普教育价值

公园前身为北京林业大学教学实验林场，从1992年开始积极开展科普讲座、举行森林体验、培训等科普活动，如“森林与人”系列科普活动。2003年被中国科协命名为“全国青少年科普教育基地”，2018年被评为“北京市中小学生社会大课堂资源单位”，现已建成12846平方米较为完备的教学实习服务中心；每年安排校内教学实习达8000多人次，校外教学实习达5000多人次。公园优越的生态环境，丰富的植物品种、昆虫种类，历史人文景观和完善的科普培训设施，为开展青少年自然教育和素质拓展训练等活动创造了理想的条件，具有较高的科普教育价值。

五、文明演进价值

森林中的古树和文化遗址，承载了历史的纵横变迁，蕴含了丰富的历史寓意，是森林文明演进价值的重要组成部分。公园现有古树名木总计49株，主要有分布在金山寺和秀峰寺周围的油松古树，平均树龄在400—500年左右，分布在秀峰寺大殿前后和朝阳观音洞的侧柏古树，平均树龄在500年左右，以及零星分布的国槐、白皮松和银杏古树等。其中共有油松古树31株，一级古树5株，二级古树26株，长势较优占39%，长势中等占58%，在秀峰寺山南有1株长势较差，有侧柏古树6株，银杏古树5株，国槐古树4株，白皮松3株。

鹫峰作为从古至今有名的风景胜地，历史悠久。公园森林资源与当地人文景观资源相融，具有特色的文化内涵，包括庙宇文化、园林文化和生态文化。公园内有辽代的鹫峰山庄、明代秀峰古刹、清代响塘庙、民国消债寺以及中国近代第一座地震监测站等多处文物古迹，具有较高的历史价值。目前，秀峰寺和响塘庙已被重新利用为公园管理处，失去庙宇功能。消债寺、金仙庵等也已成为遗迹，没有宗教朝拜者。

六、传统习俗价值

鹫峰森林公园举办的节事活动主要包括自然观赏类、文化类和体育运动类。其中，梅花节这项节事活动颇具特色，成为鹫峰发展较为成熟的品牌节庆，每年吸引了大量游客的关注与参与。

表 12-5　鹫峰森林公园品牌节庆表

节庆类型	节庆名称	时间	备注
自然观赏	鹫峰梅花节	3 月中旬—4 月中下旬	登山、踏青、赏梅花，同时还可观赏到“西山晴雪”之盛况
	彩叶节	10 月中旬—11 月下旬	赏红叶、品茶、登山健身、定向越野以及拓展训练
文化	鹫峰生态文化节	4 月 20 日—5 月 20 日	登山健身、赏花（桃花、槐花、杏花、梅花等）、秀峰寺品茗、品尝特色民俗美食、定向越野、拓展训练
体育运动	登山节（养生登山季）	9 月 9 日—11 月 19 日	1. 运动体验养生：快乐登山（开展赤脚登山、负重登山、倒退登山、寻宝活动、摄影活动）、定向越野、拓展训练、露营、八卦阵中学太极 2. 森林体验养生：森林穿越、森林浴、候鸟观赏、吃山野菜、植物科普 3. 文化体验养生：西山银杏文化、森林养生、养生谚语、运动常识展 4. 中秋节秀峰古刹品茶赏月活动 5. 关爱教师健康，体验健身登山周(9 月 10—16 日) 6. 学生趣味登山、动植物观测科普活动 7. 保卫森林环保旅游活动

七、伦理道德价值

公园对生态环境严格保护，在游客管理、景区承载、森林病虫害防治作出了很大努力，体现了生态旅游的发展理念。通过对其自然资源及教学科研资源的充分利用，公园联合高校积极举办科研、科普活动，使之成为生态文化的教育和宣传中心，宣传人与人、人与社会、人与自然之间的和谐发展思想，为生态文明建设作出了巨大贡献。

八、制度规范价值

2007 年 11 月 17—18 日，“生态文明与和谐社会”学术研讨会在北京鹫峰国家森林公园举行，来自国内生态学、科技、哲学等领域的 60 余位知名专家学者形成共识并发布了建设生态文明的《鹫峰宣言》①，倡导科学地建立生态道德伦理观和生态文化体系。

① 李海臣：《实施森林可持续经营促进林业健康发展是生态文明建设与和谐社会构建的基石》，《世界林业研究》2008 年第 21 期。

第四节　森林文化价值评估

一、基于指标体系的森林文化价值评估

根据两个森林公园森林文化发展的具体情况及定性评估，结合森林文化价值评估指标体系，根据测算，八达岭国家森林公园森林文化价值水平指数得分为87.897，鹫峰国家森林公园森林文化价值指标体系最终得分为81.355，处于良好水平。

表12-6　北京八达岭国家森林公园森林文化价值评分表

序号	评估类别（一级）	评估指标（二级）	评估分值（百分制）	综合权重得分	小计
1	审美艺术价值	1. 景观审美价值	95	13.900	19.300
		2. 文艺创作价值（精神层面）	70	2.756	
		3. 文化产品价值（物质层面）	85	2.644	
2	身心康养价值	4. 疗养价值	95	3.211	10.413
		5. 保健价值	90	3.578	
		6. 宜居价值	95	3.624	
3	休闲旅游价值	7. 休闲价值	85	9.290	22.602
		8. 体验价值	80	10.656	
		9. 娱乐价值	90	2.656	
4	科研教育价值	10. 科学研究价值	90	2.544	7.597
		11. 科普教育价值	100	5.053	
5	文明演进价值	12. 文化文明价值	95	2.594	12.920
		13. 历史遗存价值	95	6.408	
		14. 地理标志价值	90	2.559	
		15. 地方情感价值	65	1.359	
6	传统习俗价值	16. 节庆载体价值	90	3.638	8.523
		17. 民族习俗价值	90	4.885	
7	伦理道德价值	18. 森林信仰价值（精神层面）	85	2.049	5.249
		19. 森林哲学价值（精神层面）	80	1.729	
		20. 社会和谐价值	80	1.471	
8	制度规范价值	21. 法律法规价值	75	0.716	1.293
		22. 乡规民约价值	70	0.577	
总计					87.897

表 12-7 鹫峰国家森林公园森林文化价值评分表

序号	评估类别（一级）	评估指标（二级）	评估分值（百分制）	综合权重得分	小计
1	审美艺术价值	1. 景观审美价值	90	13.169	17.398
		2. 文艺创作价值(精神层面)	60	2.362	
		3. 文化产品价值(物质层面)	60	1.867	
2	身心康养价值	4. 疗养价值	80	2.704	9.707
		5. 保健价值	85	3.379	
		6. 宜居价值	95	3.624	
3	休闲旅游价值	7. 休闲价值	80	8.743	20.946
		8. 体验价值	75	9.990	
		9. 娱乐价值	75	2.213	
4	科研教育价值	10. 科学研究价值	95	2.685	7.486
		11. 科普教育价值	95	4.801	
5	文明演进价值	12. 文化文明价值	80	2.185	11.889
		13. 历史遗存价值	90	6.071	
		14. 地理标志价值	80	2.274	
		15. 地方情感价值	65	1.359	
6	传统习俗价值	16. 节庆载体价值	70	2.829	7.443
		17. 民族习俗价值	85	4.614	
7	伦理道德价值	18. 森林信仰价值(精神层面)	85	2.049	5.157
		19. 森林哲学价值(精神层面)	80	1.729	
		20. 社会和谐价值	75	1.379	
8	制度规范价值	21. 法律法规价值	70	0.669	1.329
		22. 乡规民约价值	80	0.660	
总计					81.355

二、基于“人与森林共生时间”的森林文化价值评估

根据“自然保护地森林文化价值量评估”公式,计算可得:

(一)森林文化价值物理量

八达岭国家森林公园年参与人数为年接待人次 4.6 万人次,平均停留时间为 3.16 小时,林木覆盖率达 95.89%。

八达岭森林文化价值物理量＝［（4.6 万×3.16÷8760）×95.89%］≈15.91（文年）

其中，鹫峰国家森林公园年参与人数为年接待人次 11 万人次，平均停留时间为 3.82 小时，森林覆盖率达 96.4%。

鹫峰森林文化价值物理量＝［（11 万×3.82÷8760）×96.4%］≈46.24（文年）

（二）森林文化价值量

北京市 2017 年人均 GDP 为 12.90 万元，八达岭森林综合指标系数为 2×87.897%≈1.76，鹫峰森林综合指标系数为 2×81.355%＝1.63，所以：

八达岭森林文化价值量＝15.91×1.76×12.90 万≈361.22（万元）

鹫峰森林文化价值量＝46.24×1.63×12.90 万≈972.29（万元）

第五节　建　议

一、总结比较

综合对两个森林公园的森林文化价值的游客调查分析和实地田野分析，得出以下结论：

八达岭国家森林公园的审美艺术价值较高，主要表现在林木覆盖率广，景观美感高且独具特色；身心康养价值较高，公园开展一系列具有专业性的森林疗养活动，举办森林马拉松大赛等；文明演进价值也较高，主要体现在长城文化、铁路文化、红叶文化等多元文化象征上；作为森林科研、科普教育基地，八达岭国家森林公园具有较高的森林体验、科普教育价值，森林体验中心的建成，大大提高了社会对森林教育的认知度和体验度，获得社会各界广泛赞誉。八达岭国家森林公园的传统习俗价值、伦理道德价值及制度规范价值相对较低。这是由于八达岭国家森林公园在民族习俗、伦理道德、宗教氛围方面并不占优势，在制度规范方面也缺乏创新点。

而鹫峰国家森林公园的森林文化价值水平指数得分为 81.355，还具有极大的发展潜力。公园在科研教育价值方面较为突出，每年吸引学校和社会各界来此开展科研科普活动，成为其突出特点；鹫峰森林环境优美，历史遗存丰富，使得其在身心康养、文明演进价值方面也有其自身优势；在审美艺术、休闲旅游、传统习俗、制度规范价值方面则较为欠缺,应该深入挖掘各方面文化元素,弘扬公园特色森林文化。

二、建议

(一)八达岭国家森林公园

1. 丰富森林文化体验内容,扩大体验人群

八达岭森林公园是森林文化体验示范点,园内中韩合作的森林体验馆及森林体验线路,在国内森林文化体验基地建设中首屈一指,森林体验课程相当丰富,但系列课程主要服务于团体游客,针对散客的森林文化体验项目很少,所以其体验感不如团体游客。因此,需增加“散客体验菜单”;除此之外,可利用网络渠道,定期发布成团报名信息,按照时令、节庆、主题等,建立森林文化系列体验课程和疗养课程,满足不同群体森林体验需求。如,适合青年游客运动需求的森林越野、森林马拉松等;适合中小学生生态环境科普教育活动的森林探秘等;适合亲子的互动性较高的森林手作、森林寻宝等。目前,八达岭的森林文化体验活动及设施主要针对青少年儿童,缺少中老年人体验项目。而根据问卷结果显示老年人是八达岭游客的重要群体,应为老年人设计以森林康养为主题的森林文化体验项目,并增加相应的游憩设施。

2. 完善基础设施

配套设施对两日和多日的活动开展存在限制作用。例如,美国的先进课程“地球守护者”为两日课程、“无痕山林”为三日课程。目前,八达岭森林文化体验设施只完成了一条体验线路的建设,另有新的体验线路还在建设当中;同时,针对不同体验人群体验活动的配套基础设施也应纳入规划建设之中。

3. 丰富科普解说形式

在实体牌和人员解说的基础上丰富科普解说形式,线上扫码解说方便高效且具有最高投入产出比,例如在森林瑜伽体验点播放视频教程向游客教授瑜伽。在森林体验中心等室内场馆,则可利用最新科技如全息投影技术、VR 技术建立园区吉祥物——松鼠小北的趣味动态解说,通过体感游戏让游客在游戏的过程中认识森林里的生态学相关知识。

4. 建立独特的八达岭森林文化课程

目前,八达岭森林文化课程主要引用合作机构课程,缺少八达岭的特色

森林文化，后期，应培养或合作专属的课程设计团队，深入挖掘八达岭森林公园的地方特色、文化内涵，充分利用长城的文化标签和地标作用设计独特的八达岭森林文化课程。

5. 加强八达岭森林文化 IP 产品

森林文化 IP 产品是传播森林文化、进行森林科普教育、打造品牌知名度的重要形式。八达岭森林公园没有纪念品商店，在体验中心有纪念品但没有相应的货架，导致游客的了解度不高。应设立纪念品销售区，除传统文创产品的售卖外，增加体验类纪念品的制作。如书签、树叶贴画等简单的手作产品。

（二）鹫峰国家森林公园

1. 加强自然资源及配套服务设施的管护建设，打造鹫峰生态旅游名片

一方面重视公园风景旅游资源的建设，加强自然资源和人文资源的保护，为可持续发展提供基础；另一方面加强配套服务设施的建设，并且充分利用鹫峰丰富的森林资源，提供多层次的、有特色的生态旅游产品。

2. 加强宣传，打造自身特色科研科普品牌

充分利用公园森林教育场地（例如国际梅园、大树园等）开展多样化生态科普教育活动，例如定期开展森林文化和生态保护的专题讲座，撰写和制定相关书籍与刊物。针对各年龄段学生团体设置对应的体验课程，与北京市及各地中小学联系，吸引其到此开展社会实践（或夏令营）活动。完善科普教育基础设施和景点解说系统，统一规划科普展牌、电子解说系统、广播系统，丰富其形式内容；多发挥媒体网络的宣传媒介作用，让宣传走入校园，走入社区，吸引更多的人参与。

3. 深入挖掘其文明演进文化元素加以利用

鹫峰历史遗存丰富，流传着许多历史故事，但目前没有被很好地挖掘宣传，不被游客所了解。公园应对其历史文化资源进行系统整合梳理，加强宣传，丰富公园文化内涵。

4. 开发森林康养旅游产品

鹫峰具有发展森林康养旅游产品的良好环境基础，依托其现有森林浴场开展森林浴、太极、禅修、冥想、森林瑜伽、养生操等活动。建设森林养生步道，完善保健设施。开发森林食疗（可利用其特色梅花茶）、森林园艺活动等多样森林康养项目。

第十三章　奥林匹克森林公园、北京植物园森林文化价值评估

第一节　评估对象概述

一、奥林匹克森林公园

奥林匹克森林公园位于北京市市区北部，城市中轴线的最北端。它是北京奥林匹克公园的重要组成部分，也是市区最大的城市公园。其地处朝阳区北五环，东至安立路，西至林萃路，北至清河，南至科荟路，交通便利，地理位置优越，是离北京市民最近的森林公园。2008 年北京奥运会后向公众免费开放，现已成为集体育健身、旅游观光、休闲娱乐等多功能为一体的综合性公园。

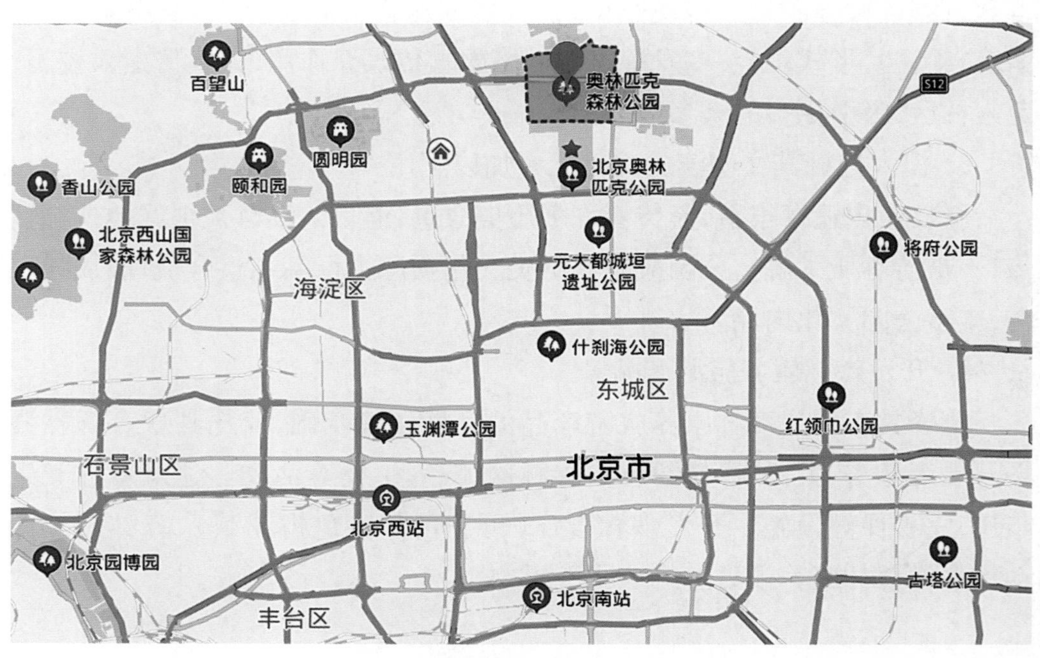

图 13-1　奥林匹克森林公园区位图

奥林匹克森林公园分为南北两园，用横跨五环路的生态廊道衔接在一起，其中南园占地380公顷，北园占地300公顷。北园是自然野趣密林，具有生态保护和生态恢复功能；南园是以休闲娱乐、文化教育为主的生态森林公园；共同形成了一个以自然山水、植被为主的生态地带，对改善城市的环境和气候具有重要的生态战略意义。

二、北京植物园

北京植物园位于北京西北郊，地处北京五环路之外，属海淀区，在香山公园和玉泉山（西山卧佛寺附近）之间，周边被西营、岭裕村、南营、鲍家窑环绕。北京植物园区位条件优越，交通便利，属于城郊区域重要的旅游目的地之一，紧邻北京市区客源市场和北京旅游集散中心，有突出的区位优势和较高的发展潜力。

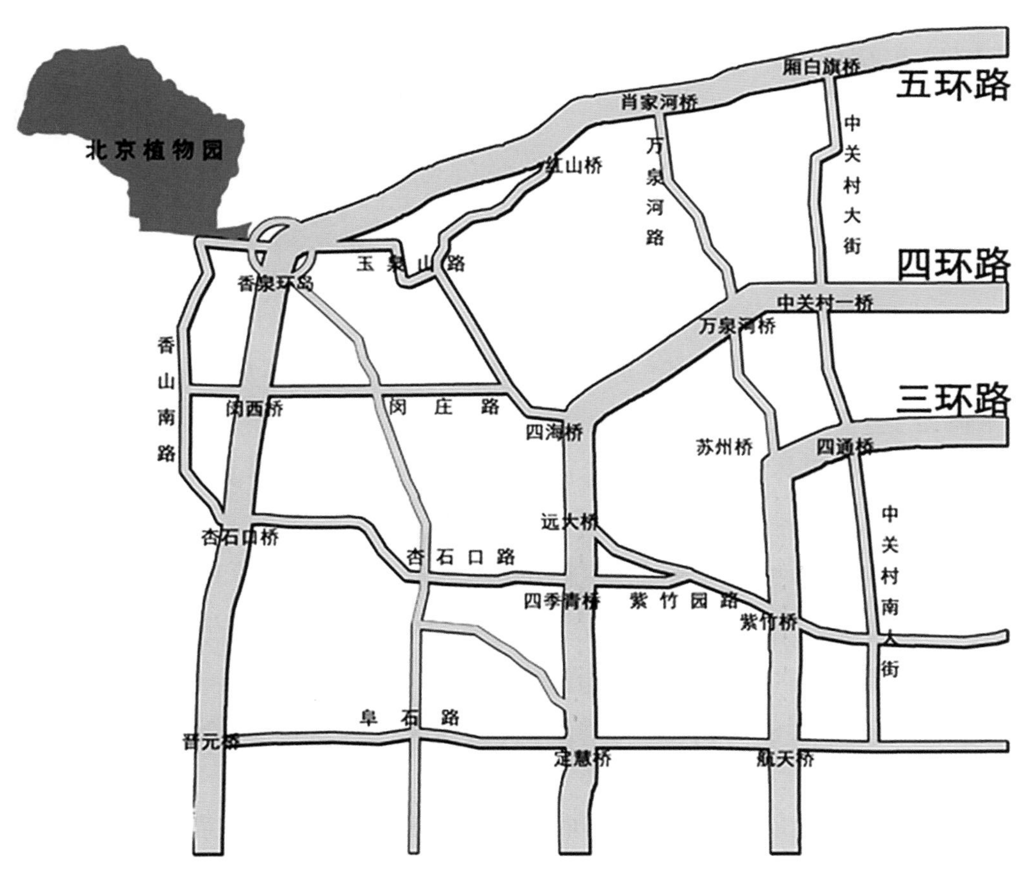

图13-2　北京植物园区位图

北京植物园由植物展览区、科研区、名胜古迹区和自然保护区组成。园内收集展示各类植物10000余种(含品种)近150万株。

植物展览区分为观赏植物园区(专类园)、树木园和温室区三部分。观赏植物园区分别为月季园、碧桃园、牡丹园、芍药园、丁香园、海棠枸子园、木兰园、集秀园(竹园)、宿根花卉园、水生植物园和梅园。树木园由银杏松柏区、槭树蔷薇区、椴树杨柳区、木兰小檗区、悬铃木麻栎区和泡桐白蜡区组成。温室区由热带亚热带植物展览温室和盆景园组成。盆景园主要展示我国各流派盆景的技艺和作品。①

第二节　奥林匹克森林公园森林文化价值调查与分析

作为离北京市民最近的免费的森林公园,奥林匹克森林公园交通便利、环境优美,不断建设、完善体育健身设施,是城市居民回归自然、日常休闲的好去处,在身心康养、休闲旅游价值方面较为突出。

一、审美艺术价值

(一)景观审美价值

奥林匹克森林公园占地680公顷,绿化率达95.61%,树林郁闭度达50%,密林郁闭度达80%,全部为人工林,生态状况良好,是北京当之无愧的"绿肺"。植物种类丰富,包括地被、水生植物、大型乔灌木、季节性观赏花卉等②;拥有乔灌木280余种,由100余种(共53万余株)乔木、80余种(共200万余株)灌木和100余种地被植物组成。

奥林匹克森林公园景观优美,其中北园为自然野趣密林,密林率达90%,保留了自然地貌、植被,形成微地形起伏及小型溪涧景观③,建有雨燕塔、花田野趣、大树园等景点;南园为生态森林公园,以乡土树种、乔灌木为主,密林及疏林达80%,有疏林草地区、密林区、湿地植物区3类植物景观区

---

① 金柏苓:《北京市植物园盆景园设计解析》,《北京园林》1996年第4期。

② 李亚星:《园林植物种植与造景分析——以北京奥林匹克森林公园为例》,《现代园艺》2016年第6期。

③ 胡洁、吴宜夏、吕璐珊:《北京奥林匹克森林公园景观规划设计综述》,《中国园林》2006年第6期。

图 13-3　奥林匹克森林公园森林分布范围图

域，山环水抱，设置了各种服务设施以及景观景点，如仰山、奥海、湿地等，提供了良好的绿色休闲环境。登临仰山最高峰，可近望鸟巢、水立方和奥运大道，远眺燕山山脉，景色壮丽，与周边景观相呼应。

表 13-1　奥林匹克森林公园景点一览表

区域	景观特点	包含景点
南园	以大型自然山水景观为主的生态森林公园	奥林匹克露天剧场、森林小剧场、垂逸台、群岛景区、森林艺术中心区、天元、天境、朝花台、夕拾台、林泉高致、叠水花台、沉水廊道、潜流湿地
北园	自然野趣生境	花田野趣、树木园、中心湖、雨燕塔、林中小溪、密林区、清洋河畔、休闲广场

（二）文艺创作价值

奥林匹克森林公园建立时间较短，因此与此相关的文艺创作数量十分有限，基本没有与其相关的森林故事（传说/神话）和音乐作品。在森林公园南区东部的树林中，建有森林艺术中心（现为书画频道美术馆），里面经常举办各种小型画廊、展览、沙龙，将艺术融入森林文化中，创造了一个崭新的、启发艺术灵感的休憩天地。

（三）文化产品价值

奥林匹克森林公园森林文化（作品、产品及产业）创意不足，尚未得到较好的开发。目前与奥森有关的书籍有《北京奥林匹克公园森林公园及中心区景观规划设计方案征集》，主要介绍奥林匹克公园总体规划方案和优秀设计，向公众传播可持续森林发展理念；奥林匹克森林公园推出的《北边艺术》，主要内容为介绍一些当代艺术精品。纪念品方面值得一提的是“奥森100+超级马拉松”比赛（已举办四届）的完赛奖牌，形状以奥林匹克森林公园标志性树叶为图案的标志，正面印有公里数，背面是生物化学标记。在产品创意方面奥森的森林文化还有很大的发展空间。

二、身心康养价值

（一）疗养价值

奥林匹克森林公园年产氧量约5400吨，年吸收SO_2约32吨，树木年滞尘量约4731吨，林地年蓄水量约67.5万立方米，空气湿度比城市其他地方高27%，夏季温度比城市其他地方低3—5℃，冬季高2—4℃，成片树林可降低噪音26—43分贝，具备良好的森林生态环境。① 目前，公园中还未开发森林疗养保健相关的活动和产业，只有部分居民自发地进行森林浴等疗养活动。

（二）保健价值

作为离北京市民最近的免费的森林公园，奥林匹克森林公园交通便利、环境优美，不断建设、完善体育健身设施。奥森公园在2011年成为首个国家全民健身示范基地，被很多跑步爱好者称为“跑步胜地”，满足每年800万人次入园健身。奥林匹克森林公园健身设施完善，建有长度分别为3公里、5公里和10公里的“乐跑”健走道，南北园已建成篮球广场、乒乓球长廊、网球场、羽毛球馆、曲棍球场、五人制足球场、鹅卵石健身路径等健身场馆（场地），园内体育活动类型丰富。

目前，奥林匹克森林公园南园围绕体育产业形成了四大经营板块：房租收入、中网赛事、场地租赁、会员及散客体育服务。举办活动的主要是学校、企事业单位、工会类组织等。公园加强与各企事业单位、社会团体合作力

① 崔海兴、徐嘉懿：《森林文化建设研究——以北京奥林匹克森林公园为例》，《林业经济》2015年第8期。

图 13-4　奥森公园森林季相景观（杨文静摄）

度，成功举办了各类马拉松、长跑、长走、定向越野、趣味运动会等文体活动年均 300 余场，其中“奥森 100+超级马拉松”已经成为奥森标志性体育活动，目前已举办四届，吸引了众多参赛者。

（三）宜居价值

奥森所在城市——北京的森林覆盖率为 42.35%，奥林匹克森林公园绿化率达 95.61%，公园环境优美，空气良好，拥有各类完善的设施。有研究表明奥林匹克森林公园对周边住宅价格均存在显著的提升作用；随着到公园距离的不断增大，住宅增值系数整体上呈现逐渐下降的趋势，且下降速度逐渐减缓；说明奥林匹克森林公园的提供的视线景观、环境改善、开放空间等多种功能成为人们选择住宅时的重要考虑因素①，侧面说明了其宜居价值较高。

三、休闲体验价值

（一）休闲价值

奥林匹克森林公园是北京最大的公共公园，也为国家 5A 级景区。奥

① 陈庚、宋道林、苏亚艺：《大型城市公园绿地对住宅价格的影响——以北京市奥林匹克森林公园为例》，《资源科学》2015 年第 11 期。

森每年的游客量在1000万—1200万人之间,游客构成覆盖全年龄段,北京本地游客75%左右,平时早晚高峰期4万—5万人,节假日游客8万—10万人以上。游客在公园内所进行的休闲活动类型较为丰富,主要有晒太阳、赏景、摄影、野营野炊、打牌下棋、放风筝等。

(二)体验价值

2009年9月30日,奥林匹克森林公园正式向公众免费开放,旺季开放时间为3月15日—11月15日(早6:00—晚21:00),淡季开放时间为11月16日—次年3月14日(早6:00—晚20:00)。北园游乐设施较少,并限制游客数量,为园内动植物的生长和繁育创造良好生态环境。南园则设置了各种服务设施和景观景点,兼顾群众休闲娱乐功能。外地人年森林旅游人次约占总游客量的25%。公园主要的旅游经营收入是通过电瓶车、划船、运动场馆门票费、部分展览活动获得。

(三)娱乐价值

奥林匹克森林公园通过开展丰富多彩的主题活动,积极向公众传播森林文化。奥森的露天剧场位于南入口北部,由泰山石、大草坪、舞台广场组成,总面积约4万平方米,可容纳2万人同时观看演出;在奥海露天演艺广场的北侧,主湖内有一套大型的音乐激光喷泉,壮观的喷泉水景、独一无二的山水舞台使这里成为北京最为壮观的顶级户外表演场所。南园东南侧设有一块近4000平方米的小广场——森林小剧场,周边栽植高大乔木和花草,还有一些观演石凳。充足开阔的活动空间和丰富的森林资源使之成为一些文艺展演活动的举办地,例如北京朝阳森林演出季等。

四、科研教育价值

(一)科学研究价值

奥林匹克森林公园积极与大中院校、科研院所和企业开展合作,利用园区生态资源优势,在园区内设置野生动物监测站点、气象监测站、交通环境空气质量监测站,开展各类动植物监测、生态体系监测等科研活动,为北京市空气质量、区域气候的改善和区域生态平衡作出了积极的贡献。公园还邀请专家学者们开展过许多专题研究,在中国知网上以"北京奥林匹克森林公园"为关键词进行搜索,共有400条结果,涉及了建筑科学与工程、林业、环境、体育、旅游等40个学科，内容以建筑科学、林业、旅游、生态研究等居多。其中一些理论技术研究成果被其他城市公园绿地广泛借鉴，对于优化配置森林资源，传播绿色森林文化起到了重要作用。

（二）科普教育价值

奥林匹克森林公园中现建有“生态展示温室”（又称“可持续发展教育中心”）、汉能清洁能源展示中心、廉洁奥运主题展馆、低碳生活体验馆，通过介绍科学先进的森林生态经营技术，向广大游人宣扬可持续发展理念，培养公众树立正确的森林观，提高了人们对开发和保护能源资源的认识。目前，公园中各类科普科研、讲解引导等活动依靠社会团体自发组织，无固定志愿者团体，只有一些学生暑期实践活动。

奥林匹克森林公园户外科普导览标志物由北京市科学技术委员支持建设，散落分布于园区各节点，对生物速分、人工湿地、太阳能光伏发电、地源热泵、生物降解、光导照明等十余项绿色低碳技术进行科普展示，向公众传播奥运文化和可持续发展理念。使用石质材料，与自然环境相融合。但由于讲解语言科学性强、较难理解，而且磨损较为严重，整体宣传效果较差。

五、文明演进价值

奥林匹克森林公园为人工森林公园，古树遗存较少，拥有二级古树一株（桧柏）。名木方面，在公园主山山顶，栽有29棵苍翠油松寓意第29届夏季奥运会，具有重大纪念意义。公园内共有文物古迹14处，其中包括墓碑11块，石刻2块，龙王庙一座。① 奥森公园里的龙王庙原名龙泉庵，是一座道教宫观，创建于明朝弘治十四年（1501），这座龙王庙是当时唯一一座百姓用来祈求晴天的龙王庙。奥林匹克森林公园的龙王庙基本保存完好，尚存正殿三间，占地3500平方米，包括基本完整的一进院、残垣断壁的二进院以及三进院的遗址。它曾在奥运会期间被选为奥运村“村长”办公室，目前继续闲置，不对公众开放，没有宗教朝拜人群。公园遗存多处清代家族墓碑，现对散落四处的墓碑部件加以迁移集中，在南园国际区内建设有“石刻

① 叶盛东：《北京奥林匹克公园森林公园旅游可持续发展总体规划研究》，庆祝北京学研究所成立十周年暨第十次北京学学术研讨会，2008年6月，第3期。

园(朝阳贞石园)”,集中摆放了石刻20余块。墓碑周围都雕刻有精美的装饰图案,有鱼、蟹、动物、兽面人等,形态逼真,栩栩如生,是明清历史的重要见证。①

图13-5 奥森公园冬景(杨涛摄)

北京城被称为人类历史上城市规划与建设的杰作,而贯穿整个城市南北始终的中轴线汇集了古代城市建筑的精髓,形成了壮美的城市空间序列和宏大的文化景观格局,承载着众多历史、文化、政治的符号和记忆。奥林匹克森林公园处在中轴线的末端,延续和发展了这条古老中轴线上的历史文化。北京奥林匹克森林公园总体设计以“通往自然的轴线”为主题,在设计上传承了中国优秀传统文化,以“天人合一”的自然观为指导思想,根植于相地,深入挖掘地域的历史文化,创造出深具中国文化气质的大山水景观格局。它的平面布置完善了“奥运中国龙”的形态,山形水系虚实结合颇具特色,形成了“山环水抱、起伏连绵、负阴抱阳、左急右缓,左峰层峦透迤、仰止西山晴旅,右翼余脉蜿蜒、环顾龙湖胜景”的山水空间,意境深远②;体现了“天人合一”的至高境界,展现着人与自然的和谐共生。奥林匹克森林公

① 山水子游:《在北京奥森公园里保存着康乾盛世的遗迹》,2017年12月30日,见http://www.sohu.com/a/129394992_115482。

② 胡洁、吴宜夏、张艳:《北京奥林匹克森林公园种植规划设计》,《中国园林》2006年第6期。

园的园林设计及建设落实了“绿色奥运、人文奥运、科技奥运”理念，是充满中国情调的山水花园，是奥运赛事馈赠给北京市居民的重要“绿色遗产”，具有不可替代的社会文化价值。

六、传统习俗价值

（一）节庆载体价值

奥林匹克森林公园与社会各界团体合作，平均一年举办各类文化活动300余场，涵盖体育赛事、文化演出、科普宣传、花卉观赏等多种类型，其中“奥森100+超级马拉松”、奥林匹克森林公园花卉观赏季这两项节事活动深具公园特色、已连续举办多届，成为奥森发展较为成熟的品牌节庆，每年吸引了大量游客的关注与参与。

表13-2　奥林匹克森林公园品牌节庆一览

节庆类型	节庆名称	时间	备注
体育	“奥森100+超级马拉松”	11月初	创办于2014年，是国内首个超百公里路跑单日赛，目前已举办四届。赛事于2015年引入陪跑概念，参赛者可与陪跑团的成员一起比赛。主办方为汇跑赛事体育有限公司
花卉观赏季	春花节	3月下旬至5月上旬	自2012年起至今，公园连续数年举办了以“宣传健康生活理念，倡导绿色生活”为主题的“奥林匹克森林公园花卉观赏季”系列活动，不同季节推出相应时节主题花展、叶展，并策划系列活动，面向广大游客免费开放。目前，奥森公园花卉观赏季已成功连续举办六届，深受广大市民的喜爱
	百亩葵花展	6月底至7月底	
	秋日波斯菊展	9月底至10月底	
	秋日彩叶展	10月至11月	

（二）民族习俗价值

据考，奥森公园西南角一带曾是清代权贵墓地，因明清时期此处有大片湿地沼泽、荷田绵延、柳苇蔚然，被认为是龙栖之所。其中最为显赫的是康熙的岳父、雍正的姥爷卫武及其家族成员的墓碑，这些墓碑体现着明清贵族的丧葬文化。

七、伦理道德价值

公园全面应用了当代最先进的景观建造技术和生态环境科技，对包括水系、堤岸、种植、竖向、灌溉、声景、照明、生态建筑、高效生态水处理系统、厕所污水处理系统、绿色垃圾处理系统等与营造自然生态系统有关的内容进行了综合的考虑和规划设计①,并设计了中国第一座城市内上跨高速公路的大型生态廊道,将南北两园连为一体,为生活在该区域的上百种小型哺乳动物、鸟类和昆虫提供了迁移和传播的途径,维护了生物多样性。② 奥林匹克森林公园所具有的奥运精神、生态文化以及众多的科普标志物体现了人与自然和谐共生的文化内涵,促使人们重新思考人与森林的关系,引导着人们的思想观念。

八、制度规范价值

1994 年 1 月 22 日,林业部颁布了《森林公园管理办法》,2011 年、2016 年进行了两次修改。奥林匹克森林公园以《森林公园管理办法》为核心依据,参照与森林公园相关的地方性法规、规章和其他规范、标准(例如《北京市公园条例》《北京市森林资源保护管理条例》等)来对森林公园实行管理。

第三节　北京植物园森林文化价值调查与分析

北京植物园的景观审美价值和文明演进价值是北京植物园森林文化的亮点,具有唯一性。首先,北京植物园是北方最大的植物园,其景观审美价值毋庸置疑。其次,由于其所处地理位置和众多中国历史文化名人相关,所以其文明演进价值首屈一指。

现阶段,休闲旅游价值、科研教育价值、传统习俗价值已成为园内主要森林文化传播价值,且形成了一定规模的文化影响力,但其审美艺术价值、身心康养价值、伦理道德价值及衍生文化产品品牌塑造价值有待充分挖掘提升,这对于北京植物园承担社会生态责任和建设国际一流园区势在必行。

---

① 胡洁、吴宜夏、吕璐珊:《奥林匹克森林公园规划设计》,《建筑创作》2008 年第 7 期。

② 刘席宇、李科慧、杨依婷:《奥林匹克森林公园生态廊道探究》,《现代园艺》2017 年第 14 期。

一、审美艺术价值

（一）景观审美价值

北京植物园森林分布较为完整，林场林分结构分为疏林林地、山林林地、疏林草坪等。疏林林地主要以乔灌、乔草的群落结构为主，林地郁闭度在20%左右，与密林林地景观互相渗透，形成不同类型的空间。以牡丹坡为例，群落的背景植物既有常绿树种也有落叶树种。上层乔木常绿树种有白皮松、油松、圆柏和华山松及竹类中的早园竹，落叶树种有国槐和绦柳，兼顾秋色叶树种元宝枫、栾树和白蜡。中层为早春开花的白玉兰、二乔玉兰、西府海棠、紫叶李；山林林地景观中，北湖北侧坡地植物主要以槭树蔷薇科植物为主；疏林草坪主要以鹅掌楸属和小檗属植物为主体。

图 13-6　北京植物园郁金香盛开

北京植物园的森林覆盖率较高，植物园栽培了6000多种植物，包括2000种乔木和灌木，1620种热带和亚热带植物，500种花卉以及1900种果树，水生植物，中草药等，是中国北方最大的植物园。山林林地中北湖北侧坡地植物主要以槭树蔷薇科植物为主，主要收集了10科27种植物。其中，蔷薇科植物约占63%。常绿与落叶植物种类之比为3∶23，乔木与灌木种类之比为1.7∶1.0；疏林草坪中，收集了23科24属共28种植物，常绿落叶树种比例约为 1∶4,上层落叶乔木种类占群落所有植物种类的 20%。

北京植物园属于传统城市公园的自然式园林设计风格,贴近自然,突出了生态保护的理念,创造了寒带景观、热带景观、沙漠景观、温室景观、岩生景观等生境多样性、群落多样性的生态性景观。① 植物园的生态景观在总体功能布局及因地制宜的基础上,通过水系的穿插、园路的引导,营造出多种空间类型的生态性植物景观,使得各园内树木葱茏、鲜花争艳,同时造型生动的雕塑、别致小巧的亭阁掩映在红花绿树之中,为植物园的景观增添了一分灵动。

公园地处北京西山,峰岭连绵,优美富饶;北段寿安山一带,更是怪石嶙峋,林木茂盛,自古以来就有"风水宝地"之称。数代帝王利用此地得天独厚的自然环境,进行大规模筑寺建园活动。唐贞观年间修建古刹卧佛寺,明时兴建了五华寺、隆教寺、普济寺等十余座寺观,成为京郊著名的风景胜地②;其他历史遗迹还有清代乾隆时期的碉楼和河墙烟柳,中国第一座曹雪芹纪念馆,区级文物保护单位梁启超墓等,这些名胜古迹以及纪念场所,为北京植物园增添了文化魅力。③

(二)文艺创作价值

植物园的主角是植物,传播花文化是植物园的重要职能。北京植物园以其丰富的植物资源,创造了"文化兴园,打造植物园特色植物文化品牌"的理念,不断挖掘植物文化的内涵,向世人展示植物的魅力,精心打造了桃花、月季、兰花、菊花、海棠等植物园特色花文化品牌。每年配合花展,园区还开展专项"桃花文化与生活"专题花文化展览,向游客普及桃花文化知识。以图文并茂的主题展览墙形式,介绍了桃花科学知识、应用以及民俗文化等内容;同时在科普画廊以展板形式,展示了桃花实用成语诗词文化等内容。

北京植物园在花文化传播上重视创新精神,挖掘园内植物文化、历史文化、人文景观,以及根植于群众的文化元素,举办了傣族植物文化展和侏罗

① 王崑、张金丽、王超:《北方康复性园林绿地植物配植研究》,《北方园艺》2010 年第 14 期。

② 王成、郭二果、郄光发:《北京西山典型城市森林内 $PM_{(2.5)}$ 动态变化规律》,《生态学报》2014 年第 19 期。

③ 王澜:《北京植物园北园植物景观研究》,浙江农林大学硕士研究生论文,2013 年,第 32—33 页。

纪植物展,结合曹雪芹红楼文化进行果篮课题研究及科普展示,结合卧佛寺佛教文化进行蜡梅、千年古莲花等花卉展示。充分展示了北京植物园特有的花文化内涵、形成独特的花文化主题和浓郁的花文化氛围。在 2019 年北京世园会大众参与创意展园方案征集大赛中,北京植物园作品“萌园”荣获国内专业设计团体和个人设计师园艺爱好者及达人组二等奖。

(三)文化产品价值

2018 年,北京植物园首家自主文创商店北京植物文创旗舰店成立。文创店位于北京植物园东南门内游客服务中心西侧,营业面积约 200 平方米,店内包括橱窗展示区域、绿植区域、公园文创联展区域、文化用品区域、精美饰品区域等八个部分。店内经营植物园特色文创产品,包括活体植物类、文具类、纺织产品类、陶瓷制品类、文玩木雕类、儿童教育类、饰品类共七大类,近 200 种,主要商品均为自主开发和专门定制。其中,北京植物园冰箱贴、明信片、叶脉书签、线装笔记本也展现了植物园的文化气息,同时干花制品,包括干花书签、干花项链、干花手机壳等商品也受到游客的欢迎。

二、身心康养价值

(一)疗养价值

森林的疗养保健形式最早以“森林浴”的形式出现,北京植物园拥有良好的自然环境条件,可以发展“森林浴”“气候疗法”“园艺疗法”等森林疗养保健形式。但目前尚未形成良好的森林疗养保健资源利用与开发,参与森林疗养保健的人数不多。

(二)保健价值

由于北京植物园是封闭性景区,门票收费,因此日常锻炼人群主要为免票的老年人。北京植物园更倾向于观光性质,在体育活动等节事举办方面,仅有部分学校在园内举办体育活动,如北京五中分校每年组织很多游客在北京植物园边观光边进行“健步走”,体育健身价值具有很大潜力。

(三)宜居价值

北京植物园的植被覆盖率较高,公园绿化率达 91.77%以上,植物园及周边区域空气质量较好，负氧离子浓度夏季为4097个/立方米，春秋季分别为2833个/立方米和2400个/立方米，冬季最少，为867个/立方米，其负氧离子浓度远高于市区1000倍，适合作为都市“森林浴”场所，附近五公里内约有10个大型居民区，如门头馨村北二区、四王府、北坞嘉园、香山清琴山庄等周边小区和楼盘数量较多，宜居价值较高。

三、休闲旅游价值

北京植物园始建于1956年，自2000年起游客数量稳步提升，2002年突破200万大关，并持续增长。至2014年，北京植物园共接待游客266.9万人次，占海淀区游客接待总人数的4%。2015年，同期增长8.7%，2016年，同期增长高达20%，2017年游客量继续保持增速。2018年，北京植物园在温室花展的带动下，游客量增幅达78%，2019年，北京植物园游客接待量较去年同比增长24%，游客量持续增长。作为一日游休闲观光景点，北京植物园的本地旅游接待人次相当可观。

北京植物园全年开放，一天内不同景点的开放时间略有差异。近几年，通过各类花展和节事活动的举办，以及各类新媒体平台的运营，北京植物园的游客数量和品牌知名度逐步攀升，年收入达3000万元以上。

四、科研教育价值

（一）科学研究价值

北京植物园自建园以来，依据技术人员和植物资源优势，结合植物园功能和定位，承担科研课题70余项，先后共获得各类奖项48项，其中获得国家级、省部级以上奖项14项，专利11项。近10年来，承担国家自然基金委项目1项、国家林业局课题1项、北京市科委课题3项、北京市自然基金委课题1项、北京市农委课题1项；承担北京市公园管理中心课题40余项。在桃花、丁香、海棠、月季、兰花等植物种质资源收集、保育及研究上取得了令人瞩目的成就。

在中国知网上以“北京植物园”为关键词进行搜索，共有786条结果，涉及园艺、建筑科学与工程、生物学、农业经济、林业、文化、旅游、植物保护等30个学科。

北京植物园建有PM2.5监测站，该站点是森环森保所王兵研究员承担的《森林对 PM2.5 等颗粒物的调控功能监测方法学研究及样带观测》课题设立在北京的三个站点之一，采用了国际上最为先进的科学仪器设备，其重点任务是探索森林对 PM2.5 等颗粒物的调控作用及机理，为北京环境污染整治提供支撑。

（二）科普教育价值

北京植物园以其丰富的植物资源、卓越的园林造景和深厚的文化内涵，向世人展示着植物自身的魅力。自 1956 年建园以来，植物园始终把普及植物科学知识当作首要任务，在科普教育方面发挥了突出的作用，先后荣获了全国青少年科技教育基地、全国科普教育基地、全国野生植物保护科普教育基地、中国生物多样性保护示范基地、北京市科普教育基地、北京市环境教育基地、北京市青少年学生校外活动基地等一系列荣誉称号。

北京植物园开放游览面积 200 公顷，是目前我国北方最大的植物园。其植物资源在我国植物园中也是相当丰富的，并按照植物种类进行了专类分区栽植，这为科普教育的开展提供了丰厚的资源平台，即“露天科普馆”。为方便游客游览，北京植物园 2014 年与百度合作，通过二维码植物名牌向游人宣传植物、科普植物，首批悬挂的二维码植物名牌涉及植物园内 200 个品种约 3000 株植物。

北京植物园科普馆 1996 年建成，建筑面积 2160 平方米，举办常规科普展览及临时展览，并建立了游客服务网络。热带植物展览温室兼具生物多样性保护、科普教育、科学研究和植物观赏的功能，是开展科普活动的重要场所。北京植物园拥有科普画廊五处，共计 90 延长米。科普画廊内容主要包括：植物的结构系列展板，月季、桃花、牡丹、荷花等传统名花专项展览，植物园发展历程等。

北京植物园科普人员积极与社区、学校等团体沟通、联系，以植物园为施教平台，举办多种科普讲堂式活动。如“走进植物方舟，感受生态科普”活动、“多姿多彩的兰花世界”亲子互动活动。针对青少年开展户外课堂，通过参与、体验活动教学项目，使孩子们更加亲近自然、热爱自然。如“探索绿色奥秘科普夏令营”，是北京植物园的经典科普活动之一，自 2006 年举办开始，至 2014 年已连续举办九年，活动期间诚邀 6—11 岁青少年参加，通过互动活动、讲座、实验等方式传播植物学知识。

植物园借助“国际生物多样性日”“全国科普日”“北京市公园管理中心科技周”等特殊日期开展科普活动。如 2017 年 5 月 21 日在北京植物园内的北京市公园管理中心科普游园会上，近百项科普互动活动集体亮相。北海公园工作人员利用高清扫描技术制作的石碑拓版吸引了游客体验传统书法拓印技术，天坛公园的同律度量衡展示，颐和园的立体打印笔制作的牌匾让人们感受古典园林里的科学技术。2017 年端午节和六一儿童节来临之际，北京植物园以“昆虫最爱哪朵花”为题开展亲子活动。活动从“万蕊千花——蜂为媒”专题讲座，到“闻香识花——端午香包制作”互动环节，再到“趣味手工——秋英折纸”手工课程。

北京植物园多年来坚持举办各种植物专题展览，向游客传播植物知识。北京植物园针对不同知识层次的受众，开展形式多样的科普活动，如在中小学生寒暑假期间，举办“科普一日游”活动；面向市民开展“北京市生物多样性科普活动月”宣传活动；周末组织“专家系列科普讲座”，邀请园林、植物专家学者，就市民普遍关心的环境保护、家庭养花、庭院布置等问题进行科普讲座和咨询。植物园对于提高全民素质的重要价值已经得到了广泛的认同。①

五、文明演进价值

（一）历史遗存价值

北京植物园内的文物古迹，使其在展现深刻的科学内涵与艺术园林风貌之时，增加了文化的厚度。文物古迹的保护与利用是北京植物园区别于国内外其他植物园的一大特点，使其具有得天独厚的人文资源。

北京植物园的西山地区以卧佛寺为中心的寺庙群；樱桃沟的历史；曹雪芹纪念馆的历史；园内梁启超、张绍增、王锡彤的墓园，孙传芳墓园和祠堂等人文景观等，这些园内现有资源的历史都能引发许多有趣的历史故事，所以北京植物园的人文地理价值也具有开发潜力。

（二）地理标志价值

迁地保护植物多样性是植物园的重要任务，北京植物园近年特别开设专题进行珍稀、濒危植物的调查引种工作。园内栽培有水杉等国家一级保护植物 3 种，银杏等国家二级保护植物 13 种，樟子松等国家三级保护植物

① 北京植物园：《北京植物园科普教育》，2019 年 7 月 25 日，见 http://www.beijingbg.com/KePuJiaoYu.html。

23 种。全园共计 638 棵古树。

（三）文化文明价值

按照北京市公园管理中心“服务首都生态文明，传承北京历史名城文化，打造世界一流名园”的战略思想，北京植物园本着“传承、挖掘、创意、创造、创新”工作原则，坚持政府主导、单位主办、群众参与、社会支持的管理模式，以人为本，科学发展，大力挖掘弘扬植物园“植物文化、园林文化、科普文化、红楼文化、寺庙文化、花卉文化、生态文化、西山文化、旗营文化、餐饮文化”等十种文化，打造树立了北京桃花节、月季文化节、科普夏令营、菊花文化节、曹雪芹艺术文化节、蜡梅迎春会等文化活动品牌。①

六、传统习俗价值

（一）节庆载体价值

北京植物园每年春季举办的“北京桃花节”吸引数百万游人前来观赏。在欣赏传统春花的同时，被誉为“中国鸽子树”的珙桐、被称为“郁金香树”的鹅掌楸等一批珍稀植物，也将在桃花节期间进入最佳观赏期。在畅游美景的同时，游客还可以欣赏到君子兰展、茶文化展、梅花文化展、多肉多浆植物展等多个特色展览活动。除此之外，北京植物园还举办傣族植物文化展、盆景精品展、昆虫生态科普展、中国传统图书展、传统风筝绘制等丰富的文化展览活动。

（二）民族习俗价值

2015 年 9 月 20 日，京港地铁和外研社共同创意发起的大型公益项目“4 号线儿童大学”，2015 年第二期活动在北京植物园曹雪芹纪念馆举办。本次活动特邀北京大学中文系副教授王娟，“曹氏风筝”第四代传人孔炳彰作为导师，带领同学们品红楼、说民俗、做风筝。

2015 年 10 月 1 日至 7 日，“世界眼 · 观中国”——中华文化世界行“我喜爱的传统文化项目评选”在北京植物园举行，活动特邀请了曹氏宣纸的传承人、中国古纸传承师、书画文保修复师、中华传统文化研究院中国香道

① 任栩辉、叶彬彬、刘青林：《植物文化及其在文化建园中的应用》，《农业科技与信息（现代园林）》2015 年第 1 期。

师等十余位中华民间传统非遗项目传承大师。民间传统非遗项目体验区，开展了一系列难得一见的民俗非遗文化体验活动，游客可现场参与体验中华传统手工剪纸艺术、糖人制作技艺、皮影、面塑、茶艺、糖画、空竹表演、扇面绘画、剪纸、火烩葫芦、雕漆、传统京剧脸谱彩绘、风筝扎制等众多非遗项目的现场互动教学。

北京植物园园内梁启超、张绍增、王锡彤的墓园，供人们凭吊瞻仰。清明植物文化展以柳树、桃花、迎春花等20余种清明植物制作切花、盆花、盆景、植物人时装展。游客还可参与编柳、戴柳、佩戴柳帽、观看编艺表演等活动。

七、伦理道德价值

（一）森林信仰价值

北京植物园卧佛寺创建于唐贞观初年，是大乘佛教唐代禅宗的皇家寺庙，是北京市重点文物保护单位。寺内古树参天花木扶疏，古蜡梅、古银杏均属寺内五大景观。

（二）森林哲学价值

北京植物园的伦理道德价值是园中的一花一草一木，各类名胜古迹和游客的情感记忆反应的结果。如众所周知的梅兰竹菊精神，再如有游客在看到北京植物园东侧屹立的题为“茁生”的日本雕刻后，结合自己的人生经历，便产生动感中透出力量和向上顽强延伸的感觉，并将此意向为生命初始阶段的萌动和生长。除此之外，很多艺术家也是结合自己的经历，通过自然带来的伦理道德的感动，之后才创作出好的艺术作品。由此可见，森林的哲学价值也不容忽视。

八、制度规范价值

为了适应植物园管理发展需要，修订《北京植物园管理制度汇编（试行）》，做到依法治园、制度管园，大力实施ISO 9000质量管理体系和ISO 14000环境管理体系，实现科学化管理。制定了《北京植物园质量/环境管理手册（C/0版）》和《北京植物园程序文件（C/0版）》。特别是依据ISO管理体系制定了《北京植物园综合检查规定》《北京植物园规范化综合检查内容及评分标准》。① 北京植物园游客《游览须知》中，第六条为"本园为生物多样性保护基地，严禁捕捞、捕捉、恐吓、投打、伤害及擅自投喂动物"。第十一条为"要保护园林景观，请勿攀折花木、踩踏花坛、践踏草坪、采挖植物、采摘果实、攀爬及损坏树木"。这些行为规范在一定程度上体现了其制度规范价值。

第四节　森林文化价值评估

一、基于指标体系的森林文化价值评估

根据北京奥林匹克森林公园森林文化发展的具体情况及定性评估，结合森林文化价值评估指标体系，根据测算，奥林匹克森林公园森林文化价值水平指数得分为 83.761，还具有极大的发展潜力。奥森在身心康养价值、休闲体验价值方面较为突出，由于奥森为新建城市人工森林公园，在文明演进价值、传统习俗价值、制度规范价值等方面具有先天劣势。未来奥森在发挥审美艺术价值、科研教育价值、伦理道德价值方面仍具有巨大的提升空间。未来应深入挖掘公园森林文化价值，优化森林文化资源，加大森林文化的建设力度。

根据北京植物园森林文化发展的具体情况及定性评估，结合森林文化价值评估指标体系，得到北京植物园森林文化价值指标体系最终得分为 88.484，处于良好水平，说明北京植物园森林文化价值还有很大的提升空间，应深入挖掘森林文化价值，优化森林文化资源，加大森林文化的建设力度。

表 13-3　北京奥林匹克森林公园森林文化价值评分表

序号	评估类别（一级）	评估指标（二级）	评估分值（百分制）	综合权重得分	小计
1	审美艺术价值	1. 景观审美价值	80	11.705	16.597
		2. 文艺创作价值（精神层面）	65	2.559	
		3. 文化产品价值（物质层面）	75	2.333	

① 赵世伟、陈进勇、刘东来：《北京植物园管理创新初探》，《管理观察》2012 年第 30 期。

续表

序号	评估类别（一级）	评估指标（二级）	评估分值（百分制）	综合权重得分	小计
2	身心康养价值	4. 疗养价值	90	3.042	10.259
		5. 保健价值	100	3.975	
		6. 宜居价值	85	3.242	
3	休闲旅游价值	7. 休闲价值	100	10.929	25.425
		8. 体验价值	90	11.988	
		9. 娱乐价值	85	2.508	
4	科研教育价值	10. 科学研究价值	85	2.403	6.951
		11. 科普教育价值	90	4.548	
5	文明演进价值	12. 文化文明价值	95	2.594	10.432
		13. 历史遗存价值	65	4.384	
		14. 地理标志价值	70	1.990	
		15. 地方情感价值	70	1.464	
6	传统习俗价值	16. 节庆载体价值	95	3.840	7.640
		17. 民族习俗价值	70	3.800	
7	伦理道德价值	18. 森林信仰价值（精神层面）	70	1.687	5.211
		19. 森林哲学价值（精神层面）	95	2.053	
		20. 社会和谐价值	80	1.471	
8	制度规范价值	21. 法律法规价值	70	0.669	1.246
		22. 乡规民约价值	70	0.577	
总计					83.761

表 13-4　北京植物园森林文化价值评分表

序号	评估类别（一级）	评估指标（二级）	评估分值（百分制）	综合权重得分	小计
1	审美艺术价值	1. 景观审美价值	85	12.437	18.190
		2. 文艺创作价值（精神层面）	75	2.953	
		3. 文化产品价值（物质层面）	90	2.800	
2	身心康养价值	4. 疗养价值	75	2.535	8.568
		5. 保健价值	75	2.981	
		6. 宜居价值	80	3.052	
3	休闲旅游价值	7. 休闲价值	95	10.383	24.656
		8. 体验价值	85	11.322	
		9. 娱乐价值	100	2.951	

续表

序号	评估类别（一级）	评估指标（二级）	评估分值（百分制）	综合权重得分	小计
4	科研教育价值	10. 科学研究价值	100	2. 827	7. 880
		11. 科普教育价值	100	5. 053	
5	文明演进价值	12. 文化文明价值	90	2. 458	12. 979
		13. 历史遗存价值	100	6. 745	
		14. 地理标志价值	85	2. 417	
		15. 地方情感价值	65	1. 359	
6	传统习俗价值	16. 节庆载体价值	100	4. 042	9. 199
		17. 民族习俗价值	95	5. 157	
7	伦理道德价值	18. 森林信仰价值(精神层面)	100	2. 411	5. 719
		19. 森林哲学价值(精神层面)	85	1. 837	
		20. 社会和谐价值	80	1. 471	
8	制度规范价值	21. 法律法规价值	75	0. 716	1. 293
		22. 乡规民约价值	70	0. 577	
总计					88. 484

二、基于“人与森林共生时间”的森林文化价值评估

根据“自然保护地森林文化价值量评估”公式，计算可得：

（一）森林文化价值物理量

北京奥林匹克森林公园年参与人数为年接待人次 1200 万人次，平均停留时间为 3. 01 小时，公园绿化率达 95. 61%。

奥林匹克森林文化价值物理量 = ［（1200 万 × 3. 01 ÷ 8760） × 95. 61%］≈ 3942. 28（文年）

其中，北京植物园年参与人数为年接待人次 326 万人次，平均停留时间为 3 小时，公园绿化率达 91. 77%。

北京植物园森林文化价值物理量 = ［（326 万 × 3 ÷ 8760） × 91. 77%］≈ 1024. 56（文年）

（二）森林文化价值量

北京市 2017 年人均 GDP 为 12. 90 万元，奥林匹克森林综合指标系数为 2×83. 761%≈1. 68，北植森林综合指标系数为 2×88. 484%≈1. 77，所以：

奥林匹克森林公园森林文化价值量＝3942. 28×1. 68×12. 90 万≈8. 54

亿(元)

北京植物园森林文化价值量=1024.56×1.77×12.90 万≈2.34 亿(元)

第五节 森林文化价值的游客感知调查

为了获取更多关于公园游客行为特征、对森林文化价值感知等实际现状，课题组分别在奥森、北植进行了游客抽样调研，以期通过调研掌握不同人群对公园森林文化服务需求及利益诉求，为后期公园森林文化价值评估以及相关提升意见的提出提供客观依据。

表 13-5 受访者基本信息频数表

(%)

问题	选项	所占比例	问题	选项	所占比例
性别	男	42.49	学历	初中及以下	2.07
	女	57.51		高中/中专	5.70
年龄	18 岁以下	1.04		大专	9.33
	18—24 岁	31.61		本科	54.40
	25—34 岁	40.93		硕士	24.87
	35—44 岁	15.03		博士及以上	3.63
	45—54 岁	5.18	收入	无稳定收入	25.91
	55—64 岁	3.63		3000 元及以下	7.77
	65 岁及以上	2.59		3001—5000 元	10.36
职业	公司职员	36.27		5001—8000 元	21.24
	政府机关人员	5.18		8001—15000 元	22.80
	学生	29.53		15000 元以上	11.92
	专业人士(如医生、教师、建筑师、律师等)	17.10	常住地	附近(步行 30 分钟以内)	20.73
	个体经营者	2.07		海淀区和朝阳区	46.11
	自由职业者	3.11		北京市其他区县(请具体填写:________区/县)[详细]	28.50
	待业/下岗	0.52		外省市(请具体填写:________省/自治区/直辖市)[详细]	4.66
	军人或警务人员	0			
	离退休人员	4.66			
	其他(请具体填写:______)[详细]	1.55			

课题组于 2017 年 5 月、2018 年 3 月进行了 4 次实地调研，采用的调研方法是观察、问卷并结合访谈的形式。在北京植物园，课题组共发放问卷 160 份，其中有效问卷 157 份；奥森实地发放问卷 175 份，回收有效问卷 164 份，发放网络问卷 58 份，回收有效问卷 29 份；总计有效问卷 193 份。问卷主要包含：游客出游特征、森林文化价值感知、支付意愿、人口统计学特征等。

一、奥林匹克森林公园游客调研结果分析

（一）受访者基本信息

本次抽样调研涵盖了各个年龄段、各类职业的游客，结果可以反映不同人群对公园的多元化需求。奥林匹克森林公园作为一个综合性城市森林公园，游客群体覆盖了各个年龄段，中青年人以及孩子是公园的主要使用群体；地域构成中，北京市居民为公园使用主体，多数来自朝阳、海淀、昌平等区县，其他省游客所占比例非常小；奥森游客学历普遍较高，本科学历约占一半；职业构成中，公司职员和学生所占比例较高；收入构成中，排除学生这一人群，人数最多的则集中在 5001—8000 元、8001—15000 元两个分段。由于问卷填写的人群也存在一定局限，因此对于这一调查结果也可能有一定影响。

（二）受访者行为特征

游园频率中，每年 1 次或以上所占比例最高，达到 45. 1%；半数以上的游客在奥森停留时间在 2—4 小时之间，占到受访游客总数的 60. 1%，游客平均停留时间约为 3. 01 小时。游园动机中，亲近自然、舒缓心情、休闲娱乐所占比例最高；体育锻炼和带孩子玩也成为重要动机。进行的体育锻炼活动也十分多样，包含跑步（快走）、轮滑、球类运动（篮球、足球等）、滑雪等项目，这依赖于奥森完备的体育健身设施和服务。而疗养保健活动则较少，只有一些游客自发地进行森林浴、太极等活动，公园也未开发相关产业及组织相关活动。受访者消费金额在 100 元以下的占到 88. 08%，人均消费额约为 50. 26 元，通过访谈得知主要花费方面为停车费、电瓶车及划船等游乐项目。

表 13-6　受访者出游行为特征频数表　　(%)

问题	选项	所占比例	问题	选项	所占比例
游园频率	每天	3. 11	游园动机	亲近自然	64. 25
	每周 1 次或以上	12. 95		舒缓心情	67. 36
	每月 1 次或以上	29. 02		体育锻炼	28. 50
	每年 1 次或以上	45. 1		丰富文化知识	5. 70
	每年 1 次以下	9. 84		休闲娱乐	40. 41
停留时间	2 小时以内	20. 73		寻找艺术灵感	4. 66
	2—4 小时	60. 1		带孩子玩	21. 24
	4—6 小时	15. 54		增进和同行者的情感交流	11. 92
	6 小时以上	3. 63		缓解身体病症	3. 63
	0 小时	13. 47		进行科学研究或实习	6. 22
消费金额	1—50 元	53. 37		其他(请具体填写:________)[详细]	2. 07
	51—100 元	34. 71			
	101—200 元	9. 33			
	201—300 元	1. 55			
	300 元以上	1. 04			

(三)受访者对奥林匹克森林文化价值的感知分析

1. 信度检验

信度是指根据测算工具所得数据结果的可靠性、一致性和稳定性,是反映被测特征真实程度的指标。信度分析也叫可靠性分析,内部一致性的稳定程度即 a 信度系数法,普遍适用于态度、意见式问卷的信度分析,主要用于测量问卷内部各个题项之间的得分一致性,信度系数是信度评估的指标,Cronbach's Alpha 系数最为常用。一般情况下,量表的信度达到 0. 9 以上,则表明该测评的信度极好;如果信度系数≥0. 6,说明测评的信度是可接受的;如果信度系数低于 0. 6,那么应该重新设计测量表。

采用社会学统计软件包 SPSS 23. 0 对问卷的游客对奥林匹克森林文化价值的认知、态度组成部分的具体项目(共 10 项)进行信度分析,得到问卷内部一致性信度即克朗巴赫系数 a = 0. 702,证明游客对奥森森林文化服务的感受认知具有可接受的一致性和稳定性。

表 13-7　可靠性统计表

Cronbach's Alpha	项数
0. 702	10

2. 描述性统计分析

表 13-8　受访者对森林文化价值感知度　(%)

项(所占比例)	非常好/认同/满意	比较好/认同/满意	一般	不太好/认同/满意	非常不好/认同/满意
森林是具有文化价值的	43. 5	48. 7	5. 7	2. 1	0
奥森对自身而言的重要程度	28. 0	32. 6	30. 1	8. 8	0. 5
举办森林文化活动的满意程度	16. 6	38. 3	39. 9	5. 2	0
奥森的文化内涵	10. 4	36. 8	45. 1	5. 7	2. 1

对于“森林是具有文化价值的”这一观点,92. 2%的受访者表示认同,但通过访谈发现,人们对森林文化价值具体内容却无法清晰表达和进一步阐述,可见在当前极力推进生态文明社会建设的时代背景下,社会公众对森林文化价值有着模糊的、初步的感受认知,接受度普遍较高,但认知程度较低。约 60%的游客都认为奥森对于自己的生活有着重要意义,与“游园频率”相关,可见奥森作为离城市居民距离最近、生活最为密切相关的城市公园绿地,它对于城市居民(尤其是周边居民)的户外活动及社会交往起着重要作用,渐渐成为居民生活中的一部分。游客对于奥森举办的森林文化活动满意度以及认为“奥森具有文化内涵的丰富度”均处于一般水平,均值分别为 2. 34 和 2. 52,说明奥森的森林文化价值的发挥仍然有很大程度的提升空间。

二、北京植物园游客调研结果分析

(一)变量相关性分析

对所有变量进行两两相关性分析,得出游客来北植的出行方式和来北植的次数、来此消费的金额、对森林文化价值的支付意愿、工作、常住地、月收入和生育情况在 0. 01 上显著相关;来植物园花费的时间和常住地在 0. 01 上显著相关;近一年来的游览次数和年龄、学历、常住地、生育情况在 0. 01 上显著相关;在此的停留时间和愿意支付的金额在 0. 01 上显著相关;对北植“森林浴”的合理收费与每平方米房价的支付意愿和学历在0.01上显著相关;每平方米房价的支付意愿和学历也在0.01上显著相关。

性别与调查变量相关性不大,年龄与近一年来的游览次数在0.01上显著相关,这是由于老年人闲暇时间更多,所以出行频率较高。工作与游客来北植的出行方式在0.01上显著负相关,这可能是因为不同工作的人的出行偏好不同;学历和近一年来的游览次数、对“森林浴”的支付意愿及对周边每平方米的支付意愿在0.01上显著正相关,这是因为学历越高的人对森林文化相关价值认可度较高,且更愿意多来这里感受森林文化。常住地和游客来北植的出行方式、花费的时间、近一年来游览的次数在0.01上显著相关。因为距离较近的人来游玩的次数会多一些。月收入和游客的出行方式在0.01上显著相关,可能月收入高的人有车,会选择自驾车,而收入低的人则会选择公车、地铁;生育情况和游客的出行方式、近一年的游览次数在0.01上显著相关,这是因为一般有子女的中成年人有车,无子女的青年人选择公共交通工具,有成年子女的中老年人和有婴幼儿少年的年轻家庭会来北植频率高些。

其次,可以看到,在北植停留时间越长,愿意支付的金额越高。这是因为在这里待得越久,人的基本需求和对这里的喜好度越高,所以会愿意支付更多的货币。游客的出行方式和来北植的次数在0.01上显著负相关,这可能和游客来北植的便利程度有很大的关系。游客的出行方式和在此消费的金额、对森林文化价值的支付意愿在0.01上显著相关。这可能是因为不同出行方式的人对森林文化的消费观念有所不同。

(二)人口统计学特征分析

1. 性别特征

从统计数据来看,被调查者中男性游客53人,占33.8%;女性游客104人,占66.2%。前来北京植物园游玩的游客以女性居多,约占总游客数的三分之二,而男性游客仅占三分之一。数据说明植物园的游客性别较不均衡,以女性游客居多,分析原因可能是由于女性对于花草植物等更加感兴趣,同时植物园内有许多家庭,由家长带孩子前来,带孩子的以母亲居多。

表 13-9　样本性别统计

		人数(人)	百分比(%)	累积百分比(%)
有效	男	53	33.8	33.8
	女	104	66.2	100.0
	总计	157	100.0	

2. 年龄特征

通过数据分析,可以发现来北京植物园的游客年龄在 15—24 岁的占到 41.4%,这个群体正处于年轻充满活力,对于知识和运动都充满兴趣。有的是前来增长植物方面的知识,有的则是前来锻炼身体,呼吸清新空气。除此之外,25—44 岁年龄段的游客占 40.8%,这一群体正处于上有老下有小但平日里工作又忙的时期,只能在假期里陪伴家人出游,因此多以家庭结伴作为出游方式,大多都带着小孩。可以看出,来北京植物园的游客群体主要以中青年群体为主,这个年龄段的群体也多为学生或上班族。其他年龄区间,14 岁及以下占 0.6%,45—59 岁占 11.5%,60—74 岁占 5.7%。老年人群体共占 17.2%,由此可见,北京植物园的老年人也占有一定比例。年龄较小的游客及年龄较大的游客多为家人陪同,大多数由家人代表填写问卷,所以比例较低。

同时,由于问卷填写的人群也存在一定局限,因此对于这一调查结果也可能有一定影响。

表 13-10　样本年龄统计

		人数(人)	百分比(%)	累积百分比(%)
有效	14 岁及以下	1	0.6	0.6
	15—24 岁	65	41.4	42.0
	25—44 岁	64	40.8	82.8
	45—59 岁	18	11.5	94.3
	60—74 岁	9	5.7	100.0
	总计	157	100.0	

3. 职业

从职业来看,所调查的人大部分为学生,学生占调查样本的 42.7%,除此之外,公司职员占 17.8%。私营业主/个体户、专业技术人员、管理人员、国家公务员和退休人员所占比例在 5%—9%之间。从数据可以看出,前往北京植物园的游客的职业比较多元化，各类职业人群都有涉及。由于研究时间在端午节前后，所以前往的学生个体占比例最多，其次，对比分析各年龄段所占比例，从事各行业的城市劳动人口集中在15—44岁之间，是相符合的。但是由于问卷分发时间和数量的局限性，调查数据集中在学生，也是本次调查的局限。同时说明，职业对大家是否来北京植物园出游影响较小。

表13-11　样本职业统计

		人数(人)	百分比(%)	累积百分比(%)
有效	国家公务员	8	5.1	5.1
	管理人员	9	5.7	10.8
	私营业主/个体户	14	8.9	19.7
	公司职员	28	17.8	37.6
	学生	67	42.7	80.3
	待业/下岗	3	1.9	82.2
	各行业工人	5	3.2	85.4
	专业技术人员	14	8.9	94.3
	退休	9	5.7	100.0
	总计	157	100.0	

4. 学历

通过数据分析，大专或本科游客所占比例50.3%，研究生及以上占39.5%。反映了来北京植物园的人群学历在大专及以上占了89.8%，剩余10.2%的群体学历在此之下。这表明北京植物园吸引的对象还是较高学历的人，这类人拥有较高的文化素养对于植物园的森林文化较为感兴趣。因此，北京植物园森林文化价值更需要被挖掘展现，也要更有重点地向目标人群进行宣传。

表13-12　样本学历统计

		人数(人)	百分比(%)	累积百分比(%)
有效	初中及以下	4	2.5	2.5
	高中或中专	12	7.6	10.2
	大专或本科	79	50.3	60.5
	研究生及以上	62	39.5	100.0
	总计	157	100.0	

5. 月收入

从月收入来看，前往北京植物园的游客月收入分布较不均衡，两极分化较大，其中月收入在 1000 元及以下的约有 24.8%，而月收入在 5001—10000 元的约有 27.4%。分析原因这可能是由于问卷调查的对象以学生为主，大多没有月收入，因此月收入偏低的人较多。排除学生这一人群，可以看到前往北京植物园的游客月收入最多的群体为 5001—10000 元。但整体收入各区段比例基本相同。但高收入人群还是相对较少。

表 13-13　样本月收入统计

		人数（人）	百分比（%）	累积百分比（%）
有效	1000 元及以下	39	24.8	24.8
	1001—3000 元	34	21.7	46.5
	3001—5000 元	27	17.2	63.7
	5001—10000 元	43	27.4	91.1
	10000 元以上	14	8.9	100.0
	总计	157	100.0	

6. 常住地

从常住地来看，前往植物园的游客大多在北京市内，其中在海淀区内的占 56.1%，其他区的游客约占 30.6%。外省市的较少，仅有 13 人，占 8.3%。从数据中可以发现，北京植物园吸引的多为北京市内的人群，这是由于植物园知名度相较于故宫长城等景点低，其定位更类似于一个社区公园，为海淀区内的人群服务。

表 13-14　样本常住地特征统计

		人数（人）	百分比（%）	累积百分比（%）
有效	附近（步行 30 分钟内）	8	5.1	5.1
	海淀区	88	56.1	61.1
	北京市其他区县	48	30.6	91.7
	外省市	13	8.3	100.0
	总计	157	100.0	

7. 生育情况

从生育情况来看，大多游客生育情况在 0—1 个孩子，仅有 6.4%的游客有两个孩子。其中,有 59. 2%的游客没有孩子,有 34. 4%的游客有一名孩子。分析原因首先是国家政策的影响,除此之外,由于问卷调查对象有大部分的学生,多数还没有结婚生育,因此生育情况为 0 的居多。

表 13-15　样本生育情况特征统计

		人数(人)	百分比(%)	累积百分比(%)
有效	0	93	59. 2	59. 2
	1	54	34. 4	93. 6
	2	10	6. 4	100. 0
	总计	157	100. 0	

(三)游览行为特征分析

1. 出游方式

针对游客来到北京植物园的出行方式进行了调查,结果显示半数以上的游客采用的是公交车、地铁这类公共交通,占到 56. 7%。其次是自驾车出行,占 21. 7%。根据实地调查情况,北京公交车经过(停靠)北京植物园的公交车线路有:318 路、360 路、360 路快、505 路、630 路、698 路、714 路、962 路、932 路,乘坐公交车到达北京植物园十分便捷,这是多数游客选择乘坐公共交通的原因之一。

表 13-16　样本出游交通方式统计

		人数(人)	百分比(%)	累积百分比(%)
有效	步行	8	5. 1	5. 1
	自行车	11	7. 0	12. 1
	公交车、地铁	89	56. 7	68. 8
	出租车	4	2. 5	71. 3
	自驾车	34	21. 7	93. 0
	旅游团大巴	8	5. 1	98. 1
	其他	3	1. 9	100. 0
	总计	157	100. 0	

2. 路程花费时间

多数游客到达北京植物园所用的时间集中在 30 分钟—1 小时、1—2 小时，分别占 40.8%和 36.9%。结合常住地分析，由于受访游客多来源于北京植物园附近或海淀区，在该地区的游客前往北京植物园所需时间也与调查显示的相吻合。

表 13-17　样本路程花费时间统计

		人数（人）	百分比（%）	累积百分比（%）
有效	30 分钟以内	21	13.4	13.4
	30 分钟—1 小时	64	40.8	54.2
	1—2 小时	58	36.9	91.1
	2 小时以上	14	8.9	100.0
	总计	157	100.0	

3. 到访次数

51%的受访游客每年会来到北京植物园 1 次，其次是 2—5 次，占 35.7%。多次前往（5 次以上）的游客仅占 13.4%。

表 13-18　样本到访次数统计

		人数（人）	百分比（%）	累积百分比（%）
有效	1 次	80	50.9	50.9
	2—5 次	56	35.7	86.6
	6—10 次	15	9.6	96.2
	11—20 次	1	0.6	96.8
	20 次以上	5	3.2	100.0
	总计	157	100.0	

4. 停留时间

半数以上的游客在北京植物园的停留时间在 2—4 小时之间，占到受访游客总数的 61.8%。可以看出，游客在北京植物园并不会较长时间的停留，2—4 小时是恰好能将北京植物园基本游览完毕的时间。且考虑到一般游客的体力和精力限制，所以超过半数游客选择游览 2—4 小时。

表 13-19　样本停留时间统计

		人数(人)	百分比(%)	累积百分比(%)
有效	1 小时以内	7	4.5	4.5
	1—2 小时	30	19.1	23.6
	2—4 小时	97	61.8	85.4
	4—6 小时	17	10.8	96.2
	6 小时以上	6	3.8	100.0
	总计	157	100.0	

5. 解说学习方式

在市场调查问卷中,总会设计一部分多项选择题,对于多选题,一般采用频数分析,SPSS 提供了专门的多选题频数分析统计分析功能。在本书中,采用多重响应频数分析功能。

在对受访游客通过何种方式对园内植物进行了解学习的调查中看出,解说牌在游客获取园内植物知识上起到了非常大的作用,66.7%的游客表示是通过园内的解说牌了解植物知识。而电子解说系统的占比非常小,仅占 6.2%,说明北京植物园在新型解说系统的建设中,投入和开发不足。定期的植物科普讲座也能够提供一定的植物教学,在受访群体中,9.4%接受过植物科普讲座。有 17.7%的游客是从老师、学长学姐口中获知。该部分游客多为有植物学习需求的大学生。

表 13-20　样本解说学习方式类型统计

		回应		观察值百分比(%)
		N	百分比(%)	
北植主要解说方式	园内解说牌	128	66.7	94.1
	电子解说系统	12	6.2	8.8
	园内志愿者或专业解说人员	20	10.4	14.7
	植物科普讲座	18	9.4	13.2
	其他	14	7.3	8.9
总计		192	100.0	139.8

6. 出游动机

受访游来到北京植物园的原因集中在空气环境好、风景优美和植物种类繁多,这三个优势都为北京植物园在自然资源上的优势,可以看出北京植物园本身的旅游资源是吸引游客的主要原因。此外，因为距离近而选择来此休闲、因为知名度高而对北京植物园感到好奇的游客也占有一定的比例，分别为7.1%和6.9%。而对于特色活动、公园的历史文化、精神寄托等人文资源方面，北京植物园的优势不明显，且相对其他优势较弱。在其他优势中，有部分游客提到了上课，也可以看出北京植物园在森林教育方面的功能。

表13-21　样本出游动机统计

		回应		观察值百分比(%)
		N	百分比(%)	
来北植出游主要原因	公园空气环境好	108	25.7	68.8
	公园风景优美	99	23.6	63.1
	公园植物种类繁多	104	24.8	66.2
	公园特色活动多	20	4.8	12.7
	公园知名度高	29	6.9	18.5
	公园距离近	30	7.1	19.1
	公园的历史文化	11	2.6	7.0
	公园带来精神寄托	14	3.3	8.9
	其他	5	1.2	3.2
总计		420	100.0	270.9

7. 森林文化活动偏好

对于各项活动偏好人群的多重响度频率表中我们可以得出，游客乐于参加的活动按照意愿由大到小的顺序为森林瑜伽活动(79.1%)、森林手工绘画等艺术创作活动(76.5%)、森林科普教育活动(75.2%)、森林音乐会活动(67.3%)、森林拓展健身活动(66.0%)、森林采摘活动(56.9%)、森林野营活动(50.3%)。可见，游客对于森林文化中的艺术教育价值和强身健体价值最为认可，最期待参与文艺科教类和健身类活动，对于娱乐类活动，期待度不高。

表 13-22　样本森林文化活动偏好统计

		回应		观察值百分比(%)
		N	百分比(%)	
森林文化活动偏好	您希望参与森林采摘活动吗	87	12. 1	56. 9
	您希望参与森林野营活动吗	77	10. 7	50. 3
	您希望参与森林瑜伽活动吗	121	16. 8	79. 1
	您希望参与森林音乐会活动吗	103	14. 3	67. 3
	您希望参与森林拓展健身活动吗	101	14. 0	66. 0
	您希望参与森林手工绘画等艺术创作活动吗	117	16. 2	76. 5
	您希望参与森林科普教育活动吗	115	16. 0	75. 2
总计		721	100. 0	471. 2

8. 游客对游览北植的益处感知偏好度

根据调查结果可知,受访游客认为在北京植物园游玩能收获到益处是舒缓心情,占比 90. 4%,是所有益处中比重最大的一项;其次是增进和同行者的情感交流,有 88 名受访游客认同,占比 56. 1%;紧接着的三项益处分别是丰富文化知识、强健体魄和休闲娱乐,分别占比 41. 4%、37. 6%和 36. 9%,这与北京植物园所承载的功能及其资源特色相匹配。有 15. 3%的调查样本认为北植可以缓解身体病症。结合年龄分析中 17. 2%的调查样本在 45—74 岁,所以可以了解,只有大多数老年人在北植中享受到了缓解身体病症的益处。

表 13-23　样本游览北植的益处感知统计

		回应		观察值百分比(%)
		N	百分比(%)	
森林益处感知偏好	舒缓心情	142	32. 6	90. 4
	休闲娱乐	58	13. 3	36. 9
	丰富文化知识	65	14. 9	41. 4
	增进和同行者的情感交流	88	20. 2	56. 1
	强健体魄	59	13. 5	37. 6
	缓解身体病症	24	5. 5	15. 3
总计		436	100. 0	277. 7

9. 消费金额

游客在北京植物园内的大致消费金额集中在1—50元之间。从北京植物园各场馆门票可以看到,除去门票消费,游客在北京植物园内的消费普遍不高。根据实地调研情况,园内额外消费的项目多为小吃和玩具,类型单一,对游客的消费拉动力较低。

10. 重游意愿

游客普遍有重游意愿,占比90%。另外不确定的游客占83%,仅有13%的游客不愿意再次到访。所以北京植物园有一定的消费市场。

(四)对人口统计学特征和游览行为特征分析的总结

1. 对人口统计学特征分析总结,发现生育孩子的调查样本有40.8%,25—44岁的调查样本有40.8%,17.2%的45—74岁调查样本有孩子(全部老年人群体均有孩子),剩余23.6%的25—44岁调查样本有孩子。从调查样本的人口统计学分析中总结,可以看到北京植物园的主要客源群体为25—44岁的女性游客,而且这一年龄段的女性大多带未成年的孩子来此游玩,主要为家庭出游的形式,孩子需要森林文化教育和森林文化体验。

2. 结合游客出游特征,公交车和自驾车是两种主要出行方式,更证实了北京植物园的客源地主要为海淀区及北京其他市区。访问次数较多的游客多为老年群体,这类人群大多退休,空闲时间较多,且居住在海淀区,交通便利。

3. 北植科普馆作为北京植物园重要的森林文化建设场馆,笔者在对植物园实地考察和与游人访谈的过程中发现,目前北植科普馆里的展示内容十分丰富,但是无人员解说,且有废弃的空间未利用,前来参观的游人也很少。所以对于北植科普馆的利用建设十分必要。

(五)对北京植物园森林文化价值认可度分析

1. 信度分析和效度分析的概念

本书先对所选取的因子进行信度和效度分析,以确保研究的准确性和严谨性。信度是指根据测量工具所得到的结果的可靠性、一致性和稳定性,反映被测特征真实程度的指标。信度系数作为信度评估的指标,Cronbach's Alpha系数最为常用。一般量表的信度达到0.9以上,则该测评的信度极好;如果信度系数≥0.7,则测评的信度是可以接受的;如果信度系数≥0.6,则该量表仍有一定价值,但应该进行修订;如果信度系数低于0.6,那么应该重新设计测量表。

效度(Validity)即有效性,它是指测量工具或手段能够准确测出所需测量的事物的程度。效度是指所测量到的结果反映所想要考察内容的程度,测量结果与要考察的内容越吻合,则效度越高;反之,则效度越低。效度分析是进行因子分析的前提。通常,KMO 是做主成分分析的效度检验指标之一,其值在 0.9 以上,表示非常适合做因子分析;在 0.8—0.9 之间,很适合;在 0.7—0.8 之间,适合;在 0.6—0.7 之间,尚可;在 0.5—0.6 之间,表示效度很低;在 0.5 以下,应该放弃所选因子。

2. 游客对游览北植感受评分的信度效度分析

通过计算得知,本次选取的 7 个具体指标的对北植游览感受进行评分感知的 Cronbach's Alpha 系数为 0.853,表明所选数据的信度在较好的范围内,调查具有较高的可靠性。

对问卷中 7 项感受评分指标进行 KMO 测度和 Bartlett 球体检验,所得的输出结果如表 13-24 所示。从表 13-24 中可以看出,KMO 值为 0.804,大于 0.80,说明所选取的 7 项数据适合作因子分析。另外,表中的 Bartlett 的球形检定显著性概论为 0.000,小于 1%,说明数据具有显著相关性,适合作因子分析。

表 13-24 KMO 和 Bartlett 的检验

KMO 取样适切性量数	0.804
Bartlett 的球形度检验近似卡方	407.215
自由度	21
显著性	0.0

3. 游客对游览北植感受评分的因子分析

表 13-25 感受度因子旋转后的矩阵

旋转后的成分矩阵 a		
	成分	
	1	2
您认为北植公园美感感受度	0.809	0.015
您认为在北植您环保意识提高度为	0.78	0.177
您认为北植的游览舒适度	0.775	0.307
您认为北植的游玩总体体验度	0.708	0.281
您认为北植的文化氛围感受度	0.581	0.484
您对北植目前举办森林科普教育活动的满意度为	0.182	0.897
您对北植目前提供的植物知识学习途径丰富度为	0.177	0.853

表 13-26　感受度因子总方差解释

总方差解释									
成分	初始特征值			提取载荷平方和			旋转载荷平方和		
	总计	方差百分比	累积（%）	总计	方差百分比	累积（%）	总计	方差百分比	累积（%）
1	3.618	51.683	51.683	3.618	51.683	51.683	2.767	39.534	39.534
2	1.12	16.003	67.687	1.12	16.003	67.687	1.971	28.153	67.687
3	0.601	8.581	76.268						
4	0.52	7.433	83.701						
5	0.494	7.055	90.756						
6	0.379	5.412	96.168						
7	0.268	3.832	100						

通过对调查样本游客在北植的感受度因子分析中，发现可将上述内容分为两个因子。将公园美感、环保意识、游览舒适、游玩总体验和文化氛围归为因子一：公园综合感知度，将森林科教满意度和植物学习途径丰富度归为因子二：森林文化科学教育感知度。

4. 游客对森林文化价值认知度的信度效度分析

通过计算，本次选取的 8 个具体指标对北植的森林文化价值进行认知评分的 Cronbach's Alpha 系数为 0.848，表明所选数据的信度在较好的范围内，调查具有较高的可靠性。

对问卷中 8 项森林文化价值认知指标进行 KMO 测度和 Bartlett 球体检验，所得的输出结果如表 13-27 所示。从表中可以看出，KMO 值为 0.844，大于 0.80，说明本研究的数据适合作因子分析。另外，表中的 Bartlett 的球形检定显著性概论为 0.000，小于 1%，说明数据具有显著相关性，适合作因子分析。

表 13-27　KMO 和 Bartlett 的检验

KMO 取样适切性量数	0.844
Bartlett 的球形度检验近似卡方	630.130
自由度	28
显著性	0.0

5. 森林文化价值认知度因子分析

表 13-28 森林文化价值认知度因子旋转后的矩阵

旋转后的成分矩阵 a		
	成分	
	1	2
您认为森林是具有文化价值的	0.216	-0.01
您认为森林可以使您和家人更好地了解大自然	0.25	-0.085
您认为森林在中小学户外活动中作用重大	0.206	-0.026
您认为中小学生要多参与森林活动	0.275	-0.156
您认为森林可以造福子孙后代	0.218	-0.056
您认为森林可以增加您对生命和谐共生的认识	0.144	0.124
您认为森林可以磨炼您的个人意志	-0.128	0.569
	-0.136	0.585

表 13-29 森林文化价值认知度因子总方差解释

总方差解释									
成分	初始特征值			提取载荷平方和			旋转载荷平方和		
	总计	方差百分比	累积（%）	总计	方差百分比	累积（%）	总计	方差百分比	累积（%）
1	4.306	53.82	53.82	4.306	53.82	53.82	3.788	47.347	
2	1.227	15.342	69.162	1.227	15.342	69.162	1.745	21.814	69.162
3	0.71	8.879	78.04						
4	0.465	5.81	83.85						
5	0.45	5.627	89.477						
6	0.374	4.674	94.151						
7	0.243	3.033	97.184						

通过对调查样本游客在北植的感受度因子分析中，发现可将上述内容分为两个因子。将森林具有文化价值、森林可以更好了解大自然、森林教育的必要性、森林造福子孙、森林引发深度思考归为森林文化价值的一般认知，将森林磨炼意志和思念之情认知归为森林文化对个人情感记忆的认知。

（六）游客对森林文化价值实践活动的偏好分析

1.“森林浴”文化价值的接受度分析

从表 13-30 可以看出，37.6%的游客消费区间为 51—100 元，其次

36.9%的游客消费区间为1—50元，13.4%的游客消费区间为101—200元，8.3%的游客消费区间为0元，3.8%的游客消费区间为201—300元。可见大多数游客在北京植物园的消费金额意愿消费金额比实际消费高，在51—100元。从而侧面反映出大家对森林文化价值的认可。

表13-30　样本北植消费金额意愿统计

		人数(人)	百分比(%)	累积百分比(%)
有效	0元	13	8.3	8.3
	1—50元	58	36.9	45.2
	51—100元	59	37.6	82.8
	101—200元	21	13.4	96.2
	201—300元	6	3.8	100
	总计	157	100	

从表13-31可以看出，30.6%的游客接受价格区间为11—20元的“森林浴”，其次29.3%的游客接受价格区间为21—30元，24.8%的游客接受价格区间为1—10元，13.4%的游客接受价格区间为31—40元，1.9%的游客接受价格区间为40元以上。可见，大多数游客对于“森林浴”的价格接受程度处于11—30元的中间价格区间，说明大多数游客认为“森林浴”具有一定价值，且愿意为此支付一定的金额但不太愿意支付过高的费用。

表13-31　样本北植“森林浴”价格意愿统计

		人数(人)	百分比(%)	累积百分比(%)
有效	1—10元	39	24.8	24.8
	11—20元	48	30.6	55.4
	21—30元	46	29.3	84.7
	31—40元	21	13.4	98.1
	40元以上	3	1.9	100.0

2. 森林文化价值支付意愿分析

表 13-32　森林文化价值支付意愿频率表

		回应		观察值百分比(%)
		N	百分比(%)	
游客支付意愿	您愿意在森林文化艺术创作上支付费用吗	89	24.9	58.6
	您愿意在森林运动项目上支付费用吗	68	19.0	44.7
	您愿意在森林 IP 产品上支付费用吗	124	34.6	81.6
	您愿意在森林健康养生项目上支付费用吗	77	21.5	50.7
总计		358	100.0	235.5

从表 13-32 我们可以得出,游客乐于支付的活动按照偏好由大到小的顺序为森林 IP 产品(81.6%)、森林文化艺术创作(58.6%)、森林健康养生项目(50.7%)、森林运动项目(44.7%)。可见最吸引游客进行消费的产品还是森林文化周边产品,其次是森林文化艺术创作活动,对于森林康养类活动支付意愿不大。在进行森林文化价值产品开发时可以着重从森林文化周边产品进行开发,增强游客消费的吸引力。同时也可以看到各选项的标准差数值差距不大,各游客的支付意愿趋于一致。

3. 森林文化价值体验度分析

表 13-33　植物园整体感受因子评分表

因子	具体指标	次数	极小值	极大值	平均值	标准差
公园综合感知度	公园美感	157	2	5	4.26	0.681
	环保意识	157	2	5	4.09	0.719
	游览舒适	157	2	5	4.23	0.715
	游玩总体验	157	2	5	4.04	0.664
	文化氛围	157	2	5	3.81	0.818
森林文化科学教育感知度	森林科教满意度	132	1	5	3.6	0.923
	植物学习途径丰富度	157	1	5	3.6	0.966

从表 13-33 可以看出,游客对于北植的公园综合感知度较高,对于森林文化科学教育感知度较低。其中的美感程度评价最高(49%的游客选择良好,38.9%的游客选择优秀),其次是游览舒适度(47.8%的游客选择良好,38.2%的游客选择优秀)、环保意识提高度(57.3%的游客选择良好,

27.4%的游客选择优秀)、游玩总体体验度(61.8%的游客选择良好,22.3%的游客选择优秀)、文化氛围度(45.2%的游客选择良好,20.4%的游客选择优秀),对于北植的科普教育活动满意度(34.1%的游客选择一般,37.1%的游客选择良好)和知识学习途径丰富(34.4%的游客选择一般,33.8%的游客选择良好)的评价不高,两项的标准差较大,说明北植的科普教育活动和提供的学习途径不够普及,评价呈现两极化。从总体来看,其平均分值都在一般程度以上,说明对北植总体呈现一个较为满意的态度。

4. 森林文化价值认知度分析

在前文认知度因子分析的基础上,将"森林在中小学生的户外学习经历中发挥了重要作用"和"中小学生应该参加森林教育活动"作为"森林教育对中小学生的必要性"指标,对两大因子里的七个具体指标进行分析,得到表13-34。

表13-34 游客对森林文化价值认知的因子描述性统计

因子	具体指标	次数	极小值	极大值	平均值	标准差
森林文化价值的一般认知	森林具有文化价值	157	1	5	4.41	0.65
	森林可以更好了解大自然	157	1	5	4.5	0.657
	森林教育的必要性	157	1	5	4.53	0.646
	森林造福子孙	157	1	5	4.69	0.617
	森林引发深度思考	157	2	5	4.48	0.637
森林文化价值对个人情感记忆的认知	森林磨炼意志	132	1	5	3.99	0.951
	森林思念之情	157	1	5	3.88	1.009

根据调查数据显示,受访游客对森林文化价值的一般认知普遍高于森林文化价值对于个人情感记忆的认知。普遍认同森林文化对人类的发展有促进作用,所统计的森林文化价值的一般认知平均得分在4.5分以上,表明受访者对森林文化的一般认知普遍较高。平均得分较高的前三项是森林可以造福子孙后代、中小学生应多参与森林活动以及森林可以让自己和家人更好地了解大自然。关于森林是否可以唤起人们的情感记忆和磨炼个人意志的这两项指标的游客感知得分较低,且不同的游客所持态度差异较大,得分标准偏差值在1左右。所以,大家对森林文化价值的接受度普遍较高,结合之前的森林文化氛围感知度较低,可以得出,北植的森林文化价值传播工作还需要大力开展。

第六节　建　议

一、总结

本章基于“森林文化价值指标体系”和“人与森林共生时间”评估法，开展了奥林匹克森林公园森林文化价值的定性研究和定量核算，形成的研究结论如下：

奥林匹克森林公园的森林文化价值水平指数得分为83.761，还具有极大的发展潜力。奥森在身心康养价值、休闲旅游价值方面较为突出，由于奥森为新建城市人工森林公园，在文明演进价值、传统习俗价值、制度规范价值等方面具有先天劣势。未来奥森在发挥审美艺术价值、科研教育价值、伦理道德价值方面仍具有巨大的提升空间。

北京植物园的森林文化价值水平指数得分为88.484，现有森林文化价值开发已有所成果。其中，关于植物的审美艺术价值和森林文化节庆价值较高，如“北植桃花节”等，在北京乃至周边城市都具有较高知名度和吸引力，相关民俗活动丰富；在森林文化产品创意和文艺展演方面相对欠缺；在身心康养价值方面，老年群体最受用；而各年龄层的游客，边游览边“健步走”在北植是一种流行的健身方式；在休闲旅游方面，观光游是主体；在科研教育方面，有大量成功案例：如举办了中小学生森林实践活动、科普讲座等，但参与人数和知名度有待提升；在文明演进价值方面，拥有很大的开发潜力。

二、建议

（一）奥林匹克森林公园

1. 加强森林植物景观改造与优化，提高景观审美价值

丰富公园植物种类，提高植物物种多样性，改善种植结构，增强植物景观的观赏性。提高植物群落的物种多样性，改造长势或观赏价值不佳的疏林、残次林。合理构建乔灌草结构层次，注重从层次、线条、色彩、季相等方面提升植物群落整体的景观视觉效果。营造具有文化内涵的植物景观，宣扬奥林匹克文化。奥森植物景观缺乏和其独有奥林匹克文化的融合，未来公园应该以植物景观来表达森林公园的主题，注重植物景观与公园分区主

题的呼应,注重文化内涵的应用与表达,突出奥林匹克森林公园特色和文化特征,提高园区的文化品位和意境。

2. 将森林体育做到极致,打造知名森林体育品牌

针对公园最重要的两大客源市场——青年市场和亲子市场,研究其行为规律和偏好,发展对应的森林体育主题活动。建立室外亲子森林活动空间(大人、孩子能共同体验的健康休闲空间),增加生态亲子娱乐设施;利用闲置场馆打造健康挑战体验馆,提供全天候室内运动体育设施;针对不同年龄人群的身体特点,开展不同的体育活动。

3. 与相关公司合作发展文创产业,开发特色森林文化 IP 产品及衍生品

利用奥林匹克森林公园自身资源开发具有代表性的特色产品,树立个性品牌,提高公园的知名度。建立文创中心,结合奥林匹克文化和森林文化,打造奥森吉祥物形象,制作宣传动画,开发文创周边,如书签、明信片、艺术品、公仔等;开发纪念品销售中心,强化森林公园品牌,进一步宣传森林文化,为森林公园带来额外资金,促进森林文化建设。

4. 开发森林康养项目

作为离市民最近的森林公园,奥森可以创新性地开发森林康养项目,完善保健设施。测定奥森园中面积较大、林木稀疏、地势较为平缓、风景资源质量较高、空气负离子浓度较高的块状区域作为森林养生活动区,在此片区供游客开展森林浴、太极、禅修、冥想、森林瑜伽、养生操等活动。在森林内空气负离子含量较高、环境优美、植被覆盖率高、植物精气充沛、较为安静的区域,新建森林养生步道,可选用细木屑、落叶、碎砂石等柔性生态路面材料,丰富游客行走体验,沿途设置一些保健及休息设施。

5. 建设森林科普场馆,开展科普教育活动

奥森的一些场馆在奥运会后便陷入无人参观、功能闲置的状态,有的场馆只是阶段性开放或者只接待预约团体参观,极大地限制了公园森林文化的传播。未来奥森应对这些场馆(例如生态展示温室、低碳生活体验馆等)进行系统维护,开发各自主题的森林科普教育活动。融入最新科技(VR 等体验方式)进行展示。利用多种形式,丰富科普解说内容。为园内植物增添解说牌,一些科普场馆内可考虑设置“二层解说”,既有适合大人的解说内容,也有从孩子的视角出发,用各种卡通的图案,轻松易懂的图示语言进行展示的解说牌。

6. 公园宣教、外联部门应该加强森林文化宣传与品牌建设

通过各种媒体宣传途径和举办相关活动弘扬森林文化,如面向各大、中

学院校举办"奥林匹克森林公园森林文化体验课程策划"竞赛,结合公园特有森林文化开发主题性、趣味性的森林实践课程;与博物馆、科研院所、企业、学校等合作举办各类森林文化活动,增强社会参与度;面向周边社区、学校招募活动志愿者,推出不同类型志愿者活动清单,建立考核积分制和奖励措施。

(二)北京植物园

1. 发展交互型、参与型的森林实践活动

加强森林文化节庆活动策划,开拓创新,打造与"桃花节"式的活动品牌。完善北植的活动体系,分区规划园内不同类别、不同规模、不同作用的森林实践活动。把握一年中的各种节气、节日的时间,开展对应的以植物为主题的活动,达到让游客四季赏花、十二时令参与实践的效果。

2. 加大对北植科普馆的利用

建设森林放映厅,播放世界上与森林相关的各种有趣味性、有价值的影片。比如关于德国的一部有趣的纪录片《神话森林》、有关人类起源于森林的故事、人类利用森林的故事、BBC 的植物纪录片等,还可以制作相关的植物科普动画片,吸引不同年龄段的游客。可以利用现有的植物科学画展,展开植物绘画教学小课堂的体验活动,改变以往沉闷死板的画展形式。对于二层的植物与人类生活的大型展示,配备相应的电子解说内容,将其放置在北京植物园官方 APP 里,设置为收费项目。如此,既可满足游客的植物求知欲,又可以增加植物园的收入。

3. 丰富解说内容,创新解说形式

提高解说效率、丰富解说内容。对于实体解说牌,要考虑内容的选取、解说牌的设计,园内可增加互动解说牌、三维解说牌等非传统解说牌;也可举办电子解说牌设计大赛,邀请游客来设计植物解说牌,经筛选优化后结合二维码,改善电子解说牌内容空洞乏味的现状。增加可实现的新媒体解说形式,结合互联网,北京植物园拥有官网、微信、微博进行推广和植物园官方 APP 辅助游客自助游,提升内容的趣味性和易接受度。

4. 开发康体疗养项目

针对老年人群体注重健康养生、修身养性的特性,北京植物园可以创新性地开发疗养康体项目:森林浴、园艺疗法、音乐疗养。对于森林浴,测定北京植物园中空气负离子浓度最大的区域作为森林浴片区,配以园艺疗法和音乐疗养。音乐能唤醒人的情感记忆,是目前为止治疗和预防阿兹海默症最好的方法。带领老人在聆听音乐疗法的同时,实际接触运用园艺材料,维护美化植物，让老年人和康复病人在园艺操作中收获养生。

5. 继续丰富北植的森林科普教育活动举办

北京植物园的森林科普教育活动，从主题、内容到举办频率，都在北京市内拥有较高水准。借鉴德国、日本、韩国等一些森林教育较发达国家的经验，结合自身的特点，继续创新开展更有趣、更有益的植物科普教育活动。如日本在校园里会设立有机农场，学生自己种植自己收获食用。可以开展相关的试验性项目，将这种生态意识和技能传递给孩子们。

6. 建立独特的北京植物园森林文化 IP 产品

森林文化 IP 产品却拥有极大的需求市场，建立北京植物园纪念品销售中心，从一般性的植物制造的书签、各类木材制造的生活日用品、北植吉祥物纪念公仔、森林文化 polo 衫到与森林相关的文化创作、艺术品，如树皮画、植物标本、押花、插花作品等，都可以作为商品进行售卖。

7. 发展北京植物园的文明演进文化价值

挖掘并开发北植中与名胜古迹相关的文明演进文化价值尤为重要。整理相关的故事并按周期对这些故事进行轮流展出宣传。如曹雪芹在樱桃沟创作《红楼梦》的故事和红学文化的结合展示。

8. 为北京植物园拓展青年市场

调查分析显示，青年人乐于接受的森林实践活动有森林音乐会，可以在北植不定期地举办森林音乐会，比如《本草纲目》《七里香》《稻香》《麦芽糖》《枫》《迷迭香》《白桦树》《栀子花开》《野百合也有春天》《橄榄树》等歌曲均可作为选择对象。可以配合音乐会，介绍歌中的植物，以及不同木材与乐器制作的知识。

第十四章　古都“皇家园林”森林文化价值评估研究

在北京市森林文化当中,有一类属于与皇家园林紧密相关的文化类型。北京拥有着八百余年建都史,在北京自然与人文环境共同孕育之下,北京皇家园林建设源远流长,并逐渐发展兴盛。尤其康熙时期开始,园林建设活动进入高潮阶段,建设范围已不限于皇城之内而延伸至京城西北郊处,至乾隆时期形成以“三山五园”为代表的皇家园林集群,代表了皇家园林建设的至高成就。

皇家园林中最重要的组成部分就是古树名木。它们都是古都历史的物质载体,也是皇家园林中永葆文化活力、熠熠生辉的历史瑰宝,是北京城市的魅力所在。北京的古树名木和长城、故宫一样,是十分珍贵的“国之瑰宝”。保护好北京的古树名木,对于弘扬首都森林文化具有重要意义。

古都皇家园林的森林文化与历史文化相互融合,保护和传承北京特有的皇家园林文化遗产就成为北京森林文化传承与发展的重要模式。通过深入研究评估这一类型森林文化价值,探索北京皇家园林如何繁荣发展、传承创新森林文化,发现其内在规律,谋划建设途径,是一项有意义而迫切的课题。① 对于提升北京皇家园林森林文化功能、提高市民的生活品质、建设美丽北京都具有重要现实意义。

第一节　古都“皇家园林”森林文化价值构成及赋值

本研究主要采用德尔菲法和层次分析法等方法,同时运用国内外与森

① 韩慧:《北京市森林文化服务发展模式研究》,硕士学位论文,中国林业科学研究院 2014 年。

表 14-1　北京皇家园林森林文化价值评估指标体系

评估类别（一级）	评估指标（二级）	评估指标因子（三级）	评估标准
1. 审美艺术价值	1. 景观审美价值	1. 森林的结构	森林群落结构完整，具有乔灌草三层结构，或者具有乔草两层结构；乔木层郁闭度在 0.8 及以上的 80—100 分 森林群落结构较完整，具有乔灌草三层结构，或者具有乔草两层结构；乔木层郁闭度在 0.4—0.6 的 40—60 分 森林群落结构不完整，具有乔木层；乔木层郁闭度在 0.2 及以下的 0—20 分
		2. 森林的整体品相	森林整体保存完整，没有伐桩，树木在林内分布均匀，中龄林及以上的森林面积占公园内森林总面积的 80%及以上或者 80%及以上为自然林的 80—100 分 森林整体保存完整，没有伐桩，树木在林内分布均匀，中龄林及以上的森林面积占公园内森林总面积的 40%—60%之间或者 40%—60%为自然林的 40—60 分 森林整体保存完整，树木在林内分布均匀，中龄林及以上的森林面积占公园内森林总面积的 20%及以下或者自然林不足 20%的 0—20 分
		3. 规模与丰度	平均森林斑块面积占公园总面积的 5%及以上的 80—100 分 平均森林斑块面积占公园总面积的 3%—4%之间的 40—60 分 平均森林斑块面积占公园总面积的 2%及以下的 0—20 分
		4. 游客在公园的分布情况	某一时间段内游客在公园森林分布区停留人数占游客总人数的比例在 80%及以上的 80—100 分 某一时间段内游客在公园森林分布区停留人数占游客总人数的比例在 40%—60%之间的 40—60 分 某一时间段内游客在公园森林分布区停留人数占游客总人数的比例在 20%及以下的 0—20 分
	2. 文艺创作价值（精神层面）	5. 写生人数比例	在公园内写生人数占游客总数的 5%及以上的 80—100 分 在公园内写生人数占游客总数的 3%—4%之间的 40—60 分 在公园内写生人数占游客总数的 2%及以下的 0—20 分
		6. 公开发表的与森林（树木）有关的诗歌、散文等文艺作品的数量	公开发表的与森林（树木）有关的诗歌、散文等文艺作品的数量在 5 件及以上的 80—100 分 公开发表的与森林（树木）有关的诗歌、散文等文艺作品的数量在 3—4 件的 40—60 分 公开发表的与森林（树木）有关的诗歌、散文等文艺作品的数量在 2 件及以下的 0—20 分
	3. 文化产品价值（物质层面）	7. 以森林为主题或相关的文化活动类型及次数	近 3 年来在公园内开展与森林相关的文化活动 5 次及以上的 80—100 分 近 3 年来在公园内开展与森林相关的文化活动 3—4 次的 40—60 分 近 3 年来在公园内开展与森林相关的文化活动 2 次及以下的 0—20 分
		8. 与森林有关的艺术品（商品）种类	公园内及周边地区商店里出售的与森林有关的艺术品（商品）种类在 5 种及以上的 80—100 分 公园内及周边地区商店里出售的与森林有关的艺术品（商品）种类在 3—4 种的 40—60 分 公园内及周边地区商店里出售的与森林有关的艺术品（商品）种类在 2 种及以下的 0—20 分

续表

评估类别（一级）	评估指标（二级）	评估指标因子（三级）	评估标准
2. 身心康养价值	4. 疗养价值	9. 园内及周边的疗养院数量	公园内及周边地区的疗养宾馆、疗养院数量在3座及以上的80—100分 公园内及周边地区的疗养宾馆、疗养院数量在1—2座的40—60分 公园内及周边地区没有疗养宾馆、疗养院的0—20分
		10. 森林浴场数量	公园内及周边地区的森林浴场数量在3处及以上的80—100分 公园内及周边地区的森林浴场数量在1—2处的40—60分 公园内及周边地区没有设置森林浴场的0—20分
	5. 保健价值	11. 晨练人数比例	公园内晨练人数占公园游客总数的30%及以上的80—100分 公园内晨练人数占公园游客总数的10%—20%的40—60分 公园内晨练人数占公园游客总数的5%及以下的0—20分
		12. 体育活动事项类型与数量	近3年来在公园内开展市县级以上体育活动5次及以上的80—100分 近3年来在公园内开展市县级以上体育活动3—4次的40—60分 近3年来在公园内开展市县级以上体育活动2次及以下的0—20分
	6. 宜居价值	13. 周边小区数量	周边小区数量5个及以上的80—100分 周边小区数量3—4个的40—60分 周边小区数量2个及以下的0—20分
3. 休闲旅游价值	7. 休闲价值	14. 休闲娱乐活动种类	在公园内开展的休闲娱乐活动种类在5种及以上的80—100分 在公园内开展的休闲娱乐活动种类在3—4种的40—60分 在公园内开展的休闲娱乐活动种类在2种及以下的0—20分
		15. 持年卡、月卡游客人数比例	平均每天来园游客中持年卡、月卡游客人数占公园游客总数的30%及以上的80—100分 平均每天来园游客中持年卡、月卡游客人数占公园游客总数的10%—20%的40—60分 平均每天来园游客中持年卡、月卡游客人数占公园游客总数的5%及以下的0—20分
	8. 体验价值	16. 幼儿人数占游客总人数的比例	幼儿人数占公园游客总数的10%及以上的80—100分 幼儿人数占公园游客总数的6%—8%的40—60分 幼儿人数占公园游客总数的4%及以下的0—20分
		17. 组团来园人数占游客总人数的比例	组团来园人数占公园游客总数的30%及以上的80—100分 组团来园人数占公园游客总数的10%—20%的40—60分 组团来园人数占公园游客总数的5%及以下的0—20分
	9. 娱乐价值	18. 驻足观赏人数比例	公园内主要森林文化资源本体驻足观赏人数占经过人数的50%及以上的80—100分 公园内主要森林文化资源本体驻足观赏人数占经过人数的30%—40%的40—60分 公园内主要森林文化资源本体驻足观赏人数占经过人数的20%及以下的0—20分
		19. 拍照留影人数比例	公园内主要森林文化资源本体拍照留影人数占经过人数的30%及以上的80—100分 公园内主要森林文化资源本体拍照留影人数占经过人数的10%—20%的40—60分 公园内主要森林文化资源本体拍照留影人数占经过人数的5%及以下的0—20分

续表

评估类别（一级）	评估指标（二级）	评估指标因子（三级）	评估标准
4. 科研教育价值	10. 科学研究价值	20. 与森林（植物）有关的科研项目数量	近3年内在公园内开展的与森林（植物）有关的科研项目5项及以上的80—100分 近3年内在公园内开展的与森林（植物）有关的科研项目3—4项的40—60分 近3年内在公园内开展的与森林（植物）有关的科研项目2项及以下的0—20分
		21. 与公园森林（植物）有关的学术论文、论著数量	近5年内在正式期刊发表与公园森林（植物）有关的学术论文、论著数量在5篇及以上的80—100分 近5年内在正式期刊发表与公园森林（植物）有关的学术论文、论著数量在3—4篇的40—60分 近5年内在正式期刊发表与公园森林（植物）有关的学术论文、论著数量在2篇及以下的0—20分
	11. 科普教育价值	22. 实习年均人数	近3年内在公园开展实习的人数年均在100人及以上的80—100分 近3年内在公园开展实习的人数年均在60—80人的40—60分 近3年内在公园开展实习的人数年均在40人及以下的0—20分
		23. 科普活动次数	近3年内在公园开展科普活动次数在5次及以上的80—100分 近3年内在公园开展科普活动次数在3—4次的40—60分 近3年内在公园开展科普活动次数在2次及以下的0—20分
5. 文明演进价值	12. 历史遗存价值	24. 森林（树木）的古老情况	公园内具有500年及以上的森林或者树木的80—100分 公园内具有300—400年的森林或者树木的40—60分 公园内具有200年及以下的森林或者树木的0—20分
		25. 与之有关的历史事件类型及数量	有史料记载的与森林文化有关的历史事件在4件及以上的80—100分 有史料记载的与森林文化有关的历史事件在2—3件的40—60分 没有史料记载，只有口头流传的与森林文化有关的历史事件的0—20分
	13. 地理标志价值	26. 森林面积占公园陆地面积的比例	森林面积占公园陆地面积的比例在60%及以上的80—100分 森林面积占公园陆地面积的比例在40—50%的40—60分 森林面积占公园陆地面积的比例在30%及以下的0—20分
		27. 公园的地形地貌类型	公园的地形地貌类型包括山地、湿地（水域）、平地3种地貌类型的80—100分 公园的地形地貌类型包括山地、湿地（水域）、平地中2种地貌类型的40—60分 公园的地形地貌类型只包括山地、湿地（水域）、平地中1种地貌类型的0—20分
	14. 文化文明价值	28. 森林符号及文化象征	公园存在森林符号及文化象征3种及以上的80—100分 公园存在森林符号及文化象征2种的40—60分 公园存在森林符号及文化象征1种的0—20分
		29. 国际国内知名度	公园获得5A评级或同等国际评级的80—100分 公园获得3A评级或同等国际评级的40—60分 公园获得A评级或同等国际评级的0—20分
	15. 地方情感价值	31. 乡愁记忆，场所依恋	公园每年举办纪念或者祭祀活动3次及以上的80—100分 公园每年举办纪念或者祭祀活动2次的40—60分 公园每年举办纪念或者祭祀活动1次及以下的0—20分

续表

评估类别（一级）	评估指标（二级）	评估指标因子（三级）	评估标准
6. 传统习俗价值	16. 节庆载体价值	32. 节庆活动次数	近3年内在公园开展植树节、庙会、旅游节、博览会等节庆活动次数在5次及以上的80—100分 近3年内在公园开展植树节、庙会、旅游节、博览会等节庆活动次数在3—4次的40—60分 近3年内在公园开展植树节、庙会、旅游节、博览会等节庆活动次数在2次及以下的0—20分
		33. 节庆活动的级别	近3年内在公园开展的节庆活动中由市县（区）级部门组织的在3次及以上的80—100分 近3年内在公园开展的节庆活动中由市县（区）级部门组织的在2次的40—60分 近3年内在公园开展的节庆活动中由市县（区）级部门组织的在1次及以下的0—20分
	17. 民族习俗价值	34. 与森林有关的民俗活动种类	在公园开展的与森林有关的民俗活动种类在5种及以上的80—100分 在公园开展的与森林有关的民俗活动种类在3—4种的40—60分 在公园开展的与森林有关的民俗活动种类在2种及以下的0—20分
		35. 民俗活动中对森林的利用情况	在公园开展的民俗活动中对森林的利用时需要采摘树枝、树叶等树木组成部分的80—100分 在公园开展的民俗活动中对森林的利用时不需要采摘树枝、树叶等树木组成部分，只需要借助树干、树枝等作为支撑、依托的40—60分 在公园开展的民俗活动中对森林的利用仅限于森林环境的0—20分
7. 伦理道德价值	18. 森林信仰价值（精神层面）	36. 神山、神树、社木、风水林	公园存在神山、神树、社木、风水林3处及以上的80—100分 公园存在神山、神树、社木、风水林2处的40—60分 公园存在神山、神树、社木、风水林1处及以下的0—20分
		37. 基于宗教色彩的森林（树）装饰情况	公园范围内森林（树木）存在3种及以上基于宗教色彩的装饰情况的80—100分 公园范围内森林（树木）存在2种基于宗教色彩的装饰情况的40—60分 公园范围内森林（树木）存在1种及以下基于宗教色彩的装饰情况的0—20分
	19. 森林哲学价值（精神层面）	38. 相互依存、和谐共生的思想意识和行为导向	公园树木存在相互依存、和谐共生现象3处及以上的80—100分 公园树木存在相互依存、和谐共生现象1—2处的40—60分 公园树木存在相互依存、和谐共生现象1处以下的0—20分
	20. 社会和谐价值	39. 森林（树木）领养数量	公园范围内森林（树木）领养数量在100株，或者100平方米以上的80—100分 公园范围内森林（树木）领养数量在50—100株，或者50—100平方米的40—60分 公园范围内森林（树木）领养数量在50株，或者50平方米以下的0—20分
		40. 生长衰退森林（古树）的救护情况	公园范围内所有生长衰退森林（古树）都进行了救护并取得了较好的效果的80—100分 公园范围内大部分生长衰退森林（古树）都进行了救护并取得了较好的效果的40—60分 公园范围内很少一部分生长衰退森林（古树）进行了救护，或者没有开展救护的0—20分
8. 制度规范价值	21. 法律法规价值	41. 制定法律法规数量	与公园森林资源本体相关法律法规3条及以上的80—100分 与公园森林资源本体相关法律法规1—2条的40—60分 与公园森林资源本体相关法律法规1条以下的0—20分
	22. 乡规民约价值	42. 制定乡规民约数量	与公园森林资源本体相关乡规民约3条及以上的80—100分 与公园森林资源本体相关乡规民约1—2条的40—60分 与公园森林资源本体相关乡规民约1条以下的0—20分

林、文化、生态、社会相关学科的知识和理论提出并论述北京皇家园林森林文化价值评估指标体系，使之具有可行性和可操作性。

层次分析法是一种多层次多指标的权重决策分析方法，它是通过将一个比较复杂抽象的问题分解成几个具体的、形象的部分进行评估的方法。本研究首先将皇家园林森林文化价值分解成三个层次等级指标，再将各个指标进行细化出具有代表性、具体的、易于理解和把握的指标进行评估。基于上述关于森林文化价值评估方法的论述，为了更加全面、具体地评估五家皇家园林森林文化价值，结合总论中森林文化价值评估原则，归纳设定 8 项价值评估类别为一级指标，22 项评估指标为二级指标，40 项评估指标因子，构建北京皇家园林森林文化价值评估体系框架。根据不同的公园特点从审美艺术价值、身心康养价值、休闲旅游价值、科研教育价值、文明演进价值、传统习俗价值、伦理道德价值和制度规范价值等八个方面，进行详细的分析评估，见表 14-1。

第二节　北京代表性皇家园林森林文化价值分析及评估

在北京市范围内选取天坛公园、颐和园、香山公园、中山公园和景山公园作为研究对象，在公园内进行线路踏查和定点调查。同时，结合网络、文献等已有资料，按照公园森林文化价值体系框架分别对其森林文化的价值进行了评估。

一、数据收集方法

1. 文献分析法

通过大量的阅读资料，特别是有关五家代表性的皇家园林的相关官方网站及知网电子数据库，了解五家皇家园林森林文化价值内容；同时阅读与其有关的书籍，在此基础上对上述五家皇家园林森林文化价值的内容进行归纳和概括，为后续的调查和研究奠定坚实的基础。

2. 实地调查法

在文献分析的基础上，制定出具体的调查方案并前往实地进行调研。调查方法包括访谈法、观察法等。通过与周边社区居民、游客、公园相关的经营和管理人员及相关领域的专家进行交流、咨询，从而更加深入地了解五家皇家园林森林文化价值内容。

3. 定性和定量分析相结合的研究方法

本研究在评估五家皇家园林森林文化价值的过程中综合采用定性和定量相结合的分析方法，充分利用定性和定量评估的优点对五家皇家园林森林文化价值进行全面而准确的评估。

二、天坛公园森林文化价值评估

天坛既是北京皇家园林的杰作，又是最能体现北京森林历史文化保护与传承的典范。天坛位于北京市南部，东城区永定门内大街东侧，始建于明永乐十八年(1420)，是明、清帝王“祭天”“祈谷”的场所，总占地面积273公顷，坛域呈北圆南方，象征天圆地方，两道坛墙将全坛分为内坛与外坛。自明、清以来，共有20多位皇帝在天坛举行祭天盛典，天坛集明、清建筑技艺之大成，是中国现存规模最大、形制最完整的古代祭天建筑群，也是世界上最大的祭天建筑群。

图14-1　天坛祈年殿

天坛以其独特的皇家园林和古老的森林文化的神奇魅力，吸引着国内外来北京的游客。每年全园接待游客约2100多万人次。不仅让西方人了解了中国“天人合一”的哲学思想，领略了首都北京的美丽风采，也为今后中国森林文化的发展树立了成功的样板，启示我们在森林文化建设中要注意健康森林与特色建筑的融合以及自然景观与人文精神的相得益彰。

（一）天坛公园主要森林文化资源本体

1. 古树名木

天坛公园内古树名木众多，约有 3500 余株，300 年以上树龄的有 1100 多株。其中知名的主要有九龙柏、柏抱槐、迎客松、问天柏等。天坛是北京皇家园林中拥有 600 年古柏数量最多（达 3562 株）、绿地面积最大（达 180 公顷，绿化覆盖率达 84.37%）的祭祀性园林。正是如海洋一般的森林与象征着苍天的圆形建筑融为一体的园林风格和奇妙设计，使得这一"天人对话"的庄严场所更添了几分神秘色彩。林语堂称"天坛恐怕是世界上最能体现人类自然崇拜的建筑"，天坛以其"至美无上"的艺术力量感染和教育着每一位来此的游客，用无声的建筑和千姿百态的古树讲述着"天人合一""生生不息"的宇宙真谛。

图 14-2　天坛柏林（刘育俭摄）

九龙柏，一级古柏，又称"九龙迎圣"，位于回音壁西北侧。树峦蜿蜒起伏，青针翠叶，古朴苍润，其树干间有纵向沟壑，将树身分为若干股，扭曲向上，宛如九条蟠龙缠绕升腾，森然欲动。传说有一年乾隆皇帝来天坛祭祀前视察皇穹宇，朦胧中听到皇穹宇西殿后有声音，寻声查找，发现有九蛇朝圣，乾隆帝眼见九蛇游至坛墙外消失，抬头间赫然发现"九龙柏"昂然伫立，顿悟这九龙柏乃神蛇变化，是上天派下凡尘守护祭天神的护卫。

柏抱槐，一级古树，又称"槐柏合抱"，位于祈年殿东侧。因国槐生于侧柏上而得名,槐柏合抱是鸟类无意中将槐树种子播入柏树的树洞,萌发、生长自然形成的,是天坛的一株奇树。其柏植于明永乐年间,是天坛的原始柏。树干从1米处即分杈,形成多干,分枝甚多,昂然高耸。而槐树寄生于主干分杈处,槐树树龄亦逾百年,径逾70厘米,冠如伞盖,密枝浓荫,形成槐柏合抱,十分奇特,是天坛的一处著名景观。国槐、侧柏恰好双双是北京的市树,这槐柏合抱正是共存共荣的兄弟树。两树相互拥抱依存,生长健壮,使人产生友情、互助、团结的联想。

迎客柏,一级古柏,又称"桧柏",位于成贞门西100米处坛墙下。树干枝条多生于西侧,蜿蜒起伏,宛如一只巨手伸出迎接八方来客,故而称"迎客柏"。柏树基隆起膨大,呈直径3米的球状,浑圆如腹,故又戏称其为"佛肚柏"。

问天柏,一级古柏,位于皇穹宇西侧。树近垣而生,直立挺拔,树上有枯干,20世纪70年代初经工人修剪截短,冠叶皆无,唯留两枯枝一前一后,一扬一垂,状似古人,峨冠宽袖,昂首倨然,面向穹宇而诉之。1986年,一扬州游客觉其状酷似屈原问天,故以"屈原问天"题其景,遂有佳名,这是大自然的造化与人世间的契合。

2. 柏树林

除了一些有名的古树外,园内还种植了大量的柏树,主要有圆柏和侧柏,虽然年龄上没有那些古树大,但也都是成年树,林下形成了很好的森林小环境。

3. 月季园

祈年殿西侧建有月季园,占地1.3公顷,曾经是全国最大的开放性月季园。花园形状取意八卦,设计新颖,园内花坛、花台、花架爬满蔷薇、月季,有100多个月季品种,5月花开,姹紫嫣红。

4. 丁香林

祈年殿西柏树林西侧,是北京城最大的一片丁香林,占地6300平方米,种有丁香240丛,树龄近50年,在北京城已十分少见。每逢5月花开时节都香飘十里,引来许多游人流连忘返。

(二)调查样点分布

在天坛公园内共设置了6个调查点,位置如图14-3中红色圆圈所示。其中2个点分别为东门和南门,用于调查晨练人数,其余4个点为园内点,分别为百花园附近、古柏林、东北古柏林、九龙柏。

（三）指标分类评估

1. 审美艺术价值

天坛公园内主要的森林类型为柏树林，包括圆柏和侧柏，从500多年的古树到几十年的小树在园内都有分布，整体保存完整，尤其是后期栽种的柏树尽管年龄不大，但都已长成大树，且排列整齐，树木在林内分布均匀，整体品相很好。根据遥感影像图可以看出园内森林在公园内分布面积占公园总面积的50%以上。从天坛公园遥感影像图上可以看出天坛公园内平均森林斑块面积不低于公园总面积的5%。天坛公园内大部分森林群落结构较完整，具有乔灌草三层结构，或者具有乔草两层结构；乔木层郁闭度在0.4—0.8。在群落类型数量方面，根据实地调查，认为天坛森林群落类型（包括灌丛和草地）数量在5—10种，主要有侧柏林、圆柏林、月季灌丛、丁香林、牡丹灌丛等。

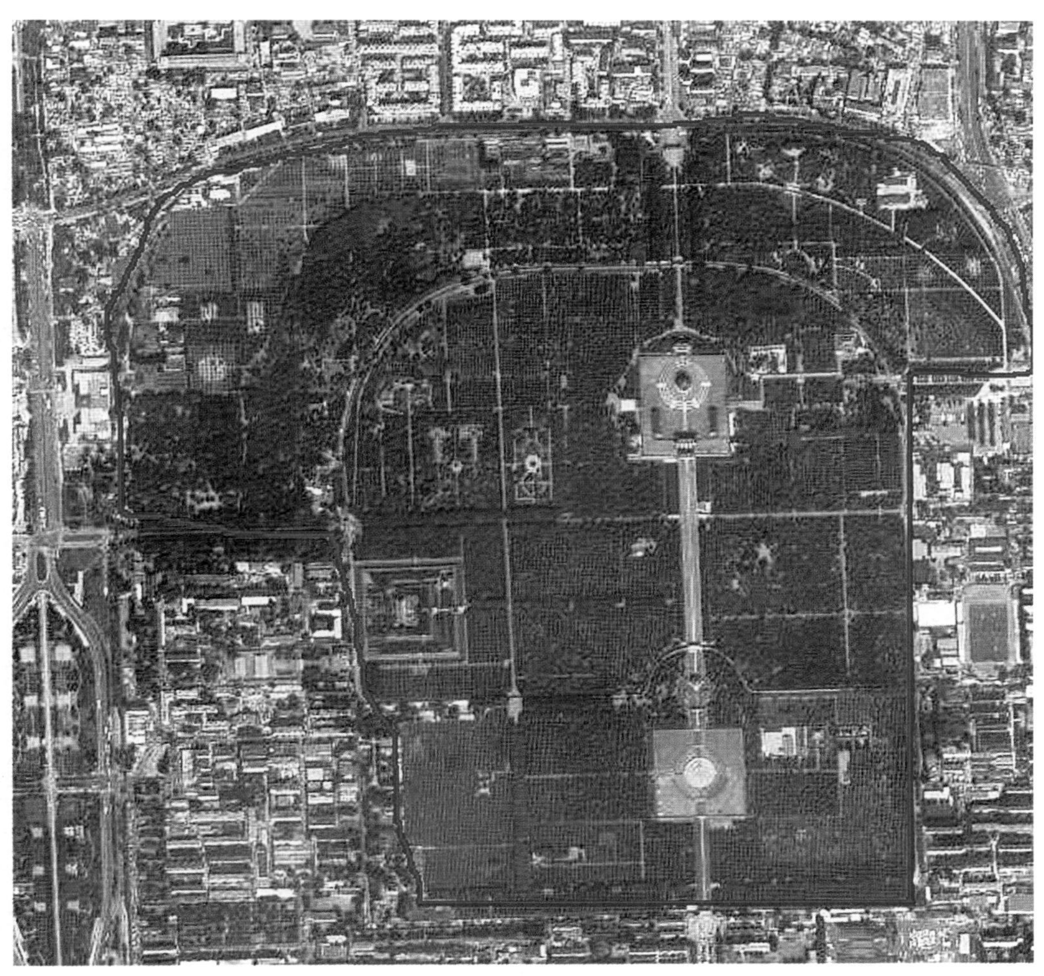

图14-3　天坛公园遥感影像图

经过实地调查发现游客在公园森林分布区停留人数约为游客总人数的40%，在公园写生人数为1人，占游客总人数的1%以下。根据网络资料发现公开发表的与森林（树木）有关的诗歌、散文等文艺作品有崔金生的《天坛晨曲》、刘禹锡的五言古诗《清晨登天坛》、张守仁的《感悟天坛》、马日的《天坛》、翁文灏诗集中的《游天坛》等5件以上。天坛公园管理处调研结果表明，近3年来在公园内开展与森林相关的文化活动5次以上，例如每年都要举办的月季展、菊花展和古树摄影展，还包括北京"树王"评选活动等。天坛公园的文创活动开展较早，园内现有三家文创专营商店，公园周边也有大量相关商店，文创商品种类多样。通过实地调查在公园内及周边地区商店里出售的与森林有关的艺术品（商品）包括印有古树卡通形象的T恤衫、古树摄影获奖作品制作的邮票镇尺、天坛菊花图片制作的万花筒等3种。

2. 身心康养价值

通过调查走访，在天坛公园外坛墙东侧有街道下辖疗养院1座，主要提供一般性养老服务，同时作为街道辖区内退休居民活动中心。该疗养院充分利用了公园的森林康养资源，社区老人就近享受公园古树群落带来的生态效益。此外，根据样点调查数据发现在早晨8—9点之间离园人数东门和南门共计约为3300人，预计晨练人数约占公园全天游客总数的20%—30%。近年来，在天坛公园内开展过太极瑜伽相会活动、北京市"天坛杯"社区太极拳（剑）比赛、公园管理中心职工健步走活动等体育活动事项类型5次以上。天坛公园周边现有小区主要有天坛南里、天坛东里、金鱼池等小区5个以上，随着原外坛被占用地块的清退复绿，公园森林群落可以更加方便地为周边小区居民提供康养服务。

3. 休闲旅游价值

今天的天坛公园，古柏苍郁，建筑蔚为壮观，形成古老的建筑与参天古柏相映生辉的壮美景观。吸引着中外游客竞相游赏，不仅是中国古老祭天文化的伟大结晶，也是世界文化遗产的伟大奇迹。此外，除了大批的中外游客，天坛公园内常年在此健身、游乐的市民众多，更是一道独特的风景线。这些民间乐团、舞蹈团、票友以及各色健身运动（健身球、彩带操、扔圈、踢毽子……）常年集中于林荫处，既健身、娱乐了自我，又体现了老北京民俗民风及和谐的生活氛围。根据实地调查，在公园内开展的休闲娱乐活动种类在8种以上。

根据于天坛公园管理处获得的资料，可得知持年卡、月卡游客人数占公园游客总数的 30%以上，其中平均每天组团来园人数占公园游客总数的 30%以上。结合实地调查，在公园内林内（林间）幼儿人数占公园游客总数的 7%。

在公园内四个调查点的调查结果如表 14-2 所示。

表 14-2　天坛公园调查点部分指标调查表

景点名称	百花园附近	古柏林	东北古柏林	九龙柏
经过人数	826	1500	420	2344
驻足观赏人数	66	147	55	1056
拍照留影人数	26	81	28	440
写生人数	1	0	0	0

通过统计计算发现，在这四个调查点驻足观赏人数比例分别为 7.8%、9.8%、13.1%和 45.05%，而拍照留影人数比例分别为 3.14%、5.4%、6.67%和 18.77%，最主要的森林文化资源本体九龙柏的驻足观赏人数低于 50%，拍照留影人数比例没有超过 30%。

4. 科研教育价值

近 3 年内在公园内开展的与森林（植物）有关的科研项目 5 项以上，主要研究内容涵盖古树保护、新品种选育等，项目级别多为北京市公园管理中心立项。根据知网检索的数据，近 5 年内在正式期刊发表与公园内森林（植物）有关的学术论文、论著数量在 5 篇以上。

表 14-3　天坛公园森林（植物）有关的论文

序号	作者	题目	刊物	时间
1	王艳	天坛公园主要地被植物应用与养护	北京园林	2019
2	张卉	天坛公园古树复壮井（沟）对根周土壤性状的影响	园林科技	2019
3	王勋曜等	天坛公园油松、侧柏大树根系分布特征	北京农学院学报	2018
4	王艳等	浅谈天坛公园衰弱白皮松的复壮措施	北京园林	2018
5	靳术金等	地栽牡丹的整形与修剪	北京园林	2017
6	王月容等	北京天坛公园绿地两种主要生态保健因子功能效应研究	北京园林	2017

近 3 年内在公园开展科普活动年均次数在 5 次以上，包括儿童节爱护古树专项科普活动、爱鸟周、暑期系列科普活动等等。作为北京农学院园林系和北京市园林学校的定点实习单位，近 5 年内在公园开展实习的人数均

在100人以上。

5. 文明演进价值

据《天坛的古柏》资料记载，公园内九龙柏是明永乐十八年种植的，距今已经近600年了，其他古柏大多也种植于明代，距今也有500多年了。天坛公园古木繁盛，其中尤以古柏的峻凛和苍劲而闻名于世。偌多的古树又因树瘿的累积呈现着千姿百态，这不仅是因为它的树瘿奇大无比，更因为它凸起部位经众多游人的摩挲，而浸染着生命的色彩和灵性的光芒。特立独行的生色神影，不仅叠加了古树生命的厚重，更赋予了古木浓郁的灵性。

据文史资料记载，1949年9月19日下午，毛泽东曾在天坛公园指示工作人员要好好保护九龙柏。1976年1月8日周总理逝世，10天后，天坛公园职工种植了一株白皮松作为纪念。1985年3月12日，邓小平等党和国家领导人，在天坛公园祈年殿东侧新东门内道路南参加植树活动，植桧柏111棵。1986年4月6日和1987年4月5日，邓小平等又两次到天坛植树。1997年4月5日和1999年4月3日，江泽民等党和国家领导人两次到天坛参加义务植树活动。美国国务卿基辛格游览天坛达七次之多，他曾感叹道，以美国的金钱和技术实力，能够仿造一座天坛，但是天坛拥有的几千株古树，却是没有办法仿造的。

天坛公园首批获得国家5A级旅游景区，国家重点公园，北京市一级公园，北京市精品公园等评级。此外，天坛公园是明、清两代皇帝“祭天”“祈谷”的场所，其园林具有特殊的文化内涵，是全国唯一以“祭祀皇天、祈五谷丰登”为目的的皇家园林。现如今，公园每年春节都要举办祭天活动，这已经成为享誉全国的活动，吸引了大量游客参观。

根据遥感影像分析，天坛森林面积占公园面积的比例在60%以上，公园的地形地貌类型包括湿地、平地两种。

6. 传统习俗价值

近3年内在公园开展植树节、庙会、旅游节、博览会等节庆活动次数在5次以上。其中节庆活动中市县(区)级部门组织的在3次以上。

天坛公园每年的农历新年都要举办天坛文化周活动，主要进行祭天乐舞表演。所体现的祭天祈福的主题，将祭天文化与民间节庆文化有机结合起来，让人们在节日喧嚣的心境得以平静；富丽典雅的环境、悠扬的乐曲，为观众对中国传统文化的理解提供了新的看点。

7. 伦理道德价值

柏抱槐，一级古树，侧柏、国槐同是北京市市树，人称“兄弟树”，这株千年古柏怀中生长着一棵百余岁的古槐,两树相互拥抱依存,生长健壮。

公园范围内森林(树木)领养数量历年累计超过500株,公园范围内所有生长衰退森林(古树)都得到了救护并取得了较好的效果。

(四)天坛公园森林文化价值评估结果

根据对天坛公园的森林文化价值评估指标的赋值得分情况,利用线性加权模型对公园森林文化价值综合指数进行求算,结果显示标准化综合分数为78.4,根据公园森林文化价值等级的划分标准,天坛公园的等级为良。

通过天坛公园森林文化价值评估体系中8个二级评估指标的得分情况可以看出,天坛公园的森林文化价值主要表现在休闲旅游价值和文明演进价值。

查询相关统计资料,2016年全园接待游客总人数为1631万人次,经调查发现,天坛公园游客平均游览时间约为3.5小时。公园的森林覆盖率为84.37%,2016年北京人均GDP为11.47万元,按照前述公式,天坛公园森林文化价值物理量为5498.01文年,森林文化价值量约9.90亿元。

三、颐和园森林文化价值评估

颐和园坐落在北京西郊,距城区15公里,占地约290公顷,其前身清漪园始建于清乾隆十五年(1750)。颐和园成为晚清最高统治者在紫禁城之外最重要的政治和外交活动中心,是一座以万寿山、昆明湖为主体的大型天然山水园林。颐和园主要景点大致分为三个区域:以庄重威严的仁寿殿为代表的政治活动区,是清朝末期慈禧与光绪从事内政、外交政治活动的主要场所。以乐寿堂、玉澜堂、宜芸馆等庭院为代表的生活区,是慈禧、光绪及后妃居住的地方。以长廊沿线、后山、西区组成的广大区域,是供帝后们澄怀散志、休闲娱乐的园林游览区。

由于是山水园林,颐和园内森林树木种类较多,古树数量虽然不及天坛多,但年代也都很久远。中国在历史的长河中不断发展壮大,这些顽强的“不老翁”也在茁壮成长,用自己的生命历程向人们诉说着过去与现在。颐和园前山古建集中,古树以松柏为主,与殿堂楼阁的红垣、黄瓦和彩画形成鲜明对比,凸显出皇家建筑的恢宏、华丽和庄严;后山湖水碧绿、古树参天,与其他植物、建筑交相辉映,营造了一种休闲、幽静、清雅的环境氛围。

(一)颐和园森林文化资源本体的类型

1. 古树名木

颐和园作为皇家园林,象征江山永固、高风亮节、长寿的松柏类植物得到了广泛应用,占全园古树总数的98.7%。

凤尾松是位于园内宜芸馆后院的一株油松,树头由于自然灾害被雷电劈断,断处的枝叶散开形似凤尾,故得名凤尾松。

人字柏是位于介寿堂院内的一株圆柏,树姿奇特,长势较好,从不同的角度观看树干基部呈人字形或介字形,故人们称之为人字柏、介字柏,与古建筑介寿堂及整个院落相得益彰,自然巧妙地将自然景观和人文建筑景观融为一体。

西堤古柳,西堤是颐和园昆明湖中一道自西北逶迤向东南的长堤,栽植于乾隆年间的9棵古柳树依然郁郁葱葱。也是北京地区年代最久、遗存最多的古柳群落。

2. 前山侧柏林

在万寿山的前山,以侧柏为主,在青松翠柏形成的绿色的海洋中也掩映着其他一些落叶树种,像槐、桑、楸树、元宝枫、栾树、紫薇、丁香、连翘、榆叶梅、金银木等。这些植物的点缀,使颐和园的前山增添了季相变化的美,也为整座园林增添了生机和灵气。在颐和园的前山,还分布着一些盆栽和地栽的珍贵园林植物。这种植物应用方式从清代建园开始一直被延续下来,反映了清代较高的园艺水平。以清宫遗传的桂花、荷花、牡丹、玉兰、太平花最为著名。

3. 后山油松林

万寿山的后山则以油松为主,配合元宝枫、槲树、栾树、槐树、山桃、山杏、连翘、华北紫丁香等落叶树和花灌木的间植大片成林,为点景需要还种植了少量名贵的白皮松,林下有地黄、抱茎苦荬菜、二月兰、紫花地丁、打碗花、土麦冬、蒲公英、牵牛、早熟禾属、羊胡子草等三十余种草本,形成与前山对比明显、季象变化突出的山林景观,亭台楼阁巧妙地掩映于树林中,宛若天然,不落斧凿。更接近历史上北京西北郊松槲混交林的林相,以使其富于天然植被形象,具有浓郁的自然气息。

(二)调查样点分布

在颐和园内共设置了7个调查点,位置如图14-4中红色圆圈所示。其中2个点分别为东门和北门,用于调查晨练人数,其余5个点为园内点,分别为千峰彩翠、烟溪风雾、绮望轩址、湖山真意、凤尾松。

（三）指标分类评估

1. 审美艺术价值

颐和园公园内主要的森林类型以侧柏林、油松林为主，林间伴有元宝枫、槲树、栾树、槐树、山桃、山杏、连翘、华北紫丁香等落叶树和花灌木的间植大片成林，整体保存完整，树木在林内分布均匀，整体品相很好。根据遥感影像图可以看出，由于颐和园存在大面积的水面，园内森林在公园内分布面积占公园总面积的比例不大，约在 30%—50%之间。尽管颐和园内陆地面积不大，但植被覆盖率高，且连续成片，平均森林斑块面积不低于公园总面积的 5%。在群落类型数量方面，根据实地调查，天坛公园森林群落类型（包括灌丛和草地）数量在 10 种以上，主要有侧柏林、圆柏林、油松丛、栾树林、刺槐林、柳树林、桑树林、丁香林、山桃林、毛白杨林、牡丹灌丛等。颐和园内珍稀树种较多，根据资料记载，乾隆三十三年《清宫内务府奏销档》92

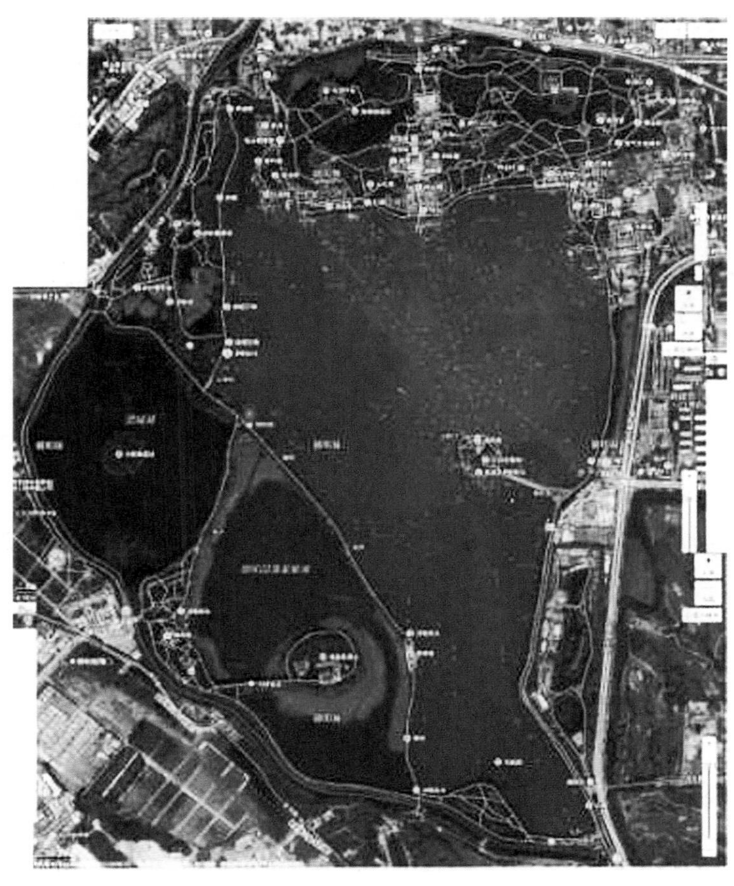

图 14-4　颐和园遥感影像图（蓝线范围内）

卷、乾隆三十一年《圆明园万寿山匠作则例》等文献共罗列了数十种花果树木，包括菓松（红松）、马尾松、木兰芽、菠萝树、柏树、罗汉松、红梨花、大山里红、白丁香、红丁香、白日红、山兰枝、明开夜合（丝棉木）、棣棠花、文官果、鸳鸯桃、杨树、大山杏、小山杏、黄绶带、山桃、柿子、核桃、马英花、白梅、红梅、白碧桃、红碧桃、千叶杏、黄刺玫、探春花、垂柳、珍珠花、梨子树、沙果树、栗子、梅花、碧桃、迎春花、梧桐、楸树、樱桃、梨花、苹果、西府海棠、芍药等，其中有5种以上的珍稀树种。森林景观的奇特程度方面主要体现在古树的结构造型方面，古柏、古柳等特立独行的生色神影，不仅叠加了古树生命的厚重，更赋予了古木浓郁的灵性，颐和园万寿山上大部分森林群落结构较完整，具有乔灌草三层结构，或者具有乔草两层结构，乔木层郁闭度在0.4—0.8。

根据实地调查发现，游客在公园森林分布区停留人数约为游客总人数的30%，故得分为3分。根据调查在公园内写生人数占游客总数的3%。据资料《颐和园植物历史景观的配置分析》中记载，乾隆皇帝作为燕山风月的主人，是缔造清漪园的总设计师，一生共来清漪园147次，赋诗1500余首，用以充当“纪行起居注”。在这些文字直白、描写具体的诗文中，大多真实再现了清漪园四季的美景，并对与植物审美相关各景点的审美意象亦作了深入浅出的阐释，作为文学作品，虽有为了对仗工整虚写植物的可能，但与其他文献互相比对引证，依然可以探索出植物景观配置的规律。乾隆诗文中反复出现的植物种类多达20余种，不仅可以印证清漪园时期的植物种类存在的真实性，而且能够明了植物的审美意境、配置方式以及栽种位置。近3年来在公园内开展与森林相关的文化活动5次以上，除了每年都要举办的桂花文化展、荷花文化展外，还举办了梅花赏花节、沉香文化展等特色文化活动，吸引了大量游人参观。颐和园的文创活动开展较早，规模也在市属公园前列，园内文创商店主要集中在仁寿南殿和北殿。通过对公园内及周边地区商店里出售与森林有关的艺术品的调查，主要有颐和园品牌桂花糕和印有园内梅花图案的折扇2种。

2. 身心康养价值

根据样点调查数据，发现在早晨8—9点之间离园人数东门和北门共计约为1200人，预计来公园全天晨练的人数约占公园游客总数的10%—30%。

在官网查询，颐和园举办的群众性健身活动主要为环昆明湖健步走活动，以及冬季的冰雪节，在全市乃至全国人气较高。例如，颐和园管理处承办的北京公园节颐和园健步走活动和国际友人环昆明湖长走活动，吸引了近百个国家的驻华使节、驻京外国机构工作人员、公司外籍职员及专家、留学生等800余名长走爱好者参加。长走路线从文昌院出发，环昆明湖一圈，全程8公里。近3年来在公园内开展市县级以上体育活动5次以上。

通过实地调查，在颐和园东部地区有原邮电部疗养院1座，主要提供给邮政系统劳模和退休职工疗养使用，现在也面向社会开放。颐和园周边现有小区主要有中坞新村、新建宫门、颐东苑等小区5个以上，因为颐和园位于“三山五园”区域，该片区森林覆盖率高，小区居民可以享受到包括颐和园在内的大片森林提供的生态效益。

图 14-5　颐和园调查地点分布示意图

3. 休闲旅游价值

根据实地调查，在公园内开展的休闲娱乐种类在5种以上，主要包括合唱、乐器演奏、下象棋等。其中颐和园的老年人合唱规模较大，主要集中在后山区域，自发形成了多个小团体，参与人数众多，在首都范围名气较大。

根据同颐和园管理处座谈得知持年卡、月卡游客人数占公园游客总数的10%—30%，平均每天组团来园人数占公园游客总数的30%以上。现场调查发现在公园内林内（林间）幼儿人数占公园游客总数的8%。

表14-4　颐和园调查点部分指标调查表

景点名称	千峰彩翠	烟溪风雾	绮望轩址	湖山真意	凤尾松
经过人数	1836	215	247	3519	4104
驻足观赏人数	175	67	114	478	1077
拍照留影人数	51	86	30	158	152
写生人数	0	0	0	0	0

通过对园内样点调查结果统计发现，在颐和园五个地点驻足观赏人数占经过人数比例最大的为绮望轩址，比例为46.15%。在这五个地点拍照留影人数比例最大的为烟溪风雾，拍照留影人数比例为40%。

4. 科研教育价值

近3年内在公园内开展的与森林（植物）有关的科研项目5项以上，主要涉及园内古树保护、名贵珍稀树种遗传基因保存、杨柳飞絮治理等研究内容，项目级别以北京市公园管理中心立项为主，以及部分横向合作项目。

根据知网搜集的数据，近5年内在正式期刊发表与公园内森林（植物）有关的学术论文、论著数量在5篇以上。

表14-5　颐和园森林（植物）有关的论文

序号	作者	题目	刊物	时间
1	赵薇淇	颐和园万寿山植物种植保护形式研究	现代园艺	2018
2	赵晓燕等	颐和园南湖岛木香的快速扦插繁殖技术	现代园艺	2018
3	佟岩	颐和园地被植物的现状与应用	北京园林	2018
4	徐士岐	颐和园柳树景观保护探讨	国土绿化	2018
5	肖倩等	浅谈丁香在颐和园应用的合理性	北京园林	2018
6	徐士岐	试述古树名木树体保护技术应用——以颐和园为例	中国园艺文摘	2018
7	王爽	颐和园柳树资源保护与生态治理	北京园林	2019

颐和园作为北京市代表性旅游景点，每年暑期作为首都地区及周边高校旅游管理相关专业的实习基地，近5年内在公园开展实习的人数年均在

100 人以上。从颐和园管理处调查得知，近 3 年内在公园开展科普活动年均次数在 5 次以上，除了每年都要举办的科普游园会外，颐和园每年还会开展一些专题科普活动，例如“颐和园皇家文化体验之妙手梅香”主题科普活动，进行了梅花剪纸、梅花图案印染和鼻烟壶的制作等传统手工艺的展示，取得了良好的社会反响。

5. 文明演进价值

据文献《颐和园里的古树》记载，颐和园现有古树 1601 株，其中一级古树（树龄在 300 年以上）102 株，二级古树（树龄在 100 年以上）1499 株，共分 6 科 7 属 8 个树种，均为北京地区园林绿化常见树种，集中分布在万寿山的前后山及长廊沿线，后湖两岸也有小的古树群落分布。

图 14-6　颐和园（胡楠摄）

据文献资料《忆毛主席看望柳亚子并游览颐和园》中记载，1949 年 5 月 1 日，毛主席前往颐和园看望柳亚子先生并游览颐和园，其间问了当时园内管理人员一些植物的名称和栽培情况。据文献资料《“匠心钩出万山松”——1979 年元帅诗人叶剑英与画家们在颐和园》记载，1979 年 7 月 11 日，时任中共中央副主席、全国人大常委会委员长的叶剑英来到颐和园中的藻鉴堂，看望了应文化部之邀在这里创作和休息的一群画家，并即兴挥毫赋诗：“画家渔叟喜相逢，明媚湖山写意浓。清代兴亡昨日事，匠心钩出万山松。”位于颐和园大戏台东夹道的一株圆柏，其树体有明显烧伤的痕迹，西侧已无树皮且颜色发黑，树头已断，这是帝国主义侵略者火烧颐和园时犯下滔天罪行的罪证。经历这场浩劫之后，这株古树仍保持着顽强的生命力，在东侧又萌发出新的枝叶，并茁壮成长为一株大树。另根据网络资料，关于颐和园内凤尾松的传说：颐和园初建时这株古树尚较完好，其树干如龙一般蜿蜒盘曲，太监李莲英为讨好慈禧连夜命人将形似龙头的树冠上半部分砍掉，把形似凤尾的树冠下半部分保留。第二天一早李莲英报告老佛爷说：天公作美，打雷将龙头劈掉了，实乃天意。这样才形成了凤在上、龙在下的奇景。

根据遥感影像资料分析，颐和园的森林面积约占公园总面积的 1/3，即森林面积占公园面积的比例在 30%—60%。根据实地调查，公园的地形地貌类型包括湿地、平地和山地等 3 种。

颐和园集传统造园艺术之大成，借景周围的山水环境，既有皇家园林恢宏富丽的气势，又充满了自然之趣，高度体现了中国园林“虽由人作，宛自天开”的造园准则。颐和园是中国的造园思想和实践的集中体现，以颐和园为代表的中国皇家园林是世界几大文明之一的有力象征。颐和园获得国家 5A 级旅游景区，国家重点公园，北京市一级公园，北京市精品公园等评级。此外，颐和园原是清朝帝王的行宫和花园，是中国现存最大的皇家园林，具有明显的唯一性和独特性。

6. 传统习俗价值

近 3 年内在公园开展植树节、庙会、旅游节、博览会等节庆活动次数在 5 次以上，例如每年都要举办的“我与小树共成长”植树节主题活动、皇家园林旅游节等。其中由市县（区）级部门组织的在 5 次以上。

梅花，是中华民族最具文化象征的花卉品种，寒冬中绽放的梅花，寓意着冬之将逝，春之到来。颐和园在每年的春节都要举办梅花迎春文化展活动，主要进行宫廷梅花盆景的展示，增加节日氛围。

7. 伦理道德价值

据文献《颐和园里的古树》记载，位于乐寿堂院西的古玉兰已经被北京青年报社认养。目前，公园范围内森林（树木）领养数量累计超过 100 株，并逐渐增加，参与领养的有团体也有个人，其中以团体领养为主。根据实地调查发现，颐和园公园范围内所有生长衰退森林（古树）都得到了救护并取得了较好的效果。

（四）颐和园森林文化价值评估结果

根据对颐和园的森林文化价值评估指标的赋值得分情况，利用线性加权模型对公园森林文化价值综合指数进行求算，结果显示标准化综合分数为 78.6，根据公园森林文化价值等级的划分标准，颐和园的等级为良。

通过颐和园森林文化价值评估体系中八个准则层的得分情况可以看出，颐和园的森林文化价值主要表现在审美艺术价值、休闲旅游价值、文明演进价值等三个方面。

查询相关统计资料，2016 年全园接待游客总人数为 1700.65 万人次，经调查发现，颐和园游客平均游览时间约为 4 小时。公园的森林覆盖率约为 25%，2016 年北京人均 GDP 为 11.47 万元，按照前述公式，颐和园森林文化价值物理量为 1941.38 文年，森林文化价值量约 3.43 亿元。

四、香山公园森林文化价值评估

香山公园位于北京西郊，地势险峻，苍翠连绵，占地 188 公顷，景点最高峰香炉峰海拔 575 米。香山公园可追溯至金朝，距今有近 900 年的历史，后在元、明、清都建有皇家别院，拥有碧云寺、双清别墅等众多文物古迹，树木繁多，森林覆盖率高，是一座具有山林特色的皇家园林。香山公园 1956 年正式开辟为人民公园，先后被评为国家 4A 级景区、北京市精品公园，2012 年又被授予“世界名山”称号。香山公园树木繁多，森林覆盖率高达 96%，仅古树名木就有 5800 多株，占北京城区的 1/4，具有独特的“山川、名泉、古树、红叶”丰富的园林内涵。香山红叶驰名中外，1986 年就被评为“新北京十六景”之一，成为京城最浓的秋色。香山公园的古树成为唯一活着的历史文化见证。香山的史料有关于古树自身的历史记载，有与古树相关的名人踪迹的描述，加上中国传统文化本身所拥有的植物文化蕴含，这些共同汇聚出香山古树多样的文化内涵。

图 14-7　香山红叶（葛雨萱摄）

碧云寺是北京西山地区保存最为完好的大型佛教寺院，位于香山公园北侧，西山余脉聚宝山东麓，与潭柘寺、戒台寺同称为“京西三大寺”。寺院规模虽然不大，但景致优雅，胜美颇多，经过历史的积淀，碧云寺集文物、建筑、历史、艺术、园林、文学、绘画、宗教等价值于一体，形成了丰厚的物质文化价值和非物质文化价值，被列为全国重点文物保护单位。公园内另有香山寺遗址一处，香山寺历史悠久，据记载唐代已有此寺。香山寺依山而建，错落有致，严整壮观，曾为西山诸寺之冠。香山寺于 1860 年、1900 年分别遭英法联军和八国联军焚烧，仅存知乐濠、听法松、娑罗树御制碑、石屏等遗物。这些佛教文物古迹的存在为香山公园森林的文化增添了宗教色彩，成为公园森林文化的一大特色。

（一）香山公园森林文化资源本体的类型

1. 古树名木

香山的森林覆盖率达到了 96%。其中一、二级古树就有 5800 余株，占北京近郊古树总数的 1/4。包括侧柏、油松、桧柏、白皮松、国槐、银杏、七叶树、皂角、元宝枫、楸树、榆树、栾树、麻栎共计 13 种古树，主要分布在静宜园、碧云寺、松堂 3 个区域。静宜园内有古树 5253 株，现存最为著名的有听法松、凤栖松、五星聚，以及香山饭店内的“会见松”等；碧云寺共有一、二级古树386株，占全寺乔木的30%以上，具有代表性的有三代树、九龙柏；松堂（清代梵香寺遗址）有古树227株，内有称为华北地区最大的“白皮松古树群”。现存最为著名的主要有听法松、凤栖松、琼松塔影、九龙柏等。

听法松位于香山寺内。自殿中视之，状若扁担好似在阶下探向殿内听老佛师说法，相传东晋时有位高僧在讲经时讲得义理明澈，竟使顽石感化点头称是，乾隆为与古代顽石闻经点头相媲美，故而御赐此名。

凤栖松在见心斋北门外石桥前，此松一枝干酷似一只孔雀引首东望，故名凤栖松。

琼松塔影知松园景区位于南北主要游览干道西侧。占地2公顷，是1987年新辟建的景区。景区内一、二级古松柏100余株。知松取意于《论语・子罕》“岁寒然后知松柏之后凋也”。景区内有古松同琉璃塔形成借景，命名为“琼松塔影”。

九龙柏为一株侧柏，在金刚宝座塔顶后部。树高6米多，树干分为九杈，造型酷似九条蛟龙空中腾舞而得名。民国初年，孙中山至此，曾亲手去掉压在树干上的积石。后孔祥熙撰写“总理亲手扶植塔顶侧柏记”以示纪念。

2. 香山红叶

香山红叶主要有8个科，涉及14个树种，总株数达10万余株，甚为壮观。香山红叶树种有五角枫、三角枫、鸡爪枫、柿树等，面积最大的红叶树种是黄栌，有近10万株。这些红叶树种叶子里含有大量的叶绿素、叶黄素、类胡萝卜素、胡萝卜素、花青素，春夏两季叶绿素进行光合作用并使叶子呈现绿色，霜秋季节天气变冷昼夜温差变化增大，叶绿素合成受阻逐渐破坏消失，而类胡萝卜素、胡萝卜素、花青素成分增多，使叶子呈现红黄、橙红等美丽色彩。

3. 传统观赏花木

香山传统的观赏花木也已成规模，如牡丹、玉兰、西府海棠、山杏、山桃、月季、紫薇、连翘、梅花、丁香等等，形成了一些集中的观赏区，如杏花林、梅花谷、丁香路、椴树路。特别是椴树，极具特色，在市内其他园林比较少见，是香山优良的芳香植物和秋色叶植物。此外院内还有许多观赏价值高的草本植物种类，如归化植物二月兰、花木兰、萎陵菜、三裂绣线菊、各种沙参、狗哇花、甘野菊、小红菊等，在春秋两季常常形成山花烂漫的美景，为香山山野风光增色不少。

（二）调查样点分布

在香山公园内共设置了 7 个调查点，位置如图 14-8 中红色圆圈所示。其中 2 个点分别为东门和北门，用于调查晨练人数，其余 5 个点为园内点，分别为玉华岫、双清别墅、香雾窟、知松园、香炉峰。

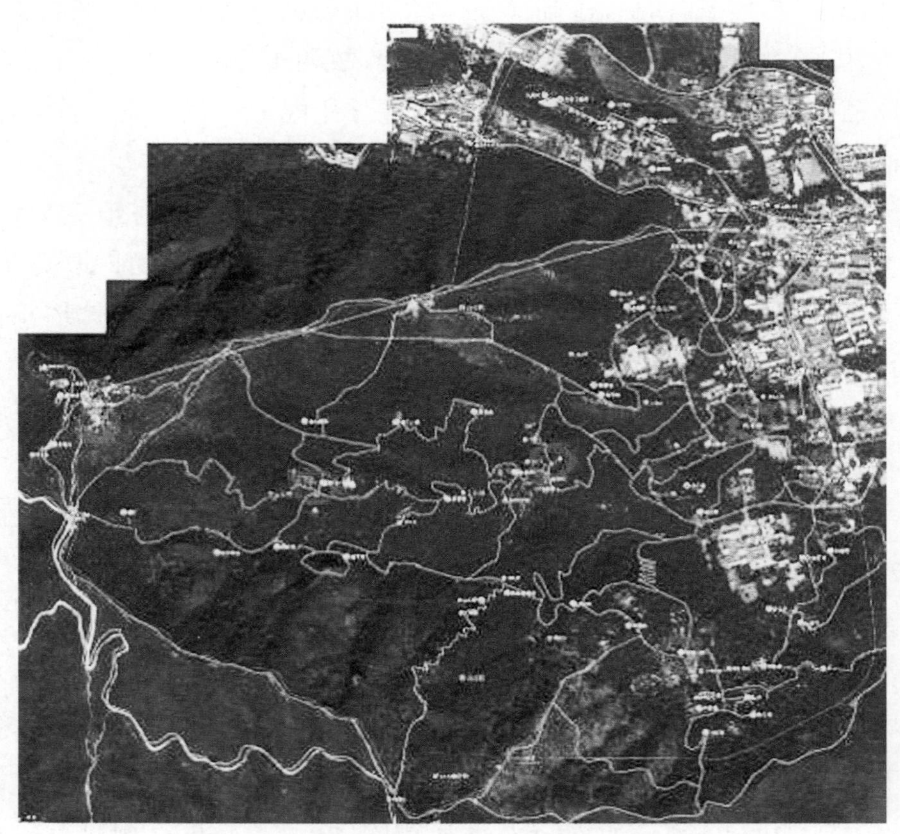

图 14-8　香山公园调查地点分布示意图

（三）指标分类评估

1. 审美艺术价值

香山公园古树名木数量众多、分布较广，所在地势复杂、多样，而且树木的养护管理工作相对困难。但是，大部分古树生长良好。公园内分布有大面积的自然林（80%以上为自然林），主要是黄栌、五角枫等红叶植物。根据遥感影像图可以看出，园内森林在公园内分布面积占公园总面积的 90%以上。此外，香山公园内森林斑块面积很大，只有少数的建筑用地斑块，平均森林斑块面积不低于公园总面积的 5%。在群落类型数量方面，根据实地调查，香山公园森林群落类型（包括灌丛和草地）数量在 10 种以上，主要有侧柏林、圆柏林、杏花林、梅花谷、丁香林、椴树林等。香山公园内珍稀树种很多，不仅有南方分布的桂树，还有高海拔地区分布的金莲花等珍稀树种。森林景观的奇特程度方面主要体现在古柏树的结构造型方面，香山公园古树品种分别属于 11 个科、12 个属、13 个品种，千姿百态的树形、树势源自种间差异，也源自个体差异，形成别具一格的观赏特性。从感观上除了具有“苍、古、劲、朴、拙”的优美度外，也呈现出或高耸参天，或色彩绮丽，或质感生趣，或芳香怡人，或树王成最，或苍劲虬曲等奇特性，从而以树韵景营造出诗意的画境感。香山公园内大部分森林群落结构较完整，具有乔灌草三层结构；森林乔木层郁闭度在 0.8 以上。

香山红叶是香山最负盛名的景观，被评为“新北京十六景”之一。公园中红叶树种大约有 14 万株，占地约 1400 亩，其中黄栌的占比最高，大约有 10 万株以上，占地 1200 亩，每年秋天满山红叶，美不胜收。而“西山晴雪”是著名的京城八景之一，主要指冬天的雪景，乾隆皇帝曾经在香山的山腰上立下了西山晴雪碑。将森林的色彩美、形态美、意境美等森林美学价值发挥得淋漓尽致。

通过实地调查发现，游客在公园森林分布区停留人数约为游客总人数的 60%以上，其中写生人数占游客总人数的 2%以下。

公开发表的与森林（树木）有关的诗歌、散文等文艺作品有：明代王衡记载：“杏树可十万株，此香山之第一胜处也”，明诗有“寺入香山古道斜，琳宫一半白云遮。回廊小院流春水，万壑千崖种杏花”之句，清乾隆皇帝的诗词《金莲花》、当代著名散文家杨朔的《香山红叶》、梁衡的《冬日香山》、周沙尘的《丹黄朱翠话香山》等 5 件以上。

近 3 年来在香山公园开展以森林为主题的文化活动主要有从 1989 年延续至今的以观红叶为主题的红叶文化节；以及从 2002 年开始举办的香山赏花季；2015 年的香山公园“见证香山蝶变”摄影活动；2016 年举办的首届山林养生体验活动；碧云寺也不定期举办禅意插花活动。

香山公园的文创主要围绕红叶特色展开，根据实地调查在公园内及周边地区商店里有红叶书签、红叶文化衫、木制佛像、根雕等与森林有关的艺术品（商品）。

2. 身心康养价值

香山公园森林覆盖率高达 96%，是北京近郊天然的氧吧，空气负离子浓度年平均值为 630 个/立方厘米，是市区负离子含量的 14 倍，为同期监测点的最高地区。在调节局部气候方面，得益于独特的山形构造和丰富的森林资源，使香山地区的气温尤其是夏天比市区低 3—5℃。

公园内香山饭店，常年有本地以及周边地区游客来体验森林康养。公园周边有北京市海淀区老干部休养所1座以及若干军休所，另有部分农家院出租提供森林疗养。根据实地调查发现，在早晨8—9点之间离园人数东门和北门共计约为567人，预计在公园内晨练人数占公园全天游客总数的10%—30%。

通过网络搜集资料显示，在香山公园举办过第七届“北京国际越野挑战赛”，活动以定向越野形式在公园林区举行，获得大量媒体关注报道。此外，登山活动是香山公园的主要运动体验形式，经常举办各种团体形式的登山运动。近年来，瑜伽热兴起后，公园利用园内宗教氛围浓厚的特点，举办过瑜伽禅体验活动，收到了良好的社会反响。近3年来在公园内开展市县级以上体育活动5次以上。香山公园周边现有小区主要有中坞新村、新建宫门、颐东苑等小区5个以上。

3. 休闲旅游价值

元代诗人张养浩曾写道，“游人如蚁度林杪”，表明自古香山的游人已经很多，新中国成立后，将其设为人民公园，由于环境优美，气候宜人，四季风景各有不同，又有丰富的人文景观，基础设施完备，尤其是秋季红叶和春天踏青季节，游人众多。除了在园内进行登山活动外，游客利用公园山林特点还开展各种团建活动。此外，周边居民也利用公园内场地进行健身运动等。

根据调查结果显示，平均每天来园游客中持年卡、月卡游客人数占公园游客总数的30%以上，组团来园人数占公园游客总数的10%—30%。在公园内林内（林间）幼儿人数126人，占公园游客总数5%以下。

通过在香山公园内五个地点的调查，统计计算发现在这五个地点驻足观赏人数比例分别为32.70%、49.18%、8.03%、7.18%和79.91%，最主要的森林文化资源本体香炉峰的驻足观赏人数比例已经超过50%。在这五个地点拍照留影人数比例分别为13.15%、23.95%、1.57%、8.97%和34.13%，最主要的森林文化资源本体香炉峰的拍照留影人数比例超过30%。

表14-6　香山公园调查点部分指标调查表

景点名称	玉华岫	双清别墅	香雾窟	知松园	香炉峰
经过人数	266	551	635	557	498
驻足观赏人数	87	271	51	40	398
拍照留影人数	35	132	10	50	170
写生人数	0	0	0	0	0

4. 科研教育价值

香山公园植物资源丰富,有各类植物391种(野生植物229种)等生物资源,以及具有历史纪念意义的古树名木等历史人文教育资源,为科学研究和教育提供对象和载体。因此,公园承担的科研项目主要涵盖古树保护、历史研究、生态保护、旅游经济等多个方面,项目的级别主要为公园管理中心立项,部分为省部级科研课题。此外,作为中国林科院的实验基地,每年有相当数量科研项目以此为研究对象。在中国知网上以北京香山公园为主题搜索,近5年以香山公园森林资源为研究对象的期刊文章如表14-7所示。为了更好地开展生态教育,香山为很多植物悬挂了标牌,以便游客了解植物名称及分类,定期开展科普活动,通过展板、科普讲座、主题科普展、青少年夏令营、第二课堂等多种形式进行森林科普教育,在2016年就先后开展科普讲座及展览13次,覆盖人群13600人次,举办青少年夏令营7次,为青少年提供专门的课外教育场所。曾获得北京市校外教育先进集体、北京市红色旅游景区、海淀区中小学生社会大课堂建设先进集体等称号。

表14-7　香山公园森林(植物)有关的论文

序号	作者	题目	刊物	时间
1	成程等	北京香山公园自然景观价值二十年变迁	生态学报	2014
2	薛晓飞等	赏古树芳华　享历史浓荫——论北京香山公园古树景观可持续利用	中国园林	2014
3	汪兵	北京香山公园红叶景观	北京园林	2015
4	杜万光等	北京香山公园主要植被类型的夏季环境效应评价	林业科学	2018
5	宋军卫	森林文化的价值分析——以北京香山公园为例	区域治理	2019
6	耿玉环等	香山公园旅游资源的价值评估	林业科技通讯	2020

5. 文明演进价值

香山公园历史悠久,古树名木和文物古迹众多,记录和见证了众多历史事件,有着重要的历史文化价值。香山古树名木众多,一、二级古树达5800余株(其中一级古树300余株),占北京近郊古树总数的1/4。

香山自古就是皇家别院,有着众多名胜古迹,承载了很多重大历史事件。据文献资料《赏古树芳华　享历史浓荫——论北京香山公园古树景观可持续利用》记载,"会见松"见证了毛泽东主席树下汉白玉石凳旁会见傅作义将军的历史时刻;"九龙柏"顾名思义则是因树干分为九枝,酷似九龙腾雾,民国初年,孙中山至此亲自扶植此柏。1925年孔祥熙再观此柏特留有"总理亲手扶植塔顶侧柏记"字迹以示纪念等。

根据香山公园官网资料，香山公园树木繁多，森林覆盖率高达96%。香山公园的地形地貌类型包括山地、湿地、平地等3种地貌类型。香山公园古树名木数量众多分布较广，所在地势复杂、多样，公园内分布有大面积的自然林（80%以上为自然林），主要是黄栌、五角枫等红叶植物。香山公园内的红叶林所蕴含的文化事象，比如香山红叶节等文化事象的影响力波及海内外。

香山公园获得国家4A级旅游景区，国家重点公园，北京市一级公园，北京市精品公园等评级。此外，香山公园是一座具有山林特色的皇家园林，香山红叶驰名中外，1986年就被评为“新北京十六景”之一，成为京城最浓的秋色。

香山公园作为北京市区范围内的登高望远的最佳位置，每年的重阳节都会举行登高望乡祈福活动。这一天吸引大量游客登山，成为具有广泛参与价值的公众节日，也成为北京市的一处地理标志。

6. 传统习俗价值

根据香山公园官网资料，近3年内在公园开展的节庆活动主要有“播种山花、美丽香山”义务植树种花活动、“福满香山春满园”春节登高祈福会、“名山福运马年登高”香山登高祈福会、“清明踏青赏花，文明我最美”山花节、重阳森林音乐会等传统节庆活动。近3年内在公园开展植树节、庙会、旅游节、博览会等节庆活动次数在5次以上，其中由市县（区）级部门组织的在5次以上。

2016年七夕期间，香山公园开展的“黄栌印染晒书乐　传统节日新鲜过”活动中提出了植物印染体验“皇家色”的活动。以香山红叶的主要树种黄栌的废弃枝条枯木作为最原始的原料，用熬煮等技术，提取出古代皇家专用的黄色染料，活动吸引了大批游客观赏和参与。

7. 伦理道德价值

香山公园具有宗教色彩的古树主要在碧云寺院内，寺中古树名木众多，有一级古树近57株，二级古树337株。其中，以孙中山先生关护的九龙柏和三代树最为著名。其他的还有试泉阅性山房前的如篆古柏（枯木），徐悲鸿曾以此作画，金刚宝座塔周边的白皮松林也被赋予了宗教内涵。

在香山公园内森林（树木）基于宗教色彩的装饰情况主要集中在碧云寺、香山寺和昭庙等宗教氛围浓厚的寺院周围，人们通过在古树周围悬挂祈福布条的形式来祈求幸福圆满。

香山公园内最著名的树木相互依存、和谐共生现象要属三代树，即槐、柏、银杏一树三生，这是一株非同寻常的古树，为世所罕见。据文献记载，该树“生于枯根间，初为槐，历数百年而枯，在根中复生一柏，又历数百年而枯，更生一银杏今已参天”。此树龄已有300余年，树根周围仍可见枯死的柏树桩，1988年被定为一级古树。前人有诗赞曰：“一树三生独得天，知名知事不知年。问君谁与伴晨夕，只有山间汩汩泉。”是大自然的鬼斧神工，想给世间留下如此奇异美景吗？还是鸟雀偶然衔来了神奇的种子，造就了三代树这一人间奇迹？如今已无从考证，但仰望这棵树，不得不令人感叹生命之顽强，自然之神奇。

从香山公园管理处咨询得知，公园范围内森林（树木）领养数量在50—100株，或者50—100平方米。根据实地调查发现公园范围内所有生长衰退森林（古树）都得到了救护并取得了较好的效果。

（四）香山公园森林文化价值评估结果

根据对香山公园的森林文化价值评估指标的赋值得分情况，利用线性加权模型对公园森林文化价值综合指数进行求算，结果显示标准化综合分数为81.4，根据公园森林文化价值等级的划分标准，香山公园的等级为优。

通过香山公园森林文化价值评估体系中八个准则层的得分情况可以看出，香山公园在审美艺术价值、科研教育价值、文明演进价值和传统习俗价值上得分较高，显示了香山公园具有很好的森林文化价值。

通过对香山公园管理处的现场咨询，2016年全园接待游客总人数为226.4万人次，经调查发现，香山公园游客平均游览时间约为5小时。公园的森林覆盖率为96%，2016年北京人均GDP为11.47万元，按照前述公式，香山公园森林文化价值物理量为1240.55文年，森林文化价值量约1.42亿元。

五、中山公园森林文化价值评估

中山公园地处北京市中心，东邻天安门，占地面积23.8公顷，其中陆地面积20公顷，全园绿化覆盖率达79%，是一座具有纪念性的古典坛庙园林。辽代这里曾是兴国寺，元代改称万寿兴国寺。明永乐十八年（1420），按照《周礼》“左祖右社”辟建为社稷坛。社稷坛是皇帝祭祀土神、谷神的地方，也是皇权王土和国家收成的象征。自明永乐十九年（1421）至清宣统三年

(1911)明、清两朝皇帝或遣官在这里举行过1300余次祭祀活动。1914年，在北洋政府内务总长朱启钤的创意、主持下，将社稷坛辟为公园向社会开放，初称中央公园，是当时北京城内第一座公共园林。1925年，孙中山先生逝世，在园内拜殿(今中山堂)停放灵柩，举行公祭。为纪念这位伟大的民主革命先驱，1928年改名为中山公园。园内有辽柏、社稷祭坛、中山堂、保卫和平坊、兰亭碑亭、格言亭、蕙芳园、唐花坞等著名景观。

图 14-9　北京中山公园秋色

中山公园明、清时期的内坛墙及坛门保存较完整，内坛外围保存有众多明、清时期的古树，以古柏片植为主。原外坛区域现拥有众多园林景点，其中尤以民国时期迁建的各种假山石及园林小品最为有特色。主要的造园特点为：结合仿古建筑、园林小品、丰富的植物群落，营造出自然式传统园林特色。在游人使用方面，公园主要以古老的社稷坛及各色花卉展览等吸引游客。公园优美环境也吸引了众多市民常年在此健身、活动，如玩健身球和唱戏等。

(一)中山公园主要森林文化资源本体类型

1. 古树名木

中山公园共有古树名木612株(侧柏565株、桧柏36株、槐柏合抱1株、国槐4株、云杉6株)，一级古树305株，二级古树307株。公园古树以古柏为主,多为明永乐十八年(1420)建社稷坛初期,围绕社稷坛坛墙四周种植,距今已近600年,现仍苍翠挺拔,井然森列。古树沿社稷坛四周整齐排列分布,坛北东西向9行,坛东南北向5行,坛南东西向4行,坛西侧坛以北20行,以南5行。以后历代延续此格局陆续补植,形成了辽金元、明、清、近代古柏“四世同堂”的古柏林景观。

辽柏:在社稷坛的环坛古柏中,位于南坛门外东西马路有7株最巨古柏,相传为辽代兴国寺之遗物,故称“辽柏”。北京中央公园(今中山公园)的创办人朱启钤在《中央公园记》中记载:“……最巨7柏皆在坛南,相传为金元古刹所遗。”中山公园内的辽柏是北京城区有记载的最古老的柏树,虽历经千年,仍苍翠挺拔。

槐柏合抱:在公园中山铜像后东侧,由侧柏和国槐合二为一形成一个独具特色的植物景观,国槐从侧柏树干下部中心自然长出,得名“槐柏合抱”。其中柏树已经生长了500多年,而槐树则扎根于古柏树干的裂缝中,也生活了200多年。日积月累,槐树树干越长越粗,终于挣脱柏树的怀抱,茁壮成长。槐柏交相辉映,生机勃勃。槐树巍然挺立、柏树苍劲峭拔,两树和谐生长,共同繁茂,而且国槐和侧柏同是北京市的市树,实为园林奇特景观,为北京古树名木之一。

2. 柏树林

建坛之初,环绕社稷坛栽植了大量柏树,奠定了今日中山公园古柏森然的园林风貌,公园柏树(包括古柏)有侧柏700株、桧柏966株,是公园的代表性树种。

(二)调查样点分布

在中山公园内共设置了7个调查点,位置如图14-10中红色圆圈所示。其中2个点分别为南门和西门,用于调查晨练人数,其余5个点为园内点,分别为社稷坛、唐花坞、惠芳园、长青园、水榭。

(三)指标分类评估

1. 审美艺术价值

据2019年绿化普查数据,中山公园绿化面积14.06公顷,绿化覆盖面积16.73公顷,绿化覆盖率70.2%,园内现有乔木65种2671株,灌木56种3540株,竹类3种3954平方米,草坪、地被面积6.97公顷。中山公园内主要的森林类型为柏树林,包括侧柏和桧柏,从1000多年的古树到近代陆续补植的小树在园内都有分布，整体保存完整。根据遥感影像图可以看出园内森林在公园内分布面积占公园总面积的50%以上。

从中山公园遥感影像图上可以看出中山公园内平均森林斑块面积不低于公园总面积的5%。在群落类型数量方面，根据实地调查，认为中山公园森林群落类型（包括灌丛和草地）数量在5—10种，主要有侧柏林、桧柏林、月季灌丛、郁金香灌丛、竹林、牡丹灌丛等。

森林景观的奇特程度方面主要体现在古柏树的结构造型方面，中山公园古木繁盛，其中尤以千年辽柏和神奇的槐柏合抱而闻名于世。公园重视传统花卉的栽培，牡丹、兰花、梅花、大丽花、郁金香、菊花等花卉栽培历史悠久，享有良好的声誉。此外，中山公园每年都要举办以春兰为主的中国地生兰花精品展，展览期间展出春兰、春剑、莲瓣兰等兰花名品100余种200余盆。同时还展出朱德同志、邓小平同志、张学良先生以及国际友人松村谦三先生赠送中山公园的兰花精品和珍贵资料。中山公园内大部分森林群落结构较完整，具有乔灌草三层结构，或者具有乔草两层结构；乔木层郁闭度在0.4—0.8。

实地调查发现，游客在公园森林分布区停留人数约为游客总人数的50%以上，主要集中在古树周边，拍照的人群络绎不绝。其中在公园写生人数占游客总人数的2%以下。

通过翻阅《中山公园志》，清乾隆祭社稷坛诗就有二十一首。有关槐柏合抱古树的诗词有《社稷坛双树歌》和《稷坛双树》。另有赋和记若干篇。1962年1月1日，朱德参观北京中山公园兰花展览，赋诗《咏兰展》："春来紫气出东方，万物滋生齐发光。幽兰新展新都市，人人交口赞国香。幽兰吐秀乔林下，仍自盘根众草傍。纵使无人见欣赏，依然得地自含芳。"其末四句后来印制在1988年12月25日发行的特种邮票《中国兰花》小型张上。

根据网络搜集数据显示，近3年来在中山公园开展以森林为主题的文化活动主要有从1996年延续至今的春花暨郁金香展览；自2015年开始，公园与荷兰国泰郁金香协会、北京插花协会合作，在唐花坞、蕙芳园、七间房三处室内展室成功举办了"国泰"郁金香慈善行动、"郁金香的前世今生"、"郁金香花艺与景德镇陶瓷"等多项室内主题花展。此外，公园每年都在蕙芳园定期举办各类兰展。

中山公园文创活动主要围绕公园特色花卉开展，实地调查在公园内及周边地区商店里有兰花标本、市树（国槐和侧柏）木质钥匙扣等与森林（植物）有关的艺术品（商品）2种。

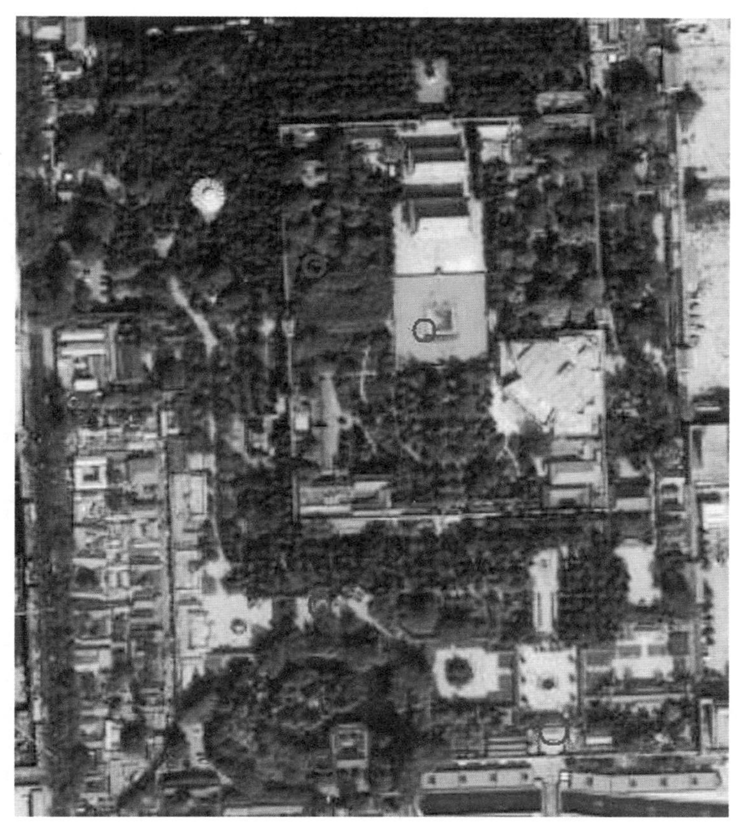

图 14-10　中山公园遥感影像图(蓝线范围内)

2. 身心康养价值

中山公园位于城市核心区天安门西侧,且公园占地面积较小,此外,由于外地游客主要旅游目的地为故宫,公园内相对游人密度少,因此,相比较前述三家公园,中山公园身心康养价值主要体现在为周边居民提供日常健身场所。本地居民在园内开展了形式多样的健身活动,其中太极柔力球已经成为公园标志性运动。公园内不但有大量群众从事这项运动,还每年举办不同级别的竞赛活动,吸引了全北京乃至全国的柔力球爱好者参加。近3年来在公园内开展市县级以上柔力球体育活动4次。

根据实地调查数据,早晨8—9点之间离园人数西门和南门共计约为334人,预计在公园内晨练人数占公园游客总数的10%—30%,主要为周边南北长街社区居民。

3. 休闲旅游价值

中山公园相亲角是一个由单身青年家长自发形成的集会,已存在十余年。每周四、周日上午十点左右,居住在北京各地的家长陆续到达中山公园格言亭旁,沿着道路两侧的树荫摆放各自子女的信息。该相亲角已经成为北京以及周边最大的露天相亲角，不少游客慕名而来，成为公园的一大特色。游客和家长在公园进行社交活动之余，开展各种形式的娱乐活动活跃了气氛。

从中山公园管理处调查结果显示，公园不接待团体游客，平均每天来园游客中持年卡、月卡游客人数占公园游客总数的10%—30%。实地调查发现在公园内林内（林间）幼儿人数63人，占公园游客总数5%以下。

在中山公园内五个地点的调查发现，在这五个地点驻足观赏人数比例分别为82.04%、31.85%、27.68%、21.84%和25.82%，人群最密集的地方在社稷坛及周边。在这五个地点拍照留念人数比例分别为74.21%、25.00%、20.53%、7.68%和21.58%。

表14-8　中山公园调查点部分指标调查表

景点名称	社稷坛	唐花坞	惠芳园	长青园	水榭
经过人数	1264	496	784	586	848
驻足观赏人数	1037	158	217	128	219
拍照留影人数	938	124	161	45	183
写生人数	2	0	0	0	0

4. 科研教育价值

中山公园拥有珍贵的古树资源，尤其是7株辽柏。公园围绕古树保护、历史考据、旅游开发等领域开展了相关科研工作。科研课题主要由公园管理中心资助，近3年内在公园内开展的与森林（植物）有关的科研项目有3项。

根据知网搜集的数据，近5年内在正式期刊发表与中山公园内森林（植物）有关的学术论文、论著如表14-9所示。

表14-9　与森林（植物）有关的学术论文、论著

序号	作者	题目	刊物	时间
1	孟令旸等	地栽郁金香在北京中山公园春季花展中品种应用特性及其评价体系的研究	中国公园协会2015年年会论文集	2015
2	宋碧琰等	北京郁金香品种调查及应用分析	中国观赏园艺研究进展2015	2015

中山公园作为全国中山公园联盟理事长单位，近3年内在公园接待全国各地来中山公园学习交流的人数年均在100人以上，此外还有部分园艺公司来园交流园林花卉育种技术等。

根据中山公园官网,2016 年公园开展了“年宵花卉的家庭养护”“水仙雕刻技术”“种盆美丽的郁金香”“菊花栽培技术”“彩叶植物”等系列科普活动,近 3 年内在公园开展科普活动次数在 5 次以上。

5. 文明演进价值

据中山公园官网资料,中山公园的森林覆盖率达到 70.2%。古树名木众多,其中一、二级古树就有 612 株。公园内具有 300 年以上的森林或者树木。中山公园的地形地貌类型包括湿地、平地等 2 种地貌类型。

据文献资料记载,1918 年 6 月 30 日,由王光祈、曾琦、李大钊、周无、雷宝菁、陈愚生、张尚龄等七人在北京发起组建少年中国学会。此后,经过长达一年的酝酿与筹备,1919 年 7 月 1 日正式在北京成立。北京中山公园成为学会集会的重要场所之一。孙中山先生逝世后,停灵于中山公园接受群众拜祭,这也是公园现名称的由来。北京中山公园的兰花,许多是朱德所赠。公园举办的首届兰花展就是在朱德的亲切关怀下开办的,此后朱德多次来公园赏兰游园。

中山公园获得国家 4A 级旅游景区,国家重点公园,北京市一级公园,北京市精品公园等评级。此外,公园前身是皇帝祭祀土神、谷神的社稷坛,是一座具有纪念性的古典坛庙园林。近代以来,中山公园作为纪念伟大革命先行者孙中山先生的纪念性公园,每逢中山先生诞辰日都会举办相关展览,供游人参观纪念。作为全国中山公园联盟的理事长单位,这一活动对全国各地的中山公园也起到了示范带头的效果。

6. 传统习俗价值

根据中山公园官网资料,近 3 年内在公园开展的节庆活动主要有,中山先生诞辰纪念日举办的专题展览,将中山先生的生平事迹以展板形式进行宣传。国庆节假期,公园作为北京市政府重点环境布置单位之一,以花卉环境布置工作作为主要亮点,开展节庆主题花卉展览,营造节日喜庆氛围。

近 3 年内在公园开展植树节、旅游节、博览会等节庆活动次数在 5 次以上,主要有纪念林植树活动、坛庙文化旅游节和郁金香展销会等。这些节庆活动中由市县(区)级部门组织的在 5 次以上。中山公园每年的农历新年都要举办社稷文化周活动,主要进行祭祀文化展览和相关演出。同时还举办室内兰花展,传播兰花文化。

7. 伦理道德价值

中山公园原为辽、金时的兴国寺,元代改名为万寿兴国寺。明成祖朱棣兴建北京宫殿时,按照“左祖右社”的制度,将兴国寺改建为社稷坛,作为明、清皇帝祭祀土地神和五谷神的地方。因此,按照公园原有用途来说,园内古树皆为社木范畴,具有较高的图腾象征意义。

目前,中山公园范围内森林(树木)领养数量在50株,或者小于50平方米。根据实地调查发现公园范围内所有生长衰退森林(古树)都得到了救护并取得了较好的效果。

(四)中山公园森林文化价值评估结果

根据对中山公园的森林文化价值评估指标的赋值得分情况,利用线性加权模型对公园森林文化价值综合指数进行求算,结果显示标准化综合分数为67.4,根据公园森林文化价值等级的划分标准,中山公园的等级为良。

通过中山公园森林文化价值评估体系中八个准则层的得分情况可以看出,中山公园森林文化价值主要表现在审美艺术价值、科研教育价值和文明演进价值。

通过对中山公园管理处的现场咨询,2016年全园接待游客总人数为341万人次,经调查发现,中山公园游客平均游览时间约为2小时。公园的森林覆盖率为70.2%,2016年北京人均GDP为11.47万元,按照前述公式,中山公园森林文化价值物理量为544.98文年,森林文化价值量约0.84亿元。

六、景山公园森林文化价值评估

景山公园位于北京城南北中轴线的中心点上,南依故宫,西靠北海,北与鼓楼遥遥相望。在元、明、清三代,景山及其附属建筑不仅是一座供游赏的皇家园林,还具有习射、停灵、祭祖、官学、躬耕、戏曲、宗教等多重功能。园内景山山高42.6米,海拔88.35米,曾多次更名青山、万岁山、镇山、景山等,民间还曾称其为煤山,曾是北京城中心的最高点。站在山顶可俯视全城,金碧辉煌的古老紫禁城与现代化的北京城新貌尽收眼底。古时山上丛林蔽日,鹿鹤成群,生机盎然,极富自然野趣。山下遍植花草、果木,有“后果园”之称。封建帝王常来此赏花,习射、饮宴,登山观景,是一座优美的皇家花园。景山公园内古树参天,山峰独秀,殿宇巍峨,牡丹品种繁多,文化活动丰富。山上五亭横列,中峰万春亭坐落于北京城中轴线制高点,尽享天时地利,登临其上,可俯瞰故宫全景,一览京城轴线,领略整齐对称的布局神韵,品读气势恢宏的宫廷建筑。这里曾是明、清帝后祭祖追思的重要场所,保存着寿皇殿、观德殿、护国忠义庙、绮望楼等古迹文物，散发着浓厚的根祖气息，是传承和发扬中华孝道文化的圣地。

1928 年开放，1949 年后进行修理和全面修建，辟为景山公园。先后建成银杏园、海棠园、牡丹园、桃园、苹果园、葡萄园、柿子林。1957 年被定为北京市重点文物保护单位，2001 年被列为全国文物保护单位，被定为国家 4A 级旅游景区，2005 年被评为北京市“精品公园”。目前，公园占地面积 23 公顷，园内松柏葱郁，游人如织，是北京皇城内独具特色的所在。

（一）景山公园主要森林文化资源本体类型

1. 古树名木

景山公园共计有古树 1026 株。分为两部分，南区为目前公园开放区，共有古树 885 株，其中一级古树 63 株，二级古树 822 株。树种有白皮松、侧柏、桧柏、国槐、油松、银杏、栾树。其中生长势正常 793 株，生长势衰弱 87 株，生长势濒危 5 株。

北区为寿皇殿古建区，目前未开放。古建筑群及周边共有古树 141 株。其中一级古树 33 株，二级古树 108 株。树种有桧柏、侧柏、国槐。其中生长势正常 129 株，生长势衰弱 12 株。

虬龙柏位于景山后山登万春亭山道东侧，关于这株柏树有一个美丽的故事。明朝嘉靖年间（1543 年前后），皇宫中有一只狮子猫，这只小猫死后，嘉靖皇帝十分伤心，将这只狮子猫埋葬在万岁山北面的一株古树下，并立碑纪念，碑文题：虬龙冢。由此得名的虬龙柏，如今成为景山一处重要的景观。

在景山公园偏东北的位置，永思殿前殿的西侧长有一株老槐树，这株槐树是景山公园里树龄较长的古树，胸径约有 2 米，胸围 6 米有余，冠高约 20 米。从远处看这株古槐，树干高耸挺拔，枝干舒展昂扬，叶茂荫茸，生机勃发。但是走到近处观看，就会发现这株古槐的主干早已朽空，西南侧的树干也脱皮迸裂，整个主干只剩下很薄的木栓层和苍老的树皮支撑着树冠并维持着生机。有趣的是，不知何时，在朽空的树干中又生出了一株小槐树，弯弯曲曲地沿着树洞向上生长到近 10 米高。天长日久，小树的胸径长到一尺多，树冠伸出了树洞，外皮与大树的枝干也慢慢地长在了一起。这株古槐怀中长出小槐树，俗称“母子槐”。

在景山公园牡丹园的东侧有两株树形苍劲挺拔、高大威武的古柏，就是景山有名的“二将军柏”。历史上，位于观德殿前面的这片牡丹地，原本是明清时期帝王的演武场。为了提倡忠勇神武、纯心取义和亮节成仁的精神，康熙皇帝在射箭之余为观德殿东边的护国忠义庙题写了“忠义”匾额,并将护国忠义庙前面的这两株并立古柏命名为“二将军柏”。

2. 牡丹园

景山牡丹栽培历史悠久,种植牡丹的历史可追溯到金中都时代的行宫——太宁宫。牡丹在景山形成规模的种植,有文字记载的是元代。自2003年景山公园独立之后,公园的绿化水平得到了进一步的提高,牡丹不仅在数量上有很大的增加,品种也不断丰富,截止到2014年底统计,公园已拥有中原乃至世界各国的牡丹515个品种,其中中原牡丹品种312个,包括12个自20世纪60年代开始培育的新品种;国外牡丹品种94个;西北紫斑牡丹品种109个,约2万余株,涵盖了九大色系、九大花型。随着公园牡丹品种的不断丰富,基本形成了种群各异的区域分类,主要分为九大景区:盛

图14-11 景山公园中的牡丹园

唐婵娟、齐鲁之春、瑶池仙子、吴越风韵、国色天香、花舞弄影、锦贺东瀛、艳若蒸霞、绮望春色。

3. 芍药园

景山公园共种植芍药两万余株,200 多个品种,主要分布在前山西南侧、西门的南侧,以及后山柏树丛里都有大面积的芍药园。前山绮望楼两侧、山坡、草坪、道路四周也以自然式布置,种植了大量的芍药。每逢开花时节,前来赏花的游人络绎不绝,整个景山就好像一片花的海洋。

(二)调查样点分布

在景山公园内共设置了 7 个调查点,位置如图 14-12 中红色圆圈所示。其中 2 个点分别为西门和南门,用于调查晨练人数,其余 5 个点为园内点,分别为崇祯自缢处、绮望楼、万春亭、富览亭、周赏亭。

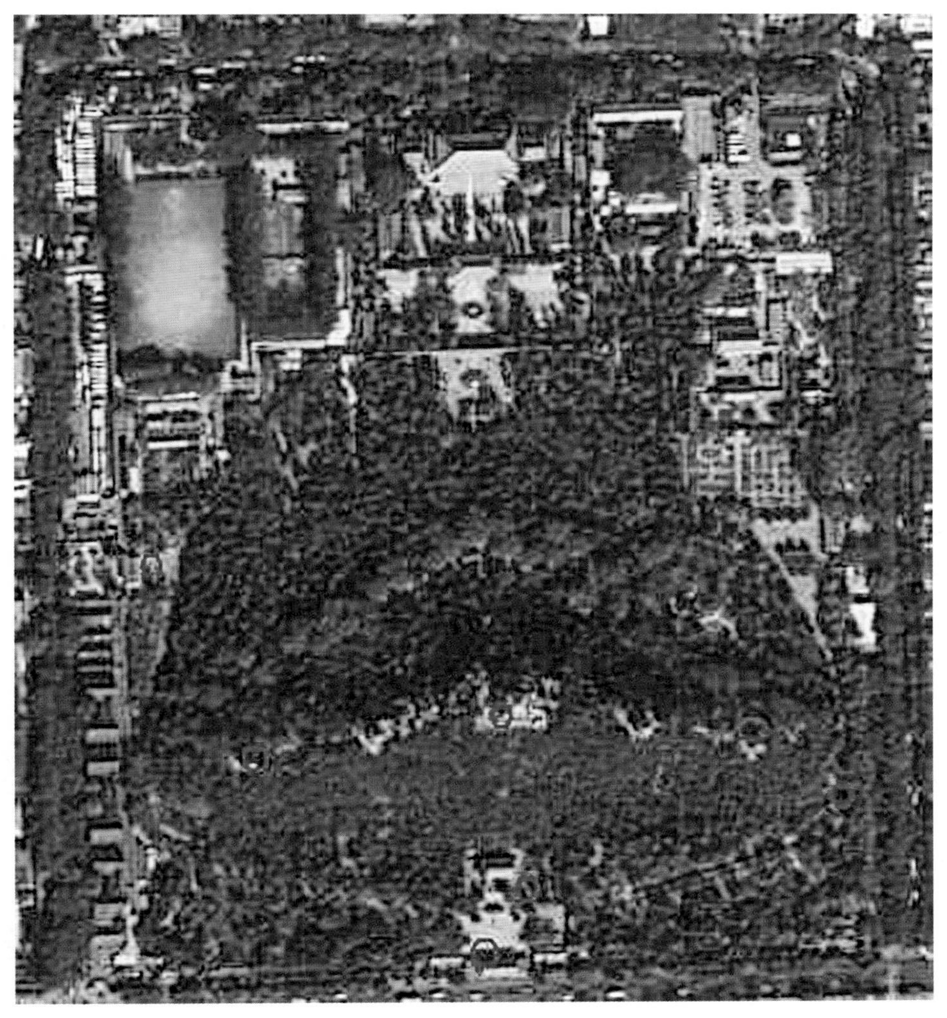

图 14-12 景山公园调查地点分布示意图

（三）指标分类评估

1. 审美艺术价值

景山公园内松柏郁郁葱葱，还有从各地引进的牡丹。园内现有古松柏一千余株，种植牡丹、芍药等花卉几万株，三季花团锦簇，四季松柏常青。加上经常举办花卉、盆景展览和各种文化活动，这座古老的皇家园林充满了新时代的生机。根据遥感影像图可以看出园内森林在公园内分布面积占公园总面积的50%以上，景山公园内平均森林斑块面积不低于公园总面积的5%。在群落类型数量方面，根据实地调查，认为景山公园森林群落类型（包括灌丛和草地）数量在5—10种，主要有侧柏林、桧柏林、油松林、牡丹灌丛、芍药灌丛等。景山上油松郁郁葱葱，山路两侧山桃和迎春绚丽绽放。公园特色花卉牡丹和芍药成为园内代表性景点，春季郁金香花展游人如织。景山公园内大部分森林群落结构较完整，具有乔灌草三层结构，或者具有乔草两层结构；乔木层郁闭度在0.8以上。景山公园森林景观的奇特程度方面主要体现在园内崇祯皇帝自缢的古槐树，歪脖槐树造型奇特，承载了厚重的历史沧桑感，游人至此无不感慨万千。

实地调查发现，游客在公园森林分布区停留人数约为游客总人数的60%以上，其中在公园写生人数占游客总人数的2%以下。

根据网络搜集数据显示，公开发表的与公园森林（树木）有关的诗歌、散文等文艺作品有：岳玉来的现代诗歌《五律——逛景山公园伴牡丹留影》、夏应友的《景山公园杂记》、梦雪纯的《歌声飞扬的景山》、衡宇主人的《景山公园吊崇祯皇帝》、楚成的《满江红——景山怀古》等在5件以上。

近3年来在景山公园开展以森林为主题的文化活动主要有从1986年延续至今的景山公园牡丹艺术节。2019年成功举办的“紫禁之巅”北京国际音乐节室外专场音乐会，是首次高级别的露天音乐会在市属公园演出。此外，公园还不定期举办森林观鸟活动，吸引了首都爱鸟人士的热捧。

景山公园的文创活动主要围绕公园的牡丹花展开，在公园内及周边地区商店里发现有牡丹漆器挂件、木制牡丹浮雕茶叶罐、牡丹书签等与森林有关的艺术品（商品）。

2. 身心康养价值

景山公园位于首都核心区，主要为周边居民提供运动休闲场所，根据实地调查数据，发现在早晨8—9点之间离园人数西门和南门共计约为386人，预计在公园内晨练人数占公园全天游客总数的10%—30%。此外，寿皇殿区域之前作为北京市青少年宫，主要为首都青少年开展各种活动提供场所，成为那个年代不少首都市民珍贵的儿时记忆。据统计，近 3 年来在公园内开展市县级以上体育活动 4 次，主要是群众性体育活动，其中抖空竹这项老北京传统活动已经扎根景山，老少咸宜其乐融融，公园还有举办专门的表演赛，吸引空竹爱好者参加。景山公园地处故宫核心区，目前周边有沙滩后街 55 号院、吉安所小区、米粮库小区等小区 5 个以上。

3. 休闲旅游价值

景山公园是许多热爱歌唱的北京市民合唱歌曲的地方，据公园工作人员介绍，这一传统始于 20 世纪 50 年代。当时景山公园北海公园一体化管理，不少歌唱爱好者在北海公园畅游后到一墙之隔的景山公园登高抒发情怀，开始以独唱为主，后来慢慢聚集成群，自发组成合唱团，像享誉京城著名的红太阳合唱团，已经成团近 40 年。这些合唱团以中老年人为主，他们所唱的歌曲既有民歌，又有革命歌曲，还有外国歌曲；不仅有欧洲歌剧和中国歌剧选段，还有流行音乐，成为公园一大特色，吸引了不少慕名而来的游客参与其中。2004 年起西城区政府每年都在公园举办专门的景山合唱节，邀请全市及部分外省市合唱团竞赛，成为享誉京城的文化盛事。

从景山公园管理处得知，平均每天来园游客中持年卡、月卡游客人数占公园游客总数的 30%以上，由于公园不接待团体游客参观公园，主要以散客为主，大多是游完故宫后顺道来公园参观游览。根据实地调查，在公园内林内（林间）幼儿人数 21 人，占公园游客总数 5%以下。在公园内开展的休闲娱乐活动除合唱以外，还有不少跳舞、下棋、说相声等，生活气息相比其他几家公园浓厚，可能与周边老北京居民较多有关。

在景山公园内五个地点的调查结果如表 14-10 所示。通过统计计算发现，在这五个地点驻足观赏人数比例分别为 78.30%、79.84%、97.02%、56.00%和 64.42%，在这五个地点拍照留影人数比例分别为 70.64%、55.81%、92.41%、36.57%和 51.68%，最主要的森林文化资源本体——崇祯自缢处的驻足观赏人数已经超过 50%，拍照留影人数比例超过 30%。

表 14-10　景山公园调查点部分指标调查表

景点名称	崇祯自缢处	绮望楼	万春亭	富览亭	周赏亭
经过人数	235	258	369	175	267

续表

景点名称	崇祯自缢处	绮望楼	万春亭	富览亭	周赏亭
驻足观赏人数	184	206	358	98	172
拍照留影人数	166	144	341	64	138
写生人数	0	0	2	0	0

4. 科研教育价值

景山公园的古树众多，景山上植被覆盖度较高，是一处进行城市绿地研究的理想场所。近 3 年内在公园内开展的与森林（植物）有关的科研项目主要涉及古树保护、绿地养护、节水灌溉、水土保持等领域，科研课题主要来源是公园管理中心资助，部分课题受故宫博物院统一资助。此外，依托崇祯自缢处的歪脖子树，公园挂靠一个社会团体——景山学会，主要从事明末与景山公园有关的文化和历史的挖掘。

根据知网搜集的数据，近 5 年内在正式期刊发表与公园内森林（植物）有关的学术论文、论著数量有 3 篇。另外，景山公园参与出版了《北海景山公园志》，该书是研究景山公园文化的重要著作。

表 14-11　与森林（植物）有关的学术论文、论著

序号	作者	题目	刊物	时间
1	殷丽峰等	北京景山公园夏季使用者游憩行为研究	北京农学院学报	2015
2	周明洁等	品穴星坑小蠹生物学特性及综合防治	中国森林病虫	2016
3	汪雨恬等	景山公园植物配置浅析	现代园艺	2016

景山公园作为皇家宫苑的一部分，与故宫博物院联合接收国内文物古建等相关专业大专院校学生进行专业实习。此外，景山公园还是北京园林学校的定点实习单位。

根据景山公园官网，公园在每年牡丹节期间举办景山牡丹文化展科普活动；此外，连续三年举办了插花花艺活动，现场传授插花技巧；暑假期间，公园举办了暑期昆虫科普展，吸引了大量儿童参加。景山还是全市观鸟协会的定点观鸟场所。

5. 文明演进价值

据景山公园官网资料，景山的森林覆盖率达到了 63.48%。古树名木众多，其中一、二级古树就有 1026 株。景山公园的地形地貌类型包括山地

和平地 2 种地貌类型。公园内还有从各地引进的牡丹。园内现有古松柏一千余株,种植牡丹、芍药等花卉几万株,三季花团锦簇,四季松柏常青。加上经常举办花卉、盆景展览和各种文化活动,这座古老的皇家园林充满了新时代的生机。

园内崇祯皇帝自缢的歪脖槐树造型奇特,承载了厚重的历史沧桑感。明崇祯十七年(1644)三月十九日,李自成军攻入北京,明思宗朱由检缢死于万岁山东麓一株老槐树上。清军入关后,为笼络人心,将此槐树称为"罪槐",用铁链锁住,并规定清室皇族成员路过此地都要下马步行。

景山公园获得国家 4A 级旅游景区,国家重点公园,北京市一级公园,北京市精品公园等评级。此外,景山公园是元、明、清三代的皇宫后苑,保存着寿皇殿、观德殿、护国忠义庙、绮望楼等古迹文物,曾是明、清帝后祭祖追思的重要场所,散发着浓厚的根祖气息,是传承和发扬中华孝道文化的圣地。每年的清明节,公园都会举办祈福纪念活动,宣传孝道文化。

6. 传统习俗价值

根据景山公园官网资料,近 3 年内在公园开展的节庆活动主要有:中秋节期间举办的"月满中秋"主题儿童 DIY 活动;春节期间举办的登高祈福和"纳福"活动;重阳登高活动;等等。近 3 年内在公园开展植树节、庙会、旅游节、博览会等节庆活动次数在 5 次以上,主要包括绿化景山植树活动、记忆中的景山文化庙会、牡丹花卉展等等。其中由市县(区)级部门组织的在 5 次以上。

景山公园每年的清明节都要举办祈福活动,主要进行追思先祖,弘扬孝道。国内也有一些明朝朱氏后人来崇祯皇帝殉国处进行祭祀活动。

7. 伦理道德价值

景山公园内"二将军柏"作为忠义护国庙前的神树,象征古代战将保家卫国的精神,由此被康熙御赐亲封,伫立在公园中高大挺拔,威风凛凛。

在观德殿的西侧有一株唐槐,这棵古槐树虽已千岁有余,但还是生机勃勃的样子,树干粗壮,雍容高耸,其胸径约 2 米,胸围 6 米有余,冠高 20 米。最令人惊奇的是,在它那有些朽空的树干中又生出了一株新的小槐树,也已经生长为碗口粗,十来米高了,生命力旺盛,成为北京城中独一无二的怀中槐,即"槐中槐"。公园范围内森林(树木)领养数量少于 50 株,或者 50 平方米。根据实地调查发现,公园范围内所有生长衰退森林(古树)都得到了救护并取得了较好的效果。

（四）景山公园森林文化价值评估结果

根据对景山公园的森林文化价值评估指标的赋值得分情况，利用线性加权模型对公园森林文化价值综合指数进行求算，结果显示标准化综合分数为 73.6，根据公园森林文化价值等级的划分标准，景山公园的等级为良。

通过景山公园森林文化价值评估体系中八个准则层的得分情况可以看出，总体上审美艺术价值、科研教育价值和文明演进价值这三个指标的得分都较高，显示了景山公园具有很好的森林文化价值。

通过对景山公园管理处的现场咨询，2016 年全园接待游客总人数为 670 万人次，经调查发现，景山公园游客平均游览时间约为 2.5 小时。公园的森林覆盖率为 63.48%，2016 年北京人均 GDP 为 11.47 万元，按照前述公式，景山公园森林文化价值物理量为 1204.62 文年，森林文化价值量约 2.03 亿元。

第三节　北京市皇家园林森林文化价值比较和建议

一、北京市皇家园林森林文化价值比较

通过实地调查、网络搜集资料文献和对管理部门的问卷调查等方式收集了有关公园森林文化价值的数据和信息，并对天坛公园、颐和园、香山公园、中山公园和景山公园五个皇家园林作了森林文化价值评估，总体上来讲，森林文化价值各方面香山公园最高，中山公园最低，其他三家公园居中。

表 14-12　各公园八项指标的比较

序号	评估类别	评估指标	景山公园	天坛公园	颐和园	香山公园	中山公园
1	审美艺术价值	1. 景观审美价值	10.77	11.53	11.50	11.91	9.86
		2. 文艺创作价值（精神层面）	2.90	3.10	3.09	3.20	2.65
		3. 文化产品价值（物质层面）	2.29	2.45	2.45	2.53	2.10
2	身心康养价值	4. 疗养价值	2.49	2.66	2.66	2.75	2.28
		5. 保健价值	2.93	3.13	3.12	3.24	2.68
		6. 宜居价值	2.81	3.01	3.00	3.11	2.57

续表

序号	评估类别	评估指标	景山公园	天坛公园	颐和园	香山公园	中山公园
3	休闲旅游价值	7. 休闲价值	8.04	8.61	8.59	8.90	7.37
		8. 体验价值	9.80	10.50	10.47	10.84	8.98
		9. 娱乐价值	2.17	2.33	2.32	2.40	1.99
4	科研教育价值	10. 科学研究价值	2.08	2.23	2.22	2.30	1.91
		11. 科普教育价值	3.72	3.98	3.97	4.11	3.41
5	文明演进价值	12. 文化文明价值	2.01	2.15	2.15	2.22	1.84
		13. 历史遗存价值	4.96	5.31	5.30	5.49	4.55
		14. 地理标志价值	2.09	2.24	2.23	2.31	1.92
		15. 地方情感价值	1.54	1.65	1.64	1.70	1.41
6	传统习俗价值	16. 节庆载体价值	2.97	3.18	3.18	3.29	2.72
		17. 民族习俗价值	4.00	4.28	4.27	4.42	3.66
7	伦理道德价值	18. 森林信仰价值（精神层面）	1.77	1.90	1.89	1.96	1.62
		19. 森林哲学价值（精神层面）	1.59	1.70	1.70	1.76	1.46
		20. 社会和谐价值	1.35	1.45	1.44	1.50	1.24
8	制度规范价值	21. 法律法规价值	0.70	0.75	0.75	0.78	0.64
		22. 乡规民约价值	0.61	0.65	0.65	0.67	0.56
综合权重得分			73.6	78.794	78.6	81.4	67.4
综合指数			1.472	1.576	1.572	1.628	1.348

在审美艺术价值、科研教育价值、文明演进价值等三个方面5个公园的得分都较高，评估等级都在良以上，而在伦理道德价值、制度规范价值等方面表现不够好，造成这种差别的原因可能是公园的特点不同。

天坛公园无论是从古代皇家帝王对天坛的使用上讲，还是现在游客来园参观的目的上讲，坛内主要建筑才是重点，公园内主要森林资源为柏树林，只是作为建筑陪衬而出现的，众多的古老柏树是该公园森林资源的特点，因此在审美艺术价值、休闲旅游价值、科研教育价值、文明演进价值，以及伦理道德价值等方面得分较高；而在传统习俗价值、身心康养价值等几个方面的森林文化价值较低。颐和园内有大面积的湖面，使得一些指标的得分受到了影响，如森林面积占公园面积的比例较低，游客较为分散。香山红叶主要有8个科，涉及14个树种，总株数达14万株，种植面积约1400亩，这是直接与森林文化有关的重要景点。香山公园还有碧云寺、香山寺、昭庙等宗教色彩的寺庙；以及勤政殿、欢喜园等皇家特色的建筑，其中勤政殿是香山公园最具皇家特色的标志性建筑,殿外牌匾为乾隆皇帝御笔题写;此外还有双清别墅、孙中山纪念堂等有着红色印记的古代建筑;以及香炉峰、栖凤松等自然景观。多重文化的交汇使得香山公园的森林文化价值要比天坛公园和颐和园更高一些。中山公园是由于面积较小,游客大多被故宫吸引,主要游客群体以本地人为主,因此,年接待人数在5个公园中最少,产生的森林文化价值也最少。景山公园地理位置极佳,年接待游客数量明显高于中山公园和香山公园,崇祯皇帝自缢处具有较高的文明演进价值。随着寿皇殿修缮完毕对外开放,其森林文化价值必然会进一步提升。

二、北京市皇家园林森林文化发展建议

1. 营造古树文化氛围

目前,北京公园在古树名木文化创意上的开发尚处于起步阶段,应继续加大网站及出版物的开发力度,同时积极推进古树绘画、摄影、纪录片录制、风光片录制等活动,重点是开拓古树文化旅游创意的思路。①

2. 突出古典园林环境

天坛公园、颐和园、香山公园、中山公园和景山公园都是历史名园,要注重场所精神和地域特色的营造,对森林资源的文化性和历史性充分挖掘,形成具有教育意义和纪念价值的场所空间。② 在历史景观恢复建设中,应按其历史格局和风貌,根据史料记载补植同品种树木,替代已经湮灭的原有古树,力求还原更加真实的历史景观环境。如重点完成香山公园玉华岫与皋涂精舍区域桂花、欢喜园芍药、香山寺七叶树、来芬阁与见心斋荷花、来青轩海棠等种植,逐步还原其历史景观原貌。起到存其形、遗其神、得其益的作用,营造一种可欣赏、可研究、可宣教的历史景观氛围。

3. 整合景观资源

对公园的历史人文景观、自然景观和文化资源进行整合,北京天坛公园、颐和园、香山公园、中山公园和景山公园各有特色,把建筑古迹、古树与特色植物的景观资源整合为一体,打造集文物、山石、林泉、红叶、古树于一体的皇家历史文化名园,更能体现皇家园林的特点和森林文化的价值。

---

① 于冬璇:《森林文化视域下的森林旅游开发研究》,硕士学位论文,沈阳师范大学2011年。

② 成程、肖燚、饶恩明:《北京香山公园自然景观价值二十年变迁》,《生态学报》2014年第20期。

第十五章　拙政园、网师园、中山陵森林文化价值评估

森林的文化是生态文明建设的重要支撑。党的十八届五中全会提出加强生态文明建设、培育森林的文化的要求，在传承、弘扬森林的文化的实践中，运用"尊重自然、顺应自然、保护自然"的理念、"绿水青山就是金山银山"的理念、"自然价值和自然资本"的理念、"空间均衡和山水林田湖草是一个生命共同体"的理念，为建设美丽中国激发内在动力、提供文化支撑。推进生态文明建设，首先要转变观念、文化先行。因此，目前对于森林文化价值的研究很有实践意义。

第一节　评估对象概述

选择拙政园、网师园、中山陵为评估对象，原因有三。一是自然森林与人造森林的纵向比较分析，其中拙政园与网师园属于人文型园林，是人造森林空间的典范，而中山陵是依托原生山林环境打造的自然型陵园。二是拙政园与网师园同类型之间的横向比较分析，两者都是师法自然营造人居环境代表，对研究森林文化价值应用有借鉴意义。三是以古典园林造园艺术与文化传承的视角，解构苏州园林森林文化价值，从而寻找苏州园林在森林的文化保护和发展方面的独特优势，突出"苏州园林森林的文化"，倡导"园林式生态"和"生态式园林"的理念，从而在全社会形成具有苏州特色的园林森林的文化观。

一、拙政园

拙政园始建于明正德初年（16 世纪初），距今已有 500 多年历史，是江

南古典园林的代表作品。拙政园位于古城苏州东北隅(东北街 178 号),是苏州现存最大的古典园林,占地约 78 亩,森林覆盖率为 75.43%,园林内树木总量 1250 棵,园林内古树名木总量 70 棵,古树名木种类 11 种。

全园以水为中心,山水萦绕,厅榭精美,花木繁茂,充满诗情画意,具有浓郁的江南水乡特色。花园分为东、中、西三部分,东花园开阔疏朗,中花园是全园精华所在,西花园建筑精美,各具特色。南园为住宅区,体现典型江南民居多进的格局。

图 15-1　拙政园(吉银翔摄)

二、网师园

网师园位于苏州市城区东南部带城桥路阔家头巷 11 号。网师园是一座中型府宅园林,全园可分作三大部分:东部是宅院区,为府第;中部是山水景物区,为主园;西部是内园,即园中园。这一布局,使整座园林外形整齐均衡,内部又因景划区,境界各异。网师园面积仅 8 亩多,森林覆盖率为 58.22%,园林内树木总量 96 棵,园林内古树名木总量 6 棵,古树名木种类 5 种。

网师园以它精致的造园手法,深厚的文化底蕴,典雅的园林气息,当之无愧地作为江南中小型古典园林的代表作品,成为“小园极则”,在国内外享有盛誉。

图 15-2 网师园(吉银翔摄)

三、中山陵

中山陵位于钟山中茅峰南麓,是伟大的民主革命先行者孙中山先生的陵寝,陵寝面积 8 万余平方米,森林覆盖率为 86.94%,园林内树木总量 242661 棵,园林内古树名木总量 962 棵,古树名木种类 42 种。

中山陵前临平川,背拥青嶂,东毗灵谷寺,西邻明孝陵,整个建筑群依山势而建，由南往北沿中轴线逐渐升高，主要建筑有博爱坊、墓道、陵门、石阶、碑亭、祭堂和墓室等，排列在一条中轴线上，体现了中国传统建筑的风格，从空中往下看，像一座平卧在绿绒毯上的“自由钟”。中山陵建筑融汇中国古代与西方建筑之精华，庄严简朴，别创新格。

图 15-3　森林拥抱着中山陵（吉银翔摄）

第二节　园林的森林文化评估体系构建

在纵向结构上分析森林文化价值内在层次之间的联结关系，森林的文化如同一般意义的文化一样，分为审美艺术价值、身心康养价值、休闲旅游价值、科研教育价值、文明演进价值、传统习俗价值、伦理道德价值、制度规范价值。

评估体系的建立，首先对森林的文化风貌做初步判定，确定森林的文化优势资源与重要性,指导森林的文化工作进行,确定投资力度和建设强度,并且也为生态文明的发展方向提供依据。

表 15-1　森林文化价值评价体系

序号	评估类别(一级)	评估指标(二级)
1	审美艺术价值	1. 景观审美价值
		2. 文艺创作价值(精神层面)
		3. 文化产品价值(物质层面)
2	身心康养价值	4. 疗养价值
		5. 保健价值
		6. 宜居价值
3	休闲旅游价值	7. 休闲价值
		8. 体验价值
		9. 娱乐价值
4	科研教育价值	10. 科学研究价值
		11. 科普教育价值
5	文明演进价值	12. 文化文明价值
		13. 历史遗存价值
		14. 地理标志价值
		15. 地方情感价值
6	传统习俗价值	16. 节庆载体价值
		17. 民族习俗价值
7	伦理道德价值	18. 森林信仰价值(精神层面)
		19. 森林哲学价值(精神层面)
		20. 社会和谐价值
8	制度规范价值	21. 法律法规价值
		22. 乡规民约价值

一、生态物质文化

生态文化的物质层次是指人类生态文化意识形态、行为实践及其制度规范活动作用于自然生态系统的物质成果,是生态文化的物质表现。① 苏

① 江泽慧主编:《生态文明时代的主流文化——中国生态文化体系研究总论》,人民出版社 2013 年版,第 75—76 页。

州园林“小巧”的地域限制则对设计师提出了很高的要求，使得他们在追求“玲珑”“精雅”方面达到了很高的境界，而“师法自然”的造园理念，成就了苏州园林“因地制宜”的固有特色。

（一）自然生态环境

山水——苏州古典园林水体既有人工因素，又与自然地理条件密切相关。苏州古典园林是文人山水园，水在园林中有着极其重要的地位和作用。布局上，以水池为中心，围绕水池布置建筑、植物等景点。历史上，苏州园林水系与苏州古城内的河网、古城外的运河及苏州地区太湖流域的水网相沟通，园林水质情况与本地水环境、水资源情况基本类似。近年来，由于城市水环境恶化，园林池水封闭，造成水质恶化，影响园林景观、园林生态环境。

植物——苏州古典园林中的植物种植，集中了南北方的名贵品种，如北方白皮松、南方芭蕉等，都在苏州生长良好。我国传统的十大名花在苏州古典园林中均有栽种。中国文人有将植物人格化的传统，历代造园家重视植物的人格化作用，故古典园林的植物多具有这种文化内涵与人格象征的传统花木。由于苏州古典园林的文化属性，故园林植物被称为“活的文物”“活的化石”。

（二）人工要素影响

苏州园林得以称之为古典园林的代表之一，不单因为其具备历史文化价值，其本身也是中国高雅艺术文化的载体。园内的匾额、书画、雕塑、建筑无不透露着深厚的文化积淀和浓郁的艺术气息。人文内涵的赋予使得苏州园林化静为动，从单纯的承载自然美提升至融合了自然美、建筑美、人文美于一体的历史文化宝库。

二、生态精神文化

生态文化的精神层次属于意识形态范畴，是人类按照“尊重自然、人与自然和谐”的精神对生态的认识、情感的总和。① 而这生态文化的精神内核也与古典园林所呈现的“道法自然”不谋而合，分为古典传统文化、生态审

① 江泽慧主编：《生态文明时代的主流文化——中国生态文化体系研究总论》，人民出版社 2013 年版，第 74 页。

美价值、生态教育价值、科学研究价值四个要素层进行评估。

（一）古典传统文化

传统文化民俗独特性——2500多年的深厚文化积淀，造就了古城内浓郁的民俗风情和丰厚的文化遗产。宋锦、缂丝、苏绣、昆曲等非物质文化遗产；古胥门元宵灯会、“轧神仙”庙会、端午习俗这三个被称为“姑苏三宝”的非遗民俗文化活动，以及遍布姑苏的非遗项目及民俗文化已然成为古城生生不息的文脉根基。

宗教伦理思想影响力——古有佛教寒山寺、北塔报恩寺、西园寺，道教玄妙观、玉皇宫、城隍庙，“天人合一”与“道法自然”思想共同作用下的寺观园林发展，如道家求仙思想“一池三山”的影响下，苏州留园有“小蓬莱”之景，将传统意蕴融于园林布局造景，浑然天成，协调统一。

（二）生态审美价值

管子曰：“人与天调，而后天地之美生”。园林提炼社会美为意，融意于生态美，创作园林艺术美。并且引入景观SBE法衡量生态审美价值，通过采用心理技术和数据处理，评判差异小，使用较多，更为有效。①

（三）生态教育价值

苏州古典园林蕴含着中国古代的哲学思想、文化意识和审美情趣，反映了人类对完美生活环境的执着追求，是人与自然和谐相处的典范之作。在设计手法上讲，苏州古典园林讲究“外师造化，中得心源”，即通过模山范水、追求生态创造出“源于自然，高于自然”的理想境域，其造园精髓是“朴素生态观”的最好体现。教育价值通过学生参与园林相关教育活动次数和园林生态教育普及度来体现。

（四）科学研究价值

姑苏文化影响力——姑苏文化历史源远流长，建城2500多年以来，文化积淀十分深厚。即承载这份“历史记忆”对现代苏州生态与文化发展的影响力。苏式园林传承度——苏州园林的历史可上溯至公元前6世纪春秋

---

① 周春玲、张启翔、孙迎坤：《居住区绿地的美景度评价》，《中国园林》2006年第4期。

时吴王的园囿。明清时期，苏州成为中国最繁华的地区，私家园林遍布古城内外，即对苏式园林传统造园艺术与思想的继承与发扬。它的科学研究价值主要体现在与古典园林相关的科研项目和论文著作数量、科研、教学、实习年均人次以及科普活动次数。

三、生态行为文化

生态文化的行为层次，是人类影响生态的生产生活行为方式、实践活动的总合。它是主观与客观相统一的连接人与生态的媒介，同时又是人类以各种工具为中介创造生态物质文化，反映人与自然关系的表象。① 落实到古典园林的载体上，基本可分为对古典园林的生态建设实践、游赏体验文化以及文化遗产保护三个要素层进行评估。

（一）生态建设实践

生态建设实践要素层主要依据实践的过程，分为三个阶段——规划阶段、实施阶段与使用阶段来设定评估因子。

1. 规划者角度——生态游憩适宜度

综合考量规划行为是否适宜空间布局与景观风貌，以及游憩设施完善度和环境舒适度，奠定开展观光、休闲、度假、科普等各种游憩活动的物质基础。

苏州园林保护和旅游开发之间的关系有待调整。现状是保护其次，开发为主。旅游开发、地产开发已经影响到了世界历史文化遗产保存的完整性、真实性。而古典园林周边环境的完整有利于生态文化价值更全面地传达与感受。

2. 实施者角度——生态技术先进性

不仅上层规划中贯彻生态思想，设计实施过程中设计手段是否自然生态、人工材料是否低碳环保、后期管理是否节能高效。生态技术的先进性是体现实施过程生态文化的重点因子。苏州古典园林的水环境治理和古树名木养护中，主要采用生物技术。水环境治理，主要通过放养水生生物，及其他科技手段进行；古树名木养护，引进肿腿蜂克制天牛；利用生物手段消灭

① 江泽慧主编：《生态文明时代的主流文化——中国生态文化体系研究总论》，人民出版社 2013 年版，第 74 页。

白蚁。

3. 参与者角度——生态教育普及度

古典园林是否弘扬主流价值观,全民生态文化宣传教育应该成为新常态。

如今苏州市社会公众对生态意识已得到基本普及,但是在园林层面的认知仍没有与生态形成很好的联系,要完整、真实地传承生态造园与文化理念,还需持续性地开展生态文化教育。

(二)游赏体验文化

旅游资源规模与游客量——根据统计数据 2012—2016 年,拙政园、网师园与中山陵参观人数统计分别是 1272.13 万人次、92.72 万人次、3340.47 万人次(数据来源于苏州市园林和绿化管理局、南京市中山陵园管理局《2012 年 12 月至 2016 年 12 月园林入园人次情况表》)。热点园林在节假日的个别时段内,游客人数大大超出环境容量与接待能力。如拙政园节假日的游览人次为 1.5 万—2 万人/天,游客的各种不文明行为也对古典园林的游赏体验形成压力。

生态文化产品——苏州市园林局先后编辑出版苏州园林画册、漫画集、文化丛书、普及读物、VCD、DVD 等宣传资料;2004 年,国家邮政局继发行拙政园、留园特种邮票后,发行网师园特种邮票(四枚一套)。

(三)文化遗产保护

文化遗产,包括物质文化遗产与非物质文化遗产。遗产数量、级别——苏州市目前拥有世界级名录项目 6 项,国家级名录项目 32 项,省级名录项目 79 项,市级名录项目 159 项;国家级非遗项目代表性传承人 39 人,省级非遗项目代表性传承人 39 人,市级非遗项目代表性传承人 39 人。

遗产保护完整性——按照保护世界遗产原真性原则、“修旧如旧”原则、坚持“原法式、原结构、原材料、原工艺”原则,沿用苏州香山帮传统建筑营造技艺,对苏州古典园林进行保护、维修。苏州香山帮是一个历史悠久、代代相传的建筑流派。2006 年,香山帮传统建筑营造技艺被列入《中国非物质文化遗产名录》。香山帮的建筑营造技艺,秉承了中国传统建筑的营造法式,有浓厚的地方特色。建筑装饰以苏式风格的木雕、砖雕、彩画见长。

四、生态制度文化

生态文化的制度层次，是与生态有关的法律、法规、政策、制度管理机构的总合。生态文明建设，不仅需要依靠科学技术的进步，而且需要政策和制度的不断创新。[①] 古典园林的生态管理机制主要体现于部门机构、规划文件完备性、相关规划的先行性与生态环境补偿的法律机制可持续性。

（一）生态保障机制

管理机制先进性——各项规划是否先行。

苏州市政府注重规划先行，20 世纪 90 年代即制定《苏州城市总体规划》，把古典园林作为文化遗产保护列入总体规划中。进入 21 世纪后，有关文化遗产的保护规划进行修订，制定专项规划，并持续性实施。相继完成《苏州市城市绿地系统规划》《苏州市风景园林事业"十一五"规划》《苏州古典园林保护规划》，拙政园、留园、网师园等苏州古典园林旅游总体规划。

管理机制完备性——各个相关部门机构、规划文件是否完备。

苏州古典园林保护管理机构基本完善，2005 年，成立苏州市世界文化遗产古典园林保护监管中心，对苏州古典园林实行监测。另外还有社会团体：苏州市风景园林学会、苏州民族建筑学会和苏州市花卉盆景协会等，参与苏州古典园林的保护、研究工作。

（二）社会激励机制

社会经济措施有效性——政府与社会对园林生态文化的经济投入与相关产业数量规模的反馈，衡量经济措施投入的有效性。

苏州园林"十二五"规划总投资经费估算为 75855.4 万元，其中"世遗园林"投资经费为 29167.4 万元，占总经费的 38.1%；园林文物投资经费为 46688 万元，占总经费的 61.9%。对世界遗产周边进行了整体性的整修与维护，并初步建立了苏州古典园林遗产检测体系。

---

① 江泽慧主编：《生态文明时代的主流文化——中国生态文化体系研究总论》，人民出版社 2013 年版，第 75 页。

多元化参与度——对于园林生态文化思想的传播需要多方支持与参与,多元化参与度可以从宽度与广度上体现生态文化价值。苏州园林以其独特魅力和遗产价值,吸引众多媒体关注。6 年来,中国中央电视台、地方电视台、海外电视台先后拍摄苏州园林专题片约 30 次;苏州市园林局、各遗产园林管理处均建立互联网网站。

第三节　评估指标权重的确定

一、构造判断矩阵

选择“1—9 标度法”构造判断矩阵,以 1,3,5,7,9 分别表示 2 个因素相比一个比另一个同等重要、稍微重要、明显重要、强烈重要、极端重要,以 2,4,6,8 分别表示其中间值,倒数表示 2 个指标的反比较。根据各项指标层次关系及专家意见构造 X-Y、Y_1-(Z_1-Z_4)、Y_2-(Z_5-Z_7)、Y_3-(Z_8-Z_9)、Y_4-(Z_{10}-Z_{11})判断矩阵。邀请 25 位专家填写各个判断矩阵的对应值,将原始数据用 Excel 表处理。

二、各层权重的计算及一致性检验

权重及一致性检验计算式参照许树柏①的方法,设 λ_{max} 是判断矩阵 A 的最大特征根,ω 是其对应的特征向量,求解向量的特征根。所得 ω 经归一化后就得到该层元素相对于上一层次某一因素的相对权重,即层次单排序。元素的单层排序权重和该元素对应的上一层元素的单层排序的乘积即是该元素的总排序权重。

λ_{max} 和 ω 的计算

(1)矩阵 A 的元素按行相乘;

(2)将乘积分别开 n 次方(n 为矩阵 A 的阶数);

(3)将方根向量归一化得到 ω;

(4)按照公式 $\lambda_{max} = \sum_{i=1}^{n} \frac{(A\omega)j}{n\omega i}, (i,j = 1,2,\cdots,n)$ 。

① 许树柏编著:《层次分析法原理》,天津大学出版社 1988 年版,第 51—59 页。

1. 一致性检验

CR 为一致性指标 *CI*（Consistency Index）与平均随机一致性指标 *RI*（Random Index）的比值。其中 $CI = \frac{\lambda_{max} - n}{n - 1}$；经查表得 2、3、4 阶矩阵对应的 *RI* 值分别为 0、0.58、0.96；若 $CR = \frac{CI}{RI} \leqslant 0.1$，则通过检验，否则不合格。单层一致性检验合格之后按照相同的方法检验整体一致性检验。

2. 指标权重结果

按上述方法得到森林文化价值评估体系权重（见表 15-2）。

表 15-2　森林文化价值评估指标选择结果及权重

序号	评估类别（一级）	权重	评估指标（二级）	权重	评估分值
1	审美艺术价值	0.2168	1. 景观审美价值	0.6749	
			2. 文艺创作价值（精神层面）	0.1816	
			3. 文化产品价值（物质层面）	0.1435	
2	身心康养价值	0.1117	4. 疗养价值	0.3026	
			5. 保健价值	0.3559	
			6. 宜居价值	0.3415	
3	休闲旅游价值	0.2720	7. 休闲价值	0.4018	
			8. 体验价值	0.4897	
			9. 娱乐价值	0.1085	
4	科研教育价值	0.0788	10. 科学研究价值	0.3587	
			11. 科普教育价值	0.6413	
5	文明演进价值	0.1441	12. 文化文明价值	0.1895	
			13. 历史遗存价值	0.4681	
			14. 地理标志价值	0.1973	
			15. 地方情感价值	0.1451	
6	传统习俗价值	0.0947	16. 节庆载体价值	0.4268	
			17. 民族习俗价值	0.5732	
7	伦理道德价值	0.0641	18. 森林信仰价值（精神层面）	0.3761	
			19. 森林哲学价值（精神层面）	0.3371	
			20. 社会和谐价值	0.2868	
8	制度规范价值	0.0178	21. 法律法规价值	0.5367	
			22. 乡规民约价值	0.4633	

第四节　拙政园、网师园、中山陵森林文化价值对比

依据“大小园林、冷热园林、古典与非古典园林”的筛选原则，选取拙政园、网师园、中山陵为对比分析对象。

评分原则，针对每一个具体指标内容，分别对拙政园、网师园、中山陵三者进行“好、中、差”位次排序，又分别赋予分值“100—80、80—60、60—0”，30个评估指标最终得分统计如表15-3所示。

表15-3　森林文化价值评估指标评分统计

序号	评估类别（一级）	权重	评估指标（二级）	权重	拙政园评估分值	网师园评估分值	中山陵评估分值
1	审美艺术价值	0. 2168	1. 景观审美价值	0. 6749	98	95	90
			2. 文艺创作价值（精神层面）	0. 1816	85	82	89
			3. 文化产品价值（物质层面）	0. 1435	84	81	86
2	身心康养价值	0. 1117	4. 疗养价值	0. 3026	75	73	87
			5. 保健价值	0. 3559	73	72	88
			6. 宜居价值	0. 3415	91	92	97
3	休闲旅游价值	0. 272	7. 休闲价值	0. 4018	95	93	95
			8. 体验价值	0. 4897	98	96	97
			9. 娱乐价值	0. 1085	83	81	78
4	科研教育价值	0. 0788	10. 科学研究价值	0. 3587	97	95	92
			11. 科普教育价值	0. 6413	98	94	97
5	文明演进价值	0. 1441	12. 文化文明价值	0. 1895	95	91	97
			13. 历史遗存价值	0. 4681	98	97	98
			14. 地理标志价值	0. 1973	90	88	93
			15. 地方情感价值	0. 1451	93	88	95
6	传统习俗价值	0. 0947	16. 节庆载体价值	0. 4268	72	68	80
			17. 民族习俗价值	0. 5732	80	78	82
7	伦理道德价值	0. 0641	18. 森林信仰价值（精神层面）	0. 3761	85	84	89
			19. 森林哲学价值（精神层面）	0. 3371	82	81	83
			20. 社会和谐价值	0. 2868	62	60	88

续表

序号	评估类别（一级）	权重	评估指标（二级）	权重	拙政园评估分值	网师园评估分值	中山陵评估分值
8	制度规范价值	0.0178	21. 法律法规价值	0.5367	85	83	80
			22. 乡规民约价值	0.4633	78	76	80

依据评分与分级权重系数，计算可得，中山陵（91.15）>拙政园（90.16）>网师园（87.91），最终得分显示三个园林的比较中，中山陵的森林文化价值最高，拙政园次之，网师园最末，但是三者得分均超过85分的优秀等级。经过标准化后，三个园林的森林综合指标系数分别为中山陵（1.823）>拙政园（1.803）>网师园（1.758）。

第五节　园林的文化价值量指标检验评估

一、园林区域森林文化价值物理量

园林区域森林文化价值物理量（Cultural Physical Values of Forests in Garden Area，Vgp）计算公式如下：

$$Vgp = \sum_{i=1}^{n} \frac{Pg_i \times Tg_i}{8760} \tag{15-1}$$

公式中：Vgp 为园林区域年均森林文化价值物理量，单位：cy；Pg_i 为第 i 个区域内园林区域园林年度游憩人数；Tg_i 为第 i 个园林区域中人与森林人均共生时间，单位：h；8760为1年的小时数。

其中，园林区域中人与森林人均共生时间（Tg）的计算公式为：

$$Tg = \sum_{i=1}^{n} Tgt_i \times F_i \tag{15-2}$$

公式中：Tg 为园林区域中人与森林人均共生时间，单位：h；Tgt_i 为第 i 个园林区域中人均游憩时间，单位：h；F_i 为第 i 个区域内林木覆盖率或森林覆盖率。

二、园林区域森林文化价值量

园林区域森林文化价值量参考森林文化价值量计算方法，园林区域森林文化价值量（Cultural Values of Forests in Garden Area, Vg）计算公式如下：

$$Vg = \sum_{i=1}^{n} Vgp_i \times \alpha_i \times G_i \tag{15-3}$$

公式中：Vg 为一年内园林区域森林文化价值量，单位：CNY；Vgp_i 为第 i 个区域一年内园林的文化价值物理量，单位：cy；G_i 为第 i 个园林所在区域内人均 GDP 或 PCDI，单位：CNY；α_i 为森林文化价值综合指标系数，根据"森林文化价值指标体系"各项指标权重总得分，获得 0—2 之间的标准化系数。

三、计算结果

表 15-4　2016 年园林区域森林文化价值量结果

	拙政园	网师园	中山陵
园林区域森林文化价值物理量（文年）	554.39	9.68	1720.53
园林区域中人与森林人均共生时间（小时）	2.26	0.87	2.61
园林区域森林文化价值量（万元）	14553.76	247.95	39833.91

依据 2016 年园林区域森林文化价值量指标，分别对拙政园、网师园、中山陵三者进行结论检验。统计所得，"中山陵（3.98 亿元）>拙政园（1.46 亿元）>网师园（0.0428 亿元）"。

综上所述，园林区域森林文化价值量的结果与上文评分所得结论"拙政园>中山陵>网师园"一致。显示三个园林的比较中，中山陵的森林文化价值最高，拙政园次之，网师园最末。但是，本书是针对森林的价值总量的指标比较，并不能确定森林的单位价值质量的高低。

第十六章　山东曲阜孔庙孔府孔林森林文化价值评估

山东曲阜是伟大的思想家、教育家、儒家创始人孔子的故乡。孔庙、孔府和孔林(以下简称“三孔”),是历代国人纪念孔子、推崇儒学的圣地,以其丰厚的文化积淀、悠久历史、宏大规模、文物珍藏和科学艺术价值而著称。1994年,“三孔”被列入世界文化遗产名录。其中,为数众多的古树名木作为活的文物,为儒学圣地增添了生命光彩和独特魅力。儒家文化中不仅包含丰富的生态思想,而且其生态思想依托“三孔”丰富的古树资源从一个侧面得以生动展现。无疑,儒家圣地的森林对于儒家文化的传承和发展起着重要而独特的作用。

第一节　“三孔”森林文化资源

曲阜“三孔”景区的古树名木资源丰富,据曲阜市林业局2013年调查,“三孔”共有百年以上古树名木11347株,其中一级719株(含千年以上236株),二级1802株,三级8826株,以侧柏、圆柏、黄连木、银杏、国槐等为主,有专人养护,生存环境较好。

曲阜孔庙占地近10公顷,是我国规模最大、历史最悠久的孔庙。公元前478年利用孔子的旧居改作庙堂,至今已近2500年。东汉桓帝时(公元153年)第一次由皇帝敕建,经过历朝60多次的改建和扩建,发展成拥有殿堂廊庑600余间的巨型庙宇。历史上对孔庙中的树木多有记载,北魏郦道元《水经注·泗水》称:“汉魏以来,庙列七碑,二碑无字,栝柏犹茂。”清乾隆《曲阜县志》卷四十九载:“庙中古槐七,世谓之唐槐,一在诗礼堂前,高四丈余,围丈余,根柯盘结,老而益茂,与古银杏对植。银杏高六丈余,围丈有五尺,世谓之宋杏。其六株槐皆在宏道门外,本各大数围。惟汉柏二十四株,大数十围，为宋江夏、王义恭伐去。先宋、后宋皆伐夫子树，而后宋尤横矣。今庙中树木蓊蔚，多数百年与百数十年物，固难以数计也。”据学者调查，现在孔庙共有树木 1800 余株，分 10 科 10 种。其中柏树较多，约有桧柏 597 株，侧柏 606 株，两种柏树共占树木总数的 66.8%。① 据近期调查，孔庙有百年以上的古树名木 1050 株，主要为侧柏、桧柏、桑树、国槐、银杏、楸树、板栗。庙内生长的古柏，大多寿命很长，枝干苍劲有力，外形古朴。

图 16-1　孔庙与古柏（丰伟摄）

孔府是孔子世袭“衍圣公”嫡袭子孙居住地，是我国仅次于明清皇宫的最大府第。孔府占地约 16.4 公顷，建筑 463 间，有后花园“铁山园”，而孔府里的古树相对较少，百年以上的共有 71 株，主要为侧柏、桧柏、紫藤、酸枣、木香花、石榴、紫丁香、蜡梅、国槐、刺槐。

孔林又称“至圣林”，是孔子及其后裔的墓园，位于曲阜城北。史载“孔子列葬鲁城北泗上”，当时为“墓而不坟”，占地不过 1 公顷。后随着孔子地位的日益提高，历代帝王不断赐给祭田、墓田，面积逐渐扩大。东汉时修孔子墓，造神门，建斋宿，南北朝时植树六万株，宋时为孔子墓造石仪，元时始建林墙、林门，到明代孔林扩至 120 公顷，至清代已达 200 公顷。现有面积

① 彭蓉：《论中国孔庙的植物配置》，《山东林业科技》2010 年第 3 期。

保持了清代的规模,树木10万余株。① 百年以上的古树约有10226株,主要为桧柏、侧柏、黄连木。园内古木森林,林下墓冢累累,碑碣林立,石仪成队。整个孔林延用时间长达2500年,是世界上延续年代最久远、保存最完整、规模最大的家族墓地。

第二节 “三孔”森林文化价值定性分析

一、审美艺术价值

(一)景观审美价值

一般来讲,古树及其森林群落是人与自然长期共同作用下形成的艺术珍品,具有很高的景观审美价值。孔庙孔林内古树林立,年岁古老,上至2000多年的古柏、古桧,下至上百年的楸树、栎树,种类不一、形态各异。只见古柏参天,有的擎天捧日,有的龙干虬枝,表现出奇特的沧桑之美。在孔庙同文门前和孔林神道两侧,古柏成行、宛若仪仗,不禁让拜谒者感到孔庙祭祀环境的肃穆,并体现出孔子“礼制”思想和秩序之美。松树在孔庙中的种植则见于大成殿的主体空间,如《长物志》所谓“松植堂前广庭,或广台之上”那样,体现的是独立之美。银杏树则通常对称栽植,呈现一种和谐之美。

孔庙孔林作为祭祀空间,在树种配置上经常选择松柏等常绿树种,整体景观显得稳重、华贵,而且色彩凝重而肃穆,主干挺拔而壮观,老枝苍虬而富古拙的外貌。② 虽然在整体风格上营造景观色彩的稳定性,但是又有局部空间和不同季节的多样性与灵活性。位于孔庙中心位置的杏坛、诗礼堂周围,就是这种局部空间。在不同的季节,古树美又各具韵味。春季,杏坛之杏,花开灿烂。夏日,树木繁茂,绿荫满园。秋天,诗礼银杏,金叶硕果。冬季,松柏苍翠,挺霜傲雪。正如东魏时期孔庙碑文所记,当时保护完好,庙庭竹木森森,环境和谐幽雅,“鸿随秋下,则月秀霜枝;鹅逐春来,亦风开翠叶”③。毛泽东同志1952年秋季在参观孔庙时见到诗礼堂前银杏雌树上硕果累累,开心地笑了。

---

① 罗哲文:《中国古园林》,中国建筑工业出版社1999年版,第371页。

② 彭蓉:《论中国孔庙的植物配置》,《山东林业科技》2010年第3期。

③ 曲英杰:《曲阜孔庙建制考述》,《中华文化论坛》1995年第1期。

图 16-2　孔林神道路古柏(丰伟摄)

景观色彩稳重华贵,以高大苍劲、如龙如虬的松柏常绿树木为空间主体而构成以墨绿色为主色调,与红垣金顶的高大殿堂建筑相搭配,视觉效果非常协调统一,营造出一种肃穆庄严、安静平和的祭祀气氛,烘托出孔庙历史的悠久,孔子思想的深奥。

古树之美还表现在一个"奇"字上。在孔府花园的中心位置有一株奇树——近 400 年的"五柏抱槐",也称为"五君子柏"。说是五柏,实则一树。由于年代久远,或雷劈或电打,一树分成五瓣。这还不算奇,奇的是在五瓣之中又长出一槐,有人说是因为一松五瓣之后有一只鸟飞过,在五柏的中心位置撒下一粒槐树种子,于是又长出一槐。① 孔庆镕曾赋诗赞曰:"五干同

① 杨晓璐、科村:《孔府五柏抱槐》,《走向世界》2011 年第 1 期。

枝叶，凌凌可耐冬。声疑喧虎豹，形欲化虬龙。曲径阴遮暑，高槐翠减浓。天然君子质，合傲岱岩松。”五柏抱槐盘根错节、交柯错叶，互相依偎，大自然神奇的景象不时触发游人的遐思。

图 16-3　孔庙龙凤柏（丰伟摄）

（二）文艺创作价值

古树的神奇魅力，经常激发文人雅士的创作灵感。这种情况在“三孔”古树上表现突出，上文中提到的北魏郦道元《水经注》中的记述、明代孔子后裔第 60 代衍圣公《题杏坛》诗、清代康熙皇帝《诗礼堂六韵》、乾隆皇帝赋杏坛诗、施闰章《子贡手植楷诗》、孔庆镕赋“五柏抱槐”诗等等。至于古往今来与此相关的碑刻、游记、绘画、摄影等艺术作品更是难于统计。比较著名的如，汉司马迁在《史记・孔子世家》称：“适鲁，观仲尼庙堂车服礼器，诸生以时习礼其家，余祗回留之不能去云。”再如，毛泽东同志 1920 年 4 月、1952 年 10 月曾两次参观曲阜孔林孔庙，他在给老师黎锦熙信中及后来美国记者斯诺的采访中都提到了，并专门说：“在前往南京的途中，我在曲阜停了一下，去看孔子的墓。……在有历史意义的孔庙附近的一棵有名的树，相传是孔子栽的，我也看到了。”

（三）文化产品价值

在曲阜，依托当地的森林文化，开发出一系列带有“三孔”森林文化特征的产品。如作为饮食文化的“诗礼银杏”菜；楷木雕刻工艺品，楷木手杖和如意等。出版系列古树名木画册、宣传影片、电视等文化产品。

二、身心康养价值

（一）疗养价值

在孔庙孔府附近有两处医院，住院床位1100多张，每年有大批病人在此接受住院治疗。“三孔”的森林，为医院提供了安静、空气清新的环境，为病人的康复发挥了一定的积极作用。

（二）保健价值

曲阜市规定一系列免费游“三孔”的优惠举措，曲阜籍市民免费游“三孔”，驻曲高校、曲阜市中小学生特殊时段集体参观免费游。这些举措，使当地百姓和学生更方便地到景区开展体育健身活动，增强体质。

（三）宜居价值

“三孔”森林为曲阜城市的生态宜居建设发挥了积极作用。同时，作为示范作用，带动了城市森林建设。2014年12月，曲阜正式获批创建国家森林城市，成为山东省唯一获批县级市。截至2014年底，曲阜市森林覆盖率35%，城市绿化覆盖率44%，各项指标均已达到或超过《国家森林城市评价指标》标准。

三、休闲旅游价值

（一）休闲价值

这里也是曲阜本地居民工作之余休闲娱乐、健身游憩的好去处。由古树为主体构成的植被群落和生态环境，对广大居民的身心健康和宜居生活发挥了重要的作用。2012年底，曲阜市总人口63.9万人，其中城区人口约15万人。曲阜籍居民可凭个人身份证件办理免费游“三孔”手续，每人每年6次。因此，“三孔”也成为曲阜百姓或携亲朋好友，或与家人经常游玩之处，显著提高了当地群众的生活品质和幸福指数。

（二）体验价值

作为世界闻名的儒学圣地，“三孔”每年吸引着来自海内外的大批游客。2008—2013年间，年旅游人数在330万—435万人之间，仅门票收入可达1.5亿—1.8亿元。这不仅体现了儒家文化的魅力，也体现着古树在旅游方面的价值。"三孔"景区的建筑可以复制再建，然而这活的古树却无法重现。在这些游客当中有不少属于外国友人、华人华侨、港澳台同胞，每年海外游客约15万人，甚至有些是访华的外国领导人，他们亲睹一棵棵古树，大多为儒家的悠久历史而惊叹叫绝。近年来为鼓励更多的游客亲临圣城曲阜、感知儒家文化，曲阜市还向游客推出"背《论语》免费游'三孔'活动"。可以说，古树名木像一尊尊历史伟人塑像，以其独特的方式向广大游客传播中华传统儒家思想文化作出重要贡献。

（三）娱乐价值

具有一定的文艺展演价值，如为了吸引游客、增加欢乐气氛，常年举办各种儒家文化展览和演出，放映相关的电影、视频，也会不定期召开森林音乐会，演出当地戏剧等活动。

四、科研教育价值

（一）科学研究价值

保护完整、历史久远的儒家古树及其群落，还具有重要的科学研究价值。只有那些适合本地自然条件的乡土树种、长寿树种才得以保存下来，如侧柏、桧柏、国槐、板栗、黄连木、银杏等树种。而且在林下还形成了相对稳定的伴生植物，以及成为许多鸟类的栖息地，反映种群之间的关系。森林枯落物又对土壤的发育产生影响。因此，这里成为古树学、林学、生态学、土壤学、历史学、儒学等多学科研究的典型样地。毛泽东同志在1952年10月28日参观孔林时曾感慨地说："这个古墓群独一无二，不仅是中国独此一家，大概全世界也找不到啊！研究中国的墓葬文化，不用到别的地方，这一处就够了！"①据中国知网的粗略统计，近十年间（2005—2014年），研究内容涉及"三孔"古树的学术论文发表约50余篇。

（二）科普教育价值

对广大公众尤其是中小学生的科普教育价值，也是古树文化价值的重要方面。据了解本地中小学校和幼儿园经常组织广大学生免费游"三孔"

① 李魁彩：《跟毛泽东行读天下》，当代中国出版社2013年版，第91页。

活动，接受儒学的熏陶，取得良好效果。据2013年底统计，曲阜市中小学生及幼儿园有在校生73521人。古树作为自然界的长寿生物，可以激发人们对生物学的兴趣，进而拓展生物学知识。如有助于识别桧与柏、槐与楷等树木。同时，古树作为历史事件的载体和特定的人文符号，使人联想相关人文内容，从而获得启示、受到教育。孔庙是传播儒学的场所，注重通过树木对学子生物学知识和道德品质的影响和熏陶。这也符合孔子倡导学生“多识于鸟兽草木之名”的思想。庙中常常选择特色植物，让植物美与社会文化的意蕴相统一，使人们来到孔庙，触景生情，自我鞭策。

五、文明演进价值

（一）历史遗存价值

古树是前人用心种下并受历代保护而生长至今的生命体，无疑具有珍贵的历史遗存和文物价值。孔庙内高大年长的古树名木，形态各异，历经风霜，见证了儒家的历史，传递着先人的情感。

（二）地理标志价值

这里的一棵棵古树，见证了儒家文化的悠久和长期所经历的沧桑风雨，同时它将孔子、儒家弟子及其崇拜者与我们连接起来。正是“先师手植桧”“子贡手植楷”等成为我国人文发展中有生命的纪念塔和地理坐标，激励着中华民族自强不息、奋勇前行。

杏坛周边的杏树则始植于宋代。杏坛，相传是孔子讲学传道之处。《庄子·渔父》：“孔子游乎缁帷之林，休坐乎杏坛之上。弟子读书，孔子弦歌鼓琴。”而在宋朝以前，杏坛只有其名而无其实。宋代天禧五年（1021），孔道辅再修孔庙。《东家杂记》卷下载：“先圣殿前有坛一所，即先圣教授堂之遗址也。……后世因以为殿。本朝乾兴间，传大父中宪监修祖庙，因增广殿庭，移大殿于后。讲堂旧基不欲毁拆，即以瓴甓为坛，环植以杏，鲁人因名曰杏坛。”杏坛周边的杏树，每到春和景明，杏花盛开，灿然如火。明代时，孔子后裔第60代衍圣公《题杏坛》诗云：“鲁城遗迹已成空，点瑟回琴想象中。独有杏坛春意早，年年花发旧时红。”①清乾隆皇帝赋诗赞道：“重来又值灿开时，几树东风簇绛枝。岂是人间凡卉比，文明

① 李翠、孔勇：《孔庙之杏坛亭》，《走向世界》2014年第1期。

终古共春熙。”

（三）文化文明价值

“先师手植桧”，相传为孔子亲手所植。位于孔庙大成门内的东侧，高约15米，胸径72厘米，树形高耸挺拔，浓荫冠盖。树旁碑刻为关西杨光于明万历年间所书。据称，这棵古桧曾几度毁于火灾，现存的桧树为雍正年间于老树桩下复生的新枝叶长成的，而这株老树被后世之人视作孔子思想与其氏族兴衰的象征①，认为“此桧日茂则孔氏日兴”，因此备受敬仰。

这种文化象征，要求曲阜加快森林建设。曲阜国家历史文化名城、国际文化旅游胜地、中华民族共有精神家园、世界儒学研究与体验中心的发展定位，要求曲阜必须搞好生态文明建设。2013年11月26日，习近平总书记视察曲阜时提出，要将孔子故里建设成为首善之区。2013年，曲阜全面启动创建国家森林城市，提出“绿韵礼义圣城，生态福地曲阜”的建设理念，将曲阜建成生态文明特色鲜明的历史文化名城。

（四）地方情感价值

诗礼堂前植有唐槐和宋银杏。“诗礼堂，初名寿堂，藏夫子衣冠、车服、礼器，诸儒讲礼饮射于中……明弘治间，改为诗礼堂，堂前有太初石，高丈余，唐槐在其旁，又银杏一株，亦千余年物也。”（清雍正《山东通志》卷十一）康熙皇帝来孔庙曾写下《诗礼堂六韵》：“书堂殿左陲，进讲忆于兹。以立应惟礼，为言必在诗。义因陈亢发，名自伯鱼垂。益切重来慕，还教欲去迟。唐槐宋银杏，金日昔斯时。望道吾何见，徒存景仰思。”（清乾隆《兖州府志·卷首》）

六、传统习俗价值

（一）节庆载体价值

以“三孔”森林环境为载体，每年举办孔子文化节，举行祭孔活动，表演文化节目，以及相关教育、颁奖等仪式。同时，在传统节日、迎接国家元首和国际重要外宾等时间和场合，也会举办各种欢迎仪式和文艺活动。这里的

① 孙成：《曲阜孔庙景观研究》，硕士学位论文，西安建筑科技大学2010年。

森林环境发挥着重要的载体价值。

（二）民族习俗价值

墓地植树作为民族的一种传统墓葬习俗，墓地古树有着后人对先人表达敬意、寄托思念的祭祀价值。孔子墓地孔林的植树由来久远，据《水经注·泗水》：“谯周云：‘孔子死后，鲁人就冢次而居者百余家，命曰孔里。’……《皇览》曰：‘弟子各以四方奇木来植，故多诸异树’……孔子冢茔中，树以百数，皆异种，世世无能名其树者，其树皆弟子持其方树来种之，有柞、枌、雒离、女贞、五味、毚檀之属。”墓园门内北侧有“子贡手植楷”，此树于清光绪八年曾遭雷火，现仅存一段树桩。树边有清初著名诗人施闰章《子贡手植楷诗》及清康熙五十一年（1712）立的“楷图”碑刻。这些古树历经沧桑，至今仍枝繁叶茂，四时不凋。① 它们一方面寄托着孔子弟子们对老师孔子的怀念；另一方面，后人保护并瞻仰古树，也寄托着对儒家及其思想的景仰。孔林作为一处氏族墓地，从周至今，2400 年来，从未间断。年代之久，规模之大，保存之完整，为世界罕见。

七、精神信仰价值

（一）宗教信仰价值

孔庙中的杏树和银杏树，都包含对人的道德教育意味。杏有“幸福”的文化寓意，孔庙杏坛四周种植杏树主要和孔子讲学的杏坛有关，杏花因此成为具有文运象征的吉祥物。银杏树体现的绿色、健康、奉献等品格，与儒家文化的道德观相互融合，银杏树也被看作儒家的象征。诗礼堂前生长着宋代栽植的雌雄银杏各一株，被称为“宋杏”，两株现均高达二十余米。相传孔子教子孔鲤学诗礼曰：“不学诗无以言，不学礼无以立也。”后嗣传为美谈，孔府也被称为“诗礼世家”。“诗礼堂”前宋银杏树，每逢金秋硕果累累。孔府宴上常有一道用白果做的菜，美称“诗礼银杏”。

在教育的同时，还启发人们对相关事物的思考。最有趣的是，对庄子所谓“杏坛”之杏所指何树，自来有争议。宋代吕浦撰《竹溪稿》卷下有《杏坛问答》：“竹溪叟坐矶上，有童子笑而问曰：‘杏坛之杏红乎？白乎？’叟曰：‘昔尼父坐杏坛之上……尔知夫杏坛之名义乎？杏之为木也，盖花中之春

① 罗哲文：《中国古园林》，中国建筑工业出版社 1999 年版。

色，乃桃李之与邻……且尔所谓白者，岂非鸭脚其叶，而银壳其实者乎？’”吕浦认为杏坛的杏不是银杏，这也仅是一家之言。后世，孔庙杏坛与银杏往往联系在一起，如北京孔庙中就有元代栽植的银杏。

（二）森林哲学价值

“三孔”古树已成为孔子和儒家文化的象征，成为世人尊崇孔子的对象，同时更像一种语言符号表达和彰显着儒家的哲学道德精神，给人以生存智慧的启迪。

彰显天人合一精神。儒家继承《周易》中“天行健，君子以自强不息；地势坤，君子以厚德物”的思想，认为人“可以赞天地之化育，则可以与天地参矣”（《礼记·中庸》）。树木、人都是天地化育的万物，有着共同的品德，人也应该向自然和树木学习。所以，孔子有“岁寒，然后知松柏之后凋也”（《论语·子罕篇》）的著名格言。荀子则把松柏喻为君子：“岁不寒无以知松柏，事不难无以见君子。”（《荀子·大略》）孔庙孔林中的柏树就如同一个个对社会富有责任感和进取心的孔子和他的继承者。

图 16-4　孔庙诗礼堂宋银杏雌株（高佑花摄）

彰显中和为美精神。中和之美是处于优美与壮美两极之间刚柔相济的综合美，其意蕴刚柔兼备，杂多或对立的审美因素和谐统一，具有含蓄、典雅、静穆等特性。“三孔”树木种类繁多、年龄不一、姿态万千，同时又相互融洽、协调统一。充分体现了儒家一贯倡导的“和实生物，同则不济”“声一无听，物一无文”的审美追求。正是山林水流的博大和灵动之美，使得孔子发出“仁者乐山，智者乐水”的感慨。也正是孔庙孔林古树的正大气象和多彩神韵,以及其蕴含的丰富情感,吸引着一代代游子流连忘返。清乾隆《曲阜县志》卷三十七载:"木以松为长……惟孔子手植桧,子贡手植楷,与各庙古柏及槐、银杏,县署之槐,皆数千年物,令人低徊其下不能去。"可见,古树之美常常把人引入物我两忘、遐思顿悟之境。

(三)社会和谐价值

森林与儒家崇仁尚礼精神相契合。孔子思想的核心为"仁"。正如宋代儒学家程颐所解释的,仁者生也,杏仁放到地上新芽就生出来了。难怪在孔庙中心位置的杏坛周围种植了杏树、诗礼堂前栽种了银杏树,都与这个"杏仁"有关。也许孔子当年是受银杏大树的种仁(即白果)的启发而创立了他的"仁学"。孔子思想中另一个重要范畴是"礼"。礼即讲君臣父子、上下尊卑的等级秩序。《礼记·礼器》:"其在人也,如竹箭之有筠也,如松柏之有心也。"所以孔庙中种植松柏树。儒家提倡的仁义道德,不限于人伦,还包含爱护生物,即"民胞物与",同时符合"爱有差等""顺时节用"的伦理原则。正如《礼记·祭义》所述:"曾子曰:'树木以时伐焉,禽兽以时杀焉。'夫子曰:'断一树,杀一兽,不以其时非孝也。'"这种精神,促进了人与人之间的社会和谐关系。

八、制度规范价值

(一)法律法规价值

加强"三孔"古树资源的保护,促进了相关法规和政策的出台。例如,济宁市人民政府办公室 2013 年 5 月 29 日印发《济宁市古树名木保护管理办法》。2018 年 3 月,山东省政府常务会议审议通过《山东省古树名木保护办法》。

(二)乡规民约价值

在当地居民与"三孔"的古树和森林相处共生的过程中,形成了有关保护古树、墓地植树、清明节墓地祭祀祖先等乡规民约。正如《礼记·月令》中的森林与生态保护内容。这些约定,通过孔子的学生、孔学的信仰者们的传播与发展,在更大的区域范围对人们的思想观念和行为发生教化和道德约束作用。

第三节　“三孔”森林文化价值量化评估

一、指标打分评估

研究采用层次分析法和德尔菲法确定指标权重。并根据调查情况，对每个二级指标进行评估打分。通过计算得到“三孔”森林文化价值综合得分为 80.28 分。

表 16-1　森林文化价值评估指标权重及评价打分表

序号	评估类别（一级）	权重	评估指标（二级）	权重	评估分值	指标得分
1	审美艺术价值	0.2168	1. 景观审美价值	0.6749	90	86.9395
			2. 文艺创作价值（精神层面）	0.1816	85	
			3. 文化产品价值（物质层面）	0.1435	75	
2	健康疗养价值	0.1117	4. 疗养价值	0.3026	50	62.1685
			5. 保健价值	0.3559	65	
			6. 宜居价值	0.3415	70	
3	休闲旅游价值	0.2720	7. 休闲价值	0.4018	60	73.6060
			8. 体验价值	0.4897	90	
			9. 娱乐价值	0.1085	50	
4	科研教育价值	0.0788	10. 科学研究价值	0.3587	80	83.2065
			11. 科普教育价值	0.6413	85	
5	文明演进价值	0.1441	12. 文化文明价值	0.1895	95	90.8505
			13. 历史遗存价值	0.4681	95	
			14. 地理标志价值	0.1973	85	
			15. 地方情感价值	0.1451	80	
6	传统习俗价值	0.0947	16. 节庆载体价值	0.4268	80	85.7320
			17. 民族习俗价值	0.5732	90	
7	伦理道德价值	0.0641	18. 宗教信仰价值（精神层面）	0.3761	90	83.7610
			19. 森林哲学价值（精神层面）	0.3371	80	
			20. 社会和谐价值	0.2868	80	

续表

序号	评估类别（一级）	权重	评估指标（二级）	权重	评估分值	指标得分
八	制度规范价值	0.0178	21. 法律法规价值	0.5367	75	75.0000
			22. 乡规民约价值	0.4633	75	
总计		1				80.2847

二、森林文化价值物理量评估

运用森林文化价值物理量评估方法，根据实地调查、征询曲阜市林业局、旅游局等部门获取相关指标的年度统计数据，通过测算得到了“三孔”森林文化价值的评估结果。

（一）森林文化总价值物理量

2013 年，“三孔”接待国内外游客 4×106 人次，三处景点平均每人次大约游览 6 小时，则共计 2.4×107 小时，因为一年为 8760 小时，故折合 2739.7 年。如果考虑森林文化的质量，那么还需要乘以“森林综合指标系数”，即 1.6056，得到 4405.35 文年。另外，门票收入 1.5×108 元，2013 年的人均 GDP 为 33530 元，故门票收入换算成价值为 7182.81 文年。二者相加，得“三孔”文化物理量为 11588.16 文年。若按森林占总面积的 70%，则“三孔”森林文化价值为 8111.71 文年（见表 16-2）。

（二）森林文化总价值货币化

森林文化价值货币化量，等于森林文化价值物理量乘以 2013 年的人均 GDP 得到。经过计算，“三孔”森林文化货币化价值为 27200 万元。

（三）单位面积森林文化价值

据“三孔”森林面积 161 公顷，可计算出单位森林面积的文化价值为 50.38 文年/公顷。单位森林面积的文化价值货币化价值为 168.70 万元/公顷。

表 16-2　三孔森林文化价值评估

表达形式	总森林文化价值（文年）	单位面积森林文化价值（文年/公顷）	备注
物理量（文年）	8111.71	50.38	2013 年，面积 161 公顷。游客 400 万人次，平均每次 6 小时。门票收入 15000 万元
货币化（万元）	27200	168.70	

第四节　小　结

在约 2.3 平方公里的“三孔”区域内共有 1 万余株古树，是目前我国面积最大、古树最多、文化价值最高的森林和古树群。随着时间的推移，在保护良好的情况下，“三孔”古树数量还会增加，它们已成为儒家文化的精神载体，是“三孔”世界文化遗产的重要组成部分，具有重要的历史、科学和精神等文化价值，值得我们深入研究、认真保护、世代传承。

“三孔”文化林发展模式，是中国古树名木和文化森林保护、建设和利用的典型代表。其在坚持长期完整保护传承、各时代不断补充栽植新树木、景观配置蕴含文化突出特色、积极发挥旅游教育诸多文化功能等方面都积累了宝贵成功经验，值得全国其他风景名胜林、氏族风水林、名人纪念林发展借鉴和推广。

在建设生态文明和美丽中国的新时代背景下，我们更应该传承和弘扬儒家文化中关于天人合一、热爱自然、尊重生命、保护生态、奉献社会的思想精髓，内化于心、外化于行。

第十七章　五台山森林文化价值评估

五台山位于山西省忻州市，是国家5A级旅游景区、国家重点风景名胜区、国家地质公园、国家自然与文化双重遗产、中华十大名山，中国佛教四大名山、世界五大佛教圣地之一，在中国文化版图中占有重要地位。这些称谓与五台山特有的气候和地质资源有密切关系，与五台山的森林也有联系，本书通过对五台山森林文化资源的分析，定量评估五台山森林文化价值，供五台山林业建设者参考。

第一节　五台山森林文化价值介绍

一、区位

五台山位于山西省忻州市五台县境内，山西北部，属太行山脉，约当东经112′50°—113′50°，北纬38′30°—39′15°，海拔最低759米，最高峰北台(叶斗峰)海拔3058米，是华北地区最高峰，素有“华北屋脊”之称，五台山环基长约250千注，面积约283平方千米①，在五台山主峰座基区域，又有台内、台外之分。所谓台内即五座台顶怀抱之地，以台怀镇为中心，东西宽16公里，南北长21公里，总面积336平方公里，即现今五台山风景名胜区行政管辖范围，下辖台怀镇与金岗库乡。在这个范围之外，则称台外，包括五台、繁峙、代县、原平、定襄等县(市)部分境域。本书研究区域为五台山景区行政区划范围，总面积为285.8平方公里，其中，台怀镇为189.2平方公里，金岗库乡为96.6平方公里。

① 茹文明、张峰:《山西五台山种子植物区系分析》,《植物研究》2000年第1期。

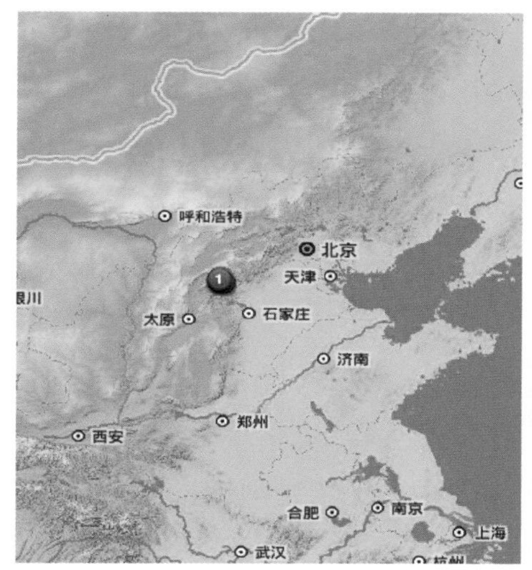

图 17-1　五台山的区位及地形

二、地质土壤

《名山志》载:“五台山五峰耸立,高出云表,山顶无林木,有如垒土之台,故曰五台。”《灵山记》:五台山有四陲①,可见五台山是由多个山峰组成的山地集合体。五台山属典型的土石山区和石质山区,海拔高差大,五台山地貌可分为剥蚀构造山地和山间黄土盆地。前者以各台顶为代表的桌状断块地貌,海拔高 2000—3000 米;后者是五台山的一系列拗陷小盆地,海拔 900—1500 米,黄土层深厚。成土母质以变质岩、石英岩、白云岩等为主,土壤类型从山麓到山顶依次为:褐土、山地褐土、棕色森林土、亚高山草甸土。

三、水文

五台山境域内主要河流为滹沱河、清水河,属海河水系。其他小河流多注入滹沱河、清水河。清水河发源于五台山东台沟,汇入滹阳河、滹西河后,在县境西南入滹沱河,全长约 80 千米。

四、气象

五台山地区属暖温带半湿润季风气候。由于地形变化较大,气候条件

① 陆岩司、程秀龙、吕福利:《〈读史方舆纪要〉选译》,山西人民出版社 1978 年版,第 300 页。

差异明显。北部各山地属于高寒气候，年均温-4.2℃，一月均温-18.9℃，七月均温9.6℃，年平均降水量966.3毫米，年平均无霜期75天，山麓和各山间盆地气候相对温和，年均温6.8℃，一月均温-10.2℃，七月均温21.4℃，年平均降水量566.8毫米，年平均无霜期140天。

五、植被

五台山区植被由高到低形成明显的垂直群落分布，可分为6个自然带。亚高山草甸带分布于五台山五座台顶顶部，植被以蒿草为主，其次有苔草、兰花棘豆等草甸群落。草体厚度5厘米左右，覆盖率达100%，呈草毯、草丘状，为牧草带。山地草原草甸带分布在五台山各支脉上部及山顶平台缓坡处。植被种类主要有苔草、蒿草、兰花棘豆等20余种及多种菊科草共同组成的五花草甸群落。草体高度约5—20厘米，覆盖率90%—100%，为牧草资源带。森林灌丛带主要分布于五台山海拔1700—2700米之间的深山山地上。五台山北麓繁峙县二茄兰一带，五台县台怀弓步山、南梁沟一带，为五台山著名林区，覆盖率为80%—100%。灌丛草本带分布在海拔1200—1900米的广大土石山地上，植被是以草本为主构成的草灌群落，覆盖率为50%—90%，为林牧业和草本粮油、中草药带。旱生草本带分布于黄土丘陵区和平川二级阶地区，植被以旱生草木和田间杂草为主，覆盖率较小。隐域草菅带分布于滹沱河、小银河、滤泗河、同河等冲积平原一级阶地上，植被为田间杂草和湿生草甸复合群落为饲草带。

六、社会经济

五台山是佛教圣地、避暑胜地，也是著名国家级风景名胜区。1992年林业部批准为五台山国家森林公园，2005年通过第四批国家地质公园评审，成为国家地质公园，2007年国家旅游局审定为首批国家5A级旅游景区，2009年在第33届世界遗产大会上被正式列入《世界遗产名录》。作为山西著名的旅游景点，五台山每年吸引着大量的海内外游客前来观光旅游，2012年五台山景区全年共接待国内外游客406万人次，旅游收入37亿元，财政收入2.63亿元。

七、佛教发展

五台山位列我国佛教四大名山之首，与浙江普陀山、安徽九华山、四川峨眉山共称“中国佛教四大名山”。同时与尼泊尔蓝毗尼花园，印度鹿野苑、菩提伽耶、拘尸那迦并称为世界五大佛教圣地。五台山是中国唯一一个青庙黄庙共处的佛教道场。据明代高僧镇澄撰《清凉山志》记载：五台山佛寺之始，以大孚灵鹫寺（今显通寺）为最早，初建于公元68年（东汉永平十一年），为汉明帝刘庄邀请印度高僧摄摩腾、竺法兰东来传法时诏令兴建，成为“释源宗祖”之一。

截至2017年，五台山有寺院47处，台内39处，台外8处，其中有全国重点文物保护单位9处，省级文物保护单位6处。主要有唐代建筑南禅寺、佛光寺，宋代建筑洪福寺，金代建筑延庆寺、岩山寺，元代建筑广济寺、三圣

图17-2　清凉山风光

寺,明代建筑殊像寺、显通寺、塔院寺、圆照寺、碧山寺等,清代建筑菩萨顶、镇海寺及民国建筑南山寺、普化寺、龙泉寺、金阁寺、尊胜寺等。佛光寺、显通寺、塔院寺、菩萨顶、殊像寺、碧山寺、金阁寺、南山寺、龙泉寺、普济寺10个景点作为文化景观列入《世界遗产名录》。这些规模宏大的古建筑群,反映了自唐代以来中国各个时期佛教建筑文化,是研究中国古代佛教建筑艺术的活标本。

五台山由东西南北中五大高峰组成,据说代表着文殊菩萨的五种智慧:大圆镜智、妙观察智、平等性智、成所作智,法界体性智;以及五方佛:东方阿閦佛、西方阿弥陀佛、南方宝生佛、北方不空成就佛、中央毗卢遮那佛。

东台名望海峰,海拔2795米,东台顶上"蒸云浴日,爽气澄秋,东望明霞,如陂似镜,即大海也",故冠此名。隋文帝时台顶始建寺院,元代重建时名为望海寺,明代嘉靖年间重修,内供聪明文殊。

西台名挂月峰,海拔2773米,西台峰"顶广平,月坠峰巅,俨若悬镜,因以为名"。台顶有座石砌的法雷寺,供狮子吼文殊。

南台名锦绣峰,海拔2485米,此峰"顶若覆盂,圆周一里,山峰耸峭,烟光凝翠,细草杂花,千峦弥布,犹铺锦然,故以名焉"。台顶有普济寺,内供智慧文殊,是隋文帝诏令始建,宋代重建时名为普济寺,后于明代成化年间重修。

北台名叶斗峰,海拔3061米,有"华北屋脊"之称,为五台山最高峰,也是华北最高峰。其台"顶平广,圆周四里,其下仰视,巅摩斗杓,故以为名"。台顶有灵应寺,内供无垢文殊,系明隆庆年间建。

中台翠岩峰,海拔2894米,其台"顶广平,圆周五里,巅峦雄旷,翠霭浮空,因以为名"。中台顶于唐代建演教寺,后于明代弘治年间重修,内供儒童文殊。

八、森林状况

五台山动植物资源极为丰富,五台山地区有高等植物100科、386属、661种。木本植物有42种、71属、160种,其中乔木60种,灌木71种。有陆生脊椎动物63科、149属、205种。森林多分布在海拔2000米左右的山坡上,五台山地区的森林面积29.43万亩,林木覆盖率22%,森林覆盖率44.83%,其中天然林占63%,人工林占37%①,风景区内的林木覆盖率已经

① 朱世忠:《五台山生物多样性的研究》,《山西林业科技》2010年第2期。

达到70%以上。[①] 森林群落主要由木本植物——乔灌木组成。植物群落因海拔变化呈一定规律性，即亚高山分布着耐寒矮小的高山草甸灌木，中山、低中山分布着高大的针阔叶树种及伴生灌木。

五台山地带性植被为落叶阔叶林。乔木树种有华北落叶松、河北杨、元宝槭、油松、青杆、青杨、红桦、中华柳等。由于人为的干扰，落叶阔叶林仅在局部地段呈岛屿状分布，主要建群种有山杨、白桦。针叶林以华北落叶松林占优势，主要分布于阴坡、半阴坡，天然林以五台山北坡较为集中，人工林以鸿门岩、中台南坡等较为常见。青杆林和白杆林以阴坡较为常见，在五台山北坡常混生有喜湿耐寒的臭冷杉。灌丛主要有沙棘灌丛、黄刺玫灌丛、虎榛子灌丛、蚂蚱腿子灌丛、银露梅灌丛、箭叶锦鸡儿灌丛等。灌草丛有荆条、酸枣、白羊草灌草丛、虎榛子针茅、蒿类灌草丛等。草丛有白羊草草丛、蒿类草丛等。亚高山草甸有嵩草草甸、苔草草甸、杂类草草甸。[②]

第二节　五台山森林文化价值研究方法

一、评价指数模型

根据调查研究和案例分析，通过专家主观判断，确定审美艺术价值、身心康养价值、休闲旅游价值、科研教育价值、文明演进价值、传统习俗价值、伦理道德价值、制度规范价值八大类别，22项评估指标，各指标权重采用专家打分基础上的均值计算，形成森林文化价值评估模型。

表17-1　森林文化价值评估模型

序号	评估类别（一级）	权重	评估指标（二级）	权重
1	审美艺术价值	0.2168	1. 景观审美价值	0.6749
			2. 文艺创作价值（精神层面）	0.1816
			3. 文化产品价值（物质层面）	0.1435

① 温晓军：《五台山黛螺顶僧人义务植树为佛国添绿》，2014年4月17日，见http://xinzhou.org/html/2014/xzgd_0417/74343.html。

② 茹文明、张峰：《山西五台山种子植物区系分析》，《植物研究》2000年第1期。

续表

序号	评估类别(一级)	权重	评估指标(二级)	权重
2	身心康养价值	0.1117	4. 疗养价值	0.3026
			5. 保健价值	0.3559
			6. 宜居价值	0.3415
3	休闲旅游价值	0.2720	7. 休闲价值	0.4018
			8. 体验价值	0.4897
			9. 娱乐价值	0.1085
4	科研教育价值	0.0788	10. 科学研究价值	0.3587
			11. 科普教育价值	0.6413
5	文明演进价值	0.1441	12. 文化文明价值	0.1895
			13. 历史遗存价值	0.4681
			14. 地理标志价值	0.1973
			15. 地方情感价值	0.1451
6	传统习俗价值	0.0947	16. 节庆载体价值	0.4268
			17. 民族习俗价值	0.5732
7	伦理道德价值	0.0641	18. 森林信仰价值(精神层面)	0.3761
			19. 森林哲学价值(精神层面)	0.3371
			20. 社会和谐价值	0.2868
8	制度规范价值	0.0178	21. 法律法规价值	0.5367
			22. 乡规民约价值	0.4633

对五台山森林文化的调研，调研时间在2017年1月，调研内容为表中所列的二级评估指标。调研对象为五台山林业局、五台山国营林场、五台山宗教局及当地各个寺庙，调查方法为访谈法、材料收集。以主观感知、横向对比为判断方法，根据调研所获得的材料，对模型的各项二级指标打分，打分阈值为0—1之间的小数，1为最大，0为最小，各分值赋值标准如下表，表中的较少、一般、较高、很高的对比对象为全国森林景区的最高标准。

表17-2　二级指标打分标准

表现	无价值	很少	较少	一般	较高	很高
分值	0	0.1—0.2	0.3—0.4	0.5—0.6	0.7—0.8	0.9—1

将二级指标打分值乘以权重得到二级评估指标值，加总后再乘以一级

评估类别权重，得到各一级评估类别值，将各一级评估类别值加总即为森林文化价值评估指数。

二、森林文化价值评估

（一）人林共生时间的测度

物理量评估是评估森林文化价值产生的基本依据，用人与森林共生的时间来反映。

人林共生时间 = 参与人数 × 平均停留时间 × 景区森林覆盖率 /8760　　公式（17-1）

公式中：人林共生时间以文年（Culture-year，简称 cy）为单位；

平均停留时间以小时为单位，小时折算为年，应除以 8760，因为 1 年 = 8760 小时；

因为景区内游客并不是全部停留在森林里，因此计算平均停留在森林的时间时以平均停留时间乘以景区森林覆盖率。

（二）货币化价值的计量

在货币化计量时以人林共生时间的价值与门票收入相加，并乘以森林文化评估指数。公式为：

森林文化货币化价值 =（人林共生时间×单位时间的价值+门票收入）×森林旅游比例　　公式（17-2）

公式中：人林共生时间为公式 1 的计算结果；单位时间的价值是指 1 文年的价值，取值为 2017 年人均 GDP 国内生产总值（GDP），为 5.966 万元；门票收入以 2017 年五台山景区门票总收入计算，乘以森林覆盖率以剥离非森林因素影响门票总收入中的部分；对于以森林生态系统为主体的旅游区域（森林公园、国家公园、城市公园、森林和野生动物类型的自然保护区的缓冲区和实验区、森林自然风景名胜区等）以外的旅游区，森林文化价值核算需要从景区综合文化价值中扣除与森林文化价值无关的部分，根据森林旅游比例（以森林树木和野生动植物自然人文景观为旅游主要动机和偏好的游客所占的比例）计算获得。

第三节　五台山森林文化价值评估结果与分析

一、评估指标得分

（一）审美艺术价值

1. 景观审美价值

森林景观所产生的美感，往往表现出视觉上的舒适，五台山处于具有美感的森林景观包围之下，可达到观者愉悦身心的效果，自内而发的喜感，有利于其正确人生观、价值观的树立和情绪稳定，特别是对于僧人，美丽的景观在其修行的路上是重要的辅佐。五台山有大量古树，主要分布在寺院内部，其具有一定的美学价值。但五台山的森林和树木是寺庙文化的一个重要组成，其独特性略显不足，根据调查，并未发现五台山森林和树木的独特景观，另外，由于游客主要是游览寺庙，体会寺庙文化，对于森林美感往往忽略，仅在个别的古树旁短暂停留，因此判断五台山森林景观美感价值表现一般，评分为 0.5。

2. 文艺创作价值

五台山的森林美景激发了文艺创作，出现了大量的文学艺术作品，如苏轼的《北望清凉山》："西登太行山，北望清凉山。晴空浮五髻，晻霭卿云间。余光人岩石，神草出茅菅。何人相指拟，稍稍落人寰。能令堕指儿，虬髯茁冰颜。祝君如此草，为民已痌瘝。我亦老且病，眼花腰脚顽。念当勤致此，莫作河东悭。"金代诗人元好问的《台山杂咏》："山云吞吐翠微中，淡绿深青一万重。此景只应天上有，岂知身在妙高峰。沉沉龙穴贮云烟，百草千花雨露偏。佛士休将人境比，谁家随步得金莲?"唐朝李白、杜甫等也留下了不少诗歌。近代以五台山森林为题材的文艺作品更多，因此其文艺创作价值评分为 0.8。

3. 文化产品价值

五台山森林资源丰富，可产出大量的林菌、林药、林禽、林果，可以为市场提供大量的森林食品药品，包括台蘑、金莲花、党参等，这些食品药品有的产自五台山，有的产自周边地区的森林，这些森林食品药品在促进地方经济发展的同时，对丰富广大信众生活，保证健康，提高旅游感受、吸引游客起到重要作用，从客观上对于以佛教为主题的旅游活动起到积极影响，在五台山佛教兴盛发展过程中，森林食品药品也起到一定的作用。鉴于其森林产品的丰富性和产量，其产品价值评分为0.8。

（二）身心康养价值

1. 疗养价值

五台山是久负盛名的避暑胜地，农历七月，三伏骄阳炎炎，燥热难耐，然而五台山却气候清凉，爽快宜人。这里峰峦叠翠，嘉木葱茏，野花烂漫，清泉遍地，伽蓝寺宇，散布其间。时有清风徐徐，拂人面颊，常常吸引大量的人员前来疗养，现有忻州五台山风景名胜区铁路疗养院五台山疗养区、太原铁路局五台山疗养院、五台山电力疗养院等疗养机构，住院床位1000多张，为病人的康复发挥了一定的积极作用。前来疗养人员一方面是受五台山特殊的冷凉气候吸引，同时也体会独特的森林生态环境，但森林在五台山疗养价值中所占比重较小，森林的疗养价值评分为0.3。

图17-3　菩萨顶的古树（张德成摄）

2. 保健价值

五台山所处的台怀镇有人口2000人，每年接待大量外地游客，人们在五台山生活游览过程中，客观上起到了锻炼身体、促进健康的作用，但森林在其中所起到的作用很小，主要是供当地学生更方便地开展体育健身活动，评分为0.2。

3. 宜居价值

五台山风景名胜区规划面积为599平方公里，包括了五台县台怀镇22个行政村、金岗库乡10个行政村、石咀乡8个行政村、灵境乡9个行政村、豆村镇3个行政村，以及繁峙县岩头乡13个行政村、东山乡10个行政村、神堂堡乡2个行政村。共涉及五台县52个行政村、3474户、11560人，繁峙县25个行政村、1136户、3553人。五台山森林改善了当地气候，特别是对于台怀镇的居民生产生活环境具有改善作用。森林对于当地形成冷凉气候起到一定的作用，森林可以庇荫，增加区域蒸发量和降水量，对于夏季降温起到重要作用。温庭筠（812—866）的《清凉寺》诗中有“黄花芳树榭芳溪，宫殿参差黛（山岭青翠）楸西。…… 松飘晚风纵金铎，竹阴寒苔上石梯”，描写了清凉的景观。

图 17-4　秋季五台山山峰上已经有雪

五台山森林对于居住环境具有一定的改善作用，但并不是决定作用，其冷凉气候主要是地形决定，因此，森林的宜居康养价值一般，评分为 0. 6。

（三）休闲旅游价值

1. 休闲价值

五台山景区当地居民以农村居民为主，工作之余休闲娱乐、健身游憩的生活习惯并不普遍，根据调查，并未发现各村中的常年在森林中的锻炼人员，只有少量老人在路边或村中休闲聊天。因此，五台山森林休闲价值较低，评分为 0. 3。

2. 体验价值

根据《山西省五台山国家森林公园总体规划》，五台山森林公园总面积为 191. 377 平方公里，区划为六个区和两个亚区（亚高山草甸区和森林草原区），六个区分别为亚高山森林草原区、台怀白塔庙群区、九龙岗田园风光区、怀南生活服务区、南台天然花卉区、清水河上游森林景区，规划界限与台怀镇镇区界线基本一致。

作为世界闻名的佛教圣地，五台山每年吸引着大量的游客前来观光、游览、修行。五台山景区共有旅游接待单位 395 家，床位 17805 支，42 家规模较大宾馆床位 7215 张；小型旅馆、旅店（包括农家乐）353 家，床位 10500 张。挂牌五星级 1 家（五峰宾馆），四星级 2 家（花卉山庄、银海山庄），三星级 3 家（云峰宾馆、鑫海宾馆、凉城山庄），二星级 1 家（银馨宾馆）。2017 年五台山景区旅游人数达到 20. 9 万人，门票收入 32543. 21 万元。旅游总收入 722277. 4 万元。

表 17-3　2017 年五台山景区（市、区）旅游统计报表①

指标	类别	单位	数值
接待游客	数量	万人次	568. 6
	同比	%	11
门票收入	数量	万元	32543. 21
	同比	%	1
门票价格		元	120
旅游总收入	数量	万元	722277. 4
	同比	%	23. 5

虽然五台山景区获得了大量的旅游收入，也吸引了大量的游客，但是其主要的旅游资源是五台山的宗教资源、冷凉环境，五台山推出的九项特色旅游活动包括：佛国圣地采摘游、朝台登山健身游、佛教文艺欣赏游、镇海松涛红叶游、秋冬美景摄影游、金色世界生态游、银色五台踏雪游、寺庙法会祈福游、佛法禅宗探访游。其中，佛国圣地采摘游、镇海松涛红叶游、秋冬美景摄影游、金色世界生态游与森林有关。虽然森林在其中也起到一定作用，但是并不是主要的旅游资源，甚至游客在寺庙文化体验时往往忽略森林的功能，因此，五台山森林的旅游观光价值较小，评分为 0. 3。

3. 娱乐价值

五台山是重要的宗教场所，到此地游客以修行学习为主，修身养性，气

① 五台山景区：《五台山景区（市、区）旅游统计 2017 年报表》，2018 年 2 月 11 日，见 http://wts.sxxz.gov.cn/ggsj/tjgb/201802/t20180211_281261. html。

氛庄严肃穆，因此游乐项目不多，森林所提供的游乐项目更少，根据调查，森林是可以提供人们临时休息、聊天的场所。其娱乐价值评分为0.1。

（四）科研教育价值

1. 科学研究价值

在百度学术中以五台山为关键词搜索，找到约51700条相关结果，以五台山森林为关键词搜索，找到392条相关结果，涉及林学（152条）、地理学（79条）、农林经济管理（50条）、林业工程（31条）、生物学（28条）、中国语言文学（8条）、园艺学（4条）、农业资源利用（4条）、哲学（3条）、建筑学（3条）等学科领域，可见五台山森林具有较高的科学研究价值，评分为0.8。

2. 科普教育价值

由于五台山森林以中幼龄林为主，且当地对于森林教育工作并没有普遍开展，因此，五台山森林对广大公众尤其是中小学生的科普教育价值并没有充分发挥，古树文化价值的科普方面的工作也逐步开展，调查发现有古树挂牌，但尚没有专门的古树和森林的宣传材料，因此，五台山森林的科普教育价值一般，评分为0.5。

（五）文明演进价值

1. 历史遗存价值

从自然史角度，五台山复杂的地形、多变的气候和多样的土壤等自然地理条件为生物多样性的形成和发展提供了优越的生境基础，蕴藏着丰富的动植物资源，拥有一些古树，主要分布在镇海寺周边，属于自然遗迹，五台山共有植物99科、351属、595种。其中，草本植物482种，占总数的81.3%；乔灌木113种，占总数的18.7%。从社会史角度，五台山历史上有大量的森林采伐，所采树木用于营造寺庙，对于与佛教文化客观上起到了支撑作用。森林对改善当地小气候、营造优美景观具有重要作用，吸引了佛教人士，使得当地佛教文化绵延承传1600余年，《道经》里称五台山为紫府山，曾建有紫府庙。《清凉山志》称佛教的文殊菩萨初来中国时，居于石盆洞中。展现了一种独特而富有生命力的组合型文化景观。但五台山森林和古树的独特性、典型性、数量多度、树种丰富度等方面与全国其他景区相比仍有差距，评分为0.7。

2. 地理标志价值

五台山亚高山草甸和冰缘地貌植被与中国同纬度山地群落类型相比最

为丰富，在海拔 2800 米以上分布着以高山嵩草为代表的高山草甸，它是华北唯一进入高山带的山地植被。但是，森林在华北地区的代表性不足，均为一般性的林分，也没有代表当地形象的特异森林或树木景观，但当地的森林食品和药品台蘑、五台山党参、五台山金莲花等是具有地方特色的产品。综合判断，五台山森林的地理标志价值评分为 0.5。

3. 文化文明价值

五台山位居中国佛教四大名山之首，也是世界五大佛教圣地之一，在佛教界地位备受尊崇，享誉海内外。1982 年 11 月，经国务院批准，五台山被审定为首批国家重点风景名胜区（名称后调整为国家级风景名胜区）。1992 年 11 月，经国家林业局批准，五台山被设立为国家森林公园。2005 年 9 月，经国土资源部批准，五台山被审定为国家地质公园。2007 年 5 月，经全国旅游景区质量等级评定委员会批准，五台山被评定为国家 5A 级旅游景区。2009 年 6 月 26 日，在西班牙塞维利亚第 33 届世界遗产大会上，五台山以文化景观列入世界遗产名录，成为中国第 38 处世界遗产地，第 2 处文化景观遗产。森林是其中重要的组成部分，但是代表五台山文化的是众多的寺庙和山地本身，森林只起到辅助作用，森林的文化象征意义较低，评分为 0.3。

4. 地方情感价值

玉啸庵也有诗曰："五月行踪人大孚，万松如剪雪平铺。"五台山属太行山系的北端，跨忻州市繁峙县、代县、原平市、定襄县、五台县、盂县和河北省阜平县。它处于黄土高原上，树木葱茏，物产丰富。由于游客与当地居民在五台山游览时，关注焦点并非是森林，但五台山的森林和树木同样承载了游客和当地居民的情感，一方面在对景观的体验与回忆中，森林客观上起到了绿色背景的作用；另一方面，一些许愿树树木的存在，使得人们的情感加以寄托。五台山森林地方情感价值属一般，评分为 0.5。

（六）传统习俗价值

1. 节庆载体价值

五台山每年农历六月期间举行大型佛事活动、民间文化活动、骡马牲畜交易大会，牲畜交易大会期间，在台怀镇杨林街一带，是物资交易、包含服务和小商贩摊点摆设区，商业区货色齐备，琳琅满目，其中有台蘑、五台山党参、五台山金莲花等的交易。一定意义上，森林食品和药品交易为牲畜大会举办增加了产品类别。农历六月十五前后有跳布扎活动，每年 8 月，举行旅游节庆——"五台山佛教文化节"。除每年的植树节期间，有当地群众植树活动外,尚未发现以森林为主题的节庆活动,五台山举办首届佛俗民情年。活动集中展示佛教圣地禅门僧尼过年习俗和特有的地方"两节"风情的创意,追寻古朴而纯正的过年过节情趣的心理需求,其中森林景观提供了很好的背景。综上所述,可见森林发挥了一定的节庆载体价值,但只是起到辅助作用,评分为0.4。

2. 民族习俗价值

五台山地区有许多独具特色的菜肴和风味小吃,在这里可以品尝到肉片炝香蘑、清炒台蘑、小鸡炖台蘑等传统名菜,这些菜肴多取材于森林食材。近年来开展退耕还林,这改进了一部分当地居民的生产结构,森林禁伐和植树造林活动,使得当地居民用材方式主要转为外运,五台山森林对当地的生产生活有一定的影响,综合判断,评分为0.4。

(七)伦理道德价值

1. 森林信仰价值

佛教的寺庙环境已经包括了周围的自然环境,是佛寺建筑、佛教景物、人工山水与天然山水的综合体。五台山森林资源丰富,为五台山寺庙提供了良好的生态环境服务。同时,促进了气候冷凉,森林以自然生态的文化内涵与佛教文化也具有想通的特点,有利于僧众修行,促进佛教发展。

五台山许多寺庙离森林距离很近,在列为世界文化遗产的十座庙宇周边均有森林,其中金阁寺、南山寺、龙泉寺、普济寺由于所处生态环境条件所限,森林与寺庙有一定距离,但仍保持在寺庙外50米之内即有森林。其他六座寺庙(佛光寺、显通寺、塔院寺、菩萨顶、殊像寺、碧山寺)则与森林比邻。

游客和僧众对于佛教的信仰树立过程中,森林起到了优化修行环境的作用,五台山森林在历史上伐木建造寺庙。另外,在镇海寺,还有树木挂许愿条的现象,体现了树木作为人们信仰的寄托,因此五台山森林对佛教的贡献较大,综合判断,评分值0.7。

2. 森林哲学价值

中国佛教自然观的独特性在于强调人与自然的和谐相处。佛教蕴含着丰富的生态思想,具有独特的生态观。而森林(包括寺庙内园林和寺庙外园林)正是这种抽象生态观的外在表现。

森林成为修为榜样与参造。禅宗认为"郁郁黄花无非般若,青青翠竹皆是法身”。大自然的一草一木都是佛性的体现,都有存在的价值。一切众生都有成佛的灵性,无生命的大地、河流、草木等都“无情有性”。

森林与佛教的和谐自然观念想通。“自古名山佛占多”,佛教以其“众生平等、天人合一”的生态观,与森林所传达的自然和谐、生生不息的文化内涵相契合。人与自然万物可以互相融合,和谐相处。

森林是佛教极乐世界的重要因素,在佛教教义中,祈求往生的天王或佛国世界都是园林化的极乐世界,有丰富的树木鲜花,“诸池周围有妙宝树,间饰行列,香气芬馥。是诸池中,常有种种杂色莲花”①。正是因为佛教的生态思想和生态观中得以体现的生态文化特征,使得长期以来,五台山佛教与其周边森林自然环境得以和谐共生,森林深化了佛教对自然的认识,同时佛教场所的建立保护了林地。

在佛教徒眼里,佛教僧徒日常生活离不开自然环境,连说法、修行也都离不开自然景物,而僧徒与自然所建立了这种融洽关系,在佛经的描述中,佛国净土自然环境极为优美、洁净、舒适。佛教对修行环境的要求相当苛刻,寺庙选址一般更趋近于自然生态。《五灯会元》卷十六《云峰志睿禅师》有云:“瘦竹长松滴翠香,流风疏月度炎凉。不知谁住原西寺,每日钟声送夕阳。”唐代雪窦重显禅师诗曰:“红芍药边方舞蝶,碧梧桐里正啼莺。离亭不折依依柳,况有青山送又迎。”(《送僧》),可见寺庙环境是植物与自然山水的美妙结合。五台山具有幽静的森林环境,该山是“静谷幽林”“叠翠迴岚”“嘉木芳林,千峦弥布”“他山莫比”的优美景观。佛教三山(峨眉山、普陀山、五台山)皆因佛迹显,而五台尤以山辟最早,境地最幽,灵观最赫,故得名独盛。五台山的森林环境有利于修行。提现出了佛教主张的优美、洁净、舒适、自然的思想。综合判断,森林的哲学价值较高,评分为0.7。

3. 社会和谐价值

新中国成立以来,五台山人坚持不懈地对区域内宜林的山坡沟谷进行彻头彻尾的绿化,特别是少不了那些出家没有出国的僧侣的身影。

20世纪50年代,全国劳模、五台山明月池主持释能成就是一个典型的植树英雄。“山在绿中、庙在树中、人在画中”,这是很多游客对五台山的赞誉。植树造林促进了当地僧人与居民之间的社会和谐关系。综合判断森林具有一定的社会和谐价值,评分为0.5。

① [英]A.J.汤因比、[日]池田大作:《展望二十一世纪——汤因比与池田大作对话录》,荀春生等译,国际文化出版公司1985年版,第189页。

（八）制度规范价值

1. 法律法规价值

当地在五台山森林管理方面涉及五台山国有林管理局、县属林场、矿属林场、五台山景区及各个乡镇、村庄，形成了多部门参与的特点，各项管理措施完善，管理规定完备，并在区域发展规划编制中提到了五台山的森林建设。五台山林局创造性地提出，建立农家管护站，聘请辖区内有责任心的村民做信息托管员，依靠群众、购买服务，让更多的群众参与到森林管护中来。① 森林的法律法规价值较高，评分为0.7。

2. 乡规民约价值

由于历史上五台山地区的森林遭到破坏，在当地居民与古树和森林相处共生的过程中，并没有形成有关保护古树、植树造林等乡规民约。因此，判断森林的乡规民约价值较小，评分为0.2。

二、五台山森林文化评估指数

并根据调查情况，对每个二级指标进行评估打分。通过计算得到五台山森林文化评估指数为0.461589，标准化后为0.923。

表17-4 森林文化价值评估指标值

序号	评估类别（一级）	权重	评估指标（二级）	权重	打分值	打分值*权重
一	审美艺术价值	0.2168	1. 景观审美价值	0.6749	0.5	0.33745
			2. 文艺创作价值（精神层面）	0.1816	0.8	0.14528
			3. 文化产品价值（物质层面）	0.1435	0.8	0.11480
二	身心康养价值	0.1117	4. 疗养价值	0.3026	0.3	0.09078
			5. 保健价值	0.3559	0.2	0.07118
			6. 宜居价值	0.3415	0.6	0.20490
三	休闲旅游价值	0.2720	7. 休闲价值	0.4018	0.3	0.12054
			8. 体验价值	0.4897	0.3	0.14691
			9. 娱乐价值	0.1085	0.1	0.01085

① 中央文明网：《五台山国有林管理局：管护森林资源立局之本兴局之要》，2015年9月28日，见http://www.wenming.cn/specials/wmcj/lywm/gylc/201509/t20150928_2884620.shtml。

续表

序号	评估类别（一级）	权重	评估指标（二级）	权重	打分值	打分值*权重
四	科研教育价值	0.0788	10. 科学研究价值	0.3587	0.8	0.28696
			11. 科普教育价值	0.6413	0.5	0.32065
五	文明演进价值	0.1441	12. 文化文明价值	0.1895	0.3	0.05685
			13. 历史遗存价值	0.4681	0.7	0.32767
			14. 地理标志价值	0.1973	0.5	0.09865
			15. 地方情感价值	0.1451	0.5	0.07255
六	传统习俗价值	0.0947	16. 节庆载体价值	0.4268	0.4	0.17072
			17. 民族习俗价值	0.5732	0.4	0.22928
七	伦理道德价值	0.0641	18. 森林信仰价值（精神层面）	0.3761	0.7	0.26327
			19. 森林哲学价值（精神层面）	0.3371	0.7	0.23597
			20. 社会和谐价值	0.2868	0.5	0.14340
八	制度规范价值	0.0178	21. 法律法规价值	0.5367	0.7	0.37569
			22. 乡规民约价值	0.4633	0.2	0.09266

表 17-5　一级评估类别的权重和得分

评估类别（一级）	权重	得分值	得分值×权重
审美艺术价值	0.2168	0.59753	0.129545
身心康养价值	0.1117	0.36686	0.040978
休闲旅游价值	0.2720	0.27830	0.075698
科研教育价值	0.0788	0.60761	0.047880
文明演进价值	0.1441	0.55572	0.080079
传统习俗价值	0.0947	0.40000	0.037880
伦理道德价值	0.0641	0.64264	0.041193
制度规范价值	0.0178	0.46835	0.008337
综合评价指数			0.461589

一级评估类别得分来看，文明演进价值得分最高，休闲旅游价值最低，从高到低依次为：文明演进价值 0.64 >科研教育价值 0.61 >审美艺术价值 0.60 >伦理道德价值 0.56 >制度规范价值 0.47 >传统习俗价值 0.40 >身心康养价值 0.37 >休闲旅游价值 0.28。

一级评估类别得分乘以权重后，分值次序有所改变，审美艺术价值最高，制度规范价值最低，从高到低依次为：审美艺术价值 0.130 >文明演进价值 0. 080 >休闲旅游价值 0. 076 >科研教育价值 0. 048 >伦理道德价值 0. 041 >身心康养价值 0. 041 >传统习俗价值 0. 038 >制度规范价值 0. 008。

三、五台山森林文化货币价值

1. 人林共生时间

五台山景区行政区划范围总面积为 285. 8 平方公里,因为景区森林分属多个部门,至今没有确切统计森林覆盖率,以相关报道中的估测,林木覆盖率为 70%,2017 年,五台山景区接待国内外游客 568. 6 万人次,按照平均停留时间 6 小时计算,则共计 3411. 6 万小时,一年为 8760 小时,故折合为 3894. 52 文年。如果考虑森林文化的质量,那么还需要乘以"森林综合指标系数",即 0. 923,得到 3594. 64 文年。

门票收入折算成文年,2017 年五台山景区门票收入 32543. 21 万元,2017 年全国人均 GDP 为 5. 966 万元,票收入换算为 5454. 78 文年。如果考虑森林文化的质量,那么还需要乘以"森林综合指标系数",即 0. 923,得到 5034. 76 文年。

以上五台山景区实际人林共生时间与门票折算的人林共生时间之和为 8629. 37 文年,但是五台山作为非森林为主的景区,其文化物理量还应乘以森林旅游比例 28%,最后获得五台山森林文化价值为 2436. 93 万元。

表 17-6　人林共生时间计算表

指标	类别	单位	数值
接待游客	数量	万人次	568. 6
	同比	%	11
门票收入	数量	万元	32543. 21
	同比	%	1
门票价格		元	120
旅游总收入	数量	万元	722277. 4
	同比	(%)	23. 5
人林共生时间	实际值	文年	3894. 52
	实际值×森林综合指数系数	文年	3594. 64
门票折合文年	实际值	文年	5454. 78
	实际值×森林综合指数系数	文年	5034. 76

续表

指标	类别	单位	数值
人林共生时间	实际值	文年	8929. 28
	实际值×综合指数	文年	8629. 37
	实际值×综合指数×森林旅游比例	文年	2436. 93

2. 森林文化货币化价值

根据公式(17-2),计算五台山森林文化价值货币化价值为 18022. 5319 万元。

表 17-7　五台山森林文化货币化价值

指标	单位	数值
人林共生时间	文年	2726. 1644
单位时间的价值	万元	5. 966
门票收入	万元	32543. 21
森林旅游比例	%	28
森林文化货币化价值	亿元	1. 45

第四节　建　议

五台山森林是五台山文化的重要组成部分,五台山森林文化评估指数为 0. 4616,森林的文明演进价值得分最高,休闲旅游价值最低,乘以权重后,五台山森林的审美艺术价值最高,制度规范价值最低,五台山景区人林共生时间为 2436. 94 文年,森林文化货币化价值为 1. 44 亿元。五台山单位面积上的森林文化价值是处于五级,于国内其他森林旅游区相比,属较低水平。

本书是基于主观判断打分法,其主观性主要体现在三个步骤,一是确定指标的主观性,显然本书确定的文化指标已经超出了行业上的文化范畴,也超出了学术上的狭义的文化定义,但又没有达到广义的范围,因此,本书确定的文化指标是缺乏学术基础的,且与当前文化行业不符合,带有强烈的作者主观臆断性。二是指标权重确定的主观性,主要采用专家打分法,各个专家根据自身经验来判断权重,由于各自背景不同,很难得到所有专家均认可的一个权重体系。对各个专家意见的简单平均，表面上公平合理，但恰恰缺少了对于均值合理性的探讨。专家数量、专家背景结构、专家赋值偏好等都会影响到取值。三是在森林文化二级指标的打分过程中，主观性更为明显，对于标准确立的较为模糊，这给打分的专家更多的权宜空间，也增加了打分值的非确定性。可以说本书的主观判断法已经失去了科学研究所必须缜密和精确，是一种唯心的研究。

由于没有做多年的数据分析，本书打分数据的平稳性仍值得讨论，现在打分值所具有的结构，能不能推演到明年或后年，甚至更长时间？数据本身所带有的比例关系、均值、指数值及方差在时间维度上是否具备增长、一致或降低的可能。如果不一致，即可能存在时间上的差异，即打破数据平稳性，那么本书研究的可信度将受到质疑，本书研究成果的应用时空范围将受到限制。

从森林文化提升角度，本书建立的单位面积文年模型，会导致减少森林面积，扩大森林游览时间的策略，但这两个策略都是值得怀疑的，因此，森林文化价值评级并不适用于全部的森林景区。在生产实践中，应用本书研究成果时需要根据自身条件，建议如下：

1. 人林共生时间的并非越多越好，应有限度，因为大量的人类活动可能对生态环境有干扰，也影响文化欣赏体验。

2. 森林文化价值的高低应有限度。单纯强度森林文化价值，可能忽略其他要素的文化价值，可能对整个文化体系产生破坏。如在五台山的山顶种树，反而会破坏台地独特的空旷景色。

3. 森林文化价值的分级仅可以做文化类型、空间地域、本底资源差异性不大的景区之间进行对比，且在对比时要慎重采用，避免因分级造成的自然和文化伤害。

4. 森林文化的核心是在精神上的改造。而实现精神上改造需要一定过程和条件，是资源本底、文化活动、文化产出等方面共同加强。

第十八章　普陀山森林文化价值评估研究

浙江普陀山是我国四大佛教名山之一，位于我国浙江省舟山群岛东部，是舟山群岛中的一组岛屿，普陀山风景名胜区是历史形成的佛教圣地，相传为观音菩萨道场，与峨眉山、五台山和九华山同为我国四大佛教圣地，素有“海天佛国”“南海圣境”之称，以佛教名山、海岛风光为主要特色，是我国首批国家级重点风景名胜区和国家5A级旅游景区等。普陀山森林边界明显，也是浙江沿海岛屿中森林植被最丰富的岛屿之一，森林覆盖率达73.4%。全岛现有古树名木1315株，古树以朴树、蚊母树、樟树、圆柏、罗汉松、普陀樟等为主。①

可以看出，普陀山森林文化是其旅游、景观等价值的重要组成部分，但是其与海洋、宗教文化等因素相互叠加，难以剥离。因而本书以普陀山为研究对象，通过剥离方式，对其森林文化价值进行分类和评估。

第一节　普陀山森林文化价值调查分析

根据总项目组森林文化价值评估体系，结合普陀山的自然地理和人文历史实际，本研究初步将普陀山森林文化价值，划分为景观审美价值、灵感启示价值、人文历史价值、文明演进价值、传统习俗价值、伦理道德价值、身心康养价值、休闲旅游价值、科研教育价值和制度规范价值十大类，开展调查研究。

一、普陀山森林景观审美价值

森林景观审美是指森林及其相关动植物产生的景色之美，也包含其与

---

① 参见赵慈良等：《普陀山古树名木资源评价与保护对策》，《浙江海洋学院学报（自然科学版）》2009年第2期。

地质、水文、人文景观等融合所产生的审美价值。

（一）水文地质景观

通常来说，水文地质景观与森林景观相辅相成，没有森林植被的陪衬，山峰、奇石、泉水、溪流、洞穴都会失色不少。

普陀山是一座海岸地貌博物馆。山岛由花岗岩丘陵组成，山体由坚硬的钾长花岗岩组成，经过风化侵蚀，山体四周崩塌，形成山脊窄狭、崖壁陡峭、孤峰凸起的风景地貌。而且山体直切入海，在长期的海浪冲刷和地质变动过程中形成了众多洞穴、沙滩等海积地貌景观。

图 18-1　山海景观

经过统计，普陀山主要水文地质景观如表 18-1 所示。

表 18-1　普陀山主要水文地质景观

类型	景区
洞穴	观音洞、朝阳洞、法华洞、潮音洞、梵音洞等
沙滩	百步沙、千步沙等
奇石	磐陀石、心字石等
山峰	佛顶山、千丈崖、天缝台、灵鹫峰等
泉水	活眼泉、菩萨泉、菩提泉、仙人井、金沙井等

(二)森林植物景观

森林景观是自然资源景观重要组成,主要包括动植物、森林等景观。普陀山岛上空气清新,环境幽静,海岸线曲折,海蚀和海积地貌交替分布,自然景观特点在于海、岛、山、树、石之景兼有之。

其中,在森林景观上,全岛以佛顶山为中心,向外成环状分布:山坡为灌木草本植物,局部常绿阔叶林、落叶阔叶林,森林景观种类丰富;全岛有维管植物 177 科 1270 种(包括变种或亚种),其中裸子植物 8 科 38 种,被子植物 143 科 1153 种,植物物种多样。

普陀山植物景观特色最典型的是珍稀和古树并存。古树和景观林与普陀山山石、海洋、宗教建筑等景观相辅相成,最终形成了古、海、佛的植物特色景观。

古,是指古树。不仅兼具历史意义,其顽强的生命力和奇特的造型,给人以古远的历史沧桑感。根据普陀山园林管理处赵慈良等人的调查,普陀山共计名木古树 56 种,1315 株,古树以朴树、蚊母树、樟树、圆柏、罗汉松、普陀樟等为主。①

海,是指滨海植物景观。普陀山地处东海之上,岛上具有丰富独特的滨海沙生植物和盐碱植物,显示出浓厚的滨海及海岛特色。在靠海的山体上,自然生长的海桐—滨柃—厚叶石斑木灌丛;在滨海沙滩周边,则分布有铁冬青、湿地松、木麻黄、夹竹桃等滨海特色树种。

佛,是指佛教植物。佛教在诞生及演化过程中,相关经文、典故中涉及了大量的植物。佛祖释迦牟尼在《法华经》中说:“我始坐道场,观树亦经行。”就说明了佛教采用喻理、明志等方法,阐述教理,比喻人生。在普陀山佛教名山发展的过程中,不仅有意识地引进了丰富的佛教植物,如榕树、苏铁、山茶花等;也挖掘了一些特色观音相关植物,如紫竹、山矾花等。

此外,在普陀山主要景区中分布着大量风景林。在南天门景区,包含了南山、双峰山、猫跳山、观音跳山等景观林;在普济寺景区,包含了白华山、梵山、梅岑山等景观林;在法雨寺景区,包含了锦屏山、莲台山、象王峰和青鼓山景观林;在慧济寺景区,包含了佛顶山、雪浪山和伏龙山景观林。

古、海、佛的植物特色景观具有一定的独特性,也成为普陀山与其他宗教文化圣地植物景观最大的区别。

---

① 参见赵慈良等:《普陀山古树名木资源评价与保护对策》,《浙江海洋学院学报(自然科学版)》2009 年第 2 期。

图 18-2　普陀山古树

二、普陀山森林灵感启示价值

森林的灵感启示价值是指森林对人们创作产生的影响，这种创作涉及文艺创作、文化产品等。主要包括音乐、舞蹈、戏剧等艺术作品，还包括诗词、小说、散文等文学作品。

通过查阅相关文献可知，与普陀山相关的音乐作品通常为一些佛教音乐，但是这其中会出现一些如“紫竹林”“柳枝”等，与普陀山森林文化密切相关的音乐表达。

普陀山是全国著名的初创于唐代的观音道场，而普陀山的宗教活动可溯于秦。在漫长的历史进程中，涌现出了一批歌咏普陀山的诗词。通过文献收集和分析，涉及普陀山诗词作品的作者共计 750 位，其中诗僧（尼）172 位，其他文人、官员 578 位，不乏著名诗人，如王安石、陆游等。①

这些诗人共创作了 1540 首诗词歌赋。这些诗词歌赋大多为观音、佛国、僧人等内容，其中涉及普陀山海天佛国盛景的诗词约有 183 首，这些诗

① 参见贾敏：《普陀山诗词在普陀山旅游文化中的推广与应用研究》，浙江海洋大学硕士学位论文，2016 年。

词涉及奇石、洞壑、山峰、沙滩等自然景观，而森林和植物相关描述就穿插其中，如：屠隆《茶山夙雾》："龙宫蛟室雾氤氲，几树珊瑚认未真。雪里赪霞高十丈，红绡恐是献珠人。"就是描写晨雾笼罩下，山茶花遍布的绝美景观。当然，最有名的当属王安石《咏菊》："补洛迦山传得种，阎浮檀水染成花。光明一室真金色，复似毗耶长者家。"其以观音大士的圣贵赞扬菊花，佛国的草木也受佛光恩泽。

但是实际上，普陀山的森林草木与宗教文化已经紧紧相连、密不可分。因而在描写观音、佛国、僧人等内容的诗词歌赋中，都会蕴含森林及草木元素，如紫竹林、莲花、茶花、杨柳等。可见，普陀山的森林环境和古树名木的人文历史，对于宗教氛围的烘托和影响，及其对于诗词艺术创作感悟的价值不可小觑。

三、普陀山寺庙古树名木蕴含人文历史价值

普陀山的古树呈组团分布，主要集中在三大寺庙周围。其中，法雨寺周边 417 株，慧济寺周边 397 株，普济寺周边 197 株，西天片区 115 株，合兴及龙头 94 株，梵音洞片区 34 株，紫竹林片区 24 株。

特色古树群及资源包括：台湾蚊母树古树群，分布于慧济寺周边，百年以上树龄共计 232 株，古树群林相整齐，长势良好；红楠古树群，分布于佛顶山西南坡，百年以上共计 59 株，红楠春天新叶鲜红夺目，极具观赏价值；罗汉松古树群，分布于法雨寺景区，共计约 17 株，树龄均在 300 年以上，罗汉松古树本身姿态各异，老钟如雕，独具韵味；红山茶古树群，分布于普济寺和善财洞周边，百年以上树龄共计 59 株，该树种在佛教中又称为"曼陀罗树"，具有一定的宗教意义，而且其开花时节满树红花，成为景区一大特色；此外，岛上还有法雨寺和杨枝庵一带的枫香古树群、普济寺周边的香樟古树群；等等。

除了古树群外，普陀山寺庙周围通常种植保留一些孤植的古树，如普慧庵"千年古樟"，仙人井附近的古红楠、朴树，法雨寺的古罗汉松，芥瓶庵的古银杏，等等。这些古树犹如盆景一般，融入寺庙建筑中，成为寺庙园林的精华。

在这些古树名木中，最为著名的还是那棵普陀鹅耳枥古树。1930 年由植物学家钟观光首次发现的，1932 年由林学家郑万钧鉴定而得名，现分布于佛顶山，树龄 250 年，是世界上仅存的唯一一株原生母株，是全国接近灭绝的十大树种之一，被列入普陀山三宝之一。

普陀鹅耳枥传说

传说一，普陀山当地人是这样说的：清代嘉庆年间，有一位缅甸僧人来普陀山求法，把随身带来的鹅耳枥种子撒播在佛顶山慧济寺的后门西侧，其中一粒种子发芽生根成长，就有了这株野生的普陀鹅耳枥。基于这个传说，人们又在缅甸、泰国、尼泊尔等南亚诸国，寻找过这个树种，结果一无所获。现仅存于普陀山的一株鹅耳枥，成为世界上唯一的野生母树，佛教称为“圣树”和“镇山之宝”。鹅耳枥的果实似金黄色松塔形，为佛家喜欢的古树。

传说二，八仙游历到南海普陀山时，看到观音在此打坐，菩萨知道八仙需引导才可得道修仙。于是，观世音菩萨在九山顶和八仙见面，为他们讲经说法。观世音菩萨打坐在一株普陀鹅耳枥树下讲经，正好有一粒种子落到了观世音菩萨身上，之后这一粒种子被带到了观音道场普陀山上。种子生根发芽长成大树，现在普陀山只存活了这一株普陀鹅耳枥。

图 18-3　普陀鹅耳枥

除了普陀鹅耳枥外，以普陀山或舟山命名的树种还有普陀樟、舟山新木姜子树等。这其中以舟山新木姜子树最为著名，是唯一以“舟山”命名的树种，常绿大乔木，为国家二级珍稀保护树种。自然分布在舟山市普陀山、朱家尖、桃花、六横、大猫等岛。每年农历二月十九日观音大士诞辰来临之时，其嫩梢枝叶就披上金黄色的绒毛，在阳光下熠熠闪光，为佛国增添了一层神秘莫测的色彩，令众多善男信女叹为观止，被誉为“佛光树”。1996年浙江省舟山市政府将舟山新木姜子树定为舟山市树。全山有百年以上大树3株，分布于佛顶山。

普陀山佛教植物众多。其中佛教经典植物有榕、竹、七叶树、山茶、山玉兰、红花石蒜、莲、菊花、茉莉花、兰花、苏铁、芦苇等等；象征观音的植物主要有：柳、紫竹、观音竹、舟山新木姜子树（佛光树）、山矾、普陀水仙等等。在这些植物中，山茶、莲花、菊、水仙、兰花等是我国十大名花，竹、柳、山玉兰、茉莉花等植物也是我国传统文化中极具象征性和代表性的植物。而这其中，以山矾、紫竹和普陀水仙为最。

山矾，山矾科山矾属乔木，花白色，是普陀山当地传统的乡土树种。《华严经》中的梵语“普陀洛迦”，意为“一朵美丽的小白花”，而这朵“小白花”通常就是指山矾花或者栀子花。在宋代祝穆的《山矾花》诗句中，就写道：“玲珑叶底雪花寒，清昼香薰草木间。移植小轩供宴坐，恍疑身在普陀山。”可见，至少在宋代，山矾花已经成为普陀山最具代表性的树种。

紫竹，为传统的观赏竹，竹紫黑色，柔和发亮，隐于绿色竹叶之下，甚为绮丽。紫竹不仅在普陀山栽培历史悠久，且具有独特的佛教文化内涵。凡是提到观音菩萨的道场，就会想到紫竹林，紫竹与观音已成为不可分割的一部分。传说观世音菩萨为普陀山道场之事，在梅檀岭下与蛇王斗法，蛇王服输后求菩萨显示一点神通给它看看，才心服口服。菩萨用手一指，忽然在这地方一块石头上马上显现出无数紫色的竹子来，这块石头被信众称为“紫竹石”。后来许多朝山叩拜观世音菩萨的男女香客们，都会携带小紫竹石，带回家做纪念品，这便是紫竹林的典故。

普陀水仙，又美称“观音水仙”，是舟山市花。初春季节，普陀山的一些向阳坡地，到处可见一片片的水仙，幽香阵阵，使人流连忘返。根据清康熙年间的《定海厅志》记载：“沿海岛屿盛产水仙，六朝人称呼雅蒜。”

相传很久以前,百花仙子欲培育在冬天开花的草本花卉,费尽了心血。可培育出来的只会长根,不会发芽开花。百花仙子无奈来到普陀山,向观音菩萨求教。观音睁开慧眼说道:“寒冬草木枯萎,乃是自然之象,很难强求。汝既诚心而来,吾当助汝,但只限一花可开。”百花仙子非常感激,选了一只球状之根奉上。观音用净瓶中的水洒在根上,立即长出了绿色的叶子,但不见有花。观音遂转身从自己修行的白莲台上,摘下六片莲花瓣,凑成一朵纯白的花。百花仙子看了,觉得花虽好,但太素白单调,要求观音给予一点色彩,于是观音又随手从身边拿来一只点着清香的金色香炉盏,按在花心之中,这就成了秀丽的“金盏银台”花朵。这香炉里焚着香,故而散发出浓郁的香味。又因花的根洒过净水,因此,既可植于土中,亦能在清水中生长开花。百花仙子非常满意,便将此花命名为“水仙花”。为感谢观音相助,百花仙子把水仙花撒在普陀,让它扎根繁衍。从此以后,每年一到冬天,百花凋零的时候,就是水仙花蓬勃盛开的季节。

四、文明演进价值

文明演进价值主要分为:历史遗迹价值,主要是指森林中具有代表性的历史遗迹;地理标志价值,主要是指具有典型意义的森林景观、森林群落以及当地具有标志性的森林动植物等。

在全国第三次文物普查(2007—2011 年)中,普陀山登记各类不可移动的文物 92 处,主要为:寺庙、祠堂等。如始建于宋代的普济寺,建于明代的法雨寺、慈云庵,等等。除了这些不可移动的文物,在寺庙、祠堂中的一些文物举不胜举。在普陀山佛教博物馆中,就陈列有国家级文物 377 件,其中国家一级文物 5 件、国家二级文物 23 件、国家三级文物 349 件。可见,普陀山在森林历史遗迹价值较高。

普陀山作为舟山市著名的国际级风景名胜区和四大佛教名山,在舟山、宁波、上海等附近区域均有一定的地方情感价值。但是,由于舟山作为我国第一个群岛建制的地级市,海洋文化才是其地方情感价值的完整体现。因而,普陀山作为佛教圣地,实际上与舟山居民,特别是渔民的情感依恋上是有一定脱节的。

五、传统习俗价值

传统习俗价值主要分为:相关森林节庆、民族习俗等。普陀山每年主要有三大节庆,分别为:中国普陀山南海观音文化节、中国普陀山观音香会节、“普陀山之春”旅游节。在旅游文化节中,中国普陀山南海观音文化节约为每年 11 月。其间,普陀山将举行佛祖真身舍利朝拜法会、普陀山文化论坛、“点亮心灯”传灯祈愿法会、普陀山文化产品展览会、全国名作家采风笔会;“佛顶顶佛”朝拜法会;“弘法演说”讲经法会;“朝山献宝·共沐佛恩”中泰佛教文化交流系列活动和“佛国之约”艺术演出晚会等主体活动。

中国普陀山观音香会节主要为农历二月十九、六月十九、九月十九。又称“普陀山三大香会期”。每年农历二月十九、六月十九、九月十九分别为观音生日、得道、出家的日子,主要为例行庄重的祝诞普佛和观音法会活动。

“普陀山之春”旅游节主要为 4 月,为期 15 天。其间,则主要为声乐、舞蹈、戏剧、书画、摄影、灯谜、幸运抽奖、佛国茶道、旅游义工活动等。

在节日期间活动众多,也极大地吸引了游客的到来。从 2017 年普陀山游客数量动态中便可以看出,在节庆和假期,普陀山游客会极大增加。其中 2 月为春节假期、3 月为观音香会节、4 月为“普陀山之春”旅游节、7 月和 8 月为观音香会节及海滨浴场开放期,10 月为观音香会节和国庆假期。这也说明普陀山节庆较为成功,但是值得注意的是,除了“普陀山之春”旅游节外,其他节日与森林文化相关性较差。

六、伦理道德价值

伦理道德价值主要分为:宗教信仰和森林对人类心情的抚慰价值。普陀山寺院始建于后梁贞明二年(916),清康熙十年(1671)共有 188 所寺庙。截至 2016 年底,普陀山已修复开放(包括新建)的有四大寺、43 所庵院(包括 2 座茅篷),已收归佛协修复的庵院 6 处。可见普陀山寺庙数量众多,庙宇林立。在调查中可以看出,普陀山森林资源、动植物资源与佛教文化和信仰紧密结合,佛教文化向来注重自然和谐和辩证思想,但是这部分实际上已经包含在森林信仰价值中。

七、身心康养价值

调查显示，普陀山现有主要疗养院2个，普陀山疗养院和总工会工人，此外还有一些较为散和小的疗养机构。问卷调查显示，约11.5%的游客来普陀山的目的为疗养度假，但是，这部分人中多数认为海洋环境疗养高于森林环境，因此医学疗养价值并不高。

普陀山传统体育活动主要有马拉松比赛，在调查中发现，普陀山风景区体育活动较为丰富，登山、跑步、健身人数颇多，调查显示，旅游目的中，体育活动约占12.4%。但是，在游客调查中，却发现来普陀山旅游的目的很少有与森林密切相关的体育活动，如登山等，大部分均为游泳。

在身心康养价值中，还包含宜居价值。普陀山森林覆盖率达到73.4%，高于舟山市整体森林覆盖率（约50%）和邻近舟山岛（39.3%）。普陀山由于是小岛，其常住人口仅为5000人左右，但是较高的森林覆盖率为其提供了较好的宜居价值。

八、休闲旅游价值

调查显示，2017年，普陀山旅游总人数达到了857.9万人次。旅游人数整体较高，高于同为佛教名山的五台山（568.6万人次）、峨眉山（320万人次）。也高于周边国家级风景名胜区，如雁荡山风景区（784.16万人次）、嵊泗列岛风景区（约500万人次）、雪窦山风景区（481万人次），但是低于九华山（1010万人次）。调查显示，普陀山所有游客中，舟山本地游客约占8.47%，宁波游客约占15.85%，考虑到普陀山距离宁波仅为106.5公里，且两地历史上曾为一个地区，因而将宁波游客也纳入本地游客中。其中这些本地游客一般游览时间为0.5—1天，约为9.54小时；而非本地游客（舟山、宁波）旅游天数较长，平均为1—2天以上，约为34.95小时。

调查显示，绝大多数游客并不是为了体现森林景观而来。在受调查的游客中，约55.14%的受访者主要是为体现宗教氛围而来；其余约27.36%游客为海洋景观，如为沙滩而来；约18.50%的游客为普陀山森林等自然景色而来。但是约84.14%的受访者也认为，在普陀山游览中，森林景色，特别是古树名木、奇花异草是其必定游览的项目。这也说明，森林的休闲旅游价值总是伴随着其他类型旅游价值，一旦失去森林、植物的覆盖,其游憩价值势必降低。

九、科研教育价值

在科学研究价值方面,调查显示,普陀山现有华东师范大学普陀山森林生态系统定位观测研究站 1 个,主要从事亚热带岛屿生态系统科学观测与试验研究。相关国家自然科学基金科学基金项目 2 项,经费约 73 万元,分别为:"中国海滨(岛)旅游地发展特性及运行机理研究""海岛型旅游目的地生态补偿标准研究——以舟山市普陀区为例"。经过查询,截止到 2018 年,中国知网上获取普陀山相关科研论文 782 篇,硕士博士论文 72 篇,专著 106 篇。可见普陀山相关科学研究较为丰富,特别是科研产出较多,但是其项目相对较少,主要以省级、校级小型项目为主。

在科普教育价值方面,普陀山现为华东师范大学、普陀山学校等学校的教学实践基地,每年还会不定期接待浙江大学、宁波大学、浙江海洋大学、中国美术学院等高校师生来此采风、实习。景区科普教育标示体系完整、古树名木挂牌、科普介绍一应俱全。但是,由于普陀山作为风景区,仍然会有一些学校前来实习会碰到经费问题,而且与景区存在书面合作的单位较少,因此其科普教育能力相对来说较为一般。

十、制度规范价值

普陀山现有涉及森林及植物、自然景观的法律法规主要体现在《浙江省普陀山风景名胜区保护管理办法》和《浙江省普陀山风景名胜区条例》中。其中《浙江省普陀山风景名胜区保护管理办法》发布于 1995 年,废止于 2008 年,而《浙江省普陀山风景名胜区条例》则从 2008 年开始实施。

这两部法规对景区砍伐林、木(竹)或疏林(竹)间伐、采集标本、捕猎野生动物、古树名木保护等作了细致的规定,对景区森林和野生动植物保护、繁衍、科研等作出了细致的规定,但是并没有独立法律法规。

在普陀山居民中,也自发性地形成了一些规定和约定,如《普陀山居民守法守信积分制管理实施细则(试行)》,各社区有相关社区公约等等。对普陀山森林环境保护、居民言行和治安等作出了一定的指导。

第二节　普陀山森林文化价值评估

一般来说,森林文化价值与人在森林中停留、互动共生的时间成正比;其价值高低,与自然力的作用、森林资源要素和环境结构密切相关;而人与森林的共生时间是相对的而非绝对的,是变化的而非停滞的;不同区域森林文化价值存在梯度差异。森林文化价值作为一个价值系统,是由多项指标因子、多目标贴合实际,分区域、分类别、分层次组成的综合评估体系。森林文化价值评估,是从价值的角度评估森林文化对人类的服务能力或满足人类文化需求的能力。为此,本研究参考项目组提出"人与森林共生时间"的核心理论和森林文化价值评估公式,用于森林文化价值量评估。

人与森林共生的时间,以一年内服务人的时间流量来体现,是评估森林文化价值产生的基本依据的方法,其计算的是森林一年内为森林文化受益者提供的总时间。森林文化受益者会根据偏好实现森林停留时间和其他时间的边际效用均衡,因此在森林文化价值货币化,在这里平均一个人一年时间创造的价值可以用人均 GDP 来表现。

在一些非森林或动植物为主题的游憩区域,森林文化价值核算需要从景区综合文化价值中扣除与森林文化价值无关的部分,根据森林文化价值受益者比例(以森林树木和野生动植物自然人文景观为旅游主要动机和偏好的游客所占的比例)计算获得。

一、森林文化价值评估指标权重

根据森林文化价值分类评估,最后获得评估分值如表 18-2 所示。最终根据其权重可以算出,普陀山森林文化最终得分为 75.65 分,标准化后为 1.513 分。

表 18-2　普陀山森林文化价值评估指标权重表

序号	评估类别(一级)	权重	评估指标(二级)	权重	评估分值
一	审美艺术价值	0.2168	1. 景观审美价值	0.6749	78
			2. 文艺创作价值(精神层面)	0.1816	100
			3. 文化产品价值(物质层面)	0.1435	70

续表

序号	评估类别(一级)	权重	评估指标(二级)	权重	评估分值
二	身心康养价值	0.1117	4. 疗养价值	0.3026	50
			5. 保健价值	0.3559	40
			6. 宜居价值	0.3415	90
三	休闲旅游价值	0.2720	7. 休闲价值	0.4018	80
			8. 体验价值	0.4897	90
			9. 娱乐价值	0.1085	80
四	科研教育价值	0.0788	10. 科学研究价值	0.3587	80
			11. 科普教育价值	0.6413	70
五	文明演进价值	0.1441	12. 文化文明价值	0.1895	100
			13. 历史遗存价值	0.4681	100
			14. 地理标志价值	0.1973	80
			15. 地方情感价值	0.1451	50
六	传统习俗价值	0.0947	16. 节庆载体价值	0.4268	90
			17. 民族习俗价值	0.5732	20
七	伦理道德价值	0.0641	18. 森林信仰价值(精神层面)	0.3761	100
			19. 森林哲学价值(精神层面)	0.3371	20
			20. 社会和谐价值	0.2868	50
八	制度规范价值	0.0178	21. 法律法规价值	0.5367	70
			22. 乡规民约价值	0.4633	70

二、森林文化价值量

由于普陀山景区集宗教人文、海洋景观和森林景观为一体,而且其主要景观为宗教和海洋景观,因而其森林文化价值量相对较低,调查显示,其中其所占的比例约为17%。

经过调查,在景区停留时间以2天居多,约占总数的55%,其次是1天和3天,分别约占21%和17%,3天以上的较少,仅占7%。通过折算小时,可以计算获得,游客在普陀山平均停留时间为50.4小时(其中3天以上的按照96小时计算)。

在调查中,2017年普陀山旅游总人数达到了857.90万人次,其中本地游客约占24.32%,约为208.64万人次,外地游客约为649.26万人次。其中,森林文化价值受益者比例约为17%,按照调查中游憩目标计算,因而获得普陀山森林文化价值受益者合计约为158.71万人次,其中外地游客约为120.11万人次,本地游客约为38.60万人次。

根据项目组相关公式,最终计算结果如表18-3所示。

表18-3 普陀山森林文化价值评估结果

森林的文化价值受益者比例(%)	森林文化年受益人数(万人)	人均停留时间(小时)	森林覆盖率(%)	森林的文化价值物理量(万/文年)	综合指标系数	人均GDP(万元)	森林的文化价值量(亿元)
17	857.90	50.40	85	0.71	1.513	10.48	11.30

第三节 建议

森林文化价值已经成为居民的重要生态福祉,通过培育优质森林、建设人居森林,让人们走进森林、生活在森林,扩展人与森林共生时间,已经成为提升区域森林文化价值重要举措。从森林文化价值计算方法和森林文化价值人与森林关系的内涵来看,提升森林文化价值关键举措在于如何吸引更多居民进入到森林中,享受森林的文化带来的福祉。而这其中不仅受到森林的地理因素、森林质量特色等因素的影响,也受到森林经营水平、公众需求的影响。

与以往评估方法相比,本次森林文化价值评估法的优点在于依托进入森林的人数及其共生时间计算价值,计量客观、简便易行;而且,本计算结果不是静止的,而是动态的;既可评估总价值,又可评估单位面积森林的价值,便于不同森林之间的比较。

针对普陀山森林文化的评估现状,可以看出,普陀山森林资源丰富,相关森林文化价值与佛教文化紧密结合,是当地风景资源的核心构成,根据普陀山森林文化价值分类调查和评估,提出以下建议。

一、发挥普陀山资源优势,培育森林的文化高地

森林文化价值容易受到地理位置及其名声影响。同样质量的森林,在城市中和人迹罕至区域,其文化价值存在极大的不同。普陀山位于我国经济最为发达的区域长三角南侧,而且该地区距离上海、苏州、杭州、宁波等经

济发达且人口众多的城市较近，因而其地址位置条件优厚；而且普陀山作为我国四大佛教名山之一，声名远扬，因而建议其利用这些优势，在保护当地森林资源的同时，深层次开发其森林文化价值，提升当地居民和游客的生态福祉。

二、贴近民众需求，丰富文化产品

森林文化价值，与其自身质量也密切相关。本次调查显示，普陀山森林的文化资源丰富，但是相关森林节庆及设施，森林文化相关产品较为稀少。同时，调查中也发现，居民对普陀山森林资源和文化较为认可。因而，建议以普陀山丰富的森林资源和森林文化为依托，举办森林节庆，完善森林游憩和康养相关设施，开发森林文化创意产品，提升和丰富森林文化产品。

随着城市化进程中环境污染问题的凸显，人们的生态、森林文化意识有上升趋势，在假日里更多地选择去森林公园休息、放松。对森林的亲近，需要体验，需要生态教育，需要潜移默化的环境熏陶。人们借助科学认识到森林中有许多益于人体身心健康的物质，久而久之，就会形成崇尚森林、喜爱森林的社会风气和习俗。因而要加强森林教育，将普陀山打造为森林教育基地，完善解说标识系统。面向青少年和社会公众开展森林教育、体验活动，传授森林知识，培养生态文明意识。结合森林展示、户外森林体验活动，感触森林、认识森林。

三、提高森林经营保护水平，增强森林文化吸引力

对于普陀山来说，森林经营保护水平重点在于如何挖掘更多佛教和当地特色植物资源，开发和保护全岛的古树名木资源。考虑到大部分居民前往普陀山是为感受当地佛教文化氛围，因而可以从这一需求出发，在森林经营和改造时，侧重佛教植物如七叶树、紫竹、茶花等的引入和引导介绍，让居民感受植物文化的魅力。同时，岛内丰富的古树名木资源，也能让人感受到先人热爱生命、前人植树为后人带来福祉的仁爱精神，启迪后人向前辈学习，不忘祖先，代代相传。要传承古树，挖掘相关历史文化，还要选择代表性的森林予以重点保护和培育，形成新的古树名木和多树种的参天森林，并记录其生长、培育、经营历程，留下文字，保存故事，形成文化。

第十九章　齐云山森林文化价值评估研究

安徽省古徽州境内，地处休宁县的齐云山，古称“白岳”，因遥观山顶与云平齐而得名。齐云山与黄山南北相望，壮美的森林景观与摩崖石刻、道教文化和丹霞地貌，形成了相映生辉、融为一体的山岳景区。

本章节从齐云山森林的审美艺术价值、身心康养价值、休闲旅游价值、科研教育价值、文明演进价值、传统习俗价值、伦理道德价值以及制度规范价值八个方面对其森林文化价值进行考量，制定了齐云山森林文化价值的评估标准，对齐云山的森林文化价值进行科学的评估和测量。本研究拟采用层次分析法确定评估指标权重，设定统一标准，并对每项指标分别进行评估。

第一节　齐云山森林资源本底调查

齐云山位于安徽省南端，黄山南麓，休宁县境内。休宁县地处东经117°39′—118°26′，北纬29°24′—30°02′，东邻歙县、屯溪区和徽州区，南与浙江省、江西省接壤，西与祁门县相邻，北与黟县和黄山风景区毗连。齐云山以齐云山风景名胜区、休宁县国有岭南林场、国有西田林场、安徽省皖南国家野生动物救护中心（又称华东大熊猫保护基地、黄山大熊猫生态乐园）为依托，总面积6000公顷①，1994年被国务院批准为国家级风景名胜区，2005年被评为国家4A级旅游景区，2006年被国务院公布为第六批全国重点文物保护单位。

齐云山风景名胜区，位于安徽省黄山市休宁县城西约15公里处。齐云

① 参见庄艳：《安徽齐云山国家森林公园总体规划初探》，《安徽农学通报》2005年第11期。

山风景名胜区面积 60.97 公里，自然保护区面积 110.4 公里，由齐云、白岳、岐山、万寿等 9 座山峰组成，共分月华街、云岩湖、楼上楼三个景区。有奇峰 36 座，怪岩 44 处，幽洞 18 个，飞泉洞 27 条，池潭 14 方，亭台 16 座，碑铭石刻 537 处，石坊 3 个，石桥 5 座，庵堂祠庙 33 处。齐云山风景名胜区，是一处以道教文化和丹霞地貌为特色的国家重点风景名胜区。

齐云山是经过漫长的地质年代形成的，有着丰富的地壳运动遗迹。其山体呈东北—西南走向，平均海拔 400 米左右，最高峰 585 米（黄海高程系），相对高差 200—400 米。齐云山地质为中生代白垩纪形成的陆相岩系，地层为白垩系湖相沉积岩层。构造典型，绝壁断崖，形态奇特，洞穴发育。不仅有平顶方山、狭窄石墙，而且有突兀石柱、幽深巷谷。其岩性为红色砂岩、砂砾岩，层序清晰、构造明显，属于典型的丹霞地貌。

（一）森林资源

在中国植被分区上，齐云山属北亚热带常绿阔叶林地带，系皖南山地丘陵植被区。温暖潮湿的环境孕育了大面积的阔叶林植被，形成了茂密而丰富多样的植被类型，生物多样性极为丰富。植被形成乔木、灌木、草本植物三层林相结构，覆盖率达 90%，其中天然常绿阔叶林占 68%。据实地调查统计，植物种类有 173 科、553 属、1302 种，其中木本植物 581 种，草本植物 721 种。在这些植物中，拥有众多的特有种、珍稀濒危种，以及具有科研价值、药用价值、特种经济价值和园林开发价值的植物。国家重点保护的野生植物达 36 种，安徽省级重点保护的 6 种，如银杏、南方红豆杉、香果树、水杉等。还有众多的树龄超过百年的名木古树，如树龄近 500 年的古梅、木瓜、榉树等。①

（二）森林的结构

齐云山地区大体可分为阔叶林、针叶林、竹林、灌木林等四大类型。常绿阔叶林为次生常绿阔叶林，小片次生在沟谷及土层较厚的黄壤和黄棕壤地带，这些局部地带的常绿阔叶林中多以青冈栎、苦槠、紫楠、甜槠、青栲、大叶冬青、苦丁茶、豹皮樟等树种为主。常绿阔叶与落叶阔叶混交林，在齐云山 400 米以下地区有这种混交林，小片生长，在林中常混杂有青钱柳、紫茎、厚朴、玉兰、鹅掌楸、榉树、杜仲、银鹊树、枫香等树种。马尾松林，在齐云山

① 参见方来寿主编：《齐云山志》，黄山书社 2011 年版，第 27 页。

马尾松林多与阳性乔灌木林混生成片，如黄连木、乌饭树、杜鹃、盐肤木等。山地丛林，一般出现在350—450米的平缓山坡，乔木高达8米以上，如枫香、泡桐、栲树、青冈栎、鹅掌楸、枫杨树等，而灌木则矮得多，主要是茅栗、映山红、刺柏、锥栗、山苍子、枸骨冬青等。竹林，齐云山竹林种类较多，主要有毛竹和水竹，与针、阔、乔木混在一起。山地灌丛，高度均在2—6米，乔木树种是在多次萌蘖状态下形成的，主要树种有六道木、水亚木、桂花、石楠、野山楂、油柿、红花油茶、茅栗等。

第二节　齐云山森林文化价值调研与分析

本课题组按照总项目组的要求进行齐云山森林文化价值评估，先后组织课题相关人员到齐云山自然保护区进行评估、调研和数据采集工作。

一、审美艺术价值

（一）景观审美价值

现代森林景观美学更注重森林景观自身的生态价值。齐云山位于中纬度亚热带地区，属于季风亚热带湿润地区范围。热量丰富，水分充足，水热季节变化较大。齐云山植被属于亚热带常绿阔叶林植被带和山地常绿阔叶林与落叶林混交林地带——皖南山地丘陵植被区。由于人类长期活动的结果，齐云山原始植被几乎绝迹，次生林类型以中亚热带的常绿阔叶林为主，次生沟谷常绿林以及大面积刺身灌丛和高草丛，还有人工种植的杉木、马尾松、毛竹林及其与自然植被相混杂的松、杉、杂林等。植被除因地形地貌变化呈水平带性分布外，依据山势海拔的变化。

植物物种多样性和森林风貌是影响森林景观美学的重要景观因素。齐云山山上林木苍翠，物种丰富，有木本植物65科220多种，其中裸子植物6科，被子植物59科，被子植物占绝对优势，体现了中国第三级植被的组成特点。齐云山有香果树、牛鼻栓、杜仲、拐枣等中国特有树种，有银杏、三尖杉、刺柏、枫香、玉兰、榉树、木瓜、豹皮樟、黑弹朴、紫楠、苦槠、甜槠等众多珍贵树种，多属第三纪以来古老孑遗植物。齐云山地带典型的植物类型——常绿落叶阔叶混交林群落，海拔多在200—500米之间，常绿树种主要有青冈栎、甜槠、棉槠、豹皮樟、紫楠、小叶青冈栎、柞木、杜鹃、桧木、油茶等，落叶阔

图 19-1　齐云春色（梁卫国摄）

叶树种主要有锥栗、化香、枫香、紫薇、银雀树、小叶榉、槐树、拟赤杨、鹅耳枥、短柄泡、皂角、黄连木等。它们树冠浑圆，枝密如网，树身、树梢多有古藤缠绕。

森林与其周围环境所形成的各种景观意象称之为景观，森林景观以森林为背景，配合岩石、水体、地形、植被、动物、气候及人为成分等要素构成。齐云山是我国典型的丹霞地貌分布区：平顶方山、狭窄的石墙、兀立的石柱、幽深的巷谷、众多的岩洞以及独特的天生石桥等类型齐全，与森林景观相映生辉，奇绝壮美。齐云山有 36 奇峰、72 怪岩、24 飞涧、加之境内河、湖、泉、潭、瀑构成了一幅山清水秀、峭拔明丽的自然图画。白岳的特点是峰峦怪谲，且多为圆锥体，远远望去，一个个面目各异的圆丘，自成一格。齐云山风光绮丽动人，最值得看的要数形似山峰的香炉峰、巧夺天工的石桥岩、幽幻莫测的仙洞、清秀静逸的云岩湖及“抛金洒玉”的珠帘泉。齐云山是一片漂浮在青山绿水、粉墙黛瓦之间的丹霞，绚丽多彩。

表 19-1　齐云山植被类型

阔叶林	针叶林	竹林	灌木林	草丛
青冈栎、苦槠、紫楠、甜槠、青栲、大叶冬青、苦丁茶、豹皮樟、青钱柳、厚朴、玉兰、鹅掌楸、榉树、杜仲、刺楸、银鹊树、枫香	马尾松、杉木、刺柏、三尖杉	毛竹、水竹、箭竹、楠竹	山苍子、山槐、野山楂、棠梨、茅栗、红花油茶、博落回、黄荆条、六道木、黄山花椒、水亚木、桂花、石楠、油柿、石榴、茅栗	建兰、春兰、苔草属、蒿属、芒属

表 19-2　齐云山森林景观一览表

景观名称	面积	特点
横江游览区	1. 92 平方公里	游览活动主要有：江上泛舟、垂钓、游泳、旅游商品选购、品尝山野风味小吃等
月华街游览区	3. 07 平方公里	东起白岳峰，西至青狮峰，北临横江，南倚方腊寨，以齐云岩、太素宫为中心，面积 32 平方公里，其特点：奇峰、怪岩、幽洞、飞泉，造化天巧；宫观、道院、崖刻、碑碣，错落有致，是齐云山道教文化及道教建筑的集中地
南山游览区	7. 96 平方公里	以奇峰、怪岩、幽洞为特点，景点有仙人指路、群仙楼
云岩湖游览区	8. 85 平方公里	其间以秀水、奇峰、怪岩和古迹称胜，是一处湖光山色的水上游览区
楼上楼游览区	7. 33 平方公里	林深树密郁郁葱葱，野生动植物资源丰富，是一处尚待开发，堪供探古寻幽的游览区

（二）文艺创作价值

1. 艺术灵感创意

人类诞生于森林，森林对于人类重要性是不言而喻的。齐云山虽为道教名山，道教的传承发展也离不开齐云山秀美的森林。齐云山云岩道场开辟不久，即因其森林景观和山水之胜引来游客，名播东南，引来文人题咏。如南宋著名理学家朱熹来游云岩，题《云岳》诗一首："山行何逍遥，林深气萧爽。天门夜不关，池水时常满。日照香炉峰，霭霭烟飞暖。"

齐云山以独特的碑刻、建筑特点以及原生态的自然风景吸引了许多的文人墨客，如李白、朱熹、朱升、唐寅、海瑞、戚继光、徐霞客、郁达夫等人都慕名而来，寄情于峰岩之上，或赋诗题词，或竖碑为记，留下了极为丰富的珍贵文化遗产。目前，齐云山除了道教的宫、殿、院、坛、阁等 108 处外，尚有摩崖石刻和碑刻 537 处，齐云山中石刻内容也以赞咏山川胜景的诗赋及历史记述文章居多，表明在道教圣地，森林也同样能激发人们的艺术灵感创意。

2. 森林中的道教音乐创意

齐云山古称"白岳"，与黄山比肩而立，为全国四大道教名山之一。兴起于唐代末年的齐云山道教有着鲜明的文化特色及音乐风格。泱泱古岳，上下传承 1200 余年。历史上，齐云山道教经历了全真和正一两派，后来以侧重斋醮、符箓的正一派为主。齐云山的正一派道场音乐作为齐云山道教文化的重要组成部分，与道教各类大小斋醮科仪活动相辅相成，同系一脉。

齐云山道场音乐是我国传统文化、徽文化的重要组成部分，是一种极富生命力的民间传统音乐。它以其强烈而又独特的宗教信仰色彩，彰显出我国正一道与地域文化紧密结合的魅力。2008 年被公布为第二批国家级非物质文化遗产保护名录。① 齐云山相关的音乐作品通常为道教音乐，但是这其中出现一些如“竹”等森林相关内容，其次道教音乐的演奏氛围追求的是森林鸟鸣，在这样的环境中道教音乐形式才能得以很好的表达。

图 19-2　齐云山中寺庙

森林怀抱中的齐云山，丹霞地貌、摩崖石刻，烘托出其宫殿、道院、碑碣、文物、古木、神像等道教文化的神秘玄奥和道乐的独树一帜。齐云山道乐来自民间，经历代道士加工、提炼，形成自成一体的宗教音乐。道乐演奏由器乐、声乐两部分组成，名目众多。主要有：《绪天科》《小火连度》等 25 种；演奏道乐乐器有鼓、大锣、磬、木鱼、二胡、琵琶、箫、笛、唢呐等。道乐主要曲牌名有《步虚韵》《主云飞》《真香初炷》《大开门》等；②云山组歌包括《漫游齐云山》《雨游齐云山》《醉游齐云山》《夜宿齐云山》《我爱云岩湖》《齐云山上》等，这些作品都以齐云山森林和自然地理景观为背景，融

① 参见休宁县人民政府办公室：《国家级非物质文化遗产名录：传统音乐——齐云山道场音乐》，2017 年 11 月 8 日，见 http://www.xiuning.gov.cn/News/show/7093851.html。

② 参见孙坤等：《齐云山道教旅游发展研究》，《芜湖职业技术学院学报》2016 年第 2 期。

入道家文化。

3. 森林文学艺术作品

齐云山以其风景优美的森林景色、绚丽多姿的丹霞地貌、浑朴独特的道教文化，吸引古今名流纷至沓来，登临览胜，即景命题；或唱和抽搭，或抚今吊古，或作画以明志，或挥毫而抒怀，或致力于探险寻幽以深究奥秘，或尽其游兴所得倾注于著述，齐云山森林文学艺术形式多样，内容丰富（见表19-3）。

表 19-3　齐云山森林文学艺术作品

文学类目	数量
诗词	35 首
楹联	50 联
散文	24 篇
文论	5 篇
歌曲	12 首
书目画册	28 篇

资料来源：根据《齐云山志》统计而得。

（三）文化产品价值

1. 徽州木雕

徽州木雕是徽州古建筑中的木质雕饰部分，分布于隔扇、窗扇、梁、柱、斗拱、雀替等处。徽州地区山清水秀，景色优美，风光怡人。徽州木雕匠师就地取材，将徽州美丽的自然风光通过木雕技艺的方式展现出来，体现了徽州民众对家乡的热爱。徽州地区自然风光中较为独特的松、石、山、水、“四君子”等常常成为木雕的主题，成为托物言志的重要载体。此外，奇花异草、珍禽瑞兽等也都出现在木雕艺术之中，如喜鹊、蝙蝠、麒麟、青牛等。但从整体上看，自然风光、珍禽异兽大多为大型群雕的要素之一，独自成为木雕主体的情形并不多见，且规模有限，不过也出现了一些独立作品，如《喜鹊登梅》等，因而木雕也是森林文化的重要体现形式之一。

2. 书法画册

与齐云山相关的书法画册作品包括清康熙吴孔章画《白岳凝烟》画册、1987 年 5 月休宁县旅游局编《齐云山》画册、2004 年 3 月潘志超摄影《齐云山》影画册、2009 年 5 月陈开曦摄影《齐云山上新安江下》影画册、李仲芳《齐云山》写真、蒋彦《齐云山》写真、陈一峰《集秀齐云山》、宋文治《齐云山居图》、马晓煜写生《齐云山》、熊晓东《齐云山胜境》、李立强《齐云山雨霁》、书法《齐云山房》、国画《齐云山紫霄崖》、姚永红写生《齐云山云龙观》、水墨画《齐云山玉虚宫》等等，这些作品都是以齐云山风景秀丽的森林为基础的，也体现了“白岳黄山相对峙，细看从来无厌时”。

二、身心康养价值

齐云山森林景观优美，自然景观和人文胜迹集中，是人们游览、休息和进行科学、文化、教育活动的理想场所，以植物、气象、岩石、幽洞、摩崖题刻、道教文化景观为主，其特点为：幽、灵、古、奇、奥，置身于公园内，令人流连忘返。全年气温适宜，年平均气温 16. 2℃，年较差多在±0. 5℃之间，一年中最热为 7 月，平均气温 27. 9℃，最冷为 1 月，平均气温 3. 7℃。齐云山山势呈东西走向，坐南朝北，光照适宜，年平均日照时数 1931 小时，日照率 44%；全年以 8 月日照率 61%为最高；元月齐云山南坡日照率达 40%。理想的森林气候条件，使齐云山发展休闲身心康养具备得天独厚的自然条件。

近年来，齐云山以“中国休闲养生之都”核心区这一发展定位，并以大黄山为引擎，以齐云山道家养生文化为精髓，以福山福水福人家环境为载体，着力在黄山市打造安徽省首个以“三养文化”（健康养生、灵修养心、休闲养老）为主题，以“体育旅游+休闲度假+健康养生+现代艺术”为理念的现代休闲养生之都。①

齐云山有别具特色的疗养节庆，如休闲运动养生节。2015 年，首届齐云山休闲运动养生节隆重举行，200 余名来自安徽省和上海市、浙江省、江苏省的户外运动爱好者、新闻媒体记者，以及海内外 6000 多名游客齐聚齐云山。

在所有疗养机构中，自由家齐云树屋最具典型。其位于安徽省黄山市休宁县齐云山镇，打造了占地面积约 500 亩，由具有独特人文建筑艺术景观的 36 栋树屋、囊括各种特色风情住宿产品的营博园，以及丰富多彩的户外休闲主题俱乐部，集吃、住、行、游、娱、购为一体，具有很高的身心康养价值。

① 参见孙坤等：《齐云山道教旅游发展研究》，《芜湖职业技术学院学报》2016 年第 2 期。

三、休闲旅游价值

2017年,本地人年度森林休闲人次约为20.5万人。累计接待游客151.07万人次,旅游直接收入8308.86万元;2018年游客接待量160余万人次。通过问卷调查计算出游客在齐云山旅游时间约为42小时,人均花费893.3元(旅游收入包括游客在整个游览过程中吃、住、行、游、购、娱等消费)。以旅游团队消费情况抽样调查推算,旅游人均消费基本构成约为餐饮消费178元、住宿200元、游览娱乐160元、交通220元、购物135.3元。主要典型产品如下。

太极养生产品。近年来,由安徽省休宁县人民政府联手祥源控股集团重点打造的齐云山生态文化旅游区,以森林等自然风光为引擎,以道家养生文化为精髓,常年邀请齐云山太极拳协会会员在景区为游客表演太极拳和健身气功,推动旅游与文化、与养生、与体育深度结合,为做大、做强齐云山道家太极文化、养生文化奠定了坚实基础。

休闲参与型度假产品。包括在森林中运动修身产品,如竹筏漂流、赏花风筝节等。在森林围绕的齐云小镇,小镇以文旅、游憩和竞技三大主题为标准,成为很多文旅爱好者和艺术家的集散地。在这方小镇街区之中,徽派与现代建筑完美融合,建筑景观和森林景观相辅相成,让人在城市之外,放下世事的纷扰,感受一种归园田居的生活。

观光拓展型度假产品。打造"体育+旅游"休闲产业基地,休宁县将齐云山纳入"皖南国际文化旅游示范区"整体规划,通过项目推动、旅游撬动、赛事带动,以森林氧吧、生态探险、时尚运动、奥运军体等形式,构建健康运动大本营和野外拓展基地,打造华东地区乃至全国户外运动的集聚地,从而成为体育产业发展新标杆。森林景观和森林文化为这些产品的打造奠定了坚实的基础。

四、科研教育价值

(一)科学研究价值

齐云山上的植物种类繁多,珍稀植物种、名树古木种类甚多,为黄山学院林学、园林专业的学生提供了良好的实习基地,树木学、土壤学实习都在此进行。安徽农业大学团队也曾赴齐云山开展暑期实践活动和暑期

“三下乡”活动。上海市位育中学师生也曾赴安徽省齐云山开展科学考察。2001 年齐云山被国务院公布为第二批国家地质公园,2002 年齐云山国家地质公园被列为中国科技大学科教基地,具有很高的科研教学和旅游观光价值。

在中国知网中搜索关键词“齐云山”,分别获得文献类文章 418 篇、期刊类文章 205 篇、硕士论文 10 篇,这些都有效地向民众传递了齐云山有关森林文化价值。

(二)科普教育价值

齐云山丰富的森林和动植物资源,也吸引了长三角地区大中院校学生前来实习。其中,黄山学院园林、林学专业的学生均会对齐云山进行一定的树木学、土壤学等实习考察,每年约有 150 人;每年黄山市中小学组织学生游览齐云山,对齐云山森林文化的科学价值进行科普;安徽农业大学定期会组织学生赴齐云山开展暑期实践活动;此外,南京师范大学、南京林业大学、同济大学等均有相关活动。

五、文明演进价值

千百年来,齐云山丰厚充盈的人居文化与壮丽独特的自然景观和谐共存,堪称人类与自然和谐共生之典范。名传四海的齐云山吸引宋代理学家朱熹,明代清官海瑞、旅行家徐霞客、药物学家李时珍、哲学家王阳明以及近代著名文学家郁达夫等文人雅士纷至沓来,寄情峰岩,赋诗题词,竖碑为记,成为后世极其宝贵的文化遗产。加之唐宋元明以来,道教在齐云山的香火旺盛,更使得齐云山跻身全国道教名列,以至于被称为“江南小武当”。

(一)历史遗存价值

1. 森林中的历史遗迹

齐云山具有明显的丹霞地貌,在齐云山上古道院现存 2 处,原有 14 处:九里十三亭已全部恢复。坊原 8 座,原有 16 座。主要历史遗迹如下。

碑刻及摩崖石刻。齐云山石刻最早起源于北宋。据史料记载,齐云山原有碑刻及摩崖石刻 1400 多处,分布在齐云山的各个景点。1984 年文物普查时尚存 537 处(通)。齐云山五大游览区分布的碑刻及摩崖石刻,现存

625 处，碑刻 302 通，摩崖石刻 323 处。碑刻多为青石或红砂石镌成，碑刻中以云岩湖览区的石门寺遗址内一通“石桥岩记”为最早，系北宋丁未孟冬（1067）所镌，距今已有 952 年历史，齐云山碑刻及摩崖石列数量最多为明代。

图 19-3 月华街景区

古建筑。齐云山风景区的古建筑主要分古石拱桥和道教宫观石坊两类。1984 年，太素宫、玉虚宫、真仙洞府（遗址）等道教宫观被列为省级重点保护道观。据 2010 年调查统计，风景区范围内的古代石拱桥原有 15 座，其中明代建筑 13 座，除齐云山北麓东亭桥（原为明代所建的四墩五孔古桥，民国后期倒塌，1972 年改建成现在的长 49.5 米、宽 3.8 米的钢筋混凝土拱桥）外，其他的古石拱桥均保存完好。月华街景区的梦真桥是明代嘉靖三十四年（1555）所建。景区东端的蓝渡石拱桥建于明弘治年间，明清两代曾大型维修五次，新中国成立以后曾二度大修，1957 年改作通往溪口、江西的公路桥，桥基、桥身现仍完好。

横江游览区的登封桥可谓水城景区中的一道风景线，是国家级文物保护单位。这座明代万历年间始建的九孔石墩石拱桥曾于清乾隆五十六年（1791）重修。岐山南路上的紫溪河上明清两代曾修建过九座石拱桥，几百年来除卫桥、石拱桥于 1958 年加高桥面改成公路桥外，其他古桥完好无损地静卧在紫溪河上。

古石雕石坊。至 2011 年 6 月，齐云山尚存一批古石雕、古石坊，堪称石雕艺术之瑰宝、镇山之精品。1989 年被安徽省列为重点文物保护单位，这些古雕刻、古建筑具有较高的历史文物价值和艺术价值。

2. 古树名木

古树、大树、奇树是齐云山最具特色的植被。有 500 多年树龄的枫杨古树群、果实曾列为贡品的古香榧树、梦真桥头萦绕中举神话的古榉树、步云桥头的古杉树、五老峰的古赤松、可入药治病的古木瓜、明代从武当山引进的古榔梅、紫霄峰下和东岳庙旁的楠木林……都是富有神韵的景观。根据调查，齐云山上的古树名木主要包括梅、黄连木、紫藤、槐树、细叶青冈、南方枳椇、木瓜、豹皮樟、紫楠、枫香、山皂荚、甜槠、三角枫、糙叶树、银杏、紫薇、朴树、榉树、香桂、黄檀、女贞、三尖杉、苦槠、桂花等。这些古树名木有着文学艺术、科研科普、旅游景观、改善环境等价值。

在这些古树中，最为著名的是榔梅古树和状元樟。

齐云山榔梅。其中现存最古的一株，坐落在洞天福地仙人床右下侧，已有 470 余年历史；树高 11 米，胸围 1.5 米，主枝分三股，树姿苍劲古朴；又因其植根齐云，深受道家推崇。

状元樟。休宁大麸人吴锡龄，少而好学、博闻强记，受到良好教育。乾隆四十年（1775），吴锡龄得中状元。其父曾为他在庭院手植香樟树一棵。香樟树不仅有辟邪、长寿吉祥的寓意，同时因其木材上有许多纹路，像是大有文章之意，乡人们亦称此树为“状元樟”，凡家有学子者，莫不到树前顶礼膜拜。

表 19-4　齐云山名木古树统计

中文名	拉丁名	科	属	小地名
梅	*Prunusmume*	蔷薇科	杏属	齐云山洞天福地
黄连木	*Pistacia chinensis*	漆树科	黄连木属	齐云山望仙亭西边
紫藤	*Wisteria sinensis*	豆科	紫藤属	齐云山望仙亭西边
槐树	*Sophora japonica*	豆科	槐属	齐云山望仙亭西边
细叶青冈	*Cycloblanopsis myrsinaefoliola*	壳斗科	青冈栎属	齐云山洞天福地
南方枳椇	*Hovenia acerba*	鼠李科	枳属	齐云山洞天福地

续表

中文名	拉丁名	科	属	小地名
木瓜	*Chaenomeles sinensis*	蔷薇科	木瓜属	齐云山洞天福地
槐树	*Sophora japonica*	豆科	槐属	齐云山洞天福地
豹皮樟	*Litsea coreana*	樟科	姜子属	齐云山洞天福地
甜槠	*Sweet oachestnut*	壳斗科	栲属	齐云山洞天福地
紫楠	*Phoebesheareri*	樟科	楠木属	齐云山洞天福地
三角枫	*Acerbuergerianum*	槭树科	槭属	齐云山洞天福地
糙叶树	*Aphananthe aspera*	榆科	糙叶树属	齐云山洞天福地
银杏	*Ginkgo biloba*	银杏科	银杏属	齐云山洞天福地
糙叶树	*Aphananthe aspera*	榆科	糙叶树属	齐云山梦真桥
紫薇	*Lagerstroemia indica*	千屈菜科	紫薇属	齐云山梦真桥
朴树	*Celtistetrandra*	榆科	朴属	齐云山梦真桥
榉树	*Zelkova schneideriana*	榆科	榉属	齐云山望仙亭南下
香桂	*Cinnamomumsubavenium*	樟科	樟属	齐云山栖眞岩
黄檀	*Dalbergiahupeana*	豆科	黄檀属	齐云山一天门茶园
枫香	*Liquidambar formosana*	金缕梅科	枫香属	齐云山真仙洞府
山皂荚	*Gleditsia japonica*	豆科	皂荚属	齐云山二天门
女贞	*Ligustrum lucidum*	木犀科	女贞属	齐云山太素宫门口
朴树	*Celtistetrandra*	榆科	朴属	齐云山太素宫口
槐树	*Sophora japonica*	豆科	槐属	齐云山太素宫口
三尖杉	*Cephalotaxus fortunei*	三尖杉科	三尖杉属	齐云山太素宫口
苦槠	*Castanopsissclerophylla*	壳斗科	栲属	齐云山太素宫后
桂花	*Osmanthusfragrans*	木犀科	木犀属	齐云山天官府门口

（二）地理标志价值

据安徽省林业勘察设计院及黄山学院林学系普查统计，植物种类有173科、553属、1302种，其中木本植物581种，草本植物721种。在这些植物中，拥有不少的特有种、珍稀濒危种，以及众多的具有科学研究价值药用价值、特种经济价值、园林开发价值的植物。如蛇足石杉、芒萁、紫萁、香果树、金钱松、青钱柳、长序榆、银鹊树等，分别为第二纪、第三纪、第四纪的古孑遗植物。有鹅掌楸、银杏等我国特有的孑遗植物；有杜仲、短穗竹等我国特有的单型种植物；有南方红豆杉、三尖杉、绞股蓝、喜树等抗癌物种；还有八角莲、野大豆、野含笑等我国濒危植物。这些物种均被列入了国家重点保护和安徽省重点保护植物名录中。林业部门在对齐云山的植物资源普查中，还发现有东方古柯、白瑞香、壳木叶冬青、浙江石楠、狭叶石笔木、长柄梭罗树、刨花润楠等22种新记录植物，其中龙头草植物在安徽省发现尚属首次。休宁矮竹、休宁荛花为安徽省特有物种。

齐云山国家森林公园内的动物资源有兽类动物49种，鸟类200余种，爬行类45种(类)，鱼类17种，昆虫类12目160余科700余种，两栖类20余种。其中属于国家重点保护的野生动物有白颈长尾雉、梅花鹿、黑麂、金钱豹、黑熊、水獭、鬣羚、大灵猫、白鹇、大鲵、猕猴、花面狸、平胸龟、豪猪、小灵猫、白鹳、穿山甲等23种，其中一级保护的7种；属于安徽省地方保护的野生动物有红嘴相思鸟、豹猫、黄鹿、夜鹰、尖吻蝮、红嘴蓝鹊、四声杜鹃、斑啄木鸟、黑枕黄鹂、金腰燕、黄鼬、鼬獾、棕噪鹛等25种。①

主要代表性特色森林产品如下。

香风茶。产自道教圣地齐云山，俗称“伤风草”，长年生长在山地疏林之中，似茶非茶，是一种天然野生植物。《本草纲目》中称之为“山腊梅”，是名贵中草药之一。早年(唐朝至民国)齐云山香火旺盛，来自国内外香客游人登山劳累出汗易受凉感冒，老年人血压增高，支气管炎发作，道家艺人上山采来伤风草冲泡代茶服饮，即能助疗祛疾，功效非凡，民间验方流传至今已有800多年历史。

万安罗盘。主要制作材料为“虎骨木”，通常是由产自齐云山优良的重阳木、银杏或香榧木制作而成。广泛运用于天文、地理、军事、航海和占卜，并且是居屋、墓葬选址的重要仪器，是古代汉族劳动人民的四大发明之一——指南针的延续和发展，是在指南针的基础上发展而来的传统实用民俗工艺品。位于黄山市休宁县东郊的古镇万安是中国古代罗盘的主要产地，万安罗盘的诞生和发展与休宁县自然、人文关系密切，徽文化孕育了万安罗盘，徽商助推了万安罗盘。

白岳黄芽茶。又名“齐云毛峰”，色黄隐翠，白毫显露，一叶一包一芽，

① 参见方来寿主编：《齐云山志》，黄山书社2011年版，第35页。

形似雀舌，冲泡时，芽叶悬浮汤中，朵朵可辨，徐徐下沉，芽挺叶嫩，色绿鲜艳，颇有观赏之趣，且有板栗香味，香气清高持久，汤色清澈明亮，入口顿觉芳香馥醇，沁人心肺。

六、传统习俗价值

（一）节庆载体价值

齐云山于2018年举办了第一届赏花风筝节。齐云小镇定位于"国际文旅游憩目的地"，实施"旅游+"战略，重点打造集旅游观光、休闲度假、健康养生于一体的特色小镇，力争实现文旅商业、养生度假、主题游乐、展示体验、祈福静憩、旅游服务等六大功能，形成"道文化传播+休闲度假+健康养生+户外运动"的旅游产业链。

此外，与森林密切相关的传统节庆主要包括百子会。旧时祁门县城百姓赴齐云山进香和游山，自发组织"百子会"。会名有"祁城""长生""风玄"等，分别俗称"祁城百子""长生百子""风玄百子"。农历九月十六日为进香日，香客手持灯笼和纸扎的香亭，绕县城一圈，然后步行上齐云山。在山上先观看各道院道士打醮、进香，后逛月华街及领略齐云山风光，夜宿长生楼，次日下山返城，会事结束。这个传统节庆通常伴随着森林游憩活动，也说明历来齐云山就是当地人们休闲养生的好去处。

（二）民族习俗价值

齐云山最为著名的森林习俗为乌饭。每年农历四月初八，民间采摘乌饭树（又称"南烛树"）叶捣汁浸糯米蒸饭献佛。明代医药学家李时珍在《本草纲目》中说："此饭乃仙家服食之法。"又唤作乌糯饭、青精饭等。① 乌饭呈紫黑色因名乌饭，除自食外，并互相赠送。乌饭树的枝叶籽根，具有益精气、强筋骨、明目、止泻等功能，由于乌饭的食疗功能，逐步为人们所认识，故民间沿袭至今。

七、伦理道德价值

齐云山的道教文化历史悠久，人与道的天然存在的结构相似和精神相

① 参见贾杏年：《乌饭仙家食》，《药物与人》1996年第1期。

通，使人能够通过身心的修炼验证道体，与道合一，将有限的自我投入到无限的宇宙中，超越生死，达到以有契无的境界。道教炼今生，道家认为“我命在我不在天”，坚持锻炼可以达到健康长寿的目的，因而道家圣地往往选择在森林景观优良的地方。

道教哲学以珍视个体生命存在的价值为前提，早在先秦道家便已有了诸多关于生命的论述，强调个体生命的觉醒，提出了“贵己重生”的思想。道教继承了先秦道家的生命哲学思想，并进行了具体的实践。

这种道教思想也让其与森林发生密切联系。道观大多建于森林茂密的山中，而且道教与一些植物如梅花有着特殊的意义。

偏爱梅花的道教传统①

凡道家圣地，即建榔梅庵，植榔梅，尊榔仙，祀榔圣。在齐云山洞天福地现存一株古榔梅，已有480多年树龄，树干围1.5米，高12.6米，苍劲古朴，斜枝横空。梅即道，道即梅。

榔梅被推上道教神秘至尊的地位，缘起于真武“折梅寄榔”，将梅作为占卜道教兴败的吉祥物，被道教徒尊为神灵，演绎成道教“教树”，与崇拜自然物如泰山石一样，被信徒们接受。梅几乎也成为道教的代名词，道教称忠厚谨慎的信徒为种民，参玄论道称“种梅心法”，藏道教教义珍宝的地方称“藏梅阁”，等等。

道教徒对梅花偏爱有加有多个原因：一是梅花经苦寒而溢芬芳的特性，与道教奉行的清修苦练的教旨相符合；二是道教徒认为梅实可以用于辅助炼丹；三是梅花被人附会有“元、亨、利、贞”四德和“仁、义、礼、智、信”五善，正好满足了道教某些行为规范的需要；四是古梅死而返魂的怪事屡有发生，迎合了道教徒追求长生不老、羽化成仙的愿望；五是道教供奉的玄天上帝为北方之神，居北极山，掌管寒门，此时梅花一树独放，预示着阴极阳来。

① 参见王琳等：《皖南道教名山 齐云山》，《生态文明世界》2018年第1期。

八、制度规范价值

齐云山所在的徽州地区，历来重视林业，在长期的林业生产实践中，建立了一套行之有效的林业制度规范，主要包括森林经营和森林保护相关制度。而这在齐云山中亦有所表现。在森林经营方面，一般采取“召人到山住歇，栽坌锄养苗木”的形式，山主与召佃之人建立租佃契约。

徽州租(佃)山原始文书[①]

承揽火佃朱成龙、成孙、成志、记胜等，今承到房东谢名下山一备，坐落本保，土名刀鞘坞。四至字号悉照拼约为证，前去拔作锄种麻、粟。□年粟，以准栽苗工食。次年麻，请主到山看视，三七抽分，主得三分，力得七分。其栽苗无问平栈，五尺一株，不致拦残芜废。三年之后，请主到山点青。日后待木成材，主得七分，力得三分。如违，听主理论。今恐无凭，立此承约存照。

合同戴纸，各收为照。

弘光元年二月初四日立

承约火佃朱成龙(等人)(押)

代笔房东谢正宗(押)

在森林保护方面，齐云山作为我国道教名山，历来重视森林的开发和保护，在齐云山碑刻中也有一些关于保护森林和森林防火的乡规民约。齐云山边休宁县沂川村清康熙三十三年(1694)《立山养石碑记》就对水口山场的森林提出了保护的规定。“本村水口当立有年。向因无知之辈盗窃几废，殊可痛恨。今集众议，演戏一台，通知申行：严禁树木柴薪，日后毋许攀枝摘叶，及风矗折损者，并在山石头，河滩浮石，一概不得私取。凡同居村内人等，凛遵谨守。如侵犯者，罚戏一台外，仍罚银一两入众。知风报者，赏银五钱。倘徇庇者，罚也如之。时强执拗者，通众公呈理治。”其主要内容包含：禁止砍伐树木，不准攀枝摘叶，山体的石头也不得私取，等等。这些碑刻

① 参见李磊：《明清徽州山林经济与社会》，安徽大学博士学位论文，2012年。

流传至今，有力地保护了齐云山森林及其蕴含的文化价值。

近几年来，齐云山管委会为切实落实“严格保护、统一管理、合理开发、永续利用”的方针，制定了一些具体法规制度。例如：由安徽省人大备案、黄山市人大出台《齐云山风景名胜区保护管理条例》、制定《齐云山风景区动植物保护的暂行规定》和《齐云山风景区违反动植物保护规定的处罚暂行办法（试行稿）》。这些保护法规的制定，使齐云山森林及相关野生动植物的保护逐渐完善。

第三节　齐云山森林文化价值评估及结果

本研究通过确定齐云山森林文化价值概念、评估的对象、范围和边界，初步提出齐云山森林文化价值定性评估因子和定量评估指标，一年来，课题组成员深入齐云山森林代表性区域进行调研，进行样本资料、数据资料收集和典型案例分析；研究论证并修正完善了齐云山森林文化价值评估因子及相应的指标体系，初步构建了齐云山森林文化价值评估体系框架。齐云山森林文化价值评估量化指标体系权重及得分情况如下表所示。

表 19-5　森林文化价值评估指标权重及评估打分表

序号	评估类别（一级）	权重	评估指标（二级）	权重	评估分值
一	审美艺术价值	0.2168	1. 景观审美价值	0.6749	85
			2. 文艺创作价值（精神层面）	0.1816	90
			3. 文化产品价值（物质层面）	0.1435	80
二	身心康养价值	0.1117	4. 疗养价值	0.3026	90
			5. 保健价值	0.3559	90
			6. 宜居价值	0.3415	95
三	休闲旅游价值	0.2720	7. 休闲价值	0.4018	95
			8. 体验价值	0.4897	90
			9. 娱乐价值	0.1085	90
四	科研教育价值	0.0788	10. 科学研究价值	0.3587	90
			11. 科普教育价值	0.6413	90

续表

序号	评估类别(一级)	权重	评估指标(二级)	权重	评估分值
五	文明演进价值	0.1441	12. 文化文明价值	0.1895	80
			13. 历史遗存价值	0.4681	95
			14. 地理标志价值	0.1973	85
			15. 地方情感价值	0.1451	90
六	传统习俗价值	0.0947	16. 节庆载体价值	0.4268	85
			17. 民族习俗价值	0.5732	85
七	伦理道德价值	0.0641	18. 森林信仰价值(精神层面)	0.3761	90
			19. 森林哲学价值(精神层面)	0.3371	90
			20. 社会和谐价值	0.2868	90
八	制度规范价值	0.0178	21. 法律法规价值	0.5367	85
			22. 乡规民约价值	0.4633	85

根据对齐云山森林文化价值评估指标的赋值得分情况,利用线性加权模型对齐云山森林文化价值综合指数进行求算,结果显示综合分数为89.05,森林综合指标系数为1.78。

调查显示,齐云山森林文化受益者比例约为65%,每次共生时间约为42小时。森林文化价值主要计算结果如下。

表19-6 齐云山森林文化价值评估结果

	森林文化年受益人数(万人)	人均停留时间(小时)	森林覆盖率(%)	森林的文化价值物理量(万/文年)	综合指标系数	人均GDP(万元)	森林的文化价值量(亿元)
齐云山	151.07	42	56	0.26	1.78	6.25	2.93

附录　源自森林树木的汉字

序号	本字	小篆	甲骨文	金文	重文	意义类别	训释
木部							
1	木						冒也。冒地而生。东方之行。从屮，下象其根。凡木之属皆从木。
2	橘					果木	果。出江南。从木矞声。
3	橙					果木	橘属。从木登声。
4	柚					果实	条也。似橙而酢。从木由声。《夏书》曰："厥包橘柚。"
5	樝					果实	果似梨而酢。从木虘声。
6	梨					果木	果名。从木𥝢声。𥝢，古文利。
7	梬					果木	枣也，似柹。从木甹声。
8	柿					果实	赤实果。从木市声。
9	枏					果木	梅也。从木冄声。
10	梅					果木	枏也。可食。从木每声。楳或从某。
11	杏					果实	果也。从木，可省声。
12	柰					果木	果也。从木示声。
13	李					果木	果也。从木子声。杍古文。
14	桃					果木	果也。从木兆声。
15	楙					果木	冬桃。从木敄声。读若髦。

续表

序号	本字	小篆	甲骨文	金文	重文	意义类别	训释
16	亲					果木	果，实如小栗。从木辛声。《春秋传》曰："女挚不过亲栗。"
17	楷					特指的树	木也。孔子冢盖树之者。从木皆声。
18	梫					树名	桂也。从木，侵省声。
19	桂					树名	江南木，百药之长。从木圭声。
20	棠					树名	牡曰棠，牝曰杜。从木尚声。
21	杜					树名	甘棠也。从木土声。
22	槢					树名	木也。从木习声。
23	樿					树名	木也。可以为栉。从木单声。
24	椲					树名	木也。可屈为杅者。从木韦声。
25	楢					树的性质	柔木也。工官以为耎轮。从木酋声。读若糗。
26	[illegible]					树名	级椐木也。从木邛声。
27	棆					树名	毋杶也。从木仑声。读若《易》卦屯。
28	楈					树名	木也。从木胥声。读若芟刈之芟。
29	柍					树名	梅也。从木央声。一曰江南橦材，其实谓之柍。
30	楑					树名	木也。从木癸声。又，度也。
31	[illegible]					树名	木也。从木咎声。读若皓。
32	椆					树名	木也。从木周声。读若丩。
33	樕					树名	朴樕，木。从木欶声。
34	[illegible]					树名	木也。从木彝声。
35	梣					树名	青皮木。从木岑声。 岖或从寖省。寖，籀文寑。
36	棳					树名	木也。从木叕声。益州有棳县。

续表

序号	本字	小篆	甲骨文	金文	重文	意义类别	训释
37	虢					树名	木也。从木,号省声。
38	棪					树名	遬其也。从木炎声。读若三年导服之导。
39	樧					树名	木也。从木遄声。
40	椋					树名	即来也。从木京声。
41	檍					树名	杶也。从木意声。
42	樻					树名	木也。从木费声。
43	樗					树名	木也。从木虖声。
44	楀					树名	木也。从木禹声。
45	藁					树名	木也。从木藟声。籀文。
46	桋					树名	赤楝也。从木夷声。《诗》曰:“隰有杞桋。”
47	栟					树名	栟榈也。从木并声。
48	椶					树名	栟榈也。可作萆。从木叟声。
49	槚					树名	楸也。从木贾声。《春秋传》曰:“树六槚于蒲圃。”
50	椅					树名	梓也。从木奇声。
51	梓					树名	楸也。从木,宰省声。或不省。
52	楸					树名	梓也。从木秋声。
53	樯					树名	梓属。大者可为棺椁,小者可为弓材。从木啬声。
54	柀					树名	樧也。从木皮声。一曰折也。
55	樧					树名	木也。从木黏声。臣铉等曰:今俗作杉,非是。
56	榛					树名	木也。从木秦声。一曰菆也。
57	棂					树名	山樗也。从木尻声。

续表

序号	本字	小篆	甲骨文	金文	重文	意义类别	训释
58	杶					树名	木也。从木屯声。《夏书》曰:“杶干栝柏。”古文杶。或从熏。
59	橁					树名	杶也。从木筍声。
60	桵					树名	白桵,棫。从木妥声。臣铉等曰:当从绥省。
61	棫					树名	白桵也。从木或声。
62	梎					树名	木也。从木息声。
63	椐					树名	樻也。从木居声。
64	樻					树名	椐也。从木贵声。
65	栩					树名	栩也。从木羽声。其皁,一曰様。
66	柔					树名	柔也。从木予声。读若杼。
67	様					树的果实	栩实。从木羕声。
68	杙					树名	刘,刘杙。从木弋声。
69	枇					树名	枇杷,木也。从木比声。
70	桔					树名	桔梗,药名。从木吉声。一曰直木。
71	柞					树名	木也。从木乍声。
72	枰					树名	木也。出橐山。从木乎声。
73	榗					树名	木也。从木晋声。书曰:竹箭如榗。
74	椓					树名	罗也。从木豙声。《诗》曰:“隰有树椓。”
75	椵					树名	木。可作床几。从木叚声。读若贾。
76	橞					树名	木也。从木惠声。
77	楛					树名	木也。从木苦声。《诗》曰:“榛楛济济。”
78	櫅					树名	木也。可作大车轴。从木齐声。

续表

序号	本字	小篆	甲骨文	金文	重文	意义类别	训释
79	艿					树名	木也。从木乃声。读若仍。
80	槙					树名	木也。从木顚声。
81	樲					树名	酸枣也。从木贰声。
82	樸					树名	枣也。从木仆声。
83	橪					树名	酸小枣也。从木然声。一曰染也。
84	柅					树名	木也。实如梨。从木尼声。
85	梢					树名	木也。从木肖声。
86	樟					树名	木也。从木隸声。
87	梣					树名	木也。从木孚声。
88	梭					树名	木也。从木夋声。臣铉等曰:今人别音稣禾切,以为机杼之属。
89	樺					树名	木也。从木毕声。
90	楋					树名	木也。从木剌声。
91	枸					树名	木也。可为酱。出蜀。从木句声。
92	樜					树名	木也。出发鸠山。从木庶声。
93	枋					树名	木也。可作车。从木方声。
94	橿					树名	枋也。从木畺声。一曰鉏柄名。
95	樗					树名	木也。以其皮裹松脂。从木雩声。读若华。或从蒦。
96	檗					树名	黄木也。从木辟声。
97	梤					树名	香木也。从木芬声。
98	榝					树名	似茱萸。出淮南。从木杀声。
99	槭					树名	木。可作大车輮。从木戚声。

续表

序号	本字	小篆	甲骨文	金文	重文	意义类别	训释
100	楊	楊				树名	木也。从木昜声。
101	檉	檉				树名	河柳也。从木圣声。
102	桺	桺	桺	桺		树名	小杨也。从木丣声。丣，古文酉。
103	樛	樛				树名	大木也。可为鉏柄。从木㕻声。
104	欒	欒		欒		树名	木也。似栏。从木䜌声。《礼》：天子树松，诸侯柏，大夫栾，士杨。
105	移	移				树名	棠棣也。从木多声。
106	棣	棣				树名	白棣也。从木隶声。
107	枳	枳				树名	木也。似橘。从木只声。
108	楓	楓				树名	木也。厚叶弱枝，善摇。一名欇。从木风声。
109	權	權				树名	黄华木。从木雚声。一曰反常。
110	柜	柜				树名	木也。从木巨声。
111	槐	槐				树名	木也。从木鬼声。
112	穀	穀				树名	楮也。从木㱿声。
113	楮	楮		楮	柠	树名	榖也。从木者声。柠，楮或从宁。
114	檵	檵				树的果实	枸杞也。从木，继省声。一曰监木也。
115	杞	杞	杞	杞		树的果实	枸杞也。从木己声。
116	枒	枒				树名	木也。从木牙声。一曰车輞会也。
117	檀	檀	檀			树名	木也。从木亶声。
118	櫟	櫟	櫟	櫟		树名	木也。从木乐声。
119	梂	梂				树的果实	栎实也。一曰鑿首。从木求声。
120	楝	楝				树名	木也。从木柬声。

续表

序号	本字	小篆	甲骨文	金文	重文	意义类别	训释
121	檿	[illegible]				树名	山桑也。从木厌声。《诗》曰:"其檿其柘。"
122	柘	[illegible]				树名	桑也。从木石声。
123	槲	[illegible]				树名	木,可为杖。从木䣝声。
124	櫰	[illegible]				树名	櫰味,稔枣。从木还声。
125	梧	[illegible]				树名	梧桐木。从木吾声。一名榇。
126	桊	[illegible]		[illegible]		树名	桐木也。从木,荧省声。一曰屋梠之两头起者为荣。
127	桐	[illegible]	[illegible]	[illegible]		树名	荣也。从木同声。
128	橎	[illegible]				树名	木也。从木番声。读若樊。
129	榆	[illegible]				树名	榆,白枌。从木俞声。
130	枌	[illegible]				树名	榆也。从木分声。
131	梗	[illegible]				树名	山枌榆。有朿,荚可为芜夷者。从木更声。
132	樵	[illegible]				木的性质	散也。从木焦声。
133	松	[illegible]		[illegible]	[illegible]	树名	木也。从木公声。松或从容。
134	樠	[illegible]				树名	松心木。从木㒼声。
135	檜	[illegible]				树名	柏叶松身。从木会声。
136	樅	[illegible]				树名	松叶柏身。从木从声。
137	柏	[illegible]	[illegible]			树名	鞠也。从木白声。
138	机	[illegible]				树名	木也。从木几声。
139	枮	[illegible]				树名	木也。从木占声。
140	梇	[illegible]				树名	木也。从木弄声。益州有梇栋县。
141	楰	[illegible]				树名	鼠梓木。从木臾声。《诗》曰:"北山有楰。"

续表

序号	本字	小篆	甲骨文	金文	重文	意义类别	训释
142	桅					树名	黄木，可染者。从木危声。
143	杒					树名	桎杒也。从木刃声。
144	樭					树名	榙樭，木也。从木沓声。
145	榙					树名	榙樭。果似李。从木荅声。读若嚃。
146	某					树的果实	酸果也。从木从甘。阙。古文某从口。
147	櫾					特指的树	昆崘河隅之长木也。从木䌛声。
148	樹					泛指	生植之總名。从木尌声。籒文。
149	本					树的组成部分	木下曰本。从木，一在其下。古文。徐锴曰：“一，记其处也。本末朱皆同义。”
150	柢					树的组成部分	木根也。从木氐声。
151	朱					树名	赤心木。松柏属。从木，一在其中。
152	根					树的组成部分	木株也。从木艮声。
153	株					树的组成部分	木根也。从木朱声。
154	末					树的组成部分	木上曰末。从木，一在其上。
155	樱					木的性质	细理木也。从木嬰声。
156	果					树的果实	木实也。从木，象果形在木之上。
157	橡					树的果实	木实也。从木象声。
158	杈					树的组成部分	枝也。从木叉声。
159	枝					树的组成部分	木别生条也。从木支声。
160	朴					树的组成部分	木皮也。从木卜声。
161	條					树的组成部分	小枝也。从木攸声。

续表

序号	本字	小篆	甲骨文	金文	重文	意义类别	训释
162	枝					树的组成部分	干也。可为杖。从木从支。《诗》曰：“施于条枝。”
163	栞					木的功用	槎识也。从木、纨。阙。《夏书》曰：“随山栞木。”读若刊。篆文从幵。
164	橥					树的状态	木叶榣白也。从木聂声。
165	栠					引申概念	弱貌。从木任声。
166	枖					引申概念	木少盛貌。从木夭声。《诗》曰：“桃之枖枖。”
167	槙					树的组成部分	木顶也。从木真声。一曰仆木也。
168	梃					树的组成部分	一枚也。从木廷声。
169	𣡌					引申概念	众盛也。从木驫声。《逸周书》曰：“疑沮事。”阙。
170	標					树的组成部分	木杪末也。从木興声。
171	杪					树的组成部分	木标末也。从木少声。
172	朶					树的状态	树木垂朵朵也。从木，象形。此与采同意。
173	根					树的状态	高木也。从木良声。
174	橌					树的状态	大木貌。从木闲声。
175	枵					树的组成部分	木根也。从木号声。《春秋传》曰：“岁在玄枵。”玄枵，虚也。
176	柖					树的状态	树摇貌。从木召声。
177	榣					树的状态	树动也。从木䍃声。
178	樛					树的状态	下句曰樛。从木翏声。
179	朻					树的状态	高木也。从木丩声。
180	枉					树的状态	衺曲也。从木㞷声。
181	橈					树的状态	曲木。从木尧声。
182	扶					树的状态	扶疏，四布也。从木夫声。

续表

序号	本字	小篆	甲骨文	金文	重文	意义类别	训释
183	檹					树的状态	木檹施。从木旑声。贾侍中说,檹即椅木,可作琴。
184	朻					树的状态	相高也。从木小声。
185	榴					树的状态	高貌。从木畱声。
186	槮					树的状态	木长貌。从木参声。《诗》曰:"槮差荇菜。"
187	梴					树的状态	长木也。从木延声。《诗》曰:"松桷有梴。"
188	橚					树的状态	长木貌。从木肃声。
189	杕					树的状态	树貌。从木大声。《诗》曰:"有杕之杜。"
190	梟					树的状态	木叶陊也。从木皀声。读若薄。
191	格					树的状态	木长貌。从木各声。
192	槸					树的状态	木相摩也。从木埶声。槸或从艹。
193	枯					树的状态	槀也。从木古声。《夏书》曰:"唯箘辂枯。"木名也。
194	槀					树的状态	木枯也。从木高声。
195	樸					木的性质	木素也。从木菐声。
196	楨					木的性质	刚木也。从木贞声。上郡有桢林县。
197	柔					木的性质 引申概念	木曲直也。从木矛声。
198	柝					引申概念	判也。从木㡿声。《易》曰:"重门击㯔。"
199	朸					树的组成部分	木之理也。从木力声。平原有朸县。
200	材					树的组成部分	木梃也。从木才声。
201	柴					木的性质	小木散材。从木此声。 臣铉等曰:师行野次,竖散木为区落,名曰柴篱。后人语讹,转入去声。
202	榑					特指的树	榑桑,神木,日所出也。从木尃声。

续表

序号	本字	小篆	甲骨文	金文	重文	意义类别	训释
203	杲					引申概念	明也。从日在木上。
204	杳					引申概念	冥也。从日在木下。
205	梛					房屋建筑工具	角械也。从木却声。一曰木下白也。
206	栽					房屋建筑工具	筑墙长版也。从木𢦏声。《春秋传》曰:“楚围蔡,里而栽。”
207	築					房屋建筑工具	捣也。从木筑声。古文。
208	榦					房屋建筑工具	筑墙端木也。从木倝声。臣铉等曰:今别作干,非是。矢、干亦同。
209	檥					房屋建筑工具	干也。从木义声。
210	構					房屋建筑工具	盖也。从木冓声。杜林以为椽桷字。
211	模					房屋建筑工具	法也。从木莫声。读若嫫母之嫫。
212	桴					房屋组成	栋名。从木孚声。
213	棟					房屋组成	极也。从木东声。
214	極					房屋组成	栋也。从木亟声。
215	柱					房屋组成	楹也。从木主声。
216	楹					房屋组成	柱也。从木盈声。《春秋传》曰:“丹桓宫楹。”
217	樘					房屋组成	衺柱也。从木堂声。 臣铉等曰:今俗别作撑,非是。
218	楮					房屋组成	柱砥。古用木,今以石。从木耆声。《易》:“楮恒凶。”
219	格					房屋组成	欂栌也。从木咨声。
220	欂					房屋组成	壁柱。从木,薄省声。
221	櫨					房屋组成	柱上柎也。从木卢声。伊尹曰:“果之美者,箕山之东,青凫之所,有栌橘焉。夏孰也。”一曰宅栌木,出弘农山也。
222	枅					房屋组成	屋栌也。从木幵声。

续表

序号	本字	小篆	甲骨文	金文	重文	意义类别	训释
223	栵					树名	栭也。从木𠛱声。《诗》曰："其灌其𠛱。"
224	栭					房屋组成	屋枅上标。从木而声。《尔雅》曰："栭谓之榕。"
225	檼					房屋组成	棼也。从木㥯声。
226	橑					房屋组成	椽也。从木尞声。
227	桷					房屋组成	榱也。椽方曰桷。从木角声。《春秋传》曰："刻桓宫之桷。"
228	椽					房屋组成	榱也。从木彖声。
229	榱					房屋组成	秦名为屋椽，周谓之榱，齐鲁谓之桷。从木衰声。
230	楣					房屋组成	秦名屋櫋联也。齐谓之檐，楚谓之梠。从木眉声。
231	梠					房屋组成	楣也。从木吕声。
232	梍					房屋组成	梠也。从木皀声。读若枇杷之枇。
233	櫋					房屋组成	屋櫋联也。从木，邉省声。
234	檐					房屋组成	梍也。从木詹声。 臣铉等曰：今俗作檐，非是。
235	橝					房屋组成	屋梠前也。从木覃声。一曰蚕槌。
236	樀					房屋组成	户樀也。从木啇声。《尔雅》曰："檐谓之樀。"读若滴。
237	植					房屋组成	户植也。从木直声。 或从置。
238	樞					房屋组成	户枢也。从木区声。
239	槏					房屋组成	户也。从木兼声。
240	樓					房屋组成	重屋也。从木娄声。
241	櫳					房屋组成	房室之疏也。从木龙声。
242	楯					房屋组成	阑楯也。从木盾声。
243	櫺					房屋组成	楯闲子也。从木霝声。

续表

序号	本字	小篆	甲骨文	金文	重文	意义类别	训释
244	杗					房屋组成	栋也。从木亡声。《尔雅》曰："杗廇谓之梁。"
245	梀					房屋组成	短椽也。从木束声。
246	杇					房屋建筑工具	所以涂也。秦谓之杇，关东谓之槾。从木亏声。
247	槾					房屋建筑工具	杇也。从木曼声。
248	椳					房屋组成	门枢谓之椳。从木畏声。
249	楣					房屋组成	门枢之横梁。从木冒声。
250	梱					房屋组成	门橛也。从木困声。
251	榍					房屋组成	限也。从木屑声。
252	柤					房屋组成	木闲。从木且声。
253	槍					房屋组成	岠也。从木仓声。一曰枪，欀也。
254	楗					房屋组成	限门也。从木建声。
255	櫼					房屋组成	楔也。从木韱声。
256	楔					房屋组成	櫼也。从木契声。
257	栅					编成的竖立的竹木	编树木也。从木从册，册亦声。
258	杝					引申概念	落也。从木也声。读若他。
259	欜					社会公用木制品	夜行所击者。从木橐声。《易》曰："重门击欜。"
260	桓					社会公用木制品	亭邮表也。从木亘声。
261	楃					居住设施	木帐也。从木屋声。
262	橦					居住设施组成	帐极也。从木童声。
263	杠					家具组成	床前横木也。从木工声。
264	桯					家具组成	床前几。从木呈声。

续表

序号	本字	小篆	甲骨文	金文	重文	意义类别	训释
265	桱					家具组成	桱桯也，东方谓之荡。从木巠声。
266	牀					家具用品	安身之坐者。从木丬声。 徐锴曰：“《左传》薳子冯诈病，掘地下冰而床焉。至于恭坐则席也。故从丬，丬则爿之省。象人衺身有所倚箸。至于墙、壮、戕、状之属，并当从床省声。
267	枕					家具用品	卧所荐首者。从木冘声。
268	槭					生活用具	槭窬，亵器也。从木威声。
269	槓					生活用具	匵也。从木卖声。一曰木名。又曰：大梡也。
270	櫛					生活用具	梳比之总名也。从木节声。
271	梳					引申概念 词性变化	理发也。从木，疏省声。
272	㭘					木制品	剑柙也。从木合声。
273	槈					农具	薅器也。从木辱声。或从金。
274	㮚					农具	苿，臿也。从木；入，象形；䀠声。
275	苿					农具	两刃臿也。从木；丫，象形。宋魏曰苿也。或从金从于。
276	相					农具	臿也。从木㠯声。一曰徙土纪，齐人语也。或从里。臣铉等曰：今俗作耜。
277	枱					农具	耒端也。从木台声。或从金。籀文从。
278	楎					农具	六叉犁。一曰犁上曲木，犁辕。从木军声。读若浑天之浑。
279	櫌					农具	摩田器。从木忧声。《论语》曰：“櫌而不辍。”
280	欘					农具	斫也，齐谓之镃錤。一曰斤柄，性自曲者。从木属声。
281	櫡					农具	斫谓之櫡。从木箸声。
282	杷					农具	收麦器。从木巴声。
283	椴					农具	穜楼也。一曰烧麦柃椴。从木役声。

续表

序号	本字	小篆	甲骨文	金文	重文	意义类别	训释
284	柃					树名	木也。从木令声。
285	柫					农具	击禾连枷也。从木弗声。
286	枷					农具	柫也。从木加声。淮南谓之柍。
287	杵					农具	舂杵也。从木午声。
288	槩					农具	杚斗斛。从木既声。
289	杚					农具	平也。从木气声。
290	楇					农具	木参交以枝炊簍者也。从木省声。读若骊驾。 臣铉等曰:骊驾未详。
291	柶					烹饪器具	《礼》有柶。柶,匕也。从木四声。
292	桮					餐具	𠤷也。从木否声。籀文桮。
293	槃					餐具	承盘也。从木般声。古文从金。籀文从皿。
294	櫎					餐具	盘也。从木虒声。
295	案					餐具	几属。从木安声。
296	槶					餐具	圜案也。从木瞏声。
297	椷					餐具	钉也。从木咸声。
298	枓					餐具	勺也。从木从斗。
299	杓					餐具	枓柄也。从木从勺。 臣铉等曰:今俗作市若切,以为桮杓之杓。
300	櫑					餐具	龟目酒尊,刻木作云雷象。象施不穷也。从木畾声。 櫑或从皿。 櫑或从缶。 籀文櫑。
301	椑					餐具	圜榼也。从木卑声。
302	榼					餐具	酒器也。从木盍声。

续表

序号	本字	小篆	甲骨文	金文	重文	意义类别	训释
303	椭					木制器具	车笭中椭椭器也。从木隋声。
304	槌					木制器具	关东谓之槌,关西谓之持。从木追声。
305	持					木制器具	槌也。从木,特省声。
306	栚					木制器具	槌之横者也。关西谓之持。从木弅声。 臣铉等曰:当从朕省。
307	樋					木制器具	瑚樋也。从木连声。 臣铉等曰:今俗作琏,非是。
308	槓					木制家具	所以几器。从木广声。一曰帷屏风之属。 臣铉等曰:今别作幌,非是。
309	椇					餐具	举食者。从木具声。
310	槃					取水器具	繘端木也。从木瞉声。
311	檷					织布工具	络丝檷。从木尔声。读若柅。
312	機					织布工具	主发谓之机。从木几声。
313	滕					织布工具	机持经者。从木朕声。
314	杼					织布工具	机之持纬者。从木予声。
315	椱					织布工具	机持缯者。从木复声。
316	楥					制鞋模型	履法也。从木爰声。读若指撝。
317	核					箱子	蛮夷以木皮为箧,状如奁尊。从木亥声。
318	棚					交通工具	栈也。从木朋声。
319	栈					交通工具	棚也。竹木之车曰栈。从木戋声。
320	栫					木制器具	以柴木壅也。从木存声。
321	槶					木制器具	筐当也。从木国声。
322	梯					交通设施	木阶也。从木弟声。

续表

序号	本字	小篆	甲骨文	金文	重文	意义类别	训释
323	棖					木制品	杖也。从木长声。一曰法也。
324	桊					饲养用具	牛鼻中环也。从木舜声。
325	椯					饲养用具	棰也。从木端声。一曰椯度也。一曰剟也。
326	橜					木制品	弋也。从木厥声。一曰门捆也。
327	樴					木制品	弋也。从木戠声。
328	杖					木制品	持也。从木丈声。 臣铉等曰:今俗别作仗,非是。
329	柭					木制品	棓也。从木犮声。
330	棓					木制品	棁也。从木音声。
331	椎					木制品	击也。齐谓之终葵。从木隹声。
332	柯					木制品	斧柄也。从木可声。
333	棁					木制品	木杖也。从木兑声。
334	柄					木制品	柯也。从木丙声。 或从秉。
335	柲					木制品	攒也。从木必声。
336	欑					木制品	积竹杖也。从木赞声。一曰穿也。一曰丛木。
337	柅					纺织工具部件	篗柄也。从木尸声。 柅或从木尼声。 臣铉等曰:柅,女氏切。木若梨。此重出。
338	榜					辅正工具	所以辅弓弩。从木旁声。 臣铉等案:李舟《切韵》一音北孟切。进船也。又音北朗切。木片也。今俗作牓,非。
339	檠					辅正工具	榜也。从木敬声。
340	檃					辅正工具	栝也。从木,隐省声。
341	栝					辅正工具	檃也。从木昏声。一曰矢栝,筑弦处。

续表

序号	本字	小篆	甲骨文	金文	重文	意义类别	训释
342	棊					棋具	博棊。从木其声。
343	椄					引申概念词性变化	续木也。从木妾声。
344	栙					交通工具	栙双也。从木夅声。读若鸿。
345	栝					烧煮饭用的木棍	炊灶木。从木舌声。 臣铉等曰:当从甛省乃得声。
346	槽					饲养用具	畜兽之食器。从木曹声。
347	臬					射箭的靶子	射准的也。从木从自。李阳冰曰:“自非声,从劓省。”
348	桶					测量工具	木方,受六升。从木甬声。
349	櫓					武器	大盾也。从木鲁声。 或从卤。
350	樂					音乐引申概念	五声八音总名。象鼓鞞。木,虡也。
351	柎					乐器配件	阑足也。从木付声。
352	枹					乐器配件	击鼓杖也。从木包声。
353	椌					乐器	柷乐也。从木空声。
354	柷					乐器	乐,木空也。所以止音为节。从木,祝省声。
355	槧					书写工具	牍朴也。从木斩声。
356	札					书写工具	牒也。从木乙声。
357	檢					书写工具	书署也。从木佥声。
358	檄					书写工具	二尺书。从木敫声。
359	棨					书写工具	传,信也。从木,启省声。
360	楘					车上装饰	车历录束文也。从木敄声。《诗》曰:“五楘梁辀。”
361	桓					交通工具	行马也。从木亙声。《周礼》曰:“设梐枑再重。”
362	梐					交通工具	梐枑也。从木,陛省声。

续表

序号	本字	小篆	甲骨文	金文	重文	意义类别	训释
363	极					交通工具配件	驴上负也。从木及声。或读若急。
364	柭					交通工具配件	极也。从木去声。
365	槅					交通工具配件	大车枙也。从木鬲声。
366	橾					交通工具配件	车毂中空也。从木喿声。读若数。
367	楇					交通工具配件	盛膏器。从木咼声。读若过。
368	枊					木制器具	马柱。从木卬声。一曰坚也。
369	梱					木制器具	梱斗,可射鼠。从木固声。
370	樏					交通工具	山行所乘者。从木累声。《虞书》曰:"予乘四载。"水行乘舟,陆行乘车,山行乘樏,泽行乘𨍏。
371	榷					交通工具	水上横木,所以渡者也。从木隺声。
372	橋					交通工具	水梁也。从木乔声。
373	梁					交通工具	水桥也。从木从水,刅声。 𣶒古文。
374	椶					交通工具	船緫名。从木叜声。 臣铉等曰:今俗别作艘,非是。
375	橃					交通工具	海中大船。从木发声。 臣铉等曰:今俗别作筏,非是。
376	楫					交通工具	舟棹也。从木咠声。
377	欚					交通工具	江中大船名。从木蠡声。
378	校					引申概念	木囚也。从木交声。
379	樔					引申概念	泽中守艹楼。从木巢声。
380	采					引申概念 词性变化	捋取也。从木从爪。
381	柹					引申概念 词性变化	削木札朴也。从木市声。陈楚谓椟为柹。
382	横					木制品	阑木也。从木黄声。

续表

序号	本字	小篆	甲骨文	金文	重文	意义类别	训释
383	梜	[小篆]				木制品	检柙也。从木夹声。
384	桄	[小篆]				引申概念	充也。从木光声
385	槜	[小篆]				引申概念	以木有所捣也。从木隽声。《春秋传》曰:"越败吴于槜李。"
386	椓	[小篆]				引申概念	击也。从木豖声。
387	朾	[小篆]				引申概念	橦也。从木丁声。
388	柧	[小篆]				木制品	棱也。从木瓜声。又,柧棱,殿堂上最高之处也
389	棱	[小篆]			[重文]	木制品	柧也。从木夌声。
390	櫱	[小篆]			[重文]	木制品	伐木余也。从木献声。《商书》曰:"若颠木之有㽕櫱。" 古文櫱从木,无头。亦古文櫱。 櫱或从木辟声。
391	枰	[小篆]				棋盘	平也。从木从平,平亦声。
392	柆	[小篆]				引申概念 词性变化	折木也。从木立声。
393	槎	[小篆]				引申概念 词性变化	衺斫也。从木差声。《春秋传》曰:"山不槎。"
394	柮	[小篆]		[金文]		引申概念 词性变化	断也。从木出声。读若《尔雅》"貀无前足"之"貀"。
395	檮	[小篆]				木的性质	断木也。从木𠷎声。《春秋传》曰:"檮柮。"
396	析	[小篆]	[甲骨文]	[金文]		引申概念 词性变化	破木也。一曰折也。从木从斤。
397	棷	[小篆]				木柴	木薪也。从木取声。
398	梡	[小篆]				木柴	棞,木薪也。从木完声。
399	棞	[小篆]				木的性质	梡木未析也。从木图声。
400	楄	[小篆]				木制品祭祀	楄部,方木也。从木扁声。《春秋传》曰:"楄部荐干。"
401	楅	[小篆]				引申概念	以木有所逼束也。从木畐声。《诗》曰:"夏而楅衡。"
402	枼	[小篆]	[甲骨文]	[金文]		木制品	楄也。枼,薄也。从木世声。 臣铉等曰:当从卅乃得声。卅,稣合切。

续表

序号	本字	小篆	甲骨文	金文	重文	意义类别	训释
403	槱					引申概念	积火燎之也。从木从火，酉声。《诗》曰：“薪之槱之。”《周礼》：“以槱燎祠司中、司命。”柴祭天神或从示。
404	休					引申概念	息止也。从人依木。 休或从广。
405	極					引申概念	竟也。从木恒声。 古文極
406	械					刑具	桎梏也。从木戒声。一曰器之緫名。一曰持也。一曰有盛为械，无盛为器。
407	杽					刑具	械也。从木从手，手亦声。
408	桎					刑具	足械也。从木至声。
409	梏					刑具	手械也。从木告声。
410	櫪					饲养用具	枥㯕，椑指也。从木歷声。
411	㯕					饲养用具	枥㯕也。从木斯声。
412	檻					饲养用具	栊也。从木监声。一曰圈。
413	櫳					饲养用具	槛也。从木龙声。
414	柙					饲养用具	槛也。以藏虎兕。从木甲声。 古文柙。
415	棺					棺材	关也。所以掩尸。从木官声。
416	櫬					棺材	棺也。从木亲声。《春秋传》曰：“士舆榇。”
417	槥					棺材	棺椟也。从木彗声。
418	椁					棺材	葬有木𩫏也。从木𩫏声。
419	楬					引申概念	楬桀也。从木曷声。《春秋传》曰：“楬而书之。”
420	梟					不孝顺的鸟	不孝鸟也。日至，捕枭磔之。从鸟头在木上。
421	棐					引申概念	辅也。从木非声。
東部							
1	東					引申概念	动也。从木。官溥说：从日在木中。凡东之属皆从东。

续表

序号	本字	小篆	甲骨文	金文	重文	意义类别	训释
2	𣗥						二东,曹从此。阙。
林部							
1	林					树林的状态	平土有丛木曰林。从二木。凡林之属皆从林。
2	𣞤					树林的状态	丰也。从林;奭。或说规模字。从大、卌,数之积也;林者,木之多也。卌与庶同意。《商书》曰:"庶草繁无。"徐锴曰:"或说大卌为规模之模,诸部无者,不审信也。"
3	鬱					树林的状态	木丛生者。从林,鬱省声。
4	楚					树林的状态	丛木。一名荆也。从林疋声。
5	棽					树林的状态	木枝条棽俪貌。从林今声。
6	楙					树林的状态	木盛也。从林矛声。
7	麓					引申概念	守山林吏也。从林鹿声。一曰林属于山为麓。《春秋传》曰:"沙麓崩。"
8	棼					引申概念	复屋栋也。从林分声。
9	森					树林的状态	木多貌。从林从木。读若曾参之参。
10	梵					关于古代印度的	出自西域释书,未详意义。

责任编辑:翟金明

图书在版编目(CIP)数据

中国森林文化价值评估研究/江泽慧 主编. —北京:人民出版社,2021.1
ISBN 978-7-01-022674-3

Ⅰ.①中…　Ⅱ.①江…　Ⅲ.①森林-文化-价值-评估-中国　Ⅳ.①S7-05

中国版本图书馆 CIP 数据核字(2020)第 227506 号

中国森林文化价值评估研究

ZHONGGUO SENLIN WENHUA JIAZHI PINGGU YANJIU

江泽慧　主编

人民出版社 出版发行
(100706　北京市东城区隆福寺街 99 号)

北京新华印刷有限公司印刷　新华书店经销

2021 年 1 月第 1 版　2021 年 1 月北京第 1 次印刷
开本:880 毫米×1230 毫米 1/16　印张:37
字数:635 千字

ISBN 978-7-01-022674-3　定价:198.00 元

邮购地址 100706　北京市东城区隆福寺街 99 号
人民东方图书销售中心　电话 (010)65250042　65289539

版权所有·侵权必究
凡购买本社图书,如有印制质量问题,我社负责调换。
服务电话:(010)65250042